최신판 박문각 자격증

KB056638

단끝
농산물
품질관리사

1차·2차 | 기출문제집

1차 10개년 기출문제 해설 | 2차 10개년 기출문제 해설

김봉호 편저

1차 10개년 기출문제 해설

2차 10개년 기출문제 해설

제1판

박문각

이 책의 **머리말**

농산물품질관리사 자격증이 국가자격증으로 세상에 나온지도 약 20년이 흘렀습니다.

기왕에 농산물품질관리사 자격증을 취득하신 선배분들이 활동하시는 현장을 일별하자면 농산물우수관리인증기관, 농산물우수관리시설, 농산물등급판정, 명예감시원 및 농산물유통관련 조합, 회사 등 다양한 직군에서 현재 활동 중입니다.

국가적 입장에서도 농산물의 품질 향상 및 유통의 효율화를 위하여 농산물품질관리사 자격증의 중요성을 인지하고 있고, 그에 더해서 본 자격증 취득자들의 활동 영역을 확장하려는 추세에 있습니다.

농산물품질관리사 자격증을 취득하고자 하는 대다수의 수험생들에게 부딪치는 난관은 무엇보다도 수험 공부시간의 절대적 부족이라는 것이므로, 본 교재를 편집함에 있어 최소의 시간으로 최대의 효과를 낼 수 있는 수험서의 편집에 편집자는 그 공을 다했습니다.

시험의 역사가 20년이 더하면서 다양한 기출문제가 제시되었고, 기출문제에 대한 학습만으로도 합격이 가능한 정도의 연륜과 역사가 쌓였으므로 기출문제 해설집의 중요성도 더 가중되었다고 보아 본 편집자는 아래와 같은 편집 방향을 설정하였습니다.

> 본서의 특징은 다음과 같습니다.
> **첫째,** 기출문제 해설 학습만으로도 적정 수준의 합격 점수가 가능하도록 한다.
> **둘째,** 기출문제 해설과 기본서의 연관성을 최대화한다.
> **셋째,** 수험서의 자기평가 기능을 더한다.
> **넷째,** 시험장에서 활용 가능한 학습내용을 제시한다.
> **다섯째,** 1차 기출해설과 2차 기출해설의 일관성을 유지한다.

아무쪼록 본 1차 · 2차 기출문제 해설집을 통해 목표하시는 소기의 성과를 거두시길 바라며, 농산물품질관리사를 준비하시는 제현님들의 건승을 빕니다.

편저자 김봉호

시험안내

1 농산물품질관리사 기본정보

농산물 원산지 표시 위반 행위가 매년 급증함에 따라 소비자와 생산자의 피해를 최소화하며 원산지 표시의 신뢰성을 확보함으로써 농산물의 생산자 및 소비자를 보호하고 농산물의 유통질서를 확립하기 위하여 도입되었습니다.

2 농산물품질관리사 수행직무

- 농산물의 등급판정
- 농산물의 출하시기 조절, 품질관리기술 등에 대한 자문
- 그 밖에 농산물의 품질향상 및 유통효율화에 관하여 필요한 업무로서 농림수산식품부령이 정하는 업무

3 시험일정

구분	원서접수 기간	시험일자	합격자발표
제1차 시험	2024년 2월	2024년 4월	2024년 5월
제2차 시험	2024년 5월~6월초	2024년 6월	2024년 8월

※ **시험장소** : 원서접수 시 수험자가 직접 선택

※ **시험 시행지역** : 서울, 부산, 대구, 광주, 대전, 제주

시험안내

4 시험과목 및 배점

구분	교시	시험과목	시험시간	시험방법
제1차 시험	1교시	① **관계 법령**(법, 시행령, 시행규칙) 　－「농수산물 품질관리법」 　－「농수산물 유통 및 가격안정에 관한 법률」 　－「농수산물의 원산지 표시 등에 관한 법률」 ② **원예작물학** 　－ 원예작물학 개요 　－ 과수·채소·화훼작물 재배법 등 ③ **수확 후 품질관리론** 　－ 수확 후의 품질관리 개요 　－ 수확 후의 품질관리 기술 등 ④ **농산물유통론** 　－ 농산물 유통구조 　－ 농산물 시장구조 등	09:30~11:30 (120분)	객관식 4지 택일형
제2차 시험	1교시	① **농산물 품질관리 실무** 　－「농수산물 품질관리법」 　－「농수산물의 원산지 표시 등에 관한 법률」 　－ 수확 후 품질관리기술 ② **농산물 등급판정 실무** 　－「농산물 표준규격」 　－ 등급, 고르기, 결점과 등	09:30~10:50 (80분)	주관식 (단답형 및 서술형)

- 시험과 관련하여 법률·규정 등을 적용하여 정답을 구하여야 하는 문제는 시험시행일을 기준으로 시행 중인 법률·기준 등을 적용하여 그 정답을 구하여야 함
- 관련 법령의 경우 수산물 분야는 제외

5 합격기준

구분	합격결정기준
제1차 시험	각 과목 100점을 만점으로 하여 각 과목 40점 이상의 점수를 획득한 사람 중 평균점수가 60점 이상인 사람을 합격자로 결정
제2차 시험	제1차 시험에 합격한 사람(제1차 시험이 면제된 사람 포함)을 대상으로 100점을 만점으로 하여 60점 이상인 자를 합격자로 결정

· 응시자격 제한 없음

※ 단, 농산물품질관리사의 자격이 취소된 자로 그 취소된 날부터 2년이 경과되지 아니한 자는 시험에 응시할 수 없음

6 소관부처 및 시행처

· **소관부처** : 농림축산식품부(식생활소비정책과)
· **시행처** : 한국산업인력공단

참고 **농산물품질관리사 시험 통계자료**

연도 (회별)	1차시험						2차시험					
	대상 (명)	응시 (명)	결시 (명)	합격 (명)	응시율 (%)	합격률 (%)	대상 (명)	응시 (명)	결시 (명)	합격 (명)	응시율 (%)	합격률 (%)
2008년 (5회)	3,243	2,128	1,115	769	65.6%	36.1%	1,149	964	185	449	83.9%	46.6%
2009년 (6회)	5,078	3,625	1,453	248	71.4%	6.8%	578	487	91	297	84.3%	61.0%
2010년 (7회)	6,463	4,854	1,609	2,415	75.1%	49.8%	2,325	2,046	279	437	88.0%	21.4%
2011년 (8회)	5,497	3,729	1,768	1,578	67.8%	42.3%	2,663	2,230	433	455	83.7%	20.4%
2012년 (9회)	5,194	3,674	1,520	872	70.7%	23.7%	1,547	1,296	251	412	83.8%	31.8%
2013년 (10회)	5,354	3,801	1,553	1,499	71.0%	39.4%	1,803	1,495	308	268	82.9%	17.9%
2014년 (11회)	3,836	2,610	1,226	1,149	68.0%	44.0%	1,738	1,413	325	179	81.3%	12.7%
2015년 (12회)	3,172	2,159	1,013	778	68.1%	36.0%	1,217	1,025	192	269	84.2%	26.2%
2016년 (13회)	3,285	2,019	1,266	693	61.5%	34.3%	884	714	170	183	80.8%	25.6%
2017년 (14회)	2,757	1,788	969	617	64.9%	34.5%	796	657	139	39	82.5%	5.9%
2018년 (15회)	2,801	1,523	1,278	460	54.4%	30.2%	694	562	132	155	81.0%	27.6%
2019년 (16회)	3,377	1,813	1,564	936	53.7%	51.6%	966	797	169	171	82.5%	21.5%
2020년 (17회)	2,110	1,274	836	537	60.4%	42.2%	821	666	155	234	81.1%	35.1%
2021년 (18회)	2,833	2,100	733	648	74.1%	30.9%	760	646	114	166	85.0%	25.7%

CONTENTS

이 책의 **차례**

이 책의 **차례**

농산물품질관리사 2차 10개년 기출문제

PART 03 | 농산물품질관리사 2차 10개년 기출문제

PART 04 | 농산물품질관리사 2차 10개년 기출문제 정답 및 해설

단끝

농산물
품질관리사

1 차 | 기 출 문 제

1차 10개년 기출문제 해설

박문각

농산물품질관리사
1차·2차 기출문제집

01

농산물품질관리사
1차 10개년 기출문제

관계법령

01 농수산물 품질관리법상 용어의 정의이다. (   )에 들어갈 내용으로 옳은 것은?

(ㄱ)란 농산물(축산물은 제외한다. 이하 이 호에서 같다)의 안전성을 확보하고 농업환경을
보전하기 위하여 농산물의 생산, 수확 후 관리(농산물의 저장·세척·건조·선별·박피·절단
·조제·포장 등을 포함한다) 및 유통의 각 단계에서 작물이 재배되는 농경지 및 농업용수 등의
농업환경과 농산물에 잔류할 수 있는 농약, 중금속, 잔류성 유기오염물질 또는 유해생물 등의
(ㄴ)을/를 적절하게 관리하는 것을 말한다.

① ㄱ : 우수농산물관리   ㄴ : 위해요소   ② ㄱ : 우수농산물관리   ㄴ : 잔류물질
③ ㄱ : 농산물우수관리   ㄴ : 위해요소   ④ ㄱ : 농산물우수관리   ㄴ : 잔류물질

02 농수산물의 원산지 표시에 관한 법령상 미국에서 태어난 소를 국내로 수입하여 7개월 사육한
후 도축한 쇠고기의 소갈비 원산지 표시 방법으로 옳은 것은?
① 소갈비(쇠고기 : 미국산 육우)
② 소갈비(쇠고기 : 국내산 육우)
③ 소갈비(쇠고기 : 미국산 육우(도축지 : 한국))
④ 소갈비(쇠고기 : 국내산 육우(출생국 : 미국))

03 농수산물의 원산지 표시에 관한 법령상 원산지 표시 위반행위를 주무관청에 신고한 자에게
예산의 범위에서 지급할 수 있는 포상금의 범위는?
① 최고 500만원   ② 최고 1,000만원
③ 최고 3,000만원   ④ 최고 1억원

04 농수산물 품질관리법령상 정부가 수매하거나 생산자단체 등이 정부를 대행하여 수매하는 농산물 중 검사를 받아야 하는 품목을 모두 고른 것은?

ㄱ. 콩	ㄴ. 사과
ㄷ. 양파	ㄹ. 배추

① ㄱ, ㄴ, ㄷ
② ㄱ, ㄴ, ㄹ
③ ㄱ, ㄷ, ㄹ
④ ㄴ, ㄷ, ㄹ

05 농수산물 품질관리법령상 농산물의 검사에 관한 내용으로 옳지 않은 것은?

① 검사기준은 농림축산식품부장관이 검사대상 품목별로 정하여 고시한다.
② 누에씨 및 누에고치의 경우에는 시·도지사의 검사를 받아야 한다.
③ 검사항목은 포장단위당 무게, 포장자재, 포장방법 및 품위 등으로 한다.
④ 시료의 추출, 계측, 감정, 등급판정 등 검사방법에 관한 세부 사항은 농림축산식품부장관이 정하여 고시한다.

06 농수산물 품질관리법령상 농산물품질관리사의 업무로 옳지 않은 것은?

① 농산물의 규격출하 지도
② 포장농산물의 표시사항 개선 명령
③ 농산물의 생산 및 수확 후의 품질관리기술 지도
④ 농산물의 선별·저장 및 포장 시설 등의 운용·관리

07 농수산물 품질관리법령상 농산물의 생산자가 이력추적관리 등록을 할 때 등록사항이 아닌 것은?

① 주요 판매처명 및 주소
② 생산자의 성명, 주소 및 전화번호
③ 생산계획량
④ 이력추적관리 대상품목명

08 농수산물 품질관리법령상 이력추적관리 등록에 관한 내용이다. (   )에 들어갈 내용으로 옳은 것은?

> 약용작물류의 등록 유효기간은 (   ) 이내의 범위에서 등록기관의 장이 정하여 고시한다.

① 1년 ② 3년
③ 5년 ④ 6년

09 농수산물 품질관리법령상 우수관리인증에 관한 내용으로 옳은 것은?

① 인증의 세부 기준은 농촌진흥청장이 정하여 고시한다.
② 인증이 취소된 후 1년이 지나지 아니한 자는 인증을 신청할 수 없다.
③ 인증의 유효기간은 인증을 받은 날부터 3년으로 한다.
④ 인증을 받으려는 자는 신청서를 국립농산물품질관리원장에게 제출하여야 한다.

10 농수산물 품질관리법령상 우수관리인증의 표시에 관한 내용으로 옳은 것은?

① 표지도형 위에 인증번호 또는 우수관리시설지정번호를 표시한다.
② 표지도형의 크기는 포장재의 크기에 관계없이 조정할 수 없다.
③ 표지도형의 색상은 검정색을 기본색상으로 한다.
④ 수출용의 경우에는 해당 국가의 요구에 따라 표시할 수 있다.

11 농수산물 품질관리법령상 농산물의 등급규격을 정할 때 고려해야 하는 사항을 모두 고른 것은?

> ㄱ. 크기 ㄴ. 숙도
> ㄷ. 성분 ㄹ. 색깔

① ㄱ, ㄴ ② ㄷ, ㄹ
③ ㄱ, ㄴ, ㄹ ④ ㄴ, ㄷ, ㄹ

12 농수산물 품질관리법령상 국립농산물품질관리원장이 농산물의 지리적표시 등록을 결정한 경우 공고하여야 하는 사항이 아닌 것은?

① 지리적표시 대상지역의 범위
② 품질의 특성과 지리적 요인의 관계
③ 지리적표시 등록 농산물의 이력추적관리번호
④ 등록자의 자체품질기준 및 품질관리계획서

13 농수산물 품질관리법상 지리적표시심판위원회에 관한 내용으로 옳지 않은 것은?

① 농림축산식품부장관 소속으로 지리적표시심판위원회를 둔다.
② 지리적표시심판위원회는 위원장 1명을 포함한 10명 이내의 심판위원으로 구성한다.
③ 지리적표시심판위원회의 위원장은 심판위원 중에서 호선(互選)한다.
④ 심판위원의 임기는 3년으로 하며, 한 차례만 연임할 수 있다.

14 농수산물 품질관리법상 농산물 안전성조사에 관한 내용으로 옳은 것은?

① 시·도지사는 안전성조사 결과 생산단계 안전기준을 위반한 해당 농산물을 생산한 자에게 해당 농산물의 폐기, 용도전환, 출하연기 등의 처리를 하게 할 수 있다.
② 농림축산식품부장관은 생산단계 안전기준을 정할 때에는 관계 중앙행정기관의 장과 협의하여야 한다.
③ 안전성조사의 대상품목 선정, 대상지역 및 절차 등에 필요한 세부적인 사항은 농림축산식품부령으로 정한다.
④ 농림축산식품부장관은 농산물의 품질 향상과 안전한 농산물의 생산·공급을 위한 안전관리계획을 매년 수립·시행하여야 한다.

15 농수산물 품질관리법상 유전자변형농산물의 표시 위반에 대한 처분 내용으로 옳지 않은 것은?

① 표시의 변경 등 시정명령
② 표시의 삭제 등 시정명령
③ 표시 위반 농산물의 즉시 폐기
④ 표시 위반 농산물의 판매 등 거래행위의 금지

16 농수산물 품질관리법상 유전자변형농산물의 표시를 혼동하게 할 목적으로 그 표시를 손상 · 변경한 유전자변형농산물 표시의무자에 대한 벌칙기준으로 옳은 것은?

① 1년 이하의 징역 또는 1천만원 이하의 벌금

② 3년 이하의 징역 또는 3천만원 이하의 벌금

③ 5년 이하의 징역 또는 1억원 이하의 벌금

④ 7년 이하의 징역 또는 1억원 이하의 벌금

17 농수산물 유통 및 가격안정에 관한 법령상 용어의 정의이다. (   )에 들어갈 내용으로 옳은 것은?

> (   )이란 농수산물도매시장 · 농수산물공판장 또는 민영농수산물도매시장의 개설자에게 등록하고, 농수산물을 수집하여 농수산물도매시장 · 농수산물공판장 또는 민영농수산물도매시장에 출하(出荷)하는 영업을 하는 자(법인을 포함한다. 이하 같다)를 말한다.

① 산지유통인   ② 중도매인

③ 조합공동사업법인   ④ 시장도매인

18 농수산물 유통 및 가격안정에 관한 법령상 주산지 지정 등에 관한 내용으로 옳지 않은 것은?

① 주산지의 지정, 변경 및 해제는 한국농수산식품유통공사 사장이 한다.

② 주산지의 지정은 읍 · 면 · 동 또는 시 · 군 · 구 단위로 한다.

③ 시 · 도지사는 주산지의 지정목적 달성 및 주요 농산물 경영체 육성을 위하여 생산자 등으로 구성된 주산지협의체를 설치할 수 있다.

④ 주요 농산물은 국내 농산물의 생산에서 차지하는 비중이 크거나 생산 · 출하의 조절이 필요한 것으로서 농림축산식품부장관이 지정하는 품목으로 한다.

19 농수산물 유통 및 가격안정에 관한 법령상 농림축산식품부장관이 하는 가격예시에 관한 내용으로 옳지 않은 것은?

① 해당 농산물의 파종기 이전에 생산자를 보호하기 위한 하한가격을 예시할 수 있다.

② 예시가격을 결정할 때에는 해당 농산물의 농림업관측 결과, 예상 경영비, 품목별 최저거래가격 등을 고려하여야 한다.

③ 예시가격을 결정할 때에는 미리 기획재정부장관과 협의하여야 한다.

④ 예시가격을 지지(支持)하기 위하여 유통협약 및 유통조절명령 등을 연계한 적절한 시책을 추진하여야 한다.

20 농수산물 유통 및 가격안정에 관한 법령상 농산물의 유통조절명령에 관한 내용으로 옳지 않은 것은?

① 농림축산식품부장관은 기획재정부장관과 협의를 거쳐 유통조절명령을 할 수 있다.

② 생산자단체가 유통조절명령을 요청하는 경우에는 유통조절명령 요청서를 이해관계자 대표 등에게 발송하여 10일 이상 의견조회를 하여야 한다.

③ 농림축산식품부장관은 유통조절명령 집행업무의 일부를 수행하는 생산자단체에 필요한 지원을 할 수 있다.

④ 유통조절명령을 발하기 위한 기준은 품목별 특성, 농림업관측 결과 등을 반영하여 산정한 예상 가격과 예상 공급량을 고려하여 농림축산식품부장관이 정하여 고시한다.

21 농수산물 유통 및 가격안정에 관한 법령상 출하자 신고에 관한 내용으로 옳지 않은 것은?

① 출하자 신고서를 제출할 때에는 주거래 도매시장법인의 확인서를 첨부하여 지역농협조합장에게 제출하여야 한다.

② 도매시장법인은 신고한 출하자가 출하 예약을 하고 농산물을 출하하는 경우에는 위탁수수료의 인하 및 경매의 우선 실시 등 우대조치를 할 수 있다.

③ 출하자가 법인의 경우 출하자 신고서에 법인 등기사항증명서를 첨부하여야 한다.

④ 출하자 신고서는 전자적 방법으로 접수할 수 있다.

22 농수산물 유통 및 가격안정에 관한 법령상 도매시장 개설자가 출하농산물 안전성 검사를 실시할 때 채소류 및 과실류 자연산물의 시료 수거량 기준으로 옳은 것은? (단, 묶음단위 농산물은 고려하지 않음)

① 1kg 이상 2kg 이하
② 1kg 이상 3kg 이하
③ 2kg 이상 5kg 이하
④ 5kg 이상 10kg 이하

23 농수산물 유통 및 가격안정에 관한 법령상 도매시장법인이 출하자로부터 거래액의 일정 비율로 징수하는 위탁수수료의 부류별 최고한도로 옳지 않은 것은?

① 양곡부류 : 1천분의 20
② 청과부류 : 1천분의 60
③ 화훼부류 : 1천분의 70
④ 약용작물부류 : 1천분의 50

24 농수산물 유통 및 가격안정에 관한 법령상 농수산물종합유통센터의 시설기준 중 필수시설에 해당하는 것을 모두 고른 것은?

ㄱ. 포장·가공시설 　　　　　　　　　 ㄴ. 수출지원실
ㄷ. 농산물품질관리실 　　　　　　　　 ㄹ. 저온저장고

① ㄱ, ㄴ　　　　　　　　　　　　　② ㄷ, ㄹ
③ ㄱ, ㄷ, ㄹ　　　　　　　　　　　④ ㄴ, ㄷ, ㄹ

25 농수산물 유통 및 가격안정에 관한 법령상 경매사가 도매시장법인이 상장한 농산물의 가격평가를 문란하게 하여 1차 행정처분을 받은 후 1년 이내에 다시 같은 위반행위로 적발되어 2차 행정처분을 받게 되었을 때 처분기준으로 옳은 것은?(단, 가중 및 감경사유는 고려하지 않음)

① 업무정지 10일　　　　　　　　　② 업무정지 15일
③ 업무정지 1개월　　　　　　　　　④ 업무정지 6개월

원예작물학

26 식물학적 분류로 같은 과(科, family)가 아닌 것은?
① 시금치　　　　　　　　　　　　　② 비트
③ 당근　　　　　　　　　　　　　　④ 근대

27 원예작물과 주요 기능성 물질의 연결이 옳지 않은 것은?

ㄱ. 포도 – 레스베라트롤 　　　　　　 ㄴ. 토마토 – 락투신
ㄷ. 양배추 – 엘라그산 　　　　　　　 ㄹ. 양파 – 퀘르세틴

① ㄱ, ㄷ　　　　　　　　　　　　　② ㄱ, ㄹ
③ ㄴ, ㄷ　　　　　　　　　　　　　④ ㄴ, ㄹ

28 채소작물에서 화아형성 이후에 추대(bolting)를 촉진시키는 요인은?

① 저온 – 단일 – 약광   ② 저온 – 장일 – 강광

③ 고온 – 단일 – 약광   ④ 고온 – 장일 – 강광

29 장명종자가 아닌 것은?

① 양파   ② 오이

③ 호박   ④ 가지

30 호광성 종자의 발아촉진 관련 물질은?

① 플로리진   ② 피토크롬

③ 옥신   ④ 쿠마린

31 농산물품질관리사가 딸기 재배 농가에게 우량묘 확보 방법으로 조언할 수 있는 것은?

① 종자 번식   ② 포복경 번식

③ 분구   ④ 접목

32 딸기의 '기형과' 발생 억제를 위한 재배농가의 관리방법은?

① 복토   ② 도복 방지

③ 순지르기   ④ 꿀벌 방사

33 광환경 개선을 통해 광합성 효율을 높이는 절화장미 재배법은?

① 아칭재배   ② 홈통재배

③ 네트재배   ④ 지주재배

34 영양번식에 관한 설명으로 옳은 것을 모두 고른 것은?

ㄱ. 금잔화는 취목으로 번식한다.	ㄴ. 산세베리아는 삽목으로 번식한다.
ㄷ. 백합은 자구나 주아로 번식한다.	ㄹ. 작약은 접목으로 번식한다.

① ㄱ, ㄷ   ② ㄱ, ㄹ
③ ㄴ, ㄷ   ④ ㄴ, ㄹ

35 식물공장에 관한 설명으로 옳지 않은 것은?

① 재배 품목의 선택폭이 넓다.   ② 연작장해 발생이 적다.
③ 생력화가 가능하다.   ④ 생산시기를 조절할 수 있다.

36 화훼류의 잎, 줄기 등의 즙액을 빨아 먹는 해충이 아닌 것은?

① 파밤나방   ② 진딧물
③ 응애   ④ 깍지벌레

37 절화류 취급방법에 관한 설명으로 옳지 않은 것은?

① 금어초는 세워서 수송하여 화서 선단부가 휘어지는 현상을 예방한다.
② 안스리움은 2℃ 이하의 저온저장을 통해 수명을 연장시킨다.
③ 카네이션은 줄기 끝을 비스듬히 잘라 물의 흡수를 증가시킨다.
④ 장미는 저온 습식수송으로 꽃목굽음을 방지할 수 있다.

38 가을에 전조처리(night break)를 할 경우 나타나는 현상으로 옳은 것을 모두 고른 것은?

ㄱ. 포인세티아는 개화가 억제된다.	ㄴ. 칼랑코에는 개화가 촉진된다.
ㄷ. 국화는 개화가 촉진된다.	ㄹ. 게발선인장은 개화가 억제된다.

① ㄱ, ㄷ   ② ㄱ, ㄹ
③ ㄴ, ㄷ   ④ ㄴ, ㄹ

39 화훼류에 관한 설명으로 옳지 않은 것은?

① 장미의 블라인드 현상은 일조량이 부족하면 발생한다.
② 국화의 로제트는 가을에 15℃ 이하의 저온에서 발생한다.
③ 백합의 초장은 주야간 온도차인 DIF의 영향을 받는다.
④ 프리지아의 잎은 암흑 상태로 저장하여야 황화가 억제된다.

40 화분 밑면의 배수공을 통해 물이 스며들어 화분 위로 올라가게 하는 관수방법은?

① 점적관수   ② 저면관수
③ 미스트관수   ④ 다공튜브관수

41 일장에 관계없이 적정온도에서 생장하면 개화하는 특성을 가진 작물은?

① 장미   ② 메리골드
③ 맨드라미   ④ 포인세티아

42 회훼 분류에서 구근류가 아닌 것을 모두 고른 것은?

| ㄱ. 몬스테라 | ㄴ. 디펜바키아 | ㄷ. 글라디올러스 |
| ㄹ. 히아신스 | ㅁ. 쉐플레라 | ㅂ. 시클라멘 |

① ㄱ, ㄴ, ㅁ   ② ㄱ, ㄷ, ㅂ
③ ㄴ, ㄹ, ㅁ   ④ ㄷ, ㄹ, ㅂ

43 세균에 의한 과수의 병은?

① 탄저병   ② 부란병
③ 화상병   ④ 갈색무늬병

44 1년생 가지에 착과되는 과수가 아닌 것은?

① 포도　　　　　　　　　　　　② 감

③ 사과　　　　　　　　　　　　④ 참다래

45 채소작물 재배 시 해충별 천적의 연결이 옳지 않은 것은?

① 총채벌레류 – 애꽃노린재　　　② 진딧물류 – 콜레마니진디벌

③ 잎응애류 – 칠레이리응애　　　④ 가루이류 – 어리줄풀잠자리

46 과수의 분류에서 씨방상위과이면서 교목성인 과수는?

① 사과　　　　　　　　　　　　② 포도

③ 감귤　　　　　　　　　　　　④ 블루베리

47 과수 재배 시 C/N율을 높이기 위한 방법을 모두 고른 것은?

ㄱ. 뿌리전정	ㄴ. 열매솎기
ㄷ. 가지의 수평 유인	ㄹ. 환상박피

① ㄱ　　　　　　　　　　　　　② ㄱ, ㄴ

③ ㄴ, ㄷ, ㄹ　　　　　　　　　④ ㄱ, ㄴ, ㄷ, ㄹ

48 국내 육성 품종이 아닌 것은 몇 개인가?

거봉	황금배	부유	홍로	감홍	샤인머스켓	청수	신고

① 2개　　　　　　　　　　　　② 3개

③ 4개　　　　　　　　　　　　④ 5개

49 과원의 시비 관리에 관한 설명으로 옳은 것은?

① 질소가 과다하면 잎이 작아지고 담황색으로 된다.

② 인산은 산성 토양에서 철, 알루미늄과 결합하여 불용성이 되므로 결핍증상이 나타난다.

③ 칼륨은 산성 토양을 중화시키는 토양개량제로 이용된다.

④ 붕소는 엽록소의 필수 구성 성분으로 결핍되면 엽맥 사이에 황화 현상이 나타난다.

50 과수의 번식에 관한 설명으로 옳은 것은?

① 분주는 교목성 과수에서 흔히 사용하는 번식법이다.

② 삽목에 의해 쉽게 번식되는 대표적인 과수는 포도이다.

③ 분주는 바이러스 무병묘 생산을 위한 일반적인 방법이다.

④ 삽목은 대목과 접수를 접합시키는 번식법이다.

수확 후 품질관리론

51 생리적 성숙 완료기에 수확하여 이용하는 원예산물이 아닌 것은?

① 가지   ② 참외

③ 단감   ④ 수박

52 원예산물의 수확기 결정지표의 연결이 옳은 것을 모두 고른 것은?

ㄱ. 당근 – 파종 후 생육일수	ㄴ. 사과 – 전분지수
ㄷ. 배 – 만개 후 일수	ㄹ. 감귤 – 착색 정도

① ㄱ, ㄴ   ② ㄱ, ㄷ, ㄹ

③ ㄴ, ㄷ, ㄹ   ④ ㄱ, ㄴ, ㄷ, ㄹ

53 원예산물의 수확 방법에 관한 설명으로 옳지 않은 것은?

① 멜론은 꼭지 채 수확한다.
② 단감은 꼭지를 짧게 잘라준다.
③ 파프리카는 과경을 아래로 당겨 딴다.
④ 딸기는 과실에 압력을 가하지 않도록 딴다.

54 사과(후지)의 수확 전 성숙 과정에서 감소하는 성분을 모두 고른 것은?

ㄱ. 환원당	ㄴ. 유기산
ㄷ. 엽록소	ㄹ. 안토시아닌

① ㄱ, ㄴ
② ㄴ, ㄷ
③ ㄱ, ㄷ, ㄹ
④ ㄴ, ㄷ, ㄹ

55 성숙 시 토마토와 호흡 양상이 다른 원예산물은?

① 복숭아
② 바나나
③ 참다래
④ 양앵두

56 에틸렌 제어물질의 작용 기작에 관한 설명으로 옳은 것은?

① $KMnO_4$는 에틸렌을 산화시킨다.
② AVG는 에틸렌 수용체와 결합한다.
③ AOA는 ACC oxidiase의 활성을 억제한다.
④ 1-MCP는 ACC synthase의 활성을 억제한다.

57 카로티노이드계 색소가 아닌 것은?

① 루테인
② 플라본
③ 리코펜
④ 베타카로틴

58 다음 ( )에 들어갈 내용으로 옳은 것은?

> Y생산자는 적정 범위 내에서 CA저장고의 (ㄱ)을/를 높게, (ㄴ)을/를 낮게 유지해 저장 원예산물의 증산에 의한 손실을 최소화하였다.

① ㄱ : 기압   ㄴ : 온도
② ㄱ : 온도   ㄴ : 상대습도
③ ㄱ : 상대습도 ㄴ : CO_2 농도
④ ㄱ : CO_2 농도 ㄴ : 기압

59 원예산물별 맛과 관련된 성분의 연결이 옳지 않은 것은?

① 감 떫은맛 – 탄닌
② 고추 매운맛 – 캡사이신
③ 포도 신맛 – 주석산
④ 오이 쓴맛 – 아미그달린

60 원예산물의 선별 시 드럼식 형상선별기의 이용 목적은?

① 크기 선별
② 색택 선별
③ 경도 선별
④ 손상 선별

61 원예산물의 품질 구성요소와 결정요인의 연결이 옳은 것은?

① 조직감 – 당도, 산도
② 풍미 – 크기, 경도
③ 외관 – 모양, 색도
④ 안전성 – 이취, 비타민 함량

62 신선편이 농산물의 세척 시 소독제로 사용하는 물질은?

① 클로로피크린
② 차아염소산나트륨
③ 메틸브로마이드
④ 수산화나트륨

63 다음 ( )에 들어갈 내용으로 옳은 것은?

> Y생산자는 농산물품질관리사의 지도하에 올해 수확한 감자를 저장 전에 온도 15℃, 상대습도 (ㄱ) 조건의 큐어링으로 (ㄴ)의 축적을 유도하여 저장 중 수분손실과 부패균에 의한 피해를 크게 줄일 수 있었다.

① ㄱ : 45%　　ㄴ : 리그닌　　② ㄱ : 90%　　ㄴ : 리그닌
③ ㄱ : 45%　　ㄴ : 슈베린　　④ ㄱ : 90%　　ㄴ : 슈베린

64 저장 및 유통 중 부패균을 살균하는 물질이 아닌 것은?

① 오존　　　　　　　　② 아황산나트륨
③ 염화칼륨　　　　　　④ 이산화염소

65 ( ) 안에 들어갈 내용으로 옳은 것은?

> 원예산물 저장 시 저장고의 냉장용량은 온도 상승을 유발하는 모든 열량을 합산하여 계산하는데, ( )과 ( )이 대부분의 열량을 차지한다.

① 포장열, 호흡열　　　　② 포장열, 전도열
③ 전도열, 대류열　　　　④ 호흡열, 장비열

66 밀폐순환식 CA 저장에 관한 설명으로 옳지 않은 것은?

① O_2 농도는 질소발생기로 낮춘다.
② CO_2 농도는 이산화탄소 제거기로 조절한다.
③ 작업 시 외부 대기자를 두어 내부 작업자를 주시한다.
④ 장거리 선박 수송 시 CA 저장이 불가능하다.

67 저온 저장고 관리에 관한 설명으로 옳지 않은 것은?

① 공기순환통로를 확보한다.
② 과일의 적정 적재 용적률은 90% ~ 95%이다.
③ 저장고 온도는 품온을 측정하여 조절한다.
④ 환기는 기체장해가 나타나지 않는 수준에서 최소화하여 온도차를 줄여야 한다.

68 원예산물 동해 증상으로 옳은 것을 모두 고른 것은?

ㄱ. 배의 탈피과　　　　　　　　ㄴ. 고추의 함몰현상 ㄷ. 사과의 과육 변색　　　　　　ㄹ. 상추의 수침현상

① ㄱ, ㄴ　　　　　　　　　　　② ㄱ, ㄷ
③ ㄴ, ㄷ, ㄹ　　　　　　　　　④ ㄱ, ㄴ, ㄷ, ㄹ

69 저장기간 연장을 위해 이산화탄소 전처리를 하는 품목은?

① 사과　　　　　　　　　　　　② 배
③ 양파　　　　　　　　　　　　④ 딸기

70 원예산물의 수확 후 손실 경감 방법이 아닌 것은?

① 당근은 냉수세척 후 물기를 없앤다.
② 마늘은 40℃를 넘지 않는 온도에서 예건한다.
③ 풋고추는 0℃에 저장한다.
④ 감귤은 예건으로 중량의 3% ~ 5%를 줄인다.

71 다음 중 에틸렌에 대한 민감성이 가장 큰 것은?

① 자두　　　　　　　　　　　　② 앵두
③ 오렌지　　　　　　　　　　　④ 고추

72 MA포장 필름에 관한 설명으로 옳지 않은 것은?

① 필름 종류는 포장 물량 및 유통온도를 고려하여 결정한다.
② 필름 재료로 PE와 PET가 주로 사용된다.
③ 원예산물의 호흡률을 반영하여 기체투과율을 조절한다.
④ 투과도는 CO_2가 O_2보다 높아야 한다.

73 사과 선별 시 선별장과 저온 저장고와의 온도 차이를 최소화할 때 얻을 수 있는 효과는?

① 동해 억제　　　　　　　　　　　② 기체장해 억제

③ 저온장해 회피　　　　　　　　　④ 결로 방지

74 품온이 28℃인 과실을 0℃로 설정된 차압예냉실에서 냉각 시 품온 반감기가 1시간이라면, 이론상 품온을 7℃까지 떨어뜨리는 데 필요한 예냉 시간은?

① 1.5시간　　　　　　　　　　　　② 2시간

③ 2.5시간　　　　　　　　　　　　④ 3시간

75 원예산물의 GAP관리 시 화학적 위해요인이 아닌 것은?

① 농약　　　　　　　　　　　　　　② 호르몬제

③ 바이러스　　　　　　　　　　　　④ 곰팡이 독소

농산물유통론

76 농산물 유통비용 중 물류비에 포함되지 않는 것은?

① 재선별비　　　　　　　　　　　　② 감모비

③ 상품개발비　　　　　　　　　　　④ 쓰레기 처리비

77 소비촉진을 위한 홍보 및 광고, 연구개발 등을 목적으로 하는 농산물 수급안정 제도는?

① 유통협약　　　　　　　　　　　　② 유통명령

③ 농업관측　　　　　　　　　　　　④ 자조금

78 다음에서 설명하는 가격변동의 형태는?

> 양파 가격은 봄철에 하락하였다가 반등하는 경향을 보인다.

① 계절적 변동
② 주기적 변동
③ 추세적 변동
④ 랜덤 워크(random walk)

79 농산물 유통마진에 관한 내용으로 옳은 것은?

① 유통경로나 출하시기에 관계없이 일정하다.
② 가격변동에 따른 단기적 조정이 용이하다.
③ 유통효율성을 평가하는 핵심지표로 사용된다.
④ 소비자 지불가격에서 농가 수취가격을 뺀 것이다.

80 협동조합의 공동출하 원칙에 해당되지 않는 것은?

① 무조건 위탁
② 즉시 정산
③ 공동계산
④ 평균판매

81 농산물 선물거래에 관한 내용으로 옳은 것은?

① 대부분 실물인수도를 통해 최종 결제된다.
② 헤저(hedger)는 투기 목적으로 참여한다.
③ 가격하락에 대응하여 매도 헤징(hedging)한다.
④ 가격변동성이 낮을수록 거래가 활성화된다.

82 농산물 전자상거래에 관한 내용으로 옳은 것은?

① 상품 진열이 제한적이다.
② 다양한 거래방법의 활용이 가능하다.
③ 소비자의 의견 반영이 어렵다.
④ 영업시간 변경이 어렵다.

83 소매상에 해당되지 않는 것은?
① 대형마트　　　　　　　② 중개인
③ TV홈쇼핑　　　　　　　④ 카테고리 킬러

84 농산물도매시장에서 수집, 가격발견 및 분산 기능을 모두 수행하는 유통주체는?
① 도매시장법인　　　　　② 경매사
③ 매매참가인　　　　　　④ 시장도매인

85 농산물도매시장의 경매제도에 관한 내용으로 옳지 않은 것은?
① 경락가격의 변동이 매우 작다.
② 경매방법은 전자식을 원칙으로 한다.
③ 상품 진열을 위한 넓은 공간이 필요하다.
④ 상향식 호가로 진행되는 영국식 경매이다.

86 농산물 종합유통센터에 관한 내용으로 옳지 않은 것은?
① 소포장, 단순가공 등으로 부가가치 창출
② 유통경로 다원화 및 유통 효율성 제고
③ 상장경매로 거래의 공정성 및 투명성 확보
④ 유통단계 축소 및 물류비용 절감

87 농산물 산지유통전문조직의 통합마케팅에 관한 내용으로 옳은 것을 모두 고른 것은?

| ㄱ. 생산자 조직화·규모화 | ㄴ. 계약재배 확대 |
| ㄷ. 공동선별·공동계산 확대 | ㄹ. 공동브랜드 육성 |

① ㄱ, ㄴ　　　　　　　② ㄷ, ㄹ
③ ㄱ, ㄷ, ㄹ　　　　　④ ㄱ, ㄴ, ㄷ, ㄹ

88 농산물 포전거래에 관한 내용으로 옳지 않은 것은?

① 밭떼기라고도 한다.   ② 선도거래에 해당한다.

③ 계약 불이행 위험이 없다.   ④ 농가가 계약금을 수취한다.

89 식품업체가 원료를 안정적으로 조달하고 식품의 안전성을 확보하는 데 적합한 산지 거래방식은?

① 공동출하   ② 계약재배

③ 정전거래   ④ 산지공판

90 농산물의 펠릿(pallet) 단위 거래에 관한 내용으로 옳지 않은 것은?

① 농산물 상·하역시간 단축   ② 도매시장 내 물류 흐름 개선

③ 출하 농산물의 상품성 유지   ④ 표준 펠릿 T10(1,000×1,000mm) 사용

91 농산물 표준규격화에 관한 내용으로 옳은 것을 모두 고른 것은?

ㄱ. 등급 및 포장 규격화   ㄴ. 상류 및 물류의 효율성 증대
ㄷ. 견본거래, 전자상거래 활성화   ㄹ. 도매시장의 완전규격출하품 우대

① ㄱ, ㄴ   ② ㄷ, ㄹ

③ ㄱ, ㄷ, ㄹ   ④ ㄱ, ㄴ, ㄷ, ㄹ

92 다음 유통기능에 의해 창출되는 효용을 순서대로 올바르게 나열한 것은?

K-미곡종합처리장(RPC)은 지난해 수확기부터 저장해온 산물벼를 올해 단경기에 도정하여 학교급식업체에 판매하였다.

① 시간효용 - 형태효용 - 소유효용   ② 장소효용 - 시간효용 - 형태효용

③ 시간효용 - 소유효용 - 장소효용   ④ 장소효용 - 형태효용 - 소유효용

93 단위화물적재시스템(ULS)에 관한 내용으로 옳지 않은 것은?

① 일정한 중량과 부피로 화물 단위화
② 공영도매시장 출하의 필수조건
③ 수송의 효율성 향상
④ 상·하역 작업의 기계화

94 농산물 유통의 조성기능에 해당하지 않는 것은?

① 전자경매   ② 원산지 표시
③ 가격 알림 서비스   ④ 안전성 검사

95 농산물의 수요와 공급의 특성에 관한 내용으로 옳은 것은?

① 수요와 공급의 가격탄력성이 크다.
② 수요의 소득탄력성이 크다.
③ 공급의 가격신축성이 크다.
④ 킹(G.King)의 법칙이 적용되지 않는다.

96 쌀의 공공비축제도에 관한 내용으로 옳지 않은 것은?

① 식량안보를 목적으로 한다.
② 전체소비량 대비 일정량을 재고로 보유한다.
③ 시가로 매입하고, 시가로 방출한다.
④ 추곡수매제도와 동일하게 운영된다.

97 고객관계관리(CRM)에 관한 내용으로 옳은 것은?

① 맞춤형 DM쿠폰을 제공할 수 있다.
② 매스 마케팅(mass marketing)에 적합하다.
③ 개별고객의 불만 처리가 어렵다.
④ 이탈고객에 대한 관리가 어렵다.

98 구매에 영향을 미치는 인구통계적 요인은?

① 연령   ② 라이프 스타일
③ 준거집단   ④ 사회계층

99 초기 고가전략이 효과적인 경우는?

① 수요의 가격탄력성이 높을 때
② 경쟁기업의 시장진입이 어려울 때
③ 원가우위로 시장을 지배하려고 할 때
④ 규모의 경제를 극대화하려고 할 때

100 고객과 직접 대응하여 구매를 유도하는 마케팅 믹스의 구성요소는?

① 상품   ② 가격
③ 촉진   ④ 유통경로

2022년 제19회 1차 기출문제

관계법령

01 농수산물 품질관리법령상 동음이의어 지리적표시에 관한 정의이다. (   )에 들어갈 내용으로 옳은 것은?

> "동음이의어 지리적표시"란 동일한 품목에 대하여 지리적표시를 할 때 타인의 지리적표시와 (   )은(는) 같지만 해당 지역이 다른 지리적표시를 말한다.

① 발음 ② 유래
③ 명성 ④ 품질

02 농수산물 품질관리법령상 농수산물품질관리심의회의에서 심의하는 사항이 아닌 것은?
① 농산물 품질인증에 관한 사항
② 농산물 이력추적관리에 관한 사항
③ 유전자변형농산물의 표시에 관한 사항
④ 농산물 표준규격 및 물류표준화에 관한 사항

03 농수산물 품질관리법령상 2022년 4월 1일 검사한 보리쌀의 농산물검사의 유효기간은?
① 40일 ② 60일
③ 90일 ④ 120일

04 농수산물 품질관리법령상 다른 사람에게 농산물품질관리사 자격증을 빌려주어 자격이 취소된 사람은 그 처분이 있는 날부터 농산물품질관리사 자격시험에 응시할 수 없는 기간은?
① 1년 ② 2년
③ 3년 ④ 5년

05 농수산물 품질관리법령상 우수관리시설의 지위를 승계한 경우 종전의 우수관리시설에 행한 행정제재처분의 효과는 그 지위를 승계한 자에게 승계된다. 처분사실을 인지한 승계자에게 그 처분이 있은 날부터 행정제재처분의 효과가 승계되는 기간은?

① 6개월   ② 1년
③ 2년   ④ 3년

06 농수산물 품질관리법령상 우수관리인증농산물 표시의 제도법에 관한 설명으로 옳지 않은 것은?

① 인증번호는 표지도형 밑에 표시한다.
② 표지도형의 영문 글자는 고딕체로 한다.
③ 표지도형 상단의 "농림축산식품부"와 "MAFRA KOREA"의 글자는 흰색으로 한다.
④ 표지도형의 색상은 녹색을 기본색상으로 하고, 포장재의 색깔 등을 고려하여 빨간색으로 할 수 있다.

07 농수산물 품질관리법령상 농산물의 이력추적관리 등록에 관한 설명으로 옳지 않은 것은?

① 농림축산식품부장관은 이력추적관리의 등록을 한 자에 대하여 이력추적관리에 필요한 비용의 일부를 지원할 수 있다.
② 농림축산식품부장관은 이력추적관리의 등록자로부터 등록사항의 변경신고를 받은 날부터 1개월 이내에 신고수리 여부를 신고인에게 통지하여야 한다.
③ 대통령령으로 정하는 농산물을 생산하거나 유통 또는 판매하는 자는 농림축산식품부장관에게 이력추적관리의 등록을 하여야 한다.
④ 이력추적관리의 등록을 한 자는 등록사항이 변경된 경우 변경 사유가 발생한 날부터 1개월 이내에 농림축산식품부장관에게 신고하여야 한다.

08 농수산물 품질관리법령상 지리적표시 농산물의 특허법 준용에 관한 설명으로 옳지 않은 것은?

① 출원은 등록신청으로 본다.
② 특허권은 지리적표시권으로 본다.
③ 심판장은 농림축산식품부장관으로 본다.
④ 산업통상자원부령은 농림축산식품부령으로 본다.

09 농수산물 품질관리법령상 지리적표시품의 1차 위반행위에 따른 행정처분 기준이 가장 경미한 것은?

① 지리적표시품이 등록기준에 미치지 못하게 된 경우
② 등록된 지리적표시품이 아닌 제품에 지리적표시를 한 경우
③ 지리적표시품 생산계획의 이행이 곤란하다고 인정되는 경우
④ 지리적표시품에 정하는 바에 따른 지리적표시를 위반하여 내용물과 다르게 거짓표시를 한 경우

10 농수산물 품질관리법령상 안전성조사 업무의 일부와 시험분석 업무를 수행하기 위하여 안전성 검사기관을 지정하고 안전성조사와 시험분석 업무를 대행하게 할 수 있는 권한을 가진 자는?

① 식품의약품안전처장
② 국립농산물품질관리원장
③ 농림축산식품부장관
④ 농촌진흥청장

11 농수산물 품질관리법령상 안전성검사기관에 대해 6개월 이내의 기간을 정하여 업무의 정지를 명할 수 있는 경우는? (단, 경감사유는 고려하지 않음)

① 검사성적서를 거짓으로 내준 경우
② 거짓된 방법으로 안전성검사기관 지정을 받은 경우
③ 부정한 방법으로 안전성검사기관 지정을 받은 경우
④ 업무의 정지명령을 위반하여 계속 안전성조사 및 시험분석 업무를 한 경우

12 농수산물 품질관리법령상 유전자변형농산물의 표시기준 및 표시방법이 아닌 것은?

① '유전자변형농산물임'을 표시
② '유전자변형농산물이 포함되어 있음'을 표시
③ '유전자변형농산물이 포함되어 있지 않음'을 표시
④ '유전자변형농산물이 포함되어 있을 가능성이 있음'을 표시

13 농수산물 품질관리법령상 위반에 따른 벌칙의 기준이 다른 것은?

① 우수관리인증농산물이 우수관리기준에 미치지 못하여 우수관리인증농산물의 유통업자에게판매금지 조치를 명하였으나 판매금지 조치에 따르지 아니한 자

② 유전자변형농산물의 표시를 거짓으로 한 자에게 해당 처분을 받았다는 사실을 공표할 것을 명하였으나 공표명령을 이행하지 아니한 자

③ 안전성조사를 한 결과 농산물의 생산단계 안전기준을 위반하여 출하 연기 조치를 명하였으나 조치를 이행하지 아니한 자

④ 지리적표시품의 표시방법을 위반하여 표시방법에 대한 시정명령을 받았으나 시정명령에 따르지 아니한 자

14 농수산물의 원산지 표시 등에 관한 법령상 프랑스에서 수입하여 국내에서 35일간 사육한 닭을 국내 일반음식점에서 삼계탕으로 조리하여 판매할 경우 원산지표시방법으로 옳은 것은?

① 삼계탕(닭고기 : 국내산)

② 삼계탕(닭고기 : 프랑스산)

③ 삼계탕(닭고기 : 국내산(출생국 : 프랑스))

④ 삼계탕(닭고기 : 국내산과 프랑스산 혼합)

15 농수산물의 원산지 표시 등에 관한 법령상 위반행위에 관한 내용이다. (   )에 해당하는 과태료 부과기준은?

> • (ㄱ) : 원산지 표시대상 농산물을 판매 중인 자가 원산지 거짓표시 행위로 적발되어 처분이 확정된 경우 농산물 원산지 표시제도 교육을 이수하도록 명령을 받았으나 교육 이수명령을 이행하지 아니한 자
>
> • (ㄴ) : 원산지 표시대상 농산물을 판매 중인 자는 원산지의 표시 여부·표시사항과 표시방법 등의 적정성을 확인하기 위하여 수거·조사·열람을 하는 때에는 정당한 사유 없이 이를 거부·방해하거나 기피하여서는 아니되나 수거·조사·열람을 거부·방해하거나 기피한 자

① ㄱ : 500만원 이하,   ㄴ : 500만원 이하

② ㄱ : 500만원 이하,   ㄴ : 1,000만원 이하

③ ㄱ : 1,000만원 이하,   ㄴ : 500만원 이하

④ ㄱ : 1,000만원 이하,   ㄴ : 1,000만원 이하

16 농수산물의 원산지 표시 등에 관한 법령상 A씨가 판매가 35,000원 상당의 고사리에 원산지를 표시하지 않아 원산지 표시의무를 위반한 경우 부과되는 과태료는? (단, 감경사유는 고려하지 않음)

① 30,000원   ② 35,000원
③ 40,000원   ④ 50,000원

17 농수산물 유통 및 가격안정에 관한 법령상 중앙도매시장은?

① 서울특별시 강서 농산물도매시장   ② 부산광역시 반여 농산물도매시장
③ 광주광역시 서부 농수산물도매시장   ④ 인천광역시 삼산 농산물도매시장

18 농수산물 유통 및 가격안정에 관한 법령상 가격 예시에 관한 설명으로 옳지 않은 것은?

① 농림축산식품부장관이 예시가격을 결정할 때에는 미리 기획재정부장관과 협의하여야 한다.
② 농림축산식품부장관은 해당 농산물의 파종기 이후에 하한가격을 예시하여야 한다.
③ 가격예시 대상 품목은 계약생산 또는 계약출하를 하는 농산물로서 농림축산식품부장관이 지정하는 품목으로 한다.
④ 농림축산식품부장관은 농림업관측 등 예시가격을 지지하기 위한 시책을 추진하여야 한다.

19 농수산물 유통 및 가격안정에 관한 법령상 농림축산식품부장관이 필요하다고 인정할 때에 생산자단체를 지정하여 수입 · 판매하게 할 수 있는 품목은?

① 오렌지   ② 고추
③ 마늘   ④ 생강

20 농수산물 유통 및 가격안정에 관한 법령상 산지유통인의 등록에 관한 설명으로 옳지 않은 것은?

① 농수산물을 수집하여 도매시장에 출하하려는 자는 부류별로 도매시장 개설자에게 등록하여야 한다.
② 중도매인의 임직원은 해당 도매시장에서 산지유통인의 업무를 하여서는 아니 된다.
③ 거래의 특례에 따라 시장도매인이 도매시장법인으로부터 매수하여 판매하는 경우 산지유통인 등록을 하여야 한다.
④ 생산자단체가 구성원의 생산물을 출하하는 경우 산지유통인 등록을 하지 않아도 된다.

21 농수산물 유통 및 가격안정에 관한 법령상 농산물가격안정기금에 관한 설명으로 옳지 않은 것은?

① 기금은 정부 출연금 등의 재원으로 조성한다.
② 기금은 농산물의 수출 촉진 사업에 융자 또는 대출할 수 있다.
③ 기금은 도매시장 시설현대화 사업 지원 등을 위하여 지출한다.
④ 기금은 국가회계원칙에 따라 기획재정부장관이 운용·관리한다.

22 농수산물 유통 및 가격안정에 관한 법령상 농수산물 전자거래에 관한 설명으로 옳지 않은 것은?

① 농림축산식품부장관은 한국농수산식품유통공사에 농수산물 전자거래소의 설치 및 운영·관리업무를 수행하게 할 수 있다.
② 농수산물전자거래의 거래수수료는 거래액의 1천분의 30을 초과할 수 없다.
③ 농수산물전자거래의 거래품목은 농림축산식품부령 또는 해양수산부령으로 정하는 농수산물이다.
④ 농수산물전자거래분쟁조정위원회 위원의 임기는 2년으로 하며, 최대 연임가능 임기는 6년이다.

23 농수산물 유통 및 가격안정에 관한 법령상 전년도 연간 거래액이 8억원인 시장도매인이 해당 도매시장의 중도매인에게 농산물을 판매하여 시장도매인 영업규정위반으로 2차 행정처분을 받은 경우 도매시장 개설자가 부과기준에 따라 시장도매인에게 부과하는 과징금은? (단, 과징금의 가감은 없음)

① 120,000원　② 180,000원
③ 360,000원　④ 540,000원

24 농수산물 유통 및 가격안정에 관한 법령상 도매시장법인의 겸영에 관한 설명으로 옳지 않은 것은?

① 도매시장법인이 해당 도매시장 외의 군소재지에서 겸영사업을 하려는 경우에는 겸영사업 개시 전에 겸영사업의 내용 및 계획을 겸영하려는 사업장 소재지의 군수에게도 알려야 한다.
② 도매시장 개설자는 도매시장법인의 과도한 겸영사업이 우려되는 경우에는 농림축산식품부령이 정하는 바에 따라 겸영사업을 2년 이내의 범위에서 제한할 수 있다.
③ 겸영사업을 하려는 도매시장법인의 유동비율은 100퍼센트 이상이어야 한다.
④ 도매시장법인이 겸영사업으로 수출을 하는 경우 중도매인·매매참가인 외의 자에게 판매할 수 있다.

25 농수산물 유통 및 가격안정에 관한 법령상 농수산물 공판장에 관한 설명으로 옳지 않은 것은?

① 공판장의 중도매인은 공판장의 개설자가 허가한다.

② 공판장 개설자가 업무규정을 변경한 경우에는 시 · 도지사에게 보고하여야 한다.

③ 농림수협 등이 공판장을 개설하려면 시 · 도지사의 승인을 받아야 한다.

④ 도매시장공판장은 농림수협 등의 유통자회사로 하여금 운영하게 할 수 있다.

원예작물학

26 원예작물별 주요 기능성 물질의 연결이 옳지 않은 것은?

① 상추 – 시니그린(sinigrin) ② 고추 – 캡사이신(capsaicin)

③ 마늘 – 알리인(alliin) ④ 포도 – 레스베라트롤(resveratrol)

27 국내 육성 품종을 모두 고른 것은?

ㄱ. 백마(국화)	ㄴ. 샤인머스캣(포도)
ㄷ. 부유(단감)	ㄹ. 매향(딸기)

① ㄱ, ㄴ ② ㄱ, ㄹ

③ ㄴ, ㄷ ④ ㄷ, ㄹ

28 과(科, family)명과 원예작물의 연결이 옳은 것은?

① 가지과 – 고추, 감자 ② 국화과 – 당근, 미나리

③ 생강과 – 양파, 마늘 ④ 장미과 – 석류, 무화과

29 채소 수경재배에 관한 설명으로 옳지 않은 것은?

① 청정재배가 가능하다. ② 재배관리의 자동화와 생력화가 쉽다.

③ 연작장해가 발생하기 쉽다. ④ 생육이 빠르고 균일하다.

30 채소의 육묘재배에 관한 설명으로 옳지 않은 것은?

① 조기 수확이 가능하다.　　　　② 본밭의 토지이용률을 증가시킬 수 있다.
③ 직파에 비해 발아율이 향상된다.　④ 유묘기의 병해충 관리가 어렵다.

31 양파의 인경비대를 촉진하는 재배환경 조건은?

① 저온, 다습　　　　② 저온, 건조
③ 고온, 장일　　　　④ 고온, 단일

32 토양의 염류집적에 관한 대책으로 옳지 않은 것은?

① 유기물을 시용한다.　　　　② 객토를 한다.
③ 시설로 강우를 차단한다.　　④ 흡비작물을 재배한다.

33 우리나라에서 이용되는 해충별 천적의 연결이 옳은 것은?

① 총채벌레 – 굴파리좀벌　　　　② 온실가루이 – 칠레이리응애
③ 점박이응애 – 애꽃노린재류　　④ 진딧물 – 콜레마니진디벌

34 장미 블라인드의 원인을 모두 고른 것은?

ㄱ. 일조량 부족	ㄴ. 일조량 과다
ㄷ. 낮은 야간온도	ㄹ. 높은 야간온도

① ㄱ, ㄷ　　　　② ㄱ, ㄹ
③ ㄴ, ㄷ　　　　④ ㄴ, ㄹ

35 해충의 피해에 관한 설명으로 옳지 않은 것은?

① 총채벌레는 즙액을 빨아먹는다.
② 진딧물은 바이러스를 옮긴다.
③ 온실가루이는 배설물로 그을음병을 유발한다.
④ 가루깍지벌레는 뿌리를 가해한다.

36 화훼작물의 양액재배 시 양액조성을 위해 고려해야 할 사항이 아닌 것은?

① 전기전도도(EC)　　　　　　　② 이산화탄소 농도
③ 산도(pH)　　　　　　　　　　④ 용존산소 농도

37 화훼작물의 저온 춘화에 관한 설명으로 옳지 않은 것은?

① 저온에 의해 화아분화와 개화가 촉진되는 현상이다.
② 종자 춘화형은 일정기간 동안 생육한 후부터 저온에 감응한다.
③ 녹색 식물체 춘화형에는 꽃양배추, 구근류 등이 있다.
④ 탈춘화는 춘화처리의 자극이 고온으로 인해 소멸되는 현상을 말한다.

38 분화류의 신장을 억제하여 콤팩트한 모양으로 상품성을 향상시킬 수 있는 생장조절제는?

① 2,4-D　　　　　　　　　　② IBA
③ IAA　　　　　　　　　　　④ B-9

39 다음이 설명하는 재배법은?

> • 주요 재배품목은 딸기이다.
> • 점적 또는 NFT 방식의 관수법을 적용한다.
> • 재배 베드를 허리높이까지 높여 토경재배에 비해 작업의 편리성이 높다.

① 매트재배　　　　　　　　　② 네트재배
③ 아칭재배　　　　　　　　　④ 고설재배

40 부(−)의 DIF에서 초장 생장의 억제효과가 가장 큰 원예작물은?

① 튤립 ② 국화
③ 수선화 ④ 히아신스

41 조직배양을 통한 무병주 생산이 산업화된 원예작물을 모두 고른 것은?

ㄱ. 감자	ㄴ. 참외
ㄷ. 딸기	ㄹ. 상추

① ㄱ, ㄴ ② ㄱ, ㄷ
③ ㄴ, ㄷ ④ ㄷ, ㄹ

42 다음이 설명하는 병은?

• 주로 5~7월경에 발생한다.
• 사과나 배에 많은 피해를 준다.
• 피해 조직이 검게 변하고 서서히 말라 죽는다.
• 세균(Erwinia amylovora)에 의해 발생한다.

① 궤양병 ② 흑성병
③ 화상병 ④ 축과병

43 그 해 자란 새가지에 과실이 달리는 과수는?

① 사과 ② 배
③ 포도 ④ 복숭아

44 과수별 실생대목의 연결이 옳지 않은 것은?

① 사과 – 야광나무 ② 배 – 아그배나무
③ 감 – 고욤나무 ④ 감귤 – 탱자나무

45 꽃받기가 발달하여 과육이 되고 씨방은 과심이 되는 과실은?

① 사과 ② 복숭아
③ 포도 ④ 단감

46 과수에서 꽃눈분화나 과실발육을 촉진시킬 목적으로 실시하는 작업이 아닌 것은?

① 하기전정 ② 환상박피
③ 순지르기 ④ 강전정

47 과수원 토양의 입단화 촉진 효과가 있는 재배방법이 아닌 것은?

① 석회 시비 ② 유기물 시비
③ 반사필름 피복 ④ 녹비작물 재배

48 과수 재배 시 늦서리 피해 경감 대책에 관한 설명으로 옳지 않은 것은?

① 상로(霜路)가 되는 경사면 재배를 피한다.
② 산으로 둘러싸인 분지에서 재배한다.
③ 스프링클러를 이용하여 수상 살수를 실시한다.
④ 송풍법으로 과수원 공기를 순환시켜 준다.

49 엽록소의 구성성분으로 부족할 경우 잎의 황백화 원인이 되는 필수원소는?

① 철 ② 칼슘
③ 붕소 ④ 마그네슘

50 경사지 과수원과 비교하였을 때 평탄지 과수원의 장점이 아닌 것은?

① 배수가 양호하다. ② 토양 침식이 적다.
③ 기계작업이 편리하다. ④ 토지 이용률이 높다.

수확 후 품질관리론

51 원예산물의 수확적기를 판정하는 방법으로 옳은 것은?

① 후지 사과 – 요오드반응으로 과육의 착색면적이 최대일 때 수확한다.

② 저장용 마늘 – 추대가 되기 전에 수확한다.

③ 신고 배 – 만개 후 90일 정도에 과피가 녹황색이 되면 수확한다.

④ 가지 – 종자가 급속히 발달하기 직전인 열매의 비대최성기에 수확한다.

52 사과(후지)의 성숙 시 관련하는 주요 색소를 선택하고 그 변화로 옳은 것은?

ㄱ. 안토시아닌	ㄴ. 엽록소
ㄷ. 리코펜	

① ㄱ: 증가, ㄴ: 감소　　　　② ㄱ: 감소, ㄴ: 증가

③ ㄱ: 감소, ㄴ: 감소, ㄷ: 증가　　④ ㄱ: 증가, ㄴ: 증가, ㄷ: 감소

53 호흡급등형 원예산물을 모두 고른 것은?

ㄱ. 살구	ㄴ. 가지
ㄷ. 체리	ㄹ. 사과

① ㄱ, ㄴ　　　　② ㄱ, ㄹ

③ ㄴ, ㄷ　　　　④ ㄷ, ㄹ

54 포도의 성숙 과정에서 일어나는 현상으로 옳지 않은 것은?

① 전분이 당으로 전환된다.　　② 엽록소의 함량이 감소한다.

③ 펙틴질이 분해된다.　　　　④ 유기산이 증가한다.

55 오이에서 생성되는 쓴맛을 내는 수용성 알칼로이드 물질은?

① 아플라톡신　　　　② 솔라닌

③ 쿠쿠비타신　　　　④ 아미그달린

56 원예산물에서 에틸렌의 생합성 과정에 필요한 물질이 아닌 것은?

① ACC합성효소　　　　　　　② SAM합성효소

③ ACC산화효소　　　　　　　④ PLD분해효소

57 원예작물의 수확 후 증산작용에 관한 설명으로 옳은 것은?

① 증산율이 낮은 작물일수록 저장성이 약하다.

② 공기 중의 상대습도가 높아질수록 증산이 활발해져 생체중량이 감소된다.

③ 증산은 대기압에 정비례하므로 압력이 높을수록 증가한다.

④ 원예산물로부터 수분이 수증기 형태로 대기 중으로 이동하는 현상이다.

58 과실별 주요 유기산의 연결로 옳지 않은 것은?

① 포도 – 주석산　　　　　　　② 감귤 – 구연산

③ 사과 – 말산　　　　　　　　④ 자두 – 옥살산

59 원예산물의 조직감과 관련성이 높은 품질구성 요소는?

① 산도　　　　　　　　　　　② 색도

③ 수분함량　　　　　　　　　④ 향기

60 굴절당도계에 관한 설명으로 옳은 것은?

① 당도는 측정 시 과실의 온도에 영향을 받지 않는다.

② 영점을 보정할 때 증류수를 사용한다.

③ 당도는 과실내의 불용성 펙틴의 함량을 기준으로 한다.

④ 표준당도는 설탕물 10% 용액의 당도를 1% (°Brix)로 한다.

61 원예산물에서 카로티노이드 계통의 색소가 아닌 것은?

① α – 카로틴　　　　　　　② 루테인

③ 케라시아닌　　　　　　　　④ β – 카로틴

62 수확 후 감자의 슈베린 축적을 유도하여 수분손실을 줄이고 미생물 침입을 예방하는 전처리는?

① 예냉　　　　　　　　　　　② 예건
③ 치유　　　　　　　　　　　④ 예조

63 원예산물의 세척 방법으로 옳은 것을 모두 고른 것은?

ㄱ. 과산화수소수 처리	ㄴ. 부유세척
ㄷ. 오존수 처리	ㄹ. 자외선 처리

① ㄱ, ㄹ　　　　　　　　　　② ㄱ, ㄴ, ㄷ
③ ㄴ, ㄷ, ㄹ　　　　　　　　④ ㄱ, ㄴ, ㄷ, ㄹ

64 장미의 절화수명 연장을 위해 보존액의 pH를 산성으로 유도하는 물질은?

① 제1인산칼륨, 시트르산　　　② 카프릴산, 제2인산칼륨
③ 시트르산, 수산화나트륨　　　④ 탄산칼륨, 카프릴산

65 다음 (　　　)에 알맞은 용어는?

예냉은 수확한 작물에 축적된 (ㄱ)을 제거하여 품온을 낮추는 처리로, 품온과 원예산물의 (ㄴ)을 이용하면 (ㄱ)량을 구할 수 있다.

① ㄱ: 호흡열, ㄴ: 대류열　　　② ㄱ: 포장열, ㄴ: 비열
③ ㄱ: 냉장열, ㄴ: 복사열　　　④ ㄱ: 포장열, ㄴ: 장비열

66 수확 후 후숙처리에 의해 상품성이 향상되는 원예산물은?

① 체리　　　　　　　　　　　② 포도
③ 사과　　　　　　　　　　　④ 바나나

67 원예산물의 저장 효율을 높이기 위한 방법으로 옳지 않은 것은?

① 저장고 내부를 차아염소산나트륨 수용액을 이용하여 소독한다.
② CA저장고에는 냉각장치, 압력조절장치, 질소발생기를 설치한다.
③ 저장고 내의 고습을 유지하기 위해 활성탄을 사용한다.
④ 저장고 내의 온도는 저장중인 원예산물의 품온을 기준으로 조절한다.

68 원예산물의 MA필름저장에 관한 설명으로 옳지 않은 것은?

① 인위적 공기조성 효과를 낼 수 있다.
② 방담필름은 포장 내부의 응결현상을 억제한다.
③ 필름의 이산화탄소 투과도는 산소 투과도보다 낮아야 한다.
④ 필름은 인장강도가 높은 것이 좋다.

69 원예산물의 숙성을 억제하기 위한 방법을 모두 고른 것은?

ㄱ. CA저장	ㄴ. 과망간산칼륨처리
ㄷ. 칼슘처리	ㄹ. 에세폰처리

① ㄱ, ㄴ, ㄷ   ② ㄱ, ㄴ, ㄹ
③ ㄱ, ㄷ, ㄹ   ④ ㄴ, ㄷ, ㄹ

70 농민 H씨가 다음과 같은 배를 동일 조건에서 상온저장할 경우 저장성이 가장 낮은 것은?

① 신고   ② 신수
③ 추황배   ④ 영산배

71 원예산물을 저온저장 시 발생하는 냉해(chilling injury)의 증상이 아닌 것은?

① 표피의 함몰   ② 수침현상
③ 세포의 결빙   ④ 섬유질화

72 다음 중 3~7℃에서 저장할 경우 저온장해가 일어날 수 있는 원예산물은?

① 토마토　　　　　　　　　　　② 단감

③ 사과　　　　　　　　　　　　④ 배

73 원예산물의 적재 및 유통에 관한 설명으로 옳지 않은 것은?

① 신선채소류에는 수분흡수율이 높은 포장상자를 사용한다.

② 압상을 방지할 수 있는 강도의 골판지상자로 포장해야 한다.

③ 기계적 장해를 회피하기 위해 포장박스 내 적재물량을 조절한다.

④ 골판지 상자의 적재방법에 따라 상자에 가해지는 압축강도는 달라진다.

74 동일조건에서 이산화탄소 투과도가 가장 낮은 포장재는?

① 폴리프로필렌(PP)　　　　　　② 저밀도 폴리에틸렌(LDPE)

③ 폴리스티렌(PS)　　　　　　　④ 폴리에스테르(PET)

75 다음이 설명하는 원예산물관리제도는?

> • 농약 허용물질목록 관리제도
> • 품목별로 등록된 농약을 잔류허용기준농도 이하로 검출되도록 관리

① HACCP　　　　　　　　　　② PLS

③ GAP　　　　　　　　　　　④ APC

농산물유통론

76 농산물의 특성으로 옳지 않은 것은?

① 계절성·부패성

② 탄력적 수요와 공급

③ 공산품 대비 표준화·등급화 어려움

④ 가격 대비 큰 부피와 중량으로 보관·운반 시 고비용

77 농산물의 생산과 소비 간의 간격해소를 위한 유통의 기능으로 옳지 않은 것은?

① 시간 간격해소 - 수집

② 수량 간격해소 - 소분

③ 장소 간격해소 - 수송·분산

④ 품질 간격해소 - 선별·등급화

78 최근 식품 소비트렌드로 옳지 않은 것은?

① 소비품목 다변화

② 친환경식품 증가

③ 간편가정식(HMR) 증가

④ 편의점 도시락 판매량 감소

79 농산물 유통정보의 종류에 관한 설명으로 옳은 것은?

① 관측정보 - 농업의 경제적 측면 예측자료

② 정보종류 - 거래정보, 관측정보, 전망정보

③ 거래정보 - 산지 단계를 제외한 조사실행

④ 전망정보 - 개별재배면적, 생산량, 수출입통계

80 농산물 유통기구의 종류와 역할에 관한 설명으로 옳지 않은 것은?

① 크게 수집기구, 중개기구, 조성기구로 구성된다.

② 중개기구는 주로 도매시장이 역할을 담당한다.

③ 수집기구는 산지의 생산물 구매역할을 담당한다.

④ 생산물이 생산자부터 소비자까지 도달하는 과정에 있는 모든 조직을 의미한다.

81 농산물 도매시장에 관한 설명으로 옳지 않은 것은?

① 경매를 통해 가격을 결정한다.

② 농산물 가격에 관한 정보는 제공하지 않는다.

③ 최근 직거래 등으로 거래비중이 감소되고 있다.

④ 도매시장법인, 중도매인, 매매참가인 등이 활동한다.

82 생산자는 산지 수집상에게 배추 1천 포기를 100만원에 판매하고 수집상은 포기당유통비용 200원, 유통이윤 800원을 더해 도매상에게 판매했다. 수집상의 유통마진율(%)은?

① 30
② 40
③ 50
④ 60

83 협동조합 유통에 관한 설명으로 옳은 것을 모두 고른 것은?

> ㄱ. 시장교섭력 제고
> ㄴ. 불균형적인 시장력 견제
> ㄷ. 무임승차 문제발생 우려
> ㄹ. 시장 내 경쟁척도 역할수행

① ㄱ, ㄷ
② ㄴ, ㄹ
③ ㄱ, ㄴ, ㄹ
④ ㄱ, ㄴ, ㄷ, ㄹ

84 공동판매의 장점이 아닌 것은?

① 신속한 개별정산
② 유통비용의 절감
③ 효율적인 수급조절
④ 생산자의 소득안정

85 소매상의 기능으로 옳은 것을 모두 고른 것은?

> ㄱ. 시장정보 제공
> ㄴ. 농산물 수집
> ㄷ. 산지가격 조정
> ㄹ. 상품구색 제공

① ㄱ, ㄷ
② ㄱ, ㄹ
③ ㄱ, ㄴ, ㄹ
④ ㄴ, ㄷ, ㄹ

86 농산물 산지유통의 기능으로 옳은 것을 모두 고른 것은?

> ㄱ. 농산물의 1차 교환
> ㄴ. 소비자의 수요정보 전달
> ㄷ. 산지유통센터(APC)가 선별
> ㄹ. 저장 후 분산출하로 시간효용 창출

① ㄱ, ㄷ   ② ㄴ, ㄹ
③ ㄱ, ㄷ, ㄹ   ④ ㄴ, ㄷ, ㄹ

87 농산물의 물적유통기능으로 옳지 않은 것은?

① 자동차 운송은 접근성에 유리
② 상품의 물리적 변화 및 이동 관련 기능
③ 수송기능은 생산과 소비의 시간격차 해결
④ 가공, 포장, 저장, 수송, 상하역 등이 해당

88 농산물 무점포 전자상거래의 장점이 아닌 것은?

① 고객정보 획득용이   ② 오프라인 대비 저비용
③ 낮은 시간 · 공간의 제약   ④ 해킹 등 보안사고에 안전

89 농산물의 등급화에 관한 설명으로 옳은 것은?

① 상 · 중 · 하로 등급 구분   ② 품위 및 운반 · 저장성 향상
③ 등급에 따른 가격차이 결정   ④ 규모의 경제에 따른 가격 저렴화

90 농산물 수요의 가격탄력성에 관한 설명으로 옳은 것은?

① 고급품은 일반품 수요의 가격탄력성보다 작다.
② 수요가 탄력적인 경우 가격인하 시 총수익은 증가한다.
③ 수요의 가격탄력적 또는 비탄력적 여부는 출하량 조정과는 무관하다.
④ 수요의 가격탄력성은 품목마다 다르며, 가격하락 시 수요량은 감소한다.

91 소비자의 특성으로 옳지 않은 것은?

① 단일 차원적   ② 목적의식 보유
③ 선택대안의 비교구매   ④ 주권보유 및 행복추구

92 시장세분화 전략에서의 행위적 특성은?

① 소득   ② 인구밀도
③ 개성(personality)   ④ 브랜드충성도(loyalty)

93 농산물 브랜드의 기능이 아닌 것은?

① 광고   ② 수급조절
③ 재산보호   ④ 품질보증

94 계란, 배추 등 필수 먹거리들을 미끼상품으로 제공하여 구매를 유도하는 가격전략은?

① 리더가격   ② 단수가격
③ 관습가격   ④ 개수가격

95 경품, 사은품, 쿠폰 등을 제공하는 판매촉진의 효과가 아닌 것은?

① 상품홍보   ② 잠재고객 확보
③ 단기적 매출증가   ④ 타 업체의 모방 곤란

96 농산물의 유통조성기능이 아닌 것은?

① 정보제공   ② 소유권 이전
③ 표준화 · 등급화   ④ 유통금융 · 위험부담

97 생산부터 판매까지 유통경로의 모든 프로세스를 통합하여 소비자의 가치를 창출하고 기업의 경쟁력을 판단하는 시스템은?

① POS(Point Of Sales)
② CS(Customer Satisfaction)
③ SCM(Supply Chain Management)
④ ERP(Enterprise Resource Planning)

98 농산물 가격변동의 위험회피 대책이 아닌 것은?

① 계약생산
② 분산판매
③ 재해대비
④ 선도거래

99 단위화물적재시스템의 설명으로 옳지 않은 것은?

① 운송수단 이용 효율성 제고
② 시스템화로 하역·수송의 일관화
③ 파렛트, 컨테이너 등을 이용한 단위화
④ 국내표준 파렛트 T11형 규격은 1000mm×1000mm

100 농산물 유통시장의 거시환경으로 옳은 것을 모두 고른 것은?

ㄱ. 기업환경	ㄴ. 기술적 환경
ㄷ. 정치·경제적 환경	ㄹ. 사회·문화적 환경

① ㄱ, ㄴ
② ㄷ, ㄹ
③ ㄱ, ㄷ, ㄹ
④ ㄴ, ㄷ, ㄹ

2021년 제18회 1차 기출문제

관계법령

01 농수산물 품질관리법상 용어의 정의로 옳지 않은 것은?

① "생산자단체"란 「농수산물 품질관리법」의 생산자단체와 그 밖에 농림축산식품부령으로 정하는 단체를 말한다.

② "유전자변형농산물"이란 인공적으로 유전자를 분리하거나 재조합하여 의도한 특성을 갖도록 한 농산물을 말한다.

③ "물류표준화"란 농산물의 운송·보관 등 물류의 각 단계에서 사용되는 기기·용기 등을 규격화하여 호환성과 연계성을 원활히 하는 것을 말한다.

④ "유해물질"이란 농약, 중금속 등 식품에 잔류하거나 오염되어 사람의 건강에 해를 끼칠 수 있는 물질로서 총리령으로 정하는 것을 말한다.

02 농수산물의 원산지 표시에 관한 법령상 농산물과 수입 농산물(가공품 포함)의 원산지 표시기준으로 옳지 않은 것은?

① 수입 농산물과 그 가공품은 「식품위생법」에 따른 원산지를 표시한다.

② 국산 농산물로서 그 생산 등을 한 지역이 각각 다른 동일 품목의 농산물을 혼합한 경우에는 혼합 비율이 높은 순서로 3개 지역까지의 시·도명 또는 시·군·구명과 그 혼합 비율을 표시한다.

③ 국산 농산물은 "국산"이나 "국내산" 또는 그 농산물을 생산·채취·사육한 지역의 시·도명이나 시·군·구명을 표시한다.

④ 동일 품목의 국산 농산물과 국산 외의 농산물을 혼합한 경우에는 혼합비율이 높은 순서로 3개 국가(지역 등)까지의 원산지와 그 혼합비율을 표시한다.

03 농수산물의 원산지 표시에 관한 법령상 과징금의 최고 금액은?

① 1억원   ② 2억원

③ 3억원   ④ 4억원

04 농수산물 품질관리법령상 정부가 수출 · 수입하는 농산물로 농림축산식품부장관의 검사를 받지 않아도 되는 것은?

① 콩 ② 사과
③ 참깨 ④ 쌀

05 농수산물 품질관리법상 농산물품질관리사가 수행하는 직무에 해당하지 않는 것은?

① 농산물의 등급 판정
② 농산물의 생산 및 수확 후 품질관리기술 지도
③ 농산물의 출하 시기 조절, 품질관리기술에 관한 조언
④ 안전성 위반 농산물에 대한 조치

06 농수산물 품질관리법령상 우수관리인증의 취소 및 표시정지에 해당하는 위반사항이다. 최근 1년간 같은 행위로 3차 위반 시 '인증취소' 행정처분을 받는 경우를 모두 고른 것은? (단, 경감 및 가중사유는 고려하지 않음)

> ㄱ. 우수관리기준을 지키지 않은 경우
> ㄴ. 정당한 사유 없이 조사 · 점검 요청에 응하지 않은 경우
> ㄷ. 우수관리인증의 표시방법을 위반한 경우
> ㄹ. 변경승인을 받지 않고 중요 사항을 변경한 경우

① ㄱ, ㄷ ② ㄴ, ㄹ
③ ㄱ, ㄴ, ㄹ ④ ㄴ, ㄷ, ㄹ

07 농수산물 품질관리법령상 우수관리인증농산물의 표시방법에 관한 설명으로 옳지 않은 것은?

① 포장재의 크기에 따라 표지의 크기를 키우거나 줄일 수 있다.
② 포장재 주 표시면의 옆면에 표시하며 위치를 변경할 수 없다.
③ 표지 및 표시사항은 소비자가 쉽게 알아볼 수 있도록 인쇄하거나 스티커로 포장재에서 떨어지지 않도록 부착하여야 한다.
④ 수출용의 경우에는 해당 국가의 요구에 따라 표시할 수 있다.

08 농수산물 품질관리법령상 농산물 명예감시원에 관한 설명으로 옳지 않은 것은?

① 농촌진흥청장, 농수산식품유통공사는 명예감시원을 위촉한다.

② 명예감시원의 주요 임무는 농산물의 표준규격화, 농산물우수관리 등에 관한 지도·홍보 이다.

③ 시·도지사는 명예감시원에게 예산의 범위에서 감시활동에 필요한 경비를 지급할 수 있다.

④ 시·도지사는 소비자단체의 회원 등을 명예감시원으로 위촉하여 농산물의 유통질서에 대한 감시·지도를 하게 할 수 있다.

09 농수산물 품질관리법령상 과태료 부과기준이다. ( )에 들어갈 내용으로 옳은 것은?

> 위반행위의 횟수에 따른 과태료의 가중된 부과기준은 최근 1년간 같은 위반행위로 과태료 부과처분을 받은 경우에 적용한다. 이 경우 기간의 계산은 위반행위에 대하여 (ㄱ)과 그 처분 후 다시 같은 위반행위를 하여 (ㄴ)을 기준으로 한다.
> * A : 적발된 날, B : 과태료 부과처분을 받은 날

① ㄱ : A, ㄴ : A   ② ㄱ : A, ㄴ : B

③ ㄱ : B, ㄴ : A   ④ ㄱ : B, ㄴ : B

10 농수산물 품질관리법령상 표준규격품임을 표시하기 위하여 해당 물품의 포장 겉면에 "표준규격품"이라는 문구와 함께 의무적으로 표시하여야 하는 사항을 모두 고른 것은?

ㄱ. 품목	ㄴ. 등급
ㄷ. 선별상태	ㄹ. 산지

① ㄱ, ㄴ   ② ㄷ, ㄹ

③ ㄱ, ㄴ, ㄷ   ④ ㄱ, ㄴ, ㄹ

11 농수산물 품질관리법령상 이력추적관리의 등록사항이 아닌 것은?

① 생산자 재배지의 주소

② 유통자의 성명, 주소 및 전화번호

③ 유통자의 유통업체명, 수확 후 관리시설의 소재지

④ 판매자의 포장·가공시설 주소 및 브랜드명

12 농수산물 품질관리법령상 3년 이하의 징역 또는 3천만원 이하의 벌금에 해당하지 않는 경우는?

① 우수표시품이 아닌 농산물에 우수표시품의 표시를 한 자
② 유전자변형농산물의 표시를 거짓으로 한 유전자변형농산물 표시의무자
③ 지리적표시품이 아닌 농산물의 포장·용기·선전물 및 관련 서류에 지리적표시를 한 자
④ 표준규격품의 표시를 한 농산물에 표준규격품이 아닌 농산물을 혼합하여 판매하는 행위를 한 자

13 농수산물 품질관리법령상 지리적표시 등록 신청서에 첨부·표시해야 하는 것으로 옳지 않은 것은?

① 해당 특산품의 유명성과 시·도지사의 추천서
② 자체품질기준
③ 품질관리계획서
④ 생산계획서(법인의 경우 각 구성원별 생산계획을 포함한다)

14 농수산물 품질관리법령상 농산물 지정검사기관이 1회 위반행위를 하였을 때 가장 가벼운 행정처분을 받는 것은?

① 업무정지 기간 중에 검사 업무를 한 경우
② 정당한 사유 없이 지정된 검사를 하지 않은 경우
③ 검사를 거짓으로 한 경우
④ 시설·장비·인력, 조직이나 검사업무에 관한 규정 중 어느 하나가 지정기준에 맞지 않는 경우

15 농수산물 품질관리법상 유전자변형농산물의 표시 위반에 대한 처분에 해당하지 않는 것은?

① 표시의 변경 시정명령　　② 표시의 삭제 시정명령
③ 표시 위반 농산물의 판매 금지　　④ 표시 위반 농산물의 몰수

16 농수산물 품질관리법상 농산물의 안전성조사에 관한 설명으로 옳은 것은?

① 농림축산식품부장관은 농산물의 안전관리계획을 5년마다 수립·시행하여야 한다.
② 식품의약품안전처장은 농산물의 안전성을 확보하기 위한 세부추진계획을 5년마다 수립·시행하여야 한다.
③ 식품의약품안전처장은 시료 수거를 무상으로 하게 할 수 있다.
④ 안전성조사의 대상품목 선정, 대상지역 및 절차 등에 필요한 세부적인 사항은 농촌진흥청장이 정한다.

17 농수산물 유통 및 가격안정에 관한 법률상 매매방법에 대한 규정이다. (   )에 들어갈 내용으로 옳은 것은?

> 도매시장법인은 도매시장에서 농산물을 경매·입찰·(   )매매 또는 수의매매의 방법으로 매매하여야 한다.

① 선취
② 선도
③ 창고
④ 정가

18 농수산물 유통 및 가격안정에 관한 법령상 도매시장 개설자가 거래관계자의 편익과 소비자 보호를 위하여 이행하여야 하는 사항으로 옳지 않은 것은?

① 도매시장 시설의 정비·개선
② 농산물 상품성 향상을 위한 규격화
③ 농산물 품위 검사
④ 농산물 포장 개선 및 선도 유지의 촉진

19 농수산물 유통 및 가격안정에 관한 법령상 경매사의 임면과 업무에 관한 설명으로 옳지 않은 것은?

① 도매시장법인이 확보하여야 하는 경매사의 수는 2명 이상으로 한다.
② 도매시장법인은 경매사를 임면한 경우 임면한 날부터 10일 이내에 도매시장 개설자에게 신고하여야 한다.
③ 도매시장법인은 해당 도매시장의 시장도매인, 중도매인을 경매사로 임명할 수 없다.
④ 경매사는 상장 농산물에 대한 가격평가 업무를 수행한다.

20 농수산물 유통 및 가격안정에 관한 법령상 농산물 과잉생산 시 농림축산식품부장관이 생산자 보호를 위해 하는 업무에 관한 설명으로 옳지 않은 것은?

① 수매 및 처분에 관한 업무를 한국식품연구원에 위탁할 수 있다.

② 수매한 농산물에 대해서는 해당 농산물의 생산지에서 폐기하는 등 필요한 처분을 할 수 있다.

③ 채소류 등 저장성이 없는 농산물의 가격안정을 위하여 필요하다고 인정할 때에는 그 생산자 또는 생산자단체로부터 해당 농산물을 수매할 수 있다.

④ 수매한 농산물은 판매 또는 수출하거나 사회복지단체에 기증할 수 있다.

21 농수산물 유통 및 가격안정에 관한 법령상 도매시장 개설자가 도매시장법인으로 하여금 우선적으로 판매하게 할 수 있는 대상을 모두 고른 것은?

> ㄱ. 대량입하품
> ㄴ. 도매시장 개설자가 선정하는 우수출하주의 출하품
> ㄷ. 예약출하품
> ㄹ. 「농수산물 품질관리법」에 따른 우수관리인증농산물

① ㄱ, ㄴ   ② ㄱ, ㄷ
③ ㄴ, ㄷ, ㄹ   ④ ㄱ, ㄴ, ㄷ, ㄹ

22 농수산물 유통 및 가격안정에 관한 법률상 공판장에 관한 설명으로 옳지 않은 것은?

① 농협은 공판장을 개설할 수 있다.

② 공판장의 시장도매인은 공판장의 개설자가 지정한다.

③ 공판장에는 중도매인을 둘 수 있다.

④ 공판장에는 경매사를 둘 수 있다.

23 농수산물 유통 및 가격안정에 관한 법령상 유통조절명령에 포함되어야 하는 사항이 아닌 것은?

① 유통조절명령의 이유

② 대상 품목

③ 시·도지사가 유통조절에 관하여 필요하다고 인정하는 사항

④ 생산조정 또는 출하조절의 방안

24 농수산물 유통 및 가격안정에 관한 법률상 민영도매시장의 개설 및 운영 등에 관한 내용으로 옳지 않은 것은?

① 민영도매시장을 개설하려면 시·도지사의 허가를 받아야 한다.

② 농산물을 수집하여 민영도매시장에 출하하려는 자는 민영도매시장의 개설자에게 산지유통인으로 등록하여야 한다.

③ 민간인 등이 민영도매시장의 개설허가를 받으려면 시·도지사가 정하는 바에 따라 민영도매시장 개설허가 신청서를 시·도지사에게 제출하여야 한다.

④ 민영도매시장의 경매사는 민영도매시장의 개설자가 임면한다.

25 농수산물 유통 및 가격안정에 관한 법령상 중도매인이 도매시장 개설자의 허가를 받아 도매시장법인이 상장하지 아니한 농산물을 거래할 수 있는 품목에 관한 내용으로 옳지 않은 것은?

① 온라인거래소를 통하여 공매하는 비축품목

② 부류를 기준으로 연간 반입물량 누적비율이 하위 3퍼센트 미만에 해당하는 소량 품목

③ 품목의 특성으로 인하여 해당 품목을 취급하는 중도매인이 소수인 품목

④ 그 밖에 상장거래에 의하여 중도매인이 해당 농산물을 매입하는 것이 현저히 곤란하다고 개설자가 인정하는 품목

원예작물학

26 원예작물의 주요 기능성 물질의 연결이 옳은 것은?

① 상추 - 엘라그산(ellagic acid) ② 마늘 - 알리인(alliin)

③ 토마토 - 시니그린(sinigrin) ④ 포도 - 아미그달린(amygdalin)

27 밭에서 재배하는 원예작물이 과습조건에 놓였을 때 뿌리조직에서 일어나는 현상으로 옳지 않은 것은?

① 무기호흡이 증가한다. ② 에탄올 축적으로 생육장해를 받는다.

③ 세포벽의 목질화가 촉진된다. ④ 철과 망간의 흡수가 억제된다.

28 마늘의 무병주 생산에 적합한 조직배양법은?

① 줄기배양   ② 화분배양

③ 엽병배양   ④ 생장점배양

29 결핍 시 잎에서 황화 현상을 일으키는 원소가 아닌 것은?

① 질소   ② 인

③ 철   ④ 마그네슘

30 원예작물에 피해를 주는 흡즙성 곤충이 아닌 것은?

① 진딧물   ② 온실가루이

③ 점박이응애   ④ 콩풍뎅이

31 원예작물의 증산속도를 높이는 환경조건은?

① 미세 풍속의 증가   ② 낮은 광량

③ 높은 상대습도   ④ 낮은 지상부 온도

32 딸기의 고설재배에 관한 설명으로 옳지 않은 것은?

① 토경재배에 비해 관리작업의 편리성이 높다.

② 토경재배에 비해 설치비가 저렴하다.

③ 점적 또는 NFT 방식의 관수법을 적용한다.

④ 재배 베드를 허리높이까지 높여 재배하는 방식을 사용한다.

33 배추과에 속하지 않는 원예작물은?

① 케일   ② 배추

③ 무   ④ 비트

34 일년초 화훼류는?

① 칼랑코에, 매발톱꽃

② 제라늄, 맨드라미

③ 맨드라미, 봉선화

④ 포인세티아, 칼랑코에

35 A농산물품질관리사의 출하 시기 조절에 관한 조언으로 옳은 것을 모두 고른 것은?

ㄱ. 거베라는 4/5 정도 대부분 개화된 상태일 때 수확한다.
ㄴ. 스탠다드형 장미는 봉오리가 1/5 정도 개화 시 수확한다.
ㄷ. 안개꽃은 전체 소화 중 1/10 정도 개화 시 수확한다.

① ㄱ

② ㄱ, ㄴ

③ ㄴ, ㄷ

④ ㄱ, ㄴ, ㄷ

36 화훼류를 시설 내에서 장기간 재배한 토양에 관한 설명으로 옳지 않은 것은?

① 공극량이 적어진다.

② 특정성분의 양분이 결핍된다.

③ 염류집적 발생이 어렵다.

④ 병원성 미생물의 밀도가 높아진다.

37 절화류 보존제는?

① 에틸렌

② AVG

③ ACC

④ 에테폰

38 줄기신장을 억제하여 콤팩트한 고품질 분화 생산을 위한 생장조절제는?

① B-9

② NAA

③ IAA

④ GA

39 **원예작물의 저온 춘화에 관한 설명으로 옳지 않은 것은?**

① 저온에 의해 개화가 촉진되는 현상을 말한다.

② 녹색 식물체 춘화형은 일정기간 동안 생육한 후부터 저온에 감응한다.

③ 춘화에 필요한 온도는 −15~−10℃ 사이이다.

④ 생육중인 식물의 저온에 감응하는 부위는 생장점이다.

40 **양액재배에서 고형배지 없이 양액을 일정 수위에 맞춰 흘려보내는 재배법은?**

① 매트재배   ② 박막수경

③ 분무경   ④ 저면관수

41 **다음 농산물품질관리사(A~C)의 조언으로 옳은 것만을 모두 고른 것은?**

> A : '디펜바키아'는 음지식물이니 광이 많지 않은 곳에 재배하는 것이 좋아요.
>
> B : 그렇군요. 그럼 '고무나무'도 음지식물이니 동일 조건에서 관리되어야겠군요.
>
> C : 양지식물인 '드라세나'는 광이 많이 들어오는 곳이 적정 재배지가 되겠네요.

① B   ② A, B

③ A, C   ④ A, B, C

42 **과수의 꽃눈분화 촉진을 위한 재배방법으로 옳지 않은 것은?**

① 질소시비량을 늘린다.   ② 환상박피를 실시한다.

③ 가지를 수평으로 유인한다.   ④ 열매솎기로 착과량을 줄인다.

43 **수확기 후지 사과의 착색 증진에 효과적인 방법만을 모두 고른 것은?**

> ㄱ. 과실 주변의 잎을 따준다.   ㄴ. 수관 하부에 반사필름을 깔아 준다.
>
> ㄷ. 주야간 온도차를 줄인다.   ㄹ. 지베렐린을 처리해 준다.

① ㄱ, ㄴ   ② ㄱ, ㄹ

③ ㄴ, ㄷ   ④ ㄷ, ㄹ

44 (   )에 들어갈 내용으로 옳은 것은?

> 사과나무에서 접목 시 주간의 목질부에 홈이 생기는 증상이 나타나는 (ㄱ)의 원인은
> (ㄴ)이다.

① ㄱ: 고무병, ㄴ: 바이러스　　　　② ㄱ: 고무병, ㄴ: 박테리아
③ ㄱ: 고접병, ㄴ: 바이러스　　　　④ ㄱ: 고접병, ㄴ: 박테리아

45 (   )에 들어갈 내용으로 옳은 것은?

> 배는 씨방 하위로 씨방과 더불어 (ㄱ)이/가 유합하여 과실로 발달하는데 이러한 과실을
> (ㄴ)라고 한다.

① ㄱ: 꽃받침, ㄴ: 진과　　　　② ㄱ: 꽃받기, ㄴ: 진과
③ ㄱ: 꽃받기, ㄴ: 위과　　　　④ ㄱ: 꽃받침, ㄴ: 위과

46 과수에서 삽목 시 삽수에 처리하면 발근 촉진 효과가 있는 생장조절물질은?
① IBA　　　　② GA
③ ABA　　　　④ AOA

47 월동하는 동안 저온요구도가 700시간인 지역에서 배와 참다래를 재배할 경우 봄에 꽃눈의 맹아 상태는? (단, 저온요구도는 저온요구를 충족시키는 데 필요한 7℃ 이하의 시간을 기준으로 함)
① 배 – 양호, 참다래 – 양호　　　　② 배 – 양호, 참다래 – 불량
③ 배 – 불량, 참다래 – 양호　　　　④ 배 – 불량, 참다래 – 불량

48 사과 고두병과 코르크스폿(cork spot)의 원인은?
① 칼륨 과다　　　　② 망간 과다
③ 칼슘 부족　　　　④ 마그네슘 부족

49 식물학적 분류에서 같은 과(科)의 원예작물로 짝지어지지 않은 것은?
① 상추 - 국화
② 고추 - 감자
③ 자두 - 딸기
④ 마늘 - 생강

50 유충이 과실을 파고들어가 피해를 주는 해충은?
① 복숭아심식나방
② 깍지벌레
③ 귤응애
④ 뿌리혹선충

수확 후 품질관리론

51 수확 후 품질관리에 관한 내용이다. ( )에 들어갈 내용으로 옳은 것은?

> 원예산물의 품온을 단시간 내 낮추는 (ㄱ)처리는 생산물과 냉매와의 접촉면적이 넓을수록
> 효율이 (ㄴ), 냉매는 액체보다 기체에서 효율이 (ㄷ).

① ㄱ: 예냉, ㄴ: 낮고, ㄷ: 높다
② ㄱ: 예냉, ㄴ: 높고, ㄷ: 낮다
③ ㄱ: 예건, ㄴ: 낮고, ㄷ: 높다
④ ㄱ: 예건, ㄴ: 높고, ㄷ: 낮다

52 복숭아 수확 시 고려사항이 아닌 것은?
① 경도
② 만개 후 일수
③ 적산온도
④ 전분지수

53 A농가에서 다음 품목을 수확한 후 동일 조건의 저장고에 저장 중 품목별 5% 수분손실이 발생하였다. 이때 시들음이 상품성 저하에 가장 큰 영향을 미치는 품목은?
① 감
② 양파
③ 당근
④ 시금치

54 원예산물별 수확시기를 결정하는 지표로 옳지 않은 것은?

① 배추 – 만개 후 일수
② 신고배 – 만개 후 일수
③ 멜론 – 네트 발달 정도
④ 온주밀감 – 과피의 착색 정도

55 수확 전 칼슘결핍으로 발생 가능한 저장 생리장해는?

① 양배추의 흑심병
② 토마토의 꼭지썩음병
③ 배의 화상병
④ 복숭아의 균핵병

56 필름으로 원예산물을 외부공기와 차단하여 인위적 공기조성 효과를 내는 저장기술은?

① 저온저장
② CA저장
③ MA저장
④ 저산소저장

57 호흡양상이 다른 원예산물은?

① 토마토
② 바나나
③ 살구
④ 포도

58 토마토의 성숙 중 색소변화로 옳은 것은?

① 클로로필 합성
② 리코핀 합성
③ 안토시아닌 분해
④ 카로티노이드 분해

59 산지유통센터에서 사용되는 과실류 선별기가 아닌 것은?

① 중량식 선별기
② 형상식 선별기
③ 비파괴 선별기
④ 풍력식 선별기

60 신선편이 농산물 세척용 소독물질이 아닌 것은?

① 중탄산나트륨   ② 과산화수소

③ 메틸브로마이드   ④ 차아염소산나트륨

61 원예산물의 조직감을 측정할 수 있는 품질인자는?

① 색도   ② 산도

③ 수분함량   ④ 당도

62 원예산물의 풍미 결정요인을 모두 고른 것은?

ㄱ. 향기	ㄴ. 산도	ㄷ. 당도

① ㄱ   ② ㄱ, ㄴ

③ ㄴ, ㄷ   ④ ㄱ, ㄴ, ㄷ

63 굴절당도계에 관한 설명으로 옳지 않은 것은?

① 증류수로 영점을 보정한다.

② 과즙의 온도는 측정값에 영향을 준다.

③ 당도는 °Brix로 표시한다.

④ 과즙에 함유된 포도당 성분만을 측정한다.

64 원예산물 저장 중 저온장해에 관한 내용이다. ( )에 들어갈 내용으로 옳은 것은?

(ㄱ)가 원산지인 품목에서 많이 발생하며 어는점 이상의 저온에 노출 시 나타나는 (ㄴ) 생리장해이다.

① ㄱ: 온대, ㄴ: 영구적인   ② ㄱ: 아열대, ㄴ: 영구적인

③ ㄱ: 온대, ㄴ: 일시적인   ④ ㄱ: 아열대, ㄴ: 일시적인

65 5℃에서 측정 시 호흡속도가 가장 높은 원예산물은?

① 아스파라거스   ② 상추

③ 콜리플라워   ④ 브로콜리

66 CA저장에 필요한 장치를 모두 고른 것은?

ㄱ. 가스 분석기	ㄴ. 질소 공급기
ㄷ. 압력 조절기	ㄹ. 산소 공급기

① ㄱ, ㄴ   ② ㄷ, ㄹ

③ ㄱ, ㄴ, ㄷ   ④ ㄴ, ㄷ, ㄹ

67 딸기의 수확 후 손실을 줄이기 위한 방법이 아닌 것은?

① 착색촉진을 위해 에틸렌을 처리한다.   ② 수확 직후 품온을 낮춘다.

③ 이산화염소로 전처리한다.   ④ 수확 직후 선별·포장을 한다.

68 원예산물 저장 시 에틸렌 합성에 필요한 물질은?

① CO_2 ② O_2

③ AVG   ④ STS

69 저온저장 중 다음 현상을 일으키는 원인은?

- 떫은 감의 탈삽
- 브로콜리의 황화
- 토마토의 착색 및 연화

① 높은 상대습도   ② 고농도 에틸렌

③ 저농도 산소   ④ 저농도 이산화탄소

70 수확 후 예건이 필요한 품목을 모두 고른 것은?

> ㄱ. 마늘   ㄴ. 신고배
> ㄷ. 복숭아   ㄹ. 양배추

① ㄱ, ㄴ   ② ㄷ, ㄹ
③ ㄱ, ㄴ, ㄹ   ④ ㄱ, ㄷ, ㄹ

71 원예산물의 저온저장고 관리에 관한 내용이다. ( )에 들어갈 내용은?

> 저장고 입고 시 송풍량을 (ㄱ), 저장 초기 품온이 적정 저장온도에 도달하도록 조치하면 호흡량이 (ㄴ), 숙성이 지연되는 장점이 있다.

① ㄱ: 높여, ㄴ: 늘고   ② ㄱ: 높여, ㄴ: 줄고
③ ㄱ: 낮춰, ㄴ: 늘고   ④ ㄱ: 낮춰, ㄴ: 줄고

72 저온저장 중인 원예산물의 상온 선별 시 A농산물품질관리사의 결로 방지책으로 옳은 것은?

① 선별장 내 공기유동을 최소화한다.
② 선별장과 저장고의 온도차를 높여 관리한다.
③ 수분흡수율이 높은 포장상자를 사용한다.
④ MA필름으로 포장하여 외부 공기가 산물에 접촉되지 않게 한다.

73 다음이 예방할 수 있는 원예산물의 손상이 아닌 것은?

> 팔레타이징으로 단위적재하는 저온유통시스템에서 적재장소 출구와 운송트럭냉장 적재함 사이에 틈이 없도록 설비하는 것은 외부공기의 유입을 차단하여 작업장이나 컨테이너 내부의 온도 균일화 효과를 얻기 위함이다.

① 생물학적 손상   ② 기계적 손상
③ 화학적 손상   ④ 생리적 손상

74 원예산물의 생물학적 위해 요인이 아닌 것은?

① 곰팡이 독소　　　　　　　② 병원성 대장균
③ 기생충　　　　　　　　　　④ 바이러스

75 HACCP 실시과정에 관한 내용이다. (　　)에 들어갈 내용으로 옳은 것은?

> (ㄱ) : 위해요소와 이를 유발할 수 있는 조건이 존재하는 여부를 파악하기 위하여 필요한 정보
>　　　를 수집하고 평가하는 과정
> (ㄴ) : 위해요소를 예방, 저해하거나 허용수준 이하로 감소시켜 안전성을 확보하는 중요한
>　　　단계, 과정 또는 공정

① ㄱ : 위해요소분석, ㄴ : 한계기준　　② ㄱ : 위해요소분석, ㄴ : 중요관리점
③ ㄱ : 한계기준, ㄴ : 중요관리점　　　④ ㄱ : 중요관리점, ㄴ : 위해요소분석

농산물유통론

76 농산물 유통이 부가가치를 창출하는 일련의 생산적 활동임을 의미하는 것은?

① 가치사슬(value chain)　　　　② 푸드시스템(food system)
③ 공급망(supply chain)　　　　　④ 마케팅빌(marketing bill)

77 농식품 소비구조 변화에 관한 내용으로 옳지 않은 것은?

① 신선편이농산물 소비 증가　　　② PB상품 소비 감소
③ 가정간편식(HMR) 소비 증가　　④ 쌀 소비 감소

78 농산물 공동선별·공동계산제에 관한 설명으로 옳지 않은 것은?

① 여러 농가의 농산물을 혼합하여 등급별로 판매한다.
② 농가가 산지유통조직에 출하권을 위임하는 경우가 많다.
③ 출하시기에 따라 농가의 가격변동 위험이 커진다.
④ 물량의 규모화로 시장교섭력이 향상된다.

79 농산물 유통마진에 관한 설명으로 옳지 않은 것은?

① 유통경로, 시기별, 연도별로 다르다.

② 유통비용 중 직접비는 고정비 성격을 갖는다.

③ 유통효율성을 평가하는 핵심지표로 사용된다.

④ 최종소비재에 포함된 유통서비스의 크기에 따라 달라진다.

80 농산물의 단위가격을 1,000원보다 990원으로 책정하는 심리적 가격전략은?

① 준거가격전략　　　　　　　　② 개수가격전략

③ 단수가격전략　　　　　　　　④ 단계가격전략

81 대형유통업체의 농산물 산지 직거래에 관한 설명으로 옳지 않은 것은?

① 경쟁업체와 차별화된 상품을 발굴하기 위한 노력의 일환이다.

② 산지 수집을 대행하는 업체(vendor)를 가급적 배제한다.

③ 매출규모가 큰 업체일수록 산지 직구입 비중이 높은 경향을 보인다.

④ 본사에서 일괄 구매한 후 물류센터를 통해 개별 점포로 배송하는 것이 일반적이다.

82 우리나라 농산물 종합유통센터의 대표적인 도매거래방식은?

① 경매　　　　　　　　　　　　② 예약상대거래

③ 매취상장　　　　　　　　　　④ 선도거래

83 농산물도매시장 경매제에 관한 내용으로 옳지 않은 것은?

① 거래의 투명성 및 공정성 확보

② 중도매인간 경쟁을 통한 최고가격 유도

③ 상품 진열을 위한 넓은 공간 필요

④ 수급상황의 급변에도 불구하고 낮은 가격변동성

84 생산자가 지역의 제철 농산물을 소비자에게 정기적으로 배송하는 직거래 방식은?

① 로컬푸드 직매장　　　　　　　② 직거래 장터

③ 꾸러미사업　　　　　　　　　④ 농민시장(farmers market)

85 산지의 밭떼기(포전매매)에 관한 설명으로 옳지 않은 것은?

① 선물거래의 한 종류이다.　② 계약가격에 판매가격을 고정시킨다.
③ 농가가 계약금을 수취한다.　④ 계약불이행 위험이 존재한다.

86 농산물 산지유통의 거래유형에 해당하는 것을 모두 고른 것은?

ㄱ. 계약재배	ㄴ. 포전거래
ㄷ. 정전거래	ㄹ. 산지공판

① ㄱ, ㄴ　② ㄱ, ㄷ
③ ㄴ, ㄷ, ㄹ　④ ㄱ, ㄴ, ㄷ, ㄹ

87 농산물 유통의 기능과 창출 효용을 옳게 연결한 것은?

① 거래 – 장소효용　② 가공 – 형태효용
③ 저장 – 소유효용　④ 수송 – 시간효용

88 농산물 유통의 조성기능에 해당하는 것을 모두 고른 것은?

ㄱ. 포장	ㄴ. 표준화·등급화
ㄷ. 손해보험	ㄹ. 상·하역

① ㄱ　② ㄴ, ㄷ
③ ㄷ, ㄹ　④ ㄱ, ㄷ, ㄹ

89 A영농조합법인이 초등학교 간식용 조각과일을 공급하고자 수행한 SWOT분석에서 'T'요인이 아닌 것은?

① 코로나19 재확산　② 사내 생산설비 노후화
③ 과일 작황 부진　④ 학생 수 감소

90 시장세분화에 관한 설명으로 옳지 않은 것은?

① 유사한 욕구와 선호를 가진 소비자 집단으로 세분화가 가능하다.
② 시장규모, 구매력의 크기 등을 측정할 수 있어야 한다.
③ 국적, 소득, 종교 등 지리적 특성에 따라 세분화가 가능하다.
④ 세분시장의 반응에 따라 차별화된 마케팅이 가능하다.

91 고가 가격전략을 실행할 수 있는 경우는?

① 높은 제품기술력을 가지고 있을 경우
② 시장점유율을 극대화하고자 할 경우
③ 원가우위로 시장을 지배하려고 할 경우
④ 경쟁사의 모방 가능성이 높을 경우

92 6~5명 정도의 소그룹을 대상으로 2시간 내외의 집중면접을 실시하는 마케팅조사 방법은?

① FGI   ② 전수조사
③ 관찰조사   ④ 서베이조사

93 광고에 관한 설명으로 옳지 않은 것은?

① 비용을 지불해야 한다.
② 불특성 다수를 대상으로 한다.
③ 표적시장별로 광고매체를 선택할 수 있다.
④ 상표광고가 기업광고보다 기업이미지 개선에 효과적이다.

94 소비자 구매심리과정(AIDMA)을 순서대로 옳게 나열한 것은?

① 욕구 → 주의 → 흥미 → 기억 → 행동
② 흥미 → 주의 → 기억 → 욕구 → 행동
③ 주의 → 흥미 → 욕구 → 기억 → 행동
④ 기억 → 흥미 → 주의 → 욕구 → 행동

95 농산물 물류비에 포함되지 않는 것은?

① 포장비 ② 수송비
③ 재선별비 ④ 점포임대료

96 국내산 감귤 가격 상승에 따라 수입산 오렌지 수요가 늘어났을 경우 감귤과 오렌지 간의 관계는?

① 대체재 ② 보완재
③ 정상재 ④ 기펜재

97 생산자단체가 자율적으로 농산물 소비촉진, 수급조절 등을 시행하는 사업은?

① 유통조절명령 ② 유통협약
③ 농업관측사업 ④ 자조금사업

98 농산물 유통정보의 직접적인 기능이 아닌 것은?

① 시장참여자간 공정경쟁 촉진
② 정보 독과점 완화
③ 출하시기, 판매량 등의 의사결정에 기여
④ 생산기술 개선 및 생산량 증대

99 농산물 포장의 본원적 기능이 아닌 것은?

① 제품의 보호 ② 취급의 편의
③ 판매의 촉진 ④ 재질의 차별

100 소비자의 농산물 구매의사 결정과정 중 구매 후 행동을 모두 고른 것은?

ㄱ. 상표 대체	ㄴ. 재구매
ㄷ. 정보 탐색	ㄹ. 대안 평가

① ㄱ, ㄴ ② ㄴ, ㄷ
③ ㄱ, ㄷ, ㄹ ④ ㄱ, ㄴ, ㄷ, ㄹ

2020년 제17회 1차 기출문제

관계법령

01 농수산물 품질관리법령상 이력추적관리 농산물의 표시에 관한 내용으로 옳지 않은 것은?

① 글자는 고딕체로 한다.
② 산지는 시·군·구 단위까지 적는다.
③ 쌀만 생산연도를 표시한다.
④ 소포장의 경우 표시항목만을 표시할 수 있다.

02 농수산물 품질관리법령상 표준규격품의 포장 겉면에 표시하여야 하는 사항 중 국립농산물품질관리원장이 고시하여 생략할 수 있는 것은?

① 품목　　　　　　　　　　　　② 산지
③ 품종　　　　　　　　　　　　④ 등급

03 농수산물 품질관리법령상 등록된 지리적표시의 무효심판 청구사유에 해당하지 않는 것은?

① 먼저 등록된 타인의 지리적표시와 비슷한 경우
② 상표법 에 따라 먼저 등록된 타인의 상표와 같은 경우
③ 지리적표시 등록이 된 후에 그 지리적표시가 원산지 국가에서 보호가 중단된 경우
④ 지리적표시 등록 단체의 소속 단체원이 지리적표시를 잘못 사용하여 수요자가 상품의 품질에 대하여 오인한 경우

04 농수산물 품질관리법령상 검사대상 농산물 중 생산자단체 등이 정부를 대행하여 수매하는 농산물에 해당하지 않는 것을 모두 고른 것은?

ㄱ. 땅콩	ㄴ. 현미
ㄷ. 녹두	ㄹ. 양파

① ㄱ, ㄴ　　　　　　　　　　　② ㄱ, ㄷ
③ ㄴ, ㄷ　　　　　　　　　　　④ ㄴ, ㄹ

05 농수산물 품질관리법령상 유전자변형농산물 표시의 조사에 관한 설명으로 옳은 것은?

① 농림축산식품부장관은 표시위반 여부의 확인을 위해 관계 공무원에게 매년 1회 이상 유전자변형표시 대상 농산물을 조사하게 하여야 한다.

② 우수관리인증기관, 우수관리시설을 운영하는 자 및 우수관리인증을 받은 자는 정당한 사유 없이 조사를 거부하거나 기피해서는 아니 된다.

③ 조사 공무원은 조사대상자가 요구하는 경우에 한하여 그 권한을 표시하는 증표를 보여주어야 한다.

④ 조사 공무원은 조사대상자가 요구하는 경우에 한하여 성명·출입시간·출입목적 등이 표시된 문서를 내주어야 한다.

06 농수산물 품질관리법령상 농산물품질관리사가 수행하는 직무로 옳지 않은 것은?

① 농산물의 규격출하 지도

② 농산물의 생산 및 수확 후 품질관리기술 지도

③ 농산물의 선별 및 포장 시설 등의 운용·관리

④ 유전자변형표시 대상 농산물의 검사 및 조사

07 농수산물 품질관리법상 안전성검사기관에 대한 지정을 취소해야 하는 사유를 모두 고른 것은? (단, 감경 사유는 고려하지 않음)

> ㄱ. 거짓으로 지정을 받은 경우
> ㄴ. 검사성적서를 거짓으로 내준 경우
> ㄷ. 업무의 정지명령을 위반하여 계속 안전성조사 및 시험분석 업무를 한 경우
> ㄹ. 부정한 방법으로 지정을 받은 경우

① ㄱ, ㄴ, ㄷ   ② ㄱ, ㄴ, ㄹ

③ ㄱ, ㄷ, ㄹ   ④ ㄴ, ㄷ, ㄹ

08 농수산물 품질관리법상 농산물의 권장품질표시에 관한 설명으로 옳지 않은 것은?

① 농산물 생산자는 권장품질표시를 할 수 있지만 유통·판매자는 표시할 수 없다.

② 농림축산식품부장관은 권장품질표시를 장려하기 위하여 이에 필요한 지원을 할 수 있다.

③ 권장품질표시는 상품성을 높이고 공정한 거래를 실현하기 위함이다.

④ 농림축산식품부장관은 권장품질표시를 한 농산물이 권장품질표시 기준에 적합하지 아니한 경우 그 시정을 권고할 수 있다.

09 농수산물 품질관리법령상 생산자단체의 농산물우수관리인증에 관한 내용으로 옳지 않은 것은?

① 생산자단체는 신청서에 사업운영계획서를 첨부하여야 한다.
② 우수관리인증기관은 제출받은 서류를 심사한 후에 현지심사를 하여야 한다.
③ 우수관리인증기관은 원칙적으로 전체 구성원에 대하여 각각 심사를 하여야 한다.
④ 거짓으로 우수관리인증을 받아 우수관리인증이 취소된 후 1년이 지난 생산자단체는 우수관리인증을 신청할 수 있다.

10 농수산물 품질관리법령상 농산물우수관리인증의 유효기간 연장기간에 관한 설명이다. (   )에 들어갈 내용은? (단, 인삼류, 약용작물은 제외함)

우수관리인증기관이 농산물우수관리인증 유효기간을 연장해 주는 경우 그 유효기간 연장기간은 (   )을 초과할 수 없다.

① 1년   ② 2년
③ 3년   ④ 4년

11 농수산물 품질관리법상 3년 이하의 징역 또는 3천만원 이하의 벌금에 처해지는 위반행위를 한 자는?

① 농산물의 검사증명서 및 검정증명서를 변조한 자
② 검사 대상 농산물에 대하여 검사를 받지 아니한 자
③ 다른 사람에게 농산물품질관리사의 명의를 사용하게 한 자
④ 재검사 대상 농산물의 재검사를 받지 아니하고 해당 농산물을 판매한 자

12 농수산물 품질관리법상 안전성조사 결과 생산단계 안전기준을 위반한 농산물에 대한 시·도지사의 조치방법으로 옳지 않은 것은?

① 몰수   ② 폐기
③ 출하 연기   ④ 용도 전환

13 농수산물 품질관리법령상 농산물의 지리적표시 등록을 결정한 경우 공고하지 않아도 되는 사항은?

① 지리적표시 대상지역의 범위

② 지리적표시 등록 생산제품 출하가격

③ 지리적표시 등록 대상품목 및 등록명칭

④ 등록자의 자체품질기준 및 품질관리계획서

14 농수산물 품질관리법령상 지리적표시품의 사후관리 사항으로 옳지 않은 것은?

① 지리적표시품의 등록유효기간 조사

② 지리적표시품의 소유자의 관계 장부의 열람

③ 지리적표시품의 시료를 수거하여 조사하거나 전문시험기관 등에 시험 의뢰

④ 지리적표시품의 등록기준에의 적합성 조사

15 농수산물의 원산지 표시에 관한 법령상 정당한 사유 없이 원산지 조사를 거부하거나 방해한 경우 과태료 부과금액은? (단, 2차 위반의 경우이며, 감경 사유는 고려하지 않음)

① 50만원   ② 100만원

③ 200만원   ④ 300만원

16 농수산물의 원산지 표시에 관한 법령상 원산지표시 적정성 여부를 관계 공무원에게 조사하게 하여야 하는 자가 아닌 것은?

① 농림축산식품부장관   ② 관세청장

③ 식품의약품안전처장   ④ 시·도지사

17 농수산물 유통 및 가격안정에 관한 법령상 농림업관측에 관한 설명으로 옳지 않은 것은?

① 농림축산식품부장관은 가격의 등락 폭이 큰 주요 농산물에 대하여 농림업관측을 실시하고 그 결과를 공표하여야 한다.

② 농림축산식품부장관은 주요 곡물의 수급안정을 위하여 국제곡물관측을 별도로 실시하고 그 결과를 공표하여야 한다.

③ 농림축산식품부장관이 지정한 농업관측 전담기관은 한국농수산식품유통공사이다.

④ 농림축산식품부장관은 품목을 지정하여 농업협동조합중앙회로 하여금 농림업관측을 실시하게 할 수 있다.

18 농수산물 유통 및 가격안정에 관한 법령상 출하자 신고에 관한 내용으로 옳지 않은 것은?

① 도매시장에 농산물을 출하하려는 자는 농림축산식품부령으로 정하는 바에 따라 해당 도매시장의 개설자에게 신고하여야 한다.

② 도매시장법인은 출하자 신고를 한 출하자가 출하 예약을 하고 농산물을 출하하는 경우 경매의 우선 실시 등 우대조치를 할 수 있다.

③ 도매시장 개설자는 전자적 방법으로 출하자 신고서를 접수할 수 있다.

④ 법인인 출하자는 출하자 신고서를 도매시장법인에게 제출하여야 한다.

19 농수산물 유통 및 가격안정에 관한 법령상 출하자에 대한 대금결제에 관한 설명으로 옳지 않은 것은? (단, 특약은 고려하지 않음)

① 도매시장법인은 출하자로부터 위탁받은 농산물이 매매되었을 경우 그 대금의 전부를 출하자에게 즉시 결제하여야 한다.

② 시장도매인은 표준정산서를 출하자와 정산 조직에 각각 발급하고, 정산 조직에 대금결제를 의뢰하여 정산 조직에서 출하자에게 대금을 지급하는 방법으로 하여야 한다.

③ 도매시장 개설자가 업무규정으로 정하는 출하대금결제용 보증금을 납부하고 운전자금을 확보한 도매시장법인은 출하자에게 출하대금을 직접 결제할 수 있다.

④ 출하대금결제에 따른 표준송품장, 대금결제의 방법 및 절차 등에 관하여 필요한 사항은 도매시장 개설자가 정한다.

20 농수산물 유통 및 가격안정에 관한 법령상 중도매인에 대한 1차 행정처분기준이 허가취소 사유에 해당하는 것은?

① 업무정지 처분을 받고 그 업무정지 기간 중에 업무를 한 경우

② 다른 사람에게 자기의 성명이나 상호를 사용하여 중도매업을 하게 하거나 그 허가증을 빌려준 경우

③ 다른 사람에게 시설을 재임대 하는 등 중대한 시설물의 사용기준을 위반한 경우

④ 다른 중도매인 또는 매매참가인의 거래참가를 방해한 주동자의 경우

21 **농수산물 유통 및 가격안정에 관한 법령상 중앙도매시장에 관한 설명으로 옳지 않은 것은?**

① 중앙도매시장이란 특별시·광역시·특별자치시 또는 특별자치도가 개설한 농수산물도매 시장 중 해당 관할구역 및 그 인접지역에서 도매의 중심이 되는 농수산물도매시장으로서 농림축산식품부령 또는 해양수산부령으로 정하는 것을 말한다.

② 개설자는 청과부류와 축산부류에 대하여는 도매시장법인을 두어야 한다.

③ 개설자가 업무규정을 변경하는 때에는 농림축산식품부장관 또는 해양수산부장관의 승인 을 받아야 한다.

④ 개설자가 도매시장법인을 지정하는 경우 농림축산식품부장관 또는 해양수산부장관과 협 의하여 지정한다.

22 **농수산물 유통 및 가격안정에 관한 법령상 농수산물도매시장의 거래품목 중에서 양곡부류에 해당하는 것은?**

① 과실류 ② 옥수수
③ 채소류 ④ 수삼

23 **농수산물 유통 및 가격안정에 관한 법령상 농림축산식품부장관이 도매시장, 농수산물공판장 및 민영농수산물도매시장의 통합·이전 또는 폐쇄를 명령하는 경우 비교·검토하여야 하는 사항으로 옳지 않은 것은?**

① 최근 1년간 유통종사자 수의 증감
② 입지조건
③ 시설현황
④ 통합·이전 또는 폐쇄로 인하여 당사자가 입게 될 손실의 정도

24 **농수산물 유통 및 가격안정에 관한 법령상 농림축산식품부장관이 농산물전자거래분쟁조정위 원회 위원을 해임 또는 해촉할 수 있는 사유를 모두 고른 것은?**

> ㄱ. 자격정지 이상의 형을 선고받은 경우
> ㄴ. 심신장애로 직무를 수행할 수 없게 된 경우
> ㄷ. 위원 스스로 직무를 수행하기 어렵다는 의사를 밝히는 경우

① ㄱ, ㄴ ② ㄱ, ㄷ
③ ㄴ, ㄷ ④ ㄱ, ㄴ, ㄷ

25 농수산물 유통 및 가격안정에 관한 법령상 공판장의 개설에 관한 설명이다. (   )에 들어갈 내용은?

> 농림수협 등 생산자단체 또는 공익법인이 공판장의 개설승인을 받으려면 공판장 개설승인 신청서에 업무규정과 운영관리계획서 등 승인에 필요한 서류를 첨부하여 (   )에게 제출하여야 한다.

① 농림축산식품부장관　　　　　② 농업협동조합중앙회의 장
③ 시・도지사　　　　　　　　　④ 한국농수산식품유통공사의 장

원예작물학

26 무토양 재배에 관한 설명으로 옳지 않은 것은?
① 작물선택이 제한적이다.　　　② 주년재배의 제약이 크다.
③ 연작재배가 가능하다.　　　　④ 초기 투자 자본이 크다.

27 조직배양을 통한 무병주 생산이 상업화되지 않은 작물을 모두 고른 것은?

> ㄱ. 마늘　　　　　　　　ㄴ. 딸기
> ㄷ. 고추　　　　　　　　ㄹ. 무

① ㄱ, ㄴ　　　　　　　　② ㄱ, ㄷ
③ ㄴ, ㄹ　　　　　　　　④ ㄷ, ㄹ

28 다음 (   )에 들어갈 내용은?

> 동절기 토마토 시설재배에서 착과촉진을 위해 (ㄱ) 계열의 4-CPA를 처리한다. 그러나 연속 사용 시 (ㄴ)가 발생할 수 있어 (ㄴ)의 발생이 우려될 경우 (ㄷ)을/를 사용하면 효과적이다.

① ㄱ: 시토키닌, ㄴ: 공동과, ㄷ: ABA　　② ㄱ: 옥신, ㄴ: 기형과, ㄷ: ABA
③ ㄱ: 옥신, ㄴ: 공동과, ㄷ: 지베렐린　　④ ㄱ: 시토키닌, ㄴ: 기형과, ㄷ: 지베렐린

29 다음 ( )에 들어갈 내용은?

> 백다다기 오이를 재배하는 하우스농가에서 암꽃의 수를 증가시키고자, 재배환경을 (ㄱ) 및 (ㄴ)조건으로 관리하여 수확량이 많아졌다.

① ㄱ: 고온, ㄴ: 단일　　　　　② ㄱ: 저온, ㄴ: 장일
③ ㄱ: 저온, ㄴ: 단일　　　　　④ ㄱ: 고온, ㄴ: 장일

30 다음 ( )에 들어갈 내용은?

> A : 토마토를 먹었더니 플라보노이드계통의 기능성 물질인 (ㄱ)이 들어 있어서 혈압이 내려
>   간 듯 해.
> B : 그래? 나는 상추에 진통효과가 있는 (ㄴ)이 있다고 해서 먹었더니 많이 졸려.

① ㄱ: 루틴(rutin), ㄴ: 락투신(lactucin)　　② ㄱ: 라이코펜(lycopene), ㄴ: 락투신
③ ㄱ: 루틴, ㄴ: 시니그린(sinigrin)　　　　　④ ㄱ: 라이코펜, ㄴ: 시니그린

31 하우스피복재로서 물방울이 맺히지 않도록 제작된 것은?
① 무적필름　　　　　② 산광필름
③ 내후성강화필름　　　　　④ 반사필름

32 채소재배에서 실용화된 천적이 아닌 것은?
① 무당벌레　　　　　② 칠레이리응애
③ 마일스응애　　　　　④ 점박이응애

33 다음 ( )에 들어갈 내용은?

> A농산물품질관리사가 수박 종자를 저장고에 장기저장을 하기 위한 저장환경을 조사한 결과,
> 저장에 적합하지 않음을 알고 저장고를 (ㄱ), (ㄴ), 저산소 조건이 되도록 설정하였다.

① ㄱ: 저온, ㄴ: 저습　　　　　② ㄱ: 고온, ㄴ: 저습
③ ㄱ: 저온, ㄴ: 고습　　　　　④ ㄱ: 고온, ㄴ: 고습

34 에틸렌의 생리작용이 아닌 것은?

① 꽃의 노화 촉진
② 줄기신장 촉진
③ 꽃잎말림 촉진
④ 잎의 황화 촉진

35 원예학적 분류를 통해 화훼류를 진열·판매하고 있는 A마트에서, 정원에 심을 튤립을 소비자가 구매하고자 할 경우 가야 할 화훼류의 구획은?

① 구근류
② 일년초
③ 다육식물
④ 관엽식물

36 화훼작물과 주된 영양번식 방법의 연결이 옳지 않은 것은?

① 국화 – 분구
② 수국 – 삽목
③ 접란 – 분주
④ 개나리 – 취목

37 A농산물품질관리사가 국화농가를 방문했더니 로제트로 피해를 입고 있어, 이에 대한 조언으로 옳지 않은 것은?

① 가을에 15℃ 이하의 저온을 받으면 일어난다.
② 근군의 생육이 불량하여 일어난다.
③ 정식 전에 삽수를 냉장하여 예방한다.
④ 동지아에 지베렐린 처리를 하여 예방한다.

38 가로등이 밤에 켜져 있어 주변 화훼작물의 개화가 늦어졌다. 이에 해당하지 않는 작물은?

① 국화
② 장미
③ 칼랑코에
④ 포인세티아

39 절화류에서 블라인드 현상의 원인이 아닌 것은?

① 엽수 부족
② 높은 C/N율
③ 일조량 부족
④ 낮은 야간온도

40 장미 재배 시 벤치를 높이고 줄기를 휘거나 꺾어 재배하는 방법은?

① 매트재배   ② 암면재배

③ 아칭재배   ④ 사경재배

41 다음 ( )에 들어갈 과실은?

(ㄱ) : 씨방 하위로 씨방과 더불어 꽃받기가 유합하여 과실로 발달한 위과
(ㄴ) : 씨방 상위로 씨방이 과실로 발달한 진과

① ㄱ: 사과, ㄴ: 배   ② ㄱ: 사과, ㄴ: 복숭아

③ ㄱ: 복숭아, ㄴ: 포도   ④ ㄱ: 배, ㄴ: 포도

42 국내 육성 과수 품종이 아닌 것은?

① 황금배   ② 홍로

③ 거봉   ④ 유명

43 과수의 일소 현상에 관한 설명으로 옳지 않은 것은?

① 강한 햇빛에 의한 데임 현상이다.

② 토양 수분이 부족하면 발생이 많다.

③ 남서향의 과원에서 발생이 많다.

④ 모래토양보다 점질토양 과원에서 발생이 많다.

44 다음이 설명하는 것은?

• 꽃눈보다 잎눈의 요구도가 높다.
• 자연상태에서 낙엽과수 눈의 자발휴면 타파에 필요하다.

① 질소 요구도   ② 이산화탄소 요구도

③ 고온 요구도   ④ 저온 요구도

45 자웅이주(암수 딴그루)인 과수는?

① 밤   ② 호두
③ 참다래   ④ 블루베리

46 상업적 재배를 위해 수분수가 필요 없는 과수 품종은?

① 신고배   ② 후지사과
③ 캠벨얼리포도   ④ 미백도복숭아

47 다음이 설명하는 생리장해는?

> • 과심부와 유관속 주변의 과육에 꿀과 같은 액체가 함유된 수침상의 조직이 생긴다.
> • 사과나 배 과실에서 나타나는데 질소 시비량이 많을수록 많이 발생한다.

① 고두병   ② 축과병
③ 밀증상   ④ 바람들이

48 곰팡이에 의한 병이 아닌 것은?

① 감귤 역병   ② 사과 화상병
③ 포도 노균병   ④ 복숭아 탄저병

49 다음의 효과를 볼 수 있는 비료는?

> • 산성토양의 중화   • 토양의 입단화
> • 유용 미생물 활성화

① 요소   ② 황산암모늄
③ 염화칼륨   ④ 소석회

50 과수의 병해충 종합 관리체계는?

① IFP
② INM
③ IPM
④ IAA

수확 후 품질관리론

51 적색 방울토마토 과실에서 숙성과정 중 일어나는 현상이 아닌 것은?

① 세포벽 분해
② 정단조직 분열
③ 라이코펜 합성
④ 환원당 축적

52 사과 세포막에 있는 에틸렌 수용체와 결합하여 에틸렌 발생을 억제하는 물질은?

① 1-MCP
② 과망간산칼륨
③ 활성탄
④ AVG

53 원예산물의 호흡에 관한 설명으로 옳지 않은 것은?

① 당과 유기산은 호흡기질로 이용된다.
② 딸기와 포도는 호흡 비급등형에 속한다.
③ 산소가 없거나 부족하면 무기호흡이 일어난다.
④ 당의 호흡계수는 1.33이고, 유기산의 호흡계수는 1이다.

54 원예산물의 종류와 주요 항산화 물질의 연결이 옳지 않은 것은?

① 사과 – 에톡시퀸(ethoxyquin)
② 포도 – 폴리페놀(polyphenol)
③ 양파 – 케르세틴(quercetin)
④ 마늘 – 알리신(allicin)

55 과수작물의 성숙기 판단 지표를 모두 고른 것은?

> ㄱ. 만개 후 일수   ㄴ. 포장열
> ㄷ. 대기조성비   ㄹ. 성분의 변화

① ㄱ, ㄴ   ② ㄱ, ㄹ
③ ㄴ, ㄷ   ④ ㄷ, ㄹ

56 이산화탄소 1%는 몇 ppm인가?

① 10   ② 100
③ 1,000   ④ 10,000

57 상온에서 호흡열이 가장 높은 원예산물은?

① 사과   ② 마늘
③ 시금치   ④ 당근

58 포도와 딸기의 주요 유기산을 순서대로 옳게 나열한 것은?

① 구연산, 주석산   ② 옥살산, 사과산
③ 주석산, 구연산   ④ 사과산, 옥살산

59 사과 저장 중 과피에 위조현상이 나타나는 주된 원인은?

① 저농도 산소   ② 과도한 증산
③ 고농도 이산화탄소   ④ 고농도 질소

60 오존수 세척에 관한 설명으로 옳은 것은?

① 오존은 상온에서 무색, 무취의 기체이다.
② 오존은 강력한 환원력을 가져 살균효과가 있다.
③ 오존수는 오존가스를 물에 혼입하여 제조한다.
④ 오존은 친환경물질로 작업자에게 위해하지 않다.

61 진공식 예냉의 효율성이 떨어지는 원예산물은?

① 사과   ② 시금치
③ 양상추   ④ 미나리

62 수확 후 예건이 필요한 품목을 모두 고른 것은?

ㄱ. 마늘	ㄴ. 복숭아
ㄷ. 당근	ㄹ. 양배추

① ㄱ, ㄴ   ② ㄱ, ㄹ
③ ㄴ, ㄷ   ④ ㄷ, ㄹ

63 신선편이에 관한 설명으로 옳지 않은 것은?

① 절단, 세척, 포장 처리된다.   ② 첨가물을 사용할 수 없다.
③ 가공 전 예냉처리가 권장된다.   ④ 취급장비는 오염되지 않아야 한다.

64 배의 장기저장을 위한 저장고 관리로 옳지 않은 것은?

① 공기통로가 확보되도록 적재한다.
② 배의 품온을 고려하여 관리한다.
③ 온도편차를 최소화되게 관리한다.
④ 냉각기에서 나오는 송풍 온도는 배의 동결점보다 낮게 유지한다.

65 다음의 저장 방법은?

• 인위적 공기조성 효과를 낼 수 있다.
• 필름이나 피막제를 이용하여 원예산물을 외부공기와 차단한다.

① 저온저장   ② CA저장
③ MA저장   ④ 상온저장

66 4℃ 저장 시 저온장해가 발생하지 않는 품목은? (단, 온도 조건만 고려함)

① 양파   ② 고구마

③ 생강   ④ 애호박

67 A농산물품질관리사가 아래 품종의 배를 상온에서 동일조건 하에 저장하였다. 상대적으로 저장기간이 가장 짧은 품종은?

① 신고   ② 감천

③ 장십랑   ④ 만삼길

68 원예산물의 수확 후 손실을 줄이기 위한 방법으로 옳지 않은 것은?

① 마늘 장기저장 시 90% ~ 95% 습도로 유지한다.

② 복숭아 유통 시 에틸렌 흡착제를 사용한다.

③ 단감은 PE필름으로 밀봉하여 저장한다.

④ 고구마는 수확직후 30℃, 85% 습도로 큐어링한다.

69 다음 ( )에 들어갈 내용은?

> 절화는 수확 후 바로 (ㄱ)을 실시해야 하는데 이때 8-HQS를 사용하여 물을 (ㄴ)시켜 미생물오염을 억제할 수 있다.

① ㄱ: 물세척, ㄴ: 염기성화   ② ㄱ: 물올림, ㄴ: 산성화

③ ㄱ: 물세척, ㄴ: 산성화   ④ ㄱ: 물올림, ㄴ: 염기성화

70 원예산물의 원거리운송 시 겉포장재에 관한 설명으로 옳지 않은 것은?

① 방습, 방수성을 갖추어야 한다.

② 원예산물과 반응하여 유해물질이 생기지 않아야 한다.

③ 원예산물을 물리적 충격으로부터 보호해야 한다.

④ 오염확산을 막기 위해 완벽한 밀폐를 실시한다.

71 원예산물에 있어서 PLS(Positive List System)는?

① 식물호르몬 사용품목 관리제도　　② 능동적 MA포장 필름목록 관리제도
③ 농약 허용물질목록 관리제도　　　④ 식품위해요소 중점 관리제도

72 5℃로 냉각된 원예산물이 25℃ 외기에 노출된 직후 나타나는 현상은?

① 동해　　　　　　　　　　　　② 결로
③ 부패　　　　　　　　　　　　④ 숙성

73 원예산물의 GAP관리 시 생물학적 위해 요인을 모두 고른 것은?

ㄱ. 곰팡이독소	ㄴ. 기생충
ㄷ. 병원성 대장균	ㄹ. 바이러스

① ㄱ, ㄴ　　　　　　　　　　　② ㄴ, ㄷ
③ ㄱ, ㄷ, ㄹ　　　　　　　　　④ ㄴ, ㄷ, ㄹ

74 원예산물별 저장 중 발생하는 부패를 방지하는 방법으로 옳지 않은 것은?

① 딸기 – 열수세척　　　　　　　② 양파 – 큐어링
③ 포도 – 아황산가스 훈증　　　　④ 복숭아 – 고농도 이산화탄소 처리

75 절화수명 연장을 위해 자당을 사용하는 주된 이유는?

① 미생물 억제　　　　　　　　　② 에틸렌 작용 억제
③ pH 조절　　　　　　　　　　　③ 영양분 공급

농산물유통론

76 농산물 유통구조의 특성으로 옳지 않은 것은?

① 계절적 편재성 존재
② 표준화 · 등급화 제약
③ 탄력적인 수요와 공급
④ 가치대비 큰 부피와 중량

77 농산업에 관한 설명으로 옳은 것을 모두 고른 것은?

> ㄱ. 농산물 생산은 1차 산업이다.
> ㄴ. 농산물 가공은 2차 산업이다.
> ㄷ. 농촌체험 및 관광은 3차 산업이다.
> ㄹ. 6차 산업은 1 · 2 · 3차의 융 · 복합산업이다.

① ㄱ, ㄴ
② ㄷ, ㄹ
③ ㄱ, ㄴ, ㄷ
④ ㄱ, ㄴ, ㄷ, ㄹ

78 A농업인은 배추 산지수집상 B에게 1,000포기를 100만원에 판매하였다. B는 유통과정 중 20%가 부패하여 폐기하고 800포기를 포기당 2,500원씩 200만원에 판매하였다. B의 유통마진율(%)은?

① 40
② 50
③ 60
④ 65

79 농업협동조합의 역할로 옳지 않은 것은?

① 거래교섭력 강화
② 규모의 경제 실현
③ 대형유통업체 견제
④ 농가별 개별출하 유도

80 공동계산제의 장점으로 옳지 않은 것은?

① 체계적 품질관리
② 농가의 위험분산
③ 대량거래의 유리성
④ 농가의 차별성 확대

81 유닛로드시스템(Unit Load System)에 관한 설명으로 옳지 않은 것은?

① 규격품 출하를 유도한다.

② 초기 투자비용이 많이 소요된다.

③ 하역과 수송의 다양화를 가져온다.

④ 일정한 중량과 부피로 단위화할 수 있다.

82 농산물 소매상에 관한 내용으로 옳은 것은?

① 중개기능 담당   ② 소비자 정보제공

③ 생산물 수급조절   ④ 유통경로상 중간단계

83 유통마진에 관한 설명으로 옳지 않은 것은?

① 수집, 도매, 소매단계로 구분된다.

② 유통경로가 길수록 유통마진은 낮다.

③ 유통마진이 클수록 농가수취가격이 낮다.

④ 소비자 지불가격에서 농가수취가격을 뺀 것이다.

84 농산물 종합유통센터에 관한 내용으로 옳은 것은?

① 소포장, 가공기능 수행   ② 출하물량 사후발주 원칙

③ 전자식 경매를 통한 도매거래   ④ 수지식 경매를 통한 소매거래

85 경매에 참여하는 가공업체, 대형유통업체 등의 대량수요자에 해당되는 유통주체는?

① 직판상   ② 중도매인

③ 매매참가인   ④ 도매시장법인

86 농산물 산지유통의 기능으로 옳은 것을 모두 고른 것은?

> ㄱ. 중개 및 분산　　　　　　　ㄴ. 생산공급량 조절
> ㄷ. 1차 교환　　　　　　　　　ㄹ. 상품구색 제공

① ㄱ, ㄴ　　　　　　　　　　　② ㄴ, ㄷ
③ ㄱ, ㄷ, ㄹ　　　　　　　　　④ ㄱ, ㄴ, ㄷ, ㄹ

87 농산물 포전거래가 발생하는 이유로 옳지 않은 것은?

① 농가의 위험선호적 성향　　　　② 개별농가의 가격예측 어려움
③ 노동력 부족으로 적기수확의 어려움　　④ 영농자금 마련과 거래의 편의성 증대

88 농산물 수송비를 결정하는 요인으로 옳은 것을 모두 고른 것은?

> ㄱ. 중량과 부피　　　　　　　　ㄴ. 수송거리
> ㄷ. 수송수단　　　　　　　　　ㄹ. 수송량

① ㄱ, ㄴ　　　　　　　　　　　② ㄱ, ㄷ, ㄹ
③ ㄴ, ㄷ, ㄹ　　　　　　　　　④ ㄱ, ㄴ, ㄷ, ㄹ

89 농산물의 제도권 유통금융에 해당되는 것은?

① 선대자금　　　　　　　　　　② 밭떼기자금
③ 도·소매상의 사채　　　　　　④ 저온창고시설자금 융자

90 농산물 유통에서 위험부담기능에 관한 설명으로 옳지 않은 것은?

① 가격변동은 경제적 위험에 해당된다.
② 소비자 선호의 변화는 경제적 위험에 해당된다.
③ 수송 중 발생하는 파손은 물리적 위험에 해당된다.
④ 간접유통경로상의 모든 피해는 생산자가 부담한다.

91 농산물 소매유통에 관한 설명으로 옳은 것은?

① 비대면거래가 불가하다.

② 카테고리 킬러는 소매유통업태에 해당된다.

③ 수집기능을 주로 담당한다.

④ 전통시장은 소매유통업태로 볼 수 없다.

92 정부의 농산물 수급안정정책으로 옳은 것을 모두 고른 것은?

ㄱ. 채소 수급안정사업	ㄴ. 자조금 지원
ㄷ. 정부비축사업	ㄹ. 농산물우수관리제도(GAP)

① ㄱ, ㄴ

② ㄱ, ㄹ

③ ㄱ, ㄴ, ㄷ

④ ㄴ, ㄷ, ㄹ

93 배추 가격의 상승에 따른 무의 수요량 변화를 나타내는 것은?

① 수요의 교차탄력성

② 수요의 가격변동률

③ 수요의 가격탄력성

④ 수요의 소득탄력성

94 채소류 가격이 10% 인상되었을 경우 매출액의 변화를 조사하는 방법으로 옳은 것은?

① 사례조사

② 델파이법

③ 심층면접법

④ 인과관계조사

95 농산물에 대한 소비자의 구매 후 행동이 아닌 것은?

① 대안평가

② 반복구매

③ 부정적 구전

④ 경쟁농산물 구매

96 시장세분화의 장점으로 옳지 않은 것은?

① 무차별적 마케팅   ② 틈새시장 포착
③ 효율적 자원배분   ④ 라이프스타일 반영

97 농산물 브랜드에 관한 설명으로 옳지 않은 것은?

① 차별화를 통한 브랜드 충성도를 형성한다.
② 규모화·조직화로 브랜드 효과가 높아진다.
③ 내셔널 브랜드(NB)는 유통업자 브랜드이다.
④ 브랜드명, 등록상표, 트레이드마크 등이 해당된다.

98 유통비용 중 직접비용에 해당되는 항목의 총 금액은?

• 수송비 20,000원	• 통신비 2,000원	• 제세공과금 1,000원
• 하역비 5,000원	• 포장비 3,000원	

① 27,000원   ② 28,000원
③ 30,000원   ④ 31,000원

99 농산물의 가격을 높게 설정하여 상품의 차별화와 고품질의 이미지를 유도하는 가격전략은?

① 명성가격전략   ② 탄력가격전략
③ 침투가격전략   ④ 단수가격전략

100 경품 및 할인쿠폰 등을 통한 촉진활동의 효과로 옳지 않은 것은?

① 상품정보 전달   ② 장기적 상품홍보
③ 상품에 대한 기억상기   ④ 가시적, 단기적 성과창출

관계법령

01 농수산물 품질관리법령상 유전자변형농수산물의 표시 등에 관한 설명으로 옳지 않은 것은?

① 유전자변형농수산물을 판매하는 자는 대통령령으로 정하는 바에 따라 해당 농수산물에 유전자변형농수산물임을 표시하여야 한다.

② 농림축산식품부장관은 유전자변형농수산물인지를 판정하기 위하여 필요한 경우 시료의 검정기관을 지정하여 고시하여야 하다.

③ 유전자변형농수산물의 표시기준 및 표시방법에 관한 세부사항은 식품의약품안전처장이 정하여 고시한다.

④ 유전자변형농수산물의 표시대상품목, 표시기준 및 표시방법 등에 필요한 사항은 대통령령으로 정한다.

02 농수산물 품질관리법상 지리적표시에 관한 정의이다. ( )에 들어갈 내용으로 옳은 것은?

> 지리적표시란 농수산물 또는 농수산가공품의 ( )·품질, 그 밖의 특징이 본질적으로 특정 지역의 지리적 특성에 기인하는 경우 해당 농수산물 또는 농수산가공품이 그 특정 지역에서 생산·제조 및 가공되었음을 나타내는 표시를 말한다.

① 포장 ② 무게
③ 생산자 ④ 명성

03 농수산물 품질관리법상 농수산물품질관리심의회의 심의 사항이 아닌 것은?

① 표준규격 및 물류표준화 관한 사항
② 지리적표시에 관한 사항
③ 유전자변형농수산물의 표시에 관한 사항
④ 유기가공식품의 수입 및 통관에 관한 사항

04 농수산물 품질관리법령상 농산물 생산자(단순가공을 하는 자를 포함)의 이력추적 관리 등록 사항이 아닌 것은?

① 재배면적
② 재배지의 주소
③ 구매자의 내역
④ 생산자의 성명, 주소 및 전화번호

05 농수산물의 원산지 표시에 관한 법령상 일반음식점 영업을 하는 자가 농산물을 조리하여 판매하는 경우 원산지 표시 대상이 아닌 것은?

① 죽에 사용하는 쌀
② 콩국수에 사용하는 콩
③ 동치미에 사용하는 무
④ 배추김치의 원료인 배추와 고춧가루

06 농수산물 품질관리법령상 농산물우수관리인증의 유효기간 연장신청은 인증의 유효 기간이 끝나기 몇 개월 전까지 어디에 제출해야 하는가?

① 1개월, 농림축산식품부
② 1개월, 우수관리인증기관
③ 2개월, 국립농산물품질관리원
④ 2개월, 한국농수산식품유통공사

07 농수산물의 원산지 표시에 관한 법령상 일반음식점 영업을 하는 자가 농산물을 조리하여 판매하는 경우 원산지 표시를 하지 않아 1차 위반행위로 부과되는 과태료 기준 금액이 다른 것은? (단, 가중 및 경감사유는 고려하지 않음)

① 쇠고기
② 양고기
③ 돼지고기
④ 오리고기

08 농수산물 품질관리법령상 이력추적관리 등록기관의 장은 이력추적관리 등록의 유효기간이 끝나기 얼마 전까지 신청인에게 갱신절차와 갱신신청 기간을 미리 알려야 하는가?

① 7일
② 15일
③ 1개월
④ 2개월

09 농수산물의 원산지 표시에 관한 법령상 원산지 표시위반 신고 포상금의 최대 지급 금액은?

① 200만원
② 500만원
③ 1,000만원
④ 2,000만원

10 농수산물 품질관리법령상 지리적표시의 심의·공고·열람 및 이의신청 절차에 관한 규정이다. ( )에 들어갈 내용은?

> 농림축산식품부장관은 지리적 표시 분과위원회에서 지리적표시의 등록 또는 중요 사항의 변경 등록을 하기에 부적합한 것으로 의결되면 지체 없이 그 사유를 구체적으로 밝혀 신청인에게 알려야 한다. 다만, 부적합한 사항이 ( ) 이내에 보완될 수 있다고 인정되면 일정 기간을 정하여 신청인에게 보완하도록 할 수 있다.

① 30일
② 40일
③ 50일
④ 60일

11 농수산물 품질관리법상 권장품질표시에 관한 내용으로 옳지 않은 것은?

① 농림축산식품부장관은 표준규격품의 표시를 하지 아니한 농산물의 포장 겉면에 등급·당도 등 품질을 표시하는 기준을 따로 정할 수 있다.
② 농산물을 유통·판매하는 자는 표준규격품의 표시를 하지 아니한 경우 포장 겉면에 권장품질표시를 할 수 있다.
③ 권장품질표시의 기준 및 방법 등에 필요한 사항은 국립농산물품질관리원장이 정하여 고시한다.
④ 농림축산식품부장관은 관계 공무원에게 권장품질표시를 한 농산물의 시료를 수거하여 조사하게 할 수 있다.

12 농수산물 품질관리법령상 농산물 검사에서 농림축산식품부장관의 검사를 받아야 하는 농산물이 아닌 것은?

① 정부가 수매하거나 수출 또는 수입하는 농산물
② 정부가 수매하는 누에씨 및 누에고치
③ 생산자단체 등이 정부를 대행하여 수출하는 농산물
④ 정부가 수입하여 가공한 농산물

13 농수산물 품질관리법령상 우수관리인증기관이 우수관리인증을 한 후 조사, 점검 등의 과정에서 위반행위가 확인되는 경우 1차 위반 시 그 인증을 취소해야 하는 사유가 아닌 것은?

① 우수관리인증의 표시정지 기간 중에 우수관리인증의 표시를 한 경우

② 거짓이나 그 밖의 부정한 방법으로 우수관리인증을 받은 경우

③ 전업(轉業) · 폐업 등으로 우수관리인증농산물을 생산하기 어렵다고 판단되는 경우

④ 우수관리인증을 받은 자가 정당한 사유 없이 조사 · 점검 또는 자료제출 요청에 응하지 아니한 겨우

14 농수산물 품질관리법령상 농산물품질관리사의 업무가 아닌 것은?

① 농산물의 선별 · 저장 및 포장 시설 등의 운용 · 관리

② 농산물의 선별 · 포장 및 브랜드 개발 등 상품성 향상 지도

③ 농산물의 판매가격 결정

④ 포장농산물의 표시사항 준수에 관한 지도

15 농수산물 품질관리법상 안전관리계획 및 안전성조사에 관한 설명으로 옳은 것은?

① 농산물 또는 농산물의 생산에 이용 · 사용하는 농지 · 용수(用水) · 자재 등은 안전성 조사 대상이다.

② 농림축산식품부장관은 안전관리계획을 10년마다 수립 · 시행하여야 한다.

③ 국립농산물품질관리원장은 안전관리계획에 따라 5년마다 세부추진계획을 수립 · 시행하여야 한다.

④ 농산물의 안전성 조사는 수입통관단계 및 사후관리단계로 구분하여 조사한다.

16 농수산물 품질관리법령상 지리적 표시품의 표시방법으로 옳지 않은 것은?

① 포장하지 아니하고 판매하는 경우에는 대상품목에 스티커를 부착하여 표시할 수 있다.

② 표지도형의 한글 및 영문 글자는 고딕체로 하고, 글자 크기는 표지도형의 크기에 따라 조정한다.

③ 표지도형의 색상은 파란색을 기본색상으로 하고, 포장재의 색깔 등을 고려하여 검정색으로 한다.

④ 지리적 표시품의 포장 · 용기의 겉면 등에 등록 명칭을 표시하여야 한다.

17 농수산물 유통 및 가격안정에 관한 법률상 산지유통인의 등록에 관한 설명으로 옳지 않은 것은?

① 농산물을 수집하여 도매시장에 출하하려는 자는 대통령령이 정하는 바에 따라 품목별로 농림축산식품부장관에게 등록하여야 한다.
② 국가나 지방자치단체는 산지유통인의 공정한 거래를 촉진하기 위하여 필요한 지원을 할 수 있다.
③ 산지유통인은 등록된 도매시장에서 농산물의 출하업무 외의 판매·매수 또는 중개업무를 하여서는 아니 된다.
④ 도매시장법인의 임직원은 해당 도매시장에서 산지유통인의 업무를 하여서는 아니 된다.

18 농수산물 유통 및 가격안정에 관한 법령상 표준정산서에 포함되어야 할 사항이 아닌 것은?

① 출하자 주소   ② 정산금액
③ 표준정산서의 발행일 및 발행자명   ④ 경락 예정가격

19 농수산물 유통 및 가격안정에 관한 법령상 도매시장 개설자가 도매시장법인으로 하여금 우선적으로 판매하게 할 수 있는 품목이 아닌 것은?

① 대량 입하품
② 최소출하기준 이하 출하품
③ 예약 출하품
④ 도매시장 개설자가 선정하는 우수출하주의 출하품

20 농수산물 유통 및 가격안정에 관한 법령상 주산지 지정 등에 관한 설명으로 옳지 않은 것은?

① 해당 시·도 소속 공무원은 주산지협의체의 위원이 될 수 있다.
② 주산지의 지정은 읍·면·동 또는 시·군·구 단위로 한다.
③ 주산지의 지정 및 해제는 국립농산물품질관리원장이 한다.
④ 시·도지사는 지정된 주산지에서 주요 농산물을 생산하는 자에 대하여 생산자금의 융자 및 기술지도 등 필요한 지원을 할 수 있다.

21 농수산물 유통 및 가격안정에 관한 법령상 농림축산식품부장관이 농산물 전자거래를 촉진하기 위하여 한국농수산식품유통공사에게 수행하게 할 수 있는 업무가 아닌 것은?

① 도매시장법인이 전자거래를 하기 위하여 구축한 전자거래시스템의 승인
② 전자거래 분쟁조정위원회에 대한 운영 지원
③ 전자거래에 관한 유통정보 서비스 제공
④ 대금결제 지원을 위한 정산소(精算所)의 운영·관리

22 농수산물 유통 및 가격안정에 관한 법률상 민영도매시장의 개설 및 운영 등에 관한 내용으로 옳지 않은 것은?

① 민영도매시장의 개설자는 중도매인, 매매참가인, 산지유통인 및 경매사를 두어 직접 운영하거나 시장도매인을 두어 이를 운영하게 할 수 있다.
② 민영도매시장을 개설하려는 장소가 교통체증을 유발할 수 있는 위치에 있는 경우에는 허가하지 않는다.
③ 민간인이 광역시에 민영도매시장을 개설하려면 농림축산식품부장관의 허가를 받아야 한다.
④ 민영도매시장의 중도매인은 민영도매시장의 개설자가 지정한다.

23 농수산물 유통 및 가격안정에 관한 법령상 중앙도매시장이 아닌 곳은?

① 인천광역시 삼산 농산물도매시장
② 부산광역시 반여 농산물도매시장
③ 광주광역시 각화동 농산물도매시장
④ 대전광역시 노은 농산물도매시장

24 농수산물 유통 및 가격안정에 관한 법률상 시장관리운영위원회의 심의사항으로 옳지 않은 것은?

① 도매시장의 거래제도 및 거래방법의 선택에 관한 사항
② 수수료, 시장 사용료, 하역비 등 각종 비용의 결정에 관한 사항
③ 도매시장의 거래질서 확립에 관한 사항
④ 시장관리자의 지정에 관한 사항

25 농수산물 유통 및 가격안정에 관한 법률 제22조(도매시장의 운영 등)에 관한 내용이다. ( )에 들어갈 내용은?

> 도매시장 개설자는 도매시장에 그 (ㄱ) 등을 고려하여 적정 수의 도매시장 법인 · 시장도매인 또는 (ㄴ)을/를 두어 이를 운영하게 하여야 한다.

① ㄱ: 시설규모 · 거래액   ㄴ: 중도매인
② ㄱ: 취급부류 · 거래물량   ㄴ: 매매참가인
③ ㄱ: 시설규모 · 거래물량   ㄴ: 산지유통인
④ ㄱ: 취급품목 · 거래액   ㄴ: 경매사

원예작물학

26 우리나라에서 가장 넓은 재배면적을 차지하는 채소류는?
① 조미채소류   ② 엽채류
③ 양채류   ④ 근채류

27 채소의 식품적 가치에 관한 일반적인 특징으로 옳지 않은 것은?
① 대부분 산성 식품이다.   ② 약리적 · 기능성 식품이다.
③ 각종 무기질이 풍부하다.   ④ 각종 비타민이 풍부하다.

28 북주기[배토(培土)]를 하여 연백(軟白) 재배하는 작물을 모두 고른 것은?

> ㄱ. 시금치   ㄴ. 대파
> ㄷ. 아스파라거스   ㄹ. 오이

① ㄱ, ㄴ   ② ㄱ, ㄹ
③ ㄴ, ㄷ   ④ ㄷ, ㄹ

29 비대근의 바람들이 현상은?

① 표피가 세로로 갈라지는 현상

② 조직이 갈변하고 표피가 거칠어지는 현상

③ 뿌리가 여러 개로 갈라지는 현상

④ 조직 내 공극이 커져 속이 비는 현상

30 채소 작물의 식물학적 분류에서 같은 과(科)로 나열되지 않은 것은?

① 우엉, 상추, 쑥갓

② 가지, 감자, 고추

③ 무, 양배추, 브로콜리

④ 당근, 근대, 셀러리

31 해충에 의한 피해를 감소시키기 위한 생물적 방제법은?

① 천적곤충 이용

② 토양 가열

③ 유황 훈증

④ 작부체계 개선

32 작물별 단일조건에서 촉진되지 않는 것은?

① 마늘의 인경 비대

② 오이의 암꽃 착생

③ 가을 배추의 엽구 형성

④ 감자의 괴경 형성

33 광합성 과정에서 명반응에 관한 설명으로 옳은 것은?

① 스트로마에서 일어난다.

② 캘빈회로라고 부른다.

③ 틸라코이드에서 일어난다.

④ CO_2와 ATP를 이용하여 당을 생성한다.

34 화훼 분류에서 구근류로 나열된 것은?

① 백합, 거베라, 장미

② 국화, 거베라, 장미

③ 국화, 글라디올러스, 칸나

④ 백합, 글라디올러스, 칸나

35 여름철에 암막(단일)재배를 하여 개화를 촉진할 수 있는 화훼 작물은?

① 추국(秋菊)　　　　　　　　　② 페튜니아
③ 금잔화　　　　　　　　　　　④ 아이리스

36 DIF에 관한 설명으로 옳은 것은?

① 낮 온도에서 밤 온도를 뺀 값으로 주야간 온도 차이를 의미한다.
② 짧은 초장 유도를 위해 정(+)의 DIF 처리를 한다.
③ 국화, 장미 등은 DIF에 대한 반응이 적다.
④ 튤립, 수선화 등은 DIF에 대한 반응이 크다.

37 화훼 작물별 주된 번식방법으로 옳지 않은 것은?

① 시클라멘 - 괴경 번식
② 아마릴리스 - 주아(珠芽) 번식
③ 달리아 - 괴근 번식
④ 수선화 - 인경 번식

38 식물의 춘화에 관한 설명으로 옳지 않은 것은?

① 저온에 의해 개화가 촉진되는 현상이다.
② 구근류에 냉장 처리를 하면 개화 시기를 앞당길 수 있다.
③ 종자춘화형에는 스위트피, 스타티스 등이 있다.
④ 식물이 저온에 감응하는 부위는 잎이다.

39 화훼류의 줄기 신장 촉진 방법이 아닌 것은?

① 지베렐린을 처리한다.　　　　② Paclobutrazol을 처리한다.
③ 질소 시비량을 늘린다.　　　　④ 재배환경을 개선하여 수광량을 늘린다.

40 다음 설명에 모두 해당하는 해충은?

> • 난, 선인장, 관엽류, 장미 등에 피해를 준다.
> • 노린재목에 속하는 Pseudococcus comstocki 등이 있다.
> • 식물의 수액을 흡즙하며 당이 함유된 왁스층을 분비한다.

① 깍지벌레 ② 도둑나방
③ 콩풍뎅이 ④ 총채벌레

41 에틸렌의 생성이나 작용을 억제하여 절화수명을 연장하는 물질이 아닌 것은?

① STS ② AVG
③ Sucrose ④ AOA

42 화훼류의 블라인드 현상에 관한 설명으로 옳지 않은 것은?

① 일조량이 부족하면 발생한다.
② 일반적으로 야간 온도가 높은 경우 발생한다.
③ 장미에서 주로 발생한다.
④ 꽃눈이 꽃으로 발육하지 못하는 현상이다.

43 자동적 단위결과 작물로 나열된 것은?

① 체리, 키위 ② 바나나, 배
③ 감, 무화과 ④ 복숭아, 블루베리

44 개화기가 빨라 늦서리의 피해를 받을 우려가 큰 과수는?

① 복숭아나무 ② 대추나무
③ 감나무 ④ 포도나무

45 과수의 가지(枝)에 관한 설명으로 옳지 않은 것은?

① 곁가지 : 열매가지 또는 열매어미가지가 붙어 있어 결실 부위의 중심을 이루는 가지
② 덧가지 : 새가지의 곁눈이 그 해에 자라서 된 가지
③ 흡지 : 지하부에서 발생한 가지
④ 자람가지 : 과실이 직접 달리거나 달릴 가지

46 과수 작물 중 장미과에 속하는 것을 모두 고른 것은?

ㄱ. 비파	ㄴ. 올리브	ㄷ. 블루베리
ㄹ. 매실	ㅁ. 산딸기	ㅂ. 포도

① ㄱ, ㄴ, ㄷ   ② ㄱ, ㄹ, ㅁ
③ ㄴ, ㄷ, ㅂ   ④ ㄹ, ㅁ, ㅂ

47 종자 발아를 촉진하기 위한 파종 전 처리 방법이 아닌 것은?

① 온탕침지법   ② 환상박피법
③ 약제처리법   ④ 핵층파쇄법

48 국내에서 육성된 과수 품종은?

① 신고   ② 거봉
③ 홍로   ④ 부유

49 과수의 휴면과 함께 수체 내에 증가하는 호르몬은?

① 지베렐린   ② 옥신
③ 아브시스산   ④ 시토키닌

50 늦서리 피해 경감 대책에 관한 설명으로 옳지 않은 것은?

① 스프링클러를 이용하여 수상 살수를 실시한다.
② 과수원 선정 시 분지와 상로(霜路)가 되는 경사지를 피한다.
③ 빙핵 세균을 살포한다.
④ 왕겨 · 톱밥 · 등유 등을 태워 과수원의 기온 저하를 막아준다.

수확 후 품질관리론

51 원예산물의 품질요소 중 이화학적 특성이 아닌 것은?

① 경도   ② 모양
③ 당도   ④ 영양성분

52 Hunter 'b' 값이 +40일 때 측정된 부위의 과색은?

① 노란색   ② 빨간색
③ 초록색   ④ 파란색

53 원예산물의 형상선별기의 구동방식이 아닌 것은?

① 스프링식   ② 벨트식
③ 롤러식   ④ 드럼식

54 성숙 시 사과(후지) 과피의 주요 색소의 변화는?

① 엽록소 감소, 안토시아닌 감소   ② 엽록소 감소, 안토시아닌 증가
③ 엽록소 증가, 카로티노이드 감소   ④ 엽록소 증가, 카로티노이드 증가

55 과실의 연화와 경도 변화에 관여하는 주된 물질은?

① 아미노산   ② 비타민
③ 펙틴   ④ 유기산

56 수분손실이 원예산물의 생리에 미치는 영향으로 옳은 것은?

① ABA 함량의 감소
② 팽압의 증가
③ 세포막 구조의 유지
④ 폴리갈락투로나아제의 활성 증가

57 원예산물의 저장 전처리 방법으로 옳은 것은?

① 마늘의 수확 후 줄기를 제거한 후 바로 저장고에 입고한다.
② 양파는 수확 후 녹변발생 억제를 위해 햇빛에 노출시킨다.
③ 고구마는 온도 30℃, 상대습도 35~50%에서 큐어링 한다.
④ 감자는 온도 15℃, 상대습도 85~90%에서 큐어링 한다.

58 사과 수확기 판정을 위한 요오드 반응 검사에 관한 설명으로 옳지 않은 것은?

① 성숙 중 전분 함량 감소 원리를 이용한다.
② 성숙할수록 요오드반응 착색 면적이 줄어든다.
③ 종자 단면의 색깔 변화를 기준으로 판단한다.
④ 수확기 보름 전부터 2~3일 간격으로 실시한다.

59 신선편이(Fresh cut) 농산물의 특징으로 옳은 것은?

① 저온유통이 권장된다.
② 에틸렌의 발생량이 적다.
③ 물리적 상처가 없다.
④ 호흡률이 낮다.

60 다음 ( )에 들어갈 품목을 순서대로 옳게 나열한 것은?

원예산물의 저장 전처리에 있어 ( )은(는) 차압통풍식으로 예냉을 하고, ( )은(는) 예건을 주로 실시한다.

① 당근, 근대
② 딸기, 마늘
③ 배추, 상추
④ 수박, 오이

61 원예산물의 수확에 관한 설명으로 옳은 것은?

① 마늘은 추대가 되기 직전에 수확한다.

② 포도는 열과를 방지하기 위해 비가 온 후 수확한다.

③ 양파는 수량 확보를 위해 잎이 도복되기 전에 수확한다.

④ 후지 사과는 만개 후 일수를 기준으로 수확한다.

62 GMO 농산물에 관한 설명으로 옳지 않은 것은?

① 유전자변형 농산물을 말한다.

② 우리나라는 GMO 표시제를 시행하고 있다.

③ GMO 표시를 한 농산물에 다른 농산물을 혼합하여 판매할 수 있다.

④ GMO 표시대상이 아닌 농산물에 비(非)유전자변형 식품임을 표시할 수 있다.

63 국내 표준 파렛트 규격은?

① 1,100mm × 1,000mm
② 1,100mm × 1,100mm
③ 1,200mm × 1,100mm
④ 1,200mm × 1,200mm

64 다음 (   )에 들어갈 알맞은 내용을 순서대로 옳게 나열한 것은? (단, 5℃ 동일조건으로 저장한다.)

> • 호흡속도가 (   ) 사과와 양파는 저장력이 강하다.
> • 호흡속도가 (   ) 아스파라거스와 브로콜리는 중량 감소가 빠르다.

① 낮은, 낮은
② 낮은, 높은
③ 높은, 낮은
④ 높은, 높은

65 포장재의 구비 조건에 관한 설명으로 옳지 않은 것은?

① 겉포장재는 취급과 수송 중 내용물을 보호할 수 있는 물리적 강도를 유지해야 한다.

② 겉포장재는 수분, 습기에 영향을 받지 않도록 방수성과 방습성이 우수해야 한다.

③ 속포장재는 상품이 서로 부딪히지 않게 적절한 공간을 확보해야 한다.

④ 속포장재는 호흡가스의 투과를 차단할 수 있어야 한다.

66 저장 중 원예산물에서 에틸렌에 의해 나타나는 증상을 모두 고른 것은?

ㄱ. 아스파라거스 줄기의 경화   ㄴ. 브로콜리의 황화
ㄷ. 떫은 감의 탈삽   ㄹ. 오이의 피팅
ㅁ. 복숭아 과육의 스펀지화

① ㄱ, ㄴ, ㄷ   ② ㄱ, ㄹ, ㅁ
③ ㄴ, ㄷ, ㄹ   ④ ㄷ, ㄹ, ㅁ

67 HACCP에 관한 설명으로 옳은 것은?

① 식품에 문제가 발생한 후에 대처하기 위한 관리기준이다.
② 식품의 유통단계부터 위해요소를 관리한다.
③ 7원칙에 따라 위해요소를 관리한다.
④ 중요관리점을 결정한 후에 위해요소를 분석한다.

68 포장치수 중 길이의 허용 범위(%)가 다른 포장재는?

① 골판지상자   ② 그물망
③ 직물제포대(PP대)   ④ 폴리에틸렌대(PE대)

69 저장고의 냉장용량을 결정할 때 고려하지 않아도 되는 것은?

① 대류열   ② 장비열
③ 전도열   ④ 복사열

70 원예산물의 저장 시 상품성 유지를 위한 허용 수분손실 최대치(%)가 큰 것부터 순서대로 나열한 것은?

ㄱ. 양파   ㄴ. 양배추   ㄷ. 시금치

① ㄱ > ㄴ > ㄷ   ② ㄱ > ㄷ > ㄴ
③ ㄴ > ㄱ > ㄷ   ④ ㄴ > ㄷ > ㄱ

71 원예산물별 저온장해 증상이 아닌 것은?

① 수박 – 수침현상
② 토마토 – 후숙불량
③ 바나나 – 갈변현상
④ 참외 – 과숙(過熟)현상

72 CA 저장고의 특성으로 옳지 않은 것은?

① 시설비와 유지관리비가 높다.
② 작업자가 위험에 노출될 우려가 있다.
③ 저장산물의 품질분석이 용이하다.
④ 가스 조성농도를 유지하기 위해서는 밀폐가 중요하다.

73 원예산물의 예냉에 관한 설명으로 옳지 않은 것은?

① 원예산물의 품온을 단시간 내 낮추는 처리이다.
② 냉매의 이동속도가 빠를수록 예냉효율이 높다.
③ 냉매는 액체보다 기체의 예냉효율이 높다.
④ 냉매와 접촉 면적이 넓을수록 예냉효율이 높다.

74 사과 밀증상의 주요 원인물질은?

① 구연산
② 솔비톨
③ 메티오닌
④ 솔라닌

75 원예산물별 신선편이 농산물의 품질변화 현상으로 옳지 않은 것은?

① 당근 – 백화현상
② 감자 – 갈변현상
③ 양배추 – 황반현상
④ 마늘 – 녹변현상

농산물유통론

76 산지 농산물의 공동판매 원칙은?

① 조건부 위탁 원칙
② 평균판매 원칙
③ 개별출하 원칙
④ 최고가 구매 원칙

77 농산물 도매유통의 조성기능이 아닌 것은?

① 상장하여 경매한다.
② 경락대금을 정산·결제한다.
③ 경락가격을 공표한다.
④ 도매시장 반입물량을 공지한다.

78 우리나라 협동조합 유통 사업에 관한 설명으로 옳은 것은?

① 시장교섭력을 저하시킨다.
② 생산자의 수취가격을 낮춘다.
③ 규모의 경제를 실현할 수 있다.
④ 공동계산으로 농가별 판매결정권을 갖는다.

79 농산물 산지유통의 거래유형을 모두 고른 것은?

ㄱ. 정전거래	ㄴ. 산지공판
ㄷ. 계약재배	

① ㄱ, ㄴ
② ㄱ, ㄷ
③ ㄴ, ㄷ
④ ㄱ, ㄴ, ㄷ

80 우리나라 농산물 유통의 일반적 특징으로 옳은 것은?

① 표준화·등급화가 용이하다.
② 운반과 보관비용이 적게 소요된다.
③ 수요의 가격탄력성이 높다.
④ 생산은 계절적이나 소비는 연중 발생한다.

81 항상 낮은 가격으로 상품을 판매하는 소매업체의 가격전략은?

① High – Low가격전략   ② 명성가격전략

③ EDLP전략   ④ 초기저가전략

82 5kg들이 참외 1상자의 유통단계별 판매 가격이 생산자 30,000원, 산지공판장 32,000원, 도매상 36,000원, 소매상 40,000원일 때 소매상의 유통마진율(%)은?

① 10   ② 20

③ 25   ④ 30

83 거미집이론에서 균형가격에 수렴하는 조건에 관한 내용이다. (　)에 들어갈 내용을 순서대로 나열한 것은?

> 수요곡선의 기울기가 공급곡선의 기울기보다 (　), 수요의 가격탄력성이 공급의 가격탄력성보다 (　).

① 작고, 작다   ② 작고, 크다

③ 크고, 작다   ④ 크고, 크다

84 선물거래에 관한 설명으로 옳은 것은?

① 헤저(hedger)는 위험 회피를 목적으로 한다.

② 거래당사자 간에 직접 거래한다.

③ 포전거래는 선물거래에 해당한다.

④ 정부의 시장개입을 전제로 한다.

85 시장도매인제에 관한 설명으로 옳지 않은 것은?

① 상장경매를 원칙으로 한다.

② 도매시장법인과 중도매인의 역할을 겸할 수 있다.

③ 농가의 출하선택권을 확대한다.

④ 도매시장 내 유통주체 간 경쟁을 촉진한다.

86 농가가 엽근채소류의 포전거래에 참여하는 이유가 아닌 것은?

① 생산량 및 수확기의 가격 예측이 곤란하기 때문이다.
② 계약금을 받아서 부족한 현금 수요를 충당할 수 있기 때문이다.
③ 채소가격안정제사업 참여가 불가능하기 때문이다.
④ 수확 및 상품화에 필요한 노동력이 부족하기 때문이다.

87 정가・수의매매에 관한 설명으로 옳지 않은 것은?

① 경매사가 출하자와 중도매인 간의 거래를 주관한다.
② 출하자가 시장도매인에게 거래가격을 제시할 수 없다.
③ 단기 수급상황 변화에 따른 급격한 가격변동을 완화할 수 있다.
④ 출하자의 가격 예측 가능성을 제고한다.

88 농산물 표준규격화에 관한 설명으로 옳지 않은 것은?

① 유통비용의 증가를 초래한다.
② 견본거래, 전자상거래 등을 촉진한다.
③ 품질에 따른 공정한 거래를 할 수 있다.
④ 브랜드화가 용이하다.

89 농산물 산지유통조직의 통합마케팅사업에 관한 설명으로 옳은 것을 모두 고른 것은?

ㄱ. 유통계열화 촉진	ㄴ. 공동브랜드 육성
ㄷ. 농가 조직화・규모화	ㄹ. 참여조직 간 과열경쟁 억제

① ㄱ, ㄴ   ② ㄷ, ㄹ
③ ㄱ, ㄷ, ㄹ   ④ ㄱ, ㄴ, ㄷ, ㄹ

90 농산물 수급불안 시 비상품(非商品)의 유통을 규제하거나 출하량을 조절하는 등의 수급안정 정책은?

① 수매비축   ② 직접지불제
③ 유통조절명령   ④ 출하약정

91 농산물 생산과 소비의 시간적 간격을 극복하기 위한 물적 유통기능은?

① 수송   ② 저장

③ 가공   ④ 포장

92 단위화물적재시스템(ULS)에 관한 설명으로 옳은 것을 모두 고른 것은?

ㄱ. 상·하역 작업의 기계화   ㄴ. 수송 서비스의 효율성 증대
ㄷ. 공영도매시장의 규격품 출하 유도   ㄹ. 파렛트나 컨테이너를 이용한 화물 규격화

① ㄱ, ㄴ   ② ㄷ, ㄹ

③ ㄱ, ㄷ, ㄹ   ④ ㄱ, ㄴ, ㄷ, ㄹ

93 제품수명주기상 대량생산이 본격화되고 원가 하락으로 단위당 이익이 최고점에 달하는 시기는?

① 성숙기   ② 도입기

③ 성장기   ④ 쇠퇴기

94 소비자의 구매의사결정 순서를 옳게 나열한 것은?

ㄱ. 필요의 인식   ㄴ. 정보의 탐색
ㄷ. 대안의 평가   ㄹ. 구매의사결정

① ㄱ → ㄴ → ㄷ → ㄹ   ② ㄴ → ㄱ → ㄷ → ㄹ

③ ㄷ → ㄱ → ㄴ → ㄹ   ④ ㄷ → ㄴ → ㄱ → ㄹ

95 농산물의 촉진가격 전략이 아닌 것은?

① 고객유인 가격전략   ② 특별염가 전략

③ 미끼가격 전략   ④ 개수가격 전략

96 소비자의 식생활 변화에 따라 1인당 쌀 소비량이 지속적으로 감소하는 경향과 같은 변동 형태는?

① 순환변동
② 추세변동
③ 계절변동
④ 주기변동

97 설문지를 이용하여 표본조사를 실시하는 방법은?

① 실험조사
② 심층면접법
③ 서베이조사
④ 관찰법

98 정부가 농산물의 목표가격과 시장가격 간의 차액을 직접 지불하는 정책은?

① 공공비축제도
② 부족불제도
③ 이중곡가제도
④ 생산조정제도

99 농산물의 공급이 변동할 때 공급량의 변동폭보다 가격의 변동폭이 훨씬 더 크게 나타나는 현상과 관련된 것을 모두 고른 것은?

ㄱ. 공급의 가격탄력성이 작다.	ㄴ. 공급의 가격신축성이 크다.
ㄷ. 킹(G. King)의 법칙이 적용된다.	ㄹ. 공급의 교차탄력성이 크다.

① ㄱ, ㄴ
② ㄴ, ㄷ
③ ㄱ, ㄴ, ㄷ
④ ㄱ, ㄷ, ㄹ

100 광고와 홍보에 관한 설명으로 옳지 않은 것은?

① 광고는 광고주가 비용을 지불하는 비(非) 인적 판매활동이다.
② 기업광고는 기업에 대하여 호의적인 이미지를 형성시킨다.
③ 카피라이터는 고객이 공감할 수 있는 언어로 메시지를 만든다.
④ 홍보는 비용을 지불하는 상업적 활동이다.

2018년 제15회 1차 기출문제

관계법령

01 농수산물 품질관리법 제2조(정의)에 관한 내용이다. (   )안에 들어갈 내용을 순서대로 옳게 나열한 것은?

> 물류표준화란 농수산물의 운송·보관·하역·포장 등 물류의 각 단계에서 사용되는 기기·용기·설비·정보 등을 (   )하여 (   )과 연계성을 원활히 하는 것을 말한다.

① 규격화, 호환성

② 표준화, 신속성

③ 다양화, 호환성

④ 등급화, 다양성

02 농수산물 품질관리법령상 농수산물 품질관리심의회의 위원을 구성할 경우, 그 위원을 지명할 수 있는 단체 및 기관의 장을 모두 고른 것은?

> ㄱ. 한국보건산업진흥원의 장   ㄴ. 한국식품연구원의 장
> ㄷ. 한국농촌경제연구원의 장   ㄹ. 한국소비자원의 장

① ㄱ, ㄴ

② ㄷ, ㄹ

③ ㄴ, ㄷ, ㄹ

④ ㄱ, ㄴ, ㄷ, ㄹ

03 농수산물 품질관리법령상 농산물 검사 결과의 이의신청과 재검사에 관한 설명으로 옳지 않은 것은?

① 농산물 검사 결과에 이의가 있는 자는 검사현장에서 검사를 실시한 농산물검사관에게 재검사를 요구할 수 있다.

② 재검사 요구 시 농산물검사관은 7일 이내에 재검사 여부를 결정하여야 한다.

③ 재검사 결과에 이의가 있는 자는 재검사일로부터 7일 이내에 이의신청을 할 수 있다.

④ 재검사 결과에 이의신청을 받은 기관의 장은 그 신청을 받은 날부터 5일 이내에 다시 검사하여 그 결과를 이의신청자에게 알려야 한다.

04 농수산물 품질관리법령상 농산물품질관리사의 직무가 아닌 것은?

① 농산물의 등급 판정
② 농산물의 생산 및 수확 후 품질관리기술 지도
③ 농산물의 출하 시기 조절에 관한 조언
④ 농산물의 검사 및 물류비용 조사

05 농수산물 품질관리법령상 우수관리인증농산물의 표지 및 표시사항에 관한 설명으로 옳은 것은?

① 표지형태 및 글자표기는 변형할 수 없다.
② 표지도형의 한글 글자는 명조체로 한다.
③ 표지도형의 색상은 파란색을 기본색상으로 한다.
④ 사과는 생산연도를 표시하여야 한다.

06 농수산물 품질관리법령상 농산물 유통자의 이력추적관리 등록사항에 해당하는 것만을 옳게 고른 것은?

> ㄱ. 재배면적
> ㄴ. 생산계획량
> ㄷ. 이력추적관리 대상품목명
> ㄹ. 유통업체명, 수확 후 관리시설명 및 그 각각의 주소

① ㄷ   ② ㄹ
③ ㄷ, ㄹ   ④ ㄱ, ㄴ, ㄷ, ㄹ

07 농수산물 품질관리법령상 지리적표시의 등록을 결정한 경우 공고하여야 할 사항이 아닌 것은?

① 지리적표시 대상지역의 범위
② 품질의 특성과 지리적 요인의 관계
③ 특산품의 유명성과 역사성을 증명할 수 있는 자료
④ 등록자의 자체품질기준 및 품질관리계획서

08 농수산물 품질관리법령상 농산물우수관리의 인증 및 기관에 관한 설명으로 옳지 않은 것은?

① 우수관리기준에 따라 생산·관리된 농산물을 포장하여 유통하는 자도 우수관리인증을 받을 수 있다.

② 수입되는 농산물에 대해서는 외국의 기관과 우수관리인증기관으로 지정될 수 있다.

③ 우수관리인증기관 지정의 유효기간은 지정을 받은 날부터 5년으로 한다.

④ 우수관리인증기관의 장은 우수관리인증 신청을 받은 경우 현지심사를 필수적으로 하여야 한다.

09 농수산물 품질관리법령상 포장규격에 있어 한국산업표준과 다르게 정할 필요가 있다고 인정되는 경우 그 규격을 따로 정할 수 있는 항목이 아닌 것은?

① 포장등급　　　　　　　　　② 거래단위

③ 포장설계　　　　　　　　　④ 표시사항

10 농수산물의 원산지 표시에 관한 법령상 대통령령으로 정하는 집단급식소를 설치·운영하는 자가 농산물이나 그 가공품을 조리하여 판매·제공하는 경우 그 원료의 원산지 표시대상이 아닌 것은?

① 쇠고기　　　　　　　　　　② 돼지고기

③ 가공두부　　　　　　　　　④ 죽에 사용하는 쌀

11 농수산물의 원산지 표시에 관한 법령상 A음식점은 배추김치의 고춧가루 원산지를 표시하지 않았으며, 매입일로부터 6개월간 구입한 원산지 표시대상 농산물의 영수증 등 증빙서류를 비치·보관하지 않아서 적발되었다. 이 A음식점에 부과할 과태료의 총 합산금액은? (단, 모두 1차 위반이며, 경감은 고려하지 않는다.)

① 30만원　　　　　　　　　　② 50만원

③ 60만원　　　　　　　　　　④ 100만원

12 농수산물 품질관리법령상 지리적 표시품의 표시방법 등에 관한 설명으로 옳은 것은?

① 포장재 주 표시면의 중앙에 표시하되, 포장재 구조상 중앙에 표시하기 어려울 경우에는 표시위치를 변경할 수 있다.

② 표시사항 중 표준규격 등 다른 규정·법률에 따라 표시하고 있는 사항은 모두 표시하여야 한다.

③ 표지도형 하단의 "농림축산식품부"와 "MAFRA KOREA"의 글자는 녹색으로 한다.

④ 포장재 15kg을 기준으로 글자의 크기 중 등록명칭(한글, 영문)은 가로 2.0cm(57pt.) × 세로 2.5cm(71pt.)이다.

13 농수산물 품질관리법령상 축산물을 제외한 농산물의 품질 향상과 안전한 농산물의 생산·공급을 위한 안전관리계획을 매년 수립·시행하여야 하는 자는?

① 식품의약품안전처장　　　　　　　② 농촌진흥청장

③ 농림축산식품부장관　　　　　　　④ 시·도지사

14 농수산물 품질관리법령상 안전성검사기관의 지정을 취소해야 하는 사유가 아닌 것은? (단, 경감은 고려하지 않는다.)

① 거짓으로 지정을 받은 경우

② 검사성적서를 거짓으로 내준 경우

③ 부정한 방법으로 지정을 받은 경우

④ 업무의 정지명령을 위반하여 계속 안전성조사 및 시험분석 업무를 한 경우

15 농수산물 품질관리법령상 유전자변형농산물 표시의무자가 거짓표시 등의 금지를 위반하여 처분이 확정된 경우, 식품의약품안전처장이 지체 없이 식품의약품안전처의 인터넷 홈페이지에 게시해야 할 사항이 아닌 것은?

① 영업의 종류　　　　　　　　　　② 위반 기간

③ 영업소의 명칭 및 주소　　　　　④ 처분권자, 처분일 및 처분내용

16 농수산물 품질관리법령상 다음의 위반행위자 중 가장 무거운 처분기준(A)과 가장 가벼운 처분기준(B)에 해당하는 것은?

> ㄱ. 지리적표시품에 지리적표시품이 아닌 농산물을 혼합하여 판매한 자
> ㄴ. 유전자변형농산물의 표시를 한 농산물에 다른 농산물을 혼합하여 판매할 목적으로 보관 또는 진열한 유전자변형농산물 표시의무자
> ㄷ. 표준규격품의 표시를 한 농산물에 표준규격품이 아닌 농산물을 혼합하여 판매한 자
> ㄹ. 안전성조사 결과 생산단계 안전기준을 위반한 농산물에 대해 폐기처분 조치를 받고도 폐기 조치를 이행하지 아니한 자

① A : ㄱ, B : ㄴ ② A : ㄱ, B : ㄷ
③ A : ㄴ, B : ㄹ ④ A : ㄷ, B : ㄹ

17 농수산물 유통 및 가격안정에 관한 법률에 따른 민영도매시장의 개설에 관한 사항이다. ( )안에 들어갈 숫자를 순서대로 나열한 것은?

> 시·도지사는 민간인 등이 제반 규정을 준수하여 제출한 민영도매시장 개설허가의 신청을 받은 경우 신청서를 받은 날부터 ( )일 이내에 허가 여부 또는 허가처리 지연 사유를 신청인에게 통보하여야 한다. 이때 허가처리 지연 사유를 통보하는 경우에는 허가처리기간을 ( )일 범위 내에서 한 번만 연장할 수 있다.

① 30, 10 ② 45, 30
③ 60, 30 ④ 90, 45

18 농수산물 유통 및 가격안정에 관한 법령상 도매시장 개설자가 거래관계자의 편익과 소비자 보호를 위하여 이행하여야 하는 사항으로 옳지 않은 것은?

① 도매시장 시설 정비·개선과 합리적인 관리
② 경쟁촉진과 공정한 거래질서의 확립 및 환경개선
③ 도매시장법인 간의 인수와 합병 명령
④ 상품성 향상을 위한 규격화, 포장개선 및 선도 유지의 촉진

19 농수산물 유통 및 가격안정에 관한 법령상 농림축산식품부장관이 하는 가격예시에 관한 설명으로 옳은 것은?

① 주요 농산물의 수급조절과 가격안전을 위하여 해당 농산물의 수확기 이전에 하한가격을 예시할 수 있다.
② 가격예시의 대상품목은 계약생산 또는 계약출하를 하는 농산물로서 농림축산식품부장관이 지정하는 품목으로 한다.
③ 예시가격을 결정할 때에는 미리 공정거래위원장과 협의하여야 한다.
④ 예시가격을 지지하기 위하여 농산물 도매시장을 통합하는 정책을 추진하여야 한다.

20 농수산물 유통 및 가격안정에 관한 법률상 공판장과 민영도매시장에 관한 설명으로 옳지 않은 것은?

① 농업협동조합중앙회가 개설한 공판장은 농협경제지주회사 및 그 자회사가 개설한 것으로 본다.
② 도매시장공판장은 농림수협 등의 유통자회사로 하여금 운영하게 할 수 있다.
③ 민영도매시장의 경매사는 민영도매시장의 개설자가 임면한다.
④ 공판장의 시장도매인은 공판장의 개설자가 지정한다.

21 농수산물 유통 및 가격안정에 관한 법령상 도매시장법인이 겸영사업(선별, 배송 등)을 할 수 있는 경우는? (단, 다른 사항은 고려하지 않는다.)

① 부채비율이 250퍼센트인 경우
② 유동부채비율이 150퍼센트인 경우
③ 유동비율이 50퍼센트인 경우
④ 당기순손실이 3개 회계연도 계속하여 발생한 경우

22 농수산물 유통 및 가격안정에 관한 법령상 산지유통인에 관한 설명으로 옳지 않은 것은?

① 산지유통인은 등록된 도매시장에서 농산물의 출하업무 외에 중개 업무를 할 수 있다.
② 농수산물도매시장 · 농수산물공판장 또는 민영농수산물도매시장의 개설자에게 등록하여야 한다.
③ 주산지협의체의 위원이 될 수 있다.
④ 도매시장법인의 주주는 해당 도매시장에서 산지유통인의 업무를 하여서는 아니 된다.

23 농수산물 유통 및 가격안정에 관한 법령상 주산지의 지정 등에 관한 설명으로 옳지 않은 것은?

① 시·도지사는 주요 농산물을 생산하는 자에 대하여 기술지도 등 필요한 지원을 할 수 있다.
② 주요 농산물의 재배면적은 농림축산식품부장관이 고시하는 면적 이상이어야 한다.
③ 주요 농산물의 출하량은 농림축산식품부장관이 고시하는 수량 이상이어야 한다.
④ 주요 농산물의 생산지역의 지정은 시·군·구 단위로 한정된다.

24 농수산물 유통 및 가격안정에 관한 법령상 농산물의 유통조절명령에 관한 설명으로 옳은 것은?

① 농산물수급조절위원회와의 협의를 거쳐 농림축산식품부장관이 발한다.
② 생산자단체가 유통명령을 요청할 경우 해당 생산자단체 출석회원 과반수의 찬성을 얻어야 한다.
③ 기획재정부장관이 예산 수요량을 감안하여 유통명령의 발령 기준을 고시한다.
④ 유통명령을 하는 이유, 대상품목, 대상자, 유통조절방법 등 대통령으로 정하는 사항이 포함 되어야 한다.

25 농수산물 유통 및 가격안정에 관한 법령상 대통령령으로 정하는 농산물의 유통구조 개선 및 가격안정과 종자산업의 진흥을 위하여 필요한 사업 중 농산물가격안정기금에서 지출할 수 있는 사업으로 옳지 않은 것은?

① 종자산업의 진흥과 관련된 우수 유전자원의 수집 및 조사·연구
② 농산물의 유통구조 개선 및 가격안정사업과 관련된 해외시장개척
③ 식량작물의 유통구조 개선을 위한 생산자의 공동이용시설에 대한 지원
④ 농산물 가격안정을 위한 안정성 강화와 관련된 검사·분석시설 지원

원예작물학

26 원예작물이 속한 과(科, family)로 옳지 않은 것은?

① 아욱과 : 무궁화   ② 국화과 : 상추

③ 장미과 : 블루베리   ④ 가지과 : 파프리카

27 원예작물과 주요 기능성 물질의 연결이 옳지 않은 것은?

① 토마토 – 엘라테린(elaterin)   ② 수박 – 시트룰린(citrulline)

③ 우엉 – 이눌린(inulin)   ④ 포도 – 레스베라트롤(resveratrol)

28 양지식물을 반음지에서 재배할 때 나타나는 현상으로 옳지 않은 것은?

① 잎이 넓어지고 두께가 얇아진다.

② 뿌리가 길게 신장하고, 뿌리털이 많아진다.

③ 줄기가 가늘어지고 마디 사이는 길어진다.

④ 꽃의 크기가 작아지고, 꽃수가 감소한다.

29 DIF에 관한 설명으로 옳지 않은 것은?

① 주야간 온도 차이를 의미하며 낮 온도에서 밤 온도를 뺀 값이다.

② DIF의 적용 범위는 식물체의 생육 적정온도 내에서 이루어져야 한다.

③ 분화용 포인세티아, 국화, 나팔나리의 초장조절에 이용된다.

④ 정(+)의 DIF는 식물의 GA 생합성을 감소시켜 절간신장을 억제한다.

30 구근 화훼류를 모두 고른 것은?

ㄱ. 거베라	ㄴ. 튤립	ㄷ. 칼랑코에
ㄹ. 다알리아	ㅁ. 프리지아	ㅂ. 안스리움

① ㄱ, ㄴ, ㅁ   ② ㄱ, ㄷ, ㅂ

③ ㄴ, ㄹ, ㅁ   ④ ㄷ, ㄹ, ㅂ

31 포인세티아 재배에서 자연 일장이 짧은 시기에 전조처리를 하는 목적은?

① 휴면 타파   ② 휴면 유도

③ 개화 촉진   ④ 개화 억제

32 종자번식과 비교할 때 영양번식의 장점이 아닌 것은?

① 모본의 유전적인 형질이 그대로 유지된다.

② 화목류의 경우 개화까지의 기간을 단축할 수 있다.

③ 번식재료의 원거리 수송과 장기저장이 용이하다.

④ 불임성이나 단위결과성 화훼류를 번식할 수 있다.

33 난과식물의 생태 분류에서 온대성 난에 속하지 않은 것은?

① 춘란   ② 한란

③ 호접란   ④ 풍란

34 감자의 괴경이 햇빛에 노출될 경우 발생하는 독성 물질은?

① 캡사이신(capsaicin)   ② 솔라닌(solanine)

③ 아미그달린(amygdalin)   ④ 시니그린(sinigrin)

35 화훼작물에서 세균에 의해 발생하는 병과 그 원인균으로 옳은 것은?

① 풋마름병 – Pseudomonas   ② 흰가루병 – Sphaerotheca

③ 줄기녹병 – Puccinia   ④ 잘록병 – Pythium

36 관엽식물을 실내에서 키울 때 효과로 옳지 않은 것은?

① 유해물질 흡수에 의한 공기정화   ② 음이온 발생

③ 유해전자파 감소   ④ 실내습도 감소

37 양액재배의 장점으로 옳지 않은 것은?

① 토양재배가 어려운 곳에서도 가능하다.

② 재배관리의 생력화와 자동화가 용이하다.

③ 양액의 완충능력이 토양에 비하여 크다.

④ 생육이 빠르고 균일하여 수량이 증대된다.

38 절화보존제의 주요 구성성분으로 옳지 않은 것은?

① HQS   ② 에테폰

③ $AgNO_3$ ④ sucrose

39 낙엽과수의 자발휴면 개시기의 체내 변화에 관한 설명으로 옳지 않은 것은?

① 호흡이 증가한다.   ② 생장억제물질이 증가한다.

③ 체내 수분함량이 감소한다.   ④ 효소의 활성이 감소한다.

40 철사나 나무가지 등으로 틀을 만들고 식물을 심어 여러 가지 동물 모양으로 만든 화훼장식은?

① 토피어리(topiary)   ② 포푸리(potpourri)

③ 테라리움(terrarium)   ④ 디쉬가든(dish garden)

41 채소 재배에서 직파와 비교할 때 육묘의 목적으로 옳지 않은 것은?

① 수확량을 높일 수 있다.

② 본밭의 토지이용률을 증가시킬 수 있다.

③ 생육이 균일하고 종자 소요량이 증가한다.

④ 조기 수확이 가능하다.

42 마늘의 휴면 경과 후 인경 비대를 촉진하는 환경 조건은?

① 저온, 단일   ② 저온, 장일

③ 고온, 단일   ④ 고온, 장일

43 과수에서 다음 설명에 공통으로 해당되는 병원체는?

> - 핵산과 단백질로 이루어져 있다.
> - 사과나무 고접병의 원인이다.
> - 과실을 작게 하거나 반점을 만든다.

① 박테리아   ② 바이러스
③ 바이로이드   ④ 파이토플라즈마

44 1년생 가지에 착과되는 과수를 모두 고른 것은?

> ㄱ. 포도   ㄴ. 감귤
> ㄷ. 복숭아   ㄹ. 사과

① ㄱ, ㄴ   ② ㄱ, ㄹ
③ ㄴ, ㄷ   ④ ㄷ, ㄹ

45 뿌리의 양분 흡수기능이 상실되거나 식물체 생육이 불량하여 빠르게 영양공급을 해야 할 때 잎에 실시하는 보조 시비방법은?

① 조구시비   ② 엽면시비
③ 윤구시비   ④ 방사구시비

46 감나무의 생리적 낙과의 방지 대책이 아닌 것은?

① 수분수를 혼식한다.
② 적과로 과다 결실을 방지한다.
③ 영양분을 충분히 공급하여 영양생장을 지속시킨다.
④ 단위결실을 유도하는 식물생장조절제를 개화 직전 꽃에 살포한다.

47 여러 개의 원줄기가 자라 지상부를 구성하는 관목성 과수에 해당하는 것은?

① 대추   ② 사과
③ 블루베리   ④ 포도

48 과수의 환상박피(環狀剝皮) 효과로 옳지 않은 것은?

① 꽃눈분화 촉진 ② 과실발육 촉진

③ 과실성숙 촉진 ④ 뿌리생장 촉진

49 과수와 실생 대목의 연결로 옳지 않은 것은?

① 배 – 야광나무 ② 감 – 고욤나무

③ 복숭아 – 산복사나무 ④ 사과 – 아그배나무

50 과수의 가지 종류에 관한 설명으로 옳지 않은 것은?

① 원가지 : 원줄기에 발생한 큰 가지

② 열매가지 : 과실이 붙어 있는 가지

③ 새가지 : 그해에 자란 잎이 붙어 있는 가지

④ 곁가지 : 새가지의 곁눈이 그해에 자라서 된 가지

수확 후 품질관리론

51 원예산물의 수확에 관한 설명으로 옳지 않은 것은?

① 포도는 열과(裂果)의 발생을 방지하기 위하여 비가 온 후 바로 수확한다.

② 블루베리는 손으로 수확하는 것이 일반적이나 기계 수확기를 이용하기도 한다.

③ 복숭아는 압상을 받지 않도록 손바닥으로 감싸고 가볍게 밀어 올려 수확한다.

④ 파프리카는 과경을 매끈하게 절단하여 수확한다.

52 과실의 수확시기에 관한 설명으로 옳은 것은?

① 포도는 산도가 가장 높을 때 수확한다.

② 바나나는 단맛이 가장 강할 때 수확한다.

③ 후지 사과는 만개 후 160~170일에 수확한다.

④ 감귤은 요오드반응으로 청색면적이 20~30%일 때 수확한다.

53 저장 중 원예산물의 증산작용에 관한 설명으로 옳지 않은 것은?

① 상대습도가 높으면 증가한다.　　② 온도가 높을수록 증가한다.

③ 광(光)이 있으면 증가한다.　　　④ 공기 유속이 빠를수록 증가한다.

54 호흡형이 같은 원예산물을 모두 고른 것은?

ㄱ. 참다래　　　　　　　　ㄴ. 양앵두
ㄷ. 가지　　　　　　　　　ㄹ. 아보카도

① ㄱ, ㄴ　　　　　　　　　② ㄱ, ㄷ

③ ㄴ, ㄷ　　　　　　　　　④ ㄴ, ㄷ, ㄹ

55 원예산물의 에틸렌 제어에 관한 설명으로 옳은 것은?

① STS는 에틸렌을 흡착한다.　　　② $KMnO_4$는 에틸렌을 분해한다.

③ 1-MCP는 에틸렌을 산화시킨다.　④ AVG는 에틸렌 생합성을 억제한다.

56 토마토의 후숙 과정에서 조직의 연화 관련 성분과 효소의 연결이 옳은 것은?

① 펙틴 - 폴리갈락투로나제　　　② 펙틴 - 폴리페놀옥시다제

③ 폴리페놀 - 폴리갈락투로나제　④ 폴리페놀 - 폴리페놀옥시다제

57 원예산물의 성숙 과정에서 발현되는 색소 성분이 아닌 것은?

① 클로로필　　　　　　　　② 라이코펜

③ 안토시아닌　　　　　　　④ 카로티노이드

58 신선편이 농산물의 제조 시 살균소독제로 사용되는 것은?

① 안식향산　　　　　　　　② 소르빈산

③ 염화나트륨　　　　　　　④ 차아염소산나트륨

59 신선 농산물의 MA포장재료로 적합한 것은?

ㄱ. PP	ㄴ. PET
ㄷ. LDPE	ㄹ. PVDC

① ㄱ, ㄷ   ② ㄱ, ㄹ

③ ㄴ, ㄷ   ④ ㄴ, ㄹ

60 HACCP 7원칙에 해당하지 않는 것은?

① 위해요소 분석   ② 중점관리점 결정

③ 제조공장현장 확인   ④ 개선조치방법 수립

61 CA저장고에 관한 설명으로 적합하지 않은 것은?

① 저장고의 밀폐도가 높아야 한다.
② 저장 대상 작물, 품종, 재배조건에 따라 CA조건을 적절하게 설정하여야 한다.
③ 장시간 작업 시 질식 우려가 있으므로 외부 대기자를 두어 내부를 주시하여야 한다.
④ 저장고 내 산소 농도는 산소발생장치를 이용하여 조절한다.

62 원예산물의 저장 중 동해에 관한 설명으로 옳지 않은 것은?

① 빙점 이하의 온도에서 조직의 결빙에 의해 나타난다.
② 동해 증상은 결빙 상태일 때보다 해동 후 잘 나타난다.
③ 세포 내 결빙이 일어난 경우 서서히 해동시키면 동해 증상이 나타나지 않는다.
④ 동해 증상으로 수침현상, 과피함몰, 갈변이 나타난다.

63 원예산물의 풍미를 결정하는 요인을 모두 고른 것은?

ㄱ. 당도	ㄴ. 산도
ㄷ. 향기	ㄹ. 색도

① ㄱ, ㄴ   ② ㄱ, ㄴ, ㄷ

③ ㄱ, ㄷ, ㄹ   ④ ㄴ, ㄷ, ㄹ

64 비파괴 품질평가 방법에 관한 설명으로 옳지 않은 것은?

① 동일한 시료를 반복해서 측정할 수 있다.

② 분석이 신속하다.

③ 당도선별에 사용할 수 있다.

④ 화학적인 분석법에 비해 정확도가 높다.

65 저장고 관리에 관한 설명으로 옳지 않은 것은?

① 저장고 내 온도는 저장 중인 원예산물의 품온을 기준으로 조절하는 것이 가장 정확하다.

② 입고시기에는 품온이 적정 수준에 도달한 안정기 때보다 더 큰 송풍량으로 공기를 순환시킨다.

③ 저장고 내 산소를 제거하기 위해 소석회를 이용한다.

④ 저장고 내 습도 유지를 위해 온도가 상승하지 않는 선에서 공기 유동을 억제하고 환기는 가능한한 극소화한다.

66 다음의 용어로 옳은 것은?

> ㄱ. 수확한 생산물이 가지고 있는 열
> ㄴ. 생산물의 생리대사에 의해 발생하는 열
> ㄷ. 저장고 문을 여닫을 때 외부에서 유입되는 열

① ㄱ : 호흡열   ㄴ : 포장열   ㄷ : 대류열

② ㄱ : 포장열   ㄴ : 호흡열   ㄷ : 대류열

③ ㄱ : 대류열   ㄴ : 호흡열   ㄷ : 포장열

④ ㄱ : 포장열   ㄴ : 대류열   ㄷ : 호흡열

67 원예산물의 수확 후 전처리에 관한 설명으로 옳지 않은 것은?

① 양파는 적재 큐어링 시 햇빛에 노출되면 녹변이 발생할 수 있다.

② 감자는 상처보호 조직의 빠른 재생을 위하여 30℃에서 큐어링한다.

③ 감귤은 중량비의 3~5%가 감소될 때까지 예건하여 저장하면 부패를 줄일 수 있다.

④ 마늘은 인편 중앙의 줄기부위가 물기 없이 건조되었을 때 예건을 종료한다.

68 다음 원예산물 중 5℃의 동일조건에서 측정한 호흡속도가 가장 높은 것은?

① 사과　　　　　　　　　　　　② 배

③ 감자　　　　　　　　　　　　④ 아스파라거스

69 원예산물의 적재 및 유통에 관한 설명으로 옳지 않은 것은?

① 유통과정 중 장시간의 진동으로 원예산물의 손상이 발생할 수 있다.

② 팰릿 적재화물의 안정성 확보를 위하여 상자를 3단 이상 적재 시에는 돌려쌓기 적재를 한다.

③ 골판지 상자의 적재방법에 따라 상자에 가해지는 압축강도는 달라진다.

④ 신선 채소류는 수확 후 수분증발이 일어나지 않아 골판지 상자의 강도가 달라지지 않는다.

70 농산물의 포장재료 중 겉포장재에 해당하지 않는 것은?

① 트레이　　　　　　　　　　　② 골판지 상자

③ 플라스틱 상자　　　　　　　　④ PP대(직물제 포대)

71 원예산물에서 에틸렌에 의해 나타나는 증상으로 옳은 것은?

① 배의 과심갈변　　　　　　　　② 브로콜리의 황화

③ 오이의 피팅　　　　　　　　　④ 사과의 밀증상

72 원예산물별 수확 후 손실경감 대책으로 옳지 않은 것은?

① 마늘을 예건하면 휴면에도 영향을 주어 맹아신장이 억제된다.

② 배는 수확 즉시 저온저장을 하여야 과피흑변을 막을 수 있다.

③ 딸기는 예냉 후 소포장으로 수송하면 감모를 줄일 수 있다.

④ 복숭아 유통 시 에틸렌 흡착제를 사용하면 연화 및 부패를 줄일 수 있다.

73 0~4℃에서 저장할 경우 저온장해가 일어날 수 있는 원예산물을 모두 고른 것은?

| ㄱ. 파프리카 | ㄴ. 배추 | ㄷ. 고구마 |
| ㄹ. 브로콜리 | ㅁ. 호박 | |

① ㄱ, ㄴ, ㄹ   ② ㄱ, ㄷ, ㅁ
③ ㄴ, ㄷ, ㄹ   ④ ㄷ, ㄹ, ㅁ

74 원예산물의 화학적 위해 요인에 해당하지 않는 것은?
① 곰팡이 독소   ② 중금속
③ 다이옥신   ④ 병원성 대장균

75 GMO에 관한 설명으로 옳지 않은 것은?
① GMO는 유전자변형농산물을 말한다.
② GMO는 병충해 저항성, 바이러스 저항성, 제초제 저항성을 기본 형질로 하여 개발되었다.
③ GMO 표시 대상 품목에는 콩, 옥수수, 양파가 있다.
④ GMO 표시 대상 품목 중 유전자변형 원재료를 사용하지 않은 식품은 비유전자변형식품, Non-GMO로 표시할 수 있다.

농산물유통론

76 다음 내용에 해당하는 농산물 유통의 효용(utility)은?

- 하우스에서 수확한 블루베리를 농산물 산지유통센터(APC)의 저온저장고로 이동하여 보관한다.

① 형태(form) 효용   ② 장소(place) 효용
③ 시간(time) 효용   ④ 소유(possession) 효용

77 우리나라 농업협동조합에 관한 설명으로 옳지 않은 것은?

① 규모의 경제 확대에 기여하고 있다.
② 완전경쟁시장에서 적합한 조직이다.
③ 거래비용을 절감하는 기능을 하고 있다.
④ 유통업체의 지나친 이윤 추구를 견제하고 있다.

78 선물거래에 관한 설명으로 옳지 않은 것은?

① 표준화된 조건에 따라 거래를 진행한다.
② 공식 거래소를 통하여 거래가 성사된다.
③ 당사자끼리의 직접 거래의 의존한다.
④ 헤저(hedger)와 투기자(speculator)가 참여한다.

79 농산물의 산지 유통에 관한 설명으로 옳지 않은 것은?

① 농산물 중개기능이 가장 중요하게 작용한다.
② 조합공동사업법인이 설립되어 판매 사업을 수행한다.
③ 농산물 산지유통센터(APC)가 선별 기능을 하고 있다.
④ 포전 거래를 통해 농가의 시장 위험이 상인에게 전가된다.

80 농산물 유통정보의 평가 기준에 관한 설명으로 옳지 않은 것을 모두 고른 것은?

> ㄱ. 정보의 신뢰성을 높이기 위해 주관성이 개입된다.
> ㄴ. 알권리 차원에서 정보수집 대상에 대한 개인 정보를 공개한다.
> ㄷ. 시의적절성을 위해 이용자가 원하는 시기에 유통정보가 제공되어야 한다.

① ㄱ
② ㄱ, ㄴ
③ ㄴ, ㄷ
④ ㄱ, ㄴ, ㄷ

81 배추 가격이 10% 상승함에 따라 무의 수요량이 15% 증가하였다. 이때 농산물 가격탄력성에 관한 설명으로 옳은 것은?

① 배추와 무의 수요량 계측 단위가 같아야만 한다.
② 배추와 무는 서로 대체재의 관계를 가진다.
③ 교차가격 탄력성이 비탄력적인 경우이다
④ 가격 탄력성의 값이 음(-)으로 계측된다.

82 마케팅 믹스(marketing mix)의 4P 전략에 관한 설명으로 옳지 않은 것은?

① 상품(product)전략 : 판매 상품의 특성을 설정한다.
② 가격(price)전략 : 상품 가격의 수준을 결정한다.
③ 장소(place)전략 : 상품의 유통경로를 결정한다.
④ 정책(policy)전략 : 상품에 대한 규제에 대응한다.

83 농산물 표준화에 관한 내용으로 옳지 않은 것은?

① 포장은 농산물 표준화의 대상이다.
② 농산물은 표준화를 통하여 품질이 균일하게 된다.
③ 농산물 표준화를 위한 공동선별은 개별농가에서 이루어진다.
④ 농산물 표준화는 유통의 효율성을 높일 수 있다.

84 농산물 수요곡선이 공급곡선보다 더 탄력적일 때 거미집 모형에 의한 가격 변동에 관한 설명으로 옳은 것은?

① 가격이 발산한다.
② 가격이 균형가격으로 수렴한다.
③ 가격이 균형가격으로 수렴한다 다시 발산한다.
④ 가격이 일정한 폭으로 진동한다.

85 완전경쟁시장에 관한 설명으로 옳은 것은?

① 소비자가 가격을 결정한다.
② 다양한 품질의 상품이 거래된다.
③ 시장에 대한 진입과 탈퇴가 자유롭다.
④ 시장 참여자들은 서로 다른 정보를 갖는다.

86　SWOT분석의 구성요소가 아닌 것은?

① 기회　　　　　　　　　　② 위협
③ 강점　　　　　　　　　　④ 가치

87　마케팅 분석을 위한 2차 자료의 특징으로 옳지 않은 것은?

① 1차 자료보다 객관성이 높다.
② 조사방식에는 관찰조사, 설문조사, 실험이 있다.
③ 1차 자료수집과 비교하여 시간이나 비용을 줄일 수 있다.
④ 공공기관에서 발표하는 자료도 포함된다.

88　농산물 구매행동 결정에 영향을 미치는 인구학적 요인을 모두 고른 것은?

ㄱ. 성별	ㄴ. 소득	ㄷ. 직업

① ㄱ, ㄴ　　　　　　　　　② ㄱ, ㄷ
③ ㄴ, ㄷ　　　　　　　　　④ ㄱ, ㄴ, ㄷ

89　제품수명주기(PLC)의 단계가 아닌 것은?

① 도입기　　　　　　　　　② 성장기
③ 성숙기　　　　　　　　　④ 안정기

90　소비자를 대상으로 하는 심리적 가격전략이 아닌 것은?

① 단수가격전략　　　　　　② 교역가격전략
③ 명성가격전략　　　　　　④ 관습가격전략

91　농산물 판매 확대를 위한 촉진기능이 아닌 것은?

① 새로운 상품에 대한 정보 제공　② 소비자 구매 행동의 변화 유도
③ 소비자 맞춤형 신제품 개발　　④ 브랜드 인지도 제고

92 유닛로드시스템(unit load system)에 관한 설명으로 옳지 않은 것은?

① 농산물의 파손과 분실을 유발한다.
② 유닛로드시스템은 팰릿화와 컨테이너화가 있다.
③ 팰릿을 이용하여 일정한 중량과 부피로 단위화 할 수 있다.
④ 초기 투자비용이 많이 소요된다.

93 농산물의 물적 유통 기능이 아닌 것은?

① 가공
② 표준화 및 등급화
③ 상 · 하역
④ 포장

94 농산물 소매유통에 관한 설명으로 옳지 않은 것은?

① 무점포 거래가 가능하다.
② 대형 소매업체의 비중이 늘고 있다.
③ TV 홈쇼핑은 소매유통에 해당된다.
④ 농산물의 수집 기능을 주로 담당한다.

95 농산물 도매시장에 관한 설명으로 옳지 않은 것은?

① 농산물 도매시장의 시장도매인은 상장수수료를 부담한다.
② 농산물 도매시장은 수집과 분산 기능을 가지고 있다.
③ 농산물 도매시장은 출하자에 대한 대금정산 기능을 수행한다.
④ 농산물 도매시장의 가격은 경매와 정가 · 수의매매 등을 통하여 발견한다.

96 농산물의 일반적인 특성이 아닌 것은?

① 농산물은 부패성이 강하여 특수저장시설이 요구된다.
② 농산물은 계절성이 없어 일정한 물량이 생산된다.
③ 농산물은 생산자의 기술수준에 따라 생산량에 차이가 발생된다.
④ 농산물은 단위 가치에 비해 부피가 크다.

97 배추 1포기당 농가수취가격이 3천원이고 소비자가 구매한 가격이 6천원일 때 유통 마진율은?

① 25%   ② 50%

③ 75%   ④ 100%

98 농산물의 유통조성 기능에 해당하는 것은?

① 농산물을 구매한다.   ② 농산물을 수송한다.

③ 농산물을 저장한다.   ④ 농산물의 거래대금을 융통한다.

99 농산물 등급화에 관한 설명으로 옳은 것은?

① 농산물의 등급화는 소비자의 탐색비용을 증가시킨다.

② 농산물은 크기와 모양이 다양하여 등급화하기 쉽다.

③ 농산물 등급의 설정은 최종소비자의 인지능력을 고려한다.

④ 농산물 등급의 수가 많을수록 가격의 효율성은 낮아진다.

100 농산물 수급안정을 위한 정책으로 옳지 않은 것은?

① 생산자 단체의 의무자조금 조성을 지원한다.

② 수매 비축 및 방출을 통해 농산물의 과부족을 대비한다.

③ 농업관측을 강화하여 시장변화에 선제적으로 대응한다.

④ 계약재배를 폐지하여 개별농가의 출하자율권을 확대한다.

2017년 제14회 1차 기출문제

관계법령

01   농수산물 품질관리법령상 농산물의 지리적 표시 등록거절 사유에 해당 되지 않는 것은?

① 해당 품목이 지리적표시 대상지역에서만 생산된 것이 아닌 경우
② 해당 품목이 지리적표시 대상지역에서 생산된 역사가 깊지 않은 경우
③ 해당 품목의 우수성이 국내에는 널리 알려져 있지만 국외에는 알려지지 아니한 경우
④ 「상표법」에 따라 먼저 출원되었거나 등록된 타인의 상표와 같거나 비슷한 경우

02   농수산물 품질관리법령상 농산물의 이력추적관리 등록에 관한 설명으로 옳지 않은 것은?

① 이력추적관리 표시정지 명령을 위반하여 계속 표시한 경우는 등록을 취소하여야 한다.
② 이력추적관리 등록 유효기간의 연장기간은 해당 품목의 이력추적관리 등록의 유효 기간을 초과할 수 없다.
③ 이력추적관리 등록 대상품목은 농산물(축산물은 제외) 중 식용을 목적으로 생산하는 농산물로 한다.
④ 이력추적관리 등록을 하려는 자는 이상이 있는 농산물에 대한 위해요소관리계획서를 제출하여야 한다.

03   농수산물 품질관리법령상 3년 이하의 징역 또는 3천만원 이하의 벌금에 처해지는 위반행위를 한 자는?

① 우수표시품이 아닌 농산물에 우수표시품의 표시를 하거나 이와 비슷한 표시를 한 자
② 유전자변형농산물 표시의 이행·변경·삭제 등 시정명령을 이행하지 아니한 자
③ 검사를 받아야 하는 농산물에 대하여 검사를 받지 아니한 자
④ 다른 사람에게 농산물품질관리사의 명의를 사용하게 하거나 그 자격증을 빌려준 자

04 농수산물 품질관리법령상 농산물의 등급규격을 정할 때 고려해야 하는 사항을 모두 고른 것은?

ㄱ. 형태	ㄴ. 향기
ㄷ. 성분	ㄹ. 숙도

① ㄱ, ㄴ   ② ㄱ, ㄹ
③ ㄴ, ㄷ   ④ ㄱ, ㄷ, ㄹ

05 농수산물 품질관리법령상 안전성조사 결과 생산단계 안전기준을 위반한 농산물 또는 농지에 대한 조치방법으로 옳지 않은 것은?

① 해당 농산물의 몰수   ② 해당 농산물의 출하 연기
③ 해당 농지의 개량   ④ 해당 농지의 이용 금지

06 농수산물 품질관리법령상 유전자변형농산물의 표시 위반에 대한 처분에 해당되지 않는 것은?

① 표시의 변경 명령   ② 표시의 삭제 명령
③ 위반품의 용도전환 명령   ④ 위반품의 거래행위 금지 처분

07 농수산물 품질관리법령상 농산물의 안전성조사에 관한 설명으로 옳은 것은?

① 식품의약품안전처장은 안전한 농축산물의 생산·공급을 위한 안전관리계획을 5년마다 수립·시행하여야 한다.
② 농림축산식품부장관은 농산물의 생산에 이용·사용하는 농지·용수(用水)·자재 등에 대하여 안전성조사를 하여야 한다.
③ 식품의약품안전처장은 농산물의 생산단계 안전기준을 정할 때에는 관계 시·도지사와 합의하여야 한다.
④ 식품의약품안전처장은 유해물질 잔류조사를 위하여 필요하면 관계 공무원에게 무상으로 시료 수거를 하게 할 수 있다.

08 농수산물 품질관리법령상 농산물 지리적표시의 등록을 취소하였을 때 공고하여야 하는 사항은?

① 등록일 및 등록번호

② 지리적표시 등록 대상품목 및 등록명칭

③ 지리적표시품의 품질 특성과 지리적 요인의 관계

④ 지리적표시 대상지역의 범위

09 농수산물 품질관리법령상 정부가 수매하는 농산물로서 농림축산식품부장관의 검사를 받아야 하는 것이 아닌 것은?

① 겉보리 　　　　　　　　　　 ② 쌀보리

③ 누에씨 　　　　　　　　　　 ④ 땅콩

10 농수산물 품질관리법령상 농산물의 검사판정 취소 사유로 옳지 않은 것은?

① 농림축산식품부령으로 정하는 검사 유효기간이 지나고, 검사 결과의 표시가 없어지거나 명확하지 아니하게 된 경우

② 거짓이나 그 밖의 부정한 방법으로 검사를 받은 사실이 확인된 경우

③ 검사 또는 재검사 결과의 표시 또는 검사증명서를 위조하거나 변조한 사실이 확인된 경우

④ 검사 또는 재검사를 받은 농산물의 포장이나 내용물을 바꾼 사실이 확인된 경우

11 농수산물 품질관리법령상 농산물품질관리사의 업무로 옳지 않은 것은?

① 포장농산물의 표시사항 준수에 관한 지도

② 농산물의 생산 및 수확 후의 품질관리기술 지도

③ 농산물 및 농산가공품의 품위·성분 등에 대한 검정

④ 농산물의 선별·저장 및 포장 시설 등의 운용·관리

12 농수산물 품질관리법령상 농산물우수관리인증을 신청할 수 있는 자는?

① 우수표시품이 아닌 농산물에 우수표시품의 표시를 하거나 이와 비슷한 표시를 하여 벌금 이상의 형이 확정된 후 1년이 지나지 아니한 자

② 이력추적관리의 표시를 한 농산물에 이력추적관리의 등록을 하지 아니한 농산물 또는 농산가공품을 혼합판매하여 벌금 이상의 형이 확정된 후 1년이 지나지 아니한 자

③ 농산물에 대한 검사 및 검정 결과의 표시, 검사증명서 및 검정증명서를 위조하여 벌금 이상의 형이 확정된 후 1년이 지나지 아니한 자

④ 유전자변형농산물의 표시를 거짓으로 하거나 이를 혼동하게 할 우려가 있는 표시를 하여 벌금 이상의 형이 확정된 후 1년이 지나지 아니한 자

13 농수산물 품질관리법령상 농림축산식품부장관이 6개월 이내의 기간을 정하여 우수 관리인증기관의 업무정지를 명할 수 있는 경우가 아닌 것은?

① 우수관리인증 업무와 관련하여 우수관리인증기관의 장 등 임원·직원에 대하여 벌금 이상의 형이 확정된 경우

② 우수관리인증의 기준을 잘못 적용하는 등 우수관리인증 업무를 잘못한 경우

③ 정당한 사유없이 1년 이상 우수관리인증 실적이 없는 경우

④ 거짓이나 그 밖의 부정한 방법으로 우수관리인증기관 지정을 받은 경우

14 농수산물 품질관리법령상 우수관리인증의 취소 및 표시정지에 해당하는 다음의 위반사항 중 1차 위반만으로는 인증취소가 되지 않는 것을 모두 고른 것은?

ㄱ. 우수관리기준을 지키지 않은 경우
ㄴ. 거짓이나 그 밖의 부정한 방법으로 우수관리인증을 받은 경우
ㄷ. 우수관리인증의 변경승인을 받지 않고 중요 사항을 변경한 경우
ㄹ. 전업·폐업 등으로 우수관리인증농산물을 생산하기 어렵다고 판단되는 경우
ㅁ. 우수관리인증을 받은 자가 정당한 사유 없이 조사·점검 요청에 응하지 않은 경우

① ㄱ, ㄷ
② ㄱ, ㄷ, ㅁ
③ ㄴ, ㄷ, ㄹ
④ ㄴ, ㄹ, ㅁ

15 농수산물의 원산지 표시에 관한 법령상 개별기준에 의한 위반금액별 과징금의 부과 기준으로 옳지 않은 것은?

① 100만원 초과 500만원 이하: 위반금액 × 0.5

② 500만원 초과 1,000만원 이하: 위반금액 × 1.0

③ 1,000만원 초과 2,000만원 이하: 위반금액 × 1.5

④ 2,000만원 초과 3,000만원 이하: 위반금액 × 2.0

16 농수산물의 원산지 표시에 관한 법령상 일반음식점 영업을 하는 자가 농산물을 조리하여 판매하는 경우 원산지 표시 대상이 아닌 것은?

① 누룽지에 사용하는 쌀   ② 깍두기에 사용하는 무

③ 콩국수에 사용하는 콩   ④ 육회에 사용하는 쇠고기

17 농수산물 유통 및 가격안정에 관한 법령상 전자거래를 촉진하기 위하여 한국농수산 식품유통공사 등에 수행하게 할 수 있는 업무가 아닌 것은?

① 대금결제 지원을 위한 인터넷 은행의 설립

② 농산물 전자거래 분쟁조정위원회에 대한 운영 지원

③ 농산물 전자거래 참여 판매자 및 구매자의 등록·심사 및 관리

④ 농산물 전자거래에 관한 유통정보 서비스 제공

18 농수산물 유통 및 가격안정에 관한 법령상 도매시장 개설자로부터 중도매업의 허가를 받을 수 있는 자는?

① 파산선고를 받고 복권되지 아니한 사람이나 피성년후견인

② 절도죄로 징역형을 선고받고 그 형의 집행이 종료 된지 1년이 지나지 아니한 자

③ 중도매업 허가증을 타인에게 대여하여 허가가 취소된 날부터 1년이 지난 자

④ 도매시장법인의 주주가 해당 도매시장법인의 업무와 경합되는 중도매업을 하려는 자

19 농수산물 유통 및 가격안정에 관한 법령상 농산물가격안정기금으로 출하를 약정하는 생산자에게 그 대금의 일부를 미리 지급할 수 있는 대상 농산물을 모두 고른 것은?

| ㄱ. 배추 | ㄴ. 양파 |
| ㄷ. 쌀 | ㄹ. 감귤 |

① ㄱ, ㄴ
② ㄷ, ㄹ
③ ㄱ, ㄴ, ㄹ
④ ㄱ, ㄴ, ㄷ, ㄹ

20 농수산물 유통 및 가격안정에 관한 법령상 도매시장거래 분쟁조정위원회의 위원으로 위촉할 수 있는 사람을 모두 고른 것은?

ㄱ. 출하자를 대표하는 사람
ㄴ. 도매시장 업무에 관한 학식과 경험이 풍부한 사람
ㄷ. 소비자단체에서 3년 이상 근무한 경력이 있는 사람
ㄹ. 변호사의 자격이 있는 사람

① ㄱ, ㄴ
② ㄷ, ㄹ
③ ㄱ, ㄴ, ㄷ
④ ㄱ, ㄴ, ㄷ, ㄹ

21 농수산물 유통 및 가격안정에 관한 법령상 농산물의 비축사업 등을 위탁하기 위하여 정하는 사항으로 옳지 않은 것은?

① 대상 농산물의 품목 및 수량
② 대상 농산물의 수출에 관한 사항
③ 대상 농산물의 판매 방법·수매에 필요한 사항
④ 대상 농산물의 품질·규격 및 가격

22 농수산물 유통 및 가격안정에 관한 법령상 농산물 수탁판매의 원칙에 관한 설명으로 옳은 것은?

① 시장도매인은 해당 도매시장의 도매시장 법인·중도매인에게 농산물을 판매하지 못한다.
② 중도매인이 전자 거래소에서 농산물을 거래하는 경우에도 도매시장으로 반입하여야 한다.
③ 중도매인 간 거래액은 최저거래금액 산정 시에 포함한다.
④ 상장되지 아니한 농산물의 거래는 도매시장 법인의 허가를 받아야 한다.

23 농수산물 유통 및 가격안정에 관한 법령상 시(市)가 지방도매시장 개설허가를 받을 경우에 갖추어야할 요건이 아닌 것은?

① 개설하려는 장소가 농수산물 거래의 중심지로서 적절한 위치에 있을 것
② 도매시장이 보유하여야 하는 시설의 기준은 부류별로 그 지역의 인구 및 거래 물량 등을 고려하여 정할 것
③ 농산물집하장의 설치 운영에 관한 사항을 정할 것
④ 운영관리 계획서의 내용이 충실하고 그 실현이 확실하다고 인정되는 것일 것

24 농수산물 유통 및 가격안정에 관한 법령상 주산지의 지정 및 해제에 관한 설명으로 옳지 않은 것은?

① 주요 농산물의 재배면적이 농림축산식품부장관이 고시하는 면적 이상이어야 한다.
② 주요 농산물의 출하량이 농림축산식품부장관이 고시하는 수량 이상이어야 한다.
③ 주요 농산물의 생산지역의 지정은 읍·면·동 또는 시·군·구 단위로 한다.
④ 농림축산식품부장관은 주산지가 지정요건에 적합하지 아니하게 되었을 때에는 그 지정을 변경하거나 해제할 수 있다.

25 농수산물 유통 및 가격안정에 관한 법령상 도매시장법인이 과도한 겸영사업으로 인하여 도매업무가 약화될 우려가 있는 경우 겸영사업 제한으로 옳지 않은 것은?

① 보완명령   ② 6개월 금지
③ 1년 금지   ④ 2년 금지

원예작물학

26 채소작물과 주요 기능성물질의 연결이 옳지 않은 것은?

① 양파 – 케르세틴(quercetin)
② 상추 – 락투신(lactucin)
③ 딸기 – 엘라그산(ellagic acid)
④ 생강 – 알리인(alliin)

27 채소작물 중 조미채소는?

① 마늘, 배추 ② 마늘, 양파

③ 배추, 호박 ④ 호박, 양파

28 작업의 편리성을 높이기 위해 양액재배 베드를 허리 높이로 설치하여 NFT 방식 또는 점적관수 방식으로 딸기를 재배하는 방법은?

① 고설 재배 ② 아칭 재배

③ 매트 재배 ④ 홈통 재배

29 다음 채소종자 중 장명(長命)종자를 모두 고른 것은?

ㄱ. 파	ㄴ. 양파
ㄷ. 오이	ㄹ. 가지

① ㄱ, ㄴ ② ㄷ, ㄹ

③ ㄱ, ㄴ, ㄷ ④ ㄴ, ㄷ, ㄹ

30 채소류의 추대와 개화에 관한 설명으로 옳지 않은 것은?

① 상추는 저온단일 조건에서 추대가 촉진된다.

② 배추는 고온장일 조건에서 추대가 촉진된다.

③ 오이는 저온단일 조건에서 암꽃의 수가 증가한다.

④ 당근은 녹식물 상태에서 저온에 감응하여 꽃눈이 분화된다.

31 채소작물 재배 시 병해충의 경종적(耕種的) 방제법에 속하는 것은?

① 윤작 ② 천적 방사

③ 농약 살포 ④ 페로몬 트랩

32 채소작물의 과실 착과와 발육에 관한 설명으로 옳은 것은?

① 토마토는 위과이며 자방이 비대하여 과실이 된다.

② 딸기는 진과이고 화탁이 발달하여 과실이 된다.

③ 멜론은 시설재배 시 인공 수분이나 착과제 처리를 하는 것이 좋다.

④ 오이는 단위결과성이 약하여 인공수분이나 착과제 처리가 필요하다.

33 식물체 내에서 수분의 역할에 관한 설명으로 옳지 않은 것은?

① 광합성의 원료가 된다.

② 세포 팽압 조절에 관여한다.

③ 식물에 필요한 영양원소를 이동시킨다.

④ 증산작용을 통해 잎의 온도를 상승시킨다.

34 다음 화훼작물 중 화목류에 해당하는 것을 모두 고른 것은?

ㄱ. 산수유	ㄴ. 작약
ㄷ. 철쭉	ㄹ. 무궁화

① ㄱ, ㄴ   ② ㄷ, ㄹ

③ ㄱ, ㄷ, ㄹ   ④ ㄴ, ㄷ, ㄹ

35 화훼작물과 주된 영양번식 방법의 연결이 옳지 않은 것은?

① 국화 – 삽목   ② 백합 – 취목

③ 베고니아 – 엽삽   ④ 무궁화 – 경삽

36 1경1화 형태로 출하하기 때문에 개화 전에 측뢰, 측지를 따 주어야 상품성이 높은 절화용 화훼작물은?

① 능소화   ② 시클라멘

③ 스탠다드국화   ④ 글라디올러스

37 절화류 취급방법에 관한 설명으로 옳지 않은 것은?

① 수국은 수명을 유지하고 수분흡수를 높이기 위해 워터튜브에 꽂아 유통되고 있다.

② 국화는 저장 시 암흑상태가 지속되면 잎이 황변되어 상품성이 떨어진다.

③ 안수리움은 저장 시 4℃ 이하의 저온에 두어야 수명이 길어진다.

④ 줄기 끝을 비스듬히 잘라 물과의 접촉면적을 넓혀 물의 흡수를 증가시킨다.

38 일조량의 부족, 낮은 야간온도 및 엽수 부족으로 인하여 장미 꽃눈이 꽃으로 발육하지 못하는 현상은?

① 수침 현상   ② 블라인드 현상

③ 일소 현상   ④ 로제트 현상

39 절화 유통 과정에서 눕혀 수송하면 화서 선단부가 중력 반대방향으로 휘어지는 현상을 보이는 화훼작물은?

① 장미, 백합   ② 칼라, 튤립

③ 거베라, 스토크   ④ 글라디올러스, 금어초

40 (　　)안에 들어갈 말을 순서대로 옳게 나열한 것은?

> (　　)은(는) 파종부터 아주심기 할 때까지의 작업을 말한다. 이 중 (　　)은(는) 발아 후 아주심기까지 잠정적으로 1~2회 옮겨 심는 작업을 말한다.

① 육묘, 가식   ② 가식, 육묘

③ 육묘, 정식   ④ 재배, 정식

41 절화보존용액 구성성분 중 에틸렌 생성 및 작용을 억제시키는 목적으로 사용되는 물질이 아닌 것은?

① 황산알루미늄   ② STS

③ AOA   ④ AVG

42 다음 중 야파(夜破, night break) 처리를 하면 개화시기가 늦춰지는 화훼작물을 모두 고른 것은?

ㄱ. 국화	ㄴ. 스킨답서스
ㄷ. 장미	ㄹ. 포인세티아

① ㄱ, ㄴ   ② ㄱ, ㄹ
③ ㄴ, ㄷ   ④ ㄷ, ㄹ

43 핵과류(核果類, stone fruit)에 해당하는 과실은?
① 배   ② 사과
③ 호두   ④ 복숭아

44 과수의 번식에 관한 설명으로 옳지 않은 것은?
① 분주, 조직배양은 영양번식에 해당한다.
② 취목은 실생번식에 비해 많은 개체를 얻을 수 있다.
③ 접목은 대목과 접수를 조직적으로 유합·접착시키는 번식법이다.
④ 발아가 어려운 종자의 파종전 처리방법에는 침지법, 약제처리법이 있다.

45 과수의 병해충에 관한 설명으로 옳은 것은?
① 사과 근두암종병은 진균에 의한 병이다.
② 바이러스는 테트라사이클린으로 치료가 가능하다.
③ 대추나무 빗자루병은 파이토플라즈마에 의한 병이다.
④ 과수류를 가해하는 응애에는 점박이응애, 긴털이리응애가 있다.

46 과원의 토양관리 방법 중 초생법에 관한 설명으로 옳은 것은?
① 토양침식이 촉진된다.
② 토양의 입단화가 억제된다.
③ 지온의 변화가 심해 유기물의 분해가 촉진된다.
④ 과수와 풀 사이에 양·수분 쟁탈이 일어날 수 있다.

47 다음 중 재배에 적합한 토양 산도가 가장 낮은 과수는?

① 감

② 포도

③ 참다래

④ 블루베리

48 과원의 시비관리에 관한 설명으로 옳지 않은 것은?

① 칼슘은 산성 토양을 중화시키는 토양개량제로 이용되고 있다.

② 질소는 과다시비하면 식물체가 도장하고 꽃눈형성이 불량하게 된다.

③ 망간은 과다시비하면 착색이 늦어지고 과육에 내부갈변이 나타난다.

④ 마그네슘은 엽록소의 필수 구성 성분으로 부족 시 엽맥 사이의 황화현상을 일으킨다.

49 복숭아 재배 시 봉지씌우기의 목적이 아닌 것은?

① 무기질 함량을 높인다.

② 병해충으로부터 과실을 보호한다.

③ 열과를 방지한다.

④ 농약이 과실에 직접 묻지 않도록 한다.

50 다음 중 자발휴면 타파에 필요한 저온요구도가 가장 낮은 과수는?

① 사과

② 살구

③ 무화과

④ 동양배

수확 후 품질관리론

51 다음 원예작물의 수확기 판정기준으로 옳지 않은 것은?

① 당근은 뿌리가 오렌지색이고 심부는 녹색일 때 수확한다.

② 감자는 괴경의 전분이 축적되고 표피가 코르크화 되었을 때 수확한다.

③ 양파는 부패율 감소를 위해 잎이 90% 정도 도복되었을 때 수확한다.

④ 마늘은 잎이 30% 정도 황화되면서부터 경엽이 1/2~1/3 정도 건조되었을 때 수확한다.

52 겉포장재와 속포장재의 기본요건에 관한 설명으로 옳지 않은 것은?

① 겉포장재는 수송 및 취급이 편리하여야 한다.

② 겉포장재는 외부의 환경으로부터 상품을 보호해야 한다.

③ 속포장재는 상품 간 압상, 마찰을 방지할 수 있어야 한다.

④ 속포장재는 기능성보다는 심미성을 우선으로 한 재질을 선택해야 한다.

53 원예산물의 MA 포장용 필름 조건으로 옳지 않은 것은?

① 인장강도가 높아야 한다.

② 결로현상을 막을 수 있어야 한다.

③ 외부로부터의 가스차단성이 높아야 한다.

④ 접착작업과 상업적 취급이 용이해야 한다.

54 저온유통수송에 관한 설명으로 옳은 것은?

① 예냉한 농산물을 일반트럭이나 컨테이너를 사용하여 운송한다.

② 저장고를 구비하여 출하 전까지 저온저장을 해야 한다.

③ 상온유통에 비하여 압축강도가 낮은 포장상자를 사용한다.

④ 다품목 운송 시 수송온도를 동일하게 적용하면 경제성을 높일 수 있다.

55 품질관리측면에서 일반 청과물과 비교했을 때 신선편이 농산물이 갖는 특징으로 옳지 않은 것은?

① 노출된 표면적이 크다.　　　② 물리적인 상처가 많다.

③ 호흡속도가 느리다.　　　　④ 미생물 오염 가능성이 높다.

56 원예산물과 저온장해 증상의 연결이 옳은 것은?

① 참외 - 발효촉진　　　　　② 토마토 - 후숙억제

③ 사과 - 탈피증상　　　　　④ 복숭아 - 막공현상

57 기계적 장해를 회피하기 위한 수확 후 관리 방법으로 옳은 것을 모두 고른 것은?

> ㄱ. 포장용기의 규격화 ㄴ. 포장박스 내 적재물량 조절
> ㄷ. 정확한 선별 후 저온수송 컨테이너 이용 ㄹ. 골판지 격자 또는 스티로폼 그물망 사용

① ㄱ, ㄷ ② ㄴ, ㄷ
③ ㄱ, ㄴ, ㄹ ④ ㄱ, ㄴ, ㄷ, ㄹ

58 수확 후 손실경감 대책으로 옳지 않은 것은?

① 바나나는 수확 후 후숙억제를 위해 5℃에서 저장한다.
② 배, 감귤은 수확 후 7~10일 정도 통풍이 잘되는 곳에서 예건한다.
③ 단감은 갈변을 예방하기 위해 수확 후 0℃에서 3~4주간 저온저장한 후 MA 포장을 실시한다.
④ 조생종 사과는 수확 직후에 호흡이 가장 왕성하기 때문에 예냉을 통해 5℃까지 낮춘다.

59 인경과 화채류의 호흡에 관한 설명이다. (   )안에 들어갈 원예산물을 순서대로 나열한 것은?

> 인경(鱗莖)인 (   )의 호흡속도는 화채류인 (   )보다 느리다.

① 무, 배추 ② 당근, 콜리플라워
③ 양파, 브로콜리 ④ 마늘, 아스파라거스

60 에틸렌이 원예산물에 미치는 영향으로 옳지 않은 것은?

① 토마토의 착색 ② 아스파라거스 줄기의 연화
③ 떫은 감의 탈삽 ④ 브로콜리의 황화

61 원예산물의 성숙 과정에서 착색에 관한 설명으로 옳지 않은 것은?

① 고추는 캡사이신 색소의 합성으로 일어난다.
② 사과는 안토시아닌 색소의 합성으로 일어난다.
③ 토마토는 카로티노이드 색소의 합성으로 일어난다.
④ 바나나는 가려져 있던 카로티노이드 색소가 엽록소의 분해로 전면에 나타난다.

62 감자 수확 후 큐어링이 저장 중 수분 손실을 줄이고 부패균의 침입을 막을 수 있는 주된 이유는?

① 슈베린 축적　　　　　　　　　　② 큐틴 축적
③ 펙틴질 축적　　　　　　　　　　④ 왁스질 축적

63 원예산물의 풍미를 결정짓는 인자는?

① 크기, 모양　　　　　　　　　　② 색도, 경도
③ 당도, 산도　　　　　　　　　　④ 염도, 밀도

64 Hunter L, a, b 값에 관한 설명으로 옳지 않은 것은?

① 과피색을 수치화하는데 이용한다.　　② L 값이 클수록 밝음을 의미한다.
③ 양(+)의 a 값은 적색도를 나타낸다.　　④ 양(+)의 b 값은 녹색도를 나타낸다.

65 사과의 비파괴 품질 측정법으로서 근적외선(NIR) 분광법의 주요 용도는?

① 당도 선별　　　　　　　　　　② 무게 선별
③ 모양 선별　　　　　　　　　　④ 색도 선별

66 원예산물의 경도와 연관성이 큰 품질 구성 요소는?

① 조직감　　　　　　　　　　　　② 착색도
③ 안전성　　　　　　　　　　　　④ 기능성

67 저장 중인 원예산물의 증산작용에 관한 설명으로 옳지 않은 것은?

① 온도를 낮추면 증산이 감소한다.
② 기압을 낮추면 증산이 증가한다.
③ CO_2 농도를 높이면 증산이 감소한다.
④ 키위나 복숭아처럼 표피에 털이 많으면 증산이 증가한다.

68 농산물의 안전성에 위협이 되는 곰팡이 독소로 옳지 않은 것은?

① 아플라톡신(aflatoxin) B₁
② 오크라톡신(ochratoxin) A
③ 보툴리늄 톡신(botulinum toxin)
④ 제랄레논(zearalenone)

69 과실의 성숙 과정에서 일어나는 현상으로 옳지 않은 것은?

① 전분이 당으로 변한다.
② 유기산이 증가하여 신맛이 증가한다.
③ 엽록소가 감소하여 녹색이 감소한다.
④ 펙틴질이 분해되어 조직이 연화된다.

70 다음 농산물 포장재 중 기계적 강도가 높고 산소투과도가 가장 낮은 것은?

① 저밀도 폴리에틸렌(LDPE)
② 폴리에스테르(PET)
③ 폴리스티렌(PS)
④ 폴리비닐클로라이드(PVC)

71 HACCP 7원칙 중 다음 4단계의 실시 순서가 옳은 것은?

ㄱ. 위해분석 실시	ㄴ. 관리 기준 결정
ㄷ. 중점관리점 결정	ㄹ. 중점관리점에 대한 모니터링 방법 설정

① ㄱ → ㄴ → ㄷ → ㄹ
② ㄱ → ㄷ → ㄴ → ㄹ
③ ㄴ → ㄱ → ㄹ → ㄷ
④ ㄴ → ㄹ → ㄷ → ㄱ

72 저장 과정에서 과도하게 증산되어 사과의 과피가 쭈글쭈글해지는 수확 후 장해는?

① 고두병
② 밀증상
③ 껍질덴병
④ 위조증상

73 원예산물의 수확 후 가스장해에 관한 설명으로 옳지 않은 것은?

① 복숭아의 섬유질화가 대표적이다.
② 저농도 산소 조건에서는 이취가 발생한다.
③ 고농도 이산화탄소 조건에서는 과육갈변이 발생한다.
④ 에틸렌에 의해서 포도의 연화(노화) 현상이 발생한다.

74 강제통풍식 예냉 방법에 관한 설명으로 옳지 않은 것은?

① 진공식 예냉 방법에 비하여 시설비가 적게 든다.

② 냉풍냉각 방법에 비하여 적재 위치에 따른 온도 편차가 적다.

③ 차압통풍 방법에 비하여 냉각속도가 빨라 급속 냉각이 요구되는 작물에 효과적으로 사용될 수 있다.

④ 예냉고 내의 공기를 송풍기로 강제적으로 교반시키거나 예냉 산물에 직접 냉기를 불어넣는 방법이다.

75 저온 저장고의 벽면 시공에 사용되는 재료 중에서 단열 효과가 우수한 것은?

① 합판   ② 시멘트 블록

③ 폴리우레탄 패널   ④ 콘크리트

농산물유통론

76 우리나라 농산물 유통정책 과제에 관한 설명으로 옳지 않은 것은?

① 소비자 지향적 유통체계 구축이 필요하다.

② 우리나라 유통 상황에 적합한 수확 후 관리기술체계를 구축해야 한다.

③ 기존 유통관련시설 운영의 효율성을 높여야 한다.

④ 유통조성사업 규모는 감축시키고 유통시설투자는 확충해야 한다.

77 최근 산지직거래 확대에 따른 유통경로 다양화에 관한 설명으로 옳지 않은 것은?

① 도매시장 외 거래가 위축되고 있다.

② 대형유통업체는 구입가격을 조정할 수 있다.

③ 종합유통센터를 경유하면 유통단계가 축소된다.

④ 수직적 유통경로의 특성을 보인다.

78 농산물 유통경로에 관한 설명으로 옳지 않은 것은?

① 도매단계, 소매단계는 유통단계에 포함된다.

② 유통경로는 단계와 길이로 구분한다.

③ 중간상이 늘어날수록 유통비용은 증가한다.

④ 유통단계가 많을수록 전체 유통경로의 길이는 짧아진다.

79 공동계산제도에 관한 설명으로 옳지 않은 것은?

① 주단위, 월단위 등 일정기간의 평균가격을 적용한다.

② 출하자별로 출하물량과 등급을 구분하지 않는다.

③ 다품목에 대해 서로 독립된 공동계산을 형성할 수 있다.

④ 신선채소와 같이 수확량의 변동이 큰 품목의 경우 가격변동 위험을 축소하는 효과가 더 크다.

80 농산물을 구매하기 위하여 설립한 소비자협동조합에 관한 설명으로 옳지 않은 것은?

① 농가수취가격과 소비자 구매가격의 인하를 유도하고 있다.

② 자연을 지키는 사회 참여 활동을 하기도 한다.

③ 가격보다 안전하고 믿을 수 있는 품질을 우선시하는 경향이 있다.

④ 생산자와 농산물의 직거래를 꾀하고 있다.

81 농산물 선물거래를 활성화하기 위한 조건을 모두 고른 것은?

> ㄱ. 시장의 규모가 클수록 좋다.
> ㄴ. 가격변동성이 비교적 커야 한다.
> ㄷ. 많이 생산되고 품질, 규격 등이 균일해야 한다.
> ㄹ. 상품가치가 클수록 헤저(hedger)의 참여를 촉진할 수 있다.

① ㄱ, ㄴ   ② ㄷ, ㄹ

③ ㄱ, ㄴ, ㄷ   ④ ㄱ, ㄴ, ㄷ, ㄹ

82 농산물의 소매단계 유통조직이 아닌 것은?

① 인터넷 판매   ② 체인스토어 물류센터
③ 전통시장   ④ 대형마트(할인점)

83 계약자가 생산농가에게 종자, 비료, 농약 등을 제공하고 생산된 물량을 전량 구매하는 조건의 계약형태는?

① 유통협약계약   ② 판매특정계약
③ 경영소득보장계약   ④ 자원공급계약

84 다음과 같은 매매방법은?

> • A농가가 판매예정가격을 정하여 지방도매시장 B농산물공판장에 사과를 출하하였다.
> • B농산물공판장은 구매자와 가격, 수량 등 거래조건을 협의하여 결정된 금액을 정산 후 A농가에 지급하였다.
> • 이 거래는 가격변동성을 완화시키는 장점이 있다.

① 상장경매   ② 비상장거래
③ 정가 · 수의매매   ④ 시장도매인 거래

85 현재 우리나라 농산물종합유통센터의 발전 방안으로 옳지 않은 것은?

① 유통센터간 통합 · 조정기능 강화   ② 실질적 예약상대거래 체계 구축
③ 첨단 유통정보시스템 구축   ④ 수입농산물 취급 추진

86 산지에서 이루어지는 밭떼기, 입도선매(立稻先賣) 농산물 거래방식은?

① 정전거래   ② 포전거래
③ 문전거래   ④ 창고거래

87 농산물 등급화에 관한 설명으로 옳지 않은 것은?

① 등급의 수를 증가시킬수록 유통의 효율성 중 가격의 효율성이 낮아진다.
② 등급기준은 생산자보다 최종소비자의 입장을 우선적으로 고려해야 한다.
③ 등급화가 정착되면 농산물 거래가 보다 효율적으로 진행된다.
④ 농산물은 무게, 크기, 모양이 균일하지 않기 때문에 등급화가 어렵다.

88 유통조성기능에 관한 설명으로 옳지 않은 것은?

① 유통기능이 효율적으로 이루어지도록 하는 기능이다.
② 유통정보, 표준화, 등급화가 포함된다.
③ 상적(商的) 유통기능을 의미한다.
④ 유통금융과 위험부담 기능이 포함된다.

89 농산물의 공급량 변동이 가격에 얼마만큼 영향을 미치는지를 계측하는 수치는?

① 가격신축성　　　　　　　② 가격변동률
③ 가격탄력성　　　　　　　④ 공급탄력성

90 농산물 가격의 안정을 추구하는 방법이 아닌 것은?

① 계약재배사업 확대　　　　② 자조금제도 시행
③ 출하약정사업 실시　　　　④ 공동판매사업 제한

91 생산자, 유통인, 소비자 등의 대표가 농산물 수급조절과 품질향상을 위해 도모하는 사업은?

① 수매비축　　　　　　　　② 자조금
③ 유통협약　　　　　　　　④ 농업관측

92 최근 솔로 이코노미(solo economy)의 사회현상에서 1인 가구의 증가에 따른 농식품 소비 트렌드로 옳지 않은 것은?

① 쌀 소비량 감소　　　　　　　　　② HMR(간편가정식) 구매량 감소
③ 소분포장 제품 선호 및 외식 증가　④ 편의점 도시락 판매량 증가

93 시장 세분화의 목적으로 옳지 않은 것은?

① 고객만족의 극대화　　　　　　　　② 핵심역량을 집중할 시장의 결정
③ 광고와 마케팅 비용의 절감　　　　④ 자사 제품 간의 경쟁 방지

94 소비자의 구매의사결정 과정을 순서대로 나열한 것은?

① 정보의 탐색 → 필요의 인식 → 구매의사결정 → 대안의 평가 → 구매 후 평가
② 정보의 탐색 → 필요의 인식 → 대안의 평가 → 구매의사결정 → 구매 후 평가
③ 필요의 인식 → 정보의 탐색 → 대안의 평가 → 구매의사결정 → 구매 후 평가
④ 필요의 인식 → 구매의사결정 → 정보의 탐색 → 대안의 평가 → 구매 후 평가

95 제품수명주기(PLC)상 매출액은 증가하는 반면 매출 증가율이 감소하는 시기는?

① 성숙기　　　　　　　　② 성장기
③ 쇠퇴기　　　　　　　　④ 도입기

96 농산물의 브랜드 전략에 관한 설명으로 옳은 것을 모두 고른 것은?

> ㄱ. 경쟁 상품과의 차별화를 위하여 도입한다.
> ㄴ. 읽고 기억하기 쉽도록 가능한 짧고 단순한 브랜드 명을 사용한다.
> ㄷ. 소비자가 회상이나 재인을 통해 브랜드를 쉽게 인지할 수 있도록 한다.
> ㄹ. 브랜드 자산(brand equity) 형성을 위해 가격할인 정책을 자주 사용한다.

① ㄴ, ㄷ　　　　　　　　② ㄷ, ㄹ
③ ㄱ, ㄴ, ㄷ　　　　　　④ ㄱ, ㄴ, ㄹ

97 마케팅믹스 중 가격전략에 관한 설명으로 옳지 않은 것은?

① 시장경쟁이 치열할수록 개별기업은 독자적으로 가격을 결정하기 어렵다.
② 기업들은 혁신소비자층에 대해 초기 저가전략을 사용하는 경향이 있다.
③ 제품가격의 숫자에 대한 소비자들의 심리적인 반응에 따라 가격을 변화시키는 단수(홀수) 가격결정 전략이 있다.
④ 일반적으로 농산물의 품질은 가격과 직·간접적으로 연관되어 있다.

98 서비스마케팅에서 서비스의 특성으로 옳지 않은 것은?

① 무형성   ② 획일성
③ 소멸성   ④ 변동성

99 신설 영농조합법인이 PC 및 모바일로 친환경 파프리카를 건강식품 제조회사에 판매하는 인터넷마케팅의 유형으로 옳은 것은?

① B2B   ② C2C
③ B2G   ④ B2C

100 즉각적이고 단기적인 매출이나 이익 증대를 달성하기 위한 촉진수단은?

① PR   ② 광고
③ 판촉   ④ 인적판매

2016년 제13회 1차 기출문제

관계법령

01 농수산물 품질관리법의 목적(제1조)에 관한 내용으로 옳지 않은 것은?

① 농산물의 적절한 품질관리
② 농산물의 안전성 확보
③ 농산물의 적정한 가격 유지
④ 농업인의 소득 증대와 소비자 보호

02 농수산물 품질관리법 제2조 정의에 관한 내용이다. (   )안에 들어갈 것으로 옳은 것은?

> 유해물질이란 농약, 중금속, 항생물질, 잔류성 유기오염물질, 병원성 미생물, 곰팡이독소, 방사
> 성물질, 유독성 물질 등 식품에 잔류하거나 오염되어 사람의 건강에 해를 끼칠 수 있는 물질로
> 서 (   )으로 정하는 것을 말한다.

① 대통령령
② 총리령
③ 농림축산식품부령
④ 환경부령

03 농수산물의 원산지 표시에 관한 법령상 인터넷으로 농산물을 판매할 때 원산지의 개별적인
표시방법으로 옳지 않은 것은?

① 표시 위치는 제품명 또는 가격표시 주위에 표시하거나 매체의 특성에 따라 자막 또는 별
도의 창을 이용할 수 있다.
② 표시 시기는 원산지를 표시하여야 할 제품이 화면에 표시되는 시점부터 원산지를 알 수
있도록 표시해야 한다.
③ 글자 크기는 제품명 또는 가격표시와 같거나 그보다 커야 한다.
④ 글자색은 제품명 또는 가격표시와 다른 색으로 한다.

04 농수산물의 원산지 표시에 관한 법령상 원산지 위장판매의 범위에 해당하는 것은?

① 외국산과 국내산을 진열·판매하면서 외국 국가명 표시를 잘 보이지 않게 가리거나 대상 농산물과 떨어진 위치에 표시하는 경우

② 원산지 표시란에는 외국 국가명 또는 "국내산"으로 표시하고 포장재 앞면 등 소비자가 잘 보이는 위치에는 큰 글씨로 "국내생산", "경기특미" 등과 같이 국내 유명 특산물 생산지역 명을 표시한 경우

③ 게시판 등에는 "국산 김치만 사용합니다"로 일괄 표시하고 원산지 표시란에는 외국 국가 명을 표시하는 경우

④ 원산지 표시란에는 외국 국가명을 표시하고 인근에 설치된 현수막 등에는 "우리 농산물만 취급", "국산만 취급", "국내산 한우만 취급" 등의 표시·광고를 한 경우

05 농수산물의 원산지 표시에 관한 법령상 원산지 표시 위반 자를 주무관청에 신고한 자에 대해 예산의 범위에서 지급할 수 있는 포상금의 범위는?

① 최고 200만원　　　　　　　　② 최고 300만원
③ 최고 500만원　　　　　　　　④ 최고 1,000만원

06 농수산물 품질관리법령상 농산물검사의 유효기간이 다른 것은? (단, 검사시행일은 10월 15일 이다.)

① 마늘　　　　　　　　　　　② 사과
③ 양파　　　　　　　　　　　④ 단감

07 농수산물 품질관리법상 농산물품질관리사의 직무가 아닌 것은?

① 농산물의 검사
② 농산물의 출하 시기 조절에 관한 조언
③ 농산물의 품질관리기술에 관한 조언
④ 농산물의 생산 및 수확 후 품질관리기술 지도

▲ 농산물품질관리사 1차·2차 기출문제집

08 농수산물 품질관리법령상 농산물우수관리에 관한 내용으로 옳은 것은?

① 농림축산식품부장관은 외국에서 수입되는 농산물에 대한 우수관리인증의 경우 외국의 기관이 농림축산식품부장관이 정한 기준을 갖추어도 우수관리인증기관으로 지정할 수 없다.

② 쌀의 우수관리인증의 유효기간은 우수관리인증을 받은 날부터 1년으로 한다.

③ 농산물우수관리시설의 지정 유효기간은 3년으로 하되, 우수관리시설 지정의 효력을 유지하기 위하여는 유효기간이 끝나기 전에 그 지정을 갱신하여야 한다.

④ 우수관리인증을 받은 자는 우수관리기준에 따라 생산·관리한 농산물의 포장·용기·송장·거래명세표·간판·차량 등에 우수관리인증의 표시를 할 수 있다.

09 농수산물 품질관리법령상 우수관리인증 농가가 1차 위반 시 우수관리인증이 취소되는 위반행위로 묶인 것은?

> ㄱ. 우수관리기준을 지키지 않은 경우
> ㄴ. 거짓이나 그 밖의 부정한 방법으로 우수관리인증을 받은 경우
> ㄷ. 우수관리인증의 표시정지기간 중에 우수관리인증의 표시를 한 경우
> ㄹ. 우수관리인증을 받은 자가 정당한 사유 없이 조사·점검에 응하지 않은 경우

① ㄱ, ㄴ   ② ㄱ, ㄹ

③ ㄴ, ㄷ   ④ ㄷ, ㄹ

10 농수산물 품질관리법상 안전성검사기관의 지정과 취소 등에 관한 내용으로 옳지 않은 것은?

① 안전성검사기관으로 지정받으려는 자는 농림축산식품부장관에게 신청하여야 한다.

② 안전성검사기관 지정이 취소된 후 2년이 지나지 아니하면 안전성검사기관 지정을 신청할 수 없다.

③ 거짓이나 그 밖의 부정한 방법으로 지정을 받은 경우에는 지정을 취소하여야 한다.

④ 안전성검사기관의 지정 기준 및 절차와 업무 범위 등 필요한 사항은 총리령으로 정한다.

11 농수산물 품질관리법령상 단감을 출하할 때 해당 물품의 포장 겉면에 '표준규격품'이라는 문구와 함께 표시해야 하는 사항으로 묶인 것은?

> ㄱ. 등급   ㄴ. 당도   ㄷ. 산지
> ㄹ. 무게(실중량)   ㅁ. 포장치수

① ㄱ, ㄴ, ㄹ   ② ㄱ, ㄷ, ㄹ
③ ㄴ, ㄹ, ㅁ   ④ ㄴ, ㄷ, ㅁ

12 농수산물 품질관리법령상 농산물의 생산자가 이력추적관리등록을 할 때 등록사항이 아닌 것은?

① 생산자의 성명, 주소 및 전화번호   ② 생산계획량
③ 수확 후 관리시설명 및 그 주소   ④ 이력추적관리 대상품목명

13 농수산물 품질관리법령상 (   )안에 들어갈 것으로 옳은 것은?

> 인삼류의 농산물이력추적관리 등록의 유효기간은 (   )이내의 범위에서 등록기관의 장이 정하여 고시한다.

① 5년   ② 6년
③ 8년   ④ 10년

14 농수산물 품질관리법상 지리적표시의 등록 절차를 순서대로 올바르게 나열한 것은?

> ㄱ. 등록 신청   ㄴ. 이의신청
> ㄷ. 등록 신청 공고결정   ㄹ. 등록증 교부

① ㄱ → ㄴ → ㄷ → ㄹ   ② ㄱ → ㄷ → ㄴ → ㄹ
③ ㄷ → ㄱ → ㄴ → ㄹ   ④ ㄷ → ㄴ → ㄱ → ㄹ

15 농수산물 품질관리법령상 지리적표시품 표지의 제도법에 관한 설명이다. (   )안에 들어갈 내용으로 옳은 것은?

> 표지도형의 한글 및 영문 글자는 (ㄱ)로 하고, 표지도형의 색상은 (ㄴ)을 기본색상으로 한다.

① ㄱ: 명조체 ㄴ: 녹색   ② ㄱ: 명조체 ㄴ: 빨간색
③ ㄱ: 고딕체 ㄴ: 녹색   ④ ㄱ: 고딕체 ㄴ: 빨간색

16 농수산물 품질관리법상 농산물품질관리사 자격증을 다른 사람에게 빌려준 자에 대한 벌칙기준으로 옳은 것은?

① 1년 이하의 징역 또는 5백만원 이하의 벌금
② 1년 이하의 징역 또는 1천만원 이하의 벌금
③ 2년 이하의 징역 또는 2천만원 이하의 벌금
④ 3년 이하의 징역 또는 3천만원 이하의 벌금

17 농수산물 유통 및 가격안정에 관한 법령상 위탁수수료의 최고한도가 거래금액의 1천분의 50인 부류는?

① 청과부류   ② 화훼부류
③ 양곡부류   ④ 약용작물부류

18 농수산물 유통 및 가격안정에 관한 법령상 주산지의 지정 및 해제 등에 관한 설명으로 옳지 않은 것은?

① 주산지의 지정은 읍 · 면 · 동 또는 시 · 군 · 구 단위로 한다.
② 농림축산식품부장관이 주산지를 지정할 경우 시 · 도지사에게 이를 통지하여야 한다.
③ 시 · 도지사는 지정된 주산지가 지정요건에 적합하지 아니하게 되었을 때에는 그 지정을 변경하거나 해제할 수 있다.
④ 시 · 도지사는 지정된 주산지에서 주요 농산물을 생산하는 자에 대하여 생산자금의 융자 및 기술지도 등 필요한 지원을 할 수 있다.

19 농수산물 유통 및 가격안정에 관한 법령상 유통조절명령에 포함되어야 하는 사항이 아닌 것은?

① 지역   ② 생산조정 또는 출하조절의 방안
③ 소비억제의 의무화   ④ 대상 품목

20 농수산물 유통 및 가격안정에 관한 법률상 (   )안에 들어갈 내용으로 옳은 것은?

> 경기도 성남시가 농산물 거래를 위해 지방도매시장을 개설하려면 (ㄱ)의 허가를 받아야 하고, 개설 후 지방도매시장의 개설자가 업무규정을 변경하는 때에는 (ㄴ)의 승인을 받아야 한다.

① ㄱ : 농림축산식품부장관 ㄴ : 경기도지사
② ㄱ : 경기도지사   ㄴ : 성남시장
③ ㄱ : 경기도지사   ㄴ : 경기도지사
④ ㄱ : 농림축산식품부장관 ㄴ : 성남시장

21 농수산물 유통 및 가격안정에 관한 법령상 도매시장법인이 농산물을 매수하여 도매할 수 있는 경우에 해당하지 않는 것은?

① 수탁판매의 방법으로는 적정한 거래물량의 확보가 어려운 경우로서 농림축산식품부장관이 고시하는 범위에서 시장도매인의 요청으로 그 시장도매인에게 정가·수의매매로 도매하기 위하여 필요한 물량을 매수하는 경우
② 거래의 특례에 따라 다른 도매시장법인 또는 시장도매인으로부터 매수하여 도매하는 경우
③ 물품의 특성상 외형을 변형하는 등 가공하여 도매하여야 하는 경우로서 도매시장 개설자가 업무규정으로 정하는 경우
④ 해당 도매시장에서 주로 취급하지 아니하는 농산물의 품목을 갖추기 위하여 대상 품목과 기간을 정하여 도매시장 개설자의 승인을 받아 다른 도매시장으로부터 이를 매수하는 경우

22 농수산물 유통 및 가격안정에 관한 법률상 농산물공판장에 관한 설명으로 옳지 않은 것은?

① 생산자단체와 공익법인은 법률에 따른 기준에 적합한 시설을 갖추고 시·도지사의 승인을 받아 공판장을 개설할 수 있다.
② 공판장에는 시장도매인, 중도매인, 매매참가인, 산지유통인 및 경매사를 두어야 한다.
③ 농산물을 수집하여 공판장에 출하하려는 자는 공판장의 개설자에게 산지유통인으로 등록하여야 한다.
④ 공판장의 경매사는 공판장의 개설자가 임면한다.

23 농수산물 유통 및 가격안정에 관한 법률상 도매시장거래 분쟁조정위원회의 심의·조정 사항이 아닌 것은?

① 낙찰자 결정에 관한 분쟁   ② 낙찰가격에 관한 분쟁
③ 거래대금의 지급에 관한 분쟁   ④ 위탁수수료의 결정에 관한 사항

24 농수산물 유통 및 가격안정에 관한 법령상 농산물가격안정기금을 융자 또는 대출할 수 있는 사업은?

① 농산물의 가격조절과 생산·출하의 장려 또는 조절
② 기금이 관리하는 유통시설의 설치·취득 및 운영
③ 농산물의 가공·포장 및 저장기술의 개발
④ 농산물의 유통구조 개선 및 가격안정사업과 관련된 조사

25 농수산물 유통 및 가격안정에 관한 법률상 1년 이하의 징역 또는 1천만원 이하의 벌금 기준에 해당하는 행위를 한 자는? (법령개정에 의한 문제 수정)

① 허가를 받지 아니하고 중도매인의 업무를 한 자
② 등록을 하지 아니하고 산지유통인의 업무를 한 자
③ 수입 추천신청을 할 때에 정한 용도 외의 용도로 수입농산물을 사용한 자
④ 매매참가인의 거래 참가를 방해한 자

원예작물학

26 원예작물별 주요 기능성물질의 연결이 옳지 않은 것은?

① 감귤 – 아미그달린(amygdalin)
② 고추 – 캡사이신(capsaicin)
③ 포도 – 레스베라트롤(resveratrol)
④ 토마토 – 리코펜(lycopene)

27 원예작물의 바이러스병에 관한 설명으로 옳지 않은 것은?

① 바이러스에 감염된 작물은 신속하게 제거한다.
② 바이러스 무병묘를 이용하여 회피할 수 있다.
③ 많은 바이러스가 진딧물과 같은 곤충에 의해 전염된다.
④ 대표적인 바이러스병으로 토마토의 궤양병이 있다.

28 채소작물의 식물학적 분류에서 같은 과(科)끼리 묶이지 않은 것은?

① 브로콜리, 갓
② 양배추, 상추
③ 감자, 가지
④ 마늘, 아스파라거스

29 결핍 시 딸기의 잎끝마름과 토마토의 배꼽썩음병의 원인이 되는 무기양분은?

① 질소(N)
② 인(P)
③ 칼륨(K)
④ 칼슘(Ca)

30 채소작물 중 과실의 주요 색소가 안토시아닌(anthocyanin)인 것은?

① 토마토
② 가지
③ 오이
④ 호박

31 채소작물별 배토(培土)의 효과로 옳지 않은 것은?

① 파의 연백(軟白)을 억제한다.
② 감자의 괴경 노출을 방지한다.
③ 당근의 어깨 부위 엽록소 발생을 억제한다.
④ 토란의 자구(子球) 비대를 촉진한다.

32 채소작물 육묘의 목적에 관한 설명으로 옳지 않은 것은?

① 조기수확이 가능하고 수확기간을 연장하여 수량을 늘릴 수 있다.
② 묘상의 집약 관리로 어릴 때의 환경 관리, 병해충 관리가 쉽다.
③ 대체로 발아율은 감소되나 본밭의 토지이용률은 높여준다.
④ 묘의 생식생장 유도, 접목 등으로 본밭에서의 적응력을 향상시킬 수 있다.

33 채소작물의 암수 분화에 관한 설명이다. (   )안에 들어갈 내용으로 옳은 것은?

> 단성화의 암수 분화는 유전적 요인으로 결정되지만 환경의 영향도 크다.
> 오이는 (   ) 조건과 (   ) 조건에서 암꽃의 수가 많아진다.

① 저온, 단일   ② 저온, 장일

③ 고온, 단일   ④ 고온, 장일

34 호광성 종자의 발아에 관한 설명으로 옳지 않은 것은?

① 발아는 450nm 이하의 광파장에서 잘 된다.

② 발아는 파종 후 복토를 얇게 할수록 잘 된다.

③ 광은 수분을 흡수한 종자에만 작용한다.

④ 발아는 색소단백질인 피토크롬(phytochrome)이 관여한다.

35 채소작물에 고온으로 인해 나타나는 현상이 아닌 것은?

① 상추는 발아가 억제된다.

② 단백질의 변성으로 효소활성이 증가한다.

③ 동화물질의 소모가 크게 증가한다.

④ 대사작용의 교란으로 독성물질이 체내에 축적된다.

36 화훼작물의 식물학적 분류에서 과(科)가 다른 것은?

① 튤립   ② 히야신스

③ 백합   ④ 수선화

37 고형 배지 없이 베드 내 배양액에 뿌리를 계속 잠기게 하여 재배하는 방법은?

① 분무경(aeroponics)   ② 담액수경(deep flow technique)

③ 암면재배(rockwool culture)   ④ 저면담배수식(ebb and flow)

38 화훼작물에서 종자 또는 줄기의 생장점이 일정 기간의 저온을 겪음으로써 화아가 형성되는 현상은?

① 경화   ② 춘화

③ 휴면   ④ 동화

39 화훼작물의 선단부 절간이 신장하지 못하고 짧게 되는 로제트(rosette) 현상을 타파하기 위해 사용하는 생장조절물질은?

① 옥신   ② 시토키닌

③ 지베렐린   ④ 아브시스산

40 가을에 국화의 개화시기를 늦추기 위한 재배방법은?

① 전조재배   ② 암막재배

③ 네트재배   ④ 촉성재배

41 장미에서 분화된 꽃눈이 꽃으로 발육하지 못하고 퇴화하는 블라인드(blind) 현상의 주요 원인이 아닌 것은?

① 일조량의 부족   ② 낮은 야간 온도

③ 엽수의 부족   ④ 질소 시비량의 과다

42 원예작물에 발생하는 병 중에서 곰팡이(진균)에 의한 것이 아닌 것은?

① 잘록병   ② 역병

③ 탄저병   ④ 무름병

43 화훼작물의 초장 조절을 위한 시설 내 주야간 관리 방법인 DIF가 의미하는 것은?

① 주야간 습도차   ② 주야간 온도차

③ 주야간 광량차   ④ 주야간 이산화탄소 농도차

44 과수작물에서 씨방하위과(子房下位果)로 위과(僞果)이며 단과(單果)인 것은?

① 배   ② 복숭아
③ 감귤   ④ 무화과

45 과수작물의 영양번식법 중에서 무병묘(virus-free stock) 생산에 적합한 방법은?

① 취목   ② 접목
③ 조직배양   ④ 삽목

46 다음은 사과 과실 모양과 온도와의 관계를 설명한 내용이다. (   )에 들어갈 내용을 순서대로 나열한 것은?

> 생육 초기에는 (   )생장이, 그 후에는 (   )생장이 왕성하므로 해발 고도가 높은 지역이나 추운 지방에서는 과실이 대체로 원형이나 (   )으로 된다.

① 종축, 횡축, 편원형   ② 종축, 횡축, 장원형
③ 횡축, 종축, 편원형   ④ 횡축, 종축, 장원형

47 포도 재배 시 봉지씌우기의 주요 목적이 아닌 것은?

① 과실 품질을 향상시킨다.
② 병해충으로부터 과실을 보호한다.
③ 비타민 함량을 높인다.
④ 농약이 과실에 직접 묻지 않도록 한다.

48 배 재배 시 열매솎기(적과)의 목적이 아닌 것은?

① 과실의 당도 증진   ② 해거리 방지
③ 무핵 과실 생산   ④ 유목의 수관 확대

49 과수작물에서 병원균에 의해 나타나는 병은?

① 적진병(internal bark necrosis)　　② 고무병(internal breakdown)

③ 고두병(bitter pit)　　④ 화상병(fire blight)

50 사과나무에서 접목 시 대목 목질부에 홈이 파이는 증상이 나타나는 고접병의 원인이 되는 것은?

① 진균　　② 세균

③ 바이러스　　④ 파이토플라즈마

수확 후 품질관리론

51 다음 중 호흡급등형 작물을 고른 것은?

ㄱ. 감	ㄴ. 오렌지
ㄷ. 포도	ㄹ. 사과

① ㄱ, ㄴ　　② ㄱ, ㄹ

③ ㄴ, ㄷ　　④ ㄷ, ㄹ

52 원예작물의 수확적기에 관한 설명으로 옳은 것은?

① 저장용 마늘은 추대가 되기 전에 수확한다.

② 포도는 당도를 높이기 위해 비가 온 후 수확한다.

③ 만생종 사과는 낙과를 방지하기 위해 추석 전에 수확한다.

④ 감자는 잎과 줄기의 색이 누렇게 될 때부터 완전히 마르기 직전까지 수확한다.

53 원예산물의 품질을 측정하는 기기가 아닌 것은?

① 경도계　　② 조도계

③ 산도계　　④ 색차계

54 원예산물 저장고 관리에 관한 설명으로 옳지 않은 것은?

① 저장고 내의 고습을 유지하기 위해 과망간산칼륨 또는 활성탄을 처리한다.

② 저장고 내부를 5% 차아염소산나트륨 수용액을 이용하여 소독한다.

③ CA저장고는 저장고 내부로 외부공기가 들어가지 않도록 밀폐한다.

④ CA저장고는 냉각장치, 압력조절장치, 질소발생기를 구비한다.

55 원예산물의 수확 후 전처리에 관한 설명으로 옳은 것은?

① 양파는 큐어링 할 때 햇빛에 노출되면 흑변이 발생한다.

② 마늘은 열풍건조할 때 온도를 60~70℃로 유지하여 내부성분이 변하지 않도록 한다.

③ 감자는 온도 15℃, 습도 90~95%에서 큐어링한다.

④ 고구마는 큐어링 한 후 품온을 0~5℃로 낮추어야 한다.

56 원예산물의 장해에 관한 설명으로 옳지 않은 것은?

① 장미는 수확 직후 물에 꽂아 꽃목굽음을 방지한다.

② 포도는 저온저장 중 유관속 조직 주변이 투명해지는 밀증상이 나타난다.

③ 가지, 호박, 오이는 저온저장 중 과실의 표면이 함몰되는 수침현상이 나타난다.

④ 금어초는 줄기를 수직으로 세워 물올림하여 줄기굽음을 방지한다.

57 원예산물 포장상자에 관한 설명으로 옳지 않은 것은?

① 상품성 향상 및 정보제공의 기능이 있다.

② 충격으로부터 내용물을 보호하여야 한다.

③ 저온고습에 견딜 수 있어야 한다.

④ 모든 품목의 포장상자 규격은 동일하다.

58 원예산물의 저장 중 수분손실에 관한 설명으로 옳은 것은?

① 과실은 화훼류와 혼합 저장하면 수분손실이 적다.

② 저온 및 MA 저장하면 수분손실이 적다.

③ 냉기의 대류속도가 빠르면 수분손실이 적다.

④ 부피에 비하여 표면적이 넓은 작물일수록 수분손실이 적다.

59 딸기와 포도의 주요 유기산을 순서대로 나열한 것은?

① 구연산, 주석산

② 사과산, 옥살산

③ 주석산, 구연산

④ 옥살산, 사과산

60 다음 원예산물에서 에틸렌에 의해 나타나는 증상이 아닌 것은?

① 결구상추의 중륵반점

② 브로콜리의 황화

③ 카네이션의 꽃잎말림

④ 복숭아의 과육섬유질화

61 굴절당도계에 관한 설명으로 옳은 것을 모두 고른 것은?

> ㄱ. 증류수로 영점 보정한 후 측정한다.
> ㄴ. 측정치는 과즙의 온도에 영향을 받는다.
> ㄷ. 측정된 당도값은 °Brix 또는 %로 표시한다.
> ㄹ. 가용성 고형물에 의해 통과하는 빛의 속도가 빨라진다.

① ㄱ, ㄷ

② ㄴ, ㄷ

③ ㄱ, ㄴ, ㄷ

④ ㄱ, ㄴ, ㄷ, ㄹ

62 다음 중 원예작물의 비파괴적 품질평가에 이용되지 않은 것은?

① NIR

② MRI

③ HPLC

④ X-ray

63 원예산물의 성숙기 판단 지표가 아닌 것은?

① 적산온도

② 개화 후 일수

③ 성분의 변화

④ 대기조성비

64 원예산물의 에틸렌 발생 촉진 물질은?

① AVG

② ACC

③ STS

④ AOA

65 에틸렌에 관한 설명으로 옳지 않은 것은?

① 수용체는 세포벽에 존재한다.　② 코발트 이온에 의해 생성이 억제 된다.

③ 무색이며 상온에서 공기보다 가볍다.　④ 식물의 방어기작과 관련이 있다.

66 원예산물의 저장에 관한 설명으로 옳은 것은?

① 선박에 의한 장거리 수송 시 CA저장은 불가능하다.

② MA포장 시 필름의 이산화탄소 투과도는 산소 투과도보다 낮아야 한다.

③ 소석회는 주로 저장고 내 산소를 제거하는 데 이용된다.

④ CA저장 시 드라이아이스를 이용하여 이산화탄소 농도를 증가시킬 수 있다.

67 저장고 습도관리에 관한 설명으로 옳지 않은 것은?

① 과실 저장 시 상대습도는 85~95%로 유지하는 것이 좋다.

② 저장고 내 상대습도의 상승은 원예산물의 증산을 촉진시킨다.

③ 저장고의 습도를 유지하기 위해 바닥에 물을 뿌리거나 가습기를 이용한다.

④ 상대습도가 100%가 되면 수분응결 등에 의해 곰팡이 번식이 일어나기 쉽다.

68 원예산물의 온도장해에 관한 설명으로 옳지 않은 것은?

① 배에서 환원당은 빙점을 높일 수 있다.

② 사과에서 칼슘이온은 세포 내 결빙을 억제시킬 수 있다.

③ 토마토에서 열처리는 냉해발생을 억제시킬 수 있다.

④ 고추에서 CA저장은 냉해발생을 억제시킬 수 있다.

69 신선편이 농산물 가공에 관한 설명으로 옳지 않은 것은?

① 가공처리에 의해 호흡량이 증가하므로 가공 전 예냉처리가 선행되어야 한다.

② 화학제 살균을 대체하는 기술로 자외선 살균방법이 가능하다.

③ 오존수는 환원력과 잔류성이 높아 세척제로 부적합하다.

④ 원료 농산물의 품질에 따라 가공 후 유통기간이 영향을 받는다.

70 원예산물의 수확 후 처리기술인 예냉의 목적이 아닌 것은?

① 호흡 감소　　　　　　　　② 과실의 조기 후숙
③ 포장열 제거　　　　　　　④ 엽록소분해 억제

71 원예산물의 외부포장용 골판지의 품질기준이 아닌 것은?

① 인장강도　　　　　　　　② 압축강도
③ 발수도　　　　　　　　　④ 파열강도

72 다음 중 수확 후 관리기술에 관한 설명으로 옳지 않은 것은?

① 과실류는 엽채류에 비해 표면적 비율이 높아 진공예냉한다.
② 배는 예건을 통해 과피흑변을 억제할 수 있다.
③ 저장온도가 낮을수록 미생물 증식이 낮다.
④ 배는 사과에 비해 왁스층 발달이 적어 수분손실에 유의해야 한다.

73 생리적 성숙 완료기에 수확하여 이용하는 작물은?

① 오이, 가지　　　　　　　② 가지, 딸기
③ 딸기, 단감　　　　　　　④ 단감, 오이

74 사과의 수확기 판정을 위한 요오드 반응 검사에 관한 설명으로 옳은 것은?

① 100% 요오드 용액을 과육부위에 반응시켜 착색되는 정도를 기준으로 한다.
② 성숙 중 유기산과 환원당이 감소하는 원리를 이용한다.
③ 성숙될수록 요오드반응 착색면적이 넓어진다.
④ 적숙기의 요오드반응 착색면적은 '쓰가루'가 '후지'에 비해 넓다.

75 Hunter 'a' 값이 −20일 때 측정된 부위의 과색은?

① 적색　　　　　　　　　　② 황색
③ 녹색　　　　　　　　　　④ 흑색

농산물유통론

76 농산물의 일반적인 특성으로 옳지 않은 것은?

① 단위가치에 비해 부피가 크고 무겁다.
② 가격 변동에 대한 공급 반응에 물리적 시차가 존재한다.
③ 가격은 계절적 특성을 지닌다.
④ 다품목 소량 생산으로 상품화가 유리하다.

77 다음 사례에서 창출되는 유통의 효용으로 모두 옳은 것은?

> A 원예농협은 가을에 수확한 사과를 저온 저장고에 입고하였다가 이듬해 봄에 판매하고, 남은 사과를 잼으로 가공하여 판매하였다.

① 시간효용, 형태효용   ② 시간효용, 소유효용
③ 장소효용, 형태효용   ④ 장소효용, 소유효용

78 다음 설명에 해당하는 것은?

> • 국내에서 생산되는 모든 식품에 대한 총 소비자지출액과 총 농가수취액의 차이이다.
> • 전체 식품에 대한 유통마진의 개념이다.

① 농가 몫   ② 농가 교역조건
③ 한계 수입   ④ 식품 마케팅빌

79 농업협동조합 유통의 기대효과로 옳지 않은 것은?

① 거래교섭력 강화   ② 규모의 경제 실현
③ 농산물 단위당 거래비용 증가   ④ 유통 및 가공업체에 대한 견제 강화

80 농산물 선물거래에 관한 설명으로 옳은 것은?

① 대부분의 선물계약이 실물 인수 또는 인도를 통해 최종 결제된다.

② 매매당사자간의 직접적인 대면 계약으로 이루어진다.

③ 해당 품목의 가격변동성이 낮을수록 거래가 활성화된다.

④ 베이시스(basis)의 변동이 없을 경우 완전 헤지(perfect hedge)가 가능하다.

81 소매상이 이전 유통단계의 주체를 위해 수행하는 기능을 모두 고른 것은?

ㄱ. 상품구색 제공	ㄴ. 시장정보 제공	ㄷ. 판매 대행

① ㄱ, ㄴ   ② ㄱ, ㄷ

③ ㄴ, ㄷ   ④ ㄱ, ㄴ, ㄷ

82 농산물 소매유통에 관한 설명으로 옳지 않은 것은?

① 농산물의 수집 기능을 담당한다.

② 카테고리 킬러(category killer)가 포함된다.

③ 대형유통업체의 비중이 높아지고 있다.

④ 점포 없이 농산물을 거래하는 경우도 있다.

83 농산물 종합유통센터의 기능을 모두 고른 것은?

ㄱ. 수집·분산	ㄴ. 보관·저장
ㄷ. 상장경매	ㄹ. 정보처리

① ㄱ   ② ㄴ, ㄷ

③ ㄷ, ㄹ   ④ ㄱ, ㄴ, ㄹ

84 밭떼기 거래에 관한 설명으로 옳지 않은 것은?

① 선도거래에 해당된다.

② 정전매매라고도 불린다.

③ 무, 배추 등에서 많이 이루어진다.

④ 농가의 수확 전 필요 자금 확보에 도움을 준다.

85 대형유통업체의 농산물 직거래 확대에 대한 산지유통전문조직의 대응방안으로 옳지 않은 것은?

① 농가를 조직화, 규모화한다.
② 고품질 농산물의 연중공급체계를 구축한다.
③ 대형유통업체 간의 경쟁을 유도하기 위해 도매시장 출하를 확대한다.
④ 농산물산지유통센터(APC)를 활용하여 상품화 기능을 강화한다.

86 농산물 수송수단 중 선박의 특성으로 옳지 않은 것은?

① 문전연결성이 취약하다.
② 신속성이 상대적으로 떨어진다.
③ 단거리 수송에 유리하다.
④ 대량 운송에 적합하다.

87 농산물 물적 유통기능으로 옳은 것은?

① 포장(packing)
② 시장정보
③ 표준화 및 등급화
④ 위험부담

88 농산물 유통금융기능이 아닌 것은?

① 도매시장법인의 출하대금 정산
② 자동선별 시설 자금의 융자
③ 농작물 재해 보험 제공
④ 중도매인의 외상판매

89 농산물 표준규격화에 관한 설명으로 옳지 않은 것은?

① 견본거래나 전자상거래가 활성화된다.
② 유통정보가 보다 신속하고 정확하게 전달된다.
③ 품질에 따른 공정한 가격이 형성되어 거래가 촉진된다.
④ 농산물 유통의 물류비용이 증가한다.

90 단위화물적재시스템(ULS)에 관한 설명으로 옳은 것을 모두 고른 것은?

> ㄱ. 수송 및 하역의 효율성 제고
> ㄴ. 농산물의 파손, 분실 등 방지
> ㄷ. 팰릿(pallet), 컨테이너 등 이용

① ㄱ, ㄴ   ② ㄱ, ㄷ
③ ㄴ, ㄷ   ④ ㄱ, ㄴ, ㄷ

91 농산물 가격전략의 일환으로 수요의 가격탄력성이 −0.25인 품목을 할인하여 판매한다면 총수익은 어떻게 변화하는가?

① 가격 하락에 비해 판매량이 더 증가하기 때문에 총수익은 늘어난다.
② 가격 하락에 비해 판매량이 덜 증가하기 때문에 총수익은 줄어든다.
③ 가격 하락과 판매량 증가분이 동일하여 총수익은 변화가 없다.
④ 수요가 비탄력적이기 때문에 총수익은 가격 하락과 무관하다.

92 완전경쟁시장에 관한 설명으로 옳은 것은?

① 다수의 생산자와 소비자가 존재하며 가격 결정은 생산자가 한다.
② 다양한 품질의 상품이 서로 경쟁한다.
③ 시장에 대한 진입은 자유롭지만 탈퇴는 어렵다.
④ 시장참여자들이 완전한 정보를 획득할 수 있어야 한다.

93 농산물 가격이 폭등하는 경우 정부가 시행하는 정책수단으로 옳은 것을 모두 고른 것은?

> ㄱ. 수매 확대   ㄴ. 비축물량 방출
> ㄷ. 수입 확대   ㄹ. 직거래 장려

① ㄱ, ㄴ   ② ㄱ, ㄹ
③ ㄴ, ㄷ, ㄹ   ④ ㄱ, ㄴ, ㄷ, ㄹ

94 기업의 강점과 약점을 파악하고, 기회와 위기 요인을 감안하여 마케팅 환경을 분석하는 방법은?

① SWOT 분석
② BC 분석
③ 요인 분석
④ STP 분석

95 다음 사례에서 ㉠과 ㉡에 대한 설명으로 옳지 않은 것은?

> A 친환경 생산자 단체는 유기농 주스를 출시하기 위해 ㉠ 통계기관의 음료시장 규모 자료를 확보하고, 소비자들의 유기가공 식품의 소비성향을 파악하기 위해 ㉡ 설문조사를 진행하였다.

① ㉠은 1차 자료에 해당한다.
② ㉠은 문헌조사방법을 활용할 수 있다.
③ ㉡에서 리커트 척도를 적용할 수 있다.
④ ㉡의 경우 주관식보다 객관식 문항에 대한 응답률이 높다.

96 마케팅 믹스(4P)의 요소가 아닌 것은?

① 상품(product)
② 생산(production)
③ 장소(place)
④ 촉진(promotion)

97 농산물 브랜드(brand)에 관한 설명으로 옳지 않은 것은?

① 브랜드 마크, 등록상표, 트레이드 마크 등이 해당된다.
② 성공적인 브랜드는 소비자의 브랜드 충성도가 높다.
③ 프라이빗 브랜드(PB)는 제조업자 브랜드이다.
④ 경쟁상품과의 차별화 등을 위해 사용한다.

98 배추, 계란 등을 미끼상품으로 제공하여 고객의 점포 방문을 유인하는 가격전략은?

① 단수가격전략
② 리더가격전략
③ 개수가격전략
④ 관습가격전략

99 다음 문구를 포괄하는 광고의 형태로 옳은 것은?

> • 면역력 강화를 위해 인삼을 많이 먹자!
> • 우리나라 감귤이 최고!
> • 아침 식사는 우리 쌀로!

① 기초광고(generic advertising)
② 대량광고(mass advertising)
③ 상표광고(brand advertising)
④ 간접광고(PPL)

100 농산물 유통과정에서 부가가치 창출에 관련되는 일련의 활동, 기능 및 과정의 연계를 의미하는 것은?

① 물류체인(logistics chain)
② 밸류체인(value chain)
③ 공급체인(supply chain)
④ 콜드체인(cold chain)

2015년 제12회 1차 기출문제

관계법령

01 농수산물 품질관리법령상 이력추적관리 농산물 생산자의 이력추적관리 등록사항을 모두 고른 것은?

> ㄱ. 생산자의 성명, 주소 및 전화번호   ㄴ. 생산계획량
> ㄷ. 출하량   ㄹ. 수확 후 관리시설명

① ㄱ, ㄴ   ② ㄱ, ㄹ
③ ㄴ, ㄷ   ④ ㄷ, ㄹ

02 농수산물 품질관리법 시행규칙 제5조(표준규격의 제정)의 내용 중 일부이다. ( )안에 들어 갈 내용으로 옳지 않은 것은?

> 등급규격은 품목 또는 품종별로 그 특성에 따라 고르기, 크기, 형태, 색깔, ( ), ( ), 결점, ( ) 및 선별 상태 등에 따라 정한다.

① 신선도   ② 꼭지길이
③ 숙도(熟度)   ④ 건조도

03 농수산물 품질관리법령상 우수관리인증농산물의 표시방법으로 옳지 않은 것은?
① 포장재의 크기에 따라 표지의 크기를 키우거나 줄일 수 있다.
② 수출용의 경우에는 해당 국가의 요구에 따라 표시할 수 있다.
③ 산지는 표준규격, 지리적표시 등 다른 규정에 따라 표시하고 있더라도 그 표시를 생략해 서는 안 된다.
④ 포장재 주 표시면의 옆면에 표시하되, 포장재 구조상 옆면에 표시하기 어려울 경우에는 표시 위치를 변경할 수 있다.

04 농수산물 품질관리법령상 농산물 이력추적관리 등록의 유효기간에 관한 설명으로 옳은 것은?

① 이력추적관리 등록의 유효기간은 신청한 날부터 2년으로 한다.

② 약용작물류의 유효기간은 5년 이내의 범위 내에서 등록기관의 장이 정하여 고시한다.

③ 이력추적관리의 등록을 한 자가 유효기간 내에 해당 품목의 출하를 종료하지 못할 경우에는 농림축산식품부장관의 심사를 받아 이력추적관리 등록의 유효기간을 연장할 수 있다.

④ 유효기간을 연장하려는 경우에는 해당 등록의 유효기간이 끝나기 3개월 전까지 연장신청서를 제출하여야 한다.

05 농수산물 품질관리법령상 농산물을 생산, 출하, 유통 또는 판매하는 자에게 표준규격에 따라 생산, 출하, 유통 또는 판매하도록 권장할 수 있게 규정되어 있지 않은 자는?

① 군수

② 광역시장

③ 특별자치도지사

④ 농림축산식품부장관

06 농수산물 품질관리법령상 검사판정을 취소하여야 하거나 취소할 수 있는 경우로 옳지 않은 것은?

① 2등품으로 검사받은 농산물을 1등품으로 검사결과 표시를 바꾼 사실이 확인된 경우

② 벼 41포대를 출하하여 1등품으로 검사를 받은 후 검사증명서를 47포대로 고친 사실이 확인된 경우

③ 헌 포장재에 벼를 담아 출하하였으나 검사 전에 새 포장재로 바꾸어 검사를 받은 사실이 확인된 경우

④ 2013년산 벼를 2014년산으로 속여 검사를 받은 사실이 확인된 경우

07 농수산물 품질관리법령상 다음의 조건을 모두 충족시키는 검사대상 농산물의 품목으로 옳게 짝지어진 것은?

> • 정부가 수매하거나 생산자단체 등이 정부를 대행하여 수매하는 농산물
> • 정부가 수출·수입하거나 생산자단체 등이 정부를 대행하여 수출·수입하는 농산물

① 배, 쌀보리, 겉보리

② 벼, 참깨, 마늘

③ 쌀, 현미, 보리쌀

④ 땅콩, 마늘, 콩

08 농수산물 품질관리법령상 식품의약품안전청장에게 위임된 권한은? (현행법령으로 수정)

① 농산물우수관리기준의 고시에 관한 권한

② 유전자변형농산물의 표시 조사에 관한 권한

③ 농산물 이력추적관리 등록에 관한 권한

④ 농산물 표준규격을 제정, 개정 또는 폐지하는 경우 그 사실을 고시하는 권한

09 농수산물 품질관리법령상 농산물품질관리사 교육 실시기관이 실시하는 교육에 포함하여야 할 내용을 모두 고른 것은?

> ㄱ. 농산물 등급판정
> ㄴ. 농산물 유통관련 법령 및 제도
> ㄷ. 농산물 수확 후 품질관리기술

① ㄱ   ② ㄱ, ㄴ

③ ㄴ, ㄷ   ④ ㄱ, ㄴ, ㄷ

10 농수산물 품질관리법령상 다른 사람에게 농산물품질관리사의 명의를 사용하게 하거나 그 자격증을 빌려준 자에 대한 벌칙기준으로 옳은 것은?

① 1천만원 이하의 과태료

② 1년 이하의 징역 또는 1천만원 이하의 벌금

③ 2년 이하의 징역 또는 2천만원 이하의 벌금

④ 3년 이하의 징역 또는 3천만원 이하의 벌금

11 농수산물의 원산지 표시에 관한 법령상 원산지 거짓표시로 처분이 확정되어 처분과 관련된 사항을 국립농산물품질관리원 홈페이지에 공표하는 경우, 공표해야 할 사항이 아닌 것은?

① 영업의 종류   ② 영업소의 명칭 및 주소

③ 위반 농산물 등의 명칭   ④ 영업소의 대표자

12 농수산물 품질관리법령상 지리적표시의 등록에 관한 내용의 일부이다. (   )안에 공통으로 들어갈 숫자는?

> • 농림축산식품부장관은 지리적표시 등록 신청 공고결정을 할 때에는 그 결정 내용을 관보와 인터넷 홈페이지에 공고하고, 공고일부터 (   )개월간 지리적표시 등록 신청 서류 및 그 부속 서류를 일반인이 열람할 수 있도록 하여야 한다.
> • 누구든지 공고일부터 (   )개월 이내에 이의 사유를 적은 서류와 증거를 첨부하여 농림축산식품부장관에게 이의신청을 할 수 있다.

① 2   ② 3
③ 4   ④ 5

13 농수산물 품질관리법령상 농림축산식품부장관의 사전 승인을 받아 지리적표시권을 이전 및 승계할 수 있는 경우에 해당하지 않는 것은?

① 법인 자격으로 등록한 지리적표시권자가 법인명을 개정한 경우
② 법인 자격으로 등록한 지리적표시권자가 합병하는 경우
③ 개인 자격으로 등록한 지리적표시권자가 사업장을 매각한 경우
④ 개인 자격으로 등록한 지리적표시권자가 사망한 경우

14 농수산물의 원산지 표시에 관한 법령상 원산지 표시대상 음식점의 원산지 표시대상으로 옳지 않은 것은?

① 찌개용으로 제공하는 배추김치
② 훈제용으로 조리하여 판매·제공하는 닭고기의 식육
③ 육회용으로 조리하여 판매·제공하는 양고기의 식육
④ 돼지고기의 식육가공품 중 배달을 통하여 판매·제공하는 족발

15 농수산물의 원산지 표시에 관한 법령상 다음과 같은 비율로 혼합하여 판매하는 콩의 원산지 표시방법으로 옳은 것은?

> 국내산 60%, 중국산 20%, 미국산 15%, 태국산 5%

① 콩(국내산 60%, 수입산 40%)
② 콩(국내산 60%, 중국산 20%)
③ 콩(국내산 60%, 중국산 20%, 미국산 15%)
④ 콩(국내산, 중국산, 미국산, 태국산 혼합)

16 농수산물 품질관리법령상 1차 위반행위의 행정처분 기준으로 옳지 않은 것은? (단, 가중 및 경감사유는 고려하지 않음)(현행법령으로 수정)

① 우수관리인증농산물이 우수관리기준에 미치지 못한 경우: 판매금지
② 표준규격품의 내용물과 다르게 과장된 표시를 한 경우: 표시정지 1개월
③ 지리적표시품이 등록기준에 미치지 못하게 된 경우: 표시정지 3개월
④ 표준규격품의 생산이 곤란한 사유가 발생한 경우: 표시정지 3개월

17 농수산물 유통 및 가격안정에 관한 법령상 도매시장법인이 입하된 농산물의 수탁을 거부할 수 있는 사유가 아닌 것은?

① 산지유통인이 도매시장법인에 거래보증금을 납부하지 않은 경우
② 도매시장 개설자가 업무규정으로 정하는 최소출하량의 기준에 미달되는 경우
③ 유통명령을 위반하여 출하하는 경우
④ 출하자 신고를 하지 아니하고 출하하는 경우

18 농수산물 유통 및 가격안정에 관한 법령상 중앙도매시장이 아닌 곳은?

① 대구광역시 북부 농수산물도매시장
② 인천광역시 구월동 농산물도매시장
③ 울산광역시 농수산물도매시장
④ 광주광역시 서부 농수산물도매시장

19 농수산물 유통 및 가격안정에 관한 법령상 비축용 농산물로 수입할 수 있는 품목을 모두 고른 것은?

ㄱ. 고추	ㄴ. 감자
ㄷ. 양파	ㄹ. 들깨

① ㄱ, ㄷ   ② ㄱ, ㄹ
③ ㄴ, ㄷ   ④ ㄴ, ㄹ

20 농수산물 유통 및 가격안정에 관한 법령상 국제곡물관측에 관한 내용이다. ( )안에 들어갈 내용으로 옳은 것은?

> 농림축산식품부장관은 주요 곡물의 수급안정을 위하여 농림축산식품부장관이 정하는 주요 곡물에 대한 상시 관측체계의 구축과 국제 곡물 (ㄱ) 모형의 개발을 통하여 매년 주요 곡물 생산 및 수출 국가들의 (ㄴ) 및 수급 상황 등을 조사·분석하는 국제곡물관측을 별도로 실시하고 그 결과를 공표하여야 한다.

① ㄱ: 수급, ㄴ: 작황   ② ㄱ: 수급, ㄴ: 가격
③ ㄱ: 공급, ㄴ: 작황   ④ ㄱ: 공급, ㄴ: 가격

21 농수산물 유통 및 가격안정에 관한 법령상 시장도매인에 대한 정의이다. ( )에 들어갈 내용으로 옳은 것은?

> 농수산물도매시장 또는 민영농수산물도매시장의 개설자로부터 (ㄱ)을(를) 받고 농수산물을 (ㄴ) 또는 위탁받아 도매하거나 매매를 중개하는 영업을 하는 법인

① ㄱ: 허가, ㄴ: 상장   ② ㄱ: 지정, ㄴ: 매수
③ ㄱ: 승인, ㄴ: 상장   ④ ㄱ: 허가, ㄴ: 매수

22 농수산물 유통 및 가격안정에 관한 법령상 경매 또는 입찰의 방법에 관한 설명으로 옳은 것은?

① 도매시장법인은 입찰의 방법으로 판매하는 경우 예정가격에 근접한 가격을 제시한 자에게 판매하여야 한다.
② 도매시장 개설자는 효율적인 유통을 위하여 필요한 경우에는 대량입하품, 표준규격품, 지역 특산품을 우선적으로 판매하게 하여야 한다.
③ 입찰방법은 서면입찰식을 원칙으로 한다.
④ 공개경매를 실현하기 위해 필요한 경우 농림축산식품부장관은 품목별·도매시장별로 경매방식을 제한할 수 있다.

23 농수산물 유통 및 가격안정에 관한 법령상 하역업무에 관한 설명으로 옳지 않은 것은?

① 도매시장법인 또는 시장도매인은 도매시장에서 하는 하역업무에 대하여 하역 전문업체 등과 용역계약을 체결할 수 있다.

② 도매시장 개설자가 업무규정으로 정하는 규격출하품에 대한 표준하역비는 도매시장법인 또는 시장도매인이 부담한다.

③ 도매시장법인이 표준하역비를 부담하지 않았을 경우 1차 위반행위에 대한 행정처분 기준은 업무정지 15일이다.

④ 도매시장 개설자는 도매시장에서 하는 하역업무의 효율화를 위하여 하역체제의 개선 및 하역의 기계화 촉진에 노력하여야 한다.

24 농수산물 유통 및 가격안정에 관한 법령상 도매시장의 관리 및 운영에 관한 설명으로 옳지 않은 것은?

① 도매시장 개설자는 공공출자법인을 시장관리자로 지정할 수 있다.

② 시장관리자는 도매시장의 정산창구에 대한 관리·감독을 할 수 있다.

③ 도매시장 개설자는 도매시장에 그 시설규모·거래액 등을 고려하여 적정 수의 산지유통인을 두어 운영하여야 한다.

④ 도매시장 개설자는 지방공기업법에 따른 지방공사를 시장관리자로 지정할 수 있다.

25 농수산물 유통 및 가격안정에 관한 법령상 농림축산식품부장관이 유통조절명령을 할 경우 협의를 거쳐야 하는 곳은?

① 시장관리운영위원회 ② 공정거래위원회
③ 기획재정부원예작물학 ④ 관측위원회

원예작물학

26 원예에 관한 설명으로 옳지 않은 것은?

① 기능성 건강식품의 인기에 따라 각광을 받고 있다.

② 원예의 가치에는 식품적, 경제적 가치는 있으나 관상적 가치는 포함되지 않는다.

③ 채소, 과수, 화훼작물을 집약적으로 재배하고 생산하는 활동이다.

④ 어원적으로는 울타리를 둘러치고 재배하는 것을 의미한다.

27 일반적으로 종자번식에 비해 영양번식이 가지는 장점은?
① 대량 채종이 가능하다.
② 품종 개량을 목적으로 한다.
③ 취급이 간편하고 수송이 용이하다.
④ 유전적으로 동일한 개체를 얻는다.

28 종자의 발아를 촉진하는 방법에 관한 설명으로 옳은 것은?
① 종자의 휴면 타파를 위해 아브시스산을 처리한다.
② 호르몬 및 효소의 활성화를 위해 수분을 충분히 공급해 준다.
③ 발아를 위한 물질대사의 유지를 위해 파종 후 지속적으로 저온을 유지한다.
④ 종피가 단단하여 산소 공급이 억제되면 발아가 지연되므로 파종 후 강산을 처리한다.

29 자연광 이용형 식물공장에 비해 인공광 이용형(완전제어형) 식물공장이 가지는 특징이 아닌 것은?
① 작물의 생장속도가 빨라 대량 생산이 가능하다.
② 재배관리에 에너지가 적게 들어 저비용 생산이 가능하다.
③ 생육과 생산량을 예측할 수 있어 계획 생산이 가능하다.
④ 장소와 계절에 관계없이 균일한 작물 생산이 가능하다.

30 비닐하우스 내 토양의 염류집적에 관한 개선방안이 아닌 것은?
① 연작 재배 ② 객토 및 유기물 시용
③ 담수 처리 ④ 제염작물 재배

31 토마토의 착과를 촉진하기 위해 처리하는 착과제 종류가 아닌 것은?
① 토마토톤(4-CPA) ② 지베렐린(GA)
③ 아브시스산(ABA) ④ 토마토란(cloxyfonac)

32 채소의 광합성에 관한 설명으로 옳지 않은 것은?

① 적색광과 청색광에서 광합성 이용 효율이 높다.

② 광포화점까지는 충분한 햇빛이 있으면 광합성이 촉진된다.

③ 이산화탄소 시비가 증가할수록 광합성은 계속 증가한다.

④ 수박과 토마토에 비해 상추의 광포화점이 낮다.

33 원예작물의 식물학적 분류에서 토마토와 같은 과(科, family)에 속하는 것은?

① 양파   ② 가지

③ 상추   ④ 오이

34 무배유 종자에 속하는 것은?

① 수박   ② 토마토

③ 마늘   ④ 시금치

35 양파의 주요 기능성물질은?

① 캡사이신(capsaicin)   ② 라이코펜(lycopene)

③ 아미그달린(amygdalin)   ④ 케르세틴(quercetin)

36 채소작물에서 나타나는 일장반응에 관한 설명으로 옳지 않은 것은?

① 양파는 장일조건에서 인경 비대가 촉진된다.

② 오이는 장일조건에서 암꽃의 수가 증가한다.

③ 결구형 배추는 단일조건에서 결구가 촉진된다.

④ 일계성 딸기는 단일조건에서 화아분화가 촉진된다.

37 해충의 친환경적 방제에서 천적으로 이용되지 않는 것은?

① 칠레이리응애   ② 온실가루이좀벌

③ 애꽃노린재   ④ 굴파리

38 화훼작물별 구근 기관(organ)으로 옳지 않은 것은?

① 칼라 – 근경　　　　　　　　② 튜울립 – 인경

③ 다알리아 – 괴근　　　　　　④ 프리지아 – 구경

39 화훼작물 재배용 배지 중 무기질 재료가 아닌 것은?

① 암면　　　　　　　　　　　② 펄라이트

③ 피트모스　　　　　　　　　④ 버미큘라이트

40 화훼작물 재배 시 사용되는 생장조절물질과 그 이용 목적이 잘못 연결된 것은?

① 지베렐린(GA) – 생육 촉진

② 벤질아데닌(BA) – 분지 촉진

③ IBA(indolebutric acid) – 발근 촉진

④ 파클로부트라졸(paclobutrazol) – 줄기신장 촉진

41 다음 설명에 해당하는 해충은?

> • 몸의 길이가 1~2 mm 내외로 작으며 2쌍의 날개가 있고 날개의 둘레에는 긴 털이 규칙적으로 나 있다.
> • 원예작물의 어린 잎, 눈, 꽃봉오리, 꽃잎 속 등에 들어가 즙액을 빨아 먹거나 겉껍질을 갉아먹어 피해를 입은 잎이나 꽃은 기형이 된다.

① 뿌리혹선충　　　　　　　　② 깍지벌레

③ 총채벌레　　　　　　　　　④ 담배거세미나방

42 (　　　) 안에 들어갈 내용을 순서대로 나열한 것은?

> 분화용 수국(hydrangea)은 토양의 pH에 따라 화색이 변하는데, pH가 낮은 산성 토양일수록 화색이 (　　)을 띠고, pH가 높은 알칼리성 토양일수록 화색이 (　　)을 띤다.

① 황색, 청색　　　　　　　　② 청색, 황색

③ 청색, 분홍색　　　　　　　④ 분홍색, 청색

43 항굴지성 반응으로 절화의 선단부가 휘는 현상을 막기 위해 세워서 저장하거나 수송해야 하는 절화는?

① 거베라   ② 아이리스
③ 카네이션   ④ 금어초

44 4℃의 저장고에 저장하면 저온장해가 발생하는 절화는?

① 장미   ② 카네이션
③ 안스리움   ④ 리시안사스

45 다음 과실 중 각과류로 분류되는 것은?

① 호두   ② 배
③ 대추   ④ 복숭아

46 다음 ( ) 안에 공통으로 들어갈 말은?

- 위과 : ( )와/과 함께 꽃받기의 일부가 과육으로 발달한 열매로 사과, 배, 비파, 무화과 등이 있다.
- 진과 : ( )이/가 발육하여 자란 열매로 감귤류, 포도, 복숭아, 자두 등이 있다.

① 수술   ② 꽃잎
③ 씨방   ④ 주두

47 포도의 개화 후 수정이 불량하여 포도송이에 포도알이 드문드문 달리는 현상은?

① 휴면병   ② 꽃떨이 현상
③ 과육흑변 현상   ④ 열과

48 과수원 토양의 초생법에 관한 설명으로 옳지 않은 것은?

① 토양의 침식을 초래한다.

② 토양의 입단화를 증가시킨다.

③ 지온의 과도한 상승을 억제한다.

④ 풀을 유기질 퇴비로 이용할 수 있다.

49 과수의 꽃눈 분화를 촉진하기 위한 방법이 아닌 것은?

① 질소 시비량을 줄인다.

② 하기전정을 실시한다.

③ 해마다 결실량을 최대한 늘린다.

④ 가지를 수평으로 유인한다.

50 사과 재배에서 칼슘 결핍 시 발생하는 병은?

① 빗자루병　　　　　　　② 고두병

③ 흰녹병　　　　　　　　④ 근두암종병

수확 후 품질관리론

51 공기세척식 CA저장 설비로 옳지 않은 것은?

① 가스분석기　　　　　　② 에틸렌발생기

③ 질소공급장치　　　　　④ 탄산가스흡수기

52 원예산물의 열풍건조 시 일어나는 변화에 관한 설명으로 옳지 않은 것은?

① 영양성분이 잘 보존된다.　　　② 미생물의 증식이 억제된다.

③ 수축 및 표면경화가 일어난다.　④ 가용성 성분의 표면이동이 일어난다.

53 다음 중 0 ~ 4℃에서 저장할 경우 저온장해가 일어날 수 있는 원예산물만을 옳게 고른 것은?

ㄱ. 오이	ㄴ. 망고	ㄷ. 양배추
ㄹ. 녹숙토마토	ㅁ. 아스파라거스	

① ㄱ, ㄴ, ㄹ
② ㄱ, ㄷ, ㅁ
③ ㄴ, ㄷ, ㄹ
④ ㄴ, ㄹ, ㅁ

54 과일의 크기를 선별하는 대표적인 장치는?

① 원판선별기
② 롤러선별기
③ 광학선별기
④ 스펙트럼선별기

55 압축식 냉동기의 냉동사이클에서 냉매의 순환 순서로 옳은 것은?

① 압축기→응축기→팽창밸브→증발기
② 압축기→팽창밸브→증발기→응축기
③ 증발기→팽창밸브→응축기→압축기
④ 증발기→응축기→팽창밸브→압축기

56 신선편이(fresh-cut) 채소의 진공포장 유통에 관한 설명으로 옳지 않은 것은?

① 이취 발생위험이 없다.
② 갈변 억제에 도움이 된다.
③ 부피를 줄여 수송에 도움이 된다.
④ 높은 CO_2 농도에 의해 생리장해가 일어날 수 있다.

57 진공냉각방식에 의한 예냉에 관한 설명으로 옳지 않은 것은?

① 차압통풍냉각방식에 비하여 설치비가 고가이다.
② 엽채류에 효과가 좋다.
③ 예냉속도는 느리나 온도편차가 적다.
④ 수분의 증발잠열에 의한 온도저하 방식이다.

58 부력차이를 이용한 세척방법으로 비중이 큰 이물질을 제거하는 데 효과적인 것은?

① 분무세척   ② 부유세척

③ 침지세척   ④ 초음파세척

59 신선편이(fresh-cut) 농산물의 제조 시 이용되는 소독제로 옳지 않은 것은?

① 오존(O_3)   ② 차아염소산($HOCl$)

③ 염화나트륨($NaCl$)   ④ 차아염소산나트륨($NaOCl$)

60 농산물의 농약 잔류성 및 중독에 관한 설명으로 옳지 않은 것은?

① 유기인계 농약은 급성 중독이 많다.

② 유기염소계 농약은 만성 중독을 일으킨다.

③ 수확 직전에 살포할 경우 잔류할 가능성이 높다.

④ 유기염소계 농약은 유기인계 농약에 비하여 잔류성이 약하다.

61 HACCP에 관한 설명으로 옳지 않은 것은?

① 위해발생요소에 대한 사후 집중관리방식이다.

② HACCP의 7원칙 중 첫 번째 원칙은 위해요소 분석이다.

③ 식품업체에게는 자율적이고 체계적인 위생관리 확립 기회를 제공한다.

④ 식품제조 시 위해요인을 분석하여 관계되는 중요한 공정을 관리하는 체계이다.

62 GMO에 관한 설명으로 옳지 않은 것은?

① GMO는 유전자 변형 농산물을 말한다.

② 우리나라는 GMO 식품 표시제를 시행하고 있다.

③ 미생물 Agrobacterium은 GMO 개발에 이용된다.

④ GMO 표시 대상 품목에는 감자, 콩, 양파가 있다.

63 원예산물의 적재 및 유통에 관한 설명으로 옳지 않은 것은?

① 압상을 억제할 수 있는 강도의 골판지상자로 포장해야 한다.

② 단위화 포장을 통한 팔레타이징으로 물리적 손상을 줄일 수 있다.

③ 저온 저장고의 적재용적률은 85~90%로 한다.

④ 1,100mm × 1,100mm는 국내의 표준화된 팰릿규격이다.

64 농산물과 독소성분이 옳게 연결된 것은?

① 오이 - 솔라닌(solanine)

② 감자 - 고시폴(gossypol)

③ 콩 - 아마니타톡신(amanitatoxin)

④ 복숭아 - 아미그달린(amygdalin)

65 원예산물의 색과 관련이 없는 성분은?

① 시트르산(citric acid)

② 클로로필(chlorophyll)

③ 플라보노이드(flavonoid)

④ 카로티노이드(carotenoid)

66 채소류의 영양학적인 가치에 관한 설명으로 옳지 않은 것은?

① 다양한 비타민을 함유하고 있다.

② 많은 무기질 성분을 함유하고 있다.

③ 다양한 기능성 성분을 함유하고 있다.

④ 많은 단백질 및 지방을 함유하고 있다.

67 농산물의 저장 시 발생하는 저온장해 증상에 관한 설명으로 옳지 않은 것은?

① 고구마는 쉽게 부패한다.

② 애호박은 수침현상이 발생한다.

③ 복숭아는 과육의 섬유질화가 발생한다.

④ 사과는 과육부위에 밀증상이 발생한다.

68 수확 후 후숙에 의해 상품성이 향상되는 원예산물이 아닌 것은?

① 키위
② 포도
③ 바나나
④ 머스크멜론

69 생리적 성숙단계에서 수확되는 원예산물만을 옳게 고른 것은?

ㄱ. 수박	ㄴ. 애호박	ㄷ. 참외
ㄹ. 사과	ㅁ. 오이	

① ㄱ, ㄴ, ㄷ
② ㄱ, ㄷ, ㄹ
③ ㄴ, ㄷ, ㄹ
④ ㄴ, ㄹ, ㅁ

70 녹숙기에서 적숙기로 성숙하는 과정의 토마토에서 증가하는 성분으로 옳은 것은?

① 환원당
② 유기산
③ 엽록소
④ 펙틴질

71 원예산물의 증산작용에 의한 영향으로 옳지 않은 것은?

① 중량 감소
② 위조 발생
③ 에틸렌 생성 감소
④ 세포막의 구조 변형

72 원예산물의 수확적기를 판정하는 방법에 관한 설명으로 옳지 않은 것은?

① 신고배는 만개 후 일수를 기준으로 수확한다.
② 참외는 과피의 색깔을 지표로 하여 판정한다.
③ 멜론은 경도를 측정하여 수확한다.
④ 사과는 요오드 반응에 의해 판정한다.

73 원예산물에서 에틸렌 발생 및 작용에 관한 설명으로 옳지 않은 것은?

① 에틸렌은 호흡과 노화를 촉진한다.

② MA 저장은 에틸렌 발생을 촉진한다.

③ STS(silver thiosulfate)는 에틸렌 작용을 억제한다.

④ 에틸렌은 엽록소의 분해를 촉진하고 카로티노이드의 합성을 유도한다.

74 다음 농산물 중 5℃의 동일조건에서 측정한 호흡속도가 가장 높은 것은?

① 사과   ② 감귤

③ 감자   ④ 브로콜리

75 원예산물 저장 시 에틸렌 제어에 사용되는 물질로 옳지 않은 것은?

① 오존   ② 1-MCP

③ 염화칼슘   ④ 과망간산칼륨

농산물유통론

76 A 농업회사법인은 유자를 이용하여 유자차를 생산·판매하고 있다. 이와 관련된 유통활동 효용은?

① 형태효용   ② 시간효용

③ 장소효용   ④ 소유효용

77 농산물 직거래에 관한 설명으로 옳지 않은 것은?

① 유통단계 축소에 기여한다.

② 도매시장 거래가격은 직거래 가격에 영향을 미친다.

③ B2C 전자상거래 방식도 해당된다.

④ 도매시장을 경유할 때보다 유통마진율이 높다.

78 농산물 유통금융에 해당되지 않는 것은?

① 농산물 가공업체의 운영자금 조달
② 농업인이 판매시기까지 필요한 선도자금 조달
③ 농업인의 농지 구입자금 조달
④ 농산물 창고업자의 시설자금 조달

79 농산물 유통조성기관이 아닌 것은?

① 포장업체
② 컨설팅업체
③ 소매업체
④ 보험회사

80 우리나라 농산물 도매시장에 관한 설명으로 옳은 것은?

① 상장수수료는 대량출하자에게 유리하다.
② 출하물량 조달은 사전발주를 원칙으로 한다.
③ 농산물 가격에 관한 정보를 제공한다.
④ 도매시장은 경매로만 가격을 결정한다.

81 최근 농식품 소비 추세로 옳은 것은?

① 저위보전식품 소비 증가
② 신선편이식품 소비 감소
③ 가정대체식(HMR) 소비 증가
④ 에스닉푸드(ethnic food) 소비 감소

82 무농약 블루베리를 재배하는 영농조합법인이 기능성 블루베리즙을 가공하여 판매하고자 한다. 이 사업에 관한 SWOT 분석으로 옳지 않은 것은?

① S : 친환경 재배기술 보유
② W : 농산물 수입개방 확대
③ O : 건강지향적 소비트렌드
④ T : 지역간 경쟁 심화

83 산지유통의 기능으로 옳지 않은 것은?

① 원산지 표시 기능
② 물적 조성 기능
③ 상품화 기능
④ 공급량 조절 기능

84 농산물 공동계산제에 관한 설명으로 옳지 않은 것은?

① 농가의 수취가격 제고　　　　　② 신속한 대금 정산
③ 가격위험 분산　　　　　　　　　④ 유통비용 절감

85 농산물 유통환경 변화에 관한 설명으로 옳은 것은?

① 맞춤생산 증가
② 유통경로의 단일화
③ 수입농산물 증가로 인한 국산농산물 가격 상승
④ 산지와 대형유통업체간 수직적 통합 약화

86 무점포 소매업태가 아닌 것은?

① 텔레마케팅　　　　　　　　　　② 자동판매기
③ TV 홈쇼핑　　　　　　　　　　　④ 카테고리 킬러

87 생산자를 위한 도매상의 기능으로 옳은 것을 모두 고른 것은?

ㄱ. 시장 확대	ㄴ. 구색 갖춤
ㄷ. 주문 처리	ㄹ. 소단위 판매

① ㄱ, ㄴ　　　　　　　　　　　　② ㄱ, ㄷ
③ ㄴ, ㄹ　　　　　　　　　　　　④ ㄷ, ㄹ

88 시장세분화에 이용되는 소비행태적 변수에 해당되는 것은?

① 지역　　　　　　　　　　　　　② 브랜드 충성도
③ 연령　　　　　　　　　　　　　④ 소득

89 유통조성 기능 중 시장정보의 효과가 아닌 것은?

① 효율적인 시장 운영　　　　　　② 합리적인 시장 선택
③ 거래의 불확실성 감소　　　　　④ 유통업자간의 경쟁 감소

90 신품종 농산물의 판매량과 가격과의 인과관계를 파악하기 위해 두 집단에게 각기 다른 가격을 제시하여 반응을 비교 분석하는 방법은?

① 델파이법
② 실험조사법
③ 심층면접법
④ 표적집단면접법

91 제품수명주기(PLC) 단계별 마케팅 목표로 옳은 것은?

① 도입기 : 비용 절감 및 시장점유율 유지
② 성장기 : 신뢰도 상승 및 매출 증대
③ 성숙기 : 제품인지도 상승 및 시험구매 유도
④ 쇠퇴기 : 시장점유율 최대화

92 소비자 대상 판매촉진 수단 중 가격경쟁에 해당되는 것은?

① 경품 (premium)
② 샘플 (sample)
③ 시연회 (demonstration)
④ 할인쿠폰 (coupon)

93 협동조합 유통에 관한 설명으로 옳은 것은?

① 거래비용을 증가시킨다.
② 시장교섭력이 저하된다.
③ 상인의 초과이윤을 억제한다.
④ 생산자의 수취가격을 낮춘다.

94 감자 kg당 농가수취 가격이 2,500원이고, 소비자 가격이 5,000원인 경우 유통마진율은?

① 25%
② 50%
③ 100%
④ 200%

95 선물시장 상장품목이 갖추어야 하는 요건과 거리가 먼 것은?

① 표준화·규격화가 어려운 품목
② 계절별 가격 진폭이 큰 품목
③ 현물시장의 규모가 큰 품목
④ 연중 가격정보 제공이 가능한 품목

96 농산물의 특성에 관한 설명으로 옳지 않은 것은?

① 표준화·등급화가 어렵다.
② 수요와 공급이 비탄력적이다.
③ 용도가 다양하지 않아 대체성이 작다.
④ 운반과 보관에 비용이 많이 발생한다.

97 제조업자가 해야 할 업무의 일부를 중간상이 수행하는 경우 이에 대한 보상으로 경비의 일부를 제조업자가 부담해 주는 가격할인 방식은?

① 현금할인
② 거래할인
③ 리베이트
④ 수량할인

98 농산물 A의 수요함수는 Q = 10 – P, 공급함수는 Q = 1 + 2P이며, 현재가격은 4이다. 거미집 모형에 의한 농산물 A 가격의 변화는? (단, P는 가격, Q는 수량이다.)

① 균형가격으로 수렴
② 일정한 폭으로 진동
③ 현재가격에서 불변
④ 현재가격으로부터 발산

99 기존브랜드와 동일한 제품범주 내에서 새로운 맛, 향, 성분의 신제품을 추가적으로 도입하면서 기존의 브랜드명을 부착하는 전략은?

① 라인확장 (line extension) 전략
② 복수브랜딩 (multibranding) 전략
③ 메가브랜드 (megabrand) 전략
④ 신규브랜드 (new brand) 전략

100 다음의 산지출하 형태 중에서 개별출하에 해당되는 것을 모두 고른 것은?

> ㄱ. 소비지 도매시장에 직접 출하한다.
> ㄴ. 산지농협에 출하를 위탁한다.
> ㄷ. 수확 전에 산지유통인에게 전량 출하 약정한다.
> ㄹ. 대도시 슈퍼마켓에 납품한다.

① ㄱ, ㄴ
② ㄱ, ㄹ
③ ㄴ, ㄷ
④ ㄷ, ㄹ

2014년 제11회 1차 기출문제

관계법령

01 농수산물 품질관리법령상 "이력추적관리"에 대한 정의이다. (   )안에 들어갈 내용을 순서대로 옳게 나열한 것은?

> 축산물을 제외한 농수산물의 안전성 등에 문제가 발생할 경우 해당 농수산물을 (   )하여 (   )을 (   )하고 필요한 조치를 할 수 있도록 농수산물의 생산단계부터 판매단계까지 각 단계별로 정보를 기록·관리하는 것을 말한다.

① 추적, 문제점, 분석
② 추적, 원인, 규명
③ 관리, 원인, 추적
④ 관리, 이력, 추적

02 농수산물의 원산지 표시에 관한 법령상 캐나다에서 수입하여 국내에서 45일간 사육한 양을 국내 음식점에서 양고기로 판매할 경우 원산지 표시 방법으로 옳은 것은?

① 양고기(국내산)
② 양고기(국내산, 출생국 캐나다)
③ 양고기(캐나다산)
④ 양고기(양, 국내산)

03 농수산물의 원산지 표시에 관한 법령상 원산지를 표시하여야 하는 일반음식점을 설치·운영하는 자가 다른 법률에 따라 발급받은 원산지 등이 기재된 영수증이나 거래명세서 등을 비치·보관하여야 하는 기간은?

① 매입일부터 2개월간
② 매입일부터 3개월간
③ 매입일부터 5개월간
④ 매입일부터 6개월간

04 농수산물의 원산지 표시에 관한 법령상 다음과 같은 위반행위를 하여 적발된 한우전문음식점에 부과할 과태료의 총 합산금액은? (단, 1차 위반의 경우이며, 경감은 고려하지 않음)(현행법령으로 수정)

• 쇠고기 : 원산지 및 식육의 종류를 표시하지 않음
• 배추김치 : 배추는 원산지를 표시하였으나 고춧가루의 원산지를 표시하지 않음

---

① 90만원　　　　　　　　　　　　② 130만원
③ 160만원　　　　　　　　　　　　④ 180만원

05 농수산물 품질관리법령상 농산물품질관리사 자격시험에 관한 설명으로 옳은 것은?

① 농산물품질관리사 자격이 취소된 날부터 1년이 된 자는 농산물품질관리사 자격시험에 응시할 수 있다.
② 국립농산물품질관리원장은 수급상 필요하다고 인정하는 경우에는 3년마다 농산물품질관리사 자격시험을 실시할 수 있다.
③ 농산물품질관리사 자격시험의 실시계획, 응시자격, 시험과목, 시험방법, 합격기준 및 자격증 발급 등에 필요한 사항은 대통령령으로 정한다.
④ 한국산업인력공단이사장은 농산물품질관리사 자격시험의 시행일 1년 전까지 농산물품질관리사 자격시험의 실시계획을 세워야 한다.

06 농수산물 품질관리법령상 위반행위에 대한 벌칙기준이 다른 자는?

① 농산물 표준규격품이 표시된 규격에 미치지 못하여 표시정지처분을 내렸으나 처분에 따르지 아니한 자
② 다른 사람에게 농산물품질관리사 자격증을 빌려준 자
③ 농수산물 품질관리법에 의해 검사를 받아야 하는 대상 농산물에 대하여 검사를 받지 아니한 자
④ 농산물의 검정 결과에 대하여 거짓광고나 과대광고를 한 자

07 농수산물 품질관리법령상 농산물검정기관·농산물검사기관·농산물우수관리인증기관 및 농산물 우수관리시설로 지정받기 위한 인력보유기준에 농산물품질관리사 자격증 소지자가 포함되지 않은 곳은?

① 농산물검정기관(품위·일반성분 검정업무 수행)
② 농산물검사기관(농산물 검사업무 수행)
③ 농산물우수관리인증기관(인증심사업무 수행)
④ 농산물우수관리시설(농산물우수관리업무 수행)

08 농수산물 품질관리법령상 농산물우수관리인증의 유효기간 연장신청은 인증의 유효기간이 끝나기 몇 개월 전까지 누구에게 제출하여야 하는가?

① 2개월, 국립농산물품질관리원장
② 2개월, 우수관리인증기관의 장
③ 1개월, 국립농산물품질관리원장
④ 1개월, 우수관리인증기관의 장

09 농수산물 품질관리법령상 농산물품질관리사의 교육에 관한 설명으로 옳지 않은 것은?

① 교육 실시기관은 국립농산물품질관리원장이 지정한다.
② 교육 실시기관은 필요한 경우 교육을 정보통신매체를 이용한 원격교육으로 실시할 수 있다.
③ 교육 실시기관은 교육을 이수한 사람에게 이수증명서를 발급하여야 한다.
④ 교육에 필요한 경비(교재비, 강사 수당 등 포함)는 교육 실시기관이 부담한다.

10 농수산물 품질관리법령상 농산물우수관리의 인증기준에 관한 설명으로 옳지 않은 것은?(현행 법령으로 수정)

① 우수관리인증의 유효기간은 우수관리인증을 받은 날부터 2년으로 한다.
② 우수관리인증을 받기 위한 농산물우수관리기준은 국립농산물품질관리원장이 고시한다.
③ 농산물우수관리인증의 세부 기준은 우수관리인증기관의 장이 정하여 고시한다.
④ 농산물우수관리의 기준에 적합하게 생산·관리된 것이어야 한다.

11 농수산물 품질관리법령상 농산물우수관리인증기관 지정의 유효기간은 지정을 받은 날부터 몇 년인가?

① 2년
② 3년
③ 4년
④ 5년

12 농수산물 품질관리법령상 감자를 표준규격품으로 출하할 때 포장 겉면에 '표준규격품'이라는 문구와 함께 표시해야 할 의무사항이 아닌 것은?

① 무게(실중량)
② 산지
③ 생산 연도
④ 품목

13 농수산물 품질관리법령상 농산물이력추적관리 등록기관의 장은 등록의 유효기간이 끝나기 몇 개월 전까지 신청인에게 갱신절차와 갱신신청 기간을 미리 알려야 하는가?

① 2개월
② 3개월
③ 6개월
④ 12개월

14 농수산물 품질관리법령상 지리적표시의 등록 제도에 관한 설명으로 옳은 것은?

① 지리적표시의 등록을 받으려면 이력추적관리 등록을 하여야 한다.
② 지리적 특성을 가진 농산물의 품질 향상과 지역특화산업 육성 및 소비자 보호를 위하여 실시한다.
③ 지리적표시의 등록은 등록 대상지역의 생산자와 유통자가 신청할 수 있다.
④ 지리적표시의 등록법인은 지리적표시의 등록 대상품목 생산자의 가입을 임의로 제한할 수 있다.

15 농수산물 품질관리법령상 다음 (   )안에 들어갈 내용으로 옳은 것은?

> 농림축산식품부장관은 지리적표시의 등록 또는 중요 사항의 변경등록 신청을 받으면 그 신청을 받은 날부터 (   ) 이내에 지리적표시 분과위원회에 심의를 요청하여야 한다.

① 30일
② 45일
③ 60일
④ 90일

16 농수산물 품질관리법령상 지리적표시의 등록거절 사유의 세부기준으로 옳지 않은 것은?

① 해당 품목의 우수성이 국내나 국외에서 널리 알려지지 않은 경우
② 해당 품목의 명성 · 품질 또는 그 밖의 특성이 본질적으로 특정지역의 생산 환경적 요인이나 인적요인에 기인하지 않는 경우
③ 지리적 특성을 가진 농산물 생산자가 1인이어서 그 생산자 1인이 등록 신청한 경우
④ 해당 품목이 지리적표시 대상지역에서 생산된 역사가 깊지 않은 경우

17 농수산물 유통 및 가격안정에 관한 법령상 농수산물공판장 및 민영도매시장에 관한 설명으로 옳은 것은?

① 농수산물공판장의 매매참가인은 공판장 개설자가 지정한다.
② 민영도매시장의 시장도매인은 민영도매시장의 개설자가 지정한다.
③ 농수산물공판장의 시장도매인은 공판장 개설자가 지정한다.
④ 민영도매시장의 중도매인은 시·도지사가 지정한다.

18 농수산물 유통 및 가격안정에 관한 법령상 농림축산식품부장관이 유통명령의 발령기준을 정할 때 감안하여야 할 사항이 아닌 것은?

① 품목별 특성
② 농림업 관측 결과 등을 반영하여 산정한 예상 가격
③ 표준가격
④ 농림업 관측 결과 등을 반영하여 산정한 예상 공급량

19 농수산물 유통 및 가격안정에 관한 법령상 농수산물 전자거래소를 이용하는 판매자와 구매자로부터 징수하는 거래수수료의 최고한도로 옳은 것은?

① 거래액의 1천분의 20
② 거래액의 1천분의 30
③ 거래액의 1천분의 60
④ 거래액의 1천분의 70

20 농수산물 유통 및 가격안정에 관한 법령상 도매시장법인이 농산물을 매수하여 도매할 수 있는 경우가 아닌 것은?

① 농림축산식품부장관의 수매에 응하기 위하여 필요한 경우
② 품목의 특성으로 인하여 해당 품목을 취급하는 중도매인이 소수인 품목의 경우
③ 물품의 특성상 외형을 변형하는 등 가공하여 도매하여야 하는 경우로서 도매시장 개설자가 업무규정으로 정하는 경우
④ 도매시장법인이 겸영사업에 필요한 농산물을 매수하는 경우

21 농수산물 유통 및 가격안정에 관한 법령상 계약생산의 생산자 관련 단체가 될 수 없는 것은?

① 지역농업협동조합
② 품목별·업종별협동조합
③ 조합공동사업법인
④ 도매시장법인

22 농수산물 유통 및 가격안정에 관한 법령상 농산물가격안정기금의 재원이 아닌 것은?

① 기금 운용에 따른 수익금

② 과태료 납부금

③ 관세법 및 검찰청법에 따라 몰수되거나 국고에 귀속된 농산물의 매각 · 공매 대금

④ 정부의 출연금

23 농수산물 유통 및 가격안정에 관한 법령상 농수산물종합유통센터의 필수시설이 아닌 것은?

① 직판장   ② 저온저장고

③ 주차시설   ④ 사무실 · 전산실

24 농수산물 유통 및 가격안정에 관한 법령상 도매시장 개설자가 거래 관계자의 편익과 소비자보호를 위하여 이행하여야 하는 사항으로 옳은 것은?

① 상품성 향상을 위한 규격화, 포장 개선 및 선도 유지의 촉진

② 농산물의 수매 · 수입 · 수송 · 보관 및 판매

③ 농산물을 확보하기 위한 재배 · 선매 계약의 체결

④ 농산물의 출하약정 및 선급금의 지급

25 농수산물 유통 및 가격안정에 관한 법령상 농수산물도매시장의 다음 거래품목 중 양곡부류를 모두 고른 것은?

ㄱ. 옥수수	ㄴ. 참깨	ㄷ. 감자
ㄹ. 땅콩	ㅁ. 잣	

① ㄱ, ㄴ, ㄹ   ② ㄱ, ㄷ, ㅁ

③ ㄴ, ㄹ, ㅁ   ④ ㄷ, ㄹ, ㅁ

원예작물학

26 원예작물의 식물학적 분류에서 같은 과(科)끼리 묶이지 않은 것은?

① 배추, 결구상추　　　　　　　　② 무, 갓

③ 오이, 수박　　　　　　　　　　④ 고추, 토마토

27 작물의 종류와 주요 기능성물질의 연결이 옳지 않은 것은?

① 포도 – 레스베라트롤(resveratrol)　　② 토마토 – 라이코펜(lycopene)

③ 인삼 – 사포닌(saponin)　　　　　④ 블루베리 – 이소플라본(isoflavon)

28 국내에서 육성한 품종이 아닌 것은?

① 감홍(사과)　　　　　　　　　　② 설향(딸기)

③ 거봉(포도)　　　　　　　　　　④ 백마(국화)

29 재래육묘와 비교하여 플러그육묘(공정육묘)가 갖는 장점이 아닌 것은?

① 투자 비용이 저렴하다.　　　　　② 수송이 용이하다.

③ 정식 시 상처가 적다.　　　　　　④ 정식 후 활착이 빠르다.

30 고온에 감응하여 꽃눈이 분화되는 채소작물은?

① 배추　　　　　　　　　　　　　② 무

③ 상추　　　　　　　　　　　　　④ 당근

31 추대하면 상품성이 떨어지는 채소작물이 아닌 것은

① 배추　　　　　　　　　　　　　② 무

③ 파　　　　　　　　　　　　　　④ 브로콜리

32 토마토의 착과를 촉진하기 위해 처리하는 생장 조절 물질은?

① 옥신(auxin) ② 시토키닌(cytokinin)
③ 에틸렌(ethylene) ④ 아브시스산(abscisic acid)

33 다음 ( )안에 들어갈 내용을 순서대로 나열한 것은?

> 배추의 결구는 ( ) 조건에서 촉진되고, 양파의 구 비대는 ( )과 ( ) 조건에서 촉진된다.

① 저온, 고온, 장일 ② 저온, 저온, 단일
③ 장일, 고온, 단일 ④ 장일, 저온, 단일

34 과채류의 생육에 관여하는 환경 요인에 관한 설명으로 옳지 않은 것은?

① 주야간 온도차가 크면 과실 품질이 향상된다.
② 일반적으로 점질토에서 재배하면 과실의 숙기가 늦어진다.
③ 광량이 부족하면 도장하기 쉽다.
④ 착과기 이후에 질소를 많이 주면 숙기를 앞당길 수 있다.

35 토마토 배꼽썩음병의 원인은?

① 질소 결핍 ② 칼륨 결핍
③ 칼슘 결핍 ④ 마그네슘 결핍

36 삽목 번식의 장점으로 옳은 것은?

① 바이러스 감염을 줄일 수 있다.
② 품종 개량을 목적으로 한다.
③ 모본의 유전형질을 안정하게 유지할 수 있다.
④ 병해충의 저항성을 향상시킬 수 있다.

37 거실, 안방 등 광도가 약한 곳에서도 잘 자라는 식물을 고른 것은?

| ㄱ. 스킨답서스 | ㄴ. 소철 |
| ㄷ. 백일홍 | ㄹ. 스파티필럼 |

① ㄱ, ㄴ   ② ㄱ, ㄹ
③ ㄴ, ㄷ   ④ ㄷ, ㄹ

38 줄기 신장을 억제하여 고품질의 분화를 만들고자 할 때 올바른 처리 방법이 아닌 것은?

① B-9, paclobutrazol 등 생장억제제를 처리한다.
② 생장점 부위를 물리적으로 자극한다.
③ 주간 온도를 야간 온도보다 높게 관리한다.
④ 질소 시비량을 줄이고 수광량을 많게 한다.

39 여름철에 절화국화를 수확하려고 할 때 알맞은 재배방법은?

① 전조재배   ② 암막재배
③ 야파처리   ④ 억제재배

40 다음 설명에 해당하는 해충은?

이 해충은 화훼작물의 어린 잎, 눈, 꽃봉오리, 꽃잎 속 등에 들어가 즙액을 빨아먹거나 겉껍질을 갉아먹는다. 피해를 입은 잎이나 꽃은 기형이 되거나 은백색으로 퇴색된다.

① 도둑나방   ② 깍지벌레
③ 온실가루이   ④ 총채벌레

41 절화의 물 흡수를 원활하게 하기 위한 방법이 아닌 것은?

① 절단면을 경사지게 자른다.   ② 물속에서 절단한다.
③ 살균제를 넣어준다.   ④ 냉탕에 침지한다.

42 절화작물의 수확기 관수방법으로 적합하지 않은 것은?

① 점적관수 ② 스프링클러관수
③ 저면관수 ④ 지중관수

43 시설 내에서 난방유의 불완전 연소로 인해 식물체에 생리장해를 유발하는 물질은?

① 아황산가스 ② 암모니아가스
③ 불화수소 ④ 염소가스

44 어깨, 가슴에 패션용으로 사용하는 꽃 장식은?

① 부케 ② 리스
③ 코사지 ④ 포푸리

45 다음 과실 중에서 장과류에 속하는 것을 고른 것은?

ㄱ. 복숭아	ㄴ. 포도
ㄷ. 배	ㄹ. 블루베리

① ㄱ, ㄷ ② ㄱ, ㄹ
③ ㄴ, ㄷ ④ ㄴ, ㄹ

46 토양관리 방법 중 초생법과 관련이 없는 것은?

① 토양의 입단화 ② 병해충 발생 억제
③ 지온의 과도한 상승 억제 ④ 토양의 침식 방지

47 수확기 사과 과실의 착색 증진을 위한 방법이 아닌 것은?

① 반사필름을 피복한다. ② 봉지를 벗겨준다.
③ 잎을 따준다. ④ 지베렐린을 처리한다.

48 자연적 단위결과성 과실에 관한 설명으로 옳지 않은 것은?

① 감귤은 자연적 단위결과성이 높다.

② 종자는 과실발달 중에 퇴화한다.

③ 체내 옥신 함량이 높다.

④ 과실 내 종자의 유무와 과실의 비대는 관련이 없다.

49 다음 (   ) 안에 들어갈 내용을 순서대로 나열한 것은?

쌈추는 배추와 (   )의 (   ) 종이다.

① 양배추, 종간교잡   ② 양배추, 속간교잡

③ 상추, 종간교잡   ④ 상추, 속간교잡

50 친환경적인 병해충 방제방법이 아닌 것은?

① 천적을 활용하거나 페로몬으로 유인하여 방제한다.

② 연작을 하여 병에 대한 작물의 내성을 기른다.

③ 유살등, 끈끈이 트랩을 설치한다.

④ 무독한 종묘를 이용하거나 저항성 작물을 재배한다.

수확 후 품질관리론

51 원예산물의 수확 후 생리적 변화를 지연시킬 목적으로 포장열을 신속히 제거하는 전처리기술은?

① 예건   ② 예냉

③ 큐어링   ④ 훈증

52 MA 포장재를 선정할 때 고려할 사항으로 가장 거리가 먼 것은?

① 저장고의 상대습도   ② 필름의 기체 투과도

③ 저장온도   ④ 원예산물의 호흡속도

53 원예산물의 수확 후 호흡에 관한 설명으로 옳지 않은 것은?

① 호흡속도가 높을수록 호흡열이 낮아진다.

② 호흡속도는 조생종이 만생종에 비해 높다.

③ 호흡속도가 높을수록 신맛이 빠르게 감소한다.

④ 호흡속도는 품목의 유전적 특성과 연관되어 있다.

54 원예산물과 주요 색소성분이 옳게 연결된 것은?

① 순무 – 캡산틴(capsanthin)

② 딸기 – 라이코펜(lycopene)

③ 시금치 – 클로로필(chlorophyll)

④ 오이 – 베타레인(betalain)

55 수확 후 원예산물에 피막제를 처리하는 목적으로 옳지 않은 것은?

① 경도 유지 및 감모를 막는다.

② 과실의 착색을 증진시킨다.

③ 증산을 억제하여 시들음을 막는다.

④ 과실 표면에 광택을 주어 상품성을 높인다.

56 품목별 에틸렌처리 시 나타나는 효과로 옳지 않은 것은?

① 떫은감 – 탈삽   ② 바나나 – 숙성

③ 오렌지 – 착색   ④ 참다래 – 경화

57 원예산물의 저온장해(chilling injury)에 관한 설명으로 옳지 않은 것은?

① 온대작물에 비해 열대작물이 더 민감하다.

② 세포외 결빙이 세포내 결빙보다 먼저 발생한다.

③ 대표적인 증상으로는 함몰, 갈변, 수침 등이 있다.

④ 간헐적 온도상승처리로 저온장해를 억제할 수 있다.

58 **농산물 포장상자에 관한 설명으로 옳지 않은 것은?**

① 통기구가 없는 상자를 이용한다.
② 저온고습에 견딜 수 있어야 한다.
③ 다단적재 시 하중을 견딜 수 있어야 한다.
④ 팔레타이징(palletizing) 효율을 고려하여 크기를 결정한다.

59 **다음 현상의 원인은?**

신선편이(fresh-cut) 혼합 채소 제품의 양상추 절단면에서 갈변현상이 발생하였다.

① 전분 분해효소
② 단백질 분해효소
③ 폴리페놀 산화효소
④ ACC 산화효소

60 **어린잎채소에 관한 설명으로 옳지 않은 것은?**

① 성숙채소에 비해 호흡율이 낮다.
② 성숙채소에 비해 미생물 증식이 빠르다.
③ 다채(비타민), 청경채, 치커리, 상추가 주로 이용된다.
④ 조직이 연하여 가공, 포장, 유통 시 물리적 상해를 받기 쉽다.

61 **HACCP에 관한 설명으로 옳지 않은 것은?**

① 식품의 안전성 확보를 위한 위생관리 시스템이다.
② 위해발생 시 원인과 책임소재를 명확히 할 수 있는 장점이 있다.
③ 식품의 제조과정부터 소비자 섭취 전까지를 대상으로 한다.
④ HACCP의 7원칙에는 문서화 및 기록유지가 포함된다.

62 **원예산물 포장 시 저산소에 의한 이취발생 위험이 가장 낮은 포장소재는? (단, 포장재 두께는 동일함)**

① 폴리비닐클로라이드(PVC)
② 폴리에스터(PET)
③ 폴리프로필렌(PP)
④ 저밀도 폴리에틸렌(LDPE)

63 예건을 통해 저장성을 향상시키는 원예산물은?

① 고구마, 참외　　　　　　　　　② 배, 콜리플라워

③ 양파, 사과　　　　　　　　　　④ 마늘, 감귤

64 CA 저장에 관한 설명으로 옳지 않은 것은?

① 곰팡이 등 부패균의 번식이 억제된다.

② 호흡 및 에틸렌 생성 억제 효과가 있다.

③ 생리장해 억제를 위해 주기적인 환기가 필요하다.

④ 수확시기에 따라 저산소 및 고이산화탄소 장해에 대한 내성이 달라진다.

65 신선편이(fresh-cut) 농산물에 관한 설명이다. (　)안에 들어갈 내용을 순서대로 옳게 나열한 것은?

> 농산물을 편리하게 조리할 수 있도록 (　), 박피, 다듬기 또는 (　)과정을 거쳐 (　) 되어 유통되는 채소류, 서류, 버섯류 등의 농산물을 대상으로 한다.

① 세척, 후숙, 멸균　　　　　　　② 절단, 선별, 건조

③ 세척, 절단, 포장　　　　　　　④ 선별, 예냉, 냉동

66 원예산물의 외관을 결정하는 품질요인으로 옳은 것을 고른 것은?

ㄱ. 결함	ㄴ. 당도	ㄷ. 모양
ㄹ. 색	ㅁ. 경도	

① ㄱ, ㄴ, ㄷ　　　　　　　　　② ㄱ, ㄷ, ㄹ

③ ㄴ, ㄷ, ㅁ　　　　　　　　　④ ㄴ, ㄹ, ㅁ

67 다음 증상에 해당하는 것은?

> 복숭아는 0℃의 저온에서 3주 저장 후 상온유통 시 과육이 섬유질화되고 과즙이 줄어들어 조직 감과 맛이 급격히 저하된다.

① 저온장해　　　　　　　　　　② 병리장해

③ 고온장해　　　　　　　　　　④ 이산화탄소장해

68 원예산물과 대표적인 유기산이 옳게 짝지어지지 않은 것은?

① 사과 – 사과산(malic acid)　　② 복숭아 – 젖산(lactic acid)

③ 포도 – 주석산(tartaric acid)　　④ 감귤 – 구연산(citric acid)

69 원예산물의 성숙단계에서 나타나는 생리적 현상으로 옳지 않은 것은?

① 환원당 증가　　② 세포벽분해효소 활성 증가

③ 불용성펙틴 증가　　④ 풍미성분 증가

70 원예산물의 저장 및 유통 시 자주 발생하는 결로현상의 주원인은?

① 이산화탄소 농도 차이　　② 원예산물의 수분 함량

③ 공기 유속　　④ 품온과 외기의 온도차

71 원예산물에 의해 발생할 수 있는 식중독 유발 독성 물질이 옳게 짝지어진 것은?

① 블루베리 – 고시폴(gossypol)　　② 감자 – 리시닌(ricinine)

③ 양파 – 솔라닌(solanine)　　④ 청매실 – 아미그달린(amygdalin)

72 원예산물 저장 중 에틸렌 농도를 낮추기 위한 방법으로 옳은 것을 모두 고른 것은?

> ㄱ. CA 저장한다.
> ㄴ. 저장적온이 유사한 품목은 혼합저장한다.
> ㄷ. 과망간산칼륨, 오존, 변형활성탄을 사용한다.
> ㄹ. 저장고 내부를 소독하여 부패 미생물 발생을 억제한다.

① ㄱ, ㄷ　　② ㄴ, ㄹ

③ ㄱ, ㄷ, ㄹ　　④ ㄴ, ㄷ, ㄹ

73 양파의 수확 후 맹아와 관련된 설명으로 옳은 것은?

① 맹아신장 억제를 위한 저장온도는 약 10℃이다.

② 맹아신장 억제를 위한 방사선 조사는 휴면기 이후에 실시한다.

③ 수확 후 일정기간 휴면기간이 있으므로 바로 맹아신장하지 않는다.

④ MH(maleic hydrazide)는 잔류허용기준이 없는 친환경 맹아신장 억제제이다.

74 호흡급등형 과실에 관한 설명으로 옳지 않은 것은?

① 숙성 후 호흡급등이 일어난다.

② 사과, 바나나가 대표적인 호흡급등형 과실이다.

③ 에틸렌 처리 시 호흡급등 시기가 빨라진다.

④ 호흡급등 시 에틸렌 생성 급등이 동반된다.

75 원예산물의 품질요소와 판정기술의 연결로 옳지 않은 것은?

① 산도 : 요오드반응 ② 당도 : 근적외선(NIR)

③ 내부결함 : X선(X-ray) ④ 크기 : 원통형 스크린 선별

농산물유통론

76 농산물 유통의 조성기능으로 옳지 않은 것은?

① 금융 ② 시장정보

③ 홍보 및 광고 ④ 표준화 및 등급화

77 최근 농산물 소비 트렌드에 관한 설명으로 옳지 않은 것은?

① 식료품에 지출되는 소득의 비중(엥겔계수)이 감소하고 있다.

② 가공 및 조리식품의 소비가 감소하고 있다.

③ 신선편이농산물의 소비가 증가하고 있다.

④ 소포장 농산물의 소비가 증가하고 있다.

78 농산물 유통마진에 관한 설명으로 옳은 것은?

① 유통단계별로는 소매단계의 유통마진이 가장 낮다.
② 포전거래의 비중이 높은 엽근채류의 유통마진이 가장 낮다.
③ 유통마진율은 판매액에서 구입액을 뺀 차액을 구입액으로 나눈 값이다.
④ 유통경로 또는 측정시기에 따라 달라진다.

79 농산물 공동계산제에 관한 설명으로 옳지 않은 것은?

① 농산물의 대량거래를 통하여 생산자(단체)의 시장교섭력이 증대된다.
② 표준화된 공동선별로 농산물의 상품성이 높아지게 된다.
③ 등급별 평균가격에 의한 정산과정을 통하여 농가의 소득이 안정된다.
④ 다수의 농가가 참여하여 농산물의 브랜드화가 어려워진다.

80 농산물 선물거래에 관한 설명으로 옳지 않은 것은?

① 농산물 재고의 시차적 배분을 촉진한다.
② 위험전가(헤징)기능과 미래 현물가격에 대한 예시기능을 수행한다.
③ 상류와 물류가 분리된 채로 거래될 수 없다.
④ 거래소에서 표준화된 계약조건에 따라 거래가 이루어진다.

81 경쟁업체보다 높은 수준의 정상가격을 유지하다가 파격적인 가격할인으로 수요자를 끌어들이는 가격전략은?

① EDLP
② 하이 – 로우가격전략
③ 단수가격전략
④ 개수가격전략

82 특정 상품계열에서 전문점 수준의 깊은 구색을 갖추고 저렴하게 판매하는 소매유통업체는?

① 슈퍼센터(supercenter)
② 호울세일클럽(wholesale club)
③ 카테고리킬러(category killer)
④ 슈퍼슈퍼마켓(super supermarket)

83 도매시장 개설자의 지정을 받고 농수산물을 출하자로부터 매수 또는 위탁받아 도매하거나 매매를 중개하는 유통주체는?

① 시장도매인　　　　　　　　　② 중도매인
③ 도매시장법인　　　　　　　　　④ 매매참가인

84 농산물종합유통센터의 운영 성과에 관한 설명으로 옳지 않은 것은?

① 경매를 통한 도매거래의 투명성 확보　② 농산물 유통경로의 다원화
③ 표준규격품의 출하 유도　　　　　　　④ 유통의 물적 효율성 제고

85 농산물의 산지 브랜드에 관한 설명으로 옳은 것을 모두 고른 것은?

> ㄱ. 규모화·조직화가 실현될수록 브랜드 효과가 높다.
> ㄴ. 경쟁 상품과의 차별화를 위하여 도입된다.
> ㄷ. 상표등록을 하지 않아도 시장에서 사용 가능하다.

① ㄱ, ㄴ　　　　　　　　　　　② ㄱ, ㄷ
③ ㄴ, ㄷ　　　　　　　　　　　④ ㄱ, ㄴ, ㄷ

86 거점 농산물산지유통센터(APC)에 관한 설명으로 옳지 않은 것은?

① 일반 APC와 비교하여 규모화된 센터이다.
② 공동계산제를 통하여 농가 조직화를 유도한다.
③ 대형유통업체를 주요 출하처로 한다.
④ 산지 경매를 통하여 농가수취가격을 결정한다.

87 농산물 수송수단 중 철도, 선박, 비행기와 비교한 자동차의 장점으로 옳은 것은?

① 문전연결성이 가장 높다.
② 안전성·정확성이 가장 우수하다.
③ 속도가 가장 빠르다.
④ 장거리 대량 운송비용이 가장 저렴하다.

88 농산물 유통 정보의 요건에 해당되지 않는 것은?

① 이용자의 요구를 충분히 반영하여야 한다.
② 이용자에게 신속하게 제공되어야 한다.
③ 추가 지식이 필요한 전문적인 정보가 담겨야 한다.
④ 실수, 오류 또는 왜곡이 없어야 한다.

89 농산물 표준규격화의 결과로 옳지 않은 것은?

① 유통 정보가 보다 신속하고 정확하게 전달된다.
② 품질에 따른 공정한 가격이 형성되어 거래가 촉진된다.
③ 소비지의 쓰레기 발생이 억제되어 환경오염을 줄인다.
④ 부가업무가 생겨 도매시장 경영·관리의 능률이 저하된다.

90 농산물 팔레트(pallet) 상자에 관한 설명으로 옳지 않은 것은?

① 초기 투자비용이 적게 소요된다.
② 상자와 팔레트를 결합한 형태이다.
③ 상·하차, 수송의 효율성이 높다.
④ 농산물 수확 단계에서 많이 사용된다.

91 농산물 가격안정화를 위한 방법으로 옳지 않은 것은?

① 정부는 작물의 파종시기 이전에 재배의향면적 정보를 공지한다.
② 정부는 가격 급락 우려 시 비축물량을 선제적으로 방출한다.
③ 농가는 산지 조직화에 노력하여 유통명령제도의 효과를 높인다.
④ 농가는 자조금을 조성하여 수급 변화에 적극 대응한다.

92 완전경쟁시장에 관한 설명으로 옳지 않은 것은?

① 수요자와 공급자는 완전한 시장정보를 가진다.
② 동종·동질의 상품이 공급된다.
③ 거래자는 가격순응자이다.
④ 시장가격은 개별기업의 한계수익보다 높다.

93 수요의 자체가격 탄력성에 관한 설명으로 옳은 것을 모두 고른 것은?

> ㄱ. 탄력성계수가 0인 경우를 단위 탄력적이라고 한다.
> ㄴ. 공식의 분자와 분모 모두 변화율의 값을 사용한다.
> ㄷ. 탄력적인 경우 판매가격 인하가 총수익 증가를 가져온다.

① ㄱ, ㄴ   ② ㄱ, ㄷ
③ ㄴ, ㄷ   ④ ㄱ, ㄴ, ㄷ

94 시장세분화에 관한 설명으로 옳은 것을 모두 고른 것은?

> ㄱ. 소비자의 다양한 욕구를 파악하여 매출 증대를 이룰 수 있다.
> ㄴ. 제품 및 마케팅활동을 목표시장 요구에 적합하도록 조성할 수 있다.
> ㄷ. 소비자의 개별적 관점이 아니라 전체를 보고 비용을 절감한다.

① ㄱ, ㄴ   ② ㄱ, ㄷ
③ ㄴ, ㄷ   ④ ㄱ, ㄴ, ㄷ

95 자료가 부족하고 통계분석이 어려울 때 관련 전문가들을 통하여 종합적인 방향을 모색하는 마케팅 조사법은?

① 서베이조사법   ② 패널조사법
③ 관찰법   ④ 델파이법

96 상표충성도(brand loyalty)에 관한 설명으로 옳지 않은 것은?

① 상표를 통하여 제품의 구매가 결정된다.
② 반복구매를 통하여 나타난다.
③ 편견이 없는 합리적인 구매행동으로 표출된다.
④ 심리적인 의사결정과정에서 형성된다.

97 시장이 확대되어 기업이 생산량을 증가시키고 상품 및 가격차별화를 도모하는 상품수명주기 (PLC) 단계는?

① 도입기 ② 성장기
③ 성숙기 ④ 쇠퇴기

98 농산물가격의 특징으로 옳지 않은 것은?

① 안정성 ② 계절성
③ 지역성 ④ 비탄력성

99 명성가격전략에 관한 설명으로 옳은 것은?

① 경제성의 이미지를 제공하여 구매를 자극하기 위한 심리적 가격전략이다.
② 어떤 상품의 가격이 자동적으로 연상되도록 하는 가격전략이다.
③ 상품가격을 높게 책정하여 품질의 고급화와 상품의 차별화를 나타내는 전략이다.
④ 고급품질의 이미지 제공으로 구매를 자극하기 위하여 '하나에 얼마' 하는 방식으로 가격을 책정하는 전략이다.

100 농산물 광고에 관한 일반적인 설명으로 옳은 것을 모두 고른 것은?

ㄱ. 농산물에 대한 수요를 창출한다.
ㄴ. 불특정 브랜드에 대한 판매촉진은 제외된다.
ㄷ. 고객의 구입의사결정을 도와준다.

① ㄱ, ㄴ ② ㄱ, ㄷ
③ ㄴ, ㄷ ④ ㄱ, ㄴ, ㄷ

농산물품질관리사
1차·2차 기출문제집

농산물품질관리사
1차 10개년 기출문제
정답 및 해설

01	02	03	04	05	06	07	08	09	10	11	12	13	14	15	16	17	18	19	20
③	④	②	①	④	②	①	④	②	④	③	③	③	①	③	④	①	①	②	①
21	22	23	24	25	26	27	28	29	30	31	32	33	34	35	36	37	38	39	40
①	③	②	③	②	③	③	④	①	②	②	④	①	③	①	①	②	②	④	②
41	42	43	44	45	46	47	48	49	50	51	52	53	54	55	56	57	58	59	60
①	①	③	③	④	③	④	③	②	④	③	②	④	①	②	①	②	①	④	①
61	62	63	64	65	66	67	68	69	70	71	72	73	74	75	76	77	78	79	80
③	②	③	①	③	②	③	②	③	③	③	③	③	③	③	③	④	③	②	②
81	82	83	84	85	86	87	88	89	90	91	92	93	94	95	96	97	98	99	100
③	②	②	④	①	③	④	④	③	④	④	①	②	③	④	①	①	①	②	③

관계법령

01 정답및해설 ③

법 제2조(정의)
"농산물우수관리"란 농산물(축산물은 제외한다. 이하 이 호에서 같다)의 안전성을 확보하고 농업환경을 보전하기 위하여 농산물의 생산, 수확 후 관리(농산물의 저장·세척·건조·선별·박피·절단·조제·포장 등을 포함한다) 및 유통의 각 단계에서 작물이 재배되는 농경지 및 농업용수 등의 농업환경과 농산물에 잔류할 수 있는 농약, 중금속, 잔류성 유기오염물질 또는 유해생물 등의 <u>위해요소</u>를 적절하게 관리하는 것을 말한다.

02 정답및해설 ④

시행규칙 [별표4]
쇠고기
국내산(국산)의 경우 "국산"이나 "국내산"으로 표시하고, 식육의 종류를 한우, 젖소, 육우로 구분하여 표시한다. 다만, 수입한 소를 국내에서 6개월 이상 사육한 후 국내산(국산)으로 유통하는 경우에는 "국산"이나 "국내산"으로 표시하되, 괄호 안에 식육의 종류 및 출생국가명을 함께 표시한다.
예 소갈비(쇠고기 : 국내산 한우), 등심(쇠고기 : 국내산 육우), 소갈비(쇠고기 : 국내산 육우(출생국 : 호주))

03 정답및해설 ②

시행령 제8조(포상금)
① 법 제12조 제1항에 따른 <u>포상금은 1천만원</u>의 범위에서 지급할 수 있다.
② 법 제12조 제1항에 따른 신고 또는 고발이 있은 후에 같은 위반행위에 대하여 같은 내용의 신고 또는 고발을 한 사람에게는 포상금을 지급하지 아니한다.
③ 제1항 및 제2항에서 규정한 사항 외에 포상금의 지급 대상자, 기준, 방법 및 절차 등에 관하여 필요한 사항은 농림축산식품부장관과 해양수산부장관이 공동으로 정하여 고시한다.

04 정답 및 해설 ①

검사대상 농산물의 종류별 품목(제30조 제2항 관련)

1. 정부가 수매하거나 생산자단체 등이 정부를 대행하여 수매하는 농산물
    가. 곡류 : 벼·겉보리·쌀보리·콩
    나. 특용작물류 : 참깨·땅콩
    다. 과실류 : 사과·배·단감·감귤
    라. 채소류 : 마늘·고추·양파
    마. 잠사류 : 누에씨·누에고치
2. 정부가 수출·수입하거나 생산자단체 등이 정부를 대행하여 수출·수입하는 농산물
    가. 곡류
        1) 조곡(粗穀) : 콩·팥·녹두
        2) 정곡(精穀) : 현미·쌀
    나. 특용작물류 : 참깨·땅콩
    다. 채소류 : 마늘·고추·양파
3. 정부가 수매 또는 수입하여 가공한 농산물
    곡류 : 현미·쌀·보리쌀

05 정답 및 해설 ④

법 제79조(농산물의 검사)
① 정부가 수매하거나 수출 또는 수입하는 농산물 등 대통령령으로 정하는 농산물(축산물은 제외한다. 이하 이 절에서 같다)은 공정한 유통질서를 확립하고 소비자를 보호하기 위하여 농림축산식품부장관이 정하는 기준에 맞는지 등에 관하여 농림축산식품부장관의 검사를 받아야 한다. 다만, 누에씨 및 누에고치의 경우에는 시·도지사의 검사를 받아야 한다.
② 제1항에 따라 검사를 받은 농산물의 포장·용기나 내용물을 바꾸려면 다시 농림축산식품부장관의 검사를 받아야 한다.
③ 제1항 및 제2항에 따른 농산물 검사의 항목·기준·방법 및 신청절차 등에 필요한 사항은 농림축산식품부령으로 정한다.

시행규칙 제94조(농산물의 검사 항목 및 기준 등)
법 제79조 제3항에 따른 농산물(축산물은 제외한다. 이하 이 절에서 같다)의 검사항목은 포장단위당 무게, 포장자재, 포장방법 및 품위 등으로 하며, 검사기준은 농림축산식품부장관이 검사대상 품목별로 정하여 고시한다.

시행규칙 제95조(농산물의 검사방법)
법 제79조 제3항에 따른 농산물의 검사방법은 전수(全數) 또는 표본추출의 방법으로 하며, 시료의 추출, 계측, 감정, 등급판정 등 검사방법에 관한 세부 사항은 국립농산물품질관리원장 또는 시·도지사(시·도지사는 누에씨 및 누에고치에 대한 검사만 해당한다. 이하 제96조, 제101조, 제103조부터 제105조까지 및 제107조에서 같다)가 정하여 고시한다.

06 정답 및 해설 ②

법 제106조(농산물품질관리사 또는 수산물품질관리사의 직무)
① 농산물품질관리사는 다음 각 호의 직무를 수행한다.
    1. 농산물의 등급 판정
    2. 농산물의 생산 및 수확 후 품질관리기술 지도
    3. 농산물의 출하 시기 조절, 품질관리기술에 관한 조언
    4. 그 밖에 농산물의 품질 향상과 유통 효율화에 필요한 업무로서 농림축산식품부령으로 정하는 업무

시행규칙 제134조(농산물품질관리사의 업무)
법 제106조 제1항 제4호에서 "농림축산식품부령으로 정하는 업무"란 다음 각 호의 업무를 말한다.
1. 농산물의 생산 및 수확 후의 품질관리기술 지도
2. 농산물의 선별·저장 및 포장 시설 등의 운용·관리
3. 농산물의 선별·포장 및 브랜드 개발 등 상품성 향상 지도
4. 포장농산물의 표시사항 준수에 관한 지도
5. 농산물의 규격출하 지도

07 정답및해설 ①

법 제46조(이력추적관리의 대상품목 및 등록사항)
① 법 제24조 제1항에 따른 이력추적관리 등록 대상품목은 법 제2조 제1항 제1호 가목의 농산물(축산물은 제외한다. 이하 이 절에서 같다.) 중 식용을 목적으로 생산하는 농산물로 한다.
② 법 제24조 제1항에 따른 이력추적관리의 등록사항은 다음 각 호와 같다.
  1. 생산자(단순가공을 하는 자를 포함한다)
     가. 생산자의 성명, 주소 및 전화번호
     나. 이력추적관리 대상품목명
     다. 재배면적
     라. 생산계획량
     마. 재배지의 주소
  2. 유통자
     가. 유통업체의 명칭 또는 유통자의 성명, 주소 및 전화번호
     나. 삭제 〈2016.4.6.〉
     다. 수확 후 관리시설이 있는 경우 관리시설의 소재지
  3. 판매자 : 판매업체의 명칭 또는 판매자의 성명, 주소 및 전화번호

08 정답및해설 ④

법 제50조(이력추적관리 등록의 유효기간 등) 법 제25조 제1항 단서에 따라 유효기간을 달리 적용할 유효기간은 다음 각 호의 구분에 따른 범위 내에서 등록기관의 장이 정하여 고시한다.
1. 인삼류 : 5년 이내
2. 약용작물류 : 6년 이내

09 정답및해설 ②

① 인증의 세부기준은 국립농산물품질관리원장이 정하여 고시한다.
③ 인증의 유효기간은 인증을 받은 날부터 2년으로 한다.
④ 인증을 받으려는 자는 신청서를 우수관리인증기관장에게 제출하여야 한다.
제6조(농산물우수관리의 인증)
③ 우수관리인증을 받으려는 자는 우수관리인증기관에 우수관리인증의 신청을 하여야 한다. 다만, 다음 각 호의 어느 하나에 해당하는 자는 우수관리인증을 신청할 수 없다.
  1. 제8조 제1항에 따라 우수관리인증이 취소된 후 1년이 지나지 아니한 자
  2. 제119조 또는 제120조를 위반하여 벌금 이상의 형이 확정된 후 1년이 지나지 아니한 자

10 정답및해설 ④

수출용의 경우에는 해당 국가의 요구에 따라 표시할 수 있다.
시행규칙 [별표 1]
① 표지도형 밑에 인증번호 또는 우수관리시설지정번호를 표시한다.
② 크기 : 포장재의 크기에 따라 표지의 크기를 키우거나 줄일 수 있다.

③ 표지도형의 색상은 녹색을 기본색상으로 하고, 포장재의 색깔 등을 고려하여 파란색, 빨간색 또는 검은색으로 할 수 있다.

11 정답및해설 ③

법 제2조(정의)
"등급규격"이란 농산물의 품목 또는 품종별 특성에 따라 고르기, 형태, 색깔, 신선도, 건조도, 결점, 숙도(熟度) 및 선별상태 등 품질구분에 필요한 항목을 설정하여 특, 상, 보통으로 정한 것을 말한다.

12 정답및해설 ③

시행규칙 제58조(지리적표시의 등록공고 등)
① 국립농산물품질관리원장, 국립수산물품질관리원장 또는 산림청장은 법 제32조 제7항에 따라 지리적표시의 등록을 결정한 경우에는 다음 각 호의 사항을 공고하여야 한다.
 1. 등록일 및 등록번호
 2. 지리적표시 등록자의 성명, 주소(법인의 경우에는 그 명칭 및 영업소의 소재지를 말한다) 및 전화번호
 3. 지리적표시 등록 대상품목 및 등록명칭
 4. 지리적표시 대상지역의 범위
 5. 품질의 특성과 지리적 요인의 관계
 6. 등록자의 자체품질기준 및 품질관리계획서

13 정답및해설 ③

법 제42조(지리적표시심판위원회)
① 농림축산식품부장관 또는 해양수산부장관은 다음 각 호의 사항을 심판하기 위하여 농림축산식품부장관 또는 해양수산부장관 소속으로 지리적표시심판위원회(이하 "심판위원회"라 한다)를 둔다.
 1. 지리적표시에 관한 심판 및 재심
 2. 제32조 제9항에 따른 지리적표시 등록거절 또는 제40조에 따른 등록 취소에 대한 심판 및 재심
 3. 그 밖에 지리적표시에 관한 사항 중 대통령령으로 정하는 사항
② 심판위원회는 위원장 1명을 포함한 10명 이내의 심판위원(이하 "심판위원"이라 한다)으로 구성한다.
③ 심판위원회의 위원장은 심판위원 중에서 농림축산식품부장관 또는 해양수산부장관이 정한다.
④ 심판위원은 관계 공무원과 지식재산권 분야나 지리적표시 분야의 학식과 경험이 풍부한 사람 중에서 농림축산식품부장관 또는 해양수산부장관이 위촉한다.
⑤ 심판위원의 임기는 3년으로 하며, 한 차례만 연임할 수 있다.
⑥ 심판위원회의 구성·운영에 관한 사항과 그 밖에 필요한 사항은 대통령령으로 정한다.

14 정답및해설 ①

법 제63조(안전성조사 결과에 따른 조치)
① 식품의약품안전처장이나 시·도지사는 생산과정에 있는 농수산물 또는 농수산물의 생산을 위하여 이용·사용하는 농지·어장·용수·자재 등에 대하여 안전성조사를 한 결과 생산단계 안전기준을 위반하였거나 유해물질에 오염되어 인체의 건강을 해칠 우려가 있는 경우에는 해당 농수산물을 생산한 자 또는 소유한 자에게 다음 각 호의 조치를 하게 할 수 있다.
 1. 해당 농수산물의 폐기, 용도 전환, 출하 연기 등의 처리
 2. 해당 농수산물의 생산에 이용·사용한 농지·어장·용수·자재 등의 개량 또는 이용·사용의 금지
 2의2. 해당 양식장의 수산물에 대한 일시적 출하 정지 등의 처리
 3. 그 밖에 총리령으로 정하는 조치
② 식품의약품안전처장은 제1항 제1호 가목 및 제2호 가목에 따른 생산단계 안전기준을 정할 때에는 관계 중앙행정기관의 장과 협의하여야 한다.
③ 안전성조사의 대상품목 선정, 대상지역 및 절차 등에 필요한 세부적인 사항은 총리령으로 정한다.

④ 식품의약품안전처장은 농수산물(축산물은 제외한다. 이하 이 장에서 같다)의 품질 향상과 안전한 농수산물의 생산·공급을 위한 안전관리계획을 매년 수립·시행하여야 한다.

15 **정답및해설** ③

법 제59조(유전자변형농수산물의 표시 위반에 대한 처분)
① 식품의약품안전처장은 제56조 또는 제57조를 위반한 자에 대하여 다음 각 호의 어느 하나에 해당하는 처분을 할 수 있다.
　1. 유전자변형농수산물 표시의 이행·변경·삭제 등 시정명령
　2. 유전자변형 표시를 위반한 농수산물의 판매 등 거래행위의 금지

16 **정답및해설** ④

법 제117조(벌칙)
다음 각 호의 어느 하나에 해당하는 자는 7년 이하의 징역 또는 1억원 이하의 벌금에 처한다. 이 경우 징역과 벌금은 병과(倂科)할 수 있다.
　1. 제57조 제1호를 위반하여 유전자변형농수산물의 표시를 거짓으로 하거나 이를 혼동하게 할 우려가 있는 표시를 한 유전자변형농수산물 표시의무자
　2. 제57조 제2호를 위반하여 유전자변형농수산물의 표시를 혼동하게 할 목적으로 그 표시를 손상·변경한 유전자변형농수산물 표시의무자
　3. 제57조 제3호를 위반하여 유전자변형농수산물의 표시를 한 농수산물에 다른 농수산물을 혼합하여 판매하거나 혼합하여 판매할 목적으로 보관 또는 진열한 유전자변형농수산물 표시의무자

17 **정답및해설** ①

법 제2조(정의)
"산지유통인"(産地流通人)이란 제29조, 제44조, 제46조 또는 제48조에 따라 농수산물도매시장·농수산물공판장 또는 민영농수산물도매시장의 개설자에게 등록하고, 농수산물을 수집하여 농수산물도매시장·농수산물공판장 또는 민영농수산물도매시장에 출하(出荷)하는 영업을 하는 자(법인을 포함한다. 이하 같다)를 말한다.

18 **정답및해설** ①

법 제4조(주산지의 지정 및 해제 등)
① 시·도지사는 농수산물의 경쟁력 제고 또는 수급(需給)을 조절하기 위하여 생산 및 출하를 촉진 또는 조절할 필요가 있다고 인정할 때에는 주요 농수산물의 생산지역이나 생산수면(이하 "주산지"라 한다)을 지정하고 그 주산지에서 주요 농수산물을 생산하는 자에 대하여 생산자금의 융자 및 기술지도 등 필요한 지원을 할 수 있다.
② 제1항에 따른 주요 농수산물은 국내 농수산물의 생산에서 차지하는 비중이 크거나 생산·출하의 조절이 필요한 것으로서 농림축산식품부장관 또는 해양수산부장관이 지정하는 품목으로 한다.
③ 주산지는 다음 각 호의 요건을 갖춘 지역 또는 수면(水面) 중에서 구역을 정하여 지정한다.
　1. 주요 농수산물의 재배면적 또는 양식면적이 농림축산식품부장관 또는 해양수산부장관이 고시하는 면적 이상일 것
　2. 주요 농수산물의 출하량이 농림축산식품부장관 또는 해양수산부장관이 고시하는 수량 이상일 것
법 제4조의2(주산지협의체의 구성 등)
① 제4조 제1항에 따라 지정된 주산지의 시·도지사는 주산지의 지정목적 달성 및 주요 농수산물 경영체 육성을 위하여 생산자 등으로 구성된 주산지협의체(이하 "협의체"라 한다)를 설치할 수 있다.
시행령 제4조(주산지의 지정·변경 및 해제)
① 법 제4조 제1항에 따른 주요 농수산물의 생산지역이나 생산수면(이하 "주산지"라 한다)의 지정은 읍·면·동 또는 시·군·구 단위로 한다.

19 정답및해설 ②

법 제8조(가격 예시)

① 농림축산식품부장관 또는 해양수산부장관은 농림축산식품부령 또는 해양수산부령으로 정하는 주요 농수산물의 수급조절과 가격안정을 위하여 필요하다고 인정할 때에는 해당 농산물의 파종기 또는 수산물의 종자입식 시기 이전에 생산자를 보호하기 위한 하한가격[이하 "예시가격"(豫示價格)이라 한다]을 예시할 수 있다.

② 농림축산식품부장관 또는 해양수산부장관은 제1항에 따라 예시가격을 결정할 때에는 해당 농산물의 농림업관측, 주요 곡물의 국제곡물관측 또는 「수산물 유통의 관리 및 지원에 관한 법률」 제38조에 따른 수산업관측(이하 이 조에서 "수산업관측"이라 한다) 결과, 예상 경영비, 지역별 예상 생산량 및 예상 수급상황 등을 고려하여야 한다.

③ 농림축산식품부장관 또는 해양수산부장관은 제1항에 따라 예시가격을 결정할 때에는 미리 기획재정부장관과 협의하여야 한다.

④ 농림축산식품부장관 또는 해양수산부장관은 제1항에 따라 가격을 예시한 경우에는 예시가격을 지지(支持)하기 위하여 다음 각 호의 사항 등을 연계하여 적절한 시책을 추진하여야 한다.

1. 제5조에 따른 농림업관측·국제곡물관측 또는 수산업관측의 지속적 실시
2. 제6조 또는 「수산물 유통의 관리 및 지원에 관한 법률」 제39조에 따른 계약생산 또는 계약출하의 장려
3. 제9조 또는 「수산물 유통의 관리 및 지원에 관한 법률」 제40조에 따른 수매 및 처분
4. 제10조에 따른 유통협약 및 유통조절명령
5. 제13조 또는 「수산물 유통의 관리 및 지원에 관한 법률」 제41조에 따른 비축사업

20 정답및해설 ①

법 제10조(유통협약 및 유통조절명령)

② 농림축산식품부장관 또는 해양수산부장관은 부패하거나 변질되기 쉬운 농수산물로서 농림축산식품부령 또는 해양수산부령으로 정하는 농수산물에 대하여 현저한 수급 불안정을 해소하기 위하여 특히 필요하다고 인정되고 농림축산식품부령 또는 해양수산부령으로 정하는 생산자 등 또는 생산자단체가 요청할 때에는 공정거래위원회와 협의를 거쳐 일정 기간 동안 일정 지역의 해당 농수산물의 생산자 등에게 생산조정 또는 출하조절을 하도록 하는 유통조절명령(이하 "유통명령"이라 한다)을 할 수 있다.

시행규칙 제11조(유통명령의 요청자 등)

② 제1항 각 호에 따른 요청자가 유통명령을 요청하는 경우에는 유통명령 요청서를 해당 지역에서 발행되는 일간지에 공고하거나 이해관계자 대표 등에게 발송하여 10일 이상 의견조회를 하여야 한다.

시행규칙 제12조(유통명령 이행자에 대한 지원 등)

② 농림축산식품부장관 또는 해양수산부장관은 제11조 제2항에 따라 유통명령 집행업무의 일부를 수행하는 생산자 등의 조직이나 생산자단체에 필요한 지원을 할 수 있다.

시행규칙 제11조의2(유통명령의 발령기준 등)

법 제10조 제5항에 따른 유통명령을 발하기 위한 기준은 다음 각 호의 사항을 고려하여 농림축산식품부장관 또는 해양수산부장관이 정하여 고시한다.

1. 품목별 특성
2. 법 제5조에 따른 관측 결과 등을 반영하여 산정한 예상 가격과 예상 공급량

21 정답및해설 ①

법 제30조(출하자 신고)

② 도매시장 개설자, 도매시장법인 또는 시장도매인은 제1항에 따라 신고한 출하자가 출하 예약을 하고 농수산물을 출하하는 경우에는 위탁수수료의 인하 및 경매의 우선 실시 등 우대조치를 할 수 있다.

시행규칙 제25조의2(출하자 신고)

① 법 제30조 제1항에 따라 도매시장에 농수산물을 출하하려는 자는 별지 제6호 서식에 따른 출하자 신고서에 다음 각 호의 구분에 따른 서류를 첨부하여 도매시장 개설자에게 제출하여야 한다.

1. 개인의 경우 : 신분증 사본 또는 사업자등록증 1부

2. 법인의 경우 : 법인 등기사항증명서 1부
② 도매시장 개설자는 전자적 방법으로 출하자 신고서를 접수할 수 있다.

22 정답 및 해설 ③

시행규칙 [별표1]
1. 안전성 검사 실시기준
　가. 안전성 검사계획 수립
　　도매시장 개설자는 검사체계, 검사시기와 주기, 검사품목, 수거시료 및 기준미달품의 관리방법 등을 포함한 안전성 검사계획을 수립하여 시행한다.
　나. 안정성 검사 실시를 위한 농수산물 종류별 시료 수거량
　　1) 곡류·두류 및 그 밖의 자연산물 : 1kg 이상 2kg 이하
　　2) 채소류 및 과실류 자연산물 : 2kg 이상 5kg 이하
　　3) 묶음단위 농산물의 한 묶음 중량이 수거량 이하인 경우 한 묶음씩 수거하고, 한 묶음이 수거량 이상인 시료는 묶음의 일부를 시료수거 단위로 할 수 있다. 다만, 묶음단위의 일부를 수거하면 상품성이 떨어져 거래가 곤란한 경우에는 묶음단위 전체를 수거할 수 있다.

23 정답 및 해설 ②

법 제39조(사용료 및 수수료)
위탁수수료의 최고한도는 다음 각 호와 같다. 이 경우 도매시장의 개설자는 그 한도에서 업무규정으로 위탁수수료를 정할 수 있다.
1. 양곡부류 : 거래금액의 1천분의 20
2. 청과부류 : 거래금액의 1천분의 70
3. 수산부류 : 거래금액의 1천분의 60
4. 축산부류 : 거래금액의 1천분의 20(도매시장 또는 공판장 안에 도축장이 설치된 경우 「축산물위생관리법」에 따라 징수할 수 있는 도살·해체수수료는 이에 포함되지 아니한다.)
5. 화훼부류 : 거래금액의 1천분의 70
6. 약용작물부류 : 거래금액의 1천분의 50

24 정답 및 해설 ③

시행규칙 [별표1] 농수산물종합유통센터의 시설기준
1. 필수시설
　가. 농수산물 처리를 위한 집하·배송시설
　나. 포장·가공시설
　다. 저온저장고
　라. 사무실·전산실
　마. 농산물품질관리실
　바. 거래처주재원실 및 출하주대기실
　사. 오수·폐수시설
　아. 주차시설
2. 편의시설
　가. 직판장
　나. 수출지원실
　다. 휴게실
　라. 식당
　마. 금융회사 등의 점포
　바. 그 밖에 이용자의 편의를 위하여 필요한 시설

25 정답 및 해설 ②

시행규칙 [별표4] 경매사 위반행위별 처분기준

위반사항	처분기준		
	1차	2차	3차
법 제28조 제1항에 따른 업무를 부당하게 수행하여 도매시장의 거래질서를 문란하게 한 경우			
1) 도매시장법인이 상장한 농수산물에 대한 경매우선순위의 결정을 문란하게 한 경우	업무정지 10일	업무정지 15일	업무정지 1개월
2) 도매시장법인이 상장한 농수산물의 가격평가를 문란하게 한 경우	업무정지 10일	업무정지 15일	업무정지 1개월
3) 도매시장법인이 상장한 농수산물의 경락자의 결정을 문란하게 한 경우	업무정지 15일	업무정지 3개월	업무정지 6개월

원예작물학

26 정답 및 해설 ③

명아주과 : 시금치, 비트, 근대, 사탕무
〈쌍자엽(쌍떡잎) 식물〉

명아주과	근대, 시금치, 비트	가지과	고추, 토마토
십자화과	양배추, 배추, 무	박과	수박, 오이, 참외
콩과	콩, 녹두, 팥	국화과	상추, 우엉, 쑥갓, 민들레
아욱과	아욱, 오크라	도라지과	도라지
산형화과	샐러리, 당근	장미과	사과, 나무딸기, 자두, 매실, 앵두, 배, 아몬드
메꽃과	고구마		

27 정답 및 해설 ③

- 토마토 : 안토시아닌, 리코펜
- 양배추 : 카로티노이드
- 포도, 딸기 : 엘라그산
- 포도 : 레스베라트롤
- 상추 : 락투신
- 생강 : 진저롤
- 마늘 : 알리인

28 정답 및 해설 ④

추대의 촉진 요건

장일(長日)	저온감응성 작물(무, 배추)은 장일상태에서 화아분화와 발육이 촉진된다.
온도, 빛	추대가 잘되는 온도는 25~30℃이고 고온일수록 추대가 빨라진다. 빛은 강광에서 추대가 촉진된다.
토양조건	점질토양이나 비옥토보다 사질토양이나 척박한 토양에서 추대가 빠르다.

29 정답및해설 ①

장명종자(長命種子) : 종자의 수명이 4~6년 또는 그 이상 저장하여도 발아핵을 유지하는 것. 예를 들면, 녹두, 오이, 가지, 배추, 호박 등

30 정답및해설 ②

- 플로리진 : 사과·배 따위의 과수뿌리에서 채취하는 배당체
- 피토크롬 : 빛을 흡수하여 흡수스펙트럼의 형태가 가역적으로 변하는 식물체 내의 색소단백질로서 균류 이외의 모든 식물에 들어 있다. 빛 조건에 따라 식물의 여러 생리학적 기능을 조절하는 데 관여한다.
- 옥신 : 생장호르몬으로서 식물 줄기와 잎, 뿌리의 성장을 촉진하고, 낙과를 방지하며, 착과를 촉진한다.
- 쿠마린 : 무색의 결정체이고 방향성 유기 화학 물질이다. 달콤한 향기를 내는 물질이지만, 곤충과 곰팡이, 박테리아에 대한 방어 활성을 가지는 것으로 보고되고 있다.

31 정답및해설 ②

포복경 번식 : 딸기의 줄기처럼 토양표면을 따라 수평으로 자라는 가는 줄기를 포복경 또는 기는 줄기라 한다.

32 정답및해설 ④

딸기 기형과 발생 원인 : 냉해, 수정불량, 개화시기의 엽면시비 등

33 정답및해설 ①

- 장미 아칭재배 : 양액재배의 기본수형인 아칭(Arching)법은 영양생산 부분과 절화생산부분의 역할 구분이 가장 큰 특징이다. 50~70㎝ 높이의 벤치 위에 정식한 후 줄기가 자라면 통로측에 밑으로 경사지게 신초를 꺾어 휘어두는 방법으로, 이 부분에서 영양분을 생산을 하고 뿌리 윗부분으로부터 새로 자란 신초를 절화적기에 기부 채화하는 방법이다.
  아칭 수형방식은 이와 같이 주원부(knuckle)에서 줄기를 수평면 이하로 굽힘으로서 주원부에 정아우세 현상이 작용되어 맹아를 촉진하고, 맹아된 새싹이 왕성하게 자라기 때문에 절화품질이 좋아지는 수형이다. 또한 줄기발생 위치 즉 채화할 꽃대 기부에서 자르기 때문에 채화 작업이 용이하다.
- 네트재배 : 키가 큰 화훼류를 절화 재배할 때, 화훼가 쓰러지는 것을 방지하기 위하여 망을 씌워 기르는 방법

34 정답및해설 ③

- 산세베리아 : 자구번식
- 튤립, 백합 : 구근번식(알뿌리 나누기)

35 정답및해설 ①

식물공장(NFT)
외부환경과 단절된 공간에서 빛, 공기, 온도, 습도, 양분 등 식물의 환경을 인공적으로 조정하여 농산물을 계획적으로 생산하는 시설
식물공장의 특징
① 시설비가 저렴하다. (설치가 간단하다.)
② 연작장해 발생이 적다.
③ 산소부족이 없다.
④ 자동화, 생력화가 가능하다.
⑤ 생산시기를 조절할 수 있다.

36 정답및해설 ①

- 파밤나방 : 나방류는 잎을 갉아먹는다.
- 진딧물 : 진딧물은 직접 식물의 즙액을 빨아 해를 끼칠 뿐 아니라, 복숭아혹진딧물·목화진딧물 등과 같이 각종 작물의 식물바이러스병을 매개하여 이중으로 해를 끼치는 것도 많다. 진딧물의 천적으로는 꽃등에류·진디벌류·무당벌레류·풀잠자리류 등이 있다.
- 응애 : 대다수의 응애들이 식물 줄기나 잎에 침을 꽂아 세포액을 빨아먹어 식물의 생육을 방해하기 때문에 익충인 거미와는 다르게 명백한 농업해충에 속한다. 이리응애나 마일즈응애가 천적이다.
- 깍지벌레 : 잎이나 가지에 기생하고, 즙액을 흡수하기 때문에 나무가 고사하기 쉽다.

37 정답및해설 ②

안스리움은 아메리카 열대지역 원산으로 4℃ 이하의 저온에서 저온장해가 발생한다.

38 정답및해설 ②

전조처리 : 전등과 같은 인공 광원을 이용하여 식물에 빛을 주는 일. 화성(花成)의 유기, 휴면 타파 따위의 효과를 얻는다. 포인세티아, 베고니아, 칼랑코에, 국화는 장일처리 또는 전조처리하여 개화를 억제시킨다.

39 정답및해설 ④

- 블라인드 현상 : 꽃봉이 생겨나야 할 자리에서 꽃봉이 생기지 않는 현상. 빛 에너지의 부족과 저온조건이 블라인드의 발생에 깊이 관여한다.
- 국화 로제트 현상 : 여름 고온을 경과한 후 가을의 저온을 접하게 되면 절간이 신장하지 못하고 짧게 되는 현상
- 프리지아 : 생육적온은 13~16℃이고, 25℃ 이상에서는 휴면에 들어가며, -3℃ 이하 온도에서 얼어 죽는다. 꽃눈분화는 10℃ 전후에서 이루어지며 개화 후 구근이 계속 비대하다가 2개월 후면 정지하고 휴면한다. 절화의 저장이 필요할 때는 건조저장으로 하며 0~0.5℃에서 7일 또는 9~10℃에서 5일 동안 저장할 수 있다.

40 정답및해설 ②

저면관수 : 분재배, 온실재배에 있어서 매일 관수를 반복하면 토양이 단단해져서 작물의 생육을 저해하게 되므로 모세관수에 의하여 작물이 밑으로부터 물을 흡수하도록 하는 것

41 정답및해설 ①

42 정답및해설 ①

구근류 : 튤립, 수선화, 글라디올러스, 히아신스, 아네모네, 시클라멘, 아이리스, 구근베고니아, 글록시니아, 다알리아, 아마릴리스, 칸나, 칼라, 자란 등

43 정답및해설 ③

과수화상병 : 세균에 의해 사과나 배나무의 잎·줄기·꽃·열매 등이 마치 불에 타 화상을 입은 듯한 증세를 보이다가 고사하는 병을 말한다.

진균(곰팡이)	탄저병, 배추뿌리잘록병, 역병, 노균병, 흰가루병, 벼깨씨무늬병, 부란병, 갈색무늬병 등 • 오이의 노균병 : 기온이 20~25℃, 다습상태에서 발병 • 고추 역병 : 유묘기에 감염되면 그루 전체가 심하게 시들고 죽는다. 생육중기나 후기의 병든 그루는 처음에 시들다가 후에 적황색으로 변해 말라죽는다.

세균	궤양병, 근두암종병, 무름병, 풋마름병, 과수화상병 등
바이러스	잎마름병, 모자이크병, 위축병, 사과나무고접병, 과수화상병 등
마이코 플라즈마	바이러스와 세균의 중간 영역에 위치하는 미생물 오갈병, 감자빗자루병 등 • 오갈병 : 바이러스의 침입을 받아 잎이나 줄기가 불규칙하게 오그라들어 기형이 되고 생육이 현 저히 감소되어 키가 작아지는 식물병으로 벼, 보리, 무 등에 주로 발생한다.

44 정답및해설 ③

과수의 결과습성

1년생 가지에 결실	포도, 감, 감귤, 무화과, 참다래
2년생 가지에 결실	복숭아, 자두, 매실
3년생 가지에 결실	사과, 배

45 정답및해설 ④

천적곤충
• 어리줄풀잠자리, 무당벌레 : 진딧물
• 온실가루이좀벌, 칠레이리응애(점박이응애), 마일스응애, 굴파리좀벌, 콜레마니진디벌, 애꽃노린재 : 각종
  응애류, 진딧물류, 매미충류, 총채벌레

46 정답및해설 ③

씨방상위과	씨방이 수술, 꽃잎, 꽃받침보다 위쪽에 위치하여 발달한 과실 예 포도, 감귤, 참다래
씨방하위과	씨방이 수술, 꽃잎, 꽃받침의 아래쪽에 붙어 발달한 과실 예 사과, 배, 블루베리, 바나나
씨방중위과	수술, 꽃잎, 꽃받침이 씨방 옆에 붙어 있는 과실 예 복숭아, 양앵두
교목성 과수	한 개의 굵은 원줄기가 자라고 여기에 가지가 자라 지상부를 구성하는 과수 예 사과, 배, 복숭아, 감, 자두, 감귤, 살구, 양앵두, 매실, 대추, 밤, 호두, 무화과 등
관목성 과수	여러 개의 원줄기가 자라 지상부를 구성하는 과수 예 나무딸기, 블루베리, 블랙베리, 구즈베리, 커런트, 엘더베리, 크랜베리, 듀베리 등
덩굴성 과수	가지가 곧게 서지 못하고 길게 뻗어나가면서 바닥을 기거나 지주에 붙어서 자라는 과수 예 포도, 머루, 참다래, 으름 등

47 정답및해설 ④

C/N율 : 식물체 내의 탄수화물과 질소의 비율. C/N율에 따라 생육과 개화 결실이 지배된다고도 보는데, C/N
율이 높으면 개화를 유도하고 C/N율이 낮으면 영양생장이 계속된다.

48 정답및해설 ③

거봉(일본산), 부유(일본산), 샤인머스켓(일본산), 신고(일본산)
황금배(국산, 신고배에 이십세기배를 교합), 홍로(국산), 감홍(국산) 포도청수(국산)

49 정답및해설 ②

① 질소과다 : 잎이 지나치게 무성해지고 개화가 지연

③ 산성토양의 중화 : 석회질 비료 시비
④ 엽록소의 필수 구성분 : Mg, 결핍 시 엽맥 사이의 황백화현상 유발

50 **정답및해설 ②**

① 분주 : 뿌리가 여러 개 모여 덩어리로 뭉쳐 있는 것을 작은 포기로 나누어 번식시키는 방법. 나무딸기, 앵두나무, 대추나무, 거베라, 국화, 작약, 붓꽃 등
② 삽목(꺾꽂이) : 포도나무는 타과종에 비하여 뿌리가 잘 내리므로 삽목으로 주로 번식한다. 겨울철 포도가 휴면기에 들어갔을 때 충실히 자란 1년생 가지를 채취하여 마르지 않도록 밀봉하여 5℃ 정도 되는 저장고에 보관한다. 봄에 이 가지를 3마디로 잘라 가운데 눈을 제거 후 땅에 삽목한다.
③ '바이러스 무병묘(virus free)'는 바이러스나 바이로이드에 감염되지 않았거나 인위적으로 이들을 제거한 묘를 말한다. 바이러스가 없는 어미 식물체의 생장점을 채취하고 배양·생산한다.
④ 접목(접붙이기) : 대목에 원하는 품종의 접순을 붙여 번식시키는 방법. 삽목은 뿌리나 잎, 줄기를 잘라 땅에 꽂아 뿌리를 내리게 하여 번식시키는 방법이다.

수확 후 품질관리론

51 **정답및해설 ①**

작물의 수확적기 판단 기준 : 원예적 성숙도
생리적 성숙도 이전에 수확하는 작물 : 애호박, 오이, 가지 등
생리적 성숙단계에서 수확하는 작물 : 사과, 단감, 수박, 참외, 양파, 감자 등

52 **정답및해설 ④**

당근 수확적기 : 조생종은 70~80일, 중생종은 90~100일, 만생종은 120일 정도에 수확하며 외관상으로 바깥 잎이 지면에 닿을 정도로 늘어지는 시기가 수확적기이다.

과실별 수확적기 판정지표

과실종류	판정지표	과실종류	판정지표
사과	전분함량	복숭아, 참다래	당도
밀감류	주스함량, 착색정도	사과, 배	개화 후 경과일수
감	떫은 맛	사과, 멜론류, 감	이층발달
배추, 양배추	결구상태	사과, 배	내부 에틸렌 농도
밀감, 멜론, 키위	산함량	사과, 배, 옥수수	누적온도(적산온도)

과실성숙도 판정기준
① 품종고유의 색택이 나타날 때 성숙 판단
② 수확이 쉬워질 때(꼭지가 잘 떨어질 때)
③ 성숙기가 된 과실 : 과실 연화, 단맛 증가, 신맛 감소
④ 펙틴의 변화 : 과실이 성숙될수록 불용성 펙틴이 가용성 펙틴으로 변화한다.
⑤ 개화 후 경과일수 : 꽃핀 다음 성숙기까지 거의 일정한 기간이 걸린다.

53 **정답및해설 ③**

파프리카 손수확 : 상처가 나지 않도록 치켜 올려 따거나 가위나 칼을 이용해 수확

54 정답및해설 ②

사과 성숙과정에서 유기산과 엽록소가 감소한다.
환원당 : 포도당(glucose), 과당(fructose), 맥아당(maltose), 유당(lactose), 갈락토스(galact ose) 등이 포함
되며, 설탕으로의 환원력은 없다.

55 정답및해설 ④

호흡상승과 (클라이매트릭)	호흡상승과는 성숙에서 노화로 진행되는 단계상 호흡률이 낮아졌다가 갑자기 상승하는 기간이 있다. 사과, 바나나, 배, 토마토, 복숭아, 감, 키위, 망고, 참다래, 살구, 멜론, 자두, 수박
비호흡상승과	고추, 가지, 오이, 딸기, 호박, 감귤, 포도, 오렌지, 파인애플, 레몬, 양행두 및 대부분의 채소류

56 정답및해설 ①

- 과망간산칼륨($KMnO_4$) : 에틸렌의 이중결합을 깨트려 산화시켜서 에틸렌을 흡착·제거
- 에틸렌 합성 저해제로는 아미노에톡시-비닐-글리신(aminoethoxy-vinyl-glycine, AVG)과 아미노옥시아세
  트산(aminoxyacetic acid, AOA) 등이 있다. 이들은 AdoMet가 ACC로 전환되는 것을 차단한다.
- 1-MCP : 식물체의 에틸렌 결합 부위를 차단하는 작용

57 정답및해설 ②

- 카로티노이드계 : 베타카로틴(당근, 키위, 살구), 리코펜(토마토, 수박, 고추)
- 플라보노이드계 : 플라본, 안토시아닌. 레몬, 블루베리 등
- 루테인 : 카로티노이드 중에서도 잔토필(xanthophylls)의 한 종류

58 정답및해설 ①

CA 저장 : 대기의 가스조성(산소 : 21%, 이산화탄소 : 0.03%)을 인공적으로 조절한 저장환경에서 청과물을
저장하여 품질 보전 효과를 높이는 저장법으로 상대습도와 기압을 높여 증산작용을 억제하고 CO_2 농도는
낮춰 준다.

59 정답및해설 ④

오이 쓴맛 : 쿠쿠비타신

60 정답및해설 ①

드럼식 형상선별기 : 수확된 과실의 크기 차이를 구멍의 크기가 다른 회전통을 이용하여 선별하는 것으로
감귤, 방울토마토, 매실 등과 같은 크기가 작은 과실에 이용된다.

61 정답및해설 ③

① 조직감 관여요소 : 세포벽의 구조 및 조성, 세포의 팽압, 전분, 프락탄(과당) 등
② 풍미 : 당도, 산도, 이취
④ 안전성 : 유해물질(농약, 방사능, 곰팡이 등)

62 정답및해설 ②

차아염소산나트륨 : 식품의 부패균이나 병원균을 사멸하기 위하여 살균제로서 사용된다. 음료수, 채소 및 과
일, 용기·기구·식기 등에 사용된다. 무색 혹은 엷은 녹황색의 액체로서 염소 냄새가 있다.

63 정답 및 해설 ④

큐어링 : 90%의 습도와 18℃에서 6일간, 15℃에서 10일간, 13℃에서 12일간의 큐어링 기간이 소요된다. 큐어링 과정에서 축적되는 슈베린은 식물 세포막에 다량 함유 wax물질, 코르크질, 목전질이다.

64 정답 및 해설 ③

• 아황산나트륨 : 표백제, 방부제로 사용
• 이산화염소 : 유독성 무기물 제거, 중금속 제거, 살균 및 소독, 의류표백, 악취제거 등

65 정답 및 해설 ①

• 포장열 : 포장에서 수확한 생산물의 온도. 포장열이 높으면 저온으로 저장할 때 설정 온도와 차이가 커지기 때문에 필요한 열량이 많아진다.
• 호흡열 : 식물체가 호흡하는 동안 발생하는 열

66 정답 및 해설 ④

CA저장 원리

대기의 가스조성(산소 : 21%, 이산화탄소 : 0.03%)을 인공적으로 조절한 저장환경에서 청과물을 저장하여 품질 보전 효과를 높이는 저장법으로, 조절하는 가스에는 이산화탄소, 일산화탄소, 산소 및 질소가스 등이 있으나, 통상 대기가스에 비해 이산화탄소를 증가시키고 산소의 감소 및 질소를 증대시킨다. 이것에 의해 청과물의 호흡 작용을 억제하여 저장력을 연장할 수 있다.

67 정답 및 해설 ②

과일의 적정 적재 용적률은 70% ~ 80%이다.

68 정답 및 해설 ③

• 동해장해 : 수침현상이 대표적이며, 사과 등의 과피 함몰, 갈변 등과 배의 과육동공이 발생한다.
• 배의 탈피과 : 신고배는 저온저장 중에 껍질이 벗겨지는 탈피현상

69 정답 및 해설 ④

이산화탄소 저장 전처리

• 딸기 : 저장기간 연장을 위해 이산화탄소 전처리를 한다.
• 복숭아 : 이산화탄소를 6시간 동안 전처리함으로써 상온 유통되는 과실의 변색, 연화, 부패, 식미감 감소를 효과적으로 억제

70 정답 및 해설 ③

저온장해 : 과육변색, 토마토·고추의 함몰, 세포조직의 수침현상, 사과의 과육변색, 복숭아 과육의 섬유질화 또는 스폰지화

저장적온	원예산물
동결점~0℃	브로콜리, 당근, 시금치, 상추, 마늘, 양파, 셀러리 등
0~2℃	아스파라거스, 사과, 배, 복숭아, 포도, 매실, 단감 등
3~6℃	감귤
7~13℃	바나나, 오이, 가지, 수박, 애호박, 감자, 완숙 토마토 등
13℃ 이상	고구마, 생강, 미숙 토마토 등

71 정답및해설 ①

- 에틸렌 발생이 많은 작물 : 사과, 살구, 바나나(완숙과), 멜론, 참외, 복숭아, 감, 자두, 토마토, 모과 등
- 에틸렌 피해가 쉽게 발생하는 작물 : 당근, 고구마, 마늘, 양파, 강낭콩, 완두, 오이, 고추, 풋호박, 가지, 시금치, 상추, 바나나(미숙과), 참대(숙과) 등

72 정답및해설 ②

PET는 가스투과성이 약해서 사용하지 않는다.
1) MA저장용 필름에는 polyethylene이 사용되지만 필름의 두께나 종류에 따라 가스투과성에 차이가 있어 저장하는 청과물의 호흡량, 저장온도, 필름의 종류, 두께, 면적 등으로 어느 정도 자루 내 가스조성을 제어할 수 있다.
2) MA저장의 기본적 원리는 필름이나 피막제를 이용하여 산물을 낱개 또는 소량포장하여 외부와 차단한 후 포장 내 호흡에 의한 산소 농도 저하와 이산화탄소의 농도 증가로 생성된 대기조성을 통해 품질변화를 억제하는 방법이다.

73 정답및해설 ④

선별장의 온도는 저장고의 온도보다 높아서 작물의 품온이 저장고 온도보다 높아 결로가 발생하므로 선별장과 저온 저장고와의 온도 차이를 최소화하면 결로를 방지할 수 있다.
결로 : 수분을 포함한 대기의 온도가 이슬점 이하로 떨어져 대기가 함유하고 있던 수분이 물체 표면에서 물방울로 맺히는 현상

74 정답및해설 ②

반감기(t1/2)는 어떠한 물질의 양이 초기값의 절반이 되는 데 걸리는 시간이다.
28℃ → 14℃ : 1시간 소요
14℃ → 7℃ : 1시간 소요

75 정답및해설 ③

바이러스 : 생물학적 위해요인
곰팡이 자체는 생물학적 요인이지만 그 독소는 화학적 요인이다.

농산물유통론

76 정답및해설 ③

물류비용 : 선별, 포장, 운송, 저장, 보관, 적재(상하역), 쓰레기처리비용 등 물적유통에 소요되는 비용을 말한다.

77 정답및해설 ④

"농수산자조금"이란 자조금단체가 농수산물의 소비촉진, 품질향상, 자율적인 수급조절 등을 도모하기 위하여 농수산업자가 납부하는 금액을 주요 재원으로 하여 조성·운용하는 자금을 말한다.
자조금의 용도
1. 농수산물의 소비촉진 홍보
2. 농수산업자, 소비자, 제19조 제3항에 따른 대납기관 및 제20조 제1항에 따른 수납기관 등에 대한 교육 및 정보제공
3. 농수산물의 자율적 수급 안정, 유통구조 개선 및 수출활성화 사업
4. 농수산물의 소비촉진, 품질 및 생산성 향상, 안전성 제고 등을 위한 사업 및 이와 관련된 조사·연구

5. 자조금사업의 성과에 대한 평가
6. 자조금단체 가입율 제고를 위한 교육 및 홍보

78 정답 및 해설 ①

① 계절적 변동 : 특정 계절에 따라 가격의 변동이 나타나는 것
② 주기적 변동 : 특정 기간 동안 변동의 주기성(사이클)이 나타나는 것으로 순환변동
③ 추세적 변동 : 시계열이 장기간에 걸쳐 점진적으로 상향하거나 하향하는 변화상태를 나타내는 변동으로 국민 총 생산량, 인구, 자동차 보유대수 등
④ 랜덤 워크(random walk) : 특별한 규칙성을 가지지 않은 변동

79 정답 및 해설 ④

유통마진은 유통비용과 유통업자의 상업마진을 포함하는 개념이다. 출하작업비·포장비·운송비·하역비 등 직접경비, 점포관리비·임대료·감가상각비 등 간접비용, 유통업자의 상업이윤 등이 모두 유통마진에 포함된다.
① 유통마진은 유통단계별 상품단위 당 가격차액으로 표시된다.
② 농산물의 유통단계를 수집·도매·소매단계로 구분하면 각 단계별로 유통마진이 구성되고, 각 단계별 마진은 유통업자의 구입가격과 판매가격과의 차액을 말한다.
③ 대부분의 농산물은 소매단계에서 유통마진이 가장 높은 것으로 나타나고 있다.

80 정답 및 해설 ②

• 공동판매의 단점
 ㉠ 판매가격 결정의 합의제 → 신속성의 결여
 ㉡ 대금결제의 지연(자금유동성 약화)
 ㉢ 풀 계산과 특종품 경시(特種品輕視), 개별생산자의 개성 무시
 ㉣ 사무절차의 복잡 등
• 공동출하(판매)의 3원칙
 ㉠ 무조건 위탁 : 개별 농가의 조건별 위탁을 금지
 ㉡ 평균판매 : 생산자의 개별적 품질특성을 무시하고 일괄 등급별 판매 후 수취가격을 평준화하는 방식
 ㉢ 공동계산 : 평균판매 가격을 기준으로 일정 시점에서 공동계산

81 정답 및 해설 ③

① • 실물인수도방식 : 선물포지션에 대해 최종결제일(만기일)에 거래소가 지정한 창고를 통해 매도자와 매수자가 실물을 인수하는 방식(최종결제가격을 기준으로 산출한 최종결제대금과 기초자산을 수수하는 것)
 • 현금결제방식 : 대다수 선물은 거래의 유동성과 최종결재 편의성 제고를 위해 최종거래일의 현물(기초자산) 가격과 전일 정산가격과의 차액만을 결제하는 방식
② 헤저(hedger)는 가격변동성을 회피하려는 목적으로 참여한다.
③ 가격하락에 대응하여 매도 헤징(hedging)을 함으로써 추가적인 가격하락 리스크를 방어한다.
④ 가격변동성이 클수록 거래가 활성화된다.

82 정답 및 해설 ②

농산물 전자상거래의 특성
㉠ 사이버공간을 활용함으로써 시간적, 공간적 제약을 극복할 수 있다.
㉡ 전자 네트워크를 통해 생산자와 소비자가 직접 만나기 때문에 유통비용이 절감된다.
㉢ 소규모 자본으로도 가능하다.
㉣ 생산자와 소비자간 쌍방향 통신을 통해 1 대 1 마케팅이 가능하고 실시간 고객서비스가 가능해진다.

83　정답 및 해설 ②

중개인은 생산자와 소매상을 연결해 주는 중간상이다.
소매상 : 소비자와 직접적 거래가 가능한 상인

84　정답 및 해설 ④

시장도매인제도는 도매시장의 개설자로부터 지정을 받은 시장도매인이 판매직원을 고용하여 출하자로부터 매수하거나 위탁받은 농산물을 도매·중개하는 운영방식이다.

85　정답 및 해설 ①

농산물은 계절적 편재성, 부패성, 비규격성, 중량성, 표준화의 어려움 등으로 인해 가격변동이 심하다.

86　정답 및 해설 ③

농산물종합유통센터에서는 상장경매를 하지 않는다.

87　정답 및 해설 ④

산지유통조직의 통합마케팅
영세 농가들이 조합 또는 생산자조직을 창설하고 공동자금을 조성함으로써 공동판매, 공동브랜드 육성, 규모의 경제를 실현할 수 있고 유통시장에서 협상력(가격 결정자)을 높일 수 있게 된다.

88　정답 및 해설 ③

포전거래는 매수인이 계약당시 계약금을 지불하고 약속된 일자에 농산물을 인수해야 하지만 시장가격이 여의치 않은 경우 인수를 포기하는 경우도 있다.

89　정답 및 해설 ②

계약재배 : 생산물을 일정한 조건으로 인수하는 계약을 맺고 파종기 이전에 행하는 농산물 재배

90　정답 및 해설 ④

표준 펠릿 포장치수(농산물 표준규격)
T-11형 팰릿(1,100×1,100mm) 또는 T-12형 팰릿(1,200×1,000mm)의 평면 적재효율이 90% 이상인 것

91　정답 및 해설 ④

농산물 표준규격화(등급 및 포장 규격화)
㉠ 품질에 따른 가격차별화로 공정거래 촉진
㉡ 수송, 상하역 등 유통효율을 통한 유통비용의 절감
㉢ 신용도 및 상품성 향상으로 농가소득 증대
㉣ 농산물의 상품성 제고, 유통능률의 향상 및 공정한 거래실현에 기여
㉤ 견본거래, 전자상거래 활성화
㉥ 도매시장의 개설자는 표준규격품 등 우수표시품에 대하여 우선상장 등 우대

92　정답 및 해설 ①

저장 : 시간효용(출하시기 조절)
도정 : 가공으로 형태효용
판매 : 소유효용(매매를 통해 소유권의 이전)

93　정답 및 해설　②

도매시장에 생산물을 출하할 때 반드시 단위화물적재시스템을 적용할 필요는 없다.

단위화물적재시스템(ULS, Unit Load System)

단위 적재란 수송, 보관, 하역 등의 물류 활동을 합리적으로 하기 위하여 여러 개의 물품 또는 포장 화물 기계, 기구에 의한 취급에 적합하도록 하나의 단위로 정리한 화물을 말한다. 단위적재를 함으로써 하역을 기계화하고 수송, 보관 등을 일괄해서 합리화하는 체계를 단위적재시스템이라 하며, 단위적재시스템에는 팰릿(pallet)을 이용하는 방법 및 컨테이너를 이용하는 방법이 있다.

94　정답 및 해설　①

전자경매는 소유권이전기능이다.

유통조성기능

소유권 이전 기능과 물적 유통 기능이 합리적으로 수행되도록 보조하는 기능
㉠ 표준화기능은 견본판매나 통명판매를 가능하게 한다.
㉡ 금융기능은 유통기능 수행에 필요한 자금을 공급한다.
㉢ 위험부담기능은 유통과정에서 발생하는 위험을 유통당사자들에게 분담시킨다.
㉣ 시장정보기능은 원활한 유통 수행에 필요한 정보를 수집하고 분산한다.

95　정답 및 해설　③

① 수요와 공급의 가격탄력성이 적다.
② 수요의 소득탄력성이 적다.
　 소득이 1% 증가하였을 때 수요는 몇 % 증가하는가를 나타내는 수치를 소득탄력성이라 한다.
③ 수요가 공급보다 증가하면 가격은 오르고 그 반대가 되면 가격이 떨어진다. 이처럼 수급관계 변동이 가격의 변동을 초래하는 정도를 가격 신축성이라 한다.
④ 킹(G.King)의 법칙 : 곡물의 수확량이 정상 수준 이하로 감소할 때에 그 가격은 정상 수준 이상으로 오른다는 법칙

96　정답 및 해설　④

추곡수매제도

가을에 거두어들인 쌀의 수급을 조절하여 농가 소득을 보장하고 가격을 안정시키기 위하여, 정부가 농민에게 직접 일정량의 벼를 사들이는 이중 곡가제

97　정답 및 해설　①

고객관리란 개별 고객에 대한 맞춤형 관리방식을 말한다.
② 매스 마케팅(mass marketing)은 개별고객 대응방식이 아닌 무차별적 마케팅이다.
③ 개별 고객의 불만 처리가 용이하다.
④ 이탈고객에 대한 관리가 쉽다.

98　정답 및 해설　①

②③④는 사회적 요인이다.

99　정답 및 해설　②

초기 고가전략

① 수요의 가격탄력성이 높으면 고가제품에 대한 수요가 축소된다.
② 고가격을 책정하더라도 수요자의 선택 경쟁업체가 없거나 경쟁기업의 시장진출이 어려울 때 선택할 수 있는 가격 전략이다.

③ 효율적 제조기술, 저가의 원자재 구입 등에 우위를 통해 제조원가를 낮춤으로서 시장을 지배하는 경우에는 원가에 더하여 최소이윤만을 얻는 가격정책을 선택하므로 고가가격을 취하지는 않는다.

④ 규모의 경제를 극대화하려고 할 때에는 제조원가를 낮출 수 있으므로 저가정책을 선택한다.

100　정답및해설　③

소비자의 구매욕구를 촉진하기 위한 직접적 소통방법으로 광고나 홍보 등의 방법을 사용하는 것을 촉진(Promotion)이라고 한다.

01	02	03	04	05	06	07	08	09	10	11	12	13	14	15	16	17	18	19	20
①	①	③	②	②	③	②	③	④	①	①	③	④	③	②	④	④	②	①	③
21	22	23	24	25	26	27	28	29	30	31	32	33	34	35	36	37	38	39	40
④	④	②	②	①	①	②	①	③	④	③	③	④	①	④	②	②	④	④	②
41	42	43	44	45	46	47	48	49	50	51	52	53	54	55	56	57	58	59	60
②	③	③	②	①	④	③	②	④	①	④	①	②	④	④	④	④	④	③	②
61	62	63	64	65	66	67	68	69	70	71	72	73	74	75	76	77	78	79	80
③	②	③	①	②	④	③	③	④	②	③	②	①	①	④	②	③	①	④	①
81	82	83	84	85	86	87	88	89	90	91	92	93	94	95	96	97	98	99	100
②	③	④	①	②	③	③	④	③	④	②	①	④	②	①	④	③	③	④	④

관계법령

01 정답 및 해설 ①

법 제2조
"동음이의어 지리적표시"란 동일한 품목에 대하여 지리적표시를 할 때 타인의 지리적표시와 발음은 같지만 해당 지역이 다른 지리적표시를 말한다.

02 정답 및 해설 ①

법 제4조(심의회의 직무)
심의회는 다음 각 호의 사항을 심의한다.
1. 표준규격 및 물류표준화에 관한 사항
2. 농산물우수관리·수산물품질인증 및 이력추적관리에 관한 사항
3. 지리적표시에 관한 사항
4. 유전자변형농수산물의 표시에 관한 사항
5. 농수산물(축산물은 제외한다)의 안전성조사 및 그 결과에 대한 조치에 관한 사항
6. 농수산물(축산물은 제외한다) 및 수산가공품의 검사에 관한 사항
7. 농수산물의 안전 및 품질관리에 관한 정보의 제공에 관하여 총리령, 농림축산식품부령 또는 해양수산부령으로 정하는 사항
8. 제69조에 따른 수산물의 생산·가공시설 및 해역(海域)의 위생관리기준에 관한 사항
9. 수산물 및 수산가공품의 제70조에 따른 위해요소중점관리기준에 관한 사항
10. 지정해역의 지정에 관한 사항
11. 다른 법령에서 심의회의 심의사항으로 정하고 있는 사항
12. 그 밖에 농수산물 및 수산가공품의 품질관리 등에 관하여 위원장이 심의에 부치는 사항

03 정답및해설 ③

■ 농수산물 품질관리법 시행규칙 [별표 23]

농산물검사의 유효기간(제109조 관련)

종류	품목	검사시행시기	유효기간(일)
곡류	벼 · 콩	5.1. ~ 9.30.	90
		10.1. ~ 4.30.	120
	겉보리 · 쌀보리 · 팥 · 녹두 · 현미보리쌀	5.1. ~ 9.30.	60
		10.1. ~ 4.30.	90
	쌀	5.1. ~ 9.30.	40
		10.1. ~ 4.30.	60
특용작물류	참깨 · 땅콩	1.1. ~ 12.31.	90
과실류	사과 · 배	5.1. ~ 9.30.	15
		10.1. ~ 4.30.	30
	단감	1.1. ~ 12.31.	20
	감귤	1.1. ~ 12.31.	30
채소류	고추 · 마늘 · 양파	1.1. ~ 12.31.	30
잠사류(蠶絲類)	누에씨	1.1. ~ 12.31.	365
	누에고치	1.1. ~ 12.31.	7
기타	농림축산식품부장관이 검사대상 농산물로 정하여 고시하는 품목의 검사유효기간은 농림축산식품부장관이 정하여 고시한다.		

04 정답및해설 ②

법 제107조 제3항
다음 각 호의 어느 하나에 해당하는 사람은 그 처분이 있은 날부터 2년 동안 농산물품질관리사 또는 수산물품질관리사 자격시험에 응시하지 못한다.
1. 제2항에 따라 시험의 정지 · 무효 또는 합격취소 처분을 받은 사람
2. 제109조에 따라 농산물품질관리사 또는 수산물품질관리사의 자격이 취소된 사람

법 제109조(농산물품질관리사 또는 수산물품질관리사의 자격 취소)
농림축산식품부장관 또는 해양수산부장관은 다음 각 호의 어느 하나에 해당하는 사람에 대하여 농산물품질관리사 또는 수산물품질관리사 자격을 취소하여야 한다.
1. 농산물품질관리사 또는 수산물품질관리사의 자격을 거짓 또는 부정한 방법으로 취득한 사람
2. 제108조 제2항을 위반하여 다른 사람에게 농산물품질관리사 또는 수산물품질관리사의 명의를 사용하게 하거나 자격증을 빌려준 사람
3. 제108조 제3항을 위반하여 명의의 사용이나 자격증의 대여를 알선한 사람

05 정답및해설 ②

법 제28조의2(행정제재처분 효과의 승계)
제28조에 따라 지위를 승계한 경우 종전의 우수관리인증기관, 우수관리시설 또는 품질인증기관에 행한 행정제재처분의 효과는 그 처분이 있은 날부터 1년간 그 지위를 승계한 자에게 승계되며, 행정제재처분의 절차가 진행 중인 때에는 그 지위를 승계한 자에 대하여 그 절차를 계속 진행할 수 있다. 다만, 지위를 승계한 자가 그 지위의 승계 시에 그 처분 또는 위반사실을 알지 못하였음을 증명하는 때에는 그러하지 아니하다.

06 **정답및해설** ③

표지도형 내부의 "GAP" 및 "(우수관리인증)"의 글자 색상은 표지도형 색상과 동일하게 하고, 하단의 "농림축산식품부"와 "MAFRA KOREA"의 글자는 흰색으로 한다.

> 가. 도형표시
> 　1) 표지도형의 가로의 길이(사각형의 왼쪽 끝과 오른쪽 끝의 폭 : W)를 기준으로 세로의 길이는 0.95×W의 비율로 한다.
> 　2) 표지도형의 흰색모양과 바깥 테두리(좌·우 및 상단부만 해당한다)의 간격은 0.1×W로 한다.
> 　3) 표지도형의 흰색모양 하단부 좌측 태극의 시작점은 상단부에서 0.55×W 아래가 되는 지점으로 하고, 우측 태극의 끝점은 상단부에서 0.75×W 아래가 되는 지점으로 한다.
> 나. 표지도형의 한글 및 영문 글자는 고딕체로 하고, 글자 크기는 표지도형의 크기에 따라 조정한다.
> 다. 표지도형의 색상은 녹색을 기본색상으로 하고, 포장재의 색깔 등을 고려하여 파란색, 빨간색 또는 검은색으로 할 수 있다.
> 라. 표지도형 내부의 "GAP" 및 "(우수관리인증)"의 글자 색상은 표지도형 색상과 동일하게 하고, 하단의 "농림축산식품부"와 "MAFRA KOREA"의 글자는 흰색으로 한다.
> 마. 배색 비율은 녹색 C80+Y100, 파란색 C100+M70, 빨간색 M100+Y100+K10, 검은색 B100으로 한다.
> 바. 표지도형의 크기는 포장재의 크기에 따라 조정한다.
> 사. 표지도형 밑에 인증번호 또는 우수관리시설지정번호를 표시한다.

07 **정답및해설** ②

법 제24조
④ 농림축산식품부장관은 제3항에 따른 변경신고를 받은 날부터 10일 이내에 신고수리 여부를 신고인에게 통지하여야 한다.
⑤ 농림축산식품부장관이 제4항에서 정한 기간 내에 신고수리 여부 또는 민원 처리 관련 법령에 따른 처리기간의 연장을 신고인에게 통지하지 아니하면 그 기간(민원 처리 관련 법령에 따라 처리기간이 연장 또는 재연장된 경우에는 해당 처리기간을 말한다)이 끝난 날의 다음 날에 신고를 수리한 것으로 본다.

08 **정답및해설** ③

법 제41조
'특허'는 '지리적표시'로, '출원'은 '등록신청'으로, '특허권'은 '지리적표시권'으로, '특허청', '특허청장' 및 '심사관'은 '농림축산식품부장관 또는 해양수산부장관'으로, '특허심판원'은 '지리적표시심판위원회'로, '심판장'은 '지리적표시심판위원회 위원장'으로, '심판관'은 '심판위원'으로, '산업통상자원부령'은 '농림축산식품부령 또는 해양수산부령'으로 본다.

09 **정답및해설** ④

시행령[별표1] 지리적표시 시정명령 등의 처분기준

위반행위	근거 법조문	행정처분 기준		
		1차 위반	2차 위반	3차 위반
1) 법 제32조 제3항 및 제7항에 따른 지리적표시품 생산계획의 이행이 곤란하다고 인정되는 경우	법 제40조 제3호	등록 취소		
2) 법 제32조 제7항에 따라 등록된 지리적표시품이 아닌 제품에 지리적표시를 한 경우	법 제40조 제1호	등록 취소		
3) 법 제32조 제9항의 지리적표시품이 등록기준에 미치지 못하게 된 경우	법 제40조 제1호	표시정지 3개월	등록 취소	
4) 법 제34조 제3항을 위반하여 의무표시사항이 누락된 경우	법 제40조 제2호	시정명령	표시정지 1개월	표시정지 3개월

5) 법 제34조 제3항을 위반하여 내용물과 다르게 거짓표시나 과장된 표시를 한 경우	법 제40조 제2호	표시정지 1개월	표시정지 3개월	등록 취소

10 **정답및해설** ①

법 제64조(안전성검사기관의 지정 등)
① 식품의약품안전처장은 안전성조사 업무의 일부와 시험분석 업무를 전문적·효율적으로 수행하기 위하여 안전성검사기관을 지정하고 안전성조사와 시험분석 업무를 대행하게 할 수 있다.

11 **정답및해설** ①

법 제65조(안전성검사기관의 지정 취소 등)
① 식품의약품안전처장은 제64조 제1항에 따른 안전성검사기관이 다음 각 호의 어느 하나에 해당하면 지정을 취소하거나 6개월 이내의 기간을 정하여 업무의 정지를 명할 수 있다. 다만, 제1호 또는 제2호에 해당하면 지정을 취소하여야 한다.
1. 거짓이나 그 밖의 부정한 방법으로 지정을 받은 경우
2. 업무의 정지명령을 위반하여 계속 안전성조사 및 시험분석 업무를 한 경우
3. 검사성적서를 거짓으로 내준 경우
4. 그 밖에 총리령으로 정하는 안전성검사에 관한 규정을 위반한 경우
② 제1항에 따른 지정 취소 등의 세부 기준은 총리령으로 정한다.

12 **정답및해설** ③

시행령 제20조(유전자변형농수산물의 표시기준 등)
① 법 제56조 제1항에 따라 유전자변형농수산물에는 해당 농수산물이 유전자변형농수산물임을 표시하거나, 유전자변형농수산물이 포함되어 있음을 표시하거나, 유전자변형농수산물이 포함되어 있을 가능성이 있음을 표시하여야 한다.

13 **정답및해설** ④

①②③ 1년 이하의 징역, 1천만원 이하의 벌금
④ **1천만원 이하의 과태료**
법 제123조 제1항 5호, 제31조 제1항 제3호 또는 제40조 제2호(지리적표시품)에 따른 표시방법에 대한 시정명령에 따르지 아니한 자

14 **정답및해설** ③

소, 돼지, 양(염소 등 산양 포함) 이외 가축의 경우 사육국(국내)에서 1개월 이상 사육된 경우에는 사육국을 원산지로 하되, ( )내에 그 출생국을 함께 표시한다. 1개월 미만 사육된 경우에는 출생국을 원산지로 한다.
시행규칙[별표3]

이식·이동 등으로 인한 세부 원산지 표시기준(제5조 관련)

1. 농산물

구분	세부 원산지 표시기준
다. 원산지 전환	• 가축을 출생국으로부터 수입하여 국내에서 사육하다가 도축한 경우 일정사육 기한이 경과하여야만 원산지변경으로 본다. ex1] 소의 경우 사육국(국내)에서 6개월 이상 사육된 경우에는 사육국을 원산지로 하되, ( )내에 그 출생국을 함께 표시한다. 6개월 미만 사육된 경우에는 출생국을 원산지로 한다.

	ex2] 돼지와 양(염소 등 산양 포함)의 경우 사육국(국내)에서 2개월 이상 사육된 경우에는 사육국을 원산지로 하되, ( )내에 그 출생국을 함께 표시한다. 2개월 미만 사육된 경우에는 출생국을 원산지로 한다. ex3] 소, 돼지, 양(염소 등 산양 포함) 이외 가축의 경우 사육국(국내)에서 1개월 이상 사육된 경우에는 사육국을 원산지로 하되, ( )내에 그 출생국을 함께 표시한다. 1개월 미만 사육된 경우에는 출생국을 원산지로 한다. • 표고버섯 종균을 접종·배양한 배지를 수입하여 국내에서 버섯을 생산·수확한 경우에는 종균 접종부터 수확까지의 기간을 기준으로 재배기간이 가장 긴 국가를 원산지로 본다.
라. 소의 국내 이동에 따른 원산지	• 국내에서 출생·사육·도축한 쇠고기의 원산지를 시·도명 또는 시·군·구명으로 표시하고자 하는 경우 해당 시·도 또는 시·군·구에서 도축일을 기준으로 12개월 이상 사육되어야 한다.

15 정답및해설 ②

법 제18조(과태료)

500만원 : 제9조의2 제1항(원산지표시 위반에 대한 교육)에 따른 교육 이수명령을 이행하지 아니한 자
1,000만원 : 제7조 제3항(원산지표시 등의 조사)을 위반하여 수거·조사·열람을 거부·방해하거나 기피한 자
법 제7조 제3항 제1항이나 제2항에 따른 수거·조사·열람을 하는 때에는 원산지의 표시대상 농수산물이나 그 가공품을 판매하거나 가공하는 자 또는 조리하여 판매·제공하는 자는 정당한 사유 없이 이를 거부·방해하거나 기피하여서는 아니 된다.

16 정답및해설 ④

시행령[별표2]

위반행위	근거 법조문	과태료			
		1차 위반	2차 위반	3차 위반	4차 이상 위반
가. 법 제5조 제1항을 위반하여 원산지 표시를 하지 않은 경우	법 제18조 제1항 제1호	5만원 이상 1,000만원 이하			
나. 법 제5조 제3항을 위반하여 원산지 표시를 하지 않은 경우	법 제18조 제1항 제1호				
1) 쇠고기의 원산지를 표시하지 않은 경우		100만원	200만원	300만원	
2) 쇠고기 식육의 종류만 표시하지 않은 경우		30만원	60만원	100만원	
3) 돼지고기의 원산지를 표시하지 않은 경우		30만원	60만원	100만원	
4) 닭고기의 원산지를 표시하지 않은 경우		30만원	60만원	100만원	
5) 오리고기의 원산지를 표시하지 않은 경우		30만원	60만원	100만원	
6) 양고기 또는 염소고기의 원산지를 표시하지 않은 경우		품목별 30만원	품목별 60만원	품목별 100만원	
7) 쌀의 원산지를 표시하지 않은 경우		30만원	60만원	100만원	

위반행위	근거 법조문				
8) 배추 또는 고춧가루의 원산지를 표시하지 않은 경우		30만원	60만원	100만원	
9) 콩의 원산지를 표시하지 않은 경우		30만원	60만원	100만원	
10) 넙치, 조피볼락, 참돔, 미꾸라지, 뱀장어, 낙지, 명태, 고등어, 갈치, 오징어, 꽃게, 참조기, 다랑어, 아귀 및 주꾸미의 원산지를 표시하지 않은 경우		품목별 30만원	품목별 60만원	품목별 100만원	
11) 살아있는 수산물의 원산지를 표시하지 않은 경우		5만원 이상 1,000만원 이하			
다. 법 제5조 제4항에 따른 원산지의 표시방법을 위반한 경우	법 제18조 제1항 제2호	5만원 이상 1,000만원 이하			
라. 법 제6조 제4항을 위반하여 임대점포의 임차인 등 운영자가 같은 조 제1항 각 호 또는 제2항 각 호의 어느 하나에 해당하는 행위를 하는 것을 알았거나 알 수 있었음에도 방치한 경우	법 제18조 제1항 제3호	100만원	200만원	400만원	
마. 법 제6조 제5항을 위반하여 해당 방송 채널 등에 물건 판매중개를 의뢰한 자가 같은 조 제1항 각 호 또는 제2항 각 호의 어느 하나에 해당하는 행위를 하는 것을 알았거나 알 수 있었음에도 방치한 경우	법 제18조 제1항 제3호의2	100만원	200만원	400만원	
바. 법 제7조 제3항을 위반하여 수거 · 조사 · 열람을 거부 · 방해하거나 기피한 경우	법 제18조 제1항 제4호	100만원	300만원	500만원	
사. 법 제8조를 위반하여 영수증이나 거래명세서 등을 비치 · 보관하지 않은 경우	법 제18조 제1항 제5호	20만원	40만원	80만원	
아. 법 제9조의2 제1항에 따른 교육이수명령을 이행하지 않은 경우	법 제18조 제2항 제1호	30만원	60만원	100만원	
자. 법 제10조의2 제1항을 위반하여 유통이력을 신고하지 않거나 거짓으로 신고한 경우	법 제18조 제2항 제2호				
1) 유통이력을 신고하지 않은 경우		50만원	100만원	300만원	500만원
2) 유통이력을 거짓으로 신고한 경우		100만원	200만원	400만원	500만원
차. 법 제10조의2 제2항을 위반하여 유통이력을 장부에 기록하지 않거나 보관하지 않은 경우	법 제18조 제2항 제3호	50만원	100만원	300만원	500만원
카. 법 제10조의2 제3항을 위반하여 유통이력 신고의무가 있음을 알리지 않은 경우	법 제18조 제2항 제4호	50만원	100만원	300만원	500만원
타. 법 제10조의3 제2항을 위반하여 수거 · 조사 또는 열람을 거부 · 방해 또는 기피한 경우	법 제18조 제2항 제5호	100만원	200만원	400만원	500만원

17 정답및해설 ④

법 제3조(중앙도매시장)

1. 서울특별시 가락동 농수산물도매시장
2. 서울특별시 노량진 수산물도매시장
3. 부산광역시 엄궁동 농산물도매시장
4. 부산광역시 국제 수산물도매시장
5. 대구광역시 북부 농수산물도매시장
6. 인천광역시 구월동 농산물도매시장
7. 인천광역시 삼산 농산물도매시장
8. 광주광역시 각화동 농산물도매시장
9. 대전광역시 오정 농수산물도매시장
10. 대전광역시 노은 농산물도매시장
11. 울산광역시 농수산물도매시장

18 정답및해설 ②

법 제8조(가격예시)

① 농림축산식품부장관 또는 해양수산부장관은 농림축산식품부령 또는 해양수산부령으로 정하는 주요 농수산물의 수급조절과 가격안정을 위하여 필요하다고 인정할 때에는 해당 농산물의 파종기 또는 수산물의 종자입식 시기 이전에 생산자를 보호하기 위한 하한가격[이하 "예시가격"(豫示價格)이라 한다]을 예시할 수 있다.

② 농림축산식품부장관 또는 해양수산부장관은 제1항에 따라 예시가격을 결정할 때에는 해당 농산물의 농림업관측, 주요 곡물의 국제곡물관측 또는 「수산물 유통의 관리 및 지원에 관한 법률」 제38조에 따른 수산업관측(이하 이 조에서 "수산업관측"이라 한다) 결과, 예상 경영비, 지역별 예상 생산량 및 예상 수급상황 등을 고려하여야 한다.

③ 농림축산식품부장관 또는 해양수산부장관은 제1항에 따라 예시가격을 결정할 때에는 미리 기획재정부장관과 협의하여야 한다.

④ 농림축산식품부장관 또는 해양수산부장관은 제1항에 따라 가격을 예시한 경우에는 예시가격을 지지(支持)하기 위하여 다음 각 호의 사항 등을 연계하여 적절한 시책을 추진하여야 한다.

19 정답및해설 ①

시행규칙 제13조(농산물의 수입추천 등)

① 법 제15조 제3항에서 "농림축산식품부령으로 정하는 사항"이란 다음 각 호의 사항을 말한다.

  1. 「관세법 시행령」 제98조에 따른 관세·통계통합품목분류표상의 품목번호
  2. 품명
  3. 수량
  4. 총금액

② 농림축산식품부장관이 법 제15조 제4항에 따라 비축용 농산물로 수입하거나 생산자단체를 지정하여 수입·판매하게 할 수 있는 품목은 다음 각 호와 같다.

  1. 비축용 농산물로 수입·판매하게 할 수 있는 품목 : 고추·마늘·양파·생강·참깨
  2. 생산자단체를 지정하여 수입·판매하게 할 수 있는 품목 : 오렌지·감귤류

20 정답및해설 ③

법 제29조(산지유통인의 등록)

① 농수산물을 수집하여 도매시장에 출하하려는 자는 농림축산식품부령 또는 해양수산부령으로 정하는 바에 따라 부류별로 도매시장 개설자에게 등록하여야 한다. 다만, 다음 각 호의 어느 하나에 해당하는 경우에는 그러하지 아니하다.

     1. 생산자단체가 구성원의 생산물을 출하하는 경우

     2. 도매시장법인이 제31조 제1항 단서에 따라 매수한 농수산물을 상장하는 경우

     3. 중도매인이 제31조 제2항 단서에 따라 비상장 농수산물을 매매하는 경우

     4. 시장도매인이 제37조(시장도매인의 영업)에 따라 매매하는 경우

     5. 그 밖에 농림축산식품부령 또는 해양수산부령으로 정하는 경우

② 도매시장법인, 중도매인 및 이들의 주주 또는 임직원은 해당 도매시장에서 산지유통인의 업무를 하여서는 아니 된다.

③ 도매시장 개설자는 이 법 또는 다른 법령에 따른 제한에 위반되는 경우를 제외하고는 제1항에 따라 등록을 하여 주어야 한다.

④ 산지유통인은 등록된 도매시장에서 농수산물의 출하업무 외의 판매・매수 또는 중개업무를 하여서는 아니 된다.

⑤ 도매시장 개설자는 제1항에 따라 등록을 하여야 하는 자가 등록을 하지 아니하고 산지유통인의 업무를 하는 경우에는 도매시장에의 출입을 금지・제한하거나 그 밖에 필요한 조치를 할 수 있다.

⑥ 국가나 지방자치단체는 산지유통인의 공정한 거래를 촉진하기 위하여 필요한 지원을 할 수 있다.

21 정답및해설 ④

법 제56조(기금의 운용・관리)

① 기금은 국가회계원칙에 따라 <u>농림축산식품부장관이 운용・관리한다.</u>

22 정답및해설 ④

최대연임가능 임기 : 4년

시행령 제35조 제2항

분쟁조정위원회 위원의 임기는 2년으로 하며, 한 차례만 연임할 수 있다.

23 정답및해설 ②

연간거래액 8억 : 1일 과징금 6,000원 × 1개월(30일) = 180,000원

법 제37조(시장도매인의 영업)

② 시장도매인은 해당 도매시장의 도매시장법인・중도매인에게 농수산물을 판매하지 못한다.

위반사항	근거 법조문	처분기준		
		1차	2차	3차
22) 법 제37조 제2항을 위반하여 해당 도매시장의 도매시장법인・중도매인에게 판매를 한 경우	법 제82조 제2항 제16호	업무정지 15일	업무정지 1개월	업무정지 3개월

연간 거래액	1일당 과징금 금액
5억원 미만	4,000원
5억원 이상 10억원 미만	6,000원

24 정답및해설 ②

시행규칙 제34조(도매시장법인의 겸영)

① 법 제35조 제4항 단서에 따른 농수산물의 선별・포장・가공・제빙(製氷)・보관・후숙(後熟)・저장・수출입・배송(도매시장법인이나 해당 도매시장 중도매인의 농수산물 판매를 위한 배송으로 한정한다) 등의 사업(이하 이 조에서 "겸영사업"이라 한다)을 겸영하려는 도매시장법인은 다음 각 호의 요건을 충족하여야 한다. 이 경우 제1호부터 제3호까지의 기준은 직전 회계연도의 대차대조표를 통하여 산정한다.

1. 부채비율(부채/자기자본×100)이 300퍼센트 이하일 것
2. 유동부채비율(유동부채/부채총액×100)이 100퍼센트 이하일 것
3. 유동비율(유동자산/유동부채×100)이 100퍼센트 이상일 것
4. 당기순손실이 2개 회계연도 이상 계속하여 발생하지 아니할 것

② 도매시장법인은 겸영사업을 하려는 경우에는 그 겸영사업 개시 전에 겸영사업의 내용 및 계획을 해당 도매시장 개설자에게 알려야 한다. 이 경우 도매시장법인이 해당 도매시장 외의 장소에서 겸영사업을 하려는 경우에는 겸영하려는 사업장 소재지의 시장(도매시장 개설자와 다른 경우에만 해당한다)·군수 또는 자치구의 구청장에게도 이를 알려야 한다.

③ 도매시장법인은 겸영사업을 하는 경우 전년도 겸영사업 실적을 매년 3월 31일까지 해당 도매시장 개설자에게 제출하여야 한다.

시행령 제35조 제5항

도매시장 개설자는 산지(産地) 출하자와의 업무 경합 또는 과도한 겸영사업으로 인하여 도매시장법인의 도매업무가 약화될 우려가 있는 경우에는 대통령령으로 정하는 바에 따라 제4항 단서에 따른 겸영사업을 1년 이내의 범위에서 제한할 수 있다.

25 정답 및 해설 ①

법 제2조

"중도매인"(仲都賣人)이란 제25조, 제44조, 제46조 또는 제48조에 따라 농수산물도매시장·농수산물공판장 또는 민영농수산물도매시장의 개설자의 허가 또는 지정을 받아 다음 각 목의 영업을 하는 자를 말한다.

법 제44조(공판장의 거래 관계자)

① 공판장에는 중도매인, 매매참가인, 산지유통인 및 경매사를 둘 수 있다.
② 공판장의 중도매인은 공판장의 개설자가 지정한다.

원예작물학

26 정답 및 해설 ①

상추에는 락투시린이 함유되어 있다.

- 시니그린 (sinigrin) : 갓이나 고추냉이에 함유되어 있는 매운맛 성분
- 레스베라트롤(resveratrol) : 식물에서 발견되는 항산화물질인 폴리페놀(polyphenol) 계열에 속하는 물질로 포도, 오디, 땅콩 등에 들어있으며, 특히 적포도주에 다량 함유되어 있다.

원예작물의 주요 기능성 물질

작물	주요 기능성 물질	효능
고추	캡사이신	암세포 증식억제
토마토	라이코펜	항산화작용, 노화방지
	루틴	혈압강화
수박	시트룰린	이뇨작용 촉진
오이	엘라테린	숙취해소
마늘	알리인	살균작용, 항암작용
양파	케르세틴	고혈압 예방, 항암작용
	디셀파이드	혈액응고 억제
상추	락투시린	진통효과

생강	시니그린	해독작용
사과	폴리페놀류	항암 · 항산화작용
포도	레스베라트롤	항암 · 항산화작용
복숭아 · 살구	아미그달린	암세포 파괴
감귤	노빌레틴	항암 · 항산화작용
딸기	엘라그산	항산화작용

27 정답및해설 ②

- 샤인머스켓 : 일본에서 만든 청포도 종
- 부유 : 일본 기후현이 원산지
- 매향 : 1997년 논산딸기시험장에서 도치노미네 품종과 아키히메 품종을 교배하여 얻은 품종
- 백마(국화) : 2004년 농촌진흥청에서 개발

28 정답및해설 ①

- 당근, 미나리 : 미나리과
- 양파, 마늘, 부추, 튤립 : 백합과
- 석류 : 석류나무과
- 무화과 : 뽕나무과
- 가지과 : 감자, 토마토, 고추, 담배
- 장미과 : 사과, 배, 비파, 딸기나무, 모과, 벚나무

29 정답및해설 ③

수경재배 : 식물을 물에서 키우는 방법이다. 일반적으로는 땅에 뿌리를 내리는 식물을 물에서 키우는 것을 수경재배라고 칭하며, 양액재배라고 부르기도 한다. 연작장해가 없다.

수경재배의 특징

① 반복해서 계속 재배해도 연작장애가 발생하지 않는다.
② 재배의 생력화(省力化)가 가능하다.
③ 청정재배(淸淨栽培)가 가능하다.
④ 액과 자갈을 위생적으로 관리하면 토양전염성 병충해가 적다.
⑤ 흙이 갖는 완충작용이 없으므로 배양액중의 양분의 농도와 조성비율 및 pH 등이 작물에 대해 민감하게 작용한다.
⑥ 배양액의 주요요소와 미량요소 및 산소의 관리를 잘 하지 못하면 생육장애가 발생하기 쉽다.
⑦ 시설비용이 많이 소요된다.

30 정답및해설 ④

육묘재배 : 종자를 직파하지 않고 육묘해서 본포에 정식하는 재배형태

육묘의 이점

① 토지이용을 고도화 할 수 있다.
② 유묘기(종자가 발아하여 본엽이 2~4엽 정도 출현하는 시기) 때의 철저한 보호관리가 가능하다.
③ 종자를 절약할 수 있다.
④ 직파(본포에 씨를 직접 뿌리는 것)가 불리한 고구마, 딸기 등의 재배에 유리하다.
⑤ 조기수확이 가능하다.

31 정답 및 해설 ③

여름의 고온과 장일에서 엽초 밑부분이 비대해진다.

32 정답 및 해설 ③

염류집적

염류집적(鹽類集積)은 강우가 적고 증발량이 많은 건조·반건조 지대에서는 토양 상층에서 하층으로의 세탈 작용이 적고, 증발에 의한 염류의 상승량이 많아 표층에 염류가 집적하는 현상이다. 적절한 수분이 토양을 통해 흐르도록 할 경우 염류집적을 막을 수 있다.

석회(Ca^{2+}), 고토(Mg^{2+}), 칼리(K^+) 나트륨(Na^+) 등의 양이온과 질산이온, 황산이온 등의 음이온 등 과다한 염류가 토양 용액에 녹아 집적되면, 삼투압이 증가하면서 작물뿌리가 물과 양분을 흡수하기 어렵게 되어 생육이 저해된다.

33 정답 및 해설 ④

해충별 천적

① 총채벌레 : 마일즈응애, 애꽃노린재

② 온실가루이 : 온실가루이좀벌

③ 점박이응애 : 칠레이리응애

④ 진딧물 : 진디혹파리, 콜레마니진디벌, 애꽃노린재

※ 굴파리의 천적 : 굴파리좀벌

34 정답 및 해설 ①

블라인드 : 꽃눈 분화는 모든 가지에서 일어나지만, 발육이 불량하면 분화된 꽃눈이 꽃으로 발육하지 못하고 퇴화해버린다. 이 같은 현상을 블라인드(Blind)라 부른다. 환경적 요인으로는 빛 에너지의 부족과 저온조건이 블라인드의 발생에 깊이 관여한다.

35 정답 및 해설 ④

가루깍지벌레

거친 껍질 밑에서 알덩어리로 월동하며 4월 하순경 발생하기 시작하여 7월 상순, 8월 하순에 걸쳐 연 3회 발생한다. 포도의 잎, 가지 과실을 흡즙해 큰 피해를 주며 일반 깍지벌레와는 달리 깍지가 없고 자유롭게 이동한다.

피해양상은 배설물에 의해 그을음병이 심하게 나타나며 포도송이 속에 발생하게 되면 분비물에 의해 상품가치가 현저히 떨어지는 등 피해가 커 적기에 방제해야 한다.

36 정답 및 해설 ②

양액재배 시 양액조성 고려사항은 EC, pH, 용존산소 농도 외에 각종 무기물질이 있지만, 이산화탄소농도는 기체로서 고려사항이 아니다.

EC(전기전도도)

EC센서를 사용하여 배양액의 농도(EC)를 측정한다. 그 결과 목표치보다 EC가 높을 때는 원수공급을, 낮을 때는 농축배양액을 보충한다. EC(전기전도도)는 용액의 전기저항의 역수로 정의되며, 용액 중의 전기의 흐름은 용액 이온량에 영향을 받는다. EC가 크다는 것은 이온량이 많아 전기가 통하기 쉽다는 것이며, 이는 용액 중의 이온량이 많아 양분농도가 진하다는 것을 의미한다.

pH(산도)

pH를 식물에 맞게 적절한 범위를 유지해야 식물이 양분을 잘 흡수한다. pH센서를 사용하여 배양액의 수소이온농도(pH)를 측정하여 목표치보다 pH가 높으면 인산, 염산, 황산, 질산 등 산성 물질을, 낮으면 수산화나트륨, 수산화칼륨 등 알칼리 물질을 첨가한다.

37 정답및해설 ②

- 저온춘화 : 식물체가 일정 기간 동안 저온을 거쳐야만 꽃눈이 분화되거나 개화가 일어나는 현상
- 종자춘화형 : 최아 종자의 시기에 저온에 감응해 개화하는 식물(추파맥류, 완두, 잠두, 무, 배추)
- 녹식물춘화형 : 어느 정도 자란 유묘의 시기에 저온에 감응해 개화(양배추, 양파, 파, 당근 등)
- 탈춘화(이춘화) : 식물이 춘화 처리를 받고 난 후 고온(高溫) 처리를 겪으면 춘화 현상이 소멸하는 현상

38 정답및해설 ④

- 2,4-D : 제초제 기능을 하는 합성옥신
- B-9 : 신장억제 및 왜화작용
- IAA, IBA : 세포의 신장촉진제인 천연옥신

39 정답및해설 ④

고설재배 : 재배시설을 높이 하여 수확이 편리하도록 한 재배방식

40 정답및해설 ②

DIF(Difference) : 주야간 온도차
짧은 초장유도 → 부(−)의 DIF처리 필요
DIF차에 둔감 : 히야신스

41 정답및해설 ②

무병주 생산 : 병에 걸리지 않은 건전한 식물체. 생장점 배양으로 얻을 수 있는 영양 번식체로서, 조직 특히 도관 내에 있던 바이러스 따위의 병원체가 제거된 것이다. 감자, 고구마, 씨마늘, 딸기 등에 이용된다.

42 정답및해설 ③

화상병 : 세균에 의해 사과나 배나무의 잎·줄기·꽃·열매 등이 마치 불에 타 화상을 입은 듯한 증세를 보이다가 고사하는 병을 말한다.

43 정답및해설 ③

감, 포도는 2년생 가지에서 발생하는 1년생 가지에서 결실한다. 1년생 가지에서 결실하는 것은 맞지만, 그 앞에 2년생 가지에서 발생하는 1년생 가지이다.
- 복숭아, 자두, 매실, 살구, 앵두 : 2년생 가지
- 모과, 사과, 배 : 3년생 가지

44 정답및해설 ②

배 : 일본배 또는 돌배

45 정답및해설 ①

위과(僞果)·부과(副果)·가과(假果)라고도 한다.
- 꽃받기 발육 : 양딸기, 석류 등
- 꽃자루 발육 : 파인애플, 무화과 등
- 꽃받기와 꽃받침이 함께 발육한 것 : 배, 사과, 모과 등 인과류

46 정답및해설 ④

- 강전정 : 줄기를 많이 잘라내어 새눈이나 새가지의 발생을 촉진시키는 전정법

- 환상박피 : 과수 등에서 원줄기의 수피(樹皮)를 인피(靭皮) 부위에 달하는 깊이까지 나비 6mm 정도로 고리 모양으로 벗겨내는 일

47 정답 및 해설 ③

토양 입단화
여러 개의 토양입자들이 모여서 큰 덩어리로 이루는 작용을 말하며 입단화에는 적토, 유기물, 칼슘, 철 등이 입자들을 강하게 연결시키고 있다.
반사필름 피복은 과수결실과 관련된 것으로 입단화와는 관련이 없고, 더더욱 입단화를 방해한다.

48 정답 및 해설 ②

산으로 둘러싸인 분지는 늦서리 피해에 약하다.

49 정답 및 해설 ④

마그네슘은 엽록소의 구성원소이며 결핍 시 황백화현상이 일어나고 줄기나 뿌리의 생장점 발육이 저해된다.

50 정답 및 해설 ①

경사지의 과수원은 높이의 고저차를 따라 배수가 자연스럽게 이루어지지만 평탄지 과수원은 자연배수가 안 되므로 배수길을 만들어 주어야 한다.

수확 후 품질관리론

51 정답 및 해설 ④

① 후지 사과 : 요오드반응으로 과육의 청색 착색면적이 최소일 때 수확한다.
② 저장용 마늘 : 추대 직후에 수확한다.
③ 신고 배 : 만개 후 160~170일 정도 되면 수확한다.

52 정답 및 해설 ①

사과의 안토시아닌 색소가 증가하면 붉은색을 띠게 되고, 엽록소가 감소하므로 녹색이 줄어들게 된다.

53 정답 및 해설 ②

- 호흡급등형 : 사과, 배, 복숭아, 참다래, 바나나, 토마토, 수박, 살구, 멜론, 감, 키위, 망고 등
- 비호흡급등형 : 포도, 감귤, 오렌지, 레몬, 고추, 가지, 오이, 딸기, 호박, 파인애플 등

54 정답 및 해설 ④

신맛이 줄어드는 것은 유기산이 감소하였기 때문이다.

55 정답 및 해설 ③

천연독성물질
- 아플라톡신 : 보리
- 솔라닌 : 감자
- 아미그달린 : 청매실
- 쿠쿠비타신 : 오이

56 정답및해설 ④

에틸렌 생합성 제어

에틸렌 전구체인 메티오닌으로 시작해 최종 에틸렌이 생성되는 과정에서 ATP의 결합으로 S-adenosyl methionine(SAM)을 형성하면서 ACC생성효소, ACC산화효소가 작용한다. 크리스퍼를 이용해 CNR, RIN, NOR 등 에틸렌 생합성 조절 인자의 결실이나 치환을 유도해 에틸렌 합성을 조절할 수 있다.

57 정답및해설 ④

① 증산율이 낮은 작물은 수분증발이 적어 저장성이 강하다.
② 공기 중의 상대습도가 낮아지면 증산이 활발해져 생체의 중량이 감소된다.
③ 증산은 압력이 높을수록 감소한다.

58 정답및해설 ④

자두 – 사과산

말산 : 말산은 유기화합물로 TCA 회로의 중간산물이다. 사과에 많이 함유되었다고 해서 사과산이라고 부르기도 한다. (사과, 포도 등)

59 정답및해설 ③

수분함량이 많을수록 조직감이 떨어진다.

60 정답및해설 ②

굴절당도계 : 빛의 굴절 현상을 이용하여 과즙의 당 함량을 측정하는 기계. 굴절 당도는 100g의 용액에 녹아 있는 자당의 그램 수를 기준으로 하지만 과실은 과즙에 녹아 있는 가용성 고형물 함량을 측정하여 당도로 표시한다. 1Brix 용액은 100그램의 용액에 1그램의 설탕이 포함된 용액을 의미한다.

61 정답및해설 ③

케라시아닌은 안토시아닌계통이다.
• 카로틴계 : 베타카로틴, 리코펜
• 잔토필계 : 루테인, 아스타잔틴
• 아포카로티노이드계 : 아브시스산
• 비타민A리티노이드계 : 레티놀

62 정답및해설 ③

• 감자 큐어링(치유) : 감자 수확 후 온도 15~20도, 습도 85~90%인 조건에서 2주일 정도 큐어링하면 코르크 층이 잘 형성되어 수분 손실과 부패균의 침입을 감소시킬 수 있다
• 슈베린 : 식물세포막에 다량으로 함유되어 있는 wax 물질, 코르크질, 목전질

63 정답및해설 ②

자외선처리는 건식으로 물을 사용하는 세척방법이 아니다.

64 정답및해설 ①

처리방법 : 인산칼륨(KH_2PO_4) 0.5mM을 수확 직후 24시간 침지

65 정답및해설 ②

예냉이란 수확 후 전처리한 농산물을 냉장보관하여 포장열(재배지에서 수확한 농산물의 열)을 제거하고 급속히 품온을 낮추는 것이다.

66   정답및해설 ④

후숙 : 과일 자체에서 나오는 에틸렌 가스로 인해 과일이 더 잘 익고 숙성되는 것
대표적인 후숙과일은 바나나, 망고, 키위, 감, 토마토, 무화과 등이 있다.

67   정답및해설 ③

활성탄이나 목탄은 에틸렌이나 수분의 흡수제이다.

68   정답및해설 ③

이산화탄소의 투과도가 산소투과도보다 3~5배 더 높게 유지한다.

69   정답및해설 ①

에세폰 : 숙성을 촉진하는 물질로 감의 떫은 맛을 없애 주는 탈삽작용을 하기도 한다.

70   정답및해설 ②

신수는 조생종으로 만생종 품종에 비해 저장성이 약하다.
• 조생종 : 미니배, 감로, 신천, 조생황금, 선황, 원황, 신일, 한아름, 신수, 장수, 행수
• 중생종 : 황금배, 수황배, 화산, 만풍배, 영산배, 수정배, 감천배, 단배, 풍수, 장십랑, 신고
• 만생종 : 미황, 추황배, 만수, 만황, 금촌추, 만삼길

71   정답및해설 ③

저온장해(0~10℃)로 세포의 결빙을 가져오지는 않는다.

72   정답및해설 ①

적정저장온도
• 단감 : 5℃ 이상으로 저온처리하는 것은 피해야 한다.
• 배 : 0~1℃
• 사과 : −1℃
• 토마토 : 온난 기후 산물로서 5℃ 이하로 저장하면 맛과 향이 없어진다.

73   정답및해설 ①

신선채소류는 수분함량이 높다. 따라서 이에 대항성이 강한 수분흡수율이 낮은 포장상자를 사용하여야 한다.
수분흡수율이 높은 포장상자 사용 시 포장상자가 파손되거나 훼손되기 쉽다.

74   정답및해설 ④

필름종류(투과성 순위)	가스투과성(ml/m² · 0.025mm · 1day)		포장내부
	CO_2	O_2	$CO_2 : O_2$
저밀도폴리에틸렌(LDPE)1	7,700~77,000	3,900~13,000	2.0 : 5.9
폴리스틸렌(PS)2	10,000~26,000	2,600~2,700	3.4 : 5.8
폴리프로필렌(PP)3	7,700~21,000	1,300~6,400	3.3 : 5.9
폴리비닐클로라이드(PVC)4	4,263~8,138	620~2,248	3.6 : 6.9
폴리에스터(PET)5	180~390	52~130	3.0 : 3.5

75   정답및해설 ②

PLS(Positive List System) : 농약허용기준강화제도

농산물유통론

76 정답및해설 ②

농산물은 수요(필수품), 공급(계절적 편재성, 수확기간) 등의 이유로 수요와 공급의 조절이 어려워 비탄력적이다.

77 정답및해설 ①

시간효용 : 저장

78 정답및해설 ④

가정대용식[Home Meal Replacement, HMR] : 짧은 시간에 간편하게 조리하여 먹을 수 있는 가정식 대체식품

79 정답및해설 ①

거래정보는 산지단계를 포함하며, 개별(개인)재배면적이 아니라 전국적 재배면적정보이다.

80 정답및해설 ①

유통조성기구는 표준화, 등급화, 금융, 위험부담, 정보제공 등을 담당하는 기구를 말한다.

81 정답및해설 ②

경매를 통하여 형성된 가격은 매일 공개된다.

82 정답및해설 ③

수집상의 판매가격 : 2,000원
(2,000 − 1,000)/2,000 = 50%

83 정답및해설 ④

협동조합의 유통은 규모의 경제 실현으로 거대 기업유통 중심의 유통시장을 견제하고, 시장 내에서 경쟁척도를 제공하는 역할을 수행한다.
무임승차 문제 : 조합원이 아닌 농업인에게도 시장 형성된 가격의 이익을 제공되는 것을 무임승차 문제라고 할 수 있다.

84 정답및해설 ①

공동판매에서는 개별농가의 직접거래와 달리 공동판매, 공동정산이 이루어지므로 수집과 정산사이에 일정기간이 소요되어 자본의 유동성이 약화된다. (개별농가가 개별출하 하였다면 즉시 정산이 가능하다.)

85 정답및해설 ②

산지수집상 또는 산지유통인 : 농산물 수집의 역할과 산지가격 조정의 기능을 담당
소매상은 중간 유통기구에게 시장정보를 제공하고 판매점에 상품을 진열함으로써 상품구색을 제공한다.

86 정답및해설 ③

소비자의 수요정보(소비자가 구매하는 내용이나 소요)가 전달되는 것은 소비지 유통이다.

87 **정답 및 해설** ③

물적 유통기능

① 수송 ② 가공 및 수송

수송기능은 장소의 이동을 통해 거리의 격차를 해소한다.

88 **정답 및 해설** ④

보안사고가 발생하면 소비자 개인 정보의 안전성에 문제를 나타낸다.

89 **정답 및 해설** ③

① 특, 상, 보통 또는 1급, 2급, 3급 등으로 등급화된다.

② 운반, 저장성 향상은 포장화, 규격화 등 표준규격화이다.

③ 등급화에는 산물출하에 비하여 등급작업을 위한 추가적 비용이 발생하므로 가격상승의 원인이 된다.

90 **정답 및 해설** ②

① 일반 농산품은 비탄력적이지만 고급농산품은 가격에 탄력적이다.

② 가격의 인하로 생산자의 총수익은 증가한다.

③ 출하량 조절이 가능하면 탄력적, 조절이 어렵다면 비탄력적이라고 한다.

④ 수요의 가격탄력성은 품목마다 다르며, 원칙적으로 가격이 하락하면 수요의 법칙에 따라 수요량은 증가한다.

91 **정답 및 해설** ①

소비자 마다 상품에 대하는 태도가 개별성이 강하므로 다차원적이라고 할 수 있다.

92 **정답 및 해설** ④

①②③은 행위적 특성이 아니다.

소비자의 행동은 브랜드충성도에 따른다고 할 수 있다. (즉, 행위적 특성이다.)

브랜드충성도 : 특정 브랜드에 소비자가 맹목적인 소비 선택을 하는 경향성

93 **정답 및 해설** ②

• 브랜드가 소비자의 Positioning을 결정하므로 광고효과도 있다.

• 브랜드는 상표권으로 지적재산권이다.

• 브랜드 자체는 기업이미지와 합체되어 품질을 보증한다.

94 **정답 및 해설** ①

리더가격

특정상품에 대한 소비자의 구매를 일으킬 수 있는 가격을 제시(미끼제공)하고, 매장에 입장하도록 리드하는 기능

95 **정답 및 해설** ④

경품, 사은품, 쿠폰 제공과 같은 판매촉진 활동은 기업체의 특화된 판촉활동은 아니며 얼마든지 타업체들이 모방해서 따를 수 있는 단기적, 임시적인 홍보수단이다.

판촉활동기간 유입된 고객은 추후 장기적인 잠재고객으로 전환된다.

96 **정답 및 해설** ②

소유권이전 : 거래(교환)기능, 상적거래기능

97 정답 및 해설 ③

공급망관리 : SCM(Supply Chain Management)
생산부터 판매까지의 유통경로에는 공급자(유통상인)가 위치한다. 이를 주도하는 통합 프로세스 과정이다.

98 정답 및 해설 ③

- 계약생산 : 생산자 입장에서 가격하락 방어를 위한 위험회피전략
- 분산판매 : 판매처와 소비처를 다변화함으로써 특정 구매자 또는 지역의 소비자 구매패턴이 변화될 경우의 위험회피전략
- 선도거래 : 생산자는 공급물량을 미리 확보함으로써 가격하락 위험을 회피할 수 있고, 공급자는 수확기 생산자 공급가격의 폭등을 회피할 수 있다.

99 정답 및 해설 ④

T11형 규격 : 1,100mm × 1,100mm

100 정답 및 해설 ④

유통경로상의 기관을 미시적 환경이라고 하며 기업은 유동기관(기구)이다.

2021년 제18회 1차 기출문제
정답 및 해설

01	02	03	04	05	06	07	08	09	10	11	12	13	14	15	16	17	18	19	20
①	①	③	②	④	③	②	①	③	④	④	②	①	②	④	③	④	③	②	①
21	22	23	24	25	26	27	28	29	30	31	32	33	34	35	36	37	38	39	40
④	②	③	③	①	②	④	④	②	④	①	②	④	③	②	③	②	①	③	②
41	42	43	44	45	46	47	48	49	50	51	52	53	54	55	56	57	58	59	60
②	①	①	③	③	①	③	③	④	①	②	④	④	①	③	④	②	④	③
61	62	63	64	65	66	67	68	69	70	71	72	73	74	75	76	77	78	79	80
③	④	④	②	①	③	①	②	④	②	④	③	①	②	①	②	③	③	③
81	82	83	84	85	86	87	88	89	90	91	92	93	94	95	96	97	98	99	100
②	②	④	③	①	④	②	②	②	③	①	①	④	③	④	①	④	④	④	①

관계법령

01 정답 및 해설 ①

법 제2조(용어정의)

"생산자단체"란 「농업·농촌 및 식품산업 기본법」 제3조 제4호, 「수산업·어촌 발전 기본법」 제3조 제5호의 생산자단체와 그 밖에 농림축산식품부령 또는 해양수산부령으로 정하는 단체를 말한다.

02 정답 및 해설 ①

시행령 제3조(원산지의 표시대상)

① 법 제5조 제1항 각 호 외의 부분에서 "대통령령으로 정하는 농수산물 또는 그 가공품"이란 다음 각 호의 농수산물 또는 그 가공품을 말한다.

1. 유통질서의 확립과 소비자의 올바른 선택을 위하여 필요하다고 인정하여 농림축산식품부장관과 해양수산부장관이 공동으로 고시한 농수산물 또는 그 가공품

2. 「대외무역법」 제33조에 따라 산업통상자원부장관이 공고한 수입 농수산물 또는 그 가공품. 다만, 「대외무역법 시행령」 제56조 제2항에 따라 원산지 표시를 생략할 수 있는 수입 농수산물 또는 그 가공품은 제외한다.

03 정답 및 해설 ③

위반금액	과징금의 금액
100만원 이하	위반금액 × 0.5
100만원 초과 500만원 이하	위반금액 × 0.7
500만원 초과 1,000만원 이하	위반금액 × 1.0
1,000만원 초과 2,000만원 이하	위반금액 × 1.5

2,000만원 초과 3,000만원 이하	위반금액 × 2.0
3,000만원 초과 4,500만원 이하	위반금액 × 2.5
4,500만원 초과 6,000만원 이하	위반금액 × 3.0
6,000만원 초과	위반금액 × 4.0(최고 3억원)

04 정답 및 해설 ②

시행령 [별표3] 검사대상 농산물의 종류별 품목
1. 정부가 수매하거나 생산자단체 등이 정부를 대행하여 수매하는 농산물
    가. 곡류 : 벼·겉보리·쌀보리·콩
    나. 특용작물류 : 참깨·땅콩
    다. 과실류 : 사과·배·단감·감귤
    라. 채소류 : 마늘·고추·양파
    마. 잠사류 : 누에씨·누에고치
2. 정부가 수출·수입하거나 생산자단체 등이 정부를 대행하여 수출·수입하는 농산물
    가. 곡류
        1) 조곡(粗穀) : 콩·팥·녹두
        2) 정곡(精穀) : 현미·쌀
    나. 특용작물류 : 참깨·땅콩
    다. 채소류 : 마늘·고추·양파
3. 정부가 수매 또는 수입하여 가공한 농산물
    곡류 : 현미·쌀·보리쌀

05 정답 및 해설 ④

법 제106조(농산물품질관리사 또는 수산물품질관리사의 직무)
① 농산물품질관리사는 다음 각 호의 직무를 수행한다.
    1. 농산물의 등급 판정
    2. 농산물의 생산 및 수확 후 품질관리기술 지도
    3. 농산물의 출하 시기 조절, 품질관리기술에 관한 조언
    4. 그 밖에 농산물의 품질 향상과 유통 효율화에 필요한 업무로서 농림축산식품부령으로 정하는 업무
시행규칙 제134조(농산물품질관리사의 업무)
법 제106조 제1항 제4호에서 "농림축산식품부령으로 정하는 업무"란 다음 각 호의 업무를 말한다.
1. 농산물의 생산 및 수확 후의 품질관리기술 지도
2. 농산물의 선별·저장 및 포장 시설 등의 운용·관리
3. 농산물의 선별·포장 및 브랜드 개발 등 상품성 향상 지도
4. 포장농산물의 표시사항 준수에 관한 지도
5. 농산물의 규격출하 지도

06 정답 및 해설 ③

시행규칙 [별표2] 우수관리인증의 취소 및 표시정지에 관한 처분

위반행위	위반횟수별 처분기준		
	1차 위반	2차 위반	3차 위반
가. 거짓이나 그 밖의 부정한 방법으로 우수관리인증을 받은 경우	인증취소	–	–
나. 우수관리기준을 지키지 않은 경우	표시정지 1개월	표시정지 3개월	인증취소

다. 전업(轉業)·폐업 등으로 우수관리인증농산물을 생산하기 어렵다고 판단되는 경우	인증취소	–	–
라. 우수관리인증을 받은 자가 정당한 사유 없이 조사·점검 또는 자료제출 요청에 응하지 않은 경우	표시정지 1개월	표시정지 3개월	인증취소
마. 우수관리인증을 받은 자가 법 제6조 제7항에 따른 우수관리인증의 표시방법을 위반한 경우	시정명령	표시정지 1개월	표시정지 3개월
바. 법 제7조 제4항에 따른 우수관리인증의 변경승인을 받지 않고 중요 사항을 변경한 경우	표시정지 1개월	표시정지 3개월	인증취소
사. 우수관리인증의 표시정지기간 중에 우수관리인증의 표시를 한 경우	인증취소	–	–

07 정답 및 해설 ②

시행규칙 [별표1] 우수관리인증농산물의 표시(표시방법)
가. 크기 : 포장재의 크기에 따라 표지의 크기를 키우거나 줄일 수 있다.
나. 위치 : 포장재 주 표시면의 옆면에 표시하되, 포장재 구조상 옆면에 표시하기 어려울 경우에는 표시위치를 변경할 수 있다.
다. 표지 및 표시사항은 소비자가 쉽게 알아볼 수 있도록 인쇄하거나 스티커로 포장재에서 떨어지지 않도록 부착하여야 한다.
라. 포장하지 않고 낱개로 판매하는 경우나 소포장 등으로 우수관리인증농산물의 표지와 표시사항을 인쇄하거나 부착하기에 부적합한 경우에는 농산물우수관리의 표지만 표시할 수 있다.
마. 수출용의 경우에는 해당 국가의 요구에 따라 표시할 수 있다.
바. 제3호 나목의 표시항목 중 표준규격, 지리적표시 등 다른 규정에 따라 표시하고 있는 사항은 그 표시를 생략할 수 있다.

08 정답 및 해설 ①

법 제104조(농수산물 명예감시원)
① 농림축산식품부장관 또는 해양수산부장관이나 시·도지사는 농수산물의 공정한 유통질서를 확립하기 위하여 소비자단체 또는 생산자단체의 회원·직원 등을 농수산물 명예감시원으로 위촉하여 농수산물의 유통질서에 대한 감시·지도·계몽을 하게 할 수 있다.
② 농림축산식품부장관 또는 해양수산부장관이나 시·도지사는 농수산물 명예감시원에게 예산의 범위에서 감시활동에 필요한 경비를 지급할 수 있다.
③ 제1항에 따른 농수산물 명예감시원의 자격, 위촉방법, 임무 등에 필요한 사항은 농림축산식품부령 또는 해양수산부령으로 정한다.

시행규칙 제133조(농수산물 명예감시원의 자격 및 위촉방법 등)
① 국립농산물품질관리원장, 국립수산물품질관리원장, 산림청장 또는 시·도지사는 법 제104조제1항에 따라 다음 각 호의 어느 하나에 해당하는 사람 중에서 농수산물 명예감시원(이하 "명예감시원"이라 한다)을 위촉한다.
  1. 생산자단체, 소비자단체 등의 회원이나 직원 중에서 해당 단체의 장이 추천하는 사람
  2. 농수산물의 유통에 관심이 있고 명예감시원의 임무를 성실히 수행할 수 있는 사람
② 명예감시원의 임무는 다음 각 호와 같다.
  1. 농수산물의 표준규격화, 농산물우수관리, 품질인증, 친환경수산물인증, 농수산물 이력추적관리, 지리적표시, 원산지표시에 관한 지도·홍보 및 위반사항의 감시·신고
  2. 그 밖에 농수산물의 유통질서 확립과 관련하여 국립농산물품질관리원장, 국립수산물품질관리원장, 산림청장 또는 시·도지사가 부여하는 임무

③ 명예감시원의 운영에 관한 세부 사항은 국립농산물품질관리원장, 국립수산물품질관리원장, 산림청장 또는 시·도지사가 정하여 고시한다.

09 정답및해설 ③

시행령 [별표4] 과태료의 부과기준

1. 일반기준

가. 위반행위의 횟수에 따른 과태료의 가중된 부과기준(제2호 바목 및 사목의 경우는 제외한다)은 최근 1년간 같은 위반행위로 과태료 부과처분을 받은 경우에 적용한다. 이 경우 기간의 계산은 위반행위에 대하여 **과태료 부과처분을 받은 날**과 그 처분 후 다시 같은 위반행위를 하여 **적발된 날**을 기준으로 한다.

나. 가목에 따라 가중된 부과처분을 하는 경우 가중처분의 적용 차수는 그 위반행위 전 부과처분 차수(가목에 따른 기간 내에 과태료 부과 처분이 둘 이상 있었던 경우에는 높은 차수를 말한다)의 다음 차수로 한다.

다. 위반행위가 둘 이상인 경우로서 그에 해당하는 각각의 처분기준이 다른 경우에는 그 중 무거운 처분기준에 따른다.

라. 부과권자는 다음의 어느 하나에 해당하는 경우에 제2호에 따른 과태료 금액을 2분의 1의 범위에서 감경할 수 있다. 다만, 과태료를 체납하고 있는 위반행위자의 경우에는 그러하지 아니하다.

1) 위반행위자가 「질서위반행위규제법 시행령」 제2조의2제1항 각 호의 어느 하나에 해당하는 경우

2) 위반행위자가 자연재해·화재 등으로 재산에 현저한 손실이 발생했거나 사업여건의 악화로 중대한 위기에 처하는 등의 사정이 있는 경우

3) 위반행위가 고의나 중대한 과실이 아닌 사소한 부주의나 오류로 인한 것으로 인정되는 경우

4) 그 밖에 위반행위의 정도, 위반행위의 동기와 그 결과 등을 고려하여 감경할 필요가 있다고 인정되는 경우

10 정답및해설 ④

시행규칙 제7조(표준규격품의 출하 및 표시방법 등)

① 농림축산식품부장관, 해양수산부장관, 특별시장·광역시장·도지사·특별자치도지사(이하 "시·도지사"라 한다)는 농수산물을 생산, 출하, 유통 또는 판매하는 자에게 표준규격에 따라 생산, 출하, 유통 또는 판매하도록 권장할 수 있다.

② 법 제5조 제2항에 따라 표준규격품을 출하하는 자가 표준규격품임을 표시하려면 해당 물품의 포장 겉면에 "표준규격품"이라는 문구와 함께 다음 각 호의 사항을 표시하여야 한다.

1. 품목

2. 산지

3. 품종. 다만, 품종을 표시하기 어려운 품목은 국립농산물품질관리원장, 국립수산물품질관리원장 또는 산림청장이 정하여 고시하는 바에 따라 품종의 표시를 생략할 수 있다.

4. 생산 연도(곡류만 해당한다)

5. 등급

6. 무게(실중량). 다만, 품목 특성상 무게를 표시하기 어려운 품목은 국립농산물품질관리원장, 국립수산물품질관리원장 또는 산림청장이 정하여 고시하는 바에 따라 개수(마릿수) 등의 표시를 단일하게 할 수 있다.

7. 생산자 또는 생산자단체의 명칭 및 전화번호

11 정답및해설 ④

시행규칙 제46조(이력추적관리의 대상품목 및 등록사항)

① 법 제24조 제1항에 따른 이력추적관리 등록 대상품목은 법 제2조 제1항 제1호 가목의 농산물(축산물은 제외한다. 이하 이 절에서 같다) 중 식용을 목적으로 생산하는 농산물로 한다.

② 법 제24조 제1항에 따른 이력추적관리의 등록사항은 다음 각 호와 같다.

1. 생산자(단순가공을 하는 자를 포함한다)

   가. 생산자의 성명, 주소 및 전화번호

   나. 이력추적관리 대상품목명

   다. 재배면적

   라. 생산계획량

   마. 재배지의 주소

2. 유통자

   가. 유통업체의 명칭 또는 유통자의 성명, 주소 및 전화번호

   나. 삭제 〈2016. 4. 6.〉

   다. 수확 후 관리시설이 있는 경우 관리시설의 소재지

3. 판매자: 판매업체의 명칭 또는 판매자의 성명, 주소 및 전화번호

12 **정답및해설** ②

법 제117조(벌칙) 7년 이하의 징역 또는 1억원 이하의 벌금

다음 각 호의 어느 하나에 해당하는 자는 7년 이하의 징역 또는 1억원 이하의 벌금에 처한다. 이 경우 징역과 벌금은 병과(倂科)할 수 있다.

1. 제57조 제1호를 위반하여 유전자변형농수산물의 표시를 거짓으로 하거나 이를 혼동하게 할 우려가 있는 표시를 한 유전자변형농수산물 표시의무자

2. 제57조 제2호를 위반하여 유전자변형농수산물의 표시를 혼동하게 할 목적으로 그 표시를 손상·변경한 유전자변형농수산물 표시의무자

3. 제57조 제3호를 위반하여 유전자변형농수산물의 표시를 한 농수산물에 다른 농수산물을 혼합하여 판매하거나 혼합하여 판매할 목적으로 보관 또는 진열한 유전자변형농수산물 표시의무자

법 제119조(벌칙) 3년 이하의 징역 또는 3천만원 이하의 벌금

다음 각 호의 어느 하나에 해당하는 자는 3년 이하의 징역 또는 3천만원 이하의 벌금에 처한다.

1. 제29조 제1항 제1호를 위반하여 우수표시품이 아닌 농수산물(우수관리인증농산물이 아닌 농산물의 경우에는 제7조 제4항에 따른 승인을 받지 아니한 농산물을 포함한다) 또는 농수산가공품에 우수표시품의 표시를 하거나 이와 비슷한 표시를 한 자

1의2. 제29조 제1항 제2호를 위반하여 우수표시품이 아닌 농수산물(우수관리인증농산물이 아닌 농산물의 경우에는 제7조 제4항에 따른 승인을 받지 아니한 농산물을 포함한다) 또는 농수산가공품을 우수표시품으로 광고하거나 우수표시품으로 잘못 인식할 수 있도록 광고한 자

2. 제29조 제2항을 위반하여 다음 각 목의 어느 하나에 해당하는 행위를 한 자

   가. 제5조 제2항에 따라 표준규격품의 표시를 한 농수산물에 표준규격품이 아닌 농수산물 또는 농수산가공품을 혼합하여 판매하거나 혼합하여 판매할 목적으로 보관하거나 진열하는 행위

   나. 제6조 제6항에 따라 우수관리인증의 표시를 한 농산물에 우수관리인증농산물이 아닌 농산물(제7조 제4항에 따른 승인을 받지 아니한 농산물을 포함한다) 또는 농산가공품을 혼합하여 판매하거나 혼합하여 판매할 목적으로 보관하거나 진열하는 행위

   다. 제14조 제3항에 따라 품질인증품의 표시를 한 수산물에 품질인증품이 아닌 수산물을 혼합하여 판매하거나 혼합하여 판매할 목적으로 보관 또는 진열하는 행위

   라. 삭제 〈2012.6.1.〉

   마. 제24조 제6항에 따라 이력추적관리의 표시를 한 농산물에 이력추적관리의 등록을 하지 아니한 농산물 또는 농산가공품을 혼합하여 판매하거나 혼합하여 판매할 목적으로 보관하거나 진열하는 행위

3. 제38조 제1항을 위반하여 지리적표시품이 아닌 농수산물 또는 농수산가공품의 포장·용기·선전물 및 관련 서류에 지리적표시나 이와 비슷한 표시를 한 자

4. 제38조 제2항을 위반하여 지리적표시품에 지리적표시품이 아닌 농수산물 또는 농수산가공품을 혼합하여 판매하거나 혼합하여 판매할 목적으로 보관 또는 진열한 자

5. 제73조 제1항 제1호 또는 제2호를 위반하여 「해양환경관리법」 제2조 제4호에 따른 폐기물, 같은 조 제7호에 따른 유해액체물질 또는 같은 조 제8호에 따른 포장유해물질을 배출한 자
6. 제101조 제1호를 위반하여 거짓이나 그 밖의 부정한 방법으로 제79조에 따른 농산물의 검사, 제85조에 따른 농산물의 재검사, 제88조에 따른 수산물 및 수산가공품의 검사, 제96조에 따른 수산물 및 수산가공품의 재검사 및 제98조에 따른 검정을 받은 자
7. 제101조 제2호를 위반하여 검사를 받아야 하는 수산물 및 수산가공품에 대하여 검사를 받지 아니한 자
8. 제101조 제3호를 위반하여 검사 및 검정 결과의 표시, 검사증명서 및 검정증명서를 위조하거나 변조한 자
9. 제101조 제5호를 위반하여 검정 결과에 대하여 거짓광고나 과대광고를 한 자

13 정답및해설 ①

시행규칙 제56조(지리적표시의 등록 및 변경)
① 법 제32조 제3항 전단에 따라 지리적표시의 등록을 받으려는 자는 별지 제30호 서식의 지리적표시 등록(변경) 신청서에 다음 각 호의 서류를 첨부하여 농산물(임산물은 제외한다. 이하 이 장에서 같다)은 국립농산물품질관리원장, 임산물은 산림청장, 수산물은 국립수산물품질관리원장에게 각각 제출하여야 한다. 다만, 지리적표시의 등록을 받으려는 자가 「상표법 시행령」 제5조 제1호부터 제3호까지의 서류를 특허청장에게 제출한 경우(2011년 1월 1일 이후에 제출한 경우만 해당한다)에는 별지 제30호 서식의 지리적표시 등록(변경) 신청서에 해당 사항을 표시하고 제3호부터 제6호까지의 서류를 제출하지 아니할 수 있다.
1. 정관(법인인 경우만 해당한다)
2. 생산계획서(법인의 경우 각 구성원별 생산계획을 포함한다)
3. 대상품목 · 명칭 및 품질의 특성에 관한 설명서
4. 해당 특산품의 유명성과 역사성을 증명할 수 있는 자료
5. 품질의 특성과 지리적 요인과 관계에 관한 설명서
6. 지리적표시 대상지역의 범위
7. 자체품질기준
8. 품질관리계획서

14 정답및해설 ②

① 지정 취소 ② 경고 ③ 업무정지 3개월 ④ 업무정지 1개월
시행규칙 [별표20] 농산물 지정검사기관의 지정 취소 및 사업정지에 관한 처분기준

위반행위	위반횟수별 처분기준			
	1회	2회	3회	4회
가. 거짓이나 그 밖의 부정한 방법으로 지정을 받은 경우	지정 취소			
나. 업무정지 기간 중에 검사 업무를 한 경우	지정 취소			
다. 법 제80조 제3항에 따른 지정기준에 맞지 않게 된 경우				
1) 시설 · 장비 · 인력, 조직이나 검사업무에 관한 규정 중 어느 하나가 지정기준에 맞지 않는 경우	업무정지 1개월	업무정지 3개월	업무정지 6개월	지정 취소
2) 시설 · 장비 · 인력, 조직이나 검사업무에 관한 규정 중 둘 이상이 지정기준에 맞지 않는 경우	업무정지 6개월	지정 취소		
라. 검사를 거짓으로 한 경우	업무정지 3개월	업무정지 6개월	지정 취소	
마. 검사를 성실하게 하지 않은 경우				
1) 검사품의 재조제가 필요한 경우	경고	업무정지 3개월	업무정지 6개월	지정 취소

2) 검사품의 재조제가 필요하지 않은 경우	경고	업무정지 1개월	업무정지 3개월	지정 취소
바. 정당한 사유 없이 지정된 검사를 하지 않은 경우	경고	업무정지 1개월	업무정지 3개월	지정 취소

15 정답및해설 ④

법 제59조(유전자변형농수산물의 표시 위반에 대한 처분)
① 식품의약품안전처장은 제56조 또는 제57조를 위반한 자에 대하여 다음 각 호의 어느 하나에 해당하는 처분을 할 수 있다.
  1. 유전자변형농수산물 표시의 이행·변경·삭제 등 시정명령
  2. 유전자변형 표시를 위반한 농수산물의 판매 등 거래행위의 금지
② 식품의약품안전처장은 제57조를 위반한 자에게 제1항에 따른 처분을 한 경우에는 처분을 받은 자에게 해당 처분을 받았다는 사실을 공표할 것을 명할 수 있다.
③ 식품의약품안전처장은 유전자변형농수산물 표시의무자가 제57조를 위반하여 제1항에 따른 처분이 확정된 경우 처분내용, 해당 영업소와 농수산물의 명칭 등 처분과 관련된 사항을 대통령령으로 정하는 바에 따라 인터넷 홈페이지에 공표하여야 한다.
④ 제1항에 따른 처분과 제2항에 따른 공표명령 및 제3항에 따른 인터넷 홈페이지 공표의 기준·방법 등에 필요한 사항은 대통령령으로 정한다.

16 정답및해설 ③

법 제62조(시료 수거 등)
① 식품의약품안전처장이나 시·도지사는 안전성조사, 제68조 제1항에 따른 위험평가 또는 같은 조 제3항에 따른 잔류조사를 위하여 필요하면 관계 공무원에게 다음 각 호의 시료 수거 및 조사 등을 하게 할 수 있다. 이 경우 무상으로 시료 수거를 하게 할 수 있다.

법 제60조(안전관리계획)
① 식품의약품안전처장은 농수산물(축산물은 제외한다. 이하 이 장에서 같다)의 품질 향상과 안전한 농수산물의 생산·공급을 위한 안전관리계획을 매년 수립·시행하여야 한다.
② 시·도지사 및 시장·군수·구청장은 관할 지역에서 생산·유통되는 농수산물의 안전성을 확보하기 위한 세부추진계획을 수립·시행하여야 한다.

시행규칙 제7조(안전성조사의 대상품목)
② 제1항에 따른 대상품목의 구체적인 사항은 식품의약품안전처장이 정한다.

17 정답및해설 ④

법 제32조(매매방법)
도매시장법인은 도매시장에서 농수산물을 경매·입찰·정가매매 또는 수의매매(隨意賣買)의 방법으로 매매하여야 한다. 다만, 출하자가 매매방법을 지정하여 요청하는 경우 등 농림축산식품부령 또는 해양수산부령으로 매매방법을 정한 경우에는 그에 따라 매매할 수 있다.

18 정답및해설 ③

법 제20조(도매시장 개설자의 의무)
① 도매시장 개설자는 거래 관계자의 편익과 소비자 보호를 위하여 다음 각 호의 사항을 이행하여야 한다.
  1. 도매시장 시설의 정비·개선과 합리적인 관리
  2. 경쟁 촉진과 공정한 거래질서의 확립 및 환경 개선
  3. 상품성 향상을 위한 규격화, 포장 개선 및 선도(鮮度) 유지의 촉진

② 도매시장 개설자는 제1항 각 호의 사항을 효과적으로 이행하기 위하여 이에 대한 투자계획 및 거래제도 개선방안 등을 포함한 대책을 수립·시행하여야 한다.

19 정답및해설 ②

법 제27조(경매사의 임면)
① 도매시장법인은 도매시장에서의 공정하고 신속한 거래를 위하여 농림축산식품부령 또는 해양수산부령으로 정하는 바에 따라 일정 수 이상의 경매사를 두어야 한다.

시행규칙 제20조(경매사의 임면)
① 법 제27조 제1항에 따라 도매시장법인이 확보하여야 하는 경매사의 수는 2명 이상으로 하되, 도매시장법인별 연간 거래물량 등을 고려하여 업무규정으로 그 수를 정한다.
② 법 제27조 제4항에 따라 도매시장법인이 경매사를 임면(任免)한 경우에는 별지 제3호 서식에 따라 임면한 날부터 30일 이내에 도매시장 개설자에게 신고하여야 한다.

법 제28조(경매사의 업무 등)
① 경매사는 다음 각 호의 업무를 수행한다.
　1. 도매시장법인이 상장한 농수산물에 대한 경매 우선순위의 결정
　2. 도매시장법인이 상장한 농수산물에 대한 가격평가
　3. 도매시장법인이 상장한 농수산물에 대한 경락자의 결정

20 정답및해설 ①

법 제9조(과잉생산 시의 생산자 보호)
① 농림축산식품부장관은 채소류 등 저장성이 없는 농산물의 가격안정을 위하여 필요하다고 인정할 때에는 그 생산자 또는 생산자단체로부터 제54조에 따른 농산물가격안정기금으로 해당 농산물을 수매할 수 있다. 다만, 가격안정을 위하여 특히 필요하다고 인정할 때에는 도매시장 또는 공판장에서 해당 농산물을 수매할 수 있다.
② 제1항에 따라 수매한 농산물은 판매 또는 수출하거나 사회복지단체에 기증하거나 그 밖에 필요한 처분을 할 수 있다.
③ 농림축산식품부장관은 제1항과 제2항에 따른 수매 및 처분에 관한 업무를 농업협동조합중앙회·산림조합중앙회(이하 "농림협중앙회"라 한다) 또는 「한국농수산식품유통공사법」에 따른 한국농수산식품유통공사(이하 "한국농수산식품유통공사"라 한다)에 위탁할 수 있다.
④ 농림축산식품부장관은 채소류 등의 수급 안정을 위하여 생산·출하 안정 등 필요한 사업을 추진할 수 있다.
⑤ 제1항부터 제3항까지의 규정에 따른 수매·처분 등에 필요한 사항은 대통령령으로 정한다.

시행령 제10조(과잉생산된 농산물의 수매 및 처분)
① 농림축산식품부장관은 법 제9조에 따라 저장성이 없는 농산물을 수매할 때에 다음 각 호의 어느 하나의 경우에는 수확 이전에 생산자 또는 생산자단체로부터 이를 수매할 수 있으며, 수매한 농산물에 대해서는 해당 농산물의 생산지에서 폐기하는 등 필요한 처분을 할 수 있다.
　1. 생산조정 또는 출하조절에도 불구하고 과잉생산이 우려되는 경우
　2. 생산자보호를 위하여 필요하다고 인정되는 경우
② 법 제9조에 따라 저장성이 없는 농산물을 수매하는 경우에는 법 제6조에 따라 생산계약 또는 출하계약을 체결한 생산자가 생산한 농산물과 법 제13조 제1항에 따라 출하를 약정한 생산자가 생산한 농산물을 우선적으로 수매하여야 한다.
③ 법 제9조 제3항에 따른 저장성이 없는 농산물의 수매·처분의 위탁 및 비용처리에 관하여는 제12조부터 제14조까지의 규정을 준용한다.

PART 02

21 정답 및 해설 ④

시행규칙 제30조(대량 입하품 등의 우대)
도매시장 개설자는 법 제33조 제2항에 따라 다음 각 호의 품목에 대하여 도매시장법인 또는 시장도매인으로
하여금 우선적으로 판매하게 할 수 있다.
1. 대량 입하품
2. 도매시장 개설자가 선정하는 우수출하주의 출하품
3. 예약 출하품
4. 「농수산물 품질관리법」 제5조에 따른 표준규격품 및 같은 법 제6조에 따른 우수관리인증농산물
5. 그 밖에 도매시장 개설자가 도매시장의 효율적인 운영을 위하여 특히 필요하다고 업무규정으로 정하는
   품목

22 정답 및 해설 ②

시행규칙 제43조(공판장의 개설)
① 농림수협 등, 생산자단체 또는 공익법인이 공판장을 개설하려면 시·도지사의 승인을 받아야 한다.
법 제44조(공판장의 거래 관계자)
① 공판장에는 중도매인, 매매참가인, 산지유통인 및 경매사를 둘 수 있다.

23 정답 및 해설 ③

시행령 제11조(유통조절명령)
법 제10조 제2항에 따른 유통조절명령에는 다음 각 호의 사항이 포함되어야 한다.
1. 유통조절명령의 이유(수급·가격·소득의 분석 자료를 포함한다)
2. 대상 품목
3. 기간
4. 지역
5. 대상자
6. 생산조정 또는 출하조절의 방안
7. 명령이행 확인의 방법 및 명령 위반자에 대한 제재조치
8. 사후관리와 그 밖에 농림축산식품부장관 또는 해양수산부장관이 유통조절에 관하여 필요하다고 인정하는
   사항

24 정답 및 해설 ③

법 제47조(민영도매시장의 개설)
① 민간인 등이 특별시·광역시·특별자치시·특별자치도 또는 시 지역에 민영도매시장을 개설하려면 시·
   도지사의 허가를 받아야 한다.
② 민간인 등이 제1항에 따라 민영도매시장의 개설허가를 받으려면 농림축산식품부령 또는 해양수산부령으
   로 정하는 바에 따라 민영도매시장 개설허가 신청서에 업무규정과 운영관리계획서를 첨부하여 시·도지
   사에게 제출하여야 한다.

25 정답 및 해설 ①

시행규칙 제27조(상장되지 아니한 농수산물의 거래허가)
법 제31조 제2항 단서에 따라 중도매인이 도매시장의 개설자의 허가를 받아 도매시장법인이 상장하지 아니한
농수산물을 거래할 수 있는 품목은 다음 각 호와 같다. 이 경우 도매시장개설자는 법 제78조 제3항에 따른
시장관리운영위원회의 심의를 거쳐 허가하여야 한다.
1. 영 제2조 각 호의 부류를 기준으로 연간 반입물량 누적비율이 하위 3퍼센트 미만에 해당하는 소량 품목
2. 품목의 특성으로 인하여 해당 품목을 취급하는 중도매인이 소수인 품목

3. 그 밖에 상장거래에 의하여 중도매인이 해당 농수산물을 매입하는 것이 현저히 곤란하다고 도매시장 개설
자가 인정하는 품목

원예작물학

26 정답및해설 ②

원예작물의 주요 기능성 독성 물질

품목	독성물질	품목	독성물질
오이	쿠쿠비타신	고구마	이포메아마론
상추	락투시린	옥수수	아플라톡신
배추, 양배추	글루코시놀레이트	청매실	아미그달린
감자	솔라닌	마늘	알리인

27 정답및해설 ④

원예작물의 습해
① 토양 산소의 부족으로 무기호흡의 증가
② 메탄, 에탄올, 질소, 이산화탄소, 황화수소의 측적으로 호흡장해
③ 세포벽의 목질화 촉진
④ 무기성분 중 인산 흡수가 억제

28 정답및해설 ④

생장점 배양
식물의 생장점을 잘라서 배지에서 키워 전체 식물체를 분화시키는 조직배양 방법으로 무병(주로 바이러스)
식물체를 얻는 데 이용됨. 고등식물의 줄기나 뿌리의 생장점 또는 생장점을 함유하는 주변조직을 분리하여
기내에서 무균적으로 배양하는 방법

29 정답및해설 ②

황화현상
작물체가 황색으로 변하는 현상으로 무기원소의 결핍에 의해 발생한다.
황화현상 원인 : 탄소, 수소, 산소, 질소, 마그네슘, 철 등의 결핍

30 정답및해설 ④

원예작물의 흡즙성 해충
진딧물류, 응애류, 노린재류, 까지벌레류, 온실가루이 등

31 정답및해설 ①

증산작용에 영향을 미치는 요인
높은 광량, 낮은 상대습도, 높은 지상부 온도, 풍속의 증가 등

32 정답및해설 ②

고설재배(高設栽培)
토경재배의 경우보다 높은 (사람 허리높이 정도) 베드를 설치하여 작업의 편리성을 높인 재배방법

33 정답및해설 ④

• 배추과(십자화과) : 쌍떡잎식물의 한 과. 네 개의 꽃받침 조각과 네 개의 꽃잎이 십자 모양을 이루는 식물의 과. 무, 배추, 양배추, 갓, 청경채, 브로콜리, 냉이, 케일 따위가 있다.
• 비트 : 명아주과

34 정답및해설 ③

1년초(한해살이 화초)

춘파 1년초	봉선화, 맨드라미, 코스모스, 해바라기, 나팔꽃, 채송화, 백일홍 등
추파 1년초	과꽃, 물망초, 안개꽃, 금어초 등

• 칼랑코에 : 다육식물(숙근초)
• 제라늄 : 온실숙근초(여러해살이)
• 포인세티아 : 열대성 관목류
• 매발톱꽃 : 여러해살이 풀

35 정답및해설 ②

안개꽃은 전체 소화 중 70~80% 정도 개화 시 수확한다.

36 정답및해설 ③

염류집적(鹽類集積)은 강우가 적고 증발량이 많은 건조·반건조 토양에서는 토양 상층에서 하층으로의 세탈 작용이 적고, 증발에 의한 염류의 상승량이 많아 표층에 염류가 집적하는 현상이다.

37 정답및해설 ②

AVG(아미노에톡시비닐글라이신, aminoethoxy − vinylglycine)
1-아미노사이클로프로페인-1-카복실산 합성 효소를 억제하여 에틸렌 합성을 막는 식물 성장 조절 물질

38 정답및해설 ①

① B-9 : 신장 억제 및 왜화(矮化)작용
② NAA : 옥신류. 개화촉진, 낙화방지, 적화 및 적과제
③ IAA : 천연옥신류. 식물의 생장점에서 생성, 신장촉진, 엽면생장, 과일의 부피생장 등
④ GA(지베렐린) : 신장생장, 과실의 생장, 발아촉진, 개화촉진 등

39 정답및해설 ③

춘화에 필요한 온도는 0~10℃ 사이이다.

40 정답및해설 ②

• 박막수경(nutrient film technique) : 영양액을 펌프로 식물뿌리쪽에 얇은 막처럼 흘려 재배한다.
• 담액수경(deep flow technique) : 식물을 영양액에 담가 재배. 산소를 공급하는 장치가 필요하다.
• 분무경(Aeroponic) : 영양액을 뿌리에 분사하여 재배. 산소공급이 원활하여 성장이 가장 빠르다.
• 배지재배-저면관수방식 : 식물을 흙을 대신하는 배지에 식재한 후 아래 방식으로 영양액을 공급한다.

41 정답및해설 ②

드라세나 : 반양지, 반그늘 식물로 실내 재배에 알맞다.

42 정답및해설 ①
질소시비는 영양생장기에는 시비량을 늘리고, 생식생장기에는 시비량은 줄여 C/N율을 높여 준다.

43 정답및해설 ①
착색증진 방법
과실 주면의 잎 솎아주기, 수관하부에 반사필름 깔아주기, 주야간 온도차가 큰 변온조건, 에틸렌 처리 등

44 정답및해설 ③
사과나무 고접병 : 접붙이기할 때 접수(接穗)가 바이러스에 감염되어 있으면 발병하며, 고접(高接) 후 그해 가을부터 병징이 나타나기 시작한다. 1~2년 내에 나무가 쇠약해지며 갈변현상 및 목질천공(木質穿孔)현상이 나타난다. 병이 진전됨에 따라 잎은 담녹색 또는 황록색으로 되어 일찍 낙엽되어 가지의 생장도 쇠약해진다.

45 정답및해설 ③
위과(헛열매) : 위과(僞果)·부과(副果)·가과(假果)라고도 한다. 꽃받기가 발육한 것으로는 양딸기·석류 등이 있고, 꽃자루가 발육한 것으로는 파인애플·무화과 등이 있으며, 꽃받기와 꽃받침이 함께 발육한 것으로는 배·사과 등이 있다.

46 정답및해설 ①
IBA(indole-butyric acid) : 옥신으로서 인돌화합물의 일종이며, 식물의 생장 및 발달 단계 전반을 조절하는 중요한 생장 조절 인자로서 삽목 시 삽수에 처리하면 발근 촉진 효과가 있다.

47 정답및해설 ③
눈의 휴면타파를 위한 저온요구도
배 : 7.2℃ 이하에서 1,300~1,500시간
참다래 : 7℃ 이하에서 300~600시간

48 정답및해설 ③
칼슘부족 장해 : 사과(고두병), 토마토(배꼽썩음병), 양배추(흑심병), 배(코르크스폿)

49 정답및해설 ④
국화과 : 상추, 국화, 코스모스, 해바라기
가지과 : 고추, 감자, 토마토
장미과 : 사과, 자두, 딸기, 복숭아, 배, 매실, 해당화
백합과 : 마늘, 양파, 파, 아스파라거스, 튤립
생강과 : 생강

50 정답및해설 ①
② 깍지벌레 : 주로 가지에 붙어 식물의 즙액을 빨아먹는다.
③ 귤응애 : 잎 양면에서 수액 흡입(엽록소 파괴, 황화현상)
④ 뿌리혹선충 : 지하부 뿌리에서 혹을 형성

수확 후 품질관리론

51 정답및해설 ②

예냉 : 청과물을 수확직후에 신속히 온도를 낮추는 과정으로 청과물의 저장성과 운송기간의 품질을 유지하는
효과를 증대시키고 증산과 부패를 억제하며 신선도를 유지해준다.
예냉효과 : 냉매와 접촉면이 넓고, 액체가 기체보다 효율이 높다.

52 정답및해설 ④

복숭아 수확시기 결정인자 : 경도, 만개 후 일수, 당함량, 적산온도 등

53 정답및해설 ④

수분손실로 시들음 장해가 오는 것은 주로 엽채류이다.

54 정답및해설 ①

배추 수확기 판정지표 : 결구 상태

55 정답및해설 ①

칼슘부족 장해 : 사과(고두병), 토마토(배꼽썩음병), 양배추(흑심병), 배(코르크스폿)

56 정답및해설 ③

MA 저장 : MA저장의 기본적 원리는 필름이나 피막제를 이용하여 산물을 낱개 또는 소량포장하여 외부와
차단한 후 포장 내 호흡에 의한 산소 농도 저하와 이산화탄소의 농도 증가로 생성된 대기조성을 통해 품질변
화를 억제하는 방법이다.

57 정답및해설 ④

호흡상승과 (클라이매트릭)	호흡상승과는 성숙에서 노화로 진행되는 단계상 호흡률이 낮아졌다가 갑자기 상승하는 기간이 있다. 사과, 바나나, 배, 토마토, 복숭아, 감, 키위, 망고, 참다래, 살구, 멜론, 자두, 수박
비호흡상승과	고추, 가지, 오이, 딸기, 호박, 감귤, 포도, 오렌지, 파인애플, 레몬, 양앵두 및 대부분의 채소류

58 정답및해설 ②

토마토 : 미숙과정에서 클로로피(엽록소)가 많고, 성숙과정에서 리코핀 발현으로 붉은색을 띠게 된다.

59 정답및해설 ④

중량선별기 : 스프링식, 전자식
형상선별기 : 원판분리기
비파괴선별기 : 근적외선 당도 측정기

60 정답및해설 ③

메틸브로마이드 : 저장고 내 곰팡이나 세균을 훈증상태에서 소독하는 약제

61 정답및해설 ③

조직감 : 경도를 측정하여 수치로 표시한다.

62 정답및해설 ④

풍미결정요인 : 맛(단맛, 신맛)과 향기

63 정답및해설 ④

과즙에는 당분, 유기산, 아미노산, 가용성 펙틴 등이 녹아 있다.

64 정답및해설 ②

저온장애를 유발하는 아열대 원산지 품목 : 고추, 오이, 토마토, 바나나, 메론, 파인애플, 가지, 고구마

65 정답및해설 ①

호흡속도

매우 낮음	각과류
낮음	사과, 감귤, 포도, 감자, 양파, 키위, 녹채소류(상추, 배추, 애호박, 가지)
중간	서양배, 바나나, 살구, 복숭아, 자두
높음	딸기, 콜리플라워, 아욱, 콩
매우 높음	강낭콩, 아스파라거스, 브로콜리

66 정답및해설 ③

산소는 자연상태에서 공급된다.

67 정답및해설 ①

딸기에 에틸렌 처리를 하면 착색효과는 있지만 호흡열 증가로 신선도를 감쇄시키게 된다.

68 정답및해설 ②

에틸렌 억제제 : 1-MCP, STS, NBA, 에탄올 등
CA저장이나 MA포장 시 CO_2를 높이고 O_2를 낮추면 에틸렌 생성이 억제된다.

69 정답및해설 ②

에틸렌 처리 : 착색촉진, 떫은 감 탈삽, 연화촉진, 노화촉진, 황화현상 유발, 경도저하, 쓴 맛 증가(당근, 고구마), 갈색반점(양상추), 아스파라거스 조직경화

70 정답및해설 ③

수확 후 예건이 필요한 작물
결구류(배추, 양배추), 인경류(마늘, 양파), 과실류(단감, 서양배)

71 정답및해설 ②

저장 초기 송품량을 높이면 온도를 낮춰주는 효과가 있으며, 저온저장 시 호흡량은 줄어든다.

72 정답및해설 ④

결로방지 : 작물의 품온과 외부 기온의 온도차에 의해 결로가 발생하므로 외부공기가 작물에 직접적으로 접촉하는 것을 막아야 한다.

73 정답및해설 ③

저온유통의 장점 : 생물학적(미생물 증식 억제), 생리적(호흡, 연화), 기계적(상처발생) 손상방지 효과를 얻을 수 있다.

74 정답및해설 ①

곰팡이 독소 : 화학적 위해요인

75 정답및해설 ②

HACCP 구성

위해분석(HA : Hazard Analysis), 중요관리점(CCP : Critical Control Point)
- HA는 위해 가능성이 있는 요소를 전공정의 흐름에 따라 분석·평가하는 것
- CCP는 확인된 위해 중에서 중점적으로 다루어야 할 위해요소를 의미

농산물유통론

76 정답및해설 ①

가치사슬(value chain)

기업활동에서 부가가치가 생성되는 과정을 의미한다. 부가가치 창출에 직접 또는 간접적으로 관련된 일련의 활동·기능·프로세스의 연계를 의미한다. 주활동(primary activities)과 지원활동(support activities)으로 나눠볼 수 있다.

여기서 주활동은 제품의 생산·운송·마케팅·판매·물류·서비스 등과 같은 현장업무 활동을 의미하며, 지원활동은 구매·기술개발·인사·재무·기획 등 현장활동을 지원하는 제반업무를 의미한다. 주활동은 부가가치를 직접 창출하는 부문을, 지원활동은 부가가치가 창출되도록 간접적인 역할을 하는 부문을 말한다. 이두 활동부문의 비용과 가치창출 요인을 분석하는 데에 사용된다.

77 정답및해설 ②

유통업체의 규모화로 인해 PB상품 소비가 증가할 것이다.

PB상품(private brand goods)

백화점·슈퍼마켓 등 대형소매상이 독자적으로 개발한 브랜드 상품. 유통업체가 제조업체에 제품생산을 위탁하면 제품이 생산된 뒤에 유통업체 브랜드로 내놓는 것

78 정답및해설 ③

공동계산제의 전제가 되는 조건 중 하나가 자금의 규모화(조합원의 기금조성)이다. 자금의 규모화는 저온저장창고 등 시설의 설치를 가능케 하고, 농산물의 홍수출하를 억제할 수 있게 하여 연중 평균적인 가격의 유지를 실현하게 된다.

공동판매의 3원칙

① 무조건 위탁 : 개별 농가의 조건별 위탁을 금지
② 평균판매 : 생산자의 개별적 품질특성을 무시하고 일괄 등급별 판매 후 수취가격을 평준화하는 방식
③ 공동계산 : 평균판매 가격을 기준으로 일정 시점에서 공동계산

79 정답및해설 ③

유통마진이 높다는 것은 생산지가격과 소비지가격의 차이가 크다는 것을 의미하는데, 유통마진이 크다고 해서 반드시 유통효율성이 낮다고 할 수 없으며, 유통마진이 낮다고 해서 유통효율성이 높다고 할 수도 없다. 예를 들어 생산자의 직접판매는 유통마진을 낮출 수 있지만, 이는 생산자의 활동영역이 포괄적이고, 판매에 대한 책임 또한 생산자가 전적으로 부담함에 따라 손실 위험성도 증가한다.

유통비용의 구성

ⓐ 직접비용
   수송비, 포장비, 하역비, 저장비, 가공비 등과 같이 직접적으로 유통하는데 지불되는 비용

ⓑ 간접비용

점포임대료, 자본이자, 통신비, 제세공과금, 감가상각비 등과 같이 농산물을 유통하는데 간접적으로 투입되는 비용

80 정답및해설 ③

단수가격전략

소비자의 심리를 고려한 가격 결정법 중 하나로, 제품 가격의 끝자리를 홀수(단수)로 표시하여 소비자로 하여금 제품이 저렴하다는 인식을 심어주어 구매욕을 부추기는 가격전략

① 준거가격전략 : 소비자가 제품의 구매를 결정할 때 기준이 되는 가격으로 생산자가 소비자의 준거가격을 기준으로 가격을 결정하는 전략

② 개수가격전략 : 상품의 단위당 가격이 상대적으로 높을 때 개당 가격으로 판매하는 전략

81 정답및해설 ②

벤더(vender)

전산화된 물류체계를 갖추고 편의점이나 슈퍼마켓 등에 특화된 상품들을 공급하는 다품종 소량 도매업을 일컫는 용어. 벤더는 산지직거래를 통한 저가의 대량구매로 유통비용의 절감(가격 경쟁력 강화)을 추구한다. 취급 품목에 따라 다양한 형태로 세분화되면서 이미 한국의 유통시장에 뿌리를 내렸고, 앞으로도 그 추세가 계속 확산될 것으로 보인다.

82 정답및해설 ②

상대거래와 예약상대거래란 산지가 사전에 농산물 출하가격을 제시하고 이를 도매시장법인이 중간에서 중도매인과 가격을 조정해 경매가 아닌 방식으로 농산물을 사고 파는 것을 말한다.

선도거래

현재 정해진 가격으로 특정한 미래날짜에 상품을 사거나 파는 거래. 선물거래와 다른 점은 특정거래소가 별도로 존재하지 않는다는 점이다.

83 정답및해설 ④

농산물은 수급상황이 급변하게 되면 가격예측이 어렵고, 가격변동성이 커진다.

84 정답및해설 ③

꾸러미사업

학교 또는 가정에 정기적으로 농산물 등 식자재를 공급하는 사업

85 정답및해설 ①

포전매매(圃田賣買)

수확 전에 밭에 심겨 있는 상태로 작물 전체를 사고파는 일로 선도거래의 한 형태이다.

농수산물 유통 및 가격안정에 관한 법률 제53조(포전매매의 계약)

① 농림축산식품부장관이 정하는 채소류 등 저장성이 없는 농산물의 포전매매(생산자가 수확하기 이전의 경작상태에서 면적단위 또는 수량단위로 매매하는 것을 말한다. 이하 이 조에서 같다)의 계약은 서면에 의한 방식으로 하여야 한다.

■ **선물거래와 선도거래 비교**

구분	선물거래	선도거래
거래조건	표준화	비표준화
거래장소	선물거래소	없음
위험	보증제도 있음	보증제도 없음

PART 02

가격	경쟁호가방식	협상
증거금	있음	없음(개별적 보증설정)
중도청산	가능	제한적
실물인도	중도청산 혹은 만기인도	실제 인수도가 이루어지는 것이 일반적
가격변동	변동폭 제한	변동폭 없음

86 정답 및 해설 ④

산지유통
농산물의 거래가 소비지가 아닌 생산지에서 이뤄지는 유통
계약재배
생산물을 일정한 조건으로 인수하는 계약을 맺고 행하는 농산물 재배

87 정답 및 해설 ②

① 거래-소유효용
③ 저장-시간효용
④ 수송-장소효용

88 정답 및 해설 ②

포장이나 상·하역은 직접적 물류기능에 해당한다.
유통조성기능
유통의 간접적인 지원으로 표준화, 등급화, 유통금융(금융지원), 위험부담(보험) 등

89 정답 및 해설 ②

사내 생산설비 노후화는 약점(weakness)이다.
SWOT분석
기업의 내부환경과 외부환경을 분석하여 강점(strength), 약점(weakness), 기회(opportunity), 위협(threat) 요인을 규정하고 이를 토대로 경영전략을 수립하는 기법으로, 기업의 내부환경과 외부환경을 분석하여 강점(strength), 약점(weakness), 기회(opportunity), 위협(threat) 요인을 규정한다.
• 강점(strength) : 내부환경(자사 경영자원)의 강점
• 약점(weakness) : 내부환경(자사 경영자원)의 약점
• 기회(opportunity) : 외부환경(경쟁, 고객, 거시적 환경)에서 비롯된 기회
• 위협(threat) : 외부환경(경쟁, 고객, 거시적 환경)에서 비롯된 위협
SWOT전략
• SO전략(강점-기회전략) : 강점을 살려 기회를 포착
• ST전략(강점-위협전략) : 강점을 살려 위협을 회피
• WO전략(약점-기회전략) : 약점을 보완하여 기회를 포착
• WT전략(약점-위협전략) : 약점을 보완하여 위협을 회피

90 정답 및 해설 ③

시장세분화(segmentation)
제한된 자원으로 전체 시장에 진출하기 보다는 욕구와 선호가 비슷한 소비자 집단으로 나누어 진출하는 전략이다.
③ 소득계층의 지역적 밀집도에 따라 지리적 세분화가 가능하지만, 국적이나 종교 등을 기준으로 시장세분화를 하는 것은 일반적이지 않다.

91 정답및해설 ①

고가가격전략

비교적 고수준(高水準)으로 가격(價格)을 결정하는 방법이며, 고소득층을 표적으로 한다. 높은 제품기술력을 가지고 신상품을 출시할 때 이용한다. 고객층이 한정되고 시장에서 수용 속도가 늦고 경쟁기업이 급속히 진출할 가능성이 있기 때문에, 회사의 이미지가 높을 때 이용할 수 있고, 또 상품의 차별화가 효과적으로 나타날 때 이용할 수 있다.

92 정답및해설 ①

집단 심층면접(Focus Group Interview)

집단 심층면접(Focus Group Interview)은 통상 FGI로 불리며 집단토의(Group Discussion), 집단면접(Group Interview)으로 표현되기도 한다. 보통 6~10명의 소규모 참석자들이 모여 사회자의 진행에 따라 정해진 주제에 대해 이야기를 나누게 하고, 이를 통해 정보나 아이디어를 수집한다. 집단 심층면접은 구조화된 설문지를 사용하지 않는다는 점에서 양적 조사인 서베이와 구별되고, 면접원과 응답자 간에 일대일로 질의와 응답이 이루어지는 것이 아니고, 여러 명의 조사 대상자가 집단으로 참여해 함께 자유로이 의견을 나눈다는 점에서 개별 심층면접과 구별된다.

관찰조사

관찰 조사는 조사원이 직접 또는 기계장치를 이용해 조사 대상자의 행동이나 현상을 관찰하고 기록하는 조사방법이다. 응답자가 기억하기 어렵거나 대답하기 어려운 무의식적인 행동을 측정할 수 있고 한편으로 본심을 숨기거나 실제 행동과 다른 의견을 제시할 수 있는 가능성을 배제함으로써 객관적 사실의 파악이 가능하다.

93 정답및해설 ④

상표광고는 개별상품 또는 기업의 브랜드 인지도 향상에 초점을 맞춘 광고기법인데 반해 기업광고는 기업의 역사·정책·규모·기술·업적·인재 등을 선전함으로써 기업에 대한 신뢰와 호의를 널리 획득하고, 경영활동을 원활히 수행하기 위한 광고로서 상품광고와 대응되는 말이다.

94 정답및해설 ③

AIDMA

소비자의 구매과정을 나타내는 광고원칙으로, ① 주의(Attention), ② 흥미(Interest), ③ 욕구(Desire), ④ 기억(Memory), ⑤ 행동(Action)의 각단어의 두문자로 표시한다. M(기억) 대신에 확신(Confidence 또는 Conviction)의 C를 덧붙인 AIDCA(아이드카)도 같은 의미로 이용된다.

95 정답및해설 ④

유통비용의 구성

ⓐ 직접비용

수송비, 포장비, 하역비, 저장비, 가공비 등과 같이 직접적으로 유통하는 데 지불되는 비용

ⓑ 간접비용

점포임대료, 자본이자, 통신비, 제세공과금, 감가상각비 등과 같이 농산물을 유통하는 데 간접적으로 투입되는 비용

96 정답및해설 ①

① 대체재 : A와 B 두 재화 간에 어떤 한 재화(A)의 가격이 상승함에 따라 다른 재화(B)에 대한 수요가 증가하는 경우로서 국내산 감귤 가격의 상승으로 인해 동일한 효용을 제공하지만 가격이 상대적으로 낮은 수입산 감귤로 소비자가 이동(대체)한 결과이다.

② 보완재 : 어떤 한 재화의 가격이 상승함에 따라 다른 재화에 대한 수요가 감소하는 경우

③ 정상재 : 소득이 증가(감소)함에 따라 수요가 증가(감소)하는 재화로, 수요의 소득탄력성이 0보다 크다. 그 반대의 재화를 열등재라고 한다.

④ 기펜재 : 소득효과가 대체효과를 압도하여 가격이 낮아질 때(올라갈 때) 수요도 함께 감소(증가)하는 재화

97 정답및해설 ④

①, ②, ③은 정부가 주도 사업인 반면 농산자조금은 1차적으로 농업인이 스스로 기금을 조성하여 농산물의 소비촉진, 자율적 수급조절, 품질향상 등을 목적으로 조성한다. 농산자조금을 운영하는 단체에게는 정부에서 일정금액이 2차적으로 지원된다.

98 정답및해설 ④

농산물 유통정보의 역할
㉠ 농산물의 적정가격을 제시해 준다.
㉡ 유통비용을 감소시켜 준다.
㉢ 시장내에서 효율적인 유통기구를 발견해 준다.
㉣ 생산계획과 관련된 의사결정을 지원해 준다.
㉤ 유통업자의 의사결정을 지원해 준다.
㉥ 소비자의 합리적 소비를 지원해 준다.
㉦ 농산물 유통정책을 입안하는 데 도움을 준다.

99 정답및해설 ④

포장은 물류기능과 광고기능을 포함한다.

100 정답및해설 ①

소비자 상품구매 결정 과정과 구매 후 과정
문제인식 – 정보탐색 – 선택대안의 평가 – 구매 – 평가 – 재구매 또는 상표 대체

01	02	03	04	05	06	07	08	09	10	11	12	13	14	15	16	17	18	19	20
④	③	④	③	②	④	③	①	②	②	①	①	②	①	④	③	③	④	④	①
21	22	23	24	25	26	27	28	29	30	31	32	33	34	35	36	37	38	39	40
②	②	①	④	③	②	④	③	③	①	①	④	①	②	①	①	②	②	②	③
41	42	43	44	45	46	47	48	49	50	51	52	53	54	55	56	57	58	59	60
④	③	④	④	④	④	③	②	④	②	①	④	①	②	④	③	③	②	②	③
61	62	63	64	65	66	67	68	69	70	71	72	73	74	75	76	77	78	79	80
①	②	④	③	①	③	①	②	③	④	③	②	④	①	④	③	④	②	④	④
81	82	83	84	85	86	87	88	89	90	91	92	93	94	95	96	97	98	99	100
③	②	②	①	③	②	①	④	④	④	②	③	①	④	①	①	③	②	①	②

관계법령

01 정답및해설 ④

시행규칙[별표 12]
표지와 표시항목은 인쇄하거나 스티커로 포장재에서 떨어지지 않도록 부착하여야 한다. 다만 포장하지 아니하고 낱개로 판매하는 경우나 소포장의 경우에는 표지만을 표시할 수 있다.

02 정답및해설 ③

시행규칙 제7조
품종을 표시하기 어려운 품목은 국립농산물품질관리원장, 국립수산물품질관리원장 또는 산림청장이 정하여 고시하는 바에 따라 품종의 표시를 생략할 수 있다.

03 정답및해설 ④

법 제43조(지리적표시의 무효심판)
1. 제32조 제9항에 따른 등록거절 사유에 해당하는 경우에도 불구하고 등록된 경우
2. 제32조에 따라 지리적표시 등록이 된 후에 그 지리적표시가 원산지 국가에서 보호가 중단되거나 사용되지 아니하게 된 경우

법 제44조(지리적표시의 취소심판)
1. 지리적표시 등록을 한 후 지리적표시의 등록을 한 자가 그 지리적표시를 사용할 수 있는 농수산물 또는 농수산가공품을 생산 또는 제조·가공하는 것을 업으로 하는 자에 대하여 단체의 가입을 금지하거나 어려운 가입조건을 규정하는 등 단체의 가입을 실질적으로 허용하지 아니한 경우 또는 그 지리적표시를 사용할 수 없는 자에 대하여 등록 단체의 가입을 허용한 경우
2. 지리적표시 등록 단체 또는 그 소속 단체원이 지리적표시를 잘못 사용함으로써 수요자로 하여금 상품의 품질에 대하여 오인하게 하거나 지리적 출처에 대하여 혼동하게 한 경우

04 정답 및 해설 ③

> ■ 농수산물 품질관리법 시행령 [별표 3]
>
> ### 검사대상 농산물의 종류별 품목(제30조 제2항 관련)
>
> 1. 정부가 수매하거나 생산자단체 등이 정부를 대행하여 수매하는 농산물
>   - 가. 곡류 : 벼・겉보리・쌀보리・콩
>   - 나. 특용작물류 : 참깨・땅콩
>   - 다. 과실류 : 사과・배・단감・감귤
>   - 라. 채소류 : 마늘・고추・양파
>   - 마. 잠사류 : 누에씨・누에고치
> 2. 정부가 수출・수입하거나 생산자단체 등이 정부를 대행하여 수출・수입하는 농산물
>   - 가. 곡류
>   - 1) 조곡(粗穀) : 콩・팥・녹두
>   - 2) 정곡(精穀) : 현미・쌀
>   - 나. 특용작물류 : 참깨・땅콩
>   - 다. 채소류 : 마늘・고추・양파
> 3. 정부가 수매 또는 수입하여 가공한 농산물
>   - 곡류 : 현미・쌀・보리쌀

05 정답 및 해설 ②

① 법 제58조(유전자변형농수산물 표시의 조사) ① 식품의약품안전처장은 제56조 및 제57조에 따른 유전자변형농수산물의 표시 여부, 표시사항 및 표시방법 등의 적정성과 그 위반 여부를 확인하기 위하여 대통령령으로 정하는 바에 따라 관계 공무원에게 유전자변형표시 대상 농수산물을 수거하거나 조사하게 하여야 한다. 다만, 농수산물의 유통량이 현저하게 증가하는 시기 등 필요할 때에는 수시로 수거하거나 조사하게 할 수 있다.

시행령 제21조(유전자변형농수산물의 표시 등의 조사) ① 법 제58조 제1항 본문에 따른 유전자변형표시 대상 농수산물의 수거・조사는 업종・규모・거래품목 및 거래형태 등을 고려하여 식품의약품안전처장이 정하는 기준에 해당하는 영업소에 대하여 매년 1회 실시한다.

③④ 법 제13조(농산물우수관리 관련 보고 및 점검 등) ④ 제1항에 따라 점검이나 조사를 하는 관계 공무원은 그 권한을 표시하는 증표를 지니고 이를 관계인에게 보여주어야 하며, 성명・출입시간・출입목적 등이 표시된 문서를 관계인에게 내주어야 한다.

06 정답 및 해설 ④

법 제106조(농산물품질관리사의 직무)
1. 농산물의 등급 판정
2. 농산물의 생산 및 수확 후 품질관리기술 지도
3. 농산물의 출하 시기 조절, 품질관리기술에 관한 조언
4. 그 밖에 농산물의 품질 향상과 유통 효율화에 필요한 업무로서 농림축산식품부령으로 정하는 업무
※ 농림축산식품부령

시행규칙 제134조(농산물품질관리사의 업무)
법 제106조 제1항 제4호에서 "농림축산식품부령으로 정하는 업무"란 다음 각 호의 업무를 말한다.
1. 농산물의 생산 및 수확 후의 품질관리기술 지도
2. 농산물의 선별・저장 및 포장 시설 등의 운용・관리
3. 농산물의 선별・포장 및 브랜드 개발 등 상품성 향상 지도
4. 포장농산물의 표시사항 준수에 관한 지도
5. 농산물의 규격출하 지도

07 정답및해설 ③

검사성적서를 거짓으로 내준 경우(고의 또는 중과실이 있는 경우)

08 정답및해설 ①

법 제5조의2(권장품질표시)

① 농림축산식품부장관은 포장재 또는 용기로 포장된 농산물(축산물은 제외한다.)의 상품성을 높이고 공정한 거래를 실현하기 위하여 제5조에 따른 표준규격품의 표시를 하지 아니한 농산물의 포장 겉면에 등급 · 당도 등 품질을 표시(이하 "권장품질표시"라 한다)하는 기준을 따로 정할 수 있다.

② 농산물을 유통 · 판매하는 자는 제5조에 따른 표준규격품의 표시를 하지 아니한 경우 포장 겉면에 권장품질표시를 할 수 있다.

③ 권장품질표시의 기준 및 방법 등에 필요한 사항은 농림축산식품부령으로 정한다.

09 정답및해설 ②

시행규칙 제11조(우수관리인증의 심사 등)

① 우수관리인증기관은 제10조 제1항에 따라 우수관리인증 신청을 받은 경우에는 제8조에 따른 우수관리인증의 기준에 적합한지를 심사하여야 하며, 필요한 경우에는 현지심사를 할 수 있다.

10 정답및해설 ②

시행규칙 제16조

유효기간 연장기간은 법 제7조 제1항에 따른 우수관리인증의 유효기간(2년)을 초과할 수 없다.

11 정답및해설 ①

②③④ 1년 이하의 징역 또는 1천만원 이하의 벌금

12 정답및해설 ①

법 제63조(안전성조사 결과에 따른 조치)

① 식품의약품안전처장이나 시 · 도지사는 생산과정에 있는 농수산물 또는 농수산물의 생산을 위하여 이용 · 사용하는 농지 · 어장 · 용수 · 자재 등에 대하여 안전성조사를 한 결과 생산단계 안전기준을 위반한 경우에는 해당 농수산물을 생산한 자 또는 소유한 자에게 다음 각 호의 조치를 하게 할 수 있다.

1. 해당 농수산물의 폐기, 용도 전환, 출하 연기 등의 처리
2. 해당 농수산물의 생산에 이용 · 사용한 농지 · 어장 · 용수 : 자재 등의 개량 또는 이용 · 사용의 금지
3. 그 밖에 총리령으로 정하는 조치

13 정답및해설 ②

시행규칙 제58조(지리적표시의 등록공고 등)

① 국립농산물품질관리원장, 국립수산물품질관리원장 또는 산림청장은 법 제32조 제7항에 따라 지리적표시의 등록을 결정한 경우에는 다음 각 호의 사항을 공고하여야 한다.

1. 등록일 및 등록번호
2. 지리적표시 등록자의 성명, 주소(법인의 경우에는 그 명칭 및 영업소의 소재지를 말한다) 및 전화번호
3. 지리적표시 등록 대상품목 및 등록명칭
4. 지리적표시 대상지역의 범위
5. 품질의 특성과 지리적 요인의 관계
6. 등록자의 자체품질기준 및 품질관리계획서

14 정답및해설 ①

법 제39조(지리적표시품의 사후관리)

① 농림축산식품부장관 또는 해양수산부장관은 지리적표시품의 품질수준 유지와 소비자 보호를 위하여 관계 공무원에게 다음 각 호의 사항을 지시할 수 있다.

1. 지리적표시품의 등록기준에의 적합성 조사
2. 지리적표시품의 소유자·점유자 또는 관리인 등의 관계 장부 또는 서류의 열람
3. 지리적표시품의 시료를 수거하여 조사하거나 전문시험기관 등에 시험 의뢰

15 정답및해설 ④

위반행위	근거 법조문	과태료 금액		
		1차 위반	2차 위반	3차 위반
바. 법 제7조 제3항을 위반하여 수거·조사·열람을 거부·방해하거나 기피한 경우	법 제18조 제1항 제4호	100만원	300만원	500만원

16 정답및해설 ③

법 제7조(원산지 표시 등의 조사)

① 농림축산식품부장관, 해양수산부장관, 관세청장, 시·도지사 또는 시장·군수·구청장은 제5조에 따른 원산지의 표시 여부·표시사항과 표시방법 등의 적정성을 확인하기 위하여 대통령령으로 정하는 바에 따라 관계 공무원으로 하여금 원산지 표시대상 농수산물이나 그 가공품을 수거하거나 조사하게 하여야 한다. 이 경우 관세청장의 수거 또는 조사 업무는 제5조 제1항의 원산지 표시 대상 중 수입하는 농수산물이나 농수산물 가공품(국내에서 가공한 가공품은 제외한다)에 한정한다.

17 정답및해설 ③

시행규칙 제7조(농림업관측 전담기관의 지정)

① 법 제5조 제4항에 따른 농업관측 전담기관은 한국농촌경제연구원으로 한다.

18 정답및해설 ④

법 제30조(출하자 신고)

① 도매시장에 농수산물을 출하하려는 생산자 및 생산자단체 등은 농수산물의 거래질서 확립과 수급안정을 위하여 농림축산식품부령 또는 해양수산부령으로 정하는 바에 따라 해당 도매시장의 개설자에게 신고하여야 한다.

19 정답및해설 ④

법 제41조(출하자에 대한 대금결제)

③ 제2항에 따른 표준송품장, 판매원표, 표준정산서, 대금결제의 방법 및 절차 등에 관하여 필요한 사항은 농림축산식품부령 또는 해양수산부령으로 정한다.

20 정답및해설 ①

중도매인에 대한 행정처분 : 시행규칙 [별표 4]

위반행위	1차 위반	2차 위반	3차 위반
다른 사람에게 자기의 성명이나 상호를 사용하여 중도매업을 하게 하거나 그 허가증을 빌려준 경우	업무정지 3개월	허가취소	
다른 사람에게 시설을 재임대 하는 등 중대한 시설물의 사용기준을 위반한 경우	업무정지 3개월	허가취소	

다른 중도매인 또는 매매참가인의 거래참가를 방해한 주동자의 경우	업무정지 3개월	허가취소	

21 정답및해설 ②

시행규칙 제18조의2(도매시장법인을 두어야 하는 부류)
개설자는 청과부류와 수산부류에 대하여는 도매시장법인을 두어야 한다.

22 정답및해설 ②

시행령 제2조(농수산물도매시장의 거래품목)
「농수산물 유통 및 가격안정에 관한 법률」(이하 "법"이라 한다) 제2조 제2호에 따라 농수산물도매시장(이하 "도매시장"이라 한다)에서 거래하는 품목은 다음 각 호와 같다.
1. 양곡부류 : 미곡·맥류·두류·조·좁쌀·수수·수수쌀·옥수수·메밀·참깨 및 땅콩
2. 청과부류 : 과실류·채소류·산나물류·목과류(木果類)·버섯류·서류(薯類)·인삼류 중 수삼 및 유지작물류와 두류 및 잡곡 중 신선한 것
3. 축산부류 : 조수육류(鳥獸肉類) 및 난류
4. 수산부류 : 생선어류·건어류·염(鹽)건어류·염장어류(鹽藏魚類)·조개류·갑각류·해조류 및 젓갈류
5. 화훼부류 : 절화(折花)·절지(折枝)·절엽(切葉) 및 분화(盆花)
6. 약용작물부류 : 한약재용 약용작물(야생물이나 그 밖에 재배에 의하지 아니한 것을 포함한다). 다만, 「약사법」 제2조 제5호에 따른 한약은 같은 법에 따라 의약품판매업의 허가를 받은 것으로 한정한다.
7. 그 밖에 농어업인이 생산한 농수산물과 이를 단순가공한 물품으로서 개설자가 지정하는 품목

23 정답및해설 ①

시행령 제33조(시장의 정비명령)
① 농림축산식품부장관 또는 해양수산부장관이 법 제65조 제1항에 따라 도매시장, 농수산물공판장(이하 "공판장"이라 한다) 및 민영농수산물도매시장(이하 "민영도매시장"이라 한다)의 통합·이전 또는 폐쇄를 명령하려는 경우에는 그에 필요한 적정한 기간을 두어야 하며, 다음 각 호의 사항을 비교·검토하여 조건이 불리한 시장을 통합·이전 또는 폐쇄하도록 해야 한다.
1. 최근 2년간의 거래 실적과 거래 추세
2. 입지조건
3. 시설현황
4. 통합·이전 또는 폐쇄로 인하여 당사자가 입게 될 손실의 정도

24 정답및해설 ④

시행령 제35조의3(위원의 해임 등)
농림축산식품부장관 또는 해양수산부장관은 위원이 다음 각 호의 어느 하나에 해당하는 경우에는 해당 위원을 해임 또는 해촉(解囑)할 수 있다.
1. 자격정지 이상의 형을 선고받은 경우
2. 심신장애로 직무를 수행할 수 없게 된 경우
3. 직무와 관련된 비위사실이 있는 경우
4. 직무태만, 품위손상이나 그 밖의 사유로 위원으로 적합하지 아니하다고 인정되는 경우
5. 제35조의2 제1항 각 호의 어느 하나에 해당하는데도 불구하고 회피하지 아니한 경우
6. 위원 스스로 직무를 수행하기 어렵다는 의사를 밝히는 경우

25 **정답 및 해설** ③

법 제43조(공판장의 개설)
① 농림수협 등, 생산자단체 또는 공익법인이 공판장을 개설하려면 시·도지사의 승인을 받아야 한다.
② 농림수협 등, 생산자단체 또는 공익법인이 제1항에 따라 공판장의 개설승인을 받으려면 농림축산식품부령 또는 해양수산부령으로 정하는 바에 따라 공판장 개설승인 신청서에 업무규정과 운영관리계획서 등 승인에 필요한 서류를 첨부하여 시·도지사에게 제출하여야 한다.

원예작물학

26 **정답 및 해설** ②

무토양재배
흙을 사용하지 않고 인공배지나 무배지 상태에 작물을 심고 물과 양액을 공급하여 재배하는 것
주년재배
사계절이 구분되는 지역에서, 봄과 여름에만 생산되는 작물을 고온기인 여름이나 저온기인 겨울에도 시설을 이용하여 일 년 내내 계절에 구애받지 않고 작물을 재배하는 일

27 **정답 및 해설** ④

무병주
병에 걸리지 않은 건전한 식물체. 생장점 배양으로 얻을 수 있는 영양 번식체로서, 조직 특히 도관 내에 있던 바이러스 따위의 병원체가 제거된 것이다.
• 딸기 : 여름딸기 신품종 "고하"는 무병묘로 공급되고 있다.

28 **정답 및 해설** ③

토마토톤
식물생장 촉진제. 4-시피에이(4-CPA)라고도 알려져 있다. 물에 잘 녹으며 녹는점은 157~158℃이다. 식물체 내에 침투하여 식물세포의 활력을 높여 주며, 낙과방지(落果防止) 및 과실비대(果實肥大) 효과도 있으나 어린 싹에 잘못 사용하면 약해의 위험성이 있다.

29 **정답 및 해설** ③

단일처리
식물의 단일성을 이용하여 인공적으로 일조 시간을 단축하여 개화나 결실을 촉진하는 방법
단일성 식물
일조량이 12시간 이하가 되어야 개화 하는 식물 예 오이, 별꽃, 토마토, 담배
• 오이 암꽃 착생촉진 : 저온단일, 에틸렌, 옥신처리
• 오이 수꽃 착생촉진 : 고온장일, 지베렐린 처리

30 **정답 및 해설** ①

루틴
플라보노이드계 배당체(글리코시드)의 하나로 연한 노란색의 바늘 모양 결정이다. 뇌출혈·방사선 장애·출혈성 질병 예방에 효과가 있다.

31 **정답 및 해설** ①

무적(無滴)필름
필름에 부착된 물이 응축 등에 의하여 물방울이 되어 떨어져 작물에 피해를 주는 것을 막도록 필름표면을

따라 흘러내리기 쉽게 개량한 하우스용 필름

산광(散光)필름

빛을 사방으로 흩어지게 만드는 기능성 피복 필름. 시설 내부의 광 분포를 고르게 할 목적으로 이용한다.

32 정답및해설 ④

천적

진딧물 – 무당벌레

점박이응애 – 칠레이리응애

응애류 – 칠레이리응애

• 점박이응애 : 한 해에 10회 이상 발생하며 각종 과수·채소에 기생하여 살면서 해를 끼치는 잡식성 해충

33 정답및해설 ①

수박의 저장온도 및 저장기간

10~15℃ 저온 저장 시 15℃에서 14일, 7~10℃에서 21일까지 저장

34 정답및해설 ②

에틸렌

에틸렌은 식물의 여러 기관에서 생성되고, 대부분의 조직에서 소량으로 존재하면서 과일의 성숙, 개화, 잎의 탈리 등을 유도하거나 조절한다.

35 정답및해설 ①

구근류 식물

땅속에 구형의 저장기관을 형성하는 마늘, 양파, 튤립, 글라디올러스 등의 작물

36 정답및해설 ①

국화의 영양번식 : 포기나누기 또는 경삽(줄기삽목)

37 정답및해설 ②

로제트현상

화훼작물의 절간이 신장하지 못하고 짧게 되는 현상

38 정답및해설 ②

장미는 광을 좋아하는 식물로서 장일처리하면 개화한다.

39 정답및해설 ②

블라인드 현상

화훼 분화는 체내 생리조건과 환경조건이 맞아야 순조롭게 진행되는데 이때 양자 중 어느 것이나 부적당할 때 분화가 중단되고 영양생장으로 역전되는 현상

40 정답및해설 ③

암면재배

암면재배는 무균상태의 암면배지를 이용하여 작물을 재배하는 양액재배 시스템으로 장기재배하는 과채류와 화훼류 재배에 적합함

사경 재배 [砂耕栽培, sand culture]

모래에 양액을 공급하면서 작물을 재배하는 것

- 매트재배 : 수경재배 시 바닥에 매트를 깔아 주는 방식

41 정답 및 해설 ④

- 씨방상위과 : 포도, 감귤, 참다래
- 씨방중위과 : 복숭아, 양앵두
- 씨방하위과 : 사과, 배, 블루베리, 바나나
* 진과와 위과 : 채소의 과실은 순수하게 자방이 비대한 진과와 자방의 일부와 기타 기관이 비대하여 만들어진 위과로 구분한다.
  - 진과(眞果) : 포도, 복숭아, 단감, 감귤
  - 위과(僞果) : 사과, 배, 딸기, 오이

42 정답 및 해설 ③

황금배
신고에 이십세기를 교배하여 개발한 배 품종으로 과실이 크고 과즙이 풍부하다. 국내 육성품종으로 중생종이다.
홍로
우리 나라 원예연구소에서 1980년에 스퍼어리 블레이즈에 스퍼 골든 딜리셔스를 교배하여 개발한 사과 품종. 1988년 홍로라는 이름으로 결정되었다. 신맛이 거의 없이 당도가 높다.
유명
1966년 농촌진흥청 원예시험장에서 대화조생에 포목조생을 교배해 얻은 것을 1977년에 명명한 복숭아 품종
거봉
1942년 일본에서 개발한 포도 품종

43 정답 및 해설 ④

점질토양에서는 보수성이 좋아 모래토양보다 일소피해에 강하다.

44 정답 및 해설 ④

저온 요구도
동아(冬芽)를 휴면에서 깨어나게 할 수 있는 저온은 일반적으로 0~10℃라고 하지만 온도 그 자체 뿐만 아니라 저온 계속 시간과의 관계, 즉 동아의 휴면간섭에 대한 필요한 저온 계속 시간의 장단을 말한다.

45 정답 및 해설 ③

자웅이주
은행나무·삼·뽕나무·시금치·초피나무 등이 자웅이주에 속한다.
참다래는 암나무와 수나무가 구분된 자웅이주이다.

46 정답 및 해설 ③

수분수
과수에서 화분(花粉)이 불완전하거나 전혀 없을 때, 자가불화합성(自家不和合性)인 경우에 화분을 공급하기 위하여 섞어 심는 나무
- 복숭아나무를 심을 때는 친화성(親和性)이 있고, 화분이 풍부한 수분수(授粉樹)를 25% 정도 심는다.

47 정답 및 해설 ③

밀증상
사과 과실의 과심과 과육의 일부가 물이 스며든 것처럼 나타나는 증상. 딜리셔스계, 후지, 홍옥, 인도 따위의 품종에서 많이 발생하며, 심하면 과육이 무르고 썩는다. 과실 내 소르비톨의 축적이 이 증상에 관여하는 것으로 알려져 있다.

48 정답및해설 ②

과수 화상병(세균성)

과수 화상병은 주로 사과나 배 등에서 발생한다. 감염되면 잎과 꽃, 가지, 줄기, 과일 등이 마치 불에 탄 것처럼 붉은 갈색 또는 검은색으로 변하며 말라 죽는다. 현재 정확한 발생원인이 밝혀지지 않았다. 치료제도 아직 없다. 나무에 잠복된 균이 적정 기후를 만나 발현되거나, 균이 비바람, 벌, 전정가위 등을 통해 번지는 것으로 추정될 뿐이다.

49 정답및해설 ④

석회질비료

토양의 산도(酸度)를 교정하기 위하여 쓰이는 칼슘을 주성분으로 하는 비료

50 정답및해설 ③

IPM[integrated pest management]

육종적 · 재배적 · 생물적 방제법을 동원하여 농약의 사용량을 줄이면서 병해충이나 잡초를 방제하는 것을 종합적 방제(intergrated control)라고 하고, 환경친화적인 방법으로 경제적 피해수준 이하로 관리하는 농업경영의 개념에서 '종합적 관리'라고 한다.

수확 후 품질관리론

51 정답및해설 ②

정단조직분열은 영양생장기에 나타나며 과실 숙성과는 무관하다.

52 정답및해설 ①

1-MCP(1-Methylcyclopropene)

식물 생장조절제로서 식물체의 에틸렌 결합부위를 차단하여 에틸렌 작용을 무력화하는 특성이 있다. 과실의 연화, 식물의 노화 등을 감소시키는 작용을 한다.

53 정답및해설 ④

당의 호흡계수는 1이고, 유기산의 호흡계수는 1.330이다.
비호흡상승과 : 고추, 가지, 오이, 딸기, 호박, 감귤, 포도, 오렌지, 파인애플, 레몬, 양앵두 및 대부분의 채소류

54 정답및해설 ①

에톡시퀸(ethoxyquin) : 식품의 방부제, 산화방지제

55 정답및해설 ②

수확적기 판정

① 수확기 결정 요인 : 작물의 발육정도, 재배조건, 시장조건, 기상조건 등
② 외관의 변화를 기준으로 수확시기 판단 : 과실의 크기와 형태, 열매꼭지의 탈락 등
③ 개화기 일자에 따른 수확시기 판단
④ 클라이메트릭스 : 과실의 호흡량이 최저에 달한 후 약간 증가되는 초기단계에 수확
⑤ 과실경도 : 과실의 과육이 물러지는 정도에 따라 수확적기 판단

56 정답및해설 ④

1% = 1/100
1ppm = 1/1,000,000
1%(ppm) = (1/1,000,000) × 100 = 1/10,000

57 정답및해설 ③

채소류 중 호흡속도가 높은 품목이 호흡률도 높다. 성숙한 과일, 휴면 중인 눈, 저장기관은 호흡률이 상대적
으로 낮다.
호흡속도 : 시금치＞당근＞오이＞토마토＞무＞수박＞양파

58 정답및해설 ③

• 사과, 배 : 능금산
• 포도 : 주석산
• 딸기, 오렌지, 감귤류 : 구연산

59 정답및해설 ②

위조현상 : 식물체가 수분부족으로 마르는 현상

60 정답및해설 ③

① O₃ / Ozone : 상온 대기압에서 파란빛을 띤다.
② 오존은 강력한 산화력을 가져 살균효과가 있다.
④ 오존가스는 인체에 독성을 가진다.

61 정답및해설 ①

진공식 예냉
진공식 예냉은 원예산물의 주변 압력을 낮춰서 산물의 수분 증발을 촉진시켜 증발잠열을 빼앗아 단시간에
냉각하는 방법이다.
높은 선도유지가 가능하고(당일출하 가능) 엽채류에서 효과가 높다.

62 정답및해설 ②

• 예건 : 수확 직후에 과습으로 인한 부패를 방지하기 위해 식물의 외층을 미리 건조시켜서 내부조직의 증산
을 억제시키는 방법
• 예건 적용품목 : 마늘, 양파, 단감, 배, 양배추 등

63 정답및해설 ②

항산화제 등 첨가물질을 사용한다.

64 정답및해설 ④

배의 동결점보다 낮게 유지할 경우 동해를 발생한다.

65 정답및해설 ③

MA저장
① MA저장의 기본적 원리는 필름이나 피막제를 이용하여 산물을 낱개 또는 소량포장하여 외부와 차단한 후
포장 내 호흡에 의한 산소 농도 저하와 이산화탄소의 농도 증가로 생성된 대기조성을 통해 품질변화를
억제하는 방법이다.

② 필름의 기체투과성과 산물로부터 발생한 기체의 양과 종류를 이용하여 포장내부의 기체조성이 대기와 현저히 달라지는 점을 활용한 저장방법이다.

66 정답및해설 ①

양파 적정 저장온도 : -0.5 ~ 0℃

67 정답및해설 ③

장십랑 : 숙기가 9월 중하순으로 중생종이며 저장력이 약하다.
상온저장 시 저장기간
① 신고(90일) ② 감천(120일) ③ 장십랑(30일)
④ 만삼길 : 숙기는 10월 하순~11월 상순이며 다음해 5월까지도 선도 유지

68 정답및해설 ①

마늘의 장기저장 조건 : 온도 -1.5~0.5℃, 습도 70~80%

69 정답및해설 ②

물올림 시 pH3~4로 산성화시켜 미생물을 억제한다.

70 정답및해설 ④

완벽한 밀폐 시 이산화탄소 장해가 발생할 수 있어 적당한 통기구를 갖춰야 한다.

71 정답및해설 ③

PLS(Positive List System) : 농약허용물질관리제도로 국내에서 사용되거나 수입식품에 사용되는 농약성분 등록과 잔류허용기준이 설정된 농약을 제외한 기타 농약에 대하여 잔류허용기준을 0.01mg/kg(ppm)으로 일률적 관리하는 제도

72 정답및해설 ②

결로 : 외부온도와 식품의 내부온도 사이에 차이가 있을 경우 대기의 수증기가 응결하여 식물체 등에 부착되어 물방울이 형성되는 것

73 정답및해설 ④

곰팡이 독소 : 화학적 위해요소

74 정답및해설 ①

딸기는 신선도 유지가 필요하다. 이산화탄소처리를 하면 경도와 선도를 유지할 수 있다.

75 정답및해설 ④

자당은 절화에 영양분을 공급하는 역할을 한다.

농산물유통론

76 정답및해설 ③

농산물 수요와 공급은 비탄력적이다.

77 정답 및 해설 ④

6차 산업
1차 산업인 농업을 2차 가공산업 및 3차 서비스업과 융합하여 농촌에 새로운 가치와 일자리를 창출하는 산업이다. 농업의 종합산업화(1차 × 2차 × 3차 = 6차)를 지향한다.

78 정답 및 해설 ②

$$유통마진 = \frac{B판매액 - A판매액}{B판매액} = \frac{200만원 - 100만원}{200만원} = 50\%$$

79 정답 및 해설 ④

농가별로 분산된 생산량을 협동조합으로 집산하여 공동판매를 실현한다.

80 정답 및 해설 ④

공동계산제는 농가의 개별성을 희생하고 차별성을 배제한다.

81 정답 및 해설 ③

유닛로드시스템(Unit Load System)은 하역과 수송이 일원화된 일관유통체제이다.

82 정답 및 해설 ②

①④ 소매상은 최종 판매자이다.
② 소매상은 소비자의 소비정보를 수집하여 생산자에게 제공한다.
③ 생산물 수급조절은 중개기능(도매시장)이 담당한다.

83 정답 및 해설 ②

유통경로가 길어질수록 유통마진은 늘어난다.

84 정답 및 해설 ①

종합유통센터의 기능 : 수집, 가공, 포장, 유통
출하물량은 사전발주를 원칙으로 하고, 경매는 하지 않는다.

85 정답 및 해설 ③

매매참가인
"매매참가인"이란 농수산물도매시장·농수산물공판장 또는 민영농수산물도매시장의 개설자에게 신고를 하고, 농수산물도매시장·농수산물공판장 또는 민영농수산물도매시장에 상장된 농수산물을 직접 매수하는 자로서 중도매인이 아닌 가공업자·소매업자·수출업자 및 소비자단체 등 농수산물의 수요자를 말한다.

86 정답 및 해설 ②

중개 및 분산기능은 도매시장, 상품구색을 제공하는 것은 판매상이다.

87 정답 및 해설 ①

농가는 수확기의 가격 폭락(하락)의 위험을 피하고자 작물의 재배 중에 최소이윤을 보장받고 거래하려고 하는 위험회피적 성향으로 포존거래를 선택한다.
포전거래
밭에서 재배하는 작물을 밭에 있는 채로 몽땅 사고파는 일

88 정답및해설 ④

89 정답및해설 ④

①②③은 비제도권(개인 또는 비금융권) 자금이다.

90 정답및해설 ④

간접유통경로상의 모든 피해는 유통업자가 부담한다.

91 정답및해설 ②

① 우편판매 등 비대면거래가 증가하고 있다.
③ 소매유통은 분산기능을 담당한다. 수집기능은 산지유통인의 주요 기능이다.
④ 전통시장은 소매유통이다.

92 정답및해설 ③

농산물우수관리제도(GAP)는 농산물의 안전성을 확보하고 농업환경을 보전하기 위하여 농산물의 생산, 수확 후 관리(농산물의 저장·세척·건조·선별·박피·절단·조제·포장 등을 포함한다) 및 유통의 각 단계에서 작물이 재배되는 농경지 및 농업용수 등의 농업환경과 농산물에 잔류할 수 있는 농약, 중금속, 잔류성 유기오염물질 또는 유해생물 등의 위해요소를 적절하게 관리하는 것을 말한다.

93 정답및해설 ①

수요의 교차탄력성
어떤 재화의 가격 변화가 다른 재화의 수요에 미치는 영향을 나타내는 지표이며 식으로 나타내면(X, Y 2재의 경우), Y재의 X재 가격에 대한 수요의 교차탄력성 = Y재수요량변화율 ÷ X재가격변화율이다.

94 정답및해설 ④

인과관계조사
어떤 원인(가격의 인상 등)이 결과(매출액)에 어떤 영향을 미쳤는지 조사하는 것

95 정답및해설 ①

대안평가는 선택 가능한 구매 대안 중에서 소비자가 구매를 결정하기 전에 행하는 사전적 행동이다.

96 정답및해설 ①

차별적 마케팅
전체시장을 여러 개의 세분시장으로 나누고 이들 모두를 목표시장으로 삼아 각기 다른 세분시장의 상이한 욕구에 부응할 수 있는 마케팅믹스를 개발하여 적용함으로써 기업의 마케팅 목표를 달성하고자 하는 고객지향적 전략이다.
이러한 마케팅전략을 채택하는 기업은 주로 업계에서 선도적인 위치에 있는 기업이다. 그들은 제품 및 서비스 마케팅 활동상 다양성을 제시함으로써 각 세분시장에 있어서의 지위를 강화하고 자사제품 및 서비스에 대한 고객의 식별 정도를 높이며 반복 구매를 유도해 내려는 것이다.

97 정답및해설 ③

내셔널 브랜드(NB)
원칙적으로 전국적인 규모로 판매되고 있는 의류업체 브랜드를 말한다. 또 규모가 큰 소매업자가 개발한 오리지널 제품, 즉 스토어 브랜드라 할지라도 그 판매가 전국적으로 확대되어 있는 브랜드면 이 부류에 속한다.

98 **정답 및 해설** ②

생산에 직접 필요한 원자재비·노임 등을 직접비(용), 동력비·감가상각비 등 직접 생산에 관여하지 않는 종업원의 급여 등을 간접비(용)라고 한다.
통신비와 제세공과금은 간접비용이다.

99 **정답 및 해설** ①

명성가격전략 [Prestige pricing]
가격 결정 시 해당 제품군의 주 소비자층이 지불할 수 있는 가장 높은 가격이나 시장에서 제시된 가격 중 가장 높은 가격을 설정하는 전략으로 주로 제품에 고급 이미지를 부여하기 위해 사용된다. 해당 제품군의 주 소비자층이 지불할 수 있는 가장 높은 가격, 혹은 시장에서 제시된 가격 중 가장 높은 가격을 설정하는 전략으로 할증 가격전략(Premium pricing)이라고도 한다.

100 **정답 및 해설** ②

경품 및 할인쿠폰 제공을 통한 판매촉진전략은 제품의 초기 판매촉진전략이다.

2019년 제16회 1차 기출문제
정답 및 해설

01	02	03	04	05	06	07	08	09	10	11	12	13	14	15	16	17	18	19	20
②	④	④	③	③	②	①	④	③	①	③	②	④	③	①	③	①	④	②	③
21	22	23	24	25	26	27	28	29	30	31	32	33	34	35	36	37	38	39	40
①	③	②	④	①	①	①	③	④	④	①	①	③	④	①	①	②	④	②	①
41	42	43	44	45	46	47	48	49	50	51	52	53	54	55	56	57	58	59	60
③	②	③	①	④	②	②	③	③	②	①	①	②	③	④	④	④	①	②	
61	62	63	64	65	66	67	68	69	70	71	72	73	74	75	76	77	78	79	80
④	④	②	②	①	③	①	④	①	④	③	③	③	③	②	①	③	④	④	
81	82	83	84	85	86	87	88	89	90	91	92	93	94	95	96	97	98	99	100
③	①	②	①	①	②	②	①	④	③	②	④	①	①	④	②	③	②	③	④

관계법령

01 정답 및 해설 ②

법 제56조(유전자변형농수산물의 표시)
① 유전자변형농수산물을 생산하여 출하하는 자, 판매하는 자, 또는 판매할 목적으로 보관·진열하는 자는 대통령령으로 정하는 바에 따라 해당 농수산물에 유전자변형농수산물임을 표시하여야 한다.
② 제1항에 따른 유전자변형농수산물의 표시대상품목, 표시기준 및 표시방법 등에 필요한 사항은 대통령령으로 정한다.
시행령 제20조(유전자변형농수산물의 표시기준 등)
③ 제1항 및 제2항에 따른 유전자변형농수산물의 표시기준 및 표시방법에 관한 세부사항은 식품의약품안전처장이 정하여 고시한다.
④ 식품의약품안전처장은 유전자변형농수산물인지를 판정하기 위하여 필요한 경우 시료의 검정기관을 지정하여 고시하여야 한다.

02 정답 및 해설 ④

법 제2조(정의)
"지리적표시"란 농수산물 또는 제13호에 따른 농수산가공품의 명성·품질, 그 밖의 특징이 본질적으로 특정 지역의 지리적 특성에 기인하는 경우 해당 농수산물 또는 농수산가공품이 그 특정 지역에서 생산·제조 및 가공되었음을 나타내는 표시를 말한다.

03 정답 및 해설 ④

법 제4조(심의회의 직무)
심의회는 다음 각 호의 사항을 심의한다.
1. 표준규격 및 물류표준화에 관한 사항

2. 농산물우수관리·수산물품질인증 및 이력추적관리에 관한 사항
3. 지리적표시에 관한 사항
4. 유전자변형농수산물의 표시에 관한 사항
5. 농수산물(축산물은 제외한다)의 안전성조사 및 그 결과에 대한 조치에 관한 사항
6. 농수산물(축산물은 제외한다) 및 수산가공품의 검사에 관한 사항
7. 농수산물의 안전 및 품질관리에 관한 정보의 제공에 관하여 총리령, 농림축산식품부령 또는 해양수산부령으로 정하는 사항
8. 수출을 목적으로 하는 수산물의 생산·가공시설 및 해역(海域)의 위생관리기준에 관한 사항
9. 수산물 및 수산가공품의 제70조에 따른 위해요소중점관리기준에 관한 사항
10. 지정해역의 지정에 관한 사항
11. 다른 법령에서 심의회의 심의사항으로 정하고 있는 사항
12. 그 밖에 농수산물 및 수산가공품의 품질관리 등에 관하여 위원장이 심의에 부치는 사항

04 정답및해설 ③

시행규칙 제46조 생산자(단순가공을 하는 자를 포함한다) 등록사항
가. 생산자의 성명, 주소 및 전화번호
나. 이력추적관리 대상품목명
다. 재배면적
라. 생산계획량
마. 재배지의 주소

05 정답및해설 ③

'무'는 표시대상이 아니다.

06 정답및해설 ②

시행규칙 제16조(우수관리인증의 유효기간 연장)
① 우수관리인증을 받은 자가 법 제7조 제3항에 따라 우수관리인증의 유효기간을 연장하려는 경우에는 별지 제4호서식의 농산물우수관리인증 유효기간 연장신청서를 그 유효기간이 끝나기 1개월 전까지 우수관리인증기관에 제출하여야 한다.

07 정답및해설 ①

쇠고기 : 100만원, 나머지는 30만원

08 정답및해설 ④

시행규칙 제51조(이력추적관리 등록의 갱신)
① 이력추적관리 등록을 받은 자가 법 제25조 제2항에 따라 이력추적관리 등록을 갱신하려는 경우에는 별지 제23호 서식의 이력추적관리 등록(신규·갱신)신청서와 제47조 제1항 각 호에 따른 서류 중 변경사항이 있는 서류를 해당 등록의 유효기간이 끝나기 1개월 전까지 등록기관의 장에게 제출하여야 한다.
③ 등록기관의 장은 유효기간이 끝나기 2개월 전까지 신청인에게 갱신절차와 갱신신청 기간을 미리 알려야 한다. 이 경우 통지는 휴대전화 문자메세지, 전자우편, 팩스, 전화 또는 문서 등으로 할 수 있다.

09 정답및해설 ③

법 제8조(포상금)
① 법 제12조 제1항에 따른 포상금은 1천만원의 범위에서 지급할 수 있다.

10 정답및해설 ①

시행령 제14조
③ 농림축산식품부장관 또는 해양수산부장관은 지리적표시 분과위원회에서 지리적표시의 등록 또는 중요 사항의 변경등록을 하기에 부적합한 것으로 의결되면 지체 없이 그 사유를 구체적으로 밝혀 신청인에게 알려야 한다. 다만, 부적합한 사항이 30일 이내에 보완될 수 있다고 인정되면 일정 기간을 정하여 신청인에게 보완하도록 할 수 있다.

11 정답및해설 ③

법 제5조의2
③ 권장품질표시의 기준 및 방법 등에 필요한 사항은 농림축산식품부령으로 정한다.

12 정답및해설 ②

누에씨 및 누에고치의 검사 : 시·도지사

13 정답및해설 ④

1치위반 시 표시정지 1개월
우수관리인증의 처분기준

위반행위	위반횟수별 처분기준		
	1차 위반	2차 위반	3차 위반
가. 거짓이나 그 밖의 부정한 방법으로 우수관리인증을 받은 경우	인증취소	–	–
나. 우수관리기준을 지키지 않은 경우	표시정지 1개월	표시정지 3개월	인증취소
다. 전업(轉業)·폐업 등으로 우수관리인증농산물을 생산하기 어렵다고 판단되는 경우	인증취소	–	–
라. 우수관리인증을 받은 자가 정당한 사유 없이 조사·점검 또는 자료제출 요청에 응하지 않은 경우	표시정지 1개월	표시정지 3개월	인증취소
마. 우수관리인증을 받은 자가 법 제6조 제7항에 따른 우수관리인증의 표시방법을 위반한 경우	시정명령	표시정지 1개월	표시정지 3개월
바. 법 제7조 제4항에 따른 우수관리인증의 변경승인을 받지 않고 중요 사항을 변경한 경우	표시정지 1개월	표시정지 3개월	인증취소
사. 우수관리인증의 표시정지기간 중에 우수관리인증의 표시를 한 경우	인증취소	–	–

14 정답및해설 ③

법 제106조(농산물품질관리사 또는 수산물품질관리사의 직무)
① 농산물품질관리사는 다음 각 호의 직무를 수행한다.
  1. 농산물의 등급 판정
  2. 농산물의 생산 및 수확 후 품질관리기술 지도
  3. 농산물의 출하 시기 조절, 품질관리기술에 관한 조언
  4. 그 밖에 농산물의 품질 향상과 유통 효율화에 필요한 업무로서 농림축산식품부령으로 정하는 업무

15 정답및해설 ①

법 제60조(안전관리계획)
① 식품의약품안전처장은 농수산물(축산물은 제외한다. 이하 이 장에서 같다)의 품질 향상과 안전한 농수산물의 생산·공급을 위한 안전관리계획을 매년 수립·시행하여야 한다.
② 시·도지사 및 시장·군수·구청장은 관할 지역에서 생산·유통되는 농수산물의 안전성을 확보하기 위한 세부추진계획을 수립·시행하여야 한다.
③ 제1항에 따른 안전관리계획 및 제2항에 따른 세부추진계획에는 제61조에 따른 안전성조사, 제68조에 따른 위험평가 및 잔류조사, 농어업인에 대한 교육, 그 밖에 총리령으로 정하는 사항을 포함하여야 한다.
④ 삭제 〈2013.3.23.〉
⑤ 식품의약품안전처장은 시·도지사 및 시장·군수·구청장에게 제2항에 따른 세부추진계획 및 그 시행 결과를 보고하게 할 수 있다.
법 제61조 안전성조사단계
가. 생산단계 : 총리령으로 정하는 안전기준에의 적합 여부
나. 유통·판매 단계 : 「식품위생법」 등 관계 법령에 따른 유해물질의 잔류허용기준 등의 초과 여부

16 정답및해설 ③

표지도형의 색상은 녹색을 기본색상으로 하고, 포장재의 색깔 등을 고려하여 파란색 또는 빨간색으로 할 수 있다.

17 정답및해설 ①

법 제29조(산지유통인의 등록)
① 농수산물을 수집하여 도매시장에 출하하려는 자는 농림축산식품부령 또는 해양수산부령으로 정하는 바에 따라 부류별로 도매시장 개설자에게 등록하여야 한다.

18 정답및해설 ④

시행규칙 제38조(표준정산서)
법 제41조 제3항에 따른 도매시장법인·시장도매인 또는 공판장 개설자가 사용하는 표준정산서에는 다음 각 호의 사항이 포함되어야 한다.
1. 표준정산서의 발행일 및 발행자명
2. 출하자명
3. 출하자 주소
4. 거래형태(매수·위탁·중개) 및 매매방법(경매·입찰, 정가·수의매매)
5. 판매 명세(품목·품종·등급별 수량·단가 및 거래단위당 수량 또는 무게), 판매대금총액 및 매수인
6. 공제 명세(위탁수수료, 운송료 선급금, 하역비, 선별비 등 비용) 및 공제금액 총액
7. 정산금액
8. 송금 명세(은행명·계좌번호·예금주)

19 정답및해설 ②

최소출하기준 이하의 품목은 도매시장에 출하될 수 없다.

20 정답및해설 ③

주산지의 지정 및 해제 : 시·도지사

21 정답및해설 ①

법 제70조의2(농수산물 전자거래의 촉진 등)
① 농림축산식품부장관 또는 해양수산부장관은 농수산물 전자거래를 촉진하기 위하여 한국농수산식품유통공사 및 농수산물 거래와 관련된 업무경험 및 전문성을 갖춘 기관으로서 대통령령으로 정하는 기관에 다음 각 호의 업무를 수행하게 할 수 있다.

22 정답및해설 ③

법 제47조(민영도매시장의 개설)
① 민간인 등이 특별시·광역시·특별자치시·특별자치도 또는 시 지역에 민영도매시장을 개설하려면 시·도지사의 허가를 받아야 한다.

23 정답및해설 ②

시행규칙 제3조(중앙도매시장)
1. 서울특별시 가락동 농수산물도매시장
2. 서울특별시 노량진 수산물도매시장
3. 부산광역시 엄궁동 농산물도매시장
4. 부산광역시 국제 수산물도매시장
5. 대구광역시 북부 농수산물도매시장
6. 인천광역시 구월동 농산물도매시장
7. 인천광역시 삼산 농산물도매시장
8. 광주광역시 각화동 농산물도매시장
9. 대전광역시 오정 농수산물도매시장
10. 대전광역시 노은 농산물도매시장
11. 울산광역시 농수산물도매시장

24 정답및해설 ④

법 제78조(시장관리운영위원회의 심의사항)
1. 도매시장의 거래제도 및 거래방법의 선택에 관한 사항
2. 수수료, 시장 사용료, 하역비 등 각종 비용의 결정에 관한 사항
3. 도매시장 출하품의 안전성 향상 및 규격화의 촉진에 관한 사항
4. 도매시장의 거래질서 확립에 관한 사항
5. 정가매매·수의매매 등 거래 농수산물의 매매방법 운용기준에 관한 사항
6. 최소출하량 기준의 결정에 관한 사항
7. 그 밖에 도매시장 개설자가 특히 필요하다고 인정하는 사항

25 정답및해설 ①

법 제22조(도매시장의 운영 등)
도매시장 개설자는 도매시장에 그 시설규모·거래액 등을 고려하여 적정 수의 도매시장법인·시장도매인 또는 중도매인을 두어 이를 운영하게 하여야 한다. 다만, 중앙도매시장의 개설자는 농림축산식품부령 또는 해양수산부령으로 정하는 부류에 대하여는 도매시장법인을 두어야 한다.

원예작물학

26 정답 및 해설 ①

우리나라 채소류 재배면적 크기
조미채소류 > 과채류 > 엽채류 > 근채류
* 조미채소류 : 마늘, 양파, 고추 등
* 과채류 : 오이·참외·호박 등 박과의 채소, 토마토·가지·고추·풋콩·피망 등 박과 이외의 채소 등이 이에 속한다.

27 정답 및 해설 ①

채소작물은 체액의 산성화를 방지하는 Na, K, Mg, Ca, Fe 등을 포함하고 있는 알카리성이다.

28 정답 및 해설 ③

배토는 파, 셀러리, 아스파라거스 등의 연백화를 유도한다.

29 정답 및 해설 ④

바람들이
일종의 노화현상으로 뿌리의 비대가 왕성한 시기에 잎에서 생산된 동화양분이 적어 뿌리의 중심부까지 충분한 양분을 공급하지 못해 세포조직이 노화되어 세포가 텅 비고, 세포막이 찢어지거나 구멍이 생기는 현상이다,

30 정답 및 해설 ④

원예작물의 식물학적 분류 – 쌍떡잎식물

가지과	고추, 가지, 토마토, 감자	박과	참외, 호박, 수박, 오이
국화과	상추, 쑥갓, 우엉	배추과	배추, 양배추, 순무, 브로콜리
명아주과	시금치, 근대	장미과	사과, 딸기, 자두, 복숭아, 매실
메꽃과	고구마, 나팔꽃	콩과	콩, 완두, 등나무
미나리과	당근, 셀러리, 파슬리	꿀풀과	들깨, 로즈마리

31 정답 및 해설 ①

무당벌레는 진딧물의 천적이다.
② 토양 가열 : 물리적 방제법
③ 유황 훈증 : 화학적 방제법
④ 작부체계 개선 : 경종적 방제법

32 정답 및 해설 ①

마늘은 겨울의 저온, 단일기를 지나 봄이 되면(고온, 장일조건) 인경의 비대가 촉진된다.

33 정답 및 해설 ③

① 스트로마에서 일어나는 것은 암반응이다.
② 캘빈회로 : 광합성의 암반응에서 이산화탄소가 유기화합물로 동화되는 순환 과정이다.
③ 명반응은 틸라코이드에서 일어난다.
④ 암반응이다.

명반응

$$12H_2O + 12NADP^+ \xrightarrow[18ADP \rightarrow 18ATP]{빛에너지} 6O_2 + 12NADPH_2$$

암반응

$$6CO_2 + 12NADPH \xrightarrow[18ATP \rightarrow 18ADP]{} C_6H_{12}O_6 + 6H_2O + 12NADP^+$$

34 정답및해설 ④

구근류 : 튤립, 백합, 아이리스, 글라디올러스, 프리지어, 칸나 등

35 정답및해설 ①

국화는 단일처리하면 촉성재배되고, 장일처리하면 억제재배된다.

36 정답및해설 ①

② 짧은 초장 유도를 위해 부(-)의 DIF 처리를 한다.
③ 국화, 장미 등은 DIF에 대한 반응이 크다.
④ 튤립, 수선화 등은 DIF에 대한 반응이 적다.

37 정답및해설 ②

아마릴리스 - 인경 번식

38 정답및해설 ④

춘화처리의 자극 감응부위는 생장점이다.

39 정답및해설 ②

파크로부트라졸(Paclobutrazol) : 지베렐린 생합성 조절제로 지베렐린 함량을 낮춰주며, 엽면적과 초장을 감소시킨다. 화곡류 절간신장을 억제하므로 도복방지제로 이용된다.

40 정답및해설 ①

가루까지벌레
따뜻하고 습한 환경에 서식하는 껍데기가 없는 곤충이다. 대부분의 종들이 온실의 식물, 가정의 식물, 아열대 지방의 나무를 빨아먹고 살기 때문에 해충으로 간주되며 몇 가지 식물 질병의 벡터로 작용한다. 가장자리에는 17쌍의 백색 왁스가 있다.

41 정답및해설 ③

수쿠로스(Sucrose)
포도당과 과당으로 구성되어진 비환원 이당류이다.
포도 단아삽 시 6% 자당액에 60시간 침지를 하면 발근이 촉진된다.

42 정답및해설 ②

블라인드현상
생리조건과 환경조건의 부조화로 영양생장이 역전되는 현상. 주로 광부족과 저온으로 발생한다.

43 정답및해설 ③

자연적 단위결과 작물 : 고추, 토마토, 감귤류, 바나나, 오이, 호박, 포도, 오렌지, 감, 무화과 등

44 정답 및 해설 ①

복숭아는 꽃이 4~5월에 피는데 초봄 늦서리의 피해를 자주 입는다.

45 정답 및 해설 ④

자람가지 : 영양가지, 과수의 생육을 돕기 위한 가지로 열매를 맺지는 않는다.

46 정답 및 해설 ②

장미과 : 장미, 사과, 배, 딸기, 산딸기, 매실, 자두, 복숭아, 비파, 모과 등

47 정답 및 해설 ②

핵층파쇄법
핵과류 파종 시 종자의 핵층을 파괴하여 파종하는 방법

48 정답 및 해설 ③

홍로 : 1980년 우리나라 원예연구소에서 교잡을 통해 탄생한 품종

49 정답 및 해설 ③

아브시스산(ABA)
휴면 중의 종자·나무눈·알뿌리 등에 많이 들어 있으며, 보통 발아되면서 함량이 감소한다. 식물의 수분결핍 시 ABA가 많이 합성되고 기공이 닫혀 식물의 수분을 보호한다. 또, 식물이 스트레스를 받을 때 ABA의 함량이 증가하는 것으로 보아 ABA는 스트레스에 대한 식물의 반응을 조절하는 것으로 생각되고 있다.
• 잎의 노화 및 낙엽 촉진
• 휴면 유도
• 발아 억제
• 장일조건에서 단일식물의 화성 유도
• ABA가 증가하면 기공이 닫혀 위조저항성이 증가한다.
• 목본류의 내한성 증대

50 정답 및 해설 ③

빙핵활성세균 : 결빙을 촉진하는 미생물

수확 후 품질관리론

51 정답 및 해설 ②

"모양"은 물리적 특성이다.

52 정답 및 해설 ①

Hunter 색차계 (2차원 변환)
− L(명도) : 0은 검정, 100은 흰색
− a(적색도) : −값은 녹색, +값은 적색
− b(황색도) : −값은 청색, +값은 황색

53 정답및해설 ①

"스프링식"은 무게를 측정하는 기기이다.

54 정답및해설 ②

사과 성숙 시 과피가 붉은색을 띠는 이유
녹색계통의 엽록소가 감소하고, 붉은색 계열의 안토시아닌 발현

55 정답및해설 ③

과실의 연화 : 세포의 중층에서 펙틴질이 가용성 펙틴으로 변화

56 정답및해설 ④

폴리갈락투로나아제는 펙틴의 분해효소이다. 수분손실이 증가함에 따라 폴리갈락투로나아제가 활성화되어 펙틴분해가 촉진되고, 세포벽이 분해되어 조직이 연화된다.

57 정답및해설 ④

① 마늘 : 큐어링 후 저장창고에 입고
② 양파 : 햇빛에 노출시키면 녹변이 발생한다.
③ 고구마 : 수확 후 1주일 내에 온도 30~33℃, 습도 85~90%에서 4~5일 간 큐어링

58 정답및해설 ③

사과 요오드 반응 검사
전분이 요오드와 결합하면 청색으로 변하는 성질을 이용하여 청색의 면적이 작으면 성숙기로 판정한다.

59 정답및해설 ①

신선편이(Fresh cut) 농산물이란 수확한 농산물의 세척·절단·표피제거·다듬기 등을 미리 전처리해서 소비자가 별도의 처리과정 없이 조리하여 먹을 수 있도록 한 농산물을 말한다.
전처리 과정에서 에틸렌 발생, 물리적 상처, 호흡률 증가 등이 나타난다.

60 정답및해설 ②

• 예냉 작물 : 사과, 포도, 오이, 딸기, 시금치, 브로콜리, 아스파라거스, 상추 등
• 예건 작물 : 마늘, 양파, 단감, 배, 감자 등

61 정답및해설 ④

① 마늘 수확기 : 마늘잎이 1/2~2/3정도 마를 때 수확한다.
② 포도는 비를 맞으면 수분 증가로 열과가 발생한다.
③ 양파 수확기 : 도복이 80% 정도 진행된 시기
④ 후지 사과는 만개 후 170일 경과시점이 수확기이다.

62 정답및해설 ④

GMO 표시대상이 아닌 농산물은 특별한 표시를 할 필요가 없다.

63 정답및해설 ②

파레트 표준규격 2가지
T-11형 1,100mm× 1,100mm, T-12형 1,200mm× 1,000mm

64 정답 및 해설 ②

호흡속도가 빠른 농산물은 저장양분의 소모 속도가 빠르므로 저장력이 약화된다.
원예생산물별 호흡속도
① 복숭아 > 배 > 감 > 사과 > 포도 > 키위
② 딸기 > 아스파라거스 > 완두 > 시금치 > 당근 > 오이 > 토마토 > 무 > 수박 > 양파

65 정답 및 해설 ④

속포장재는 이산화탄소의 배출이 필요하므로 가스투과율이 좋아야 한다.

66 정답 및 해설 ①

에틸렌
• 상품보존성 약화 요인 : 노화, 연화, 부패촉진 등
• 엽록소를 분해하는 작용(양배추의 황백화)
• 떫은감의 탄닌성분의 탈삽과정에 관여
• 줄기채소류(아스파라거스)의 섬유질화와 줄기의 경화현상 유발

67 정답 및 해설 ③

HACCP
HACCP이란 식품의 원재료 생산에서부터 최종소비자가 섭취하기 전까지 각 단계에서 생물학적, 화학적, 물리적 위해요소가 해당식품에 혼입되거나 오염되는 것을 방지하기 위한 사전적 위생관리 시스템이다.
위해요소 분석(HA)이 끝나면 해당 제품의 원료나 공정에 존재하는 잠재적인 위해요소를 관리하기 위한 중요관리점(CCP)을 결정해야 한다.

68 정답 및 해설 ①

농산물표준규격
②③④ 길이의 ± 10%
골판지 상자 길이 규격 : ± 2.5%

69 정답 및 해설 ④

복사열은 태양 전자기파가 지구에 도착한 후 열이 반사(복사)되어 발생된 열이므로 저장고 내에 도달하지 못한다.

70 정답 및 해설 ①

수분손실은 잎의 엽면적이 클수록 크다.

71 정답 및 해설 ④

저온장해
작물의 최저유효온도보다 낮은 상태에서 노출되는 장해로 내부갈변, 고추함몰, 복숭아 섬유질화, 토마토 후숙불량 등이 나타난다.

72 정답 및 해설 ③

CA저장고는 폐쇄된 상태에서 최적 가스 상태가 유지되어야 하므로 관리자가 저장고 안으로 자주 들어갈 수가 없다.

73 정답및해설 ③

예냉효과가 가장 높은 것은 냉수냉각식이며 이는 냉매효과가 기체보다 액체가 높기 때문이다.

74 정답및해설 ②

밀증상

밀증상은 만생종 품종에서는 과실 성숙의 판단기준 인 동시에 생리장해의 한 종류로 당이 솔비톨(solbitol) 상태로 세포 간극에 집중되면서 나타나는 현상이며, '후지'와 '델리셔스' 품종에서 많이 발생한다.

75 정답및해설 ③

양배추 : 갈변현상

농산물유통론

76 정답및해설 ②

공동판매의 3원칙

1. 무조건 위탁 : 개별 농가의 조건별 위탁을 금지
2. 평균판매 : 생산자의 개별적 품질특성을 무시하고 일괄 등급별 판매 후 수취가격을 평준화하는 방식
3. 공동계산 : 평균판매 가격을 기준으로 일정 시점에서 공동계산

77 정답및해설 ①

상장경매(매매)는 소유권 이전 기능

78 정답및해설 ③

① 시장교섭력의 강화 ② 생산자 수취가격의 제고 ④ 판매결정권은 협동조합이 가진다.

79 정답및해설 ④

• 정전거래 : 산지 농가에서 직접 거래(대문 앞 거래)
• 계약재배 : 생산자와 계약재배한 작물은 산지에서 직접 상인에게 양도된다.

80 정답및해설 ④

① 표준화·등급화가 어렵다.
② 가격대비 중량(부피)이 많아 운반과 보관비용이 많이 든다.
③ 농산물은 필수재로서 수요의 가격탄력성이 낮다.

81 정답및해설 ③

EDLP 전략 : EDLP(Every Day Low Price)의 약자로 모든 상품을 언제나 싸게 파는 것

82 정답및해설 ①

$$소매상의 유통마진율 = \frac{40,000 - 36,000}{40,000} \times 100 = 10(\%)$$

83 정답및해설 ②

거미집 이론의 균형가격 수렴 조건

수요의 가격탄력성 > 공급의 가격탄력성
→ 가격탄력성과 기울기는 역의 관계에 있다.

84 정답 및 해설 ①

② 선물거래소를 통한 거래 ③ 포전거래는 거래자 간 직접거래 ④ 정부는 시장개입을 안함

85 정답 및 해설 ①

시장도매인제는 상장경매를 할 수도 있지만 특성상 비상장경매(중개계약)가 주로 이루어진다. 도매시장법인제에서 상장경매가 원칙이고, 시장도매인제에서는 최소출하량 제한이 완화되므로 농가의 출하선택권을 확대한다.

86 정답 및 해설 ③

포전거래의 특징
① 농가는 생산량 및 가격을 예측하기 어렵기 때문에 미리 판매가격을 고정시키고자 한다.
② 계약체결 시 받는 계약보증금으로 영농자재 등의 구입에 필요한 현금수요를 충당할 수 있다.
④ 농가의 노동력 및 저장시설 부족으로 농작물 수확 및 저장관리의 부담을 덜고자 한다.

87 정답 및 해설 ②

출하자는 시장도매인에게 적정가격(최소가격)을 제시하고 그 이하의 거래는 거부할 수 있다.

88 정답 및 해설 ①

표준규격화를 통해 유통비용(운송, 저장, 보관)을 절감할 수 있다.

89 정답 및 해설 ④

통합마케팅 : 사용 가능한 자원의 조직화, 계열화, 공동브랜드화 등을 통한 전사적 경제활동

90 정답 및 해설 ③

유통조절명령제
농수산물의 가격 폭등이나 폭락을 막기 위해 정부가 유통에 개입하여 해당 농수산물의 출하량을 조절하거나 최저가(최고가)를 임의 결정하는 제도
농수산물 유통(조절)명령제는 농수산물의 과잉생산으로 가격폭락 등이 예상될 때 농가와 생산자단체가 협의하여 생산량·출하량 조절 등 필요한 부분에 대하여 정부에 강제적인 규제명령 요청을 하면 정부에서는 소비시장 여건 등 유통명령의 불가피성을 검토한 후 농림수산식품부장관이 이에 대한 명령을 발하는 제도이다.

91 정답 및 해설 ②

저장 : 생산물의 일시적 저장 후 출하시기를 결정, 저장기간이 시간적 갭이 된다.

92 정답 및 해설 ④

단위화물적재시스템(ULS)
산지에서부터 파렛트 적재, 하역작업을 기계화할 수 있는 일관 수송체계시스템

93 정답 및 해설 ①

제품수명주기 : 도입기 – 성장기 – 성숙기(가장 안정적) – 쇠퇴기

94 정답및해설 ①

95 정답및해설 ④

개수가격정책 : 고급품질의 가격 이미지를 형성하여 구매를 자극하기 위하여 우수리가 없는 개수의 가격을 구사하는 정책(↔ 단수가격정책)

96 정답및해설 ②

추세변동 : 경제변동 중에서 장기간에 걸친 성장 · 정체 · 후퇴 등 변동경향을 나타내는 움직임

97 정답및해설 ③

서베이조사 : 설문지에 질문 항목을 정하고 조사 대상과 직접 접촉하여 조사하는 일

98 정답및해설 ②

부족불제도 [Deficiency Payment]
EU의 CAP와 미국의 농업정책 하에서 정부가 생각하는 적정 농가수취가격과 실제시장 가격과의 차이를 세수를 통한 공공재정 또는 소비자의 높은 가격부담 등의 형태로 보전하는 것

99 정답및해설 ③

• 가격신축성 : 수요가 공급을 초과하면 가격은 상승하고 공급이 수요를 초과하면 가격이 하락하는데, 이러한 수요와 공급의 변화가 가격의 변동을 초래하는 정도를 가격신축성이라 한다.
• King의 법칙 : 곡물 수확고의 산술급수적 변동과 곡물가격의 기하급수적 변동에 관한 법칙으로 밀의 수확량 감소와 가격의 관계에 대하여 밝힌 법칙이다. 밀 수확이 10, 20, 30, 40, 50% 감소하면 가격은 30, 80, 160, 280, 450% 오른다는 것으로 즉, 산술등급이 아닌 기하급수로 가격이 상승한다는 원칙이다.

100 정답및해설 ④

광고와 달리 홍보는 기업 내에서 기획되고 대외에 실행되는 형태로서 비용이 발생하지만, 대외에 비용을 지불하지는 않는다.

2018년 제15회 1차 기출문제
정답 및 해설

01	02	03	04	05	06	07	08	09	10	11	12	13	14	15	16	17	18	19	20
①	④	②	④	①	②	③	④	①	③	②	④	①	②	②	③	①	③	②	④
21	22	23	24	25	26	27	28	29	30	31	32	33	34	35	36	37	38	39	40
①	①	④	④	③	③	①	②	④	③	④	③	③	②	①	④	③	②	①	①
41	42	43	44	45	46	47	48	49	50	51	52	53	54	55	56	57	58	59	60
③	④	②	①	②	②	③	④	④	④	①	③	①	③	①	①	④	①	①	③
61	62	63	64	65	66	67	68	69	70	71	72	73	74	75	76	77	78	79	80
④	③	②	④	③	②	②	④	④	①	②	②	②	④	③	②	③	②	①	②
81	82	83	84	85	86	87	88	89	90	91	92	93	94	95	96	97	98	99	100
②	④	③	②	③	④	②	④	④	②	③	①	②	④	①	②	②	②	③	④

관계법령

01 정답 및 해설 ①

법 제2조(정의)
"물류표준화"란 농수산물의 운송·보관·하역·포장 등 물류의 각 단계에서 사용되는 기기·용기·설비·정보 등을 규격화하여 호환성과 연계성을 원활히 하는 것을 말한다.

02 정답 및 해설 ④

법 제3조(농수산물품질관리심의회의 설치)
위원을 지명할 수 있는 기관장
가. 「농업협동조합법」에 따른 농업협동조합중앙회
나. 「산림조합법」에 따른 산림조합중앙회
다. 「수산업협동조합법」에 따른 수산업협동조합중앙회
라. 「한국농수산식품유통공사법」에 따른 한국농수산식품유통공사
마. 「식품위생법」에 따른 한국식품산업협회
바. 「정부출연연구기관 등의 설립·운영 및 육성에 관한 법률」에 따른 한국농촌경제연구원
사. 「정부출연연구기관 등의 설립·운영 및 육성에 관한 법률」에 따른 한국해양수산개발원
아. 「과학기술분야 정부출연연구기관 등의 설립·운영 및 육성에 관한 법률」에 따른 한국식품연구원
자. 「한국보건산업진흥원법」에 따른 한국보건산업진흥원
차. 「소비자기본법」에 따른 한국소비자원

03 정답 및 해설 ②

검사 현장 재검사요구(검사를 실시한 검사관) → 이의신청(재검사일로부터 7일 이내) → 5일 이내 재검사(이의신청 접수일로부터 5일 이내에 검사기관의 장) → 결과 통지

법 제85조(재검사 등)
① 제79조 제1항에 따른 농산물의 검사 결과에 대하여 이의가 있는 자는 검사현장에서 검사를 실시한 농산물 검사관에게 재검사를 요구할 수 있다. 이 경우 <u>농산물검사관은 즉시 재검사를 하고 그 결과를 알려 주어 야 한다.</u>
② 제1항에 따른 재검사의 결과에 이의가 있는 자는 재검사일부터 7일 이내에 농산물검사관이 소속된 농산물 검사기관의 장에게 이의신청을 할 수 있으며, <u>이의신청을 받은 기관의 장은 그 신청을 받은 날부터 5일 이내에 다시 검사하여 그 결과를 이의신청자에게 알려야 한다.</u>

04 정답및해설 ④

법 제106조(농산물품질관리사의 직무)
1. 농산물의 등급 판정
2. 농산물의 생산 및 수확 후 품질관리기술 지도
3. 농산물의 출하 시기 조절, 품질관리기술에 관한 조언
4. 그 밖에 농산물의 품질 향상과 유통 효율화에 필요한 업무로서 농림축산식품부령으로 정하는 업무
시행규칙 제134조(농산물품질관리사의 업무)
법 제106조 제1항 제4호에서 "농림축산식품부령으로 정하는 업무"란 다음 각 호의 업무를 말한다.
1. 농산물의 생산 및 수확 후의 품질관리기술 지도
2. 농산물의 선별·저장 및 포장 시설 등의 운용·관리
3. 농산물의 선별·포장 및 브랜드 개발 등 상품성 향상 지도
4. 포장농산물의 표시사항 준수에 관한 지도
5. 농산물의 규격출하 지도

05 정답및해설 ①

■ 농수산물 품질관리법 시행규칙 [별표 1]
<u>우수관리인증농산물의 표시</u>(제13조 제1항 관련)

1. 우수관리인증농산물의 표지도형

2. 제도법
   가. 도형표시
      1) 표지도형의 가로의 길이(사각형의 왼쪽 끝과 오른쪽 끝의 폭: W)를 기준으로 세로의 길이는 $0.95 \times W$의 비율로 한다.
      2) 표지도형의 흰색모양과 바깥 테두리(좌·우 및 상단부만 해당한다)의 간격은 $0.1 \times W$로 한다.
      3) 표지도형의 흰색모양 하단부 좌측 태극의 시작점은 상단부에서 $0.55 \times W$ 아래가 되는 지점으로 하고, 우측 태극의 끝점은 상단부에서 $0.75 \times W$ 아래가 되는 지점으로 한다.
   나. <u>표지도형의 한글 및 영문 글자는 고딕체로 하고, 글자 크기는 표지도형의 크기에 따라 조정한다.</u>
   다. <u>표지도형의 색상은 녹색을 기본색상으로 하고, 포장재의 색깔 등을 고려하여 파란색, 빨간색 또는 검은색으 로 할 수 있다.</u>
   라. 표지도형 내부의 "GAP" 및 "(우수관리인증)"의 글자 색상은 표지도형 색상과 동일하게 하고, 하단의 "농림축 산식품부"와 "MAFRA KOREA"의 글자는 흰색으로 한다.
   마. 배색 비율은 녹색 C80+Y100, 파란색 C100+M70, 빨간색 M100+Y100+K10, 검은색 B100으로 한다.
   바. 표지도형의 크기는 포장재의 크기에 따라 조정한다.
   사. 표지도형 밑에 인증번호 또는 우수관리시설지정번호를 표시한다.

PART 02

3. 표시사항

　가. 표지

　인증번호(또는 우수관리시설지정번호):　　　Certificate Number:

　나. 표시항목 : 산지(시·도, 시·군·구), 품목(품종), 중량·개수, 생산연도, 생산자(생산자집단명) 또는 우수관리시설명

4. 표시방법

　가. 크기 : 포장재의 크기에 따라 표지의 크기를 키우거나 줄일 수 있다.

　나. 위치 : 포장재 주 표시면의 옆면에 표시하되, 포장재 구조상 옆면에 표시하기 어려울 경우에는 표시위치를 변경할 수 있다.

　다. 표지 및 표시사항은 소비자가 쉽게 알아볼 수 있도록 인쇄하거나 스티커로 포장재에서 떨어지지 않도록 부착하여야 한다.

　라. 포장하지 않고 낱개로 판매하는 경우나 소포장 등으로 우수관리인증농산물의 표지와 표시사항을 인쇄하거나 부착하기에 부적합한 경우에는 농산물우수관리의 표지만 표시할 수 있다.

　마. 수출용의 경우에는 해당 국가의 요구에 따라 표시할 수 있다.

　바. 제3호나목의 표시항목 중 표준규격, 지리적표시 등 다른 규정에 따라 표시하고 있는 사항은 그 표시를 생략할 수 있다.

5. 표시내용

　가. 표지 : 표지크기는 포장재에 맞출 수 있으나, 표지형태 및 글자표기는 변형할 수 없다.

　나. 산지 : 농산물을 생산한 지역으로 시·도명이나 시·군·구명 등 「농수산물의 원산지 표시 등에 관한 법률」에 따라 적는다.

　다. 품목(품종) : 「식물신품종 보호법」 제2조 제2호에 따른 품종을 이 규칙 제7조 제2항 제3호에 따라 표시한다.

　라. 중량·개수 : 포장단위의 실중량이나 개수

　마. 삭제 〈2014.9.30.〉

　바. 생산연도(쌀과 현미만 해당하며 「양곡관리법」 제20조의2에 따라 표시한다)

　사. 우수관리시설명(우수관리시설을 거치는 경우만 해당한다) : 대표자 성명, 주소, 전화번호, 작업장 소재지

　아. 생산자(생산자집단명) : 생산자나 조직명, 주소, 전화번호

　자. 삭제 〈2014.9.30.〉

06　정답및해설　②

법 제46조(이력추적관리의 대상품목 및 등록사항)

① 법 제24조 제1항에 따른 이력추적관리 등록 대상품목은 법 제2조 제1항 제1호 가목의 농산물(축산물은 제외한다. 이하 이 절에서 같다) 중 식용을 목적으로 생산하는 농산물로 한다.

② 법 제24조 제1항에 따른 이력추적관리의 등록사항은 다음 각 호와 같다.

　1. 생산자(단순가공을 하는 자를 포함한다)

　　가. 생산자의 성명, 주소 및 전화번호

　　나. 이력추적관리 대상품목명

　　다. 재배면적

　　라. 생산계획량

　　마. 재배지의 주소

　2. 유통자

　　가. 유통업체의 명칭 또는 유통자의 성명, 주소 및 전화번호

　　나. 삭제 〈2016. 4. 6.〉

다. 수확 후 관리시설이 있는 경우 관리시설의 소재지
  3. 판매자 : 판매업체의 명칭 또는 판매자의 성명, 주소 및 전화번호

07   정답및해설 ③

법 제58조(지리적표시의 등록공고 등)
① 국립농산물품질관리원장, 국립수산물품질관리원장 또는 산림청장은 법 제32조 제7항에 따라 지리적표시의 등록을 결정한 경우에는 다음 각 호의 사항을 공고하여야 한다.
  1. 등록일 및 등록번호
  2. 지리적표시 등록자의 성명, 주소(법인의 경우에는 그 명칭 및 영업소의 소재지를 말한다) 및 전화번호
  3. 지리적표시 등록 대상품목 및 등록명칭
  4. 지리적표시 대상지역의 범위
  5. 품질의 특성과 지리적 요인의 관계
  6. 등록자의 자체품질기준 및 품질관리계획서
법 제56조(지리적표시의 등록 및 변경과 첨부서류)
1. 정관(법인인 경우만 해당한다)
2. 생산계획서(법인의 경우 각 구성원별 생산계획을 포함한다)
3. 대상품목・명칭 및 품질의 특성에 관한 설명서
4. 해당 특산품의 유명성과 역사성을 증명할 수 있는 자료
5. 품질의 특성과 지리적 요인과 관계에 관한 설명서
6. 지리적표시 대상지역의 범위
7. 자체품질기준
8. 품질관리계획서

08   정답및해설 ④

법 제6조(농산물우수관리의 인증)
② 우수관리기준에 따라 농산물(축산물은 제외한다. 이하 이 절에서 같다)을 생산・관리하는 자 또는 우수관리기준에 따라 생산・관리된 농산물을 포장하여 유통하는 자는 제9조에 따라 지정된 농산물우수관리인증기관(이하 "우수관리인증기관"이라 한다)으로부터 농산물우수관리의 인증(이하 "우수관리인증"이라 한다)을 받을 수 있다.
법 제11조(우수관리인증의 심사 등)
① 우수관리인증기관은 제10조 제1항에 따라 우수관리인증 신청을 받은 경우에는 제8조에 따른 우수관리인증의 기준에 적합한지를 심사하여야 하며, 필요한 경우에는 현지심사를 할 수 있다.
법 제9조(우수관리인증기관의 지정 등)
① 농림축산식품부장관은 우수관리인증에 필요한 인력과 시설 등을 갖춘 자를 우수관리인증기관으로 지정하여 다음 각 호의 업무의 전부 또는 일부를 하도록 할 수 있다. 다만, 외국에서 수입되는 농산물에 대한 우수관리인증의 경우에는 농림축산식품부장관이 정한 기준을 갖춘 외국의 기관도 우수관리인증기관으로 지정할 수 있다.
⑤ 우수관리인증기관 지정의 유효기간은 지정을 받은 날부터 5년으로 하고, 계속 우수관리인증 또는 우수관리시설의 지정 업무를 수행하려면 유효기간이 끝나기 전에 그 지정을 갱신하여야 한다.

09   정답및해설 ①

법 제5조(표준규격의 제정)
① 법 제5조 제1항에 따른 농수산물(축산물은 제외한다. 이하 이 조 및 제7조에서 같다)의 표준규격은 포장규격 및 등급규격으로 구분한다.
② 제1항에 따른 포장규격은 「산업표준화법」 제12조에 따른 한국산업표준(이하 "한국산업표준"이라 한다)에 따른다. 다만, 한국산업표준이 제정되어 있지 아니하거나 한국산업표준과 다르게 정할 필요가 있다고 인

정되는 경우에는 보관·수송 등 유통 과정의 편리성, 폐기물 처리문제를 고려하여 다음 각 호의 항목에 대하여 그 규격을 따로 정할 수 있다.
1. 거래단위
2. 포장치수
3. 포장재료 및 포장재료의 시험방법
4. 포장방법
5. 포장설계
6. 표시사항
7. 그 밖에 품목의 특성에 따라 필요한 사항

10 정답및해설 ③

시행령 제3조(원산지의 표시대상)
⑤ 법 제5조 제3항에서 "대통령령으로 정하는 농수산물이나 그 가공품을 조리하여 판매·제공하는 경우"란 다음 각 호의 것을 조리하여 판매·제공하는 경우를 말한다. 이 경우 조리에는 날 것의 상태로 조리하는 것을 포함하며, 판매·제공에는 배달을 통한 판매·제공을 포함한다.
1. 쇠고기(식육·포장육·식육가공품을 포함한다. 이하 같다)
2. 돼지고기(식육·포장육·식육가공품을 포함한다. 이하 같다)
3. 닭고기(식육·포장육·식육가공품을 포함한다. 이하 같다)
4. 오리고기(식육·포장육·식육가공품을 포함한다. 이하 같다)
5. 양고기(식육·포장육·식육가공품을 포함한다. 이하 같다)
5의2. 염소(유산양을 포함한다. 이하 같다)고기(식육·포장육·식육가공품을 포함한다. 이하 같다)
6. 밥, 죽, 누룽지에 사용하는 쌀(쌀가공품을 포함하며, 쌀에는 찹쌀, 현미 및 찐쌀을 포함한다. 이하 같다)
7. 배추김치(배추김치가공품을 포함한다)의 원료인 배추(얼갈이배추와 봄동배추를 포함한다. 이하 같다)와 고춧가루
7의2. 두부류(가공두부, 유바는 제외한다), 콩비지, 콩국수에 사용하는 콩(콩가공품을 포함한다. 이하 같다)

11 정답및해설 ②

1. 배추 또는 고춧가루의 원산지를 표시하지 않은 경우 : 1차위반 과태료 30만원
2. 법 제8조를 위반하여 영수증이나 거래명세서 등을 비치·보관하지 않은 경우 : 1차위반 과태료 20만원

위반행위	과태료			
	1차 위반	2차 위반	3차 위반	4차 이상 위반
8) 배추 또는 고춧가루의 원산지를 표시하지 않은 경우	30만원	60만원	100만원	100만원
사. 법 제8조를 위반하여 영수증이나 거래명세서 등을 비치·보관하지 않은 경우	20만원	40만원	80만원	80만원

12 정답및해설 ④

■ 농수산물 품질관리법 시행규칙 [별표 15]
지리적표시품의 표시(제60조 관련)

1. 지리적표시품의 표지

2. 제도법
  가. 도형표시
    1) 표지도형의 가로의 길이(사각형의 왼쪽 끝과 오른쪽 끝의 폭: W)를 기준으로 세로의 길이는 0.95×W의 비율로 한다.
    2) 표지도형의 흰색모양과 바깥 테두리(좌·우 및 상단부만 해당한다)의 간격은 0.1×W로 한다.
    3) 표지도형의 흰색모양 하단부 좌측 태극의 시작점은 상단부에서 0.55×W 아래가 되는 지점으로 하고, 우측 태극의 끝점은 상단부에서 0.75×W 아래가 되는 지점으로 한다.
  나. 표지도형의 한글 및 영문 글자는 고딕체로 하고, 글자 크기는 표지도형의 크기에 따라 조정한다.
  다. 표지도형의 색상은 녹색을 기본색상으로 하고, 포장재의 색깔 등을 고려하여 파란색 또는 빨간색으로 할 수 있다.
  라. 표지도형 내부의 "지리적표시", "(PGI)" 및 "PGI"의 글자 색상은 표지도형 색상과 동일하게 하고, 하단의 "농림축산식품부"와 "MAFRA KOREA" 또는 "해양수산부"와 "MOF KOREA"의 글자는 흰색으로 한다.
  마. 배색 비율은 녹색 C80+Y100, 파란색 C100+M70, 빨간색 M100+Y100+K10으로 한다.
3. 표시사항

	등록 명칭: (영문등록 명칭)
	지리적표시관리기관 명칭, 지리적표시 등록 제 호
	생산자(등록법인의 명칭):
	주소(전화):
이 상품은 「농수산물 품질관리법」에 따라 지리적표시가 보호되는 제품입니다.	

	등록 명칭: (영문등록 명칭)
	지리적표시관리기관 명칭, 지리적표시 등록 제 호
	생산자(등록법인의 명칭):
	주소(전화):
이 상품은 「농수산물 품질관리법」에 따라 지리적표시가 보호되는 제품입니다.	

4. 표시방법
  가. 크기 : 포장재의 크기에 따라 표지와 글자의 크기를 키우거나 줄일 수 있다.
  나. 위치 : 포장재 주 표시면의 옆면에 표시하되, 포장재 구조상 옆면에 표시하기 어려울 경우에는 표시위치를 변경할 수 있다.
  다. 표시내용은 소비자가 쉽게 알아볼 수 있도록 인쇄하거나 스티커로 포장재에서 떨어지지 않도록 부착하여야 한다.
  라. 포장하지 않고 낱개로 판매하는 경우나 소포장 등으로 지리적표시품의 표지를 인쇄하거나 부착하기에 부적합한 경우에는 표지와 등록 명칭만 표시할 수 있다.
  마. 글자의 크기(포장재 15kg 기준)
    1) 등록 명칭(한글, 영문): 가로 2.0cm(57pt.) × 세로 2.5cm(71pt.)
    2) 등록번호, 생산자(등록법인의 명칭), 주소(전화): 가로 1cm(28pt.) × 세로 1.5cm(43pt.)
    3) 그 밖의 문자: 가로 0.8cm(23pt.) × 세로 1cm(28pt.)
  바. 제3호의 표시사항 중 표준규격, 우수관리인증 등 다른 규정 또는 「양곡관리법」 등 다른 법률에 따라 표시하고 있는 사항은 그 표시를 생략할 수 있다.

13 정답 및 해설 ①

법 제60조(안전관리계획)
① 식품의약품안전처장은 농수산물(축산물은 제외한다. 이하 이 장에서 같다)의 품질 향상과 안전한 농수산물의 생산·공급을 위한 안전관리계획을 매년 수립·시행하여야 한다.
② 시·도지사 및 시장·군수·구청장은 관할 지역에서 생산·유통되는 농수산물의 안전성을 확보하기 위한 세부추진계획을 수립·시행하여야 한다.

③ 제1항에 따른 안전관리계획 및 제2항에 따른 세부추진계획에는 제61조에 따른 안전성조사, 제68조에 따른 위험평가 및 잔류조사, 농어업인에 대한 교육, 그 밖에 총리령으로 정하는 사항을 포함하여야 한다.

④ 삭제 〈2013. 3. 23.〉

⑤ 식품의약품안전처장은 시·도지사 및 시장·군수·구청장에게 제2항에 따른 세부추진계획 및 그 시행 결과를 보고하게 할 수 있다.

14 정답및해설 ②

법 제65조(안전성검사기관의 지정 취소 등)

식품의약품안전처장은 제64조 제1항에 따른 안전성검사기관이 다음 각 호의 어느 하나에 해당하면 지정을 취소하거나 6개월 이내의 기간을 정하여 업무의 정지를 명할 수 있다. 다만, 제1호 또는 제2호에 해당하면 지정을 취소하여야 한다.

1. 거짓이나 그 밖의 부정한 방법으로 지정을 받은 경우
2. 업무의 정지명령을 위반하여 계속 안전성조사 및 시험분석 업무를 한 경우
3. 검사성적서를 거짓으로 내준 경우
4. 그 밖에 총리령으로 정하는 안전성검사에 관한 규정을 위반한 경우

15 정답및해설 ②

시행령 제22조(공표명령의 기준·방법 등)

③ 식품의약품안전처장은 법 제59조 제3항에 따라 지체 없이 다음 각 호의 사항을 식품의약품안전처의 인터넷 홈페이지에 게시하여야 한다.

1. "「농수산물 품질관리법」 위반사실의 공표"라는 내용의 표제
2. 영업의 종류
3. 영업소의 명칭 및 주소
4. 농수산물의 명칭
5. 위반내용
6. 처분권자, 처분일 및 처분내용

16 정답및해설 ③

ㄱ : 3년 이하의 징역 또는 3천만원 이하의 벌금
ㄴ : 7년 이하의 징역 또는 또는 1억원 이하의 벌금
ㄷ : 3년 이하의 징역 또는 3천만원 이하의 벌금
ㄹ : 1년 이하의 징역 또는 1천만원 이하의 벌금

17 정답및해설 ①

법 제47조(민영도매시장의 개설)

⑤ 시·도지사는 제2항에 따른 민영도매시장 개설허가의 신청을 받은 경우 신청서를 받은 날부터 30일 이내(이하 "허가 처리기간"이라 한다)에 허가 여부 또는 허가처리 지연 사유를 신청인에게 통보하여야 한다. 이 경우 허가 처리기간에 허가 여부 또는 허가처리 지연 사유를 통보하지 아니하면 허가 처리기간의 마지막 날의 다음 날에 허가를 한 것으로 본다.

⑥ 시·도지사는 제5항에 따라 허가처리 지연 사유를 통보하는 경우에는 허가 처리기간을 10일 범위에서 한 번만 연장할 수 있다.

18 정답및해설 ③

법 제20조(도매시장 개설자의 의무)

① 도매시장 개설자는 거래 관계자의 편익과 소비자 보호를 위하여 다음 각 호의 사항을 이행하여야 한다.

1. 도매시장 시설의 정비·개선과 합리적인 관리

2. 경쟁 촉진과 공정한 거래질서의 확립 및 환경 개선
3. 상품성 향상을 위한 규격화, 포장 개선 및 선도(鮮度) 유지의 촉진
② 도매시장 개설자는 제1항 각 호의 사항을 효과적으로 이행하기 위하여 이에 대한 투자계획 및 거래제도 개선방안 등을 포함한 대책을 수립·시행하여야 한다.

19 정답및해설 ②

① 주요 농수산물의 수급조절과 가격안정을 위하여 필요하다고 인정할 때에는 해당 농산물의 파종기 또는 수산물의 종자입식 시기 이전에 생산자를 보호하기 위한 하한가격[이하 "예시가격"(豫示價格)이라 한다]을 예시할 수 있다.
③ 미리 기획재정부장관과 협의하여야 한다.
④ 예시가격지지 정책으로 도매시장 통합정책은 없다.

법 제8조(가격 예시)
① 농림축산식품부장관 또는 해양수산부장관은 농림축산식품부령 또는 해양수산부령으로 정하는 주요 농수산물의 수급조절과 가격안정을 위하여 필요하다고 인정할 때에는 해당 농산물의 파종기 또는 수산물의 종자입식 시기 이전에 생산자를 보호하기 위한 하한가격[이하 "예시가격"(豫示價格)이라 한다]을 예시할 수 있다.
② 농림축산식품부장관 또는 해양수산부장관은 제1항에 따라 예시가격을 결정할 때에는 해당 농산물의 농림업관측, 주요 곡물의 국제곡물관측 또는 「수산물 유통의 관리 및 지원에 관한 법률」 제38조에 따른 수산업관측(이하 이 조에서 "수산업관측"이라 한다) 결과, 예상 경영비, 지역별 예상 생산량 및 예상 수급상황 등을 고려하여야 한다.
③ 농림축산식품부장관 또는 해양수산부장관은 제1항에 따라 예시가격을 결정할 때에는 미리 기획재정부장관과 협의하여야 한다.
④ 농림축산식품부장관 또는 해양수산부장관은 제1항에 따라 가격을 예시한 경우에는 예시가격을 지지(支持)하기 위하여 다음 각 호의 사항 등을 연계하여 적절한 시책을 추진하여야 한다.
1. 제5조에 따른 농림업관측·국제곡물관측 또는 수산업관측의 지속적 실시
2. 제6조 또는 「수산물 유통의 관리 및 지원에 관한 법률」 제39조에 따른 계약생산 또는 계약출하의 장려
3. 제9조 또는 「수산물 유통의 관리 및 지원에 관한 법률」 제40조에 따른 수매 및 처분
4. 제10조에 따른 유통협약 및 유통조절명령
5. 제13조 또는 「수산물 유통의 관리 및 지원에 관한 법률」 제41조에 따른 비축사업

20 정답및해설 ④

법 제44조(공판장의 거래 관계자)
① 공판장에는 중도매인, 매매참가인, 산지유통인 및 경매사를 둘 수 있다.
② 공판장의 중도매인은 공판장의 개설자가 지정한다. 이 경우 중도매인의 지정 등에 관하여는 제25조 제3항 및 제4항을 준용한다.
③ 농수산물을 수집하여 공판장에 출하하려는 자는 공판장의 개설자에게 산지유통인으로 등록하여야 한다. 이 경우 산지유통인의 등록 등에 관하여는 제29조 제1항 단서 및 같은 조 제3항부터 제6항까지의 규정을 준용한다.
④ 공판장의 경매사는 공판장의 개설자가 임면한다. 이 경우 경매사의 자격기준 및 업무 등에 관하여는 제27조 제2항부터 제4항까지 및 제28조를 준용한다.

21 정답및해설 ①

시행규칙 제34조(도매시장법인의 겸영)
① 법 제35조 제4항 단서에 따른 농수산물의 선별·포장·가공·제빙(製氷)·보관·후숙(後熟)·저장·수출입·배송(도매시장법인이나 해당 도매시장 중도매인의 농수산물 판매를 위한 배송으로 한정한다) 등의 사업(이하 이 조에서 "겸영사업"이라 한다)을 겸영하려는 도매시장법인은 다음 각 호의 요건을 충족하여

야 한다. 이 경우 제1호부터 제3호까지의 기준은 직전 회계연도의 대차대조표를 통하여 산정한다.
1. 부채비율(부채/자기자본 × 100)이 300퍼센트 이하일 것
2. 유동부채비율(유동부채/부채총액 × 100)이 100퍼센트 이하일 것
3. 유동비율(유동자산/유동부채 × 100)이 100퍼센트 이상일 것
4. 당기순손실이 2개 회계연도 이상 계속하여 발생하지 아니할 것
② 도매시장법인은 겸영사업을 하려는 경우에는 그 겸영사업 개시 전에 겸영사업의 내용 및 계획을 해당 도매시장 개설자에게 알려야 한다. 이 경우 도매시장법인이 해당 도매시장 외의 장소에서 겸영사업을 하려는 경우에는 겸영하려는 사업장 소재지의 시장(도매시장 개설자와 다른 경우에만 해당한다)·군수 또는 자치구의 구청장에게도 이를 알려야 한다.
③ 도매시장법인은 겸영사업을 하는 경우 전년도 겸영사업 실적을 매년 3월 31일까지 해당 도매시장 개설자에게 제출하여야 한다.

22

제29조(산지유통인의 등록)
① 농수산물을 수집하여 도매시장에 출하하려는 자는 농림축산식품부령 또는 해양수산부령으로 정하는 바에 따라 부류별로 도매시장 개설자에게 등록하여야 한다. 다만, 다음 각 호의 어느 하나에 해당하는 경우에는 그러하지 아니하다.
1. 생산자단체가 구성원의 생산물을 출하하는 경우
2. 도매시장법인이 제31조 제1항 단서에 따라 매수한 농수산물을 상장하는 경우
3. 중도매인이 제31조 제2항 단서에 따라 비상장 농수산물을 매매하는 경우
4. 시장도매인이 제37조에 따라 매매하는 경우
5. 그 밖에 농림축산식품부령 또는 해양수산부령으로 정하는 경우
② 도매시장법인, 중도매인 및 이들의 주주 또는 임직원은 해당 도매시장에서 산지유통인의 업무를 하여서는 아니 된다.
③ 도매시장 개설자는 이 법 또는 다른 법령에 따른 제한에 위반되는 경우를 제외하고는 제1항에 따라 등록을 하여주어야 한다.
④ 산지유통인은 등록된 도매시장에서 농수산물의 출하업무 외의 판매·매수 또는 중개업무를 하여서는 아니 된다.
⑤ 도매시장 개설자는 제1항에 따라 등록을 하여야 하는 자가 등록을 하지 아니하고 산지유통인의 업무를 하는 경우에는 도매시장에의 출입을 금지·제한하거나 그 밖에 필요한 조치를 할 수 있다.
⑥ 국가나 지방자치단체는 산지유통인의 공정한 거래를 촉진하기 위하여 필요한 지원을 할 수 있다.

23

법 제4조(주산지의 지정 및 해제 등)
① 시·도지사는 농수산물의 경쟁력 제고 또는 수급(需給)을 조절하기 위하여 생산 및 출하를 촉진 또는 조절할 필요가 있다고 인정할 때에는 주요 농수산물의 생산지역이나 생산수면(이하 "주산지"라 한다)을 지정하고 그 주산지에서 주요 농수산물을 생산하는 자에 대하여 생산자금의 융자 및 기술지도 등 필요한 지원을 할 수 있다.
② 제1항에 따른 주요 농수산물은 국내 농수산물의 생산에서 차지하는 비중이 크거나 생산·출하의 조절이 필요한 것으로서 농림축산식품부장관 또는 해양수산부장관이 지정하는 품목으로 한다.
③ 주산지는 다음 각 호의 요건을 갖춘 지역 또는 수면(水面) 중에서 구역을 정하여 지정한다.
1. 주요 농수산물의 재배면적 또는 양식면적이 농림축산식품부장관 또는 해양수산부장관이 고시하는 면적 이상일 것
2. 주요 농수산물의 출하량이 농림축산식품부장관 또는 해양수산부장관이 고시하는 수량 이상일 것
④ 시·도지사는 제1항에 따라 지정된 주산지가 제3항에 따른 지정요건에 적합하지 아니하게 되었을 때에는 그 지정을 변경하거나 해제할 수 있다.

시행령 제4조(주산지의 지정·변경 및 해제)

① 법 제4조 제1항에 따른 주요 농수산물의 생산지역이나 생산수면(이하 "주산지"라 한다)의 지정은 읍·면·동 또는 시·군·구 단위로 한다.

② 특별시장·광역시장·특별자치시장·도지사 또는 특별자치도지사(이하 "시·도지사"라 한다)는 제1항에 따라 주산지를 지정하였을 때에는 이를 고시하고 농림축산식품부장관 또는 해양수산부장관에게 통지하여야 한다.

③ 법 제4조 제4항에 따른 주산지 지정의 변경 또는 해제에 관하여는 제1항 및 제2항을 준용한다.

24 정답 및 해설 ④

① 공정거래위원회와 협의를 거친다.

② 농수산물의 생산자 등의 대표나 해당 생산자단체의 재적회원 3분의 2 이상의 찬성을 받아야 한다.

③ 유통명령을 하기 위한 기준과 구체적 절차, 유통명령을 요청할 수 있는 생산자 등의 조직과 구성 및 운영방법 등에 관하여 필요한 사항은 농림축산식품부령 또는 해양수산부령으로 정한다.

법 제10조(유통협약 및 유통조절명령)

① 주요 농수산물의 생산자, 산지유통인, 저장업자, 도매업자·소매업자 및 소비자 등(이하 "생산자 등"이라 한다)의 대표는 해당 농수산물의 자율적인 수급조절과 품질향상을 위하여 생산조정 또는 출하조절을 위한 협약(이하 "유통협약"이라 한다)을 체결할 수 있다.

② 농림축산식품부장관 또는 해양수산부장관은 부패하거나 변질되기 쉬운 농수산물로서 농림축산식품부령 또는 해양수산부령으로 정하는 농수산물에 대하여 현저한 수급 불안정을 해소하기 위하여 특히 필요하다고 인정되고 농림축산식품부령 또는 해양수산부령으로 정하는 생산자 등 또는 생산자단체가 요청할 때에는 공정거래위원회와 협의를 거쳐 일정 기간 동안 일정 지역의 해당 농수산물의 생산자 등에게 생산조정 또는 출하조절을 하도록 하는 유통조절명령(이하 "유통명령"이라 한다)을 할 수 있다.

③ 유통명령에는 유통명령을 하는 이유, 대상 품목, 대상자, 유통조절방법 등 대통령령으로 정하는 사항이 포함되어야 한다.

④ 제2항에 따라 생산자 등 또는 생산자단체가 유통명령을 요청하려는 경우에는 제3항에 따른 내용이 포함된 요청서를 작성하여 이해관계인·유통전문가의 의견수렴 절차를 거치고 해당 농수산물의 생산자 등의 대표나 해당 생산자단체의 재적회원 3분의 2 이상의 찬성을 받아야 한다.

⑤ 제2항에 따른 유통명령을 하기 위한 기준과 구체적 절차, 유통명령을 요청할 수 있는 생산자 등의 조직과 구성 및 운영방법 등에 관하여 필요한 사항은 농림축산식품부령 또는 해양수산부령으로 정한다

시행규칙 제11조의2(유통명령의 발령기준 등)

법 제10조 제5항에 따른 유통명령을 발하기 위한 기준은 다음 각 호의 사항을 고려하여 농림축산식품부장관 또는 해양수산부장관이 정하여 고시한다.

1. 품목별 특성

2. 법 제5조에 따른 관측 결과 등을 반영하여 산정한 예상 가격과 예상 공급량

25 정답 및 해설 ③

법 제57조(기금의 용도)

② 기금은 다음 각 호의 사업을 위하여 지출한다.

1. 「농수산자조금의 조성 및 운용에 관한 법률」제5조에 따른 농수산자조금에 대한 출연 및 지원

2. 제9조, 제9조의2, 제13조 및 「종자산업법」제22조에 따른 사업 및 그 사업의 관리

2의2. 제12조에 따른 유통명령 이행자에 대한 지원

3. 기금이 관리하는 유통시설의 설치·취득 및 운영

4. 도매시장 시설현대화 사업 지원

5. 그 밖에 대통령령으로 정하는 농산물의 유통구조 개선 및 가격안정과 종자산업의 진흥을 위하여 필요한 사업

시행령 제23조(기금의 지출 대상사업)

법 제57조 제2항 제5호에 따라 기금에서 지출할 수 있는 사업은 다음 각 호와 같다.

1. 농산물의 가공·포장 및 저장기술의 개발, 브랜드 육성, 저온유통, 유통정보화 및 물류 표준화의 촉진
2. 농산물의 유통구조 개선 및 가격안정사업과 관련된 조사·연구·홍보·지도·교육훈련 및 해외시장개척
3. 종자산업의 진흥과 관련된 우수 종자의 품종육성·개발, 우수 유전자원의 수집 및 조사·연구
4. 식량작물과 축산물을 제외한 농산물의 유통구조 개선을 위한 생산자의 공동이용시설에 대한 지원
5. 농산물 가격안정을 위한 안전성 강화와 관련된 조사·연구·홍보·지도·교육훈련 및 검사·분석시설 지원

원예작물학

26 정답및해설 ③

명아주과	근대, 시금치, 비트	가지과	고추, 토마토, 파프리카
십자화과	양배추, 배추, 무, 갓	박과	수박, 오이, 참외
콩과	콩, 녹두, 팥	국화과	결구상추, 우엉
아욱과	아욱, 오크라, 무궁화	도라지과	도라지
산형화과	샐러리, 당근	장미과	사과, 나무딸기
메꽃과	고구마	진달래과	블루베리

27 정답및해설 ①

작물의 기능성 물질

포도	레스베라트롤(resveratrol)	인삼	사포닌(saponin)
토마토	라이코펜(lycopene)	콩	이소플라본(isoflavon)
블루베리	안토시아닌(anthocyanin)	마늘	알리신(allin)
수박	시트룰린(citrulline)	우엉	이눌린(inulin)

28 정답및해설 ②

광도에 따른 식물의 반응

구분	고광도	저광도
잎	잎이 작아지고, 엽색이 흐려지며, 잎의 두께가 두꺼워진다.	잎이 넓어지고, 엽색이 짙어지며, 잎의 두께가 얇아진다.
줄기	줄기의 마디가 짧아진다.	줄기의 마디가 길어진다.
뿌리	뿌리가 길어지고, 뿌리털이 많아진다.	뿌리가 짧아지고, 뿌리털이 적어진다.
꽃의 수와 향기	증가	감소
엽록소 함량	감소	증가

29 정답및해설 ④

DIF : 주야간의 온도 차이

① 주야간의 온도 차이(낮 온도에서 밤 온도를 뺀 값)
② DIF의 적용 범위는 식물체의 생육 적정온도 내에서 이루어져야 한다.
③ 분화용 포인세티아, 국화, 나팔나리의 초장조절에 이용된다.

④ 마디 신장은 DIF 값이 부(-)의 값에서 정(+)의 값으로 변화할 때보다 0부터 정의 값으로 변화할 때가 크다.
⑤ 주야간 온도가 같거나 주간 온도가 야간 온도보다 높으면 마디 신장이 촉진되어 초장이 길어진다.

30 정답 및 해설 ③

구근 화훼류(알뿌리 화초)
• 춘식구근 : 칸나, 다알리아, 글라디올러스, 아마릴리스
• 가을심기구근 : 튤립, 나리, 아이리스, 수선화
• 온실구근 : 아네모네, 시클라멘, 히아신스, 프리지아
• 숙근초류 : 거베라, 칼랑코에, 안스리움

31 정답 및 해설 ④

포인세티아 전조처리 : 개화 억제
※ 암막처리 : 국화, 포인세티아에서 암막을 쳐 단일처리하게 되면 개화 촉진

32 정답 및 해설 ③

종자번식과 영양번식의 장단점

종자번식의 장단점	장점	① 방법이 간단하고 대량 채종이 가능하다. ② 우량종 개발이 가능하다. ③ 취급과 저장·수송이 간편하다. ④ 영양번식에 비해 발육이 왕성하고 수명이 길다.
	단점	① 변이가 일어날 가능성이 있다. ② 불임성이나 단위결과성 식물의 번식이 어렵다. ③ 목본류(교목, 관목)는 개화까지의 기간이 오래 걸린다.
영양번식의 장단점	장점	① 모체와 유전적으로 완전히 동일한 개체를 얻을 수 있다. ② 초기 생장이 좋으며 조기 결과의 효과를 얻을 수 있다. ③ 불임성, 자가불화합성 또는 교배불친화성인 과수품목에 유용하다. ④ 종자번식이 불가능한 마늘·무화과·바나나·감귤류 등의 유일한 번식방법이다. ⑤ 화목류의 경우 개화까지의 기간을 단축할 수 있다. ⑥ 병충해 및 저항성을 증진 시킬 수 있다.
	단점	① 바이러스에 감염되면 제거가 불가능하다. ② 종자번식 작물에 비해 취급·저장·수송이 어렵다. ③ 증식률이 낮다.

33 정답 및 해설 ③

호접란 : 열대아시아와 호주 북부가 원산지

34 정답 및 해설 ②

① 캡사이신(capsaicin) : 고추
② 솔라닌(solanine) : 감자
③ 아미그달린(amygdalin) : 살구씨, 복숭아씨, 사과, 포도, 앵두의 씨
④ 시니그린(sinigrin) : 고추냉이

35 정답 및 해설 ①

진균(곰팡이) : 흰가루병, 줄기녹병, 잘록병
세균성 : 궤양병, 근두암종병, 무름병, 풋마름병(Pseudomonas) 등

36 정답및해설 ④

실내 상대습도가 낮을 때 식물의 증산작용으로 인해 실내습도가 증가한다.

37 정답및해설 ③

수경 재배(水耕栽培) 또는 양액 재배(養液栽培)는 토양을 이용하지 않은 무토양 상태에서 작물을 여러 가지 방법으로 지지 고정시키고, 작물생육에 필요한 필수원소를 그 흡수비율에 따라 적당한 농도로 용해시킨 배양액으로 작물을 재배하는 방법이다. 하이드로포닉스, 용액재배, 무토양재배, 수경재배 등으로 불린다.

양액재배의 장단점

장점	단점
① 시설재배의 연작장해를 피할 수 있다. ② 장치화와 기계화 등으로 규모확대가 가능하다. ③ 생력화가 가능하다. ④ 기업적인 경영을 할 수 있다. ⑤ 환경친화형 농업이 가능하다. ⑥ 자신만의 기술 개발이 가능하다. ⑦ 풍흉의 차이 없이 안정 수확이 가능하다. ⑧ 동일한 환경에서 장기간에 걸쳐 연속재배를 할 수 있다.	① 초기의 시설설비 투자액이 많이 소요된다. ② 순환식 양액재배에서는 식물병원균의 오염속도가 빠르다. ③ 완충능이 낮아 환경에 민감하게 반응하므로, 유해물질의 농도가 증가할 수 있다.

38 정답및해설 ②

에테폰 : 식물성장조절물질. 에틸렌 발생을 촉진하여 식물의 개화를 촉진하고 숙성 속도를 증가시킨다. 파인애플의 개화 촉진, 사탕수수의 숙성에 사용한다.

절화보존제
① 당 : 자당(sucrose), 포도당, 과당
② 살균제 : HQC, HQS, 질산은(AgNO₃)
③ 에틸렌 생성 및 작용 억제제 : STS, AOA, AVG
④ 생장조절물질 : GA(지베렐린), ABA(아브시스산)

39 정답및해설 ①

휴면이 시작되면 호흡이 줄어든다.

40 정답및해설 ①

① 토피어리(topiary) : 식물을 여러 가지 동물 모양으로 자르고 다듬어 보기 좋게 만드는 기술 또는 작품
② 포푸리(potpourri) : 꽃잎이나 나뭇잎, 허브 등을 말려서 주머니에 한가득 넣어 메달아놓거나 유리병에 담아놓는 방향 소품
③ 테라리움(terrarium) : 유리병 안에 식물이 자라도록 한 것
④ 디쉬가든(dish garden) : 접시나 쟁반 같은 넓고 얕은 용기에 식물을 심어 작은 정원이나 분경을 꾸미는 원예 활동

41 정답및해설 ③

③ 종자 소요량이 감소한다. (직파한 경우보다 종자 발아율이 높다.)
육묘(育苗) : 모종을 아주심기(정식) 전까지 작물을 관리하는 것으로서 번식용으로 이용되는 어린 모를 묘상 또는 못자리에서 기르는 일
육묘의 목적(필요성)
① 양질의 균일한 묘를 생산

② 화종 별 집중적인 관리가 가능
③ 종자 절약
④ 토지 활용도를 높일 수 있다.
⑤ 최적의 생육 환경 조건으로 작물의 병해충 보호가 가능
⑥ 우량 묘에 의해 수확 및 판매시기를 앞당길 수 있다.
⑦ 품질 향상과 수량증대가 가능하다.

42 정답및해설 ④

마늘의 휴면 타파와 인경 비대조건 : 고온, 장일

43 정답및해설 ②

고접병 : 과수에 있어서 고접 후 2~3년이 되면 나무 전체가 생육장해를 일으키어 말라죽게 되는 바이러스에 의한 병으로 사과 황화잎 반점 바이러스와 스템 피팅 바이러스가 대표적이다. 국광, 홍옥 등 재래품종을 새품종으로 갱신하기 위해 델리시야스계 등의 새품종의 이삭목을 고접하면, 이 병이 생기기 때문에 이러한 이름이 붙여졌다.

44 정답및해설 ①

과수의 결과습성

1년생 가지	감, 감귤, 포도, 다래, 키위, 밤, 호두, 비파 등
2년생 가지	복숭아 자두, 살구, 매실, 앵두, 체리 등 핵과류
3년생 가지	사과, 배, 모과 등 인과류
불규칙(1~3년)	대추, 무화과

45 정답및해설 ②

엽면시비
액체 비료를 식물의 잎에 직접 공급하는 방법이다. 엽면시비는 토양시비보다 비료성분의 흡수가 쉽고 빠른 장점이 있으며, 토양시비가 곤란할 때에도 시비할 수 있으므로, 미량원소의 공급(노후화 논토양에서 벼의 Mn, Fe, 사과의 Mg, 감귤류의 Zn), 뿌리의 흡수력이 약해졌을 경우(노후화 논토양 벼, 습해받은 맥류), 급속한 영양 회복(동상해, 풍수해, 병충해), 품질향상(출아 전의 꽃: 수확 전의 목초), 비료분의 유실방지(pot의 꽃), 노동력 절약(농약과 비료 혼합살포), 토양시비가 곤란할 경우(과수원의 초생재배) 등에 한정되어 이용된다.
① 조구시비 : 나무를 심은 줄에 따라 이랑을 파고 거름을 주는 방법
③ 윤구시비 : 나무 주위에 지표로부터 20~30cm 깊이의 원형 구덩이를 파고 비료를 뿌린 다음 묻어 주는 방법
④ 방사구시비 : 나무를 기준으로 방사상으로 도랑을 만들어 거름을 주는 토양 시비의 방법. 어린 나무를 심은 과수원에 효과적인 시비 방법

46 정답및해설 ③

감의 생리적 낙과 방지대책
① 수분수를 10~15% 혼식
② 적과로 과다 결실을 방지
③ 토양의 과습방지 및 적절한 관수
④ 채광과 통풍이 잘 되도록 가지 배치하거나 여름 전정
⑤ 생리적 낙과시 나무에 약해를 일으킬 수 있는 수확제 살포 자제
⑥ 단위결실을 유도하는 식물생장조절제를 개화 직전 꽃에 살포

47 정답 및 해설 ③

교목성 과수	교목성 과수 : 한 개의 굵은 원줄기가 자라고 여기에 가지가 자라 지상부를 구성하는 과수 예 사과, 배, 복숭아, 감, 자두, 살구, 양앵두, 매실, 대추, 밤, 호두, 무화과 등
관목성 과수	관목성 과수 : 여러 개의 원줄기가 자라 지상부 구성하는 과수 예 나무딸기, 블루베리, 블랙베리, 구즈베리, 커런트, 엘더베리, 크랜베리, 듀베리 등
덩굴성 과수	덩굴성 과수 : 가지가 곧게 서지 못하고 길게 뻗어나가면서 바닥을 기거나 지주에 붙어서 자라는 과수 예 포도, 머루, 참다래, 으름 등

48 정답 및 해설 ④

환상박피 : 과수 등에서 원줄기의 수피를 인피 부위에 달하는 깊이까지 나비 6mm 정도로 고리 모양으로 벗겨 내는 일. 주로 당분 등의 통로 역할을 하는 체관부를 벗겨냄으로써 영양분 등이 뿌리와 같은 저장 부위로 이동할 수 없게 하여 꽃눈분화 촉진, 과실발육 촉진, 과실성숙 촉진을 유도

49 정답 및 해설 ①

배 대목 : 공대, 돌배, 중국배, 북지콩배 등
사과 : 야광나무, 아그배나무

50 정답 및 해설 ④

덧가지 : 새가지의 곁눈이 그해에 자라서 된 가지
곁가지(측지) : 원가지에서 돋아난 작은 가지로 열매가지 또는 결과모지를 착생시키는 가지

수확 후 품질관리론

51 정답 및 해설 ①

포도는 열과(裂果) 발생을 방지하기 위하여 비가 오기 전에 수확한다. 비가 온 후에 수확하는 경우 당함량이 저하(1~2%)되고, 수송 도중 열과되거나 부패하기 쉽다.

52 정답 및 해설 ③

① 포도 : 품종 고유의 새택으로 착색되고, 산도가 낮고, 당도가 높아 맛이 최상에 도달한 시점에서 수확
② 바나나 : 미숙상태에서 수확 후 후숙
④ 감귤 : 미숙상태에서 비파괴 당도측정기로 당도 측정

53 정답 및 해설 ①

증산의 증감
① 주위 습도가 낮고, 온도가 높을수록 증가
② 대기와 식물 내 수증기압 차이가 클 때 증가
③ 표면적이 클수록 증가
④ 큐티클 층이 두꺼울수록 감소
⑤ 공기 유속이 빠를수록 증가
⑥ 광(光)이 있으면 증가
⑦ CO_2 농도를 높이면 감소

54 정답 및 해설 ③

호흡상승과 (클라이매트릭)	호흡상승과는 성숙에서 노화로 진행되는 단계상 호흡률이 낮아졌다가 갑자기 상승하는 기간이 있다. 사과, 바나나, 배, 토마토, 복숭아, 감, 키위, 망고, 참다래, 살구, 멜론 자두, 수박, 아보카도
비호흡상승과	고추, 가지, 오이, 딸기, 호박, 감귤, 포도, 오렌지, 파인애플, 레몬, 양앵두, 올리브 및 대부분의 채소류

55 정답 및 해설 ④

① STS(티오황산) : 에틸렌이 세포막의 에틸렌 수용체와 결합하는 것을 방해
② KMnO₄(과망간산칼륨) : 에틸렌 흡착제
③ 1-MCP : 절화의 체내에서 에틸렌 생합성을 억제

56 정답 및 해설 ①

폴리갈락투로나제 : 토마토에 함유되어 있으며, 세포벽의 구성 성분인 펙틴을 분해하는 효소. 이 효소의 작용으로 과실이 연화하여 물러진다.
폴리페놀(Polyphenol) : 식물에서 발견되는 페놀화합물의 일종으로, 식물이 자외선, 활성 산소, 포식자 등으로 부터 자신을 보호하기 위해 만드는 것이라고 알려져 있다.

57 정답 및 해설 ①

②③④는 원예산물이 성숙하는 과정에서 발현된 색소체이다.
클로로필(chlorophyll) : 엽록소(葉綠素), 클로로필. 식물의 녹색 색소로서 이것에 의해서 광합성(光合成)이 이루어진다.

58 정답 및 해설 ④

신선편이 농산물의 세척제 : 염소계 차아염소산나트륨 농도 100~200ppm

59 정답 및 해설 ①

MA 포장재 : 30 마이크로미터(μ m)의 HDPE(고밀도 폴리에틸렌), LDPE(저밀도 졸리에틸렌), PP(폴리프로필렌)

60 정답 및 해설 ③

HACCP 7원칙과 12절차

절차 1		HACCP 팀 구성
절차 2		제품설명서 작성
절차 3	준비단계	용도확인
절차 4		공정흐름도 작성
절차 5		공정흐름도 현장 확인
절차 6	제1원칙	위해요소(HA)분석
절차 7	제2원칙	관리기준과 중요관리점(CCP) 결정
절차 8	제3원칙	CCP 한계기준 설정
절차 9	제4원칙	CCP 모니터링 체계 확립
절차 10	제5원칙	개선조치방법 수립
절차 11	제6원칙	검증절차 및 방법 수립
절차 12	제7원칙	문서화, 기록 유지 설정

61 정답및해설 ④

CA저장고 기체 발생 장치
① 배출식 : 질소발생기로 질소를 배출해 이산화탄소 농도 조절
② 순환식 : 산소 조절은 질소발생기와 외부 공기로 조절, 이산화탄소와 에틸렌 제거기 이용

62 정답및해설 ③

세포 외 결빙의 경우 서서히 해동시키면 동해 증상이 나타나지 않는다. 세포 내 결빙의 경우에는 동해 증상을 피할 수 없다.

63 정답및해설 ②

원예산물의 풍미를 결정하는 요인
① 양적 요소 : 당, 산, 염도, 탄닌 함량 등
② 관능 요소 : 단맛, 신맛, 짠맛, 쓴맛 등

64 정답및해설 ④

비파괴 분석법은 화학적 분석법에 비해 정확도가 떨어진다.
비파괴 분석법의 장점
① 숙련된 기술자가 필요하지 않다.
② 동일 시료를 반복하여 사용할 수 있다.
③ 분석이 신속하다.
④ 당도 선별에 사용할 수 있다.
⑤ 품질 판정 자동화 시스템에 적용할 수 있다.

65 정답및해설 ③

CA 저장고에서는 산소 농도를 조절하기 위해 질소발생기와 이산화탄소 흡착기가 이용된다.

66 정답및해설 ②

ㄱ : 포장열(수확한 생산물의 온도)
ㄴ : 호흡열(생산물의 호흡에 의해 발생하는 열)
ㄷ : 대류열(공기의 대류현상으로 외부의 따뜻한 공기가 내부로 유입된 열)

67 정답및해설 ②

감자의 큐어링 저장고 온도 : 온도 15℃, 습도 90~95%

68 정답및해설 ④

• 호흡속도가 높은 원예산물 : 버섯, 강낭콩, 아스파라거스, 브로콜리
• 호흡속도가 낮은 원예산물 : 사과, 감귤, 포도, 키위, 양파, 감자
• 호흡속도가 중간인 원예산물 : 살구, 바나나, 복숭아, 자두

69 정답및해설 ④

신선 채소류는 수확 후 수분증발이 일어난다. 품목에 따라 호흡속도가 다르고 증산량에 차이가 있으므로 골판지 상자의 강도를 어느 정도할 것인지 품목에 맞춰 고려하여야 한다.

70 정답및해설 ①

트레이 : 상품을 받쳐주는 쟁반 또는 납작한 홈이 있는 완충용 속포장재

71 정답및해설 ②

에틸렌 증상 : 결구상추(중륵반점), 브로콜리(황화), 카네이션(꽃잎말림)
에틸렌 피해
- 상추, 배추 : 조직의 갈변
- 당근, 고구마 : 쓴 맛
- 오이 : 과피의 황화
①③④ 저온장해

72 정답및해설 ②

배 : 저장 전 예건처리를 하면 과피흑변을 예방할 수 있다.

73 정답및해설 ②

- 저온장해 : 과육변색, 토마토·고추의 함몰, 세포조직의 수침현상, 사과의 과육변색, 복숭아 과육의 섬유질화 또는 스폰지화
- 저온에 민감한 원예 산물 : 고추, 오이, 호박, 토마토, 파프리카, 바나나, 멜론, 파인애플, 고구마, 가지, 옥수수 등

74 정답및해설 ④

병원성 대장균 : 생물학적 위해요인

75 정답및해설 ③

GMO 유전자변형농산물 : 대두, 옥수수, 카놀라, 면화, 알파파, 감자, 유채

농산물유통론

76 정답및해설 ③

저온저장고에 일정 시간 보관 후 지연출하를 하는 시간효용이다.

77 정답및해설 ②

농업협동조합은 독점적 시장에 해당한다.
독점적 경쟁시장은 본질적으로 완전경쟁시장과 유사하다. 다수의 기업이 존재하고, 시장 진입과 퇴출이 자유롭고, 시장에 대한 정보가 완전하다. 독점적 경쟁시장과 완전경쟁시장의 유일한 차이는 제품의 동질성 여부이다. 완전경쟁시장에서 상품은 동질적인데 반하여 독점적 경쟁시장에서의 상품은 차별화되어 있다.

78 정답및해설 ③

선물거래소를 통하여 선물거래사가 개입하는 간접적 방식이며, 투자자와 생산자가 직접 거래를 하지는 않는다.
선물거래
선물(futures)거래란 장래 일정 시점에 미리 정한 가격으로 매매할 것을 현재 시점에서 약정하는 거래로, 미래의 가치를 사고 파는 것이다. 선물의 가치가 현물시장에서 운용되는 기초자산(채권, 외환, 주식 등)의 가격변동에 의해 파생적으로 결정되는 파생상품(derivatives) 거래의 일종이다. 미리 정한 가격으로 매매를 약속한 것이기 때문에 가격변동 위험의 회피가 가능하다는 특징이 있다.

79 정답및해설 ①

중개기능이 활성화된 것은 도매시장을 통한 거래이며, 산지 유통에 있어 산지의 의미는 생산지를 말하며, 산지유통시장은 직접거래 위주이다.

80 정답및해설 ②

정보는 객관적이어야 하며, 주관성이 개입되면 정보가 왜곡될 수 있다.
개인정보보호법 제3조(개인정보보호원칙)에 개인정보의 정보 공개는 제약이 따른다.

유통정보의 요건
- 정확성
- 신속성
- 적시성
- 객관성
- 유용성과 간편성
- 계속성과 비교가능성

81 정답및해설 ②

배추가격의 상승으로 배추수요자가 무 수요자로 전환된 것이므로 배추와 무는 대체관계에 있다.

$$교차가격탄력성 = \frac{X재\ 수요량\ 변화율}{Y재\ 가격\ 변화율} = 15/10 = +1.5로\ 탄력적이다.$$

82 정답및해설 ④

4P중 ①②③ 외에 Promotion 즉 촉진전략이 있다.
4P 믹스 : 기업이 기대하는 마케팅 목표를 달성하기 위해 마케팅에 관한 각종 전략·전술을 종합적으로 실시하는 것. 현대 마케팅의 중심 이론은 경영자가 통제 가능한 마케팅 요소인 제품(product), 유통경로(place), 판매가격(price), 판매촉진(promotion) 등 이른바 4P를 합리적으로 결합시켜 의사결정하는 것을 말한다.

83 정답및해설 ③

공동선별은 농가들의 결합에 의하여 운영된다. 즉, 공동운영 선별장이 존재한다.

84 정답및해설 ②

거미집모형에서 탄력도를 기준으로 '수요곡선의 탄력도 > 공급곡선의 탄력도'의 조건에서 균형가격은 수렴한다. 기울기를 기준으로 하면 '수요곡선의 기울기 < 공급곡선의 기울기'의 조건에서 수렴한다.

거미집 모형
거미집 모형의 유형은 공급의 가격탄력성이 수요의 가격탄력성보다 작은 '수렴형'과 공급의 가격탄력성이 수요의 가격탄력성보다 큰 '발산형', 공급의 가격탄력성과 수요의 가격탄력성이 동일한 '순환형'으로 나눌 수 있다.
① 수렴형 : 시간이 경과하면서 새로운 균형으로 접근하는 경우이다. 공급곡선의 기울기의 절댓값이 수요곡선의 기울기의 절댓값보다 큰 경우에 나타난다.
  • |수요곡선의 기울기| < |공급곡선의 기울기|
  • 수요의 가격탄력성 > 공급의 가격탄력성
② 발산형 : 시간이 경과하면서 새로운 균형에서 점점 멀어지는 경우이다. 공급곡선의 기울기의 절댓값이 수요곡선의 기울기의 절댓값보다 작은 경우에 나타난다.
  • |수요곡선의 기울기| > |공급곡선의 기울기|
  • 수요의 가격탄력성 < 공급의 가격탄력성

③ 순환형 : 시간이 경과하면서 새로운 균형점에 접근하지도, 멀어지지도 않는 경우이다. 수요곡선과 공급곡선의 기울기의 절댓값이 같은 경우에 나타난다.
- |수요곡선의 기울기| = |공급곡선의 기울기|
- 수요의 가격탄력성 = 공급의 가격탄력성

85 정답및해설 ③

완전경쟁시장은 수많은 공급자와 수많은 수요자가 있어 어느 누구도 가격결정을 할 수 없다고 보며, 가격은 '보이지 않는 손'에 의해 결정된다.
① 소비자도 가격결정자가 될 수 없다.
② 동질의 상품이 거래되어야 한다.
④ 정보 역시 모든 시장참여자에게 동등하게 제공되어야 한다.

완전경쟁시장

모든 기업이 동질적인 재화를 생산하는 시장을 말한다. 재화의 품질뿐만 아니라 판매조건, 기타 서비스 등 모든 것이 동일하다. 따라서 소비자가 특정 생산자를 특별히 선호하지 않는다. 그리고 다수의 소비자와 생산자가 시장 내에 존재하여 소비자와 생산자 모두 가격에 영향력을 행사할 수 없는 가격수용자(price taker)이다. 경제주체들이 가격 등 시장에 관한 완전한 정보를 보유하고 있으며 진입과 퇴출이 자유롭다. 시장 내에 기업들은 가격수용자로 행동하여 장기적으로 이윤을 확보하지 못하는 시장을 의미한다.

86 정답및해설 ④

SWOT분석이란 기업의 환경분석을 통해 강점(strength)과 약점(weakness), 기회(opportunity)와 위협(threat) 요인을 규정하고 이를 토대로 마케팅 전략을 수립하는 기법을 말한다.

SWOT분석

기업의 환경분석을 통해 강점(strength)과 약점(weakness), 기회(opportunity)와 위협(threat) 요인을 규정하고 이를 토대로 마케팅 전략을 수립하는 기법.
어떤 기업의 내부환경을 분석하여 강점과 약점을 발견하고, 외부환경을 분석하여 기회와 위협을 찾아내어 이를 토대로 강점은 살리고 약점은 죽이고, 기회는 활용하고 위협은 억제하는 마케팅 전략을 수립하는 것을 말한다. 이때 사용되는 4요소를 강점·약점·기회·위협(SWOT)이라고 하는데, 강점은 경쟁기업과 비교하여 소비자로부터 강점으로 인식되는 것은 무엇인지, 약점은 경쟁기업과 비교하여 소비자로부터 약점으로 인식되는 것은 무엇인지, 기회는 외부환경에서 유리한 기회요인은 무엇인지, 위협은 외부환경에서 불리한 위협요인은 무엇인지를 찾아낸다. 기업 내부의 강점과 약점을, 기업 외부의 기회와 위협을 대응시켜 기업의 목표를 달성하려는 SWOT분석에 의한 마케팅 전략의 특성은 다음과 같다.
① SO전략(강점-기회전략) : 시장의 기회를 활용하기 위해 강점을 사용하는 전략을 선택한다.
② ST전략(강점-위협전략) : 시장의 위협을 회피하기 위해 강점을 사용하는 전략을 선택한다.
③ WO전략(약점-기회전략) : 약점을 극복함으로써 시장의 기회를 활용하는 전략을 선택한다.
④ WT전략(약점-위협전략) : 시장의 위협을 회피하고 약점을 최소화하는 전략을 선택한다.
학자에 따라서는 기업 자체보다는 기업을 둘러싸고 있는 외부환경을 강조한다는 점에서 위협·기회·약점·강점(TOWS)으로 부르기도 한다.
출처 : SWOT분석 [SWOT analysis] (두산백과 두피디아, 두산백과)

---

87 정답및해설 ②

1차 자료 : 자신이 직접 수집한 자료
2차 자료 : 이미 가공되어 있는 자료의 수집
② 관찰조사, 설문조사, 실험은 1차 자료 조사방식이다.

88 정답및해설 ④

인구학적 요인은 사람의 특성에 관련된 것으로 모두 해당된다.

PART 02

소비자 구매의사 결정과정에 영향을 미치는 요인

문화적 요인	문화, 사회규범
사회적 요인	사회계층, 준거집단, 가족
인구통계적 요인	연령, 성별, 소득, 직업, 가족생활주기, 교육, 라이프 스타일
심리적 요인	동기, 지각, 학습, 신념과 태도, 개성과 자기개념

89 정답및해설 ④

"제품수명주기"는 제품이 처음 개발되어 성장, 성숙단계에 이른 후 쇠퇴기까지 이르는 일련의 과정이다.

90 정답및해설 ②

교역가격은 국가간 무역이 이루어질 때 성립하는 가격이다.
단수가격전략
제품 가격을 설정할 때 가격의 끝자리를 단수로 표시하여 정상가격보다 약간 낮게 설정하는 마케팅 전략이다. 예를 들어 제품의 정상가격이 2달러일 경우 1.99달러, 원화로는 30,000원을 29,900원으로 표시할 경우 불과 1센트 혹은 100원의 차이임에도 불구하고 가격대가 변함으로써 소비자는 그 차이를 더 크게 인지하고 구매 결정을 내리게 된다.
명성가격전략
가격 결정 시 해당 제품군의 주 소비자층이 지불할 수 있는 가장 높은 가격이나 시장에서 제시된 가격 중 가장 높은 가격을 설정하는 전략으로 주로 제품에 고급 이미지를 부여하기 위해 사용된다.
관습가격전략
시장에서 상품에 대해 장기간 고정되어 있는 가격으로 이를 벗어나면 소비자의 저항이 발생한다. 시장에서 한 제품군에 대해 오랜 기간 고정되어 있는 가격을 말하며 껌, 라면, 담배, 휴지 등 습관적으로 구매하는 제품들에서 주로 형성된다.

91 정답및해설 ③

촉진(Promotion)기능은 적극적으로 자사 제품을 소비자에게 알리는 것이다. 신제품개발은 4P전략에서 product 단계이다.

92 정답및해설 ①

유닛로드시스템 [unit load system]이란 화물의 유통활동에 있어서 하역·수송·보관의 전체적인 비용절감을 위하여, 출발지에서 도착지까지 중간 하역작업 없이 일정한 방법으로 수송·보관하는 시스템을 말한다. 이를 가능하게 한 유통혁명의 시작은 화물운송의 콘테이너화, 펠릿화, 지게차의 기여가 절대적이었다.

93 정답및해설 ②

표준화 및 등급화는 유통조성기능이다.
물적유통기능 : 포장, 수송, 보관·저장, 가공, 상·하역

94 정답및해설 ④

수집기능은 도매시장의 유통기능이다.
소매유통은 소비자와 상품이 만나는 최종 유통단계이다.

95 정답및해설 ①

도매시장법인 또는 시장도매인은 도매시장의 운영주체로서 수수료를 받는 주체이다. 상장수수료를 부담하는 자는 상품의 경매를 위하여 상장 위탁하는 상품소유주(또는 유통인)이다.
시장도매인의 주 기능은 경매가 아니다.

96 정답및해설 ②

농산물은 계절적 편재성을 가진다.
농산물의 특성
부피와 중량성, 용도의 다양성, 부패성, 양과 질의 불균일성, 수용와 공급의 비탄력성 유통경로의 복잡성 등

97 정답및해설 ②

$$유통마진율 = \frac{b(금번지불가격) - a(직전\ 수취가격)}{b(금번\ 지불가격)} \times 100 = \frac{6,000 - 3,000}{6,000} \times 100 = 50\%$$

98 정답및해설 ④

① 소유권이전기능 ② 물적유통기능 ③ 물적유통기능 ④ 유통조성기능(금융)
유통조성기능 : 등급화, 표준화, 유통금융, 위험부담, 정보제공 등

99 정답및해설 ③

① 소비자 비용 감소
② 등급화가 어렵다.
③ 등급의 단계수를 어떻게 조정할 것인지 선택해야 한다.
④ 가격에 따라 소비자의 선택이 좌우된다고 할 때 등급의 수가 많으면 가격도 다양해지고 가격의 다양성이
  란 측면에서 가격의 효율성이 높아졌다고 할 수 있다.

100 정답및해설 ④

계약재배 : 생산물을 일정한 조건으로 수확기에 인수하는 것으로 하는 계약을 맺고 행하는 농산물 재배
계약재배에 의한 유통 역시 유통활동의 하나로서 생산자의 자율적 선택권을 확대할 수 있는 요인이 된다.

2017년 제14회 1차 기출문제
정답 및 해설

01	02	03	04	05	06	07	08	09	10	11	12	13	14	15	16	17	18	19	20
③	④	①	②	①	③	④	②	③	①	③	④	①,④	②	①	②	①	②	③	④
21	22	23	24	25	26	27	28	29	30	31	32	33	34	35	36	37	38	39	40
②	①	③	④	④	④	②	①	②	①	①	③	④	③	②	③	③	②	④	①
41	42	43	44	45	46	47	48	49	50	51	52	53	54	55	56	57	58	59	60
①	②	④	②	③	④	②	④	③	①	③	①	④	③	②	③	②	④	①	③	②
61	62	63	64	65	66	67	68	69	70	71	72	73	74	75	76	77	78	79	80
①	①	③	④	①	①	④	③	①	②	②	①	④	①	③	③	④	①	④	②	①
81	82	83	84	85	86	87	88	89	90	91	92	93	94	95	96	97	98	99	100
④	②	④	③	④	②	③	①	③	①	③	②	③	③	①	③	②	②	①	③

관계법령

01 정답 및 해설 ③

시행령 제15조(지리적표시의 등록거절 세부사유)
1. 해당 품목이 농수산물인 경우에는 지리적표시 대상지역에서만 생산된 것이 아닌 경우
1의2. 해당 품목이 농수산가공품인 경우에는 지리적표시 대상지역에서만 생산된 농수산물을 주원료로 하여 해당 지리적표시 대상지역에서 가공된 것이 아닌 경우
2. 해당 품목의 우수성이 국내 및 국외에서 모두 널리 알려지지 아니한 경우
3. 해당 품목이 지리적표시 대상지역에서 생산된 역사가 깊지 않은 경우
4. 해당 품목의 명성·품질 또는 그 밖의 특성이 본질적으로 특정지역의 생산환경적 요인과 인적 요인 모두에 기인하지 아니한 경우
5. 그 밖에 농림축산식품부장관 또는 해양수산부장관이 지리적표시 등록에 필요하다고 인정하여 고시하는 기준에 적합하지 않은 경우

02 정답 및 해설 ④

시행규칙 제47조(이력추적관리의 등록절차 등)
① 법 제24조 제1항 또는 제2항에 따라 이력추적관리 등록을 하려는 자는 별지 제23호 서식의 농산물이력추적관리 등록(신규·갱신)신청서에 다음 각 호의 서류를 첨부하여 국립농산물품질관리원장에게 제출하여야 한다.
  1. 법 제24조 제5항에 따른 이력추적관리농산물의 관리계획서
  2. 이상이 있는 농산물에 대한 회수 조치 등 사후관리계획서

03 정답 및 해설 ①

②③④ 1년 이하의 징역 또는 1천만원 이하의 벌금

법 제20조(벌칙)

다음 각 호의 어느 하나에 해당하는 자는 3년 이하의 징역 또는 3천만원 이하의 벌금에 처한다.

1. 제29조 제1항 제1호를 위반하여 우수표시품이 아닌 농수산물(우수관리인증농산물이 아닌 농산물의 경우에는 제7조 제4항에 따른 승인을 받지 아니한 농산물을 포함한다) 또는 농수산가공품에 우수표시품의 표시를 하거나 이와 비슷한 표시를 한 자

1의2. 제29조 제1항 제2호를 위반하여 우수표시품이 아닌 농수산물(우수관리인증농산물이 아닌 농산물의 경우에는 제7조 제4항에 따른 승인을 받지 아니한 농산물을 포함한다) 또는 농수산가공품을 우수표시품으로 광고하거나 우수표시품으로 잘못 인식할 수 있도록 광고한 자

04 정답및해설 ②

시행규칙 제5조(표준규격의 제정)

③ 제1항에 따른 등급규격은 품목 또는 품종별로 그 특성에 따라 고르기, 크기, 형태, 색깔, 신선도, 건조도, 결점, 숙도(熟度) 및 선별 상태 등에 따라 정한다.

05 정답및해설 ①

법 제63조(안전성조사 결과에 따른 조치)

① 식품의약품안전처장이나 시 · 도지사는 생산과정에 있는 농수산물 또는 농수산물의 생산을 위하여 이용 · 사용하는 농지 · 어장 · 용수 · 자재 등에 대하여 안전성조사를 한 결과 생산단계 안전기준을 위반하였거나 유해물질에 오염되어 인체의 건강을 해칠 우려가 있는 경우에는 해당 농수산물을 생산한 자 또는 소유한 자에게 다음 각 호의 조치를 하게 할 수 있다.

1. 해당 농수산물의 폐기, 용도 전환, 출하 연기 등의 처리
2. 해당 농수산물의 생산에 이용 · 사용한 농지 · 어장 · 용수 · 자재 등의 개량 또는 이용 · 사용의 금지

2의2. 해당 양식장의 수산물에 대한 일시적 출하 정지 등의 처리

3. 그 밖에 총리령으로 정하는 조치

06 정답및해설 ③

법 제59조(유전자변형농수산물의 표시 위반에 대한 처분)

① 식품의약품안전처장은 제56조 또는 제57조를 위반한 자에 대하여 다음 각 호의 어느 하나에 해당하는 처분을 할 수 있다.

1. 유전자변형농수산물 표시의 이행 · 변경 · 삭제 등 시정명령
2. 유전자변형 표시를 위반한 농수산물의 판매 등 거래행위의 금지

07 정답및해설 ④

법 제60조(안전관리계획), 법 제61조(안전성조사)

① 식품의약품안전처장은 농수산물(축산물은 제외)의 품질 향상과 안전한 농수산물의 생산 · 공급을 위한 안전관리계획을 매년 수립 · 시행하여야 한다.

② 식품의약품안전처장이나 시 · 도지사는 농수산물의 안전관리를 위하여 농수산물 또는 농수산물의 생산에 이용 · 사용하는 농지 · 어장 · 용수(用水) · 자재 등에 대하여 안전성조사를 하여야 한다.

③ 식품의약품안전처장은 농산물의 생산단계 안전기준을 정할 때에는 관계 중앙행정기관의 장과 협의하여야 한다.

08 정답및해설 ②

제58조(지리적표시의 등록공고 등)

③ 국립농산물품질관리원장, 국립수산물품질관리원장 또는 산림청장은 법 제40조에 따라 지리적표시의 등록을 취소하였을 때에는 다음 각 호의 사항을 공고하여야 한다.

1. 취소일 및 등록번호

2. 지리적표시 등록 대상품목 및 등록명칭
3. 지리적표시 등록자의 성명, 주소(법인의 경우에는 그 명칭 및 영업소의 소재지를 말한다) 및 전화번호
4. 취소사유

09 정답 및 해설 ③

법 제79조(농산물의 검사)
① 정부가 수매하거나 수출 또는 수입하는 농산물 등 대통령령으로 정하는 농산물(축산물은 제외한다)은 공정한 유통질서를 확립하고 소비자를 보호하기 위하여 농림축산식품부장관이 정하는 기준에 맞는지 등에 관하여 농림축산식품부장관의 검사를 받아야 한다. 다만, 누에씨 및 누에고치의 경우에는 시·도지사의 검사를 받아야 한다.

> **시행규칙 [별표3] 검사대상 농산물의 종류별 품목**
> 1. 정부가 수매하거나 생산자단체 등이 정부를 대행하여 수매하는 농산물
>   가. 곡류 : 벼·겉보리·쌀보리·콩
>   나. 특용작물류 : 참깨·땅콩
>   다. 과실류 : 사과·배·단감·감귤
>   라. 채소류 : 마늘·고추·양파
>   마. 잠사류 : 누에씨·누에고치

10 정답 및 해설 ①

취소사유가 아니라 실효사유이다.
법 제86조(검사판정의 실효)
제79조 제1항에 따라 검사를 받은 농산물이 다음 각 호의 어느 하나에 해당하면 검사판정의 효력이 상실된다.
1. 농림축산식품부령으로 정하는 검사 유효기간이 지난 경우
2. 제84조에 따른 검사 결과의 표시가 없어지거나 명확하지 아니하게 된 경우
법 제87조(검사판정의 취소)
농림축산식품부장관은 제79조에 따른 검사나 제85조에 따른 재검사를 받은 농산물이 다음 각 호의 어느 하나에 해당하면 검사판정을 취소할 수 있다. 다만, 제1호에 해당하면 검사판정을 취소하여야 한다.
1. 거짓이나 그 밖의 부정한 방법으로 검사를 받은 사실이 확인된 경우
2. 검사 또는 재검사 결과의 표시 또는 검사증명서를 위조하거나 변조한 사실이 확인된 경우
3. 검사 또는 재검사를 받은 농산물의 포장이나 내용물을 바꾼 사실이 확인된 경우

11 정답 및 해설 ③

법 제106조(농산물품질관리사의 직무)
농산물품질관리사는 다음 각 호의 직무를 수행한다.
1. 농산물의 등급 판정
2. 농산물의 생산 및 수확 후 품질관리기술 지도
3. 농산물의 출하 시기 조절, 품질관리기술에 관한 조언
4. 그 밖에 농산물의 품질 향상과 유통 효율화에 필요한 업무로서 농림축산식품부령으로 정하는 업무
시행규칙 제134조(농산물품질관리사의 업무)
1. 농산물의 생산 및 수확 후의 품질관리기술 지도
2. 농산물의 선별·저장 및 포장 시설 등의 운용·관리
3. 농산물의 선별·포장 및 브랜드 개발 등 상품성 향상 지도
4. 포장농산물의 표시사항 준수에 관한 지도
5. 농산물의 규격출하 지도

12 <u>정답및해설</u> ④

이 법의 벌칙 규정(제119조, 제120조)을 위반하여 벌금 이상의 형이 확정된 후 1년이 지나지 아니한 자 (유전자변형농산물에 대한 벌칙은 117조이고 우수관리인증과는 무관하다.)
법 제6조(농산물우수관리의 인증)
③ 우수관리인증을 받으려는 자는 우수관리인증기관에 우수관리인증의 신청을 하여야 한다. 다만, 다음 각 호의 어느 하나에 해당하는 자는 우수관리인증을 신청할 수 없다.
   1. 제8조 제1항에 따라 우수관리인증이 취소된 후 1년이 지나지 아니한 자
   2. 제119조 또는 제120조를 위반하여 벌금 이상의 형이 확정된 후 1년이 지나지 아니한 자

13 <u>정답및해설</u> ①, ④

법률에는 ①의 내용이 업무정지가 가능하다고 규정되어 있으나 시행규칙에는 1차 위반 시 지정취소사유로 되어 있어 정답을 둘로 처리한다.
시행규칙 [별표4]
우수관리인증기관의 지정 취소 및 우수관리인증 업무의 정지에 관한 처분기준(개별사유)

위반행위	근거 법조문	위반횟수별 처분기준		
		1회	2회	3회 이상
가. 거짓이나 그 밖의 부정한 방법으로 지정을 받은 경우	법 제10조 제1항 제1호	지정 취소	–	–
나. 업무정지 기간 중에 우수관리인증 업무를 한 경우	법 제10조 제1항 제2호	지정 취소	–	–
다. 우수관리인증기관의 해산·부도로 인하여 우수관리인증 업무를 할 수 없는 경우	법 제10조 제1항 제3호	지정 취소	–	–
라. 법 제9조 제2항 본문에 따른 변경신고를 하지 않고 우수관리인증 업무를 계속한 경우	법 제10조 제1항 제4호	–	–	–
1) 조직·인력 및 시설 중 어느 하나가 변경되었으나 1개월 이내에 신고하지 않은 경우	–	경고	업무정지 1개월	업무정지 3개월
2) 조직·인력 및 시설 중 둘 이상이 변경되었으나 1개월 이내에 신고하지 않은 경우	–	업무정지 1개월	업무정지 3개월	업무정지 6개월
마. 우수관리인증업무와 관련하여 인증기관의 장 등 임원·직원에 대하여 벌금 이상의 형이 확정된 경우	법 제10조 제1항 제5호	지정 취소	–	–
바. 법 제9조 제5항에 따른 지정기준을 갖추지 않은 경우	법 제10조 제1항 제6호	–	–	–
1) 조직·인력 및 시설 중 어느 하나가 지정기준에 미달할 경우	–	업무정지 1개월	업무정지 3개월	업무정지 6개월
2) 조직·인력 및 시설 중 어느 둘 이상이 지정기준에 미달할 경우	–	업무정지 3개월	업무정지 6개월	지정 취소
사. 법 제9조의2에 따른 준수사항을 지키지 아니한 경우	법 제10조 제1항 제6호의2	경고	업무정지 1개월	업무정지 3개월
아. 우수관리인증의 기준을 잘못 적용하는 등 우수관리인증 업무를 잘못한 경우	법 제10조 제1항 제7호	–	–	–
1) 우수관리인증의 기준을 잘못 적용하여 인증을 한 경우	–	경고	업무정지 1개월	업무정지 3개월

2) 별표 3 제3호 다목 및 마목부터 자목까지의 규정 중 둘 이상을 이행하지 않은 경우	–	경고	업무정지 1개월	업무정지 3개월
3) 인증 외의 업무를 수행하여 인증업무가 불공정하게 수행된 경우	–	업무정지 6개월	지정 취소	–
4) 농산물우수관리기준을 지키는지 조사·점검을 하지 않은 경우	–	경고	업무정지 1개월	업무정지 3개월
5) 우수관리인증 취소 등의 기준을 잘못 적용하여 처분한 경우	–	업무정지 1개월	업무정지 3개월	지정 취소
자. 정당한 사유 없이 1년 이상 우수관리인증 실적이 없는 경우	법 제10조 제1항 제8호	업무정지 3개월	지정 취소	–
차. 법 제31조 제3항을 위반하여 농림축산식품부장관의 요구를 정당한 이유 없이 따르지 않은 경우	법 제10조 제1항 제9호	업무정지 3개월	업무정지 6개월	지정 취소
카. 그 밖의 사유로 우수관리인증 업무를 수행할 수 없는 경우	법 제10조 제1항 제10호	지정 취소		

14 정답및해설 ②

제8조(우수관리인증의 취소 등)

① 우수관리인증기관은 우수관리인증을 한 후 제6조 제5항에 따른 조사, 점검, 자료제출 요청 등의 과정에서 다음 각 호의 사항이 확인되면 우수관리인증을 취소하거나 3개월 이내의 기간을 정하여 그 우수관리인증의 표시정지를 명하거나 시정명령을 할 수 있다. 다만, 제1호 또는 제3호의 경우에는 우수관리인증을 취소하여야 한다.

1. 거짓이나 그 밖의 부정한 방법으로 우수관리인증을 받은 경우
2. 우수관리기준을 지키지 아니한 경우
3. 전업(轉業)·폐업 등으로 우수관리인증농산물을 생산하기 어렵다고 판단되는 경우
4. 우수관리인증을 받은 자가 정당한 사유 없이 제6조 제5항에 따른 조사·점검 또는 자료제출 요청에 응하지 아니한 경우
4의2. 우수관리인증을 받은 자가 제6조 제7항에 따른 우수관리인증의 표시방법을 위반한 경우
5. 제7조 제4항에 따른 우수관리인증의 변경승인을 받지 아니하고 중요 사항을 변경한 경우
6. 우수관리인증의 표시정지기간 중에 우수관리인증의 표시를 한 경우

15 정답및해설 ①

시행령 [별표1의2] 과징금의 부과기준

위반금액	과징금의 금액
100만원 이하	위반금액 × 0.5
100만원 초과 500만원 이하	위반금액 × 0.7
500만원 초과 1,000만원 이하	위반금액 × 1.0
1,000만원 초과 2,000만원 이하	위반금액 × 1.5
2,000만원 초과 3,000만원 이하	위반금액 × 2.0
3,000만원 초과 4,500만원 이하	위반금액 × 2.5
4,500만원 초과 6,000만원 이하	위반금액 × 3.0
6,000만원 초과	위반금액 × 4.0(최고 3억원)

16 정답및해설 ②

이 경우 조리에는 날 것의 상태(육회)로 조리하는 것을 포함하며, 판매 · 제공에는 배달을 통한 판매 · 제공을 포함한다.

시행령 제3조(원산지의 표시대상)

⑤ 법 제5조 제3항 제1호에서 "대통령령으로 정하는 농수산물이나 그 가공품을 조리하여 판매 · 제공하는 경우"란 다음 각 호의 것을 조리하여 판매 · 제공하는 경우를 말한다. 이 경우 조리에는 날 것의 상태로 조리하는 것을 포함하며, 판매 · 제공에는 배달을 통한 판매 · 제공을 포함한다.

1. 쇠고기(식육 · 포장육 · 식육가공품을 포함한다. 이하 같다)
2. 돼지고기(식육 · 포장육 · 식육가공품을 포함한다. 이하 같다)
3. 닭고기(식육 · 포장육 · 식육가공품을 포함한다. 이하 같다)
4. 오리고기(식육 · 포장육 · 식육가공품을 포함한다. 이하 같다)
5. 양고기(식육 · 포장육 · 식육가공품을 포함한다. 이하 같다)
5의2. 염소(유산양을 포함한다. 이하 같다)고기(식육 · 포장육 · 식육가공품을 포함한다. 이하 같다)
6. 밥, 죽, 누룽지에 사용하는 쌀(쌀가공품을 포함하며, 쌀에는 찹쌀, 현미 및 찐쌀을 포함한다. 이하 같다)
7. 배추김치(배추김치가공품을 포함한다)의 원료인 배추(얼갈이배추와 봄동배추를 포함한다. 이하 같다)와 고춧가루
7의2. 두부류(가공두부, 유바는 제외한다), 콩비지, 콩국수에 사용하는 콩(콩가공품을 포함한다. 이하 같다)

17 정답및해설 ①

법 제70조의2(농수산물 전자거래의 촉진 등)

① 농림축산식품부장관 또는 해양수산부장관은 농수산물 전자거래를 촉진하기 위하여 한국농수산식품유통공사 및 농수산물 거래와 관련된 업무경험 및 전문성을 갖춘 기관으로서 대통령령으로 정하는 기관에 다음 각 호의 업무를 수행하게 할 수 있다.

1. 농수산물 전자거래소(농수산물 전자거래장치와 그에 수반되는 물류센터 등의 부대시설을 포함한다)의 설치 및 운영 · 관리
2. 농수산물 전자거래 참여 판매자 및 구매자의 등록 · 심사 및 관리
3. 제70조의3에 따른 농수산물 전자거래 분쟁조정위원회에 대한 운영 지원
4. 대금결제 지원을 위한 정산소(精算所)의 운영 · 관리
5. 농수산물 전자거래에 관한 유통정보 서비스 제공
6. 그 밖에 농수산물 전자거래에 필요한 업무

② 농림축산식품부장관 또는 해양수산부장관은 농수산물 전자거래를 활성화하기 위하여 예산의 범위에서 필요한 지원을 할 수 있다.

③ 제1항과 제2항에서 규정한 사항 외에 거래품목, 거래수수료 및 결제방법 등 농수산물 전자거래에 필요한 사항은 농림축산식품부령 또는 해양수산부령으로 정한다.

18 정답및해설 ②

제25조(중도매업의 허가)

② 다음 각 호의 어느 하나에 해당하는 자는 중도매업의 허가를 받을 수 없다.

1. 파산선고를 받고 복권되지 아니한 사람이나 피성년후견인
2. 이 법을 위반하여 금고 이상의 실형을 선고받고 그 형의 집행이 끝나거나(집행이 끝난 것으로 보는 경우를 포함한다) 면제되지 아니한 사람
3. 제82조 제5항에 따라 중도매업의 허가가 취소(제25조 제3항 제1호에 해당하여 취소된 경우는 제외한다)된 날부터 2년이 지나지 아니한 자
4. 도매시장법인의 주주 및 임직원으로서 해당 도매시장법인의 업무와 경합되는 중도매업을 하려는 자
5. 임원 중에 제1호부터 제4호까지의 어느 하나에 해당하는 사람이 있는 법인

6. 최저거래금액 및 거래대금의 지급보증을 위한 보증금 등 도매시장 개설자가 업무규정으로 정한 허가조건을 갖추지 못한 자

19 정답및해설 ③

법 제13조(비축사업 등)
① 농림축산식품부장관은 농산물(쌀과 보리는 제외한다)의 수급조절과 가격안정을 위하여 필요하다고 인정할 때에는 제54조에 따른 농산물가격안정기금으로 농산물을 비축하거나 농산물의 출하를 약정하는 생산자에게 그 대금의 일부를 미리 지급하여 출하를 조절할 수 있다.

20 정답및해설 ④

시행령 제36조의2(도매시장거래 분쟁조정위원회의 구성 등)
③ 조정위원회의 위원은 다음 각 호의 어느 하나에 해당하는 사람 중에서 도매시장 개설자가 임명하거나 위촉한다. 이 경우 제1호 및 제2호에 해당하는 사람이 1명 이상 포함되어야 한다.
1. 출하자를 대표하는 사람
2. 변호사의 자격이 있는 사람
3. 도매시장 업무에 관한 학식과 경험이 풍부한 사람
4. 소비자단체에서 3년 이상 근무한 경력이 있는 사람

21 정답및해설 ②

법 제12조(비축사업 등의 위탁)
② 농림축산식품부장관은 농산물의 비축사업 등을 위탁할 때에는 다음 각 호의 사항을 정하여 위탁하여야 한다.
1. 대상농산물의 품목 및 수량
2. 대상농산물의 품질·규격 및 가격
3. 대상농산물의 판매방법·수매 또는 수입시기 등 사업실시에 필요한 사항

22 정답및해설 ①

법 제31조(수탁판매의 원칙)
1. 도매시장에서 도매시장법인이 하는 도매는 출하자로부터 위탁을 받아 하여야 한다. 다만, 농림축산식품부령 또는 해양수산부령으로 정하는 특별한 사유가 있는 경우에는 매수하여 도매할 수 있다.
2. 중도매인은 도매시장법인이 상장한 농수산물 외의 농수산물은 거래할 수 없다. 다만, 농림축산식품부령 또는 해양수산부령으로 정하는 도매시장법인이 상장하기에 적합하지 아니한 농수산물과 그 밖에 이에 준하는 농수산물로서 그 품목과 기간을 정하여 도매시장 개설자로부터 허가를 받은 농수산물의 경우에는 그러하지 아니하다.
3. 제2항 단서에 따른 중도매인의 거래에 관하여는 제35조 제1항, 제38조, 제39조, 제40조 제2항·제4항, 제41조(제2항 단서는 제외한다), 제42조 제1항 제1호·제3호 및 제81조를 준용한다.
4. 중도매인이 제2항 단서에 해당하는 물품을 제70조의2 제1항 제1호에 따른 농수산물 전자거래소에서 거래하는 경우에는 그 물품을 도매시장으로 반입하지 아니할 수 있다.
5. 중도매인은 도매시장법인이 상장한 농수산물을 농림축산식품부령 또는 해양수산부령으로 정하는 연간 거래액의 범위에서 해당 도매시장의 다른 중도매인과 거래하는 경우를 제외하고는 다른 중도매인과 농수산물을 거래할 수 없다.
6. 제5항에 따른 중도매인 간 거래액은 제25조 제3항 제6호의 최저거래금액 산정 시 포함하지 아니한다.
7. 제5항에 따라 다른 중도매인과 농수산물을 거래한 중도매인은 농림축산식품부령 또는 해양수산부령으로 정하는 바에 따라 그 거래 내역을 도매시장 개설자에게 통보하여야 한다.

23 정답및해설 ③

법 제19조(허가기준 등)
① 도지사는 제17조제3항에 따른 지방도매시장 허가신청의 내용이 다음 각 호의 요건을 갖춘 경우에는 이를 허가한다.
    1. 도매시장을 개설하려는 장소가 농수산물 거래의 중심지로서 적절한 위치에 있을 것
    2. 제67조 제2항에 따른 기준에 적합한 시설을 갖추고 있을 것
    3. 운영관리계획서의 내용이 충실하고 그 실현이 확실하다고 인정되는 것일 것
법 제67조(유통시설의 개선 등)
② 도매시장·공판장 및 민영도매시장이 보유하여야 하는 시설의 기준은 부류별로 그 지역의 인구 및 거래물량 등을 고려하여 농림축산식품부령 또는 해양수산부령으로 정한다.

24 정답및해설 ④

법 제4조(주산지의 지정 및 해제 등)
③ 주산지는 다음 각 호의 요건을 갖춘 지역 또는 수면(水面) 중에서 구역을 정하여 지정한다.
    1. 주요 농수산물의 재배면적 또는 양식면적이 농림축산식품부장관 또는 해양수산부장관이 고시하는 면적 이상일 것
    2. 주요 농수산물의 출하량이 농림축산식품부장관 또는 해양수산부장관이 고시하는 수량 이상일 것
④ 시·도지사는 제1항에 따라 지정된 주산지가 제3항에 따른 지정요건에 적합하지 아니하게 되었을 때에는 그 지정을 변경하거나 해제할 수 있다.
⑤ 제1항에 따른 주산지의 지정, 제2항에 따른 주요 농수산물 품목의 지정 및 제4항에 따른 주산지의 변경·해제에 필요한 사항은 대통령령으로 정한다.
시행령 제4조(주산지의 지정·변경 및 해제)
① 법 제4조 제1항에 따른 주요 농수산물의 생산지역이나 생산수면(이하 "주산지"라 한다)의 지정은 읍·면·동 또는 시·군·구 단위로 한다.

25 정답및해설 ④

시행령 제17조의6(도매시장법인의 겸영사업의 제한)
① 도매시장 개설자는 법 제35조 제5항에 따라 도매시장법인이 겸영사업(兼營事業)으로 수탁·매수한 농수산물을 법 제32조, 제33조 제1항, 제34조 및 제35조 제1항부터 제3항까지의 규정을 위반하여 판매함으로써 산지 출하자와의 업무 경합 또는 과도한 겸영사업으로 인한 도매시장법인의 도매업무 약화가 우려되는 경우에는 법 제78조에 따른 시장관리운영위원회의 심의를 거쳐 법 제35조 제4항 단서에 따른 겸영사업을 다음 각 호와 같이 제한할 수 있다.
    1. 제1차 위반 : 보완명령
    2. 제2차 위반 : 1개월 금지
    3. 제3차 위반 : 6개월 금지
    4. 제4차 위반 : 1년 금지

원예작물학

26 정답및해설 ④

알리인(alliin) : 마늘
진저롤(gingerol) : 생강

27 정답및해설 ②

조미채소 : 음식에 맛을 내는 데 쓰이는 채소. 마늘, 양파, 생강, 대파, 쪽파 등

28 정답및해설 ①

고설재배(High Bed) : 지면 1m 정도에 상자를 설치하고 딸기를 정식하여 관을 통해 영양분을 공급하는 재배 방식

29 정답및해설 ②

종자의 수명에 따른 분류
• 단명종자(1~2년) : 양파, 고추, 파 등
• 상명종자(2~3년) : 벼, 토마토 등
• 장명종자(4~6년) : 오이, 가지, 배추, 콩, 수박 등

30 정답및해설 ①

상추 : 고온, 장일 조건에서 추대가 촉진

31 정답및해설 ①

재배적(경종적) 방제 방법
– 윤작
– 중간 기주식물의 제거(배나무 적성병 – 향나무)
– 적기 파종
– 적당량의 시비(질소과다 – 오이만할병)
– 산성토양의 개선
– 생장점 배양(무병주 생산)
– 내병성 대목에 접목
생물학적 방제 방법
– 해충에 대한 천적 곤충을 이용하거나 페르몬을 이용하여 방제
– 페르몬트랩 : 사과무늬잎말이나방, 복숭아심식나방

32 정답및해설 ③

① 토마토 : 진과, 자방이 비대하여 과실
② 딸기 : 위과, 화탁이 발달하여 과실
④ 오이 : 오이는 단위결과성이 강하다. 그 외 박과채소는 단위결과성이 약함

33 정답및해설 ④

수분의 역할
• 증산작용으로 체온상승이 억제된다.
• 용매와 물질의 운반체
• 각종 효소의 활성을 증대시켜 촉매작용 촉진
• 광합성과 각종 화학반응의 원료
• 식물의 체형유지(수분이 흡수되어 세포의 팽압이 커지면서 체형 유지)

34 정답및해설 ③

화목류 : 관목류 중 꽃이 피는 나무. 꽃나무
작약 : 여러해살이 풀

35 정답및해설 ②

백합 : 인경 삽목(꺾꽂이)

36 정답및해설 ③

• 스탠다드 국화 : 1경 1화 계통
• 스프레이 국화 : 1화경에 여러개의 꽃을 피우는 계통

37 정답및해설 ③

안스리움 같은 열대식물은 저온장해가 심하므로 최소 8℃ 이상에서 저장해야 한다.

38 정답및해설 ②

브라인드현상 : 화훼 분화는 체내 생리조건과 환경조건이 맞아야 순조롭게 진행되는데 이때 양자중 어느 것이나 부적당할 때 분화가 중단되고 영양생장으로 역전되는 현상

39 정답및해설 ④

• 굴지성 식물 : 글라디올러스, 금어초, 스토크 등
• 굴지성 : 식물이 중력에 반응해 줄기가 중력과 반대방향으로 휘어지는 성질

40 정답및해설 ①

• 육묘 : 재배하고 있는 농작물로서 번식용으로 이용되는 어린 모를 묘상 또는 못자리에서 기르는 일
• 가식 : 정식할 때까지 잠시 이식해두는 일

41 정답및해설 ①

에틸렌 생성 억제 물질 : STS(티오황산), AOA, AVG 등

42 정답및해설 ②

야파(夜破, night break) : 야간에 짧은 빛 조사. 단일식물(국화, 포인세티아, 코스모스 등)은 개화를 억제하고, 장일식물(장미)의 경우 개화를 촉진한다.
* 스킨답서스 : 어떤 광도나 무난(300~10,000 Lux)하여 실내 어두운 곳, 거실 또는 발코니에서 키우기 좋음

43 정답및해설 ④

• 핵과류 : 복숭아, 자두, 살구, 매실, 양앵두, 대추 등의 핵과류가 무르익어 경화한 종실을 핵이라고 한다. 이들의 과실은 자방이 발달한 진과이다.
• 호두 : 견과류. 먹을 수 있는 속알맹이를 단단하고 마른 껍질이 감싸고 있는 과일류
• 사과, 배, 비파 : 인과류. 꽃받기가 발달하여 식용부위가 된 과실

44 정답및해설 ②

취목은 실생묘에 비해 개체수 발현이 적다.
취목(휘묻이) : 모식물의 줄기(가지) 일부분에서 뿌리가 뻗어 나오는 것을 기다려 모식물에서 떼어내는, 식물의 무성번식(영양번식)법의 일종. 발근하는 부위를 흙이나 물이끼 등으로 덮는 조작을 실시한다. 포도, 딸기류, 사과, 모과나무 등에서도 자주 실시한다.

45 정답및해설 ③

파이토플라스마 : 바이러스처럼 핵단백질 모양의 병원체가 아니고 극히 미세한 원핵 미생물로서 점무늬병, 오갈병, 빗자루병의 원인이다.

증상 : 파이토플라스마가 식물의 체관에서 증식하여 식물의 영양분을 먹으면서 자라므로 식물이 먹어야 할 영양분이 없어서 식물은 서서히 시든다. 또 스트레스에 의해 광합성이나 식물의 대사 등이 영향을 받아 식물이 정상적으로 자랄 수 없게 된다. 또 꽃이 비정상적으로 피거나, 꽃잎의 색깔이 다른 색으로 변질된다.

① 사과 근두암종법 : 박테리아

② 테트라사이클린 : 세균에 의한 감염질환을 치료

천적농업에 이용되는 천적에는 칠레이리응애, 온실가루이좀벌, 애꽃노린재, 진딧벌, 진디혹파리 등이 있다. 칠레이리응애의 경우 딸기, 수박, 참외, 오이, 고추, 가지, 장미 등에 치명적인 해를 입히는 점박이응애를 잡아 먹는다.

46 정답및해설 ④

초생법을 통해 토양의 지온을 유지한다.

초생법 : 과수작물 재배 시 풀을 제거하지 않고 함께 재배하는 방식

초생법의 장단점

장점	단점
1. 지력유지 2. 토양침식 억제 3. 지온의 유지 4. 토양의 입단화 촉진	1. 양·수분의 경합 2. 병충해의 잠복장소 제공 3. 저온기에 자온상승이 어렵다.

47 정답및해설 ④

블루베리는 산성 토양에 적합하며 pH4.3~5.0 정도이다.

최적 pH : 감 5.5~6.5, 포도 6.5~7.5, 참다래 6.5 전후

48 정답및해설 ③

망간 : 과일 착색 촉진, 과다 시용 시 기둥줄기 및 표피의 괴사(적진병)를 유발한다.

49 정답및해설 ①

봉지 씌우기 목적
• 병해충 피해 방지
• 열과 방지
• 외관 향상
• 청정과실의 생산
• 농약의 직접 접촉 방지

50 정답및해설 ③

무화과 : 난지성 과수로 18℃ 이상의 생육 조건이면 정상 생장한다.

수확 후 품질관리론

51 정답및해설 ①

당근 : 외관상 바깥잎이 지면에 닿을 정도가 되고 뿌리와 심부가 오렌지색일 때 수확

52 정답및해설 ④

속포장재는 기능성(부패와 오염 차단)과 심미성을 모두 갖추어야 한다.
속포장재의 조건
① 상품이 서로 부딪치더라도 물리적 상처가 발생하지 않아야 한다.
② 적절한 공간을 확보하고, 충격을 흡수할 수 있어야 한다.
③ 포장재질은 부패나 오염의 확산을 막을 수 있는 것이어야 한다.

53 정답및해설 ③

MA 필름의 조건
① 투과도 : 필름의 이산화탄소의 투과도가 산소투과도보다 3~5배 높아야 한다.
② 투습도 : 필름에 습기를 통과시킬 수 있는 기능이 있어야 한다.
③ 강도 : 필름의 인장강도의 내열강도가 높아야 한다.
④ 유해물질 방출능력이 높아야 한다.
⑤ 결로현상 억제력이 있어야 한다.
⑥ 외부로부터 가스차단성은 적당하여야 한다.
⑦ 접착작업과 상업적 취급 및 인쇄작업이 용이해야 한다.
⑧ 인장강도와 내열강도가 있어야 한다.

54 정답및해설 ②

① 예냉한 농산물을 냉장기능을 갖춘 트럭이나 컨테이너를 이용하여야 한다.
③ 상온유통에 비하여 압축강도가 높은 포장상자를 사용한다.
④ 다품목 운송 시 수송온도를 동일하게 적용하면 온도에 적응하지 못한 원예산물에 피해가 발생할 수 있다.

55 정답및해설 ③

③ 원예산물은 스트레스를 받으면 호흡속도가 빨라진다.
표피제거, 절단 등으로 노출된 표면이 넓고, 취급단계가 복잡하여 산물에 미치는 스트레스가 많으며 가공작업 중에 물리적 상처와 오염의 발생할 수도 있다.

56 정답및해설 ②

① 참외 - 수침현상
③ 사과 - 수침현상과 과육갈변
④ 복숭아 - 섬유질화

57 정답및해설 ④

기계적 장해의 유형
① 마찰에 의한 장해
② 압축에 의한 장해
③ 진동에 의한 장해

58　정답및해설 ①

바나나 저장적온 : 7~ 13℃

원예산물의 저장적온

저장적온	원예산물
동결점~0℃	브로콜리, 당근, 시금치, 상추, 마늘, 양파, 셀러리 등
0~2℃	아스파라거스, 사과, 배, 복숭아, 포도, 매실, 단감 등
3~6℃	감귤, 망고 등
7~13℃	바나나, 오이, 가지, 수박, 애호박, 감자, 완숙 토마토 등
13℃ 이상	고구마, 생강, 미숙 토마토 등

59　정답및해설 ③

원예작물의 분류

식용부위에 따른 분류	잎줄기 채소	엽경채류 (잎채소)	잎을 식용으로 하는 채소 예 배추, 시금치, 양배추, 상추, 샐러리 등
		화채류 (꽃채소)	꽃덩이를 식용으로 하는 채소 예 브로콜리, 꽃양배추 등
		경채류 (줄기채소)	줄기만을 식용으로 하는 채소 예 토당귀, 죽순, 아스파라거스 등
		인경채류 (비늘줄기 채소)	잎이 변태된 비늘잎 또는 비늘줄기를 식용으로 하는 채소 예 마늘, 파, 부추, 쪽파, 양파 등
	뿌리채소 (근채류)	직근류	무, 당근, 우엉 등(뿌리가 곧은 채소)
		괴근류	고구마, 마 등(뿌리가 덩이로 된 채소)
		괴경류	감자, 토란 등(줄기가 덩이로 된 채소)
		근경류	생강, 연근, 고추냉이 등(뿌리줄기가 덩이로 된 채소)
	열매채소 (과채류)	생식기관인 열매를 식용으로 하는 채소	
		두과	완두, 강낭콩 등
		박과	오이, 호박, 참외, 수박 등
		가지과	고추, 토마토, 감자, 가지 등
		장미과	사과, 배, 비파 ,산딸기 등
		벼과	옥수수

60　정답및해설 ②

에틸렌이 원예산물에 미치는 영향

① 과일의 후숙과 연화 촉진
② 신선채소의 노화 촉진
③ 수확한 채소의 연화 촉진
④ 상추의 갈색반점
⑤ 이층형성을 촉진하여 낙엽 발생
⑥ 과일이나 구근의 생리적 장해 유발
⑦ 절화의 노화 촉진
⑧ 분재식물의 조기 낙엽 촉진

⑨ 엽록소 함유 엽채류의 황화현상과 잎의 탈리현상 촉진
⑩ 조기 경도 약화 유발
⑪ 줄기채소류(아스파라거스)의 섬유질화와 줄기의 경화현상 유발
  • 에틸렌 처리에 의한 후숙 : 바나나, 떫은감, 키위 등
  • 떫은감의 탈삽, 토마토의 착색
  • 에틸렌 증상 : 결구상추(중륵반점), 브로콜리(황화), 카네이션(꽃잎말림)
    * 중륵 : 엽신의 중앙기부에서 끝을 향해 있는 커다란 맥

61 정답및해설 ①

고추의 붉은색소는 캡산틴(Capsathin)이고, 매운맛은 캡사이신(Capsaicin)이다.

62 정답및해설 ①

슈베린 : 감자의 큐어링 과정에서 상처부위에 생성되는 물질. 식물세포막에 다량으로 함유되어 있는 wax 물질. 코르크질. 목전질

63 정답및해설 ③

원예산물의 품질 구성요인
• 외관 : 크기, 모양, 색깔, 상처 등
• 조직감 : 수분함량, 경도, 세포벽 효소 활성도, 단단함, 연함, 다즙성 등
• 풍미 : 맛, 향, 이취 등

64 정답및해설 ④

양(+)의 b 값은 황색도를 나타낸다.

색상 체계
1. Munshel 색차계
   색의 표기는 색상, 명도, 채도의 순으로, 기호로는 H V/C로 표기한다. 예를 들면, 5R 3/10으로 표기된 색은 색상 5R, 명도 3, 채도 10인 색상이다. 이 색상은 높은 채도와 낮은 명도를 지닌 기본 빨강임을 알 수 있으며, 읽을 때는 5R 3의 10이라고 읽는다.
2. CIE 색차계(3차원 변환)
   CIE L*a*b : CIE 표색계를 일반적으로 사용되는 먼셀 표색계와 더 가깝게 만들고, 보다 균등한 색공간을 얻고자 하는 노력에서 개발되었다. 보색이론에 바탕하고 있으며,

   - L*은 명도(0~100흰색)
   - a*는 빨강-초록(녹색안의 적색 정도 -40녹색 ~ +40적색)
   - b*는 노랑-초록(청색에서 황색 정도 -40청색 ~ +40황색)

3. Hunter 색차계 (2차원 변환)
   - L(명도) : 0은 검정, 100은 흰색
   - a(적색도) : -값은 녹색, +값은 적색
   - b(황색도) : -값은 청색, +값은 황색

65 정답및해설 ①

근적외선 분광법 : 당 성분이 근적외선을 흡수하는 성질을 이용하여 당 함량을 측정

66 정답및해설 ①

경도 : 과실의 단단함 정도로 과실의 조직감 구성요인이다.

67 정답및해설 ④

키위나 복숭아처럼 표피에 털이 많으면 증산이 감소한다.

증산의 증감	① 주위 습도가 낮고, 온도가 높을수록 증가 ② 대기와 식물 내 수증기압 차이가 클 때 증가 ③ 표면적이 클수록 증가 ④ 큐티클 층이 두꺼울수록 감소
증산작용의 억제	① 상대습도를 올린다. ② 저장고의 습도 높인다(고습도 유지). ③ 저온유지 ④ 실내공기유통을 최소화 ⑤ 단열 및 방습처리 ⑥ 증발기의 코일과 저장고 내 온도차이를 최소화 ⑦ 유닛쿨러의 표면적 넓힘 　* 유닛쿨러 : 팬 코일 증발기에 팬을 달아서 강제대류를 시키는 것으로, 저장물에 직접 냉풍을 　　닿게 하여 냉각시키는 장치 ⑧ 플라스틱 필름포장 ⑨ CO_2 농도를 높인다.
증산량이 많은 작물	① 채소류 : 파, 쌈채소, 딸기, 버섯, 파슬리, 엽채류 등 ② 과일류 : 살구, 복숭아, 감, 무화과, 포도 등

68 정답및해설 ③

보툴리눔 독신(botulinum toxin) : 박테리아가 배출하는 독소
곰팡이 독소
① 아플라톡신(aflatoxin) B_1 : 땅콩, 보리, 밀, 옥수수, 쌀 등
② 오크라톡신(ochratoxin) A : 밀, 옥수수 등
④ 제랄레논(zearalenone) : 옥수수, 맥류 등

69 정답및해설 ②

과실 성숙의 주요 요인
① 품종고유의 색택이 나타날 때 성숙 판단
② 수확이 쉬워질 때(꼭지가 잘 떨어질 때)
③ 성숙기가 된 과실 : 과실 연화, 단 맛 증가, 신맛(유기산) 감소
④ 펙틴의 변화 : 과실이 성숙될수록 불용성 펙틴이 가용성 펙틴으로 변화한다.
⑤ 개화 후 경과일수 : 꽃핀 다음 성숙기까지 거의 일정한 기간이 걸린다.

70 정답및해설 ②

필름 종류에 따른 가스투과성
저밀도폴리에틸렌(LDPE) > 폴리스틸렌(PS) > 폴리프로필렌(PP) > 폴리비닐클로라이드(PVC)
> 폴리에스터(PET)
필름 종류별 투과성의 정도

필름 종류 (투과성 순위)	가스투과성 ($ml/m^2 \cdot 0.025mm \cdot 1day$)		포장내부
	CO_2	O_2	$CO_2 : O_2$
저밀도폴리에틸렌(LDPE)1	7,700~77,000	3,900~13,000	2.0 : 5.9
폴리스틸렌(PS)2	10,000~26,000	2,600~2,700	3.4 : 5.8

폴리프로필렌(PP)3	7,700~21,000	1,300~6,400	3.3 : 5.9
폴리비닐클로라이드(PVC)4	4,263~8,138	620~2,248	3.6 : 6.9
폴리에스터(PET)5	180~390	52~130	3.0 : 3.5

71 정답및해설 ①

HACCP의 7원칙과 12절차

절차 1		HACCP 팀 구성
절차 2		제품설명서 작성
절차 3	준비단계	용도확인
절차 4		공정흐름도 작성
절차 5		공정흐름도 현장 확인
절차 6	제1원칙	위해요소(HA)분석
절차 7	제2원칙	관리기준과 중요관리점(CCP) 결정
절차 8	제3원칙	CCP 한계기준 설정
절차 9	제4원칙	CCP 모니터링 체계 확립
절차 10	제5원칙	개선조치방법 수립
절차 11	제6원칙	검증절차 및 방법 수립
절차 12	제7원칙	문서화, 기록 유지 설정

72 정답및해설 ④

위조(萎凋) : 과실의 과도한 증산으로 인해 과피가 쭈글쭈글해지는 증상

73 정답및해설 ①

복숭아 섬유질화 : 저온장해

74 정답및해설 ③

차압통풍방식은 강제통풍식에 비하여 냉각속도가 빠르고, 냉각불균일도 비교적 적다.

강제통풍식 예냉 방법의 특징

① 공기를 냉각시키는 냉동장치와 냉기를 적재물 사이로 통과시키는 공기순환장치로 구성된다.

② 냉기를 강제로 순환시킴으로 냉풍냉각시보다는 냉각속도가 빠르다.

③ 예냉에 약 12~20시간이 소요된다.

④ 포장상자의 통기공을 거쳐 산물과 직접 접촉하여 공기가 흐르도록 해야 한다.

⑤ 냉품온도가 동결온도보다 낮으면 동해를 입을 수 있으므로 산물의 빙결점보다 1℃ 정도 높은 온도를 유지하도록 하고, 과채류 등 저온장해를 입기 쉬운 품목은 적절한 온도범위를 설정해줘야 한다.

장점	– 냉풍냉각식보다 예냉속도가 빠르다. – 예냉식의 위치별 온도가 비교적 균일하다. – 기존 저온저장고를 개조하여 설치가 가능하므로 설치비용이 저렴하다. – 예냉 후 저장고로 사용이 가능하다. – 저온저장고에 비하여 냉각능력과 순환송풍능력을 높일 수 있다. – 시설이 비교적 간단하다.
단점	– 예냉속도가 비교적 느리다. – 가습장치가 없을 경우 과실의 수분손실을 가져올 수 있다. – 냉기의 흐름과 방향에 따라 온도가 불균일해질 수 있다.

75 정답및해설 ③

폴리우레탄 패널 : 내부단열재로 사용한 샌드위치 패널로, 난연3급의 방화성능과 뛰어난 단열성을 가진 자재

농산물유통론

76 정답및해설 ④

유통조성사업 규모의 확충도 필요하다.

77 정답및해설 ①

계약재배 또는 산지직거래방식의 거래가 확장되고 있다.
산지직거래 : 산지 생산자가 도매시장을 거치지 않고 소매상, 소비자(단체)에게 직접 거래하는 수직적 시장통합형태

78 정답및해설 ④

유통단계가 많을수록 전체 유통경로의 길이는 짧아진다.
유통경로 : 상품이 생산자로부터 소비자 또는 최종수요자의 손에 이르기까지 거치게 되는 과정이나 통로

79 정답및해설 ②

출하주의 출하물량은 계산의 기준이 되지만, 출하된 물량은 등급을 구분하여 출하한다.
공동계산제 : 생산자가 조직을 결성하여 공동수집, 공동수송, 공동판매 등을 통하여 물류비용을 낮추고 영세한 생산자의 약점을 규모의 경제로서 극복하려는 것

80 정답및해설 ①

농가수취가격은 올리고 소비자구매가격은 낮추는 효과를 기대한다.

81 정답및해설 ④

선물거래 : 선물거래란 미래의 특정시점(만기일)에 수량·규격이 표준화된 상품이나 금융 자산을 특정가격에 인수 혹은 인도할 것을 약정하는 거래이다. 이러한 선물거래는 공인된 거래소에서 이루어지며 현시점에 합의된 가격(선물가격)으로 미래에 상품을 인수 혹은 인도하는 것이다.
선물거래의 대상은 원유, 곡물 등 상품가격으로부터 현재는 금리, 통화, 주식, 채권 등 금융상품으로 확대되고 있다.
농산물 선물거래의 조건
① 품목은 절대 거래량이 많고 생산 및 수요의 잠재력이 커야 한다.
② 장기간 저장이 가능하여야 한다.
③ 가격등락폭이 큰 농산물이어야 한다.
④ 농산물에 대한 가격정보가 투자자에게 제공될 수 있어야 한다.
⑤ 대량 생산자와 대량의 수요자 및 전문취급상이 많은 품목이어야 한다.
⑥ 표준규격화가 용이하고 등급이 단순한 품목으로서 품위측정의 객관성이 높아야 한다.
⑦ 국제거래장벽과 정부의 통제가 없어야 한다.

82 정답및해설 ②

물류센터는 생산물량을 전국 체인스토어에 공급하기 위한 도매단계 유통조직이다.
소매상의 개념 : 상품의 최종 판매단계로서 소비자와 직접 거래하는 유통단계로서 규모나 크기와는 관계없다. 백화점, 대형마트, TV쇼핑몰, 인터넷판매, 무인판매점, 전통시장 등

83 정답및해설 ④

종자, 비료, 농약 등은 생산자원요소이다.

84 정답및해설 ③

판매예정가격이 결정되어 있으므로 이는 정가매매이고, 공판장이 구매자와 협의하여 가격을 결정한 것이므로 수의매매이다. 경매시장에 상장하지 않았으므로 비상장거래이지만 이것만으로 질문의 요지를 충족하였다고 볼 수는 없다.

85 정답및해설 ④

농산물종합유통센터는 산지 유통조직으로 생산자 이익 유통조직이다.

86 정답및해설 ②

- 포전매매(포전거래) : 농작물의 파종 직후 또는 파종 후 수확기 전에 작물이 밭에 심겨진 채로 그 밭 전체 농작물을 통째로 거래하는 방법. '밭떼기 계약'이라고도 한다.
- 입도선매 : 수확기 이전에 작물을 원상태 그대로 매도하는 것. 주로 영세 농민이 생활비나 기타 필요한 자금을 얻기 위해 도매상이나 중간 상인에게 헐값으로 매도한다.

87 정답및해설 ①

등급의 수를 증가(예 특 상 보통 3등급이 아닌 A++ A+ A,B++ B+ B,C++ C+ C)시키면 상품성에 따른 가격효율성은 높일 수 있지만(소비자의 선택권 확장) 생산자의 등급선별 비용의 증가 및 포장비용 증가 등 유통의 효율성은 낮아진다.

88 정답및해설 ③

- 유통조성기능 : 표준화, 등급화, 유통금융, 위험부담, 정보제공 등
- 상적유통기능 : 소유권이 이전하는 거래(매매). 구매기능, 판매기능(진열, 광고 등)

89 정답및해설 ①

가격신축성

수요가 공급보다 증가하면 가격은 오르고 그 반대가 되면 가격이 떨어진다. 이와 같이 수급관계의 변동이 가격의 변동을 초래하는 정도를 가격 신축성이라 하며 비신축성을 가격경직성이라고 한다.
가격탄력성이란 가격이 수요와 공급에 어느 정도 영향을 미치는가를 측정하는 값이다.

90 정답및해설 ④

공동판매사업은 생산자들이 조직화되는 것으로 유통경제에서 약자로 존재하는 영세농민들의 영향력을 제고할 수 있는 규모의 경제가 실현됨으로써 농산물 가격안정에 기여할 수 있다.

91 정답및해설 ③

농수산물유통및가격안정에관한법률(유통협약)

주요 농수산물의 생산자, 산지유통인, 저장업자, 도소매업자 및 소비자 등의 대표는 당해 농수산물의 자율적인 수급조절과 품질향상을 위하여 생산조정 또는 출하조절을 위한 협약을 체결할 수 있다.

92 정답및해설 ②

HMR(간편가정식) 구매량 증가

PART 02

93 정답및해설 ③

시장세분화에 따른 목표시장의 증가는 시장별 광고와 마케팅비용을 차별화하여야 하므로 비용이 증가된다.
시장세분화 : 시장세분화란 다양한 욕구와 서로 다른 구매능력을 가진 소비자를 욕구가 유사하고 동질적 집
단으로 세분하여 세분화된 고객의 욕구를 보다 정확하게 충족시키는 알맞은 제품을 공급하는 것을 말한다.

94 정답및해설 ③

소비자의 구매의사결정 과정
필요의 인식 → 정보의 탐색 → 대안의 평가 → 구매의사결정 → 구매 후 평가

95 정답및해설 ①

• 제품수명주기 : 도입기 – 성장기 – 성숙기 – 쇠퇴기
• 성장기 : 매출액도 증가하고 매출증가율도 상승
• 성숙기 : 매출액은 증가하는 반면 매출증가율은 상대적으로 감소

96 정답및해설 ③

가격할인정책은 기업이나 상품의 가치를 하락시킬 수 있고, 반대로 브랜드 자산(brand equity) 형성은 기업
가치나 상품 가치를 상승시켜서 얻을 수 있으므로 양자는 모순되는 관계이다.

97 정답및해설 ②

혁신소비자층은 가격보다는 품질이나 디자인 등을 상품 선택의 기준으로 삼는다. 이들을 위한 가격전략은
고가격정책을 지향한 후 어느 정도 소비자 인식이 제고되고 소비자층의 저변이 확대되면 가격을 낮추는 방향
으로 이동한다.
가격전략(매가정책)
① 가격수준정책(시가, 저가 또는 고가정책 등)
② 가격신축정책, 단일가격정책 또는 신축가격정책 등
③ 할인 및 할부정책 등

98 정답및해설 ②

서비스마케팅이란 무형성, 이질성, 비분리성, 소멸성을 특성으로 하는 무형적 서비스와 서비스 영역에 구축
된 물리적 환경 혹은 물리적 증거인 서비스 스케이프(servicescape)를 활용하여 고객의 기대가치에 적합한
서비스 상품을 창출하고 제공하며, 이를 관리하는 제반 과정과 관련된 과정을 관리하는 학문이다.

99 정답및해설 ①

영농조합법인(B), 건강식품제조회사(B)로서 B2B

100 정답및해설 ③

판촉(販促, Promotion) 또는 판매 촉진은 마케팅 커뮤니케이션의 일환으로 기업의 제품이나 서비스를 고객들
이 구매하도록 유도할 목적으로 해당 제품이나 서비스의 성능에 대해서 고객을 대상으로 정보를 제공하거나
설득하여 판매가 늘어나도록 유도하는 마케팅 노력의 일체를 말한다. PR이나 광고전략에 비하여 단기적 매
출의 증진을 목표로 한다.

2016년 제13회 1차 기출문제 정답 및 해설

01	02	03	04	05	06	07	08	09	10	11	12	13	14	15	16	17	18	19	20
③	②	④	①	④	④	①	④	③	①	②	③	①	②	③	②	④	②	③	③
21	22	23	24	25	26	27	28	29	30	31	32	33	34	35	36	37	38	39	40
①	②	④	①	④	①	④	②	④	②	①	③	①	①	②	④	②	②	③	①
41	42	43	44	45	46	47	48	49	50	51	52	53	54	55	56	57	58	59	60
④	④	②	①	③	②	③	③	④	③	②	④	②	①	③	②	④	②	①	④
61	62	63	64	65	66	67	68	69	70	71	72	73	74	75	76	77	78	79	80
③	③	④	①	④	②	①	④	③	①	①	③	①	③	④	③	④	①	④	④
81	82	83	84	85	86	87	88	89	90	91	92	93	94	95	96	97	98	99	100
③	①	④	③	③	①	③	④	④	②	④	③	③	①	①	②	③	②	①	②

관계법령

01 정답 및 해설 ③

농수산물품질관리법의 목적
제1조(목적)
이 법은 농수산물의 적절한 품질관리를 통하여 농수산물의 안전성을 확보하고 상품성을 향상하며 공정하고 투명한 거래를 유도함으로써 농어업인의 소득 증대와 소비자 보호에 이바지하는 것을 목적으로 한다.
① 농산물의 적절한 품질관리
② 농산물의 안전성 확보
③ 상품성 향상
④ 공정하고 투명한 거래 유도
⑤ 농업인의 소득 증대와 소비자 보호

02 정답 및 해설 ②

유해물질의 정의
법 제2조(정의) "유해물질"이란 농약, 중금속, 항생물질, 잔류성 유기오염물질, 병원성 미생물, 곰팡이 독소, 방사성물질, 유독성 물질 등 식품에 잔류하거나 오염되어 사람의 건강에 해를 끼칠 수 있는 물질로서 총리령으로 정하는 것을 말한다.

03 정답 및 해설 ④

■ 농수산물의 원산지 표시 등에 관한 법률 시행규칙 [별표 3]

통신판매의 경우 원산지 표시방법(제3조 제1호 및 제2호 관련)

1. 일반적인 표시방법
   가. 표시는 한글로 하되, 필요한 경우에는 한글 옆에 한문 또는 영문 등으로 추가하여 표시할 수 있다. 다만, 매체 특성상 문자로 표시할 수 없는 경우에는 말로 표시하여야 한다.
   나. 원산지를 표시할 때에는 소비자가 혼란을 일으키지 않도록 글자로 표시할 경우에는 글자의 위치·크기 및 색깔은 쉽게 알아 볼 수 있어야 하고, 말로 표시할 경우에는 말의 속도 및 소리의 크기는 제품을 설명하는 것과 같아야 한다.
   다. 원산지가 같은 경우에는 일괄하여 표시할 수 있다. 다만, 제3호 나목의 경우에는 일괄하여 표시할 수 없다.
2. 판매 매체에 대한 표시방법
   가. 전자매체 이용
      1) 글자로 표시할 수 있는 경우(인터넷, PC통신, 케이블TV, IPTV, TV 등)
         가) 표시 위치 : 제품명 또는 가격표시 주위에 원산지를 표시하거나 제품명 또는 가격표시 주위에 원산지를 표시한 위치를 표시하고 매체의 특성에 따라 자막 또는 별도의 창을 이용하여 원산지를 표시할 수 있다.
         나) 표시 시기 : 원산지를 표시하여야 할 제품이 화면에 표시되는 시점부터 원산지를 알 수 있도록 표시해야 한다.
         다) 글자 크기 : 제품명 또는 가격표시와 같거나 그보다 커야 한다. 다만, 별도의 창을 이용하여 표시할 경우에는 「전자상거래 등에서의 소비자보호에 관한 법률」 제13조 제4항에 따른 통신판매업자의 재화 또는 용역정보에 관한 사항과 거래조건에 대한 표시·광고 및 고지의 내용과 방법을 따른다.
         라) 글자색 : 제품명 또는 가격표시와 같은 색으로 한다.
      2) 글자로 표시할 수 없는 경우(라디오 등)
         1회당 원산지를 두 번 이상 말로 표시하여야 한다.
   나. 인쇄매체 이용(신문, 잡지 등)
      1) 표시 위치 : 제품명 또는 가격표시 주위에 표시하거나, 제품명 또는 가격표시 주위에 원산지 표시 위치를 명시하고 그 장소에 표시할 수 있다.
      2) 글자 크기 : 제품명 또는 가격표시 글자 크기의 1/2 이상으로 표시하거나, 광고 면적을 기준으로 별표 1 제2호 가목3)의 기준을 준용하여 표시할 수 있다.
      3) 글자색 : 제품명 또는 가격표시와 같은 색으로 한다.
3. 판매 제공 시의 표시방법
   가. 별표 1 제1호에 따른 농수산물 등의 원산지 표시방법
      별표 1 제2호 가목에 따라 원산지를 표시해야 한다. 다만, 포장재에 표시하기 어려운 경우에는 전단지, 스티커 또는 영수증 등에 표시할 수 있다.
   나. 별표 2 제1호에 따른 농수산물 가공품의 원산지 표시방법
      별표 2 제2호 가목에 따라 원산지를 표시해야 한다. 다만, 포장재에 표시하기 어려운 경우에는 전단지, 스티커 또는 영수증 등에 표시할 수 있다.
   다. 별표 4에 따른 영업소 및 집단급식소의 원산지 표시방법
      별표 4 제1호 및 제3호에 따라 표시대상 농수산물 또는 그 가공품의 원료의 원산지를 포장재에 표시한다. 다만, 포장재에 표시하기 어려운 경우에는 전단지, 스티커 또는 영수증 등에 표시할 수 있다.

04 정답및해설 ①

②③④ 원산지를 혼동하게 할 우려가 있는 표시

■ **농수산물의 원산지 표시 등에 관한 법률 시행규칙 [별표 5]**

원산지를 혼동하게 할 우려가 있는 표시 및 위장판매의 범위(제4조 관련)

1. 원산지를 혼동하게 할 우려가 있는 표시
   가. 원산지 표시란에는 원산지를 바르게 표시하였으나 포장재・푯말・홍보물 등 다른 곳에 이와 유사한 표시를 하여 원산지를 오인하게 하는 표시 등을 말한다.
   나. 가목에 따른 일반적인 예는 다음과 같으며 이와 유사한 사례 또는 그 밖의 방법으로 기망(欺罔)하여 판매하는 행위를 포함한다.
      1) 원산지 표시란에는 외국 국가명을 표시하고 인근에 설치된 현수막 등에는 "우리 농산물만 취급", "국산만 취급", "국내산 한우만 취급" 등의 표시・광고를 한 경우
      2) 원산지 표시란에는 외국 국가명 또는 "국내산"으로 표시하고 포장재 앞면 등 소비자가 잘 보이는 위치에는 큰 글씨로 "국내생산", "경기특미" 등과 같이 국내 유명 특산물 생산지역명을 표시한 경우
      3) 게시판 등에는 "국산 김치만 사용합니다"로 일괄 표시하고 원산지 표시란에는 외국 국가명을 표시하는 경우
      4) 원산지 표시란에는 여러 국가명을 표시하고 실제로는 그 중 원료의 가격이 낮거나 소비자가 기피하는 국가산만을 판매하는 경우
2. 원산지 위장판매의 범위
   가. 원산지 표시를 잘 보이지 않도록 하거나, 표시를 하지 않고 판매하면서 사실과 다르게 원산지를 알리는 행위 등을 말한다.
   나. 가목에 따른 일반적인 예는 다음과 같으며 이와 유사한 사례 또는 그 밖의 방법으로 기망하여 판매하는 행위를 포함한다.
      1) 외국산과 국내산을 진열・판매하면서 외국 국가명 표시를 잘 보이지 않게 가리거나 대상 농수산물과 떨어진 위치에 표시하는 경우
      2) 외국산의 원산지를 표시하지 않고 판매하면서 원산지가 어디냐고 물을 때 국내산 또는 원양산이라고 대답하는 경우
      3) 진열장에는 국내산만 원산지를 표시하여 진열하고, 판매 시에는 냉장고에서 원산지 표시가 안 된 외국산을 꺼내 주는 경우

05 정답및해설 ④

포상금의 범위

법 제12조(포상금 지급 등)
① 농림축산식품부장관, 해양수산부장관, 관세청장, 시・도지사 또는 시장・군수・구청장은 제5조 및 제6조를 위반한 자를 주무관청이나 수사기관에 신고하거나 고발한 자에 대하여 대통령령으로 정하는 바에 따라 예산의 범위에서 포상금을 지급할 수 있다.

시행령 제8조(포상금)
① 법 제12조 제1항에 따른 포상금은 1천만원의 범위에서 지급할 수 있다.

06 정답 및 해설 ④

종류	품목	검사시행시기	유효기간(일)
		■ 농수산물 품질관리법 시행규칙 [별표 23] **농산물검사의 유효기간**(제109조 관련)	

종류	품목	검사시행시기	유효기간(일)
곡류	벼·콩	5. 1. ~ 9. 30.	90
		10. 1. ~ 4. 30.	120
	겉보리·쌀보리·팥·녹두·현미··보리쌀	5. 1. ~ 9. 30.	60
		10. 1. ~ 4. 30.	90
	쌀	5. 1. ~ 9. 30.	40
		10. 1. ~ 4. 30.	60
특용작물류	참깨·땅콩	1. 1. ~ 12. 31.	90
과실류	사과·배	5. 1. ~ 9. 30.	15
		10. 1. ~ 4. 30.	30
	단감	1. 1. ~ 12. 31.	20
	감귤	1. 1. ~ 12. 31.	30
채소류	고추·마늘·양파	1. 1. ~ 12. 31.	30
잠사류 (蠶絲類)	누에씨	1. 1. ~ 12. 31.	365
	누에고치	1. 1. ~ 12. 31.	7
기타	농림축산식품부장관이 검사대상 농산물로 정하여 고시하는 품목의 검사유효기간은 농림축산식품부장관이 정하여 고시한다.		

07 정답 및 해설 ①

농산물품질관리사의 직무
법 제106조(농산물품질관리사 또는 수산물품질관리사의 직무)
① 농산물품질관리사는 다음 각 호의 직무를 수행한다.
  1. 농산물의 등급 판정
  2. 농산물의 생산 및 수확 후 품질관리기술 지도
  3. 농산물의 출하 시기 조절, 품질관리기술에 관한 조언
  4. 그 밖에 농산물의 품질 향상과 유통 효율화에 필요한 업무로서 농림축산식품부령으로 정하는 업무
시행규칙 제134조(농산물품질관리사의 업무)
법 제106조 제1항 제4호에서 "농림축산식품부령으로 정하는 업무"란 다음 각 호의 업무를 말한다.
1. 농산물의 생산 및 수확 후의 품질관리기술 지도
2. 농산물의 선별·저장 및 포장 시설 등의 운용·관리
3. 농산물의 선별·포장 및 브랜드 개발 등 상품성 향상 지도
4. 포장농산물의 표시사항 준수에 관한 지도
5. 농산물의 규격출하 지도

08 정답 및 해설 ④

법 제6조(농산물우수관리의 인증)
⑥ 우수관리인증을 받은 자는 우수관리기준에 따라 생산·관리한 농산물(이하 "우수관리인증농산물"이라 한다)의 포장·용기·송장(送狀)·거래명세표·간판·차량 등에 우수관리인증의 표시를 할 수 있다.

법 제9조(우수관리인증기관의 지정 등)

① 농림축산식품부장관은 우수관리인증에 필요한 인력과 시설 등을 갖춘 자를 우수관리인증기관으로 지정하여 다음 각 호의 업무의 전부 또는 일부를 하도록 할 수 있다. 다만, 외국에서 수입되는 농산물에 대한 우수관리인증의 경우에는 농림축산식품부장관이 정한 기준을 갖춘 외국의 기관도 우수관리인증기관으로 지정할 수 있다.

법 제7조(우수관리인증의 유효기간 등)

① 우수관리인증의 유효기간은 우수관리인증을 받은 날부터 2년으로 한다. 다만, 품목의 특성에 따라 달리 적용할 필요가 있는 경우에는 10년의 범위에서 농림축산식품부령으로 유효기간을 달리 정할 수 있다.

법 제11조(농산물우수관리시설의 지정 등)

⑦ 우수관리시설의 지정 유효기간은 5년으로 하되, 우수관리시설 지정의 효력을 유지하기 위하여는 유효기간이 끝나기 전에 그 지정을 갱신하여야 한다.

09 정답및해설 ③

■ 농수산물 품질관리법 시행규칙 [별표 2]

우수관리인증의 취소 및 표시정지에 관한 처분기준(제18조 관련)

개별기준

위반행위	근거 법조문	위반횟수별 처분기준		
		1차 위반	2차 위반	3차 위반
가. 거짓이나 그 밖의 부정한 방법으로 우수관리인증을 받은 경우	법 제8조 제1항 제1호	인증취소	–	–
나. 우수관리기준을 지키지 않은 경우	법 제8조 제1항 제2호	표시정지 1개월	표시정지 3개월	인증취소
다. 전업(轉業)·폐업 등으로 우수관리인증농산물을 생산하기 어렵다고 판단되는 경우	법 제8조 제1항 제3호	인증취소	–	–
라. 우수관리인증을 받은 자가 정당한 사유 없이 조사·점검 또는 자료제출 요청에 응하지 않은 경우	법 제8조 제1항 제4호	표시정지 1개월	표시정지 3개월	인증취소
마. 우수관리인증을 받은 자가 법 제6조 제7항에 따른 우수관리인증의 표시방법을 위반한 경우	법 제8조 제1항 제4호의2	시정명령	표시정지 1개월	표시정지 3개월
바. 법 제7조 제4항에 따른 우수관리인증의 변경승인을 받지 않고 중요 사항을 변경한 경우	법 제8조 제1항 제5호	표시정지 1개월	표시정지 3개월	인증취소
사. 우수관리인증의 표시정지기간 중에 우수관리인증의 표시를 한 경우	법 제8조 제1항 제6호	인증취소	–	–

10 정답및해설 ①

안전성검사기관의 지정과 취소 등

법 제64조(안전성검사기관의 지정 등)

① 식품의약품안전처장은 안전성조사 업무의 일부와 시험분석 업무를 전문적·효율적으로 수행하기 위하여 안전성검사기관을 지정하고 안전성조사와 시험분석 업무를 대행하게 할 수 있다.

② 제1항에 따라 안전성검사기관으로 지정받으려는 자는 안전성조사와 시험분석에 필요한 시설과 인력을 갖추어 식품의약품안전처장에게 신청하여야 한다. 다만, 제65조에 따라 안전성검사기관 지정이 취소된 후 2년이 지나지 아니하면 안전성검사기관 지정을 신청할 수 없다.

③ 제1항에 따라 지정을 받은 안전성검사기관은 지정받은 사항 중 업무 범위의 변경 등 총리령으로 정하는 중요한 사항을 변경하고자 하는 때에는 미리 식품의약품안전처장의 승인을 받아야 한다. 다만, 총리령으

로 정하는 경미한 사항을 변경할 때에는 변경사항 발생일부터 1개월 이내에 식품의약품안전처장에게 신고하여야 한다.

④ 제1항에 따른 안전성검사기관 지정의 유효기간은 지정받은 날부터 3년으로 한다. 다만, 식품의약품안전처장은 1년을 초과하지 아니하는 범위에서 한 차례만 유효기간을 연장할 수 있다.

⑤ 제4항 단서에 따라 지정의 유효기간을 연장받으려는 자는 총리령으로 정하는 바에 따라 식품의약품안전처장에게 연장 신청을 하여야 한다.

⑥ 제4항 및 제5항에 따른 지정의 유효기간이 만료된 후에도 계속하여 해당 업무를 하려는 자는 유효기간이 만료되기 전까지 다시 제1항에 따른 지정을 받아야 한다.

⑦ 제1항 및 제2항에 따른 안전성검사기관의 지정 기준·절차, 업무 범위, 제3항에 따른 변경의 절차 및 제6항에 따른 재지정 기준·절차 등에 필요한 사항은 총리령으로 정한다.

법 제65조(안전성검사기관의 지정 취소 등)

① 식품의약품안전처장은 제64조 제1항에 따른 안전성검사기관이 다음 각 호의 어느 하나에 해당하면 지정을 취소하거나 6개월 이내의 기간을 정하여 업무의 정지를 명할 수 있다. 다만, 제1호 또는 제2호에 해당하면 지정을 취소하여야 한다.

1. 거짓이나 그 밖의 부정한 방법으로 지정을 받은 경우

2. 업무의 정지명령을 위반하여 계속 안전성조사 및 시험분석 업무를 한 경우

3. 검사성적서를 거짓으로 내준 경우

4. 그 밖에 총리령으로 정하는 안전성검사에 관한 규정을 위반한 경우

② 제1항에 따른 지정 취소 등의 세부 기준은 총리령으로 정한다.

---

11 정답 및 해설 ②

표준규격품 등록 사항

시행규칙 제7조(표준규격품의 출하 및 표시방법 등)

① 농림축산식품부장관, 해양수산부장관, 특별시장·광역시장·도지사·특별자치도지사(이하 "시·도지사"라 한다)는 농수산물을 생산, 출하, 유통 또는 판매하는 자에게 표준규격에 따라 생산, 출하, 유통 또는 판매하도록 권장할 수 있다.

② 법 제5조 제2항에 따라 표준규격품을 출하하는 자가 표준규격품임을 표시하려면 해당 물품의 포장 겉면에 "표준규격품"이라는 문구와 함께 다음 각 호의 사항을 표시하여야 한다.

1. 품목

2. 산지

3. 품종. 다만, 품종을 표시하기 어려운 품목은 국립농산물품질관리원장, 국립수산물품질관리원장 또는 산림청장이 정하여 고시하는 바에 따라 품종의 표시를 생략할 수 있다.

4. 생산 연도(곡류만 해당한다)

5. 등급

6. 무게(실중량). 다만, 품목 특성상 무게를 표시하기 어려운 품목은 국립농산물품질관리원장, 국립수산물품질관리원장 또는 산림청장이 정하여 고시하는 바에 따라 개수(마릿수) 등의 표시를 단일하게 할 수 있다.

7. 생산자 또는 생산자단체의 명칭 및 전화번호

---

12 정답 및 해설 ③

이력추적관리의 대상품목 및 등록사항

시행규칙 제46조(이력추적관리의 대상품목 및 등록사항)

① 법 제24조 제1항에 따른 이력추적관리 등록 대상품목은 법 제2조 제1항 제1호 가목의 농산물(축산물은 제외한다. 이하 이 절에서 같다) 중 식용을 목적으로 생산하는 농산물로 한다.

② 법 제24조 제1항에 따른 이력추적관리의 등록사항은 다음 각 호와 같다.

1. 생산자(단순가공을 하는 자를 포함한다)

가. 생산자의 성명, 주소 및 전화번호
나. 이력추적관리 대상품목명
다. 재배면적
라. 생산계획량
마. 재배지의 주소
2. 유통자
가. 유통업체의 명칭 또는 유통자의 성명, 주소 및 전화번호
나. 삭제 〈2016.4.6.〉
다. 수확 후 관리시설이 있는 경우 관리시설의 소재지
3. 판매자 : 판매업체의 명칭 또는 판매자의 성명, 주소 및 전화번호

13 정답 및 해설 ①

이력추적관리 등록의 유효기간 등
시행규칙 제50조(이력추적관리 등록의 유효기간 등)
법 제25조 제1항 단서에 따라 유효기간을 달리 적용할 유효기간은 다음 각 호의 구분에 따른 범위 내에서 등록기관의 장이 정하여 고시한다.
1. 인삼류 : 5년 이내
2. 약용작물류 : 6년 이내

14 정답 및 해설 ②

지리적 표시의 등록
법 제32조(지리적표시의 등록)
③ [신청서류의 제출] 제2항에 해당하는 자로서 제1항에 따른 지리적표시의 등록을 받으려는 자는 농림축산식품부령 또는 해양수산부령으로 정하는 등록 신청서류 및 그 부속서류를 농림축산식품부령 또는 해양수산부령으로 정하는 바에 따라 농림축산식품부장관 또는 해양수산부장관에게 제출하여야 한다. 등록한 사항 중 농림축산식품부령 또는 해양수산부령으로 정하는 중요 사항을 변경하려는 때에도 같다.
④ [등록신청공고결정] 농림축산식품부장관 또는 해양수산부장관은 제3항에 따라 등록 신청을 받으면 제3조 제6항에 따른 지리적표시 등록심의 분과위원회의 심의를 거쳐 제9항에 따른 등록거절 사유가 없는 경우 지리적표시 등록 신청 공고결정(이하 "공고결정"이라 한다)을 하여야 한다. 이 경우 농림축산식품부장관 또는 해양수산부장관은 신청된 지리적표시가 「상표법」에 따른 타인의 상표(지리적 표시 단체표장을 포함한다. 이하 같다)에 저촉되는지에 대하여 미리 특허청장의 의견을 들어야 한다.
⑤ [등록신청 결정의 공고 및 열람] 농림축산식품부장관 또는 해양수산부장관은 공고결정을 할 때에는 그 결정 내용을 관보와 인터넷 홈페이지에 공고하고, 공고일부터 2개월간 지리적표시 등록 신청서류 및 그 부속서류를 일반인이 열람할 수 있도록 하여야 한다.
⑥ [이의신청] 누구든지 제5항에 따른 공고일부터 2개월 이내에 이의 사유를 적은 서류와 증거를 첨부하여 농림축산식품부장관 또는 해양수산부장관에게 이의신청을 할 수 있다.
⑦ [등록결정 사실의 통지] 농림축산식품부장관 또는 해양수산부장관은 다음 각 호의 경우에는 지리적표시의 등록을 결정하여 신청자에게 알려야 한다.
1. 제6항에 따른 이의신청을 받았을 때에는 제3조 제6항에 따른 지리적표시 등록심의 분과위원회의 심의를 거쳐 등록을 거절할 정당한 사유가 없다고 판단되는 경우
2. 제6항에 따른 기간에 이의신청이 없는 경우
⑧ [등록증의 교부] 농림축산식품부장관 또는 해양수산부장관이 지리적표시의 등록을 한 때에는 지리적표시 권자에게 지리적표시등록증을 교부하여야 한다.

■ 농수산물 품질관리법 시행규칙 [별표 15]

지리적표시품의 표시(제60조 관련)

1. 지리적표시품의 표지

2. 제도법

가. 도형표시

1) 표지도형의 가로의 길이(사각형의 왼쪽 끝과 오른쪽 끝의 폭: W)를 기준으로 세로의 길이는 0.95×W의 비율로 한다.

2) 표지도형의 흰색모양과 바깥 테두리(좌·우 및 상단부만 해당한다)의 간격은 0.1×W로 한다.

3) 표지도형의 흰색모양 하단부 좌측 태극의 시작점은 상단부에서 0.55×W 아래가 되는 지점으로 하고, 우측 태극의 끝점은 상단부에서 0.75×W 아래가 되는 지점으로 한다.

나. 표지도형의 한글 및 영문 글자는 고딕체로 하고, 글자 크기는 표지도형의 크기에 따라 조정한다.

다. 표지도형의 색상은 녹색을 기본색상으로 하고, 포장재의 색깔 등을 고려하여 파란색 또는 빨간색으로 할 수 있다.

라. 표지도형 내부의 "지리적표시", "(PGI)" 및 "PGI"의 글자 색상은 표지도형 색상과 동일하게 하고, 하단의 "농림축산식품부"와 "MAFRA KOREA" 또는 "해양수산부"와 "MOF KOREA"의 글자는 흰색으로 한다.

마. 배색 비율은 녹색 C80+Y100, 파란색 C100+M70, 빨간색 M100+Y100+K10으로 한다.

3. 표시사항

	등록 명칭:　　　　　(영문등록 명칭)
	지리적표시관리기관 명칭, 지리적표시 등록 제　　　호
	생산자(등록법인의 명칭):
	주소(전화):
이 상품은 「농수산물 품질관리법」에 따라 지리적표시가 보호되는 제품입니다.	

	등록 명칭:　　　　　(영문등록 명칭)
	지리적표시관리기관 명칭, 지리적표시 등록 제　　　호
	생산자(등록법인의 명칭):
	주소(전화):
이 상품은 「농수산물 품질관리법」에 따라 지리적표시가 보호되는 제품입니다.	

4. 표시방법

가. 크기 : 포장재의 크기에 따라 표지와 글자의 크기를 키우거나 줄일 수 있다.

나. 위치 : 포장재 주 표시면의 옆면에 표시하되, 포장재 구조상 옆면에 표시하기 어려울 경우에는 표시위치를 변경할 수 있다.

다. 표시내용은 소비자가 쉽게 알아볼 수 있도록 인쇄하거나 스티커로 포장재에서 떨어지지 않도록 부착하여야 한다.

라. 포장하지 않고 낱개로 판매하는 경우나 소포장 등으로 지리적표시품의 표지를 인쇄하거나 부착하기에 부적합한 경우에는 표지와 등록 명칭만 표시할 수 있다.

> 정답 및 해설. 글자의 크기(포장재 15kg 기준)
> 1) 등록 명칭(한글, 영문): 가로 2.0cm(57pt.) × 세로 2.5cm(71pt.)
> 2) 등록번호, 생산자(등록법인의 명칭), 주소(전화): 가로 1cm(28pt.) × 세로 1.5cm(43pt.)
> 3) 그 밖의 문자: 가로 0.8cm(23pt.) × 세로 1cm(28pt.)
> 바. 제3호의 표시사항 중 표준규격, 우수관리인증 등 다른 규정 또는 「양곡관리법」 등 다른 법률에 따라 표시하고 있는 사항은 그 표시를 생략할 수 있다.

16 정답 및 해설 ②

벌칙 1년 이하의 징역 또는 1천만원 이하의 벌금
법 제120조(벌칙)
다음 각 호의 어느 하나에 해당하는 자는 1년 이하의 징역 또는 1천만원 이하의 벌금에 처한다.
1. 제24조 제2항을 위반하여 이력추적관리의 등록을 하지 아니한 자
2. 제31조 제1항 또는 제40조에 따른 시정명령(제31조 제1항 제3호 또는 제40조 제2호에 따른 표시방법에 대한 시정명령은 제외한다), 판매금지 또는 표시정지 처분에 따르지 아니한 자
3. 제31조 제2항에 따른 판매금지 조치에 따르지 아니한 자
4. 제59조 제1항에 따른 처분을 이행하지 아니한 자
5. 제59조 제2항에 따른 공표명령을 이행하지 아니한 자
6. 제63조 제1항에 따른 조치를 이행하지 아니한 자
7. 제73조 제2항에 따른 동물용 의약품을 사용하는 행위를 제한하거나 금지하는 조치에 따르지 아니한 자
8. 제77조에 따른 지정해역에서 수산물의 생산제한 조치에 따르지 아니한 자
9. 제78조에 따른 생산·가공·출하 및 운반의 시정·제한·중지 명령을 위반하거나 생산·가공시설 등의 개선·보수 명령을 이행하지 아니한 자
9의2. 제98조의2 제1항에 따른 조치를 이행하지 아니한 자
10. 제101조 제2호를 위반하여 검사를 받아야 하는 농산물에 대하여 검사를 받지 아니한 자
11. 제101조 제4호를 위반하여 검사를 받지 아니하고 해당 농수산물이나 수산가공품을 판매·수출하거나 판매·수출을 목적으로 보관 또는 진열한 자
12. 제82조 제7항 또는 제108조 제2항을 위반하여 다른 사람에게 농산물검사관, 농산물품질관리사 또는 수산물품질관리사의 명의를 사용하게 하거나 그 자격증을 빌려준 자
13. 제82조 제8항 또는 제108조 제3항을 위반하여 농산물검사관, 농산물품질관리사 또는 수산물품질관리사의 명의를 사용하거나 그 자격증을 대여받은 자 또는 명의의 사용이나 자격증의 대여를 알선한 자

17 정답 및 해설 ④

사용료 및 수수료 등
법 제39조(사용료 및 수수료 등)
④ 법 제42조 제1항 제3호에 따른 위탁수수료의 최고한도는 다음 각 호와 같다. 이 경우 도매시장의 개설자는 그 한도에서 업무규정으로 위탁수수료를 정할 수 있다.
1. 양곡부류 : 거래금액의 1천분의 20
2. 청과부류 : 거래금액의 1천분의 70
3. 수산부류 : 거래금액의 1천분의 60
4. 축산부류 : 거래금액의 1천분의 20(도매시장 또는 공판장 안에 도축장이 설치된 경우 「축산물위생관리법」에 따라 징수할 수 있는 도살·해체수수료는 이에 포함되지 아니한다)
5. 화훼부류 : 거래금액의 1천분의 70
6. 약용작물부류 : 거래금액의 1천분의 50

18 정답 및 해설 ②

주산지의 지정 · 변경 및 해제

시행령 제4조(주산지의 지정 · 변경 및 해제)

① **[지정단위]** 법 제4조 제1항에 따른 주요 농수산물의 생산지역이나 생산수면(이하 "주산지"라 한다)의 지정은 읍 · 면 · 동 또는 시 · 군 · 구 단위로 한다.

② **[지정권자]** 특별시장 · 광역시장 · 특별자치시장 · 도지사 또는 특별자치도지사(이하 "시 · 도지사"라 한다)는 제1항에 따라 주산지를 지정하였을 때에는 이를 고시하고 농림축산식품부장관 또는 해양수산부장관에게 통지하여야 한다.

③ 법 제4조 제4항에 따른 주산지 지정의 변경 또는 해제에 관하여는 제1항 및 제2항을 준용한다.

④ 시 · 도지사는 제1항에 따라 지정된 주산지가 제3항에 따른 지정요건에 적합하지 아니하게 되었을 때에는 그 지정을 변경하거나 해제할 수 있다.

⑤ 제1항에 따른 주산지의 지정, 제2항에 따른 주요 농수산물 품목의 지정 및 제4항에 따른 주산지의 변경 · 해제에 필요한 사항은 대통령령으로 정한다.

19 정답 및 해설 ③

유통조절명령

시행령 제11조(유통조절명령)

법 제10조 제2항에 따른 유통조절명령에는 다음 각 호의 사항이 포함되어야 한다.

1. 유통조절명령의 이유(수급 · 가격 · 소득의 분석 자료를 포함한다)
2. 대상 품목
3. 기간
4. 지역
5. 대상자
6. 생산조정 또는 출하조절의 방안
7. 명령이행 확인의 방법 및 명령 위반자에 대한 제재조치
8. 사후관리와 그 밖에 농림축산식품부장관 또는 해양수산부장관이 유통조절에 관하여 필요하다고 인정하는 사항

20 정답 및 해설 ③

도매시장의 개설 등

제17조(도매시장의 개설 등)

① 도매시장은 대통령령으로 정하는 바에 따라 부류(部類)별로 또는 둘 이상의 부류를 종합하여 중앙도매시장의 경우에는 특별시 · 광역시 · 특별자치시 또는 특별자치도가 개설하고, 지방도매시장의 경우에는 특별시 · 광역시 · 특별자치시 · 특별자치도 또는 시가 개설한다. 다만, 시가 지방도매시장을 개설하려면 도지사의 허가를 받아야 한다.

② 삭제 〈2012. 2. 22.〉

③ 시가 제1항 단서에 따라 지방도매시장의 개설허가를 받으려면 농림축산식품부령 또는 해양수산부령으로 정하는 바에 따라 지방도매시장 개설허가 신청서에 업무규정과 운영관리계획서를 첨부하여 도지사에게 제출하여야 한다.

④ 특별시 · 광역시 · 특별자치시 또는 특별자치도가 제1항에 따라 도매시장을 개설하려면 미리 업무규정과 운영관리계획서를 작성하여야 하며, 중앙도매시장의 업무규정은 농림축산식품부장관 또는 해양수산부장관의 승인을 받아야 한다.

⑤ 중앙도매시장의 개설자가 업무규정을 변경하는 때에는 농림축산식품부장관 또는 해양수산부장관의 승인을 받아야 하며, 지방도매시장의 개설자(시가 개설자인 경우만 해당한다)가 업무규정을 변경하는 때에는 도지사의 승인을 받아야 한다.

⑥ 시가 지방도매시장을 폐쇄하려면 그 3개월 전에 도지사의 허가를 받아야 한다. 다만, 특별시·광역시·특별자치시 및 특별자치도가 도매시장을 폐쇄하는 경우에는 그 3개월 전에 이를 공고하여야 한다.

⑦ 제3항 및 제4항에 따른 업무규정으로 정하여야 할 사항과 운영관리계획서의 작성 및 제출에 필요한 사항은 농림축산식품부령 또는 해양수산부령으로 정한다.

21 정답 및 해설 ①

도매시장법인의 매수도매 요건(수탁판매의 예외)
시행령 제26조(수탁판매의 예외)

① 법 제31조 제1항 단서에 따라 도매시장법인이 농수산물을 매수하여 도매할 수 있는 경우는 다음 각 호와 같다.

1. 법 제9조 제1항 단서 또는 법 제13조 제2항 단서에 따라 농림축산식품부장관 또는 해양수산부장관의 수매에 응하기 위하여 필요한 경우

2. 법 제34조에 따라 다른 도매시장법인 또는 시장도매인으로부터 매수하여 도매하는 경우

   ■ 법 제34조(거래의 특례) 도매시장 개설자는 입하량이 현저히 많아 정상적인 거래가 어려운 경우 등 농림축산식품부령 또는 해양수산부령으로 정하는 특별한 사유가 있는 경우에는 그 사유가 발생한 날에 한정하여 도매시장법인의 경우에는 중도매인·매매참가인 외의 자에게, 시장도매인의 경우에는 도매시장법인·중도매인에게 판매할 수 있도록 할 수 있다.

3. 해당 도매시장에서 주로 취급하지 아니하는 농수산물의 품목을 갖추기 위하여 대상 품목과 기간을 정하여 도매시장 개설자의 승인을 받아 다른 도매시장으로부터 이를 매수하는 경우

4. 물품의 특성상 외형을 변형하는 등 가공하여 도매하여야 하는 경우로서 도매시장 개설자가 업무규정으로 정하는 경우

5. 도매시장법인이 법 제35조 제4항 단서에 따른 겸영사업에 필요한 농수산물을 매수하는 경우

6. 수탁판매의 방법으로는 적정한 거래물량의 확보가 어려운 경우로서 농림축산식품부장관 또는 해양수산부장관이 고시하는 범위에서 **중도매인 또는 매매참가인의 요청으로** 그 중도매인 또는 매매참가인에게 정가·수의매매로 도매하기 위하여 필요한 물량을 매수하는 경우

② 도매시장법인은 제1항에 따라 농수산물을 매수하여 도매한 경우에는 업무규정에서 정하는 바에 따라 다음 각 호의 사항을 도매시장 개설자에게 지체 없이 알려야 한다.

1. 매수하여 도매한 물품의 품목·수량·원산지·매수가격·판매가격 및 출하자

2. 매수하여 도매한 사유

22 정답 및 해설 ②

농산물공판장
법 제44조(공판장의 거래 관계자)

① 공판장에는 중도매인, 매매참가인, 산지유통인 및 경매사를 둘 수 있다.

② 공판장의 중도매인은 공판장의 개설자가 지정한다. 이 경우 중도매인의 지정 등에 관하여는 제25조제3항 및 제4항을 준용한다.

③ 농수산물을 수집하여 공판장에 출하하려는 자는 공판장의 개설자에게 산지유통인으로 등록하여야 한다. 이 경우 산지유통인의 등록 등에 관하여는 제29조 제1항 단서 및 같은 조 제3항부터 제6항까지의 규정을 준용한다.

④ 공판장의 경매사는 공판장의 개설자가 임면한다. 이 경우 경매사의 자격기준 및 업무 등에 관하여는 제27조 제2항부터 제4항까지 및 제28조를 준용한다.

법 제43조(공판장의 개설)

① 농림수협등, 생산자단체 또는 공익법인이 공판장을 개설하려면 시·도지사의 승인을 받아야 한다

23 정답및해설 ④

도매시장거래 분쟁조정위원회
법 제78조의2(도매시장거래 분쟁조정위원회의 설치 등)
① 도매시장 내 농수산물의 거래 당사자 간의 분쟁에 관한 사항을 조정하기 위하여 도매시장 개설자 소속으로 도매시장거래 분쟁조정위원회(이하 "조정위원회"라 한다)를 둘 수 있다.
② 조정위원회는 당사자의 한쪽 또는 양쪽의 신청에 의하여 다음 각 호의 분쟁을 심의·조정한다.
　　1. 낙찰자 결정에 관한 분쟁
　　2. 낙찰가격에 관한 분쟁
　　3. 거래대금의 지급에 관한 분쟁
　　4. 그 밖에 도매시장 개설자가 특히 필요하다고 인정하는 분쟁
③ 조정위원회의 구성·운영에 필요한 사항은 대통령령으로 정한다.

24 정답및해설 ①

농산물가격안정기금
법 제57조(기금의 용도)
① 기금은 다음 각 호의 사업을 위하여 필요한 경우에 융자 또는 대출할 수 있다.
　　1. 농산물의 가격조절과 생산·출하의 장려 또는 조절
　　2. 농산물의 수출 촉진
　　3. 농산물의 보관·관리 및 가공
　　4. 도매시장, 공판장, 민영도매시장 및 경매식 집하장(제50조에 따른 농수산물집하장 중 제33조에 따른 경매 또는 입찰의 방법으로 농수산물을 판매하는 집하장을 말한다)의 출하촉진·거래대금정산·운영 및 시설설치
　　5. 농산물의 상품성 향상
　　6. 그 밖에 농림축산식품부장관이 농산물의 유통구조 개선, 가격안정 및 종자산업의 진흥을 위하여 필요하다고 인정하는 사업
② 기금은 다음 각 호의 사업을 위하여 **지출**한다.
　　1. 「농수산자조금의 조성 및 운용에 관한 법률」 제5조에 따른 농수산자조금에 대한 출연 및 지원
　　2. 제9조, 제9조의2, 제13조 및 「종자산업법」 제22조에 따른 사업 및 그 사업의 관리
　　2의2. 제12조에 따른 유통명령 이행자에 대한 지원
　　3. 기금이 관리하는 유통시설의 설치·취득 및 운영
　　4. 도매시장 시설현대화 사업 지원
　　5. 그 밖에 대통령령으로 정하는 농산물의 유통구조 개선 및 가격안정과 종자산업의 진흥을 위하여 필요한 사업

25 정답및해설 ④

벌칙 1년 이하의 징역 또는 1천만원 이하의 벌금
제88조(벌칙)
다음 각 호의 어느 하나에 해당하는 자는 1년 이하의 징역 또는 1천만원 이하의 벌금에 처한다.
　1. 삭제 〈2012. 2. 22.〉
　2. 제23조의2 제1항(제25조의2, 제36조의2에 따라 준용되는 경우를 포함한다)을 위반하여 인수·합병을 한 자
　3. 제25조 제5항 제1호(제46조 제2항에 따라 준용되는 경우를 포함한다)를 위반하여 다른 중도매인 또는 매매참가인의 거래 참가를 방해하거나 정당한 사유 없이 집단적으로 경매 또는 입찰에 불참한 자
　3의2. 제25조 제5항 제2호(제46조 제2항에 따라 준용되는 경우를 포함한다)를 위반하여 다른 사람에게 자기의 성명이나 상호를 사용하여 중도매업을 하게 하거나 그 허가증을 빌려 준 자
　4. 제27조 제2항 및 제3항을 위반하여 경매사를 임면한 자

5. 제29조 제2항(제46조 제3항에 따라 준용되는 경우를 포함한다)을 위반하여 산지유통인의 업무를 한 자
6. 제29조 제4항(제46조 제3항에 따라 준용되는 경우를 포함한다)을 위반하여 출하업무 외의 판매 · 매수 또는 중개 업무를 한 자
7. 제31조 제1항을 위반하여 매수하거나 거짓으로 위탁받은 자 또는 제31조 제2항을 위반하여 상장된 농수산물 외의 농수산물을 거래한 자(제46조 제1항 또는 제2항에 따라 준용되는 경우를 포함한다)
7의2. 제31조 제5항(제46조 제2항에 따라 준용되는 경우를 포함한다)을 위반하여 다른 중도매인과 농수산물을 거래한 자
8. 제37조 제1항 단서에 따른 제한 또는 금지를 위반하여 농수산물을 위탁받아 거래한 자
9. 제37조 제2항을 위반하여 해당 도매시장의 도매시장법인 또는 중도매인에게 농수산물을 판매한 자
9의2. 제40조 제2항에 따른 표준하역비의 부담을 이행하지 아니한 자
10. 제42조 제1항(제31조 제3항, 제45조 본문, 제46조 제1항 · 제2항, 제48조 제5항 또는 같은 조 제6항 본문에 따라 준용되는 경우를 포함한다)을 위반하여 수수료 등 비용을 징수한 자
11. 제69조 제4항에 따른 조치명령을 위반한 자

원예작물학

26 정답및해설 ①

아미그달린 : 청매실(靑梅實), 살구씨, 감복숭아 등에 함유되어 있는 청산배당체. 에멀신(emulsin)에 의해 가수분해되어 시안화수소를 생성한다.
레스베라트롤(resveratrol) : 폴리페놀의 일종으로 오디, 땅콩, 포도, 라스베리, 크렌베리 등의 베리류 등을 포함한 많은 식물에서 발견된다.

27 정답및해설 ④

궤양병 : 감귤류, 토마토, 튤립 등에서 나타나는 세균 기생에 의한 식물병의 일종
모자이크병 : 토마토에서 발병하는 바이러스병

28 정답및해설 ②

• 십자화과 : 양배추, 무, 배추, 갓, 열무, 얼갈이배추, 총각무, 청경채, 유채, 브로콜리, 콜리플라워, 케일(쌈케일, 녹즙용 케일), 적환무(20일무) 등
• 국화과 : 상추, 해바라기
• 가지과 : 감자, 가지, 고추, 담배, 토마토
• 백합과 : 양파, 마늘, 아스파라거스

29 정답및해설 ④

칼슘의 결핍
• 잎끝마름증상 : 상추, 부추, 양파, 마늘, 대파, 백합 등
• 배꼽썩음병 : 토마토, 수박, 고추 등
• 고두병 : 사과
• 도복 증상 : 벼, 양파, 대파 등

30 정답및해설 ②

과실의 주요 색소
① 토마토 – 라이코펜
② 가지 – 안토시아닌

③ 오이 – 플라보노이드
④ 호박 – 카로티노이드

31 정답및해설 ①

① 파, 셀러리에 배토를 하면 연백을 크게 해준다.
④ 토란은 분구 억제와 비대를 촉진한다.

32 정답및해설 ③

③ 육묘를 통해 발아율이 증가한다.
육묘의 목적
① 조기수확(채소류, 담배), 수확기간 연장
② 직파가 불리한 경우(딸기, 고구마)
③ 수량증대, 집약적 관리(어린묘의 환경 및 병충해 관리)
④ 본포의 토지이용도 증대
⑤ 화아분화 및 추대 방지(배추, 무)
⑥ 묘의 본포에 대한 적응력 향상(묘의 생식생장 유도, 접목 등)
⑦ 종자 절약

33 정답및해설 ①

오이는 자웅동주로서 저온, 단일조건에서 암꽃 수가 증가하고 고온, 장일조건에서 수꽃의 수가 증가한다.

34 정답및해설 ①

광이 작물(作物)의 생장(生長)에 미치는 영향은 광파장에 기인하는 광선으로 390~760nm의 파장을 가진 가시광선(可視光線)이며 광파장에 따라 그 질이 다르다.
① 식물생육에 유효한 파장 : 400~700nm
② 광합성에 유효한 파장 : 450nm(청색광), 650nm(적색광)
③ 광합성에 억제적 파장 : 400nm 이하 자외선
④ 발아, 화아유도, 휴면, 형태형성 관여 파장 : 700~760nm

35 정답및해설 ②

채소작물 고온효과
단백질 변성 → 효소활성 저하 → 대사작용 교란

36 정답및해설 ④

백합과 : 튤립, 히야신스, 백합
수선화 : 수선화과

37 정답및해설 ②

담액수경 : 배드 내에 배양액을 순환시키면서 뿌리에 산소, 물, 양분을 공급하는 양액재배
① 분무경 : 인공적인 큐브에 양액을 분무하여 재배하는 방식
③ 암면재배 : 무균상태의 암면배지를 이용하여 작물을 재배하는 양액재배 시스템으로 장기재배하는 과채류와 화훼류 재배에 적합함
④ 저면담배수식 : 벤치의 물을 넣었다 뺐다 하는 방식

38 정답및해설 ②

춘화 : 개화를 위해 생육의 일정한 시기에 저온을 경과해야 하는 생리적 현상이다. 추파성 종자는 일단 저온 자극을 받아야 개화하는데, 종자 발아직전의 유식물은 0~5℃에 15~60일간 저장 후 파종하면 봄에 뿌려도 가을에 뿌린 것과 비슷하게 여름에 개화한다. 이와 같은 개화 촉진 처리법을 춘화라고 한다.

39 정답및해설 ③

지베렐린 생장조절물질

• 줄기 및 하배축의 세포신장과 세포분열을 촉진하여 신장 성장을 유도한다.
• 광발아 종자의 암소발아(暗所發芽)를 유도한다.
• 저온요구성식물의 춘화처리효과를 대신하여 종자휴면을 타파한다.
• 꽃눈 형성을 유도하여 개화를 촉진한다.
• 가수분해효소를 유도하여 배아성장기에 배젖 저장물질의 이동을 통해 배 발달을 촉진한다.
• 꽃과 열매의 발달과 열매의 비대성장을 촉진한다.
• 일부식물에서 단위결실(單爲結實, parthenocarpy)을 유도한다.
• 꽃의 성결정(sex determination)을 유도하기도 한다.

40 정답및해설 ①

전조재배 : 야간에 인공조명으로 장일상태로 만들어서 개화를 억제시키는 방법
암막재배 : 가을에 개화하는 국화를 여름에 개화시키고자 인위적으로 암막을 쳐주는 것
네트재배 : 키가 큰 화훼류를 절화 재배 할 때, 화훼가 쓰러지는 것을 방지하기 위하여 망을 씌워 기르는 방법

41 정답및해설 ④

블라인드현상 : 화훼 분화는 체내 생리조건과 환경조건이 맞아야 순조롭게 진행되는데 이때 양자 중 어느 것이나 부적당할 때 분화가 중단되고 영양생장으로 역전되는 현상이다. 특히 저온조건이나 질소 부족 시에 심하다.

42 정답및해설 ④

곰팡이병 : 역병, 탄저병, 잿빛곰팡이병, 묘잘록병 등
무름병 : 세균병. 독특한 냄새가 나면서 흐물흐물해져서 썩는 식물 병해. 연부병(軟腐病)이라고도 한다. 무름병에 걸리면 세포벽 중간층의 펙틴질이 녹아 처음에는 물기가 보이는 것에 그치나, 점차로 물러져 썩고 액체처럼 흐물흐물해진다.

43 정답및해설 ②

디아이에프 [difference between day and night temperatures , DIF] : 주야간 온도교차

44 정답및해설 ①

씨방 위치	씨방상위과	씨방이 수술·꽃잎·꽃받침보다 위쪽	포도, 감귤
	씨방중위과	씨방이 수술·꽃잎·꽃받침 옆에	복숭아
	씨방하위과	씨방이 수술·꽃잎·꽃받침 아래쪽에	사과, 배
발육 부분	진과	씨방이 자라서 된 과실	포도, 복숭아, 단감, 감귤
	위과	씨방 이외가 자라서 된 과실	사과, 배, 딸기, 오이
씨방 수	단과	한 개의 씨방 꽃이 한 개의 과실로	사과, 배, 복숭아, 감
	복과	두 개 이상의 암술이 성숙하여	무화과, 파인애플
	취과	많은 씨방이 발달하여 모여서 과실	블랙베리

45 정답 및 해설 ③

무병주 : 일반적으로 조직배양 즉, 생장점 배양을 통해서 얻을 수 있는 영양번식체로서 바이러스를 위시하여 조직 특히 도관내에 존재하는 병이 제거된 묘를 말하며 메리클론(mericlone)이라 칭하기도 한다.

46 정답 및 해설 ②

과실은 초기에는 종축생장, 후기에는 횡축생장을 한다. 온대지방은 후기생장이 충분히 이루어지므로 편원형, 한대지방은 횡축생장이 일찍 정지하므로 원형~장원형이 된다.

47 정답 및 해설 ③

봉지씌우기의 단점 : 수광을 덜해서 비타민 함량이 떨어진다.

48 정답 및 해설 ③

적과 : 과실의 착생수가 과다할 때에 여분의 것을 어릴 때에 적과하는 것. 해거리를 방지하고 크고 올바른 모양의 과실을 수확하기 위하여 알맞은 양의 과실만 남기고 따버리는 것이다.

49 정답 및 해설 ④

① 적진병(internal bark necrosis) : 망간 과잉
② 고무병(internal breakdown) : 수확기에 심한 강우나 고온 또는 수확이 늦을 때 발생. 사과 · 복숭아 · 감귤 등에 발생하는 생리적인 병
③ 고두병(bitter pit) : 칼슘 부족
④ 화상병(fire blight) : 세균병. 배, 사과 등에 발생하고, 발생하면 1년 내에 나무가 고사

50 정답 및 해설 ③

사과나무고접병 : 사과나무에 발생하는 병해. 접붙이기할 때 접수(接穗)가 바이러스에 감염되어 있으면 발병하며, 고접(高接) 후 그해 가을부터 병징이 나타나기 시작한다.

수확 후 품질관리론

51 정답 및 해설 ②

호흡상승과 (클라이매트릭)	호흡상승과는 성숙에서 노화로 진행되는 단계상 호흡률이 낮아졌다가 갑자기 상승하는 기간이 있다. 사과, 바나나, 배, 토마토, 복숭아, 감, 키위, 망고, 참다래, 살구, 멜론, 자두, 수박
비호흡상승과	고추, 가지, 오이, 딸기, 호박, 감귤, 포도, 오렌지, 파인애플, 레몬, 양앵두 및 대부분 의 채소류

52 정답 및 해설 ④

① 저장용 마늘 : 추대가 된 후 잎과 줄기가 반 이상 황화된 상태에서 수확한다.
② 포도 : 비가 온 후에 수확하게 되면 당함량이 감소하고, 수송 중 열과가 발생한다.
③ 만생종 사과 : 만개 후 170~180일 후에 수확한다. 후지의 경우 10월 하순에서 11월 초순이므로 추석 이후가 된다.

53 정답 및 해설 ②

조도계 : 단위면적당 조사되는 광량을 조사하는 기구

54 정답및해설 ①

과망간산칼륨 또는 활성탄을 처리하는 이유는 에틸렌 제거가 목적이다.

55 정답및해설 ③

① 양파는 큐어링 할 때 햇빛에 노출되면 녹변이 발생한다.
② 마늘은 열풍건조할 때 온도를 40~43℃로 유지한다.
③ 감자는 온도 15℃, 습도 90~95%에서 큐어링한다.
④ 고구마는 큐어링 한 후 품온을 12℃로 낮추어야 한다.

56 정답및해설 ②

밀증상은 사과에서 발생한다.

57 정답및해설 ④

포장상자는 품목, 포장재료, 거래단위에 따라 그 규격이 다양하다.

58 정답및해설 ②

① 과실은 화훼류와 혼합 저장하면 수분손실이 크다.(수분 경합)
③ 냉기의 대류속도가 빠르면 수분손실이 크다.
④ 부피에 비하여 표면적이 넓은 작물일수록 수분손실이 크다.

59 정답및해설 ①

유기산의 종류
구연산 : 딸기, 감귤류
주석산 : 포도, 바나나
사과산 : 사과, 수박, 포도
옥살산 : 장군풀, 시금치, 양배추, 토마토

60 정답및해설 ④

복숭아의 과육섬유질화 : 저온장해
• 에틸렌 증상 : 결구상추(중륵반점), 브로콜리(황화), 카네이션(꽃잎말림)
  * 중륵 : 엽신의 중앙기부에서 끝을 향해 있는 커다란 맥

61 정답및해설 ③

가용성 고형물에 의해 통과하는 빛의 속도가 느려진다.
굴절당도계
빛의 굴절 현상을 이용하여 과즙의 당 함량을 측정하는 기계. 굴절 당도는 100g의 용액에 녹아 있는 자당의 그램 수를 기준으로 하지만 과실은 과즙에 녹아 있는 가용성 고형물 함량을 측정하여 당도로 표시한다.
굴절율 : 공기중의 빛의 속도와 물질속의 빛의 속도비

62 정답및해설 ③

HPLC(크로마토그래피)법 : 무기물이나 유기물의 정성 및 정량 분석법. 색소 물질을 흡착제에 의하여 분리하는 방법으로 색층 분석이라고도 부른다.
NIR : 근적외선 측정기

63 **정답 및 해설** ④

원예산물의 성숙기 판단 지표
① 외관의 변화를 기준으로 수확시기 판단 : 과실의 크기와 형태, 열매꼭지의 탈락 등
② 개화기 일자에 따른 수확시기 판단
③ 클라이메트릭스 : 과실의 호흡량이 최저에 달한 후 약간 증가되는 초기단계에 수확
④ 과실경도 : 과실의 과육이 물러지는 정도에 따라 수확적기 판단
⑤ 성분의 변화 : 사과의 경우 전분이 요오드와 결합하면 청색으로 변하는 성질을 이용하여 청색의 면적이 작으면 성숙기로 판정한다.
⑥ 적산온도 : 작물의 발아로부터 성숙에 이르기까지의 0℃ 이상의 일평균기온을 합산한 것

64 **정답 및 해설** ②

에틸렌 합성 저해제로는 AVG와 AOA 등이 있다. 이들은 AdoMet가 ACC로 전환되는 것을 차단한다.
STS(티오황산) : 에틸렌 발생 억제제
ACC : 식물의 뿌리가 장기간 지속되면 산소부족으로 인하여 에틸렌의 전구물질인 ACC가 축적되며, ACC가 줄기로 이동하여 줄기에서 산소를 공급받아 에틸렌으로 바뀌게 된다.

65 **정답 및 해설** ①

수용체는 세포막에 존재한다.
① 에틸렌은 기체상태의 호르몬으로, 호흡급등형 과실의 과숙에 작용한다.
② 에틸렌의 발생 : 대부분의 원예산물은 수확 후 노화진행이나 숙성 중에 에틸렌이 생성되고, 옥신처리, 스트레스, 상처 등에 의해서도 발생한다.
③ 일단 생성이 되면 스스로 생합성을 촉진한다.(자기촉매적 성격)

66 **정답 및 해설** ④

① 선박에 의한 장거리 수송 시 CA저장이 가능하다.
② MA포장 시 필름의 이산화탄소 투과도는 산소 투과도보다 높아야 한다.
③ 소석회는 공기 중에 오래 방치하면 CO_2를 흡수하여 $CaCO_3$로 변하며, 용적이 증가한다.
④ CA저장 시 드라이아이스를 이용하여 이산화탄소 농도를 증가시킬 수 있다.
CA저장 시 산소와 이산화탄소 농도
산소 농도 : 대기보다 약 4~20배(O_2 : 8%)
이산화탄소 농도 : 대기보다 약 30~500배(CO_2 : 1~5%)

67 **정답 및 해설** ②

저장고 내 상대습도가 낮을 때 원예산물의 증산을 촉진시킨다.

68 **정답 및 해설** ①

당은 어는 점(빙점)을 낮추는 효과를 가진다.

69 **정답 및 해설** ③

살균 세척수 : 염소수, 오존수 등

70 **정답 및 해설** ②

예냉 : 포장열을 제거하여 품온을 낮추는 냉각 작업으로 예냉을 하면 수확 후 호흡을 감소시키고, 증산이나 열발생을 억제하며 엽록소분해를 억제하여 과실의 조기 후숙을 막을 수 있다.

71 정답및해설 ①

골판지 발수도 검사 : 경사진 종이의 표면에 떨어뜨린 물방울(증류수)의 상태로 나타내는 발수성을 표시하는 것

72 정답및해설 ①

엽채류는 과실류에 비해 표면적 비율이 높아 진공예냉한다.

73 정답및해설 ③

생리적 성숙기 수확하는 작물 : 사과, 참외, 딸기, 단감, 수박, 양파, 감자 등
생리적 성숙도 이전에 수확하는 작물 : 애호박, 오이, 가지 등

74 정답및해설 ④

요오드 착색면적 : 전분함량이 많은 과실에서 청색 반응을 나타낸다.
쓰가루(청사과)는 후지에 비해 적색착과가 적으므로 요오드 착색면적이 더 넓다.
①② 사과의 숙기판정 중 가장 흔하게 사용되는 방법인 요오드를 이용한 전분반응검사는 요오드를 증류수에
희석시켜, 사과 단면에 뿌려 전분 반응을 통해서 파악하는 방법이다.
성숙 중 유기산과 환원당이 감소하는 원리를 이용한다.
③ 성숙될수록 요오드반응 착색면적이 적어진다.

75 정답및해설 ③

Hunter L*a*b
L(명도) : 0은 검정, 100은 흰색
a(적색도) : −값은 녹색, +값은 적색
b(황색도) : −값은 청색, +값은 황색

농산물유통론

76 정답및해설 ④

농산물의 특성
계절적 편재성, 부피와 중량성, 부패성, 질과 양의 불균일성, 용도의 다양성, 수요와 공급의 비탄력성

77 정답및해설 ①

유통의 효용
시간효용(저장)
① 가격조절기능 : 수산물의 계절적 편재성을 극복하기 위한 수단으로서 농산물의 홍수출하 등으로 인한 가
격폭락의 위험을 조절하는 기능을 한다.
② 부패성 방지 : 수확과 판매시기의 불일치를 조절하기 위하여 저온저장창고가 널리 활용되고 있다.
③ 수요의 조절 기능 : 수산물 수요시기를 연중 고르게 유지하는 기능을 한다.
형태효용(가공)
① 장소적 효용의 지원 : 농산물의 부피와 중량성 약점을 보완하기 위하여
② 시간적 효용의 지원 : 가공을 통한 형태변경으로 저장기간을 연장할 수 있다.
③ 기능성의 지원 : 자연물에 형태변경을 통하여 새로운 생물학적 기능을 추가할 수 있다.
장소효용(수송)
생산자와 소비자 사이에 존재하는 장소적 불일치를 물적 이동수단을 통하여 효용가치를 창조한다. 수송은

시장 확장과 관련되며 시장의 크기를 결정하는 요소이다. 이동수단으로 철도, 선박, 자동차, 항공 등이 있다.

소유효용(소유권이전기능)

1) 구매기능(수집기능)
   ① 유통업자가 생산자로부터 물건을 구매하고 대금을 지불하는 과정이다
   ② 유통업자는 최종 소비자로서가 아닌 재판매 목적으로 물건을 구매한다.
   ③ 다른 유통업자로부터 물건을 구매하여 재판매하는 과정을 포함한다.
   ④ 산지수집상, 중개인의 위탁대리인, 산지조합, 유통업체의 바이어 등이 이 기능을 수행한다.

2) 판매기능(분배기능)
   ① 가격별 판매단위의 결정 : 상품의 규격과 포장단위를 결정한다.
   ② 유통경로의 결정 : 입지선정 활동을 통하여 소비자와 만나는 접점을 결정한다.
   ③ 판매시점과 가격의 결정 : 재고관리, 일시적 저장 등을 통하여 판매시점을 결정하고 최종소비자의 적정 가격을 결정하는 기능
   ④ 상품의 진열, 광고, 관계마케팅 등 소비자의 구매의욕을 자극하는 역할을 한다.

78 정답 및 해설 ④

식품 마케팅빌

1년간 민간 소비자가 구매한 전체 농수산식품에 대한 지출에서 농어가 수취액을 제외한 부분으로서, 농수산식품의 유통경비와 이윤을 포함하는 개념이다.

한계수입(限界收入, Marginal Revenue, MR)

기업이 한 단위 재화를 더 생산할 때 얻는 수입

79 정답 및 해설 ③

협동조합

재화 또는 용역의 구매·생산·판매·제공 등을 협동으로 영위함으로써 조합원의 권익을 향상하고 지역 사회에 공헌하고자 하는 사업조직

협동조합 유통의 효과

① 유통마진의 절감(농산물 단위당 거래비용 절감)
② 시장교섭력의 제고(유통 및 가공업체에 대한 견제 강화)
③ 규모의 경제 실현
④ 시장확보와 생자자의 위험분산
⑤ 출하시기의 조절 용이

80 정답 및 해설 ④

선물거래

선물거래란 미래의 특정시점(만기일)에 수량·규격이 표준화된 상품이나 금융 자산을 특정가격에 인수 혹은 인도할 것을 약정하는 거래이다. 이러한 선물거래는 공인된 거래소에서 이루어지며 현시점에 합의된 가격(선물가격)으로 미래에 상품을 인수 혹은 인도하는 것이다.

미리 정한 가격으로 매매를 약속한 것이기 때문에 가격변동 위험의 회피가 가능하다는 특징이 있다. 선물거래 상품은 해당 품목의 가격변동성이 높을수록 거래가 활성화된다.

베이시스

현물가격과 선물가격의 차이

선물거래의 경제적 기능

① 위험전가기능 : 미래의 현물가격 위험을 회피하고자 하는 헷져(hedger)는 선물시장에서 위험을 상쇄시키기 위해 현물포지션과 상반된 포지션을 취하게 된다. 미래의 시장에서 받게 될 가격위험을 현재의 현물시장에 전가하는 기능을 한다.

② 가격예시기능 : 선물가격은 현재시장에 제공된 각종 정보의 집약된 결과로서 미래시장에서 현물의 가격을 예측한다는 점에서 가격예시기능이 있다.

③ 자본형성기능 : 선물시장은 헷져나 투기거래자(speculator)가 현물시장에 선납한 자본을 증거금으로 운용된다. 이렇게 형성된 자본은 생산자시장에 유입된다.

④ 자원배분의 기능 : 선물시장은 월단위의 만기일을 형성한다. 선물투자자간에 연간 배분된 물건의 인수일은 생산자에게 자원을 기간별로 배분할 수 있도록 한다. 기업이나 금융기관도 미래의 가격에 대한 여러 투자자들의 예측치를 토대로 투자하게 돼 과(過)투자, 오(誤)투자의 가능성을 줄인다. 결국 제한된 자원이 가장 효율적으로 배분될 수 있도록 하는 수단이 되는 것이다.

헤지(hedge)

투자자가 보유하고 있거나 앞으로 보유하려는 자산의 가격이 변함에 따라 발생하는 위험을 없애려는 시도. 여기서 위험이란 가격의 변동을 의미하는데 가격 하락시의 손실과 가격 상승시의 이익도 포함하는 개념이다. 그러나 헤지의 목적은 이익을 극대화하려는 것이 아니라 가격 변화에 따른 손실을 막는 데 있다. 자산의 가격 변동으로 인한 손익의 변화가 전혀 없도록 하는 것을 완전 헤지라고 한다. 완전 헤지는 현물가격과 선물가격이 동일한 방향으로 동일한 크기만큼 변하여 현물시장에서의 손실(이득)이 선물시장에서의 이득(손실)에 의하여 완전히 상쇄되는 것을 말한다. 이것이 이루어지려면 현물가격과 선물가격의 차이인 베이시스가 항상 일치하여야 한다. (베이시스의 변동이 있어도 베이시스가 일치한다면 완전 헤지는 가능하다.)

81 정답및해설 ①

소매상의 기능

제조업자를 위한 기능	• 신규고객 창출(시장확대) 기능 • 재고유지 기능 • 주문처리 기능 • 정보제공 기능 • 고객서비스 제공 기능
소비자를 위한 기능	• 제품의 구색 제공 • 제품정보의 제공 • 소비자 구매비용 절감 효과 • 부가적인 서비스 제공

82 정답및해설 ①

소매유통은 소비자에게 상품을 배분하는 판매기능을 가진다.
수집기능은 도매시장 유통의 기능이다.

83 정답및해설 ④

농산물 종합유통센터의 기능

① 수집·분산 기능
② 보관·저장 기능
③ 가격형성기능
④ 유통가공기능
⑤ 직판기능

84 정답및해설 ②

포전매매(밭떼기 거래)

밭에서 자라는 농산물(무, 배추 등)을 수확하기 이전에 통째로 사고파는 것(선불금 지급)으로 해당 농산물의 시장가격이 결정되기 전에 거래가 사전에 진행되는 선도거래의 일종이다.

농민이 밭에서 키우고 있는 농산물이 수확되기 이전에 상인에게 통째로 판매하는 것으로, 농민은 해당 농산물을 수확하여 시장에 내다 팔 때 가격이 하락할 경우 입을 수 있는 손해를 피할 수 있지만 가격이 상승할 경우에 얻을 수 있는 이득을 포기하는 거래 방식이다.

정전매매(庭前賣買)

생산 농가에 소규모로 보관 중인 고추, 마늘, 깨 등과 같은 농산물을 산지유통인 등이 수집하는 거래로 마당 앞거래, 문앞거래라고 할 수 있다.

■ **선물거래와 선도거래 비교**

구분	선물거래	선도거래
거래조건	표준화	비표준화
거래장소	선물거래소	없음
위험	보증제도 있음	보증제도 없음
가격	경쟁호가방식	협상
증거금	있음	없음(개별적 보증설정)
중도청산	가능	제한적
실물인도	중도청산 혹은 만기인도	실제 인수도가 이루어지는 것이 일반적
가격변동	변동폭 제한	변동폭 없음

85 정답 및 해설 ③

대형유통업체에 대항하기 위한 유통조직 또는 유통망 구축이 필요하다.
도매시장에서 형성된 가격은 유통업체의 직거래 상품가격보다 마진이 높으므로 대응방안으로서는 불합리하다.

86 정답 및 해설 ③

수송수단의 특징

① 철도 : 안전성·신속성·정확성이 있으나 융통성이 적고 제한된 통로에만 가능하다. 장거리 수송에 유리하며 단거리 수송의 경우 오히려 비용효율이 떨어진다.
② 선박 : 장거리에 유리하며 대량수송이 가능하나 시간효율이 떨어지고 융통성(문전연결성)이 적다.
③ 자동차 : 기동성이 우수하며 단거리 수송에 효율적이다. 도로망의 확대로 융통성이 뛰어나며 수송수단에서 차지하는 비중이 가장 높다.
④ 비행기 : 신속, 정확하다는 장점이 있으나 비용이 많이 들고 항로와 공항의 제한성에 구애받을뿐만 아니라 오히려 기다리는 시간이 길다는 단점이 있다. 최근 국제 화훼유통과 신선함이 요구되는 고가 농산물 유통에 그 활용도가 높아지고 있다.

87 정답 및 해설 ①

물적유통기능

농산물을 이전하는 수송과 보관, 저장, 가공 기능을 물적유통기능이라고 한다.

88 정답 및 해설 ③

유통금융기능

농산물 유통기구에 참여하는 자에게 자금을 조달해 주는 기능

89 정답 및 해설 ④

표준화

표준화란 유통과정에 참여하는 각 기구 간에 공적으로 합의된 척도를 말한다. 표준화는 유통시장에서 공정한 거래가 이뤄지는 환경을 조성하여 준다. 표분화를 통해 유통의 물류효율성이 증가하여 물류비용이 감소한다.
표준화의 항목 : 포장, 등급, 보관, 하역, 정보 등

90 정답 및 해설 ④

단위화물적재시스템(Unit Load System)

단위 적재란 수송, 보관, 하역 등의 물류 활동을 합리적으로 하기 위하여 여러 개의 물품 또는 포장 화물을 기계, 기구에 의한 취급에 적합하도록 하나의 단위로 정리한 화물을 말한다. 단위적재를 함으로써 하역을 기계화하고 수송, 보관 등을 일괄해서 합리화하는 체계를 단위적재시스템이라 하며, 단위적재 시스템에는 팰릿(pallet)을 이용하는 방법 및 컨테이너를 이용하는 방법이 있다. 우리나라에서 사용하는 표준 팰릿(pallet) T11의 규격은 1100mm × 1100mm이다.

91 정답 및 해설 ②

수요의 가격탄력성과 총수입(= 가계지출액)과의 관계

$i_d = 0$ (완전비탄력적)	가격인상(인하)율에 비해 수요량 변화율은 거의 "0"	가격인상 ↑	작게 수요량감소(0)	수입 증가↑
		가격인하 ↓	작게 수요량증가(0)	수입 감소↓
$0 < i_d < 1$ (비탄력적)	가격인상(인하)율에 비해 수요량 변화율이 작다.	가격인상 ↑	작게 수요량감소 ↓	수입 증가↑
		가격인하 ↓	작게 수요량증가 ↑	수입 감소↓
$i_d = 1$ (단위 탄력적)	가격인상(인하)율과 수요량 변화율이 같다.	가격인상 ↑	동일비율로 증감 ↑↓	수입 불변
		가격인하 ↓		
$1 < i_d < \infty$ (탄력적)	가격인상(인하)율에 비해 수요량 변화율이 크다.	가격인상 ↑	크게 수요량감소 ↓	수입 감소↓
		가격인하 ↓	크게 수요량증가 ↑	수입 증가↑
$i_d = \infty$ (완전탄력적)	가격인상(인하)율 거의 "0" 수요량 변화율이 크다.	가격인상(0)	크게 수요량감소 ↓	수입 감소↓
		가격인하(0)	크게 수요량증가 ↑	수입 증가↑

92 정답 및 해설 ④

시장의 형태

구분	경쟁적 시장		독과점 시장	
	완전 경쟁	독점적 경쟁	독점	과점
공급자의 수	다수	다수	하나	소수
상품의 질	동질	이질	동질	동질 또는 이질
진입장벽	없음	없음	있음	있음
사례	증권시장 농수산물시장 개별기업이 가격에 영향을 미칠 수 없는 것 (가격 순응자)	미용실,주유소 상품차별화 단기적 초과이윤이지만 유사상품 등장으로 장기적 초과이윤상실	전기, 철도, 수도 자원의 효율적 배분을 저해함	휴대폰, 자동차, 가전제품 소수의 공급자가 시장을 지배하기 위해 담합, 카르텔 형성

완전경쟁시장의 특징

완전경쟁시장은 다음과 같은 네 가지 특징을 가진다.

첫째, 수요자와 공급자의 수가 아주 많기 때문에 개별 수요자나 공급자가 수요량이나 공급량을 변경해도 전혀 시장가격에 영향을 끼칠 수가 없다.

둘째, 완전경쟁시장에서 거래되는 같은 상품은 질적인 면에서 모두 같아야 한다. 여기서 상품의 동질성은 품질뿐만 아니라 여러 가지 판매 조건도 같다는 것을 의미한다. 이런 조건에서 어느 기업도 시장가격에 결정적인 영향을 끼칠 수 없다.

셋째, 완전경쟁시장에서는 새로운 기업이 시장으로 들어오는 것과 비능률적인 기업이 시장에서 견디지 못하여 나가는 것 모두가 자유로워야 한다. 만일 그렇지 않다면 시장 참여자의 수가 한정되어 결과적으로 이러한 기업이 시장에 부당한 영향을 줄 수 있게 된다.

넷째, 완전경쟁시장에서는 상품의 가격·품질 등 시장 정보에 대하여 수요자와 공급자가 모두 잘 알고 있어야 한다. 이와 같이 거래 당사자가 완전한 정보를 가진다면 하나의 상품은 오직 하나의 가격으로만 시장에서 거래된다.

93 정답 및 해설 ③

농산물 가격의 폭등 원인이 공급량의 부족(감소)에 있다면 시장 공급량을 증가시킴으로써 가격의 하락을 유도할 수 있다. 직거래는 유통비용의 감소를 통해 가격의 하락을 견인할 수 있다.

94 정답 및 해설 ①

SWOT분석

기업의 내부환경과 외부환경을 분석하여 강점(strength), 약점(weakness), 기회(opportunity), 위협(threat) 요인을 규정하고 이를 토대로 경영전략을 수립하는 기법이다.

		기업의 내부전략 요소	
		강점	약점
기업의 외부전략 요소	기회	강점·기회전략	약점·기회전략
	위협	강점·위협전략	약점·위협전략

SWOT 분석의 전략적 요소를 구체적으로 살펴보면 다음과 같다. 강점(strength)은 경쟁기업에 비해 상대적으로 우위에 있는 자원이나 기술 등의 요소를 말한다. 예를 들어 기업이미지, 재무자원, 시장 리더십, 구매자와 공급자의 관계 등이다. 약점(weakness)은 자원이나 기술, 역량 등의 제약이나 부족을 의미하며, 시설, 재무자원, 경영역량, 마케팅 기술, 상표 이미지 등에서 나타날 수 있다. 기회(opportunity)는 기업의 당면한 환경의 유리한 측면을 말하며, 새로운 시장의 발견, 경쟁 또는 규제환경의 변화, 기술의 변화, 구매자와 공급자의 관계 개선 등에서 찾을 수 있다. 위협(threat)은 기업이 당면한 환경의 불리한 측면으로, 새로운 경쟁 기업의 진입, 시장 성장의 둔화, 주요 구매자와 공급자의 교섭력 증가, 기술의 변화, 규제의 신설 등을 들 수 있다.

SWOT 분석에 따른 대응 전략은 〈그림 1〉과 같이 네 개 유형으로 나누어진다. 우선, 강점·기회전략(SO strategy)은 자신의 강점을 발휘해 기회를 활용할 수 있도록, 내·외부적으로 유리한 상황을 활용하는 방안으로 성장 위주의 공격적 전략(aggressive strategy)을 추구하게 된다.

둘째, 강점·위협전략(ST strategy)은 기업이 당면한 위협을 피하면서 자신의 강점을 이용할 수 있도록, 현재 종사하는 산업에서 치열한 경쟁을 피해 새로운 시장을 개척하는 다각화 전략(diversification strategy)을 추구한다.

셋째, 약점·기회전략(WO strategy)은 기업의 약점을 극복함으로써 기회를 활용할 수 있도록, 내부 약점을 보완해 좀 더 효과적으로 시장 기회를 추구하는 전략적 제휴(strategic alliance) 또는 우회전략(turnaround strategy)을 추구한다.

넷째, 약점·위협전략(WT strategy)은 약점을 최소화시켜 위협을 극복하는 데 주안점을 둔다. 따라서 내·외부적으로 불리한 상황을 극복하기 위해 기업은 사업을 축소하거나 기존 시장에서 철수하는 등 방어적 전략(defensive strategy)을 취하게 된다(박준용, 2009).

출처 : [네이버 지식백과] 미디어 전략 경영 (미디어 경영·경제, 2013. 2. 25., 정회경)

BC분석 : 비용편익분석Cost-Benefit Analysis

사업으로 발생하는 편익과 비용을 비교해서 사업의 시행 여부를 평가하는 분석 방식

STP 전략

기업이 개별 고객의 선호에 맞춘 제품 혹은 서비스를 제공하여 타사와의 차별성과 경쟁력을 확보하는 마케팅 기법이다. 구체적으로 시장세분화, 목표시장 설정, 포지셔닝의 과정을 말한다.

95 정답 및 해설 ①

1차자료 : 조사자가 직접 수집한 데이터

2차자료 : 1차 데이터를 토대로 조사자나 타인이 다시 정리한 자료

리커트척도

응답자는 각각의 진술에 대해 그들이 어느 정도까지 동의하거나 동의하지 않는가에 따라 3점, 5점, 혹은 7점을 부여하는 질문을 받는다. 5점 척도가 일반적으로 가장 좋은 것으로 간주된다. 각각의 질문에 대한 응답은 부호화되어서, 높은 점수는 주제에 대한 강한 찬성을 나타내고 낮은 점수는 그 극단적인 반대를 나타내고 있다. 리커트 척도는 전체 득점과 가장 가깝게 상관된 점수의 항목을 사용하여 구성된다. 즉 척도가 내적 일관성을 가지며, 각 항목은 예측가능성을 가져야 한다. 척도의 최종적 형태가 연구대상인 모집단에 제공된다. (사회학사전, 2000.10.30., 고영복)

96 정답 및 해설 ②

4P믹스

현대 마케팅의 중심 이론에서 경영자가 통제 가능한 요소를 4P라고 하는데, 4P는 제품(product), 유통경로(place), 판매가격(price), 판매촉진(promotion)을 뜻한다.

97 정답 및 해설 ③

프라이비트 브랜드(private brand)

소매업자가 독자적으로 기획해서 발주한 오리지널 제품에 붙인 스토어 브랜드를 두고 일컫는 말이다.

98 정답 및 해설 ②

단수가격전략

소비자의 심리를 고려한 가격 결정법 중 하나로, 제품 가격의 끝자리를 홀수(단수)로 표시하여 소비자로 하여금 제품이 저렴하다는 인식을 심어주어 구매욕을 부추기는 가격전략이다.

개수가격

고급품질 이미지를 통해 구매를 자극하기 위해 한 개당 얼마라는 식의 개수 가격을 설정하는 방식이다.

관습(우세)가격

소비자들이 관습적으로 느끼는 가격으로서 소비자들은 이러한 가격수준을 당연하게 생각하는 경향이 있다. 껌이나 라면 등과 같이 흔하고 대량으로 소비되는 상품의 경우에 많이 적용되며 만약 이 관습가격보다 가격을 인상하는 경우 오히려 매출이 감소하고 가격을 설혹 낮게 설정하더라도 매출은 크게 증가하지 않는 경향을 나타낸다.

99 정답 및 해설 ①

기초광고(generic advertising)

특정상품에 대한 광고가 아니라 생산된 상품의 전체 시장을 확대하기 위한 생산자 단체 또는 전체 산업구성원에 의해 수행되는 광고

100 정답 및 해설 ②

가치사슬(value chain)

가치사슬(value chain)은 기업에서 경쟁전략을 세우기 위해, 자신의 경쟁적 지위를 파악하고 이를 향상시킬 수 있는 지점을 찾기 위해 사용하는 모형이다. 가치사슬의 각 단계에서 가치를 높이는 활동을 어떻게 수행할 것인지 비즈니스 과정이 어떻게 개선될 수 있는지를 조사하여야 한다.

가치사슬 모형을 통해 회사의 상품 및 서비스를 위한 가치의 마진을 분석할 수 있다.

가치사슬 모델의 확장된 범위로서 공급 사슬 관리와, 고객 관계 관리가 포함될 수 있다.

가치사슬 모델의 주요활동은 주요 활동과 지원 활동으로 구분된다.

가치사슬 모형의 이점으로는 최저비용, 운영효율성, 이익마진향상, 공급자와 고객 간의 관계와 같은 경쟁 우위를 준다는 점이다.

마이클 포터의 가치사슬에 따르자면, 모든 조직에서 수행되는 활동은 본원적 활동(primary activity)과 지원활동(support activity)으로 나뉘어 질 수 있다.

2015년 제12회 1차 기출문제 정답 및 해설

01	02	03	04	05	06	07	08	09	10	11	12	13	14	15	16	17	18	19	20
①	②	③	③	①	③	④	②	④	②	④	①	③	없음	③	④	①	④	①	①
21	22	23	24	25	26	27	28	29	30	31	32	33	34	35	36	37	38	39	40
②	④	③	③	②	②	④	②	②	①	③	③	②	①	④	②	④	①	③	④
41	42	43	44	45	46	47	48	49	50	51	52	53	54	55	56	57	58	59	60
③	③	④	④	①	④	②	①	③	②	②	①	①	②	①	①	③	②	③	④
61	62	63	64	65	66	67	68	69	70	71	72	73	74	75	76	77	78	79	80
①	④	③	④	①	④	④	②	②	①	②	①	③	②	④	③	①	④	③	③
81	82	83	84	85	86	87	88	89	90	91	92	93	94	95	96	97	98	99	100
③	②	①	②	①	④	②	②	④	②	②	④	③	②	①	③	②	④	①	②

관계법령

01 정답 및 해설 ①

시행규칙 제46조(이력추적관리의 대상품목 및 등록사항)
② 법 제24조 제1항에 따른 이력추적관리의 등록사항은 다음 각 호와 같다.
1. 생산자(단순가공을 하는 자를 포함한다)
   가. 생산자의 성명, 주소 및 전화번호
   나. 이력추적관리 대상품목명
   다. 재배면적
   라. 생산계획량
   마. 재배지의 주소

02 정답 및 해설 ②

시행규칙 제5조(표준규격의 제정)
③ 제1항에 따른 등급규격은 품목 또는 품종별로 그 특성에 따라 고르기, 크기, 형태, 색깔, 신선도, 건조도, 결점, 숙도(熟度) 및 선별 상태 등에 따라 정한다.

03 정답 및 해설 ③

시행규칙 [별표1] 우수관리인증농산물의 표시
표시방법
가. 크기 : 포장재의 크기에 따라 표지의 크기를 키우거나 줄일 수 있다.
나. 위치 : 포장재 주 표시면의 옆면에 표시하되, 포장재 구조상 옆면에 표시하기 어려울 경우에는 표시위치를 변경할 수 있다.
다. 표지 및 표시사항은 소비자가 쉽게 알아볼 수 있도록 인쇄하거나 스티커로 포장재에서 떨어지지 않도록 부착하여야 한다.

라. 포장하지 않고 낱개로 판매하는 경우나 소포장 등으로 우수관리인증농산물의 표지와 표시사항을 인쇄하거나 부착하기에 부적합한 경우에는 농산물우수관리의 표지만 표시할 수 있다.

마. 수출용의 경우에는 해당 국가의 요구에 따라 표시할 수 있다.

바. 제3호 나목의 표시항목 중 <u>표준규격, 지리적표시</u> 등 다른 규정에 따라 표시하고 있는 사항은 그 표시를 생략할 수 있다.

04 정답 및 해설 ③

법 제25조 1항
이력추적관리 <u>등록의 유효기간은 신청한 날부터 3년으로</u> 한다.

시행규칙 제50조(이력추적관리 등록의 유효기간 등)
법 제25조 제1항 단서에 따라 유효기간을 달리 적용할 유효기간은 다음 각 호의 구분에 따른 범위 내에서 등록기관의 장이 정하여 고시한다.

1. 인삼류 : 5년 이내
2. <u>약용작물류 : 6년 이내</u>

시행규칙 제25조(이력추적관리 등록의 유효기간 등)
③ 제24조 제1항 및 제2항에 따라 이력추적관리의 등록을 한 자가 제1항의 <u>유효기간 내에 해당 품목의 출하를 종료하지 못할 경우에는 농림축산식품부장관의 심사를 받아 이력추적관리 등록의 유효기간을 연장할 수 있다.</u>

시행규칙 제52조(이력추적관리등록의 유효기간 연장)
① 이력추적관리 등록을 받은 자가 법 제25조 제3항에 따라 이력추적관리등록의 <u>유효기간을 연장하려는 경우에는 해당 등록의 유효기간이 끝나기 1개월 전까지</u> 별지 제28호 서식의 농산물이력추적관리 등록 유효기간 연장신청서를 등록기관의 장에게 제출하여야 한다.

05 정답 및 해설 ①

법 제7조(표준규격품의 출하 및 표시방법 등)
① 농림축산식품부장관, 해양수산부장관, 특별시장·광역시장·도지사·특별자치도지사(이하 "시·도지사"라 한다)는 농수산물을 생산, 출하, 유통 또는 판매하는 자에게 표준규격에 따라 생산, 출하, 유통 또는 판매하도록 권장할 수 있다.

06 정답 및 해설 ③

법 제87조(검사판정의 취소)
농림축산식품부장관은 제79조에 따른 검사나 제85조에 따른 재검사를 받은 농산물이 다음 각 호의 어느 하나에 해당하면 검사판정을 취소할 수 있다. 다만, 제1호에 해당하면 검사판정을 취소하여야 한다. 〈개정 2013.3.23.〉

1. 거짓이나 그 밖의 부정한 방법으로 검사를 받은 사실이 확인된 경우
2. 검사 또는 재검사 결과의 표시 또는 검사증명서를 위조하거나 변조한 사실이 확인된 경우
3. <u>검사 또는 재검사를 받은 농산물의 포장이나 내용물을 바꾼 사실이 확인된 경우</u>

07 정답 및 해설 ④

시행령 [별표3] 검사대상 농산물의 종류별 품목
1. 정부가 수매하거나 생산자단체 등이 정부를 대행하여 수매하는 농산물
    가. 곡류 : 벼·겉보리·쌀보리·콩
    나. 특용작물류 : <u>참깨·땅콩</u>
    다. 과실류 : 사과·배·단감·감귤
    라. 채소류 : <u>마늘·고추·양파</u>
    마. 잠사류 : 누에씨·누에고치

2. 정부가 수출·수입하거나 생산자단체등이 정부를 대행하여 수출·수입하는 농산물

    가. 곡류

        1) 조곡(粗穀) : 콩·팥·녹두

        2) 정곡(精穀) : 현미·쌀

    나. 특용작물류 : 참깨·땅콩

    다. 채소류 : 마늘·고추·양파

3. 정부가 수매 또는 수입하여 가공한 농산물

    곡류 : 현미·쌀·보리쌀

08 정답 및 해설 ②

법 제58조(유전자변형농수산물 표시의 조사)

① 식품의약품안전처장은 제56조 및 제57조에 따른 유전자변형농수산물의 표시 여부, 표시사항 및 표시방법 등의 적정성과 그 위반 여부를 확인하기 위하여 대통령령으로 정하는 바에 따라 관계 공무원에게 유전자변형표시 대상 농수산물을 수거하거나 조사하게 하여야 한다. 다만, 농수산물의 유통량이 현저하게 증가하는 시기 등 필요할 때에는 수시로 수거하거나 조사하게 할 수 있다.

09 정답 및 해설 ④

시행규칙 제136조의5(농산물품질관리사 또는 수산물품질관리사의 교육 방법 및 실시기관 등)

② 교육 실시기관이 실시하는 농산물품질관리사 또는 수산물품질관리사 교육에는 다음 각 호의 내용을 포함하여야 한다.

    1. 농산물 또는 수산물의 품질 관리와 유통 관련 법령 및 제도

    2. 농산물 또는 수산물의 등급 판정과 생산 및 수확 후 품질관리기술

    3. 그 밖에 농산물 또는 수산물의 품질 관리 및 유통과 관련된 교육

10 정답 및 해설 ②

법 제120조(벌칙)

다음 각 호의 어느 하나에 해당하는 자는 1년 이하의 징역 또는 1천만원 이하의 벌금에 처한다.

12. 제82조 제7항 또는 제108조 제2항을 위반하여 다른 사람에게 농산물검사관, 농산물품질관리사 또는 수산물품질관리사의 명의를 사용하게 하거나 그 자격증을 빌려준 자

11 정답 및 해설 ④

법 제9조(원산지 표시 등의 위반에 대한 처분 등)

③ 제2항에 따라 공표를 하여야 하는 사항은 다음 각 호와 같다.

    1. 제1항에 따른 처분 내용

    2. 해당 영업소의 명칭

    3. 농수산물의 명칭

    4. 제1항에 따른 처분을 받은 자가 입점하여 판매한 「방송법」 제9조 제5항에 따른 방송채널사용사업자 또는 「전자상거래 등에서의 소비자보호에 관한 법률」 제20조에 따른 통신판매중개업자의 명칭

    5. 그 밖에 처분과 관련된 사항으로서 대통령령으로 정하는 사항

시행령 제7조(원산지 표시 등의 위반에 대한 처분 및 공표)

③ 법 제9조 제3항 제5호에서 "대통령령으로 정하는 사항"이란 다음 각 호의 사항을 말한다.

    1. "「농수산물의 원산지 표시 등에 관한 법률」 위반 사실의 공표"라는 내용의 표제

    2. 영업의 종류

    3. 영업소의 주소(「유통산업발전법」 제2조 제3호에 따른 대규모점포에 입점·판매한 경우 그 대규모점포의 명칭 및 주소를 포함한다)

    4. 농수산물 가공품의 명칭

5. 위반 내용
6. 처분권자 및 처분일

12 정답및해설 ①

법 제32조(지리적표시의 등록)
⑤ 농림축산식품부장관 또는 해양수산부장관은 공고결정을 할 때에는 그 결정 내용을 관보와 인터넷 홈페이지에 공고하고, 공고일부터 2개월간 지리적표시 등록 신청서류 및 그 부속서류를 일반인이 열람할 수 있도록 하여야 한다.
⑥ 누구든지 제5항에 따른 공고일부터 2개월 이내에 이의 사유를 적은 서류와 증거를 첨부하여 농림축산식품부장관 또는 해양수산부장관에게 이의신청을 할 수 있다.

13 정답및해설 ③

법 제35조(지리적표시권의 이전 및 승계)
지리적표시권은 타인에게 이전하거나 승계할 수 없다. 다만, 다음 각 호의 어느 하나에 해당하면 농림축산식품부장관 또는 해양수산부장관의 사전 승인을 받아 이전하거나 승계할 수 있다.
1. 법인 자격으로 등록한 지리적표시권자가 법인명을 개정하거나 합병하는 경우
2. 개인 자격으로 등록한 지리적표시권자가 사망한 경우

14 정답및해설 없음

법 개정으로 인하여 정답 없음

15 정답및해설 ③

시행령 [별표1] 원산지의 표시기준
원산지가 다른 동일 품목을 혼합한 농수산물
1) 국산 농수산물로서 그 생산 등을 한 지역이 각각 다른 동일 품목의 농수산물을 혼합한 경우에는 혼합 비율이 높은 순서로 3개 지역까지의 시·도명 또는 시·군·구명과 그 혼합 비율을 표시하거나 "국산", "국내산" 또는 "연근해산"으로 표시한다.
2) 동일 품목의 국산 농수산물과 국산 외의 농수산물을 혼합한 경우에는 혼합비율이 높은 순서로 3개 국가(지역, 해역 등)까지의 원산지와 그 혼합비율을 표시한다.

16 정답및해설 ④

④ 표준규격품의 생산이 곤란한 사유가 발생한 경우 : 표시정지 1개월
시행령 [별표1] 시정명령 등의 처분기준
표준규격품

위반행위	행정처분 기준		
	1차 위반	2차 위반	3차 위반
1) 법 제5조 제2항에 따른 표준규격품 의무표시사항이 누락된 경우	시정명령	표시정지 1개월	표시정지 3개월
2) 법 제5조 제2항에 따른 표준규격이 아닌 포장재에 표준규격품의 표시를 한 경우	시정명령	표시정지 1개월	표시정지 3개월
3) 법 제5조 제2항에 따른 표준규격품의 생산이 곤란한 사유가 발생한 경우	표시정지 6개월		
4) 법 제29조 제1항을 위반하여 내용물과 다르게 거짓표시나 과장된 표시를 한 경우	표시정지 1개월	표시정지 3개월	표시정지 6개월

우수관리인증품

행정처분 대상	행정처분 기준		
	1차 위반	2차 위반	3차 위반
1) 법 제30조에 따른 조사 등의 결과 우수관리인증농산물이 우수관리기준에 미치지 못한 경우	판매금지		
2) 법 제30조에 따른 조사 등의 결과 법 제6조 제7항에 따른 우수관리인증의 표시방법을 위반한 경우	표시변경	표시제거	판매금지

지리적표시품

위반행위	행정처분 기준		
	1차 위반	2차 위반	3차 위반
1) 법 제32조 제3항 및 제7항에 따른 지리적표시품 생산계획의 이행이 곤란하다고 인정되는 경우	등록 취소		
2) 법 제32조 제7항에 따라 등록된 지리적표시품이 아닌 제품에 지리적표시를 한 경우	등록 취소		
3) 법 제32조 제9항의 지리적표시품이 등록기준에 미치지 못하게 된 경우	표시정지 3개월	등록 취소	
4) 법 제34조 제3항을 위반하여 의무표시사항이 누락된 경우	시정명령	표시정지 1개월	표시정지 3개월
5) 법 제34조 제3항을 위반하여 내용물과 다르게 거짓표시나 과장된 표시를 한 경우	표시정지 1개월	표시정지 3개월	등록 취소

17 정답및해설 ①

① 산지유통인 등록 시 거래보증금은 없다.

법 제38조(수탁의 거부금지 등)

도매시장법인 또는 시장도매인은 그 업무를 수행할 때에 다음 각 호의 어느 하나에 해당하는 경우를 제외하고는 입하된 농수산물의 수탁을 거부·기피하거나 위탁받은 농수산물의 판매를 거부·기피하거나, 거래 관계인에게 부당한 차별대우를 하여서는 아니 된다.

1. 제10조 제2항에 따른 유통명령을 위반하여 출하하는 경우
2. 제30조에 따른 출하자 신고를 하지 아니하고 출하하는 경우
3. 제38조의2에 따른 안전성 검사 결과 그 기준에 미달되는 경우
4. 도매시장 개설자가 업무규정으로 정하는 최소출하량의 기준에 미달되는 경우
5. 그 밖에 환경 개선 및 규격출하 촉진 등을 위하여 대통령령으로 정하는 경우

시행령 제18조의2(수탁을 거부할 수 있는 사유)

법 제38조 제5호에서 "대통령령으로 정하는 경우"란 농림축산식품부장관, 해양수산부장관 또는 도매시장 개설자가 정하여 고시한 품목을 「농수산물 품질관리법」 제5조 제1항에 따른 표준규격에 따라 출하하지 아니한 경우를 말한다.

18 정답및해설 ④

④ 광주광역시 서부 농수산물도매시장은 지방도매시장이다.

시행규칙 제3조(중앙도매시장)

법 제2조 제3호에서 "농수산물도매시장으로서 농림축산식품부령 또는 해양수산부령으로 정하는 것"이란 다음 각 호의 농수산물도매시장을 말한다.

1. 서울특별시 가락동 농수산물도매시장
2. 서울특별시 노량진 수산물도매시장
3. 부산광역시 엄궁동 농산물도매시장

    4. 부산광역시 국제 수산물도매시장
    5. 대구광역시 북부 농수산물도매시장
    6. 인천광역시 구월동 농산물도매시장
    7. 인천광역시 삼산 농산물도매시장
    8. 광주광역시 각화동 농산물도매시장
    9. 대전광역시 오정 농수산물도매시장
    10. 대전광역시 노은 농산물도매시장
    11. 울산광역시 농수산물도매시장

19 정답및해설 ①

시행규칙 제13조(농산물의 수입 추천 등)
② 농림축산식품부장관이 법 제15조 제4항에 따라 비축용 농산물로 수입하거나 생산자단체를 지정하여 수입
  · 판매하게 할 수 있는 품목은 다음 각 호와 같다.
    1. 비축용 농산물로 수입 · 판매하게 할 수 있는 품목 : 고추 · 마늘 · 양파 · 생강 · 참깨
    2. 생산자단체를 지정하여 수입 · 판매하게 할 수 있는 품목 : 오렌지 · 감귤류

20 정답및해설 ①

법 제5조(농림업관측)
② 제1항에 따른 농림업관측에도 불구하고 농림축산식품부장관은 주요 곡물의 수급안정을 위하여 농림축산
  식품부장관이 정하는 주요 곡물에 대한 상시 관측체계의 구축과 국제 곡물수급모형의 개발을 통하여 매년
  주요 곡물 생산 및 수출 국가들의 작황 및 수급 상황 등을 조사 · 분석하는 국제곡물관측을 별도로 실시하
  고 그 결과를 공표하여야 한다.

21 정답및해설 ②

법 제2조(정의) 제8호
"시장도매인"이란 제36조 또는 제48조에 따라 농수산물도매시장 또는 민영농수산물도매시장의 개설자로부
터 지정을 받고 농수산물을 매수 또는 위탁받아 도매하거나 매매를 중개하는 영업을 하는 법인을 말한다.

22 정답및해설 ④

법 제33조(경매 또는 입찰의 방법)
① 도매시장법인은 도매시장에 상장한 농수산물을 수탁된 순위에 따라 경매 또는 입찰의 방법으로 판매하는
  경우에는 최고가격 제시자에게 판매하여야 한다. 다만, 출하자가 서면으로 거래 성립 최저가격을 제시한
  경우에는 그 가격 미만으로 판매하여서는 아니 된다.
② 도매시장 개설자는 효율적인 유통을 위하여 필요한 경우에는 농림축산식품부령 또는 해양수산부령으로
  정하는 바에 따라 대량 입하품, 표준규격품, 예약 출하품 등을 우선적으로 판매하게 할 수 있다.
③ 제1항에 따른 경매 또는 입찰의 방법은 전자식(電子式)을 원칙으로 하되 필요한 경우 농림축산식품부령
  또는 해양수산부령으로 정하는 바에 따라 거수수지식(擧手手指式), 기록식, 서면입찰식 등의 방법으로 할
  수 있다. 이 경우 공개경매를 실현하기 위하여 필요한 경우 농림축산식품부장관, 해양수산부장관 또는 도
  매시장 개설자는 품목별 · 도매시장별로 경매방식을 제한할 수 있다.

23 정답및해설 ③

법 제40조(하역업무)
① 도매시장 개설자는 도매시장에서 하는 하역업무의 효율화를 위하여 하역체제의 개선 및 하역의 기계화
  촉진에 노력하여야 하며, 하역비의 절감으로 출하자의 이익을 보호하기 위하여 필요한 시책을 수립 · 시행
  하여야 한다.

② 도매시장 개설자가 업무규정으로 정하는 규격출하품에 대한 <u>표준하역비(도매시장 안에서 규격출하품을 판매하기 위하여 필수적으로 드는 하역비를 말한다)는 도매시장법인 또는 시장도매인이 부담한다.</u>

③ 농림축산식품부장관 또는 해양수산부장관은 제1항에 따른 하역체제의 개선 및 하역의 기계화와 제2항에 따른 규격출하의 촉진을 위하여 도매시장 개설자에게 필요한 조치를 명할 수 있다.

④ 도매시장법인 또는 시장도매인은 도매시장에서 하는 <u>하역업무에 대하여 하역 전문업체 등과 용역계약을</u> <u>체결할 수 있다.</u>

시행규칙 [별표4] 위반행위별 처분기준(도매시장법인, 시장도매인 또는 도매시장공판장 개설자에 대한 행정 처분)

위반사항	처분기준		
	1차	2차	3차
24) 법 제40조 제2항에 따른 표준하역비의 부담을 이행하지 않은 경우	경고	업무정지 15일	업무정지 1개월

24 정답 및 해설 ③

법 제22조(도매시장의 운영 등)
도매시장 개설자는 도매시장에 그 시설규모·거래액 등을 고려하여 <u>적정 수의 도매시장법인·시장도매인 또는 중도매인을 두어 이를 운영하게 하여야 한다.</u> 다만, 중앙도매시장의 개설자는 농림축산식품부령 또는 해양수산부령으로 정하는 부류에 대하여는 도매시장법인을 두어야 한다.

법 제21조(도매시장의 관리)
① 도매시장 개설자는 소속 공무원으로 구성된 도매시장 관리사무소(이하 "관리사무소"라 한다)를 두거나 「지방공기업법」에 따른 지방공사(이하 "관리공사"라 한다), 제24조의 공공출자법인 또는 한국농수산식품유통공사 중에서 시장관리자를 지정할 수 있다.

② 도매시장 개설자는 관리사무소 또는 시장관리자로 하여금 시설물관리, 거래질서 유지, 유통 종사자에 대한 <u>지도·감독 등에 관한 업무 범위</u>를 정하여 해당 도매시장 또는 그 개설구역에 있는 도매시장의 관리업무를 수행하게 할 수 있다.

25 정답 및 해설 ②

법 제10조(유통협약 및 유통조절명령)
② 농림축산식품부장관 또는 해양수산부장관은 부패하거나 변질되기 쉬운 농수산물로서 농림축산식품부령 또는 해양수산부령으로 정하는 농수산물에 대하여 현저한 수급 불안정을 해소하기 위하여 특히 필요하다고 인정되고 농림축산식품부령 또는 해양수산부령으로 정하는 생산자 등 또는 생산자단체가 요청할 때에는 <u>공정거래위원회와 협의를 거쳐</u> 일정 기간 동안 일정 지역의 해당 농수산물의 생산자 등에게 생산조정 또는 출하조절을 하도록 하는 유통조절명령(이하 "유통명령"이라 한다)을 할 수 있다.

원예작물학

26 정답 및 해설 ②

② 원예의 가치에는 식품적, 경제적 가치와 관상적 가치도 포함된다.

27 정답 및 해설 ④

영양번식의 장점
① 모체와 유전적으로 완정히 동일한 개체를 얻을 수 있다.
② 초기 생장이 좋으며 조기 결과의 효과를 얻을 수 있다.

③ 자가불화합성 또는 교배불친화성인 과수품목에 유용하다.
④ 종자번식이 불가능한 마늘·무화과·바나나·감귤류 등의 유일한 번식방법이다.
⑤ 화목류의 경우 개화까지의 기간을 단축할 수 있다.
⑥ 병충해 및 저항성을 증진 시킬 수 있다.
영양번식의 단점
① 바이러스에 감염되면 제거가 불가능하다.
② 종자번식 작물에 비해 취급·저장·수송이 어렵다.
③ 증식률이 낮다.

28 정답및해설 ②
종자의 배가 생장하여 어린 뿌리와 싹이 종피를 뚫고 나오는 것으로, 온도·수분·산소가 적당해야 하고, 때로는 광조건이 필요하다.
① 아브시스산 : 식물의 생장을 억제하고 환경 스트레스에 대한 식물의 반응에 관여하며, 식물종자의 휴면을 유기하는 호르몬으로 ABA(abscisic acid)는 휴면개시와 함께 증가한다.
④ 경실(硬實)의 휴면타파법 : 질산염처리, 건열·습열·고압처리, 층적법, 진한 황산처리, 종피부상법 등

29 정답및해설 ②
식물공장은 인공광을 사용하므로 에너지가 많이 소비된다.

30 정답및해설 ①
염류집적
① 지표수, 지하수 및 모재 중에 함유된 염분이 강한 증발 작용 하에서 토양 모세관수의 수직과 수평 이동을 통하여 점차적으로 지표에 집적되는 과정이다.
② 건조 및 반 건조 기후 지대에서 많이 일어나며 시설 하우스와 같이 폐쇄된 환경 또는 과잉 시비된 토양에서 일어나기도 한다.
③ 염류집적을 방지하는 방법 : 연작재배를 지양하며 담수처리, 객토 및 유기비료를 시용하거나 제염작물(옥수수, 수수, 피, 귀리, 호밀 등)을 단기 재배한다.

31 정답및해설 ③
토마토 착과제 : 토마토톤(4-CPA), 지베렐린(GA), 토마토란(cloxyfonac) 등
아브시스산은 종자의 휴면에 관여하는 생장억제 호르몬이다.

32 정답및해설 ③
③ 이산화탄소가 일정량 증가하면 더 이상 광합성이 증가하지 않는다.
• 광합성 : 식물이 빛 에너지를 이용하여 양분을 스스로 만드는 과정으로, 물과 이산화탄소를 재료로 포도당과 산소를 생성한다.
• 광포화점 : 광도가 계속 증대되어 어느 한계에 도달하게 되면 광도가 더 증대되어도 더 이상 광합성이 증가하지 않는 시점의 광도(수박과 토마토에 비해 상추의 광포화점이 낮다.)
• 광보상점 : 광합성 과정에서 식물에 의한 이산화탄소의 흡수량과 방출량이 같아져서 식물체가 외부 공기 중에서 실질적으로 흡수하는 이산화탄소의 양이 0이 되는 광의 강도

33 정답및해설 ②
가지과 : 가지, 고추, 토마토, 감자, 파프리카, 피망, 담배, 피튜니아 등

34 정답및해설 ①
• 유배유 종자 : 벼, 보리, 옥수수, 감 등

• 무배유 종자 : 콩, 팥, 호박, 수박, 무, 상추, 국화 등

35 정답및해설 ④

① 캡사이신(capsaicin) : 고추
② 라이코펜(lycopene) : 토마토
③ 아미그달린(amygdalin) : 살구, 복숭아, 포도, 앵두의 씨에서 존재
④ 케르세틴(quercetin) : 양파

36 정답및해설 ②

오이 : 장일조건에서 수꽃이, 단일조건에서 암꽃이 많아진다.
일계성 딸기(겨울 딸기), 사계성 딸기(여름 딸기)

37 정답및해설 ④

해충의 천적

해충	천적	해충	천적
목화, 복숭아 진딧물	콜레마니진디벌 진디혹파리	총채벌레	애꽃노린재
감자수염진딧물	무당벌레, 진디혹파리	아메리카잎굴파리	곤충병원성 선충
점박이응애	칠레이리응애	파밤나방, 담배나방	
온실가루이	온실가루이좀벌	작은뿌리파리, 버섯파리	

38 정답및해설 ①

화훼작물류 구근 기관
• 덩이줄기(괴경) : 아네모네, 칼라, 칼라디움 등
• 인경류 : 아마릴리스, 히야신스, 수선, 튜울립 등
• 뿌리줄기(근경) : 아이리스, 다알리아, 꽃창포 등
• 알줄기(구경) : 토란, 글라디올러스, 수선화, 천남성, 프리지아, 크로커스 등

39 정답및해설 ③

피트모스 : 이탄토, 습지, 늪 등에 수생식물류 및 그 밖의 것이 다소 부식화되어 쌓인 유기물질

40 정답및해설 ④

파클로부트라졸(paclobutrazol) : 농약 성분으로 식물체 내 지베렐린 생합성을 저해하는 생장억제제재

41 정답및해설 ③

• 뿌리혹선충 : 뿌리, 줄기, 잎에 기생하며 다양한 크기로 형태가 일정하지 않은 회색 또는 유백색의 뿌리혹이 많이 생기고 후에 이것이 갈색이 되면서 썩는다. 피해식물은 생장불량이 되고 잎은 작아져 황색으로 변하고 시들어서 말라 죽는다.
• 깍지벌레 : 잎의 뒷면에 잎맥을 따라 즙액을 빨아먹는다.
• 담배거세미나방 : 배추, 콩, 무, 감자, 딸기 등 채소류와 장미, 카네이션 등 화훼류 등 약 40과 100종 이상의 식물을 가해한다.

42 정답및해설 ③

일반적으로 수국은 중성 토양에서 하얀색을 띤다. 그런데 꽃에 포함된 안토사이아닌 색소가 알루미늄 이온과 반응하여 꽃의 색깔이 산성 흙에서는 푸른색을 나타내고, 염기성 흙에서는 붉은색을 띤다.

43 정답및해설 ④

항굴지성 : 식물이 중력과 반대되는 방향으로 구부러지는 현상. 금어초, 델피니움, 트리토마, 글라디올러스, 스토크, 루피너스 등이 항굴지성에 매우 민감하여 반드시 바로 세워진 상태로 운반해야 한다.

44 정답및해설 ③

안스리움 : 최저 18℃, 최고 28℃로 생육적온은 25℃이며, 15℃ 이하의 저온에서 하엽이 황변한다.

45 정답및해설 ①

- 각과류(견과류) : 딱딱한 껍데기와 마른 껍질 속에 씨앗 속살만 들어가 있는 열매 또는 씨앗 등의 부류. 밤, 호두, 아몬드, 개암 등
- 복숭아 : 진과(씨방이 발육하여 열매로 자란 것), 핵과류, 씨방중위과
- 배 : 위과, 인과류, 씨방하위과(씨방이 수술, 꽃잎. 꽃받침의 아래쪽에 붙어 발달한 과실)

46 정답및해설 ③

- 진과 : 씨방이 발육하여 열매로 자란 것(호박, 복숭아, 감귤, 포도, 복숭아, 감 등)
- 위과 : 씨방 이외의 부분(꽃받기 등)이 발육하여 과실로 자란 것(사과, 배, 딸기, 오이, 무화과 등)

47 정답및해설 ②

꽃떨이 현상 : 꽃이 핀 후, 포도알이 정상적으로 달리지 않고 드문드문 달리거나 무핵 포도알이 많이 달리는 것을 말한다.

48 정답및해설 ①

초생법 : 과수작물 재배 시 풀을 제거하지 않고 함께 재배하는 방식
초생법의 장단점

장점	단점
1. 지력유지 2. 토양침식 억제 3. 지온의 유지 4. 토양의 입단화 촉진	1. 양・수분의 경합 2. 병충해의 잠복장소 제공 3. 저온기에 지온상승이 어렵다.

49 정답및해설 ③

해마다 결실량을 늘리면 꽃눈분화가 어려워 진다.

50 정답및해설 ②

고두병 : 사과의 과실 표면에 반점이나 변색이 나타나는 생리적 장해. 칼슘 부족이 원인이며, 반점이 나타난 부위는 쓴맛이 난다. 강전정, 과다 시비한 나무로부터 생산된 대과에서 많이 발생한다.

수확 후 품질관리론

51 정답및해설 ②

CA 저장고 필수 장치
① 가스분석기
② 에틸렌 제거장치

③ 질소발생기
④ 탄산가스흡수기
⑤ 산소와 이산화탄소 조절기

52 정답 및 해설 ①

열풍건조를 하면 작물의 증산량이 증가하고 수분함량이 감소하게 되고, 원예산물의 영양성분 및 비타민 등이
파괴되어 상품성을 잃을 수 있다.

53 정답 및 해설 ①

저장적온	원예산물
동결점~0℃	브로콜리, 당근, 시금치, 상추, 마늘, 양파, 셀러리 등
0~2℃	아스파라거스, 사과, 배, 복숭아, 포도, 매실, 단감 등
3~6℃	감귤 ,망고 등
7~13℃	바나나, 오이, 가지, 수박, 애호박, 감자, 토마토 등
13℃ 이상	고구마, 생강, 미숙 토마토 등

54 정답 및 해설 ②

① 원판선별기 : 수확한 서류, 구근류채소 등의 흙이나 먼지를 제거하는 선별기
② 롤러선별기 : 롤러 사이의 간격에 따라 농산물을 크기별로 선별하는 기계
③ 광학선별기 : 수확된 과실의 숙도, 색깔, 크기에 등급 판별에 이용되는 선별기
④ 스펙트럼선별기 : 빛을 프리즘 등의 도구로 색깔에 따라 분해하여 색상을 구별

55 정답 및 해설 ①

냉동사이클 : 액체 상태의 냉매가 팽창 밸브에서 유량이 조정되면서 증발기로 분사되면 급속히 팽창하여 기
화하고, 증발기 주위로부터 열을 흡수하여 용기 속을 냉각한다. 기체로 된 냉매는 다시 압축기로 돌아와서
압축되어 액체 상태가 된다. 이와 같이 반복되는 압축, 응축, 팽창, 기화의 네 단계 변화를 냉동 사이클이라고
한다.

56 정답 및 해설 ①

진공포장 시 채소에서 발생하는 이산화탄소의 농도가 많아지면 이취가 발생한다.

57 정답 및 해설 ③

예냉속도는 빠르고 엽채류에 효과적이다.
진공냉각방식
① 증발잠열을 이용한 냉각시설이다.
  * 기화열 또는 증발잠열(蒸發潛熱) : 액체가 기화하여 기체로 될 때 흡수하는 열을 말하며, 증발열이 큰
    물질일수록 주변의 열을 많이 흡수한다.
② 진공식 예냉은 원예산물의 주변 압력을 낮춰서 산물의 수분 증발을 촉진시켜 증발잠열을 빼앗아 단시간에
  냉각하는 방법이다.
③ 진공조, 진공펌프, 콜드트랩, 냉동기, 제어장치로 구성된다.
④ 엽채류의 냉각속도는 빠르지만 토마토, 피망 등에는 부적절하다.
⑤ 동일품목에서도 크기에 따라 냉각속도가 달라진다.
⑥ 냉각속도가 서로 다른 품목의 예냉 시 위조현상 또는 동해가 발생할 수 있다.

58 정답및해설 ②

습식세척법

세척수를 이용한 침지 세척	수확물을 물에 담궈서 침전을 이용하여 세척하는 방법
분무에 의한 세척	고압의 분무세척기를 사용하여 수확물에 붙어 있거나 섞여 있는 이물질을 제거하는 방법
부유에 의한 세척	수확물과 수확물에 붙어 있는 이물질의 비중을 이용하여 양 물질의 부력을 이용한 이물질 제거 방법
초음파를 이용한 세척	초음파를 활용하여 세척수에 담근 상태에서 이물질 제거

59 정답및해설 ③

미생물 제거를 위한 염소세척(차아염소산나트륨) 농도는 100~200ppm 정도이다.

60 정답및해설 ④

유기염소계 살충제는 오랫동안 토양에 잔류하여 DDT의 경우 만성독성으로 사용이 금지되어 있다.

61 정답및해설 ①

HACCP이란 식품의 원재료 생산에서부터 최종소비자가 섭취하기 전까지 각 단계에서 생물학적, 화학적, 물리적 위해요소가 해당식품에 혼입되거나 오염되는 것을 방지하기 위한 위생관리 시스템이다.
HACCP의 7원칙

제1원칙	위해요소(HA)분석
제2원칙	중요관리점(CCP) 결정
제3원칙	CCP 한계기준 설정
제4원칙	CCP 모니터링 체계 확립
제5원칙	개선조치방법 수립
제6원칙	검증절차 및 방법 수립
제7원칙	문서화, 기록 유지 설정

62 정답및해설 ④

GMO 표시대상 농산물(7종)
대두, 옥수수, 면화, 카놀라, 사탕무, 알파파, 감자

63 정답및해설 ③

저온 저장고의 적재용적률은 70~80%로 한다.
국내의 표준화된 팰릿규격
11형(1,100mm × 1,100mm), 12형(1,200mm × 1,000mm)

64 정답및해설 ④

농산물 독성 물질

작물	독성물질	작물	독성물질
오이	쿠쿠비타신	배추, 무	글루코시놀레이트
상추	락투시린	옥수수, 땅콩, 보리	아플라톡신

근대, 토란	수산염	밀, 옥수수	오클라톡신
감자	솔라닌	옥수수, 맥류	제랄레논
고구마	이포메아마론	사과쥬스	파튤린
병든 작물	진독균, 독소	수수	청산
제초제 합성물	파라쿼트	복숭아, 살구씨, 청매실	아미그달린
면실유	고시폴	독버섯	아마니타톡신

65 정답및해설 ①

① 시트르산(citric acid) : 구연산
② 클로로필(chlorophyll) : 녹색
③ 플라보노이드(flavonoid) : 붉은색(안토시아닌), 노란색(플라본)
④ 카로티노이드(carotenoid) : 노랑색에서 주황색

66 정답및해설 ④

채소류 영양학적 성분
섬유소, 무기원소(Na, K, Ca, Fe, P 등), 틴수화물, 비타민 등

67 정답및해설 ④

• 사과 밀증상 : 수확 시기가 늦거나 햇빛에 과다 노출되어 과숙하게 되면 포도당이 솔비톨 형태로 변하여 나타나는 증상
• 원예산물의 저온장해 : 사과(과육변색), 토마토・고추(함몰), 바나나(과피변색), 참외(수침)

68 정답및해설 ②

후숙 과일 : 바나나, 망고, 키위, 무화과, 멜론, 감귤, 토마토, 복숭아 등

69 정답및해설 ②

• 생리적 성숙단계 수확 : 애호박, 오이, 가지 등
• 원예적 성숙단계 수확 : 사과, 수박, 참외, 양파, 감자 등

70 정답및해설 ①

토마토의 녹숙기에서 적숙기 이행 과정에서 변화
환원당 증가, 유기산 감소, 호흡상승, 연화(세포벽의 펙틴질과 셀룰로오스 분해)

71 정답및해설 ③

증산작용 : 원예산물이 함유하고 있는 수분이 발산되는 현상을 작물의 중량 감소, 위조, 에틸렌 생성(노화 진행), 세포막의 구조 변형 등이 일어난다.

72 정답및해설 ③

과실별 수확적기 판정지표

과실종류	판정지표	과실종류	판정지표
사과	전분함량	복숭아, 참다래	당도
밀감류	주스함량 착색정도	사과, 배	개화 후 경과일수

감	떫은 맛	사과, 멜론류, 감	이층발달
배추, 양배추	결구상태	사과, 배	내부 에틸렌 농도
밀감, 멜론, 키위	산함량	사과, 배, 옥수수	누적온도(적산온도)

- 이층(離層) – 잎이나 꽃잎, 과실 등이 식물의 몸에서 떨어져 나갈 때, 연결되었던 부분에 생기는 특별한 세포층

73 정답 및 해설 ②

② MA 저장은 에틸렌 발생을 억제한다.
   * 에틸렌 발생 : 대부분의 원예산물은 수확 후 노화진행이나 숙성 중에 에틸렌이 생성되고, 옥신처리, 스트레스, 상처 등에 의해서도 발생한다.

에틸렌 작용
① 과일의 후숙과 연화 촉진
② 신선채소의 노화 촉진
③ 수확한 채소의 연화 촉진
④ 상추의 갈색반점
⑤ 이층형성을 촉진하여 낙엽 발생
⑥ 과일이나 구근의 생리적 장해 유발
⑦ 절화의 노화 촉진
⑧ 분재식물의 조기 낙엽 촉진
⑨ 엽록소 함유 엽채류의 황화현상과 잎의 탈리현상 촉진
⑩ 조기 경도 약화 유발
⑪ 줄기채소류(아스파라거스)의 섬유질화와 줄기의 경화현상 유발
   - 에틸렌 처리에 의한 후숙 : 바나나, 떫은감, 키위 등
   - 에틸렌 증상 : 결구상추(중륵반점), 브로콜리(황화), 카네이션(꽃잎말림)
      * 중륵 : 엽신의 중앙기부에서 끝을 향해 있는 커다란 맥

에틸렌 제거
① 흡착식, 자외선파괴식, 촉배분해식
② 저장고 내 흡착제 : 과망간산칼륨, 목탄, 활성탄, 오존, 자외선 등
   ※ $KMnO_4$: 에틸렌의 이중결합을 깨트려 산화시켜서 에틸렌을 흡착·제거
   ※ 에틸렌 합성 저해제로는 AVG와 AOA 등이 있다. 이들은 AdoMet가 ACC로 전환되는 것을 차단한다.
③ 1-MCP
   – 식물체의 에틸렌 결합 부위를 차단하는 작용
   – 과실의 연화나 식물의 노화를 감소시켜 수확 후 저장성을 향상
   – 1,000ppm의 농도로 12~24시간 처리 : 과일과 채소류의 저장성과 품질 향상
④ 기타 에틸렌 발생 억제제
   STS(티오황산), NBA, ethanol, 6% 이하의 저농도 산소

74 정답 및 해설 ④

호흡속도 낮음 : 양파, 사과, 감귤, 포도, 키위, 감자
원예 생산물별 호흡속도
① 복숭아 > 배 > 감 > 사과 > 포도 > 키위
② 브로콜리 > 딸기 > 완두 > 시금치 > 당근 > 오이 > 토마토 > 무 > 수박 > 양파

75 정답 및 해설 ③

- 에틸렌 억제제 : STS(티오황산), 1-MCP, 에탄올

- 에틸렌 제거제 : 과망간산칼륨
- 에틸렌 흡착제 : 제올라이트, 목탄, 활성탄, 오존, 자외선 등
- 에틸렌 합성 저해 : AdoMet가 ACC로 전환되는 것을 차단하는 AVG, AOA 등

농산물유통론

76 정답및해설 ①

형태효용 : 가공(산물의 형태가 변화)

77 정답및해설 ④

직거래 : 생산자와 소비자가 중간 상인의 경유 없이 직접 거래하는 방식

78 정답및해설 ③

농지구입은 유통활동 중 생산활동에 포함되지 않는다.

79 정답및해설 ③

유통조성 : 유통활동 중 소유권이전기능과 물류기능을 보조하는 기능
포장은 물류기능이지만 포장업체는 물류기능을 보조하는 기관이다.

80 정답및해설 ③

① 정률제 상장수수료는 대량출하자에게 불리하다.
② 출하물량 조달은 상장 당일 즉시적으로 이뤄진다.
③ 도매시장의 경매를 통하여 가격이 결정되고 당일 중에 공시된다.
④ 도매시장의 가격 결정 : 경매, 입찰, 정가매매 또는 수의매매(隨意賣買)

81 정답및해설 ③

- 고위보전식품 : 양질의 단백질·비타민·미네랄 등이 풍부하고, 건강을 증진시키는 데 필요한 식품. 우유·달걀·고기·생선·채소·과실 등
- 저위보전식품 : 에너지의 보급을 주로 하며 건강증진에 별로 효과가 없는 식품군, 즉 칼로리 식품군을 저위보전식품(低位保全食品)이라 하며, 곡류(穀類)·서류(薯類) 등
- 에스닉푸드(ethnic food) : 이국적인 느낌이 나는 제3세계의 민족 고유한 전통 음식
- 가정대체식(HMR ; Home Meal Replacement) : 단시간에 간편하게 조리하여 먹을 수 있는 가정 대체식
- 신선편이식품 : 신선한 상태로 다듬거나 절단되어 세척과정을 거친 과일, 채소, 나물, 버섯류로 본래의 식품적 특성을 갖고 있으며 위생적으로 포장되어 있어 편리하게 이용할 수 있는 식품

82 정답및해설 ②

SWOT 분석은 내부환경 및 외부 환경 요소를 바탕으로 현재 상황을 분석하는 마케팅 방법이다. 농산물 수입개방은 기업 외부적 환경이다.
- 기업 내부적 환경 : S(강점, Strength), W(약점, Weakness)
- 기업 외부적 환경 : O(기회, Opportunity), T(위협, Threat)

83 정답및해설 ①

산지유통 : 농산물이 생산되는 곳에서 이뤄지는 상품화, 저장, 공급량의 조절, 산지가공 등 물적유통기능이다.
원산지표시기능은 정보제공으로 유통조성기능에 해당하고, 원산지표시가 산지에서만 이뤄지는 것은 아니다.

84 정답및해설 ②

- 공동계산제 : 생산자들이 조직을 결성하여 공동수집, 공동수송, 공동판매 등을 통하여 물류비용을 낮추고 영세한 생산자의 약점을 규모의 경제로서 극복하려는 것

공동판매의 장점
① 우량품의 생산지도와 브랜드화, 조직력을 통한 집하(集荷)
　→ 출하조절 가능, 시장교섭력 증대, 노동력의 절감
② 계통융자의 편의
③ 집하 창고의 정비와 근대화
④ 수송체제의 정비
⑤ 평균판매에 의한 가격변동의 일원화 – 가격위험의 분산
⑥ 정보망의 정비
⑦ 금후의 농정기능(農政機能)의 증대 등

공동판매의 단점
① 판매가격 결정의 합의제 → 신속성의 결여
② 대금결제의 지연(자금유동성 약화)
③ 풀 계산과 특종품 경시(特種品輕視), 개별생산자의 개성 무시
④ 사무절차의 복잡 등

85 정답및해설 ①

② 유통경로의 다변화(다양화)
③ 수입농산물의 증가 → 국산농산물의 가격 하락
④ 산지와 대형유통업체간 수직적 통합 강화 : 대형유통업체의 계약생산, 계약재배

86 정답및해설 ④

카테고리 킬러 : 백화점이나 슈퍼마켓 등과 달리 상품 분야별로 전문매장을 특화해 상품을 판매하는 소매점 (가전제품, 카메라, 완구류, 전문점 등)

87 정답및해설 ②

도매상의 기능
- 생산자를 위한 기능 : 시장 확대, 재고유지, 주문 처리, 시장정보 제공 등
- 소매상을 위한 기능 : 구색 제공, 소량분할, 신용 및 금융, 기술지원 등

88 정답및해설 ②

브랜드 충성도 : 소비자가 특정 브랜드에 가지는 선호도나 애착(소비자 선택 기준)

89 정답및해설 ④

시장정보의 제공은 유통업자의 합리적인 의사결정을 지원한다. 유통정보가 모든 유통업자에게 공정하게 전달된다고 가정하면 특정 유통업자에게 독점적으로 정보가 전달되는 것과 비교할 때 유통업자간 경쟁은 증가한다.

90 정답및해설 ②

② 실험조사 : 신제품에 대한 광고시안을 몇 개의 소비자 집단에 보여주고 그 중에서 소비자의 선호정도 및 기억정도가 가장 높은 광고를 선정하고자 할 때 적합한 마케팅조사방법이다.
① 델파이법 : 사회과학의 조사방법 중 정리된 자료가 별로 없고 통계모형을 통한 분석을 하기 어려울 때 관련 전문가들을 모아 의견을 구하고 종합적인 방향을 전망해 보는 기법으로 미래 과학기술 방향을 예측

하거나 신제품 수요예측을 위한 사회과학 분야의 대표적인 분석방법 중 하나이다. 동일한 전문가 집단에게 수차례 설문조사를 실시하여 집단의 의견을 종합하고 정리하는 연구 기법이다.

③ 심층면접법 : 1명의 응답자와 일대일 면접을 통해 소비자의 심리를 파악하는 조사법이다.

④ 표적집단면접법 : 면접진행자가 소수(6~12인)의 응답자들을 한 장소에 모이게 한 후, 자연스러운 분위기 속에서 조사목적과 관련된 대화를 유도하고 응답자들이 의견을 표시하는 과정을 통해서 자료를 수집하는 조사방법이다.

91 정답및해설 ②

① 성숙기 : 비용 절감 및 시장점유율 유지
② 성장기 : 신뢰도 상승 및 매출 증대
③ 도입기 : 제품인지도 상승 및 시험구매 유도
④ 성숙기 : 시장점유율 최대화

제품수명주기의 특징

도입기	ⓐ 일반적으로 상당기간 지속되며 완만하거나 평탄한 성장률 ⓑ 이익은 최저 또는 마이너스 ⓒ 유통과 촉진에 매출액의 대부분 할당(인지도증진, 사용유도, 유통판촉 등)
성장기	ⓐ 본격적으로 판매가 증가하는 단계 ⓑ 혁신자나 조기수용자들의 적극적 재구매 단계 ⓒ 바이럴 마케팅 [viral marketing] 의 효과가 본격적으로 발휘되는 단계 ⓓ 손익분기점을 탈피하여 본격적으로 이익이 증대되는 단계 ⓔ 촉진의 효과가 대단위 생산량에 의해 분산되면서 제조원가가 하락하고 이익이 급속히 증가하는 단계
성숙기	ⓐ 소비자가 인지하는 대다수 제품은 수명주기상 성숙기에 위치 ⓑ 성장율(매출) 곡선이 둔화되기 시작하는 시점 ⓒ 성장성숙기 → 안정성숙기 → 쇠퇴성숙기로 구분 ⓓ 보통 장기간 지속되는 특징 (완만한 곡선으로) ⓔ 마케팅관리도 대부분 성숙기에 집중 ⓕ 소수의 대기업 및 틈새기업이 시장을 지배
쇠퇴기	ⓐ 기술변화, 소비자 기호변화, 경쟁의 격화로 인한 기업의 피로도 증가 ⓑ 성장곡선은(증가율)은 (−)로 떨어짐 ⓒ 대체해야 할 신제품 출시시점의 지연 등으로 여러 가지 불이익 동반 ⓓ 고객요구수용, 가격조정, 재고조정 등으로 인한 비생산적 업무시간 및 정력 소모

92 정답및해설 ④

소비자대상 판매촉진 전략

비가격 경쟁	프리미엄(경품), 샘플 제공, 콘테스트, 추첨, 시연회, 마일리지 등
가격 경쟁	가격할인, 할인쿠폰, 리베이트 등

93 정답및해설 ③

① 거래비용을 감소시킨다.
② 시장교섭력이 증가한다.
③ 상인의 초과이윤을 억제한다.
  (협동조합이 시장 내에서 가격결정자로 기능함에 따라 상인의 불합리한 고가격을 견제함)
④ 생산자의 수취가격을 높여준다.

94 정답및해설 ②

유통마진은 상품의 유통과정에서 수행되는 모든 경제활동에 수반되는 일체의 비용으로 인건비, 물류비는 물론 제세 공과금 및 감가상각비(감모비) 등도 포함되며, 일반적으로 유통마진은 크게 유통비용과 유통이윤으로 구성된다.

- 총유통마진 = 농가수취가격2,500 – 소비자지불가격5,000 = 2,500원
- 총유통마진율 = $\dfrac{\text{소비자최종지불가격5,000} - \text{농가최초수취가격2,500}}{\text{소비자최종지불가격5,000}} \times 100 = 50\%$

95 정답및해설 ①

농산물 선물거래의 조건
① 품목은 절대 거래량이 많고 생산 및 수요의 잠재력이 커야 한다.
② 장기간 저장이 가능하여야 한다.
③ 가격등락폭이 큰 농산물이어야 한다.
④ 농산물에 대한 가격정보가 투자자에게 제공될 수 있어야 한다.
⑤ 대량 생산자와 대량의 수요자 및 전문취급상이 많은 품목이어야 한다.
⑥ 표준규격화가 용이하고 등급이 단순한 품목으로서 품위측정의 객관성이 높아야 한다.
⑦ 국제거래장벽과 정부의 통제가 없어야 한다.

96 정답및해설 ③

용도의 다양성 : 동일한 농산물이라 하더라도 식용, 공업용 원료, 사료용 등 그 용도가 다양하다. 출하시기나 수요처에 따라 품목의 대체가 가능하다. 이는 수확기의 상품가격 예측을 어렵게 만드는 원인이 된다.
농산물 특성
① 계절적 편재성
② 부피와 중량성
③ 부패성
④ 용도의 다양성
⑤ 수요와 공급의 비탄력성
⑥ 유통경로의 복잡성

97 정답및해설 ②

② 거래할인 : 제조업자가 거래처인 도소매상에게 자신의 마케팅 업무를 대신 수행한 대가로 상품 가격을 할인하여 주는 일
① 현금할인 : 중간상인이 제조업자에게 현금 결제를 하는 경우 판매대금의 일부를 할인해 주는 것
③ 리베이트 : 판매자가 지불액의 일부를 구입자에게 환불하는 행위. 우선 일단 정해진 금액을 사업자에게 전액 지급한 후 그중 일부를 다시 사업자로부터 되돌려받는 경우와 다른 하나는 아예 처음부터 정해진 금액에서 일정 금액을 깎아 사업자에게 지불하는 것이다.
④ 수량할인 : 소비업자 등이 대량매입할 때 생산자 등이 그 수량에 따라 할인을 하는 것

98 정답및해설 ④

고선종축(P)함수로 변환 : 수요함수 P = 10 – Q, 공급함수 P = –1/2 + 1/2Q
문제 조건의 기울기와 탄력성(기울기와 탄력성은 역의 관계)
공급곡선의 기울기(1/2) < 수요곡선의 기울기(1)
공급공선의 탄력성 > 수요곡선의 탄력성

거미집 이론
① 균형가격으로 수렴
   공급곡선의 탄력성 < 수요곡선의 탄력성(공급곡선의 기울기 > 수요곡선의 기울기)
② 일정한 폭으로 진동
   공급곡선의 탄력성 = 수요곡선의 탄력성(공급곡선의 기울기 = 수요곡선의 기울기)
④ 현재가격으로부터 발산
   공급곡선의 탄력성 > 수요곡선의 탄력성(공급곡선의 기울기 < 수요곡선의 기울기)

99 정답및해설 ①

라인확장전략 (Line expansion strategy)
기존에 존재하던 브랜드 제품 카테고리, 또는 범주 내에서 새로운 맛, 새로운 패키지, 새로운 색상, 새로운
원료 등과 같은 부가적인 요소를 투입/도입하여 신제품을 출시하고, 기존의 브랜드명을 그대로 사용하는 것
(예 신라면 출하 후 신라면 블랙 출시)

100 정답및해설 ②

• 계통출하 : 농협 등 기존의 유통조직을 통해 출하하는 것
• 개별출하 : 생산자가 중간 유통단계(중간 상인)를 거치지 아니하고 직접 출하하는 형태

2014년 제11회 1차 기출문제
정답 및 해설

01	02	03	04	05	06	07	08	09	10	11	12	13	14	15	16	17	18	19	20
②	③	④	③	③	④	②	④	④	③	④	③	①	②	①	③	②	③	②	②
21	22	23	24	25	26	27	28	29	30	31	32	33	34	35	36	37	38	39	40
④	②	①	①	①	①	④	③	①	③	④	①	①	④	③	③	②	③	②	④
41	42	43	44	45	46	47	48	49	50	51	52	53	54	55	56	57	58	59	60
④	②	①	③	④	②	④	②	①	②	②	①	①	③	②	④	②	①	③	①
61	62	63	64	65	66	67	68	69	70	71	72	73	74	75	76	77	78	79	80
③	④	③	③	②	②	①	②	③	④	④	②	③	①	①	③	④	④	④	③
81	82	83	84	85	86	87	88	89	90	91	92	93	94	95	96	97	98	99	100
②	③	①	①	④	④	①	③	④	①	②	③	①	④	③	②	①	③	①	②

관계법령

01 정답및해설 ②

법 제2조(정의)
"이력추적관리"란 농수산물(축산물은 제외한다)의 안전성 등에 문제가 발생할 경우 해당 농수산물을 추적하여 원인을 규명하고 필요한 조치를 할 수 있도록 농수산물의 생산단계부터 판매단계까지 각 단계별로 정보를 기록·관리하는 것을 말한다.

02 정답및해설 ③

시행규칙 [별표4] 영업소 및 지단급식소의 원산지 표시방법
3. 원산지 표시대상별 표시방법
　　가. 축산물의 원산지 표시방법 : 축산물의 원산지는 국내산(국산)과 외국산으로 구분하고, 다음의 구분에 따라 표시한다.
　　　　1) 쇠고기
　　　　　　가) 국내산(국산)의 경우 "국산"이나 "국내산"으로 표시하고, 식육의 종류를 한우, 젖소, 육우로 구분하여 표시한다. 다만, 수입한 소를 국내에서 6개월 이상 사육한 후 국내산(국산)으로 유통하는 경우에는 "국산"이나 "국내산"으로 표시하되, 괄호 안에 식육의 종류 및 출생국가명을 함께 표시한다.
　　　　　　예 소갈비(쇠고기 : 국내산 한우), 등심(쇠고기 : 국내산 육우), 소갈비(쇠고기 : 국내산 육우(출생국 : 호주))
　　　　　　나) 외국산의 경우에는 해당 국가명을 표시한다.
　　　　　　예 소갈비(쇠고기 : 미국산)
　　　　2) 돼지고기, 닭고기, 오리고기 및 양고기(염소 등 산양 포함)
　　　　　　가) 국내산(국산)의 경우 "국산"이나 "국내산"으로 표시한다. 다만, 수입한 돼지 또는 양을 국내에서

PART 02

2개월 이상 사육한 후 국내산(국산)으로 유통하거나, 수입한 닭 또는 오리를 국내에서 1개월 이상 사육한 후 국내산(국산)으로 유통하는 경우에는 "국산"이나 "국내산"으로 표시하되, 괄호 안에 출생국가명을 함께 표시한다.

> **예** 삼겹살(돼지고기 : 국내산), 삼계탕(닭고기 : 국내산), 훈제오리(오리고기 : 국내산), 삼겹살(돼지고기 : 국내산(출생국 : 덴마크)), 삼계탕(닭고기 : 국내산(출생국 : 프랑스)), 훈제오리(오리고기 : 국내산(출생국 : 중국))

나) 외국산의 경우 해당 국가명을 표시한다.

> **예** 삼겹살(돼지고기 : 덴마크산), 염소탕(염소고기 : 호주산), 삼계탕(닭고기 : 중국산), 훈제오리(오리고기 : 중국산)

03 정답및해설 ④

법 제8조(영수증 등의 비치)
제5조 제3항에 따라 원산지를 표시하여야 하는 자는 「축산물 위생관리법」 제31조나 「가축 및 축산물 이력관리에 관한 법률」 제18조 등 다른 법률에 따라 발급받은 원산지 등이 기재된 영수증이나 거래명세서 등을 매입일부터 6개월간 비치·보관하여야 한다.

04 정답및해설 ③

시행령 [별표2] 과태료의 부과기준

위반행위	과태료			
	1차 위반	2차 위반	3차 위반	4차 이상 위반
1) 쇠고기의 원산지를 표시하지 않은 경우	100만원	200만원	300만원	300만원
2) 쇠고기 식육의 종류만 표시하지 않은 경우	30만원	60만원	100만원	100만원
8) 배추 또는 고춧가루의 원산지를 표시하지 않은 경우	30만원	60만원	100만원	100만원

05 정답및해설 ③

법 제107조(농산물품질관리사 또는 수산물품질관리사의 시험·자격부여 등)
③ 다음 각 호의 어느 하나에 해당하는 사람은 그 처분이 있은 날부터 2년 동안 농산물품질관리사 또는 수산물품질관리사 자격시험에 응시하지 못한다.
1. 제2항에 따라 시험의 정지·무효 또는 합격취소 처분을 받은 사람
2. 제109조에 따라 농산물품질관리사 또는 수산물품질관리사의 자격이 취소된 사람
④ 농산물품질관리사 또는 수산물품질관리사 자격시험의 실시계획, 응시자격, 시험과목, 시험방법, 합격기준 및 자격증 발급 등에 필요한 사항은 대통령령으로 정한다.
시행령 제36조(농산물품질관리사 자격시험의 실시계획 등)
① 법 제107조 제1항에 따른 농산물품질관리사 자격시험은 매년 1회 실시한다. 다만, 농림축산식품부장관이 농산물품질관리사의 수급(需給)상 필요하다고 인정하는 경우에는 2년마다 실시할 수 있다.
② 농림축산식품부장관은 제1항에 따른 농산물품질관리사 자격시험의 시행일 6개월 전까지 농산물품질관리사 자격시험의 실시계획을 세워야 한다.

06 정답및해설 ④

①②③ 1년 이하의 징역 또는 1천만원 이하의 벌금
④ 제119조(벌칙) 3년 이하의 징역 또는 3천만원 이하의 벌금
법 제120조(벌칙)
다음 각 호의 어느 하나에 해당하는 자는 1년 이하의 징역 또는 1천만원 이하의 벌금에 처한다.
1. 제24조 제2항을 위반하여 이력추적관리의 등록을 하지 아니한 자

2. 제31조 제1항(우수표시품에 대한 시정조치) 또는 제40조에 따른 시정명령(제31조 제1항 제3호 또는 제40조 제2호에 따른 표시방법에 대한 시정명령은 제외한다), 판매금지 또는 표시정지 처분에 따르지 아니한 자

3. 제31조 제2항에 따른 판매금지 조치에 따르지 아니한 자

4. 제59조 제1항에 따른 처분을 이행하지 아니한 자

5. 제59조 제2항에 따른 공표명령을 이행하지 아니한 자

6. 제63조 제1항에 따른 조치를 이행하지 아니한 자

7. 제73조 제2항에 따른 동물용 의약품을 사용하는 행위를 제한하거나 금지하는 조치에 따르지 아니한 자

8. 제77조에 따른 지정해역에서 수산물의 생산제한 조치에 따르지 아니한 자

9. 제78조에 따른 생산·가공·출하 및 운반의 시정·제한·중지 명령을 위반하거나 생산·가공시설 등의 개선·보수 명령을 이행하지 아니한 자

9의2. 제98조의2 제1항에 따른 조치를 이행하지 아니한 자

10. 제101조 제2호를 위반하여 검사를 받아야 하는 농산물에 대하여 검사를 받지 아니한 자

11. 제101조 제4호를 위반하여 검사를 받지 아니하고 해당 농수산물이나 수산가공품을 판매·수출하거나 판매·수출을 목적으로 보관 또는 진열한 자

12. 제82조 제7항 또는 제108조 제2항을 위반하여 다른 사람에게 농산물검사관, 농산물품질관리사 또는 수산물품질관리사의 명의를 사용하게 하거나 그 자격증을 빌려준 자

13. 제82조 제8항 또는 제108조 제3항을 위반하여 농산물검사관, 농산물품질관리사 또는 수산물품질관리사의 명의를 사용하거나 그 자격증을 대여받은 자 또는 명의의 사용이나 자격증의 대여를 알선한 자

07 정답및해설 ②

① 시행규칙 [별표31]
③ 시행규칙 [별표3]
④ 시행규칙 [별표5]

08 정답및해설 ④

시행규칙 제16조(우수관리인증의 유효기간 연장)
① 우수관리인증을 받은 자가 법 제7조 제3항에 따라 우수관리인증의 유효기간을 연장하려는 경우에는 별지 제4호 서식의 농산물우수관리인증 유효기간 연장신청서를 그 유효기간이 끝나기 1개월 전까지 우수관리인증기관에 제출하여야 한다.

09 정답및해설 ④

법 제136조의5(농산물품질관리사 또는 수산물품질관리사의 교육 방법 및 실시기관 등)
① 법 제107조의2 제2항에 따른 교육 실시기관(이하 "교육 실시기관"이라 한다)은 다음 각 호의 어느 하나에 해당하는 기관으로서 수산물품질관리사의 교육 실시기관은 해양수산부장관이, 농산물품질관리사의 교육 실시기관은 국립농산물품질관리원장이 각각 지정하는 기관으로 한다.
③ 교육 실시기관은 필요한 경우 제2항에 따른 교육을 정보통신매체를 이용한 원격교육으로 실시할 수 있다.
④ 교육 실시기관은 교육을 이수한 사람에게 이수증명서를 발급하여야 한다.
⑤ 교육에 필요한 경비(교재비, 강사 수당 등을 포함한다)는 교육을 받는 사람이 부담한다.

10 정답및해설 ③

시행규칙 제8조(농산물우수관리인증의 기준)
① 법 제6조 제2항에 따라 농산물우수관리의 인증(이하 "우수관리인증"이라 한다)을 받으려는 자는 농산물을 법 제6조 제1항에 따른 농산물우수관리의 기준(이하 "우수관리기준"이라 한다)에 적합하게 생산·관리하여야 한다.
② 제1항에 따른 우수관리인증의 세부 기준은 국립농산물품질관리원장이 정하여 고시한다.

11　정답및해설 ④

제9조(우수관리인증기관의 지정 등)

⑤ 우수관리인증기관 지정의 유효기간은 지정을 받은 날부터 5년으로 하고, 계속 우수관리인증 또는 우수관리시설의 지정 업무를 수행하려면 유효기간이 끝나기 전에 그 지정을 갱신하여야 한다.

12　정답및해설 ③

시행규칙 제7조(표준규격품의 출하 및 표시방법 등)

② 법 제5조 제2항에 따라 표준규격품을 출하하는 자가 표준규격품임을 표시하려면 해당 물품의 포장 겉면에 "표준규격품"이라는 문구와 함께 다음 각 호의 사항을 표시하여야 한다.

1. 품목
2. 산지
3. 품종. 다만, 품종을 표시하기 어려운 품목은 국립농산물품질관리원장, 국립수산물품질관리원장 또는 산림청장이 정하여 고시하는 바에 따라 품종의 표시를 생략할 수 있다.
4. 생산 연도(곡류만 해당한다)
5. 등급
6. 무게(실중량). 다만, 품목 특성상 무게를 표시하기 어려운 품목은 국립농산물품질관리원장, 국립수산물품질관리원장 또는 산림청장이 정하여 고시하는 바에 따라 개수(마릿수) 등의 표시를 단일하게 할 수 있다.
7. 생산자 또는 생산자단체의 명칭 및 전화번호

13　정답및해설 ①

시행규칙 제51조(이력추적관리 등록의 갱신)

③ 등록기관의 장은 유효기간이 끝나기 2개월 전까지 신청인에게 갱신절차와 갱신신청 기간을 미리 알려야 한다. 이 경우 통지는 휴대전화 문자메세지, 전자우편, 팩스, 전화 또는 문서 등으로 할 수 있다.

14　정답및해설 ②

① 지리적표시 등록을 위해 이력추적관리 등록을 할 필요는 없다.

법 제32조(지리적표시의 등록)

① 농림축산식품부장관 또는 해양수산부장관은 지리적 특성을 가진 농수산물 또는 농수산가공품의 품질 향상과 지역특화산업 육성 및 소비자 보호를 위하여 지리적표시의 등록 제도를 실시한다.

② 제1항에 따른 지리적표시의 등록은 특정지역에서 지리적 특성을 가진 농수산물 또는 농수산가공품을 생산하거나 제조·가공하는 자로 구성된 법인만 신청할 수 있다. 다만, 지리적 특성을 가진 농수산물 또는 농수산가공품의 생산자 또는 가공업자가 1인인 경우에는 법인이 아니라도 등록신청을 할 수 있다.

시행령 제13조(지리적표시의 등록법인 구성원의 가입·탈퇴)

법 제32조 제2항 본문에 따른 법인은 지리적표시의 등록 대상품목의 생산자 또는 가공업자의 가입이나 탈퇴를 정당한 사유 없이 거부하여서는 아니 된다.

15　정답및해설 ①

시행령 제14조(지리적표시의 심의·공고·열람 및 이의신청 절차)

① 농림축산식품부장관 또는 해양수산부장관은 법 제32조 제2항 및 제3항에 따라 지리적표시의 등록 또는 중요 사항의 변경등록 신청을 받으면 그 신청을 받은 날부터 30일 이내에 지리적표시 분과위원회에 심의를 요청하여야 한다.

16 정답및해설 ③

법 제32조(지리적표시의 등록)
② 제1항에 따른 지리적표시의 등록은 특정지역에서 지리적 특성을 가진 농수산물 또는 농수산가공품을 생산하거나 제조·가공하는 자로 구성된 법인만 신청할 수 있다. 다만, 지리적 특성을 가진 농수산물 또는 농수산가공품의 생산자 또는 가공업자가 1인인 경우에는 법인이 아니라도 등록신청을 할 수 있다.

시행령 제15조(지리적표시의 등록거절 사유의 세부기준)
법 제32조 제9항에 따른 지리적표시 등록거절 사유의 세부기준은 다음 각 호와 같다.
1. 해당 품목이 농수산물인 경우에는 지리적표시 대상지역에서만 생산된 것이 아닌 경우
1의2. 해당 품목이 농수산가공품인 경우에는 지리적표시 대상지역에서만 생산된 농수산물을 주원료로 하여 해당 지리적표시 대상지역에서 가공된 것이 아닌 경우
2. 해당 품목의 우수성이 국내 및 국외에서 모두 널리 알려지지 아니한 경우
3. 해당 품목이 지리적표시 대상지역에서 생산된 역사가 깊지 않은 경우
4. 해당 품목의 명성·품질 또는 그 밖의 특성이 본질적으로 특정지역의 생산환경적 요인과 인적 요인 모두에 기인하지 아니한 경우
5. 그 밖에 농림축산식품부장관 또는 해양수산부장관이 지리적표시 등록에 필요하다고 인정하여 고시하는 기준에 적합하지 않은 경우

17 정답및해설 ②

법 제25조의3(매매참가인의 신고)
매매참가인의 업무를 하려는 자는 농림축산식품부령 또는 해양수산부령으로 정하는 바에 따라 도매시장·공판장 또는 민영도매시장의 개설자에게 매매참가인으로 신고하여야 한다.

법 제48조(민영도매시장의 운영 등)
② 민영도매시장의 중도매인은 민영도매시장의 개설자가 지정한다.
⑤ 민영도매시장의 시장도매인은 민영도매시장의 개설자가 지정한다.

법 제44조(공판장의 거래 관계자)
① 공판장에는 중도매인, 매매참가인, 산지유통인 및 경매사를 둘 수 있다. (즉, 시장도매인이 없다)

18 정답및해설 ③

시행규칙 제11조의2(유통명령의 발령기준 등)
법 제10조 제5항에 따른 유통명령을 발하기 위한 기준은 다음 각 호의 사항을 고려하여 농림축산식품부장관 또는 해양수산부장관이 정하여 고시한다.
1. 품목별 특성
2. 법 제5조에 따른 관측 결과 등을 반영하여 산정한 예상 가격과 예상 공급량

19 정답및해설 ②

시행규칙 제49조(농수산물전자거래의 거래품목 및 거래수수료 등)
① 법 제70조의2 제3항에 따른 거래품목은 법 제2조 제1호에 따른 농수산물로 한다.
② 법 제70조의2 제3항에 따른 거래수수료는 농수산물 전자거래소를 이용하는 판매자와 구매자로부터 다음 각 호의 구분에 따라 징수하는 금전으로 한다.
  1. 판매자의 경우 : 사용료 및 판매수수료
  2. 구매자의 경우 : 사용료
③ 제2항에 따른 거래수수료는 거래액의 1천분의 30을 초과할 수 없다.

20

시행규칙 제26조(수탁판매의 예외)

① 법 제31조 제1항 단서에 따라 도매시장법인이 농수산물을 매수하여 도매할 수 있는 경우는 다음 각 호와 같다.

1. 법 제9조 제1항 단서 또는 법 제13조 제2항 단서에 따라 <u>농림축산식품부장관 또는 해양수산부장관의 수매에 응하기 위하여 필요한 경우</u>
2. 법 제34조에 따라 다른 도매시장법인 또는 시장도매인으로부터 매수하여 도매하는 경우
3. 해당 도매시장에서 주로 취급하지 아니하는 농수산물의 품목을 갖추기 위하여 대상 품목과 기간을 정하여 도매시장 개설자의 승인을 받아 다른 도매시장으로부터 이를 매수하는 경우
4. <u>물품의 특성상 외형을 변형하는 등 가공하여 도매하여야 하는 경우로서 도매시장 개설자가 업무규정으로 정하는 경우</u>
5. <u>도매시장법인이 법 제35조 제4항 단서에 따른 겸영사업에 필요한 농수산물을 매수하는 경우</u>
6. 수탁판매의 방법으로는 적정한 거래물량의 확보가 어려운 경우로서 농림축산식품부장관 또는 해양수산부장관이 고시하는 범위에서 중도매인 또는 매매참가인의 요청으로 그 중도매인 또는 매매참가인에게 정가·수의매매로 도매하기 위하여 필요한 물량을 매수하는 경우

제27조(상장되지 아니한 농수산물의 거래허가)

법 제31조 제2항 단서에 따라 중도매인이 도매시장의 개설자의 허가를 받아 도매시장법인이 상장하지 아니한 농수산물을 거래할 수 있는 품목은 다음 각 호와 같다. 이 경우 도매시장개설자는 법 제78조 제3항에 따른 시장관리운영위원회의 심의를 거쳐 허가하여야 한다.

1. 영 제2조 각 호의 부류를 기준으로 연간 반입물량 누적비율이 하위 3퍼센트 미만에 해당하는 소량 품목
2. <u>품목의 특성으로 인하여 해당 품목을 취급하는 중도매인이 소수인 품목</u>
3. 그 밖에 상장거래에 의하여 중도매인이 해당 농수산물을 매입하는 것이 현저히 곤란하다고 도매시장 개설자가 인정하는 품목

21

시행령 제7조(계약생산의 생산자 관련 단체)

법 제6조 제1항에서 "대통령령으로 정하는 생산자 관련 단체"란 다음 각 호의 자를 말한다.

1. 농산물을 공동으로 생산하거나 농산물을 생산하여 이를 공동으로 판매·가공·홍보 또는 수출하기 위하여 <u>지역농업협동조합, 지역축산업협동조합, 품목별·업종별협동조합, 조합공동사업법인, 품목조합연합회 및 산림조합과 그 중앙회(농협경제지주회사를 포함한다) 중 둘 이상이 모여 결성한 조직으로서 농림축산식품부장관이 정하여 고시하는 요건을 갖춘 단체</u>
2. 제3조 제1항 각 호에 해당하는 자(영농조합법인)
3. 농산물을 공동으로 생산하거나 농산물을 생산하여 이를 공동으로 판매·가공·홍보 또는 수출하기 위하여 농업인 5인 이상이 모여 결성한 법인격이 있는 조직으로서 농림축산식품부장관이 정하여 고시하는 요건을 갖춘 단체
4. 제2호 또는 제3호의 단체 중 둘 이상이 모여 결성한 조직으로서 농림축산식품부장관이 정하여 고시하는 요건을 갖춘 단체

22

법 제55조(기금의 조성)

① 기금은 다음 각 호의 재원으로 조성한다.

1. 정부의 출연금
2. 기금 운용에 따른 수익금
3. 제9조의2 제3항, 제16조 제2항 및 다른 법률의 규정에 따라 납입되는 금액
4. 다른 기금으로부터의 출연금

② 농림축산식품부장관은 기금의 운영에 필요하다고 인정할 때에는 기금의 부담으로 한국은행 또는 다른 기금으로부터 자금을 차입(借入)할 수 있다.

제9조의2(몰수농산물 등의 이관)

③ 제2항에 따른 몰수농산물 등의 처분으로 발생하는 비용 또는 매각 · 공매 대금은 제54조에 따른 농산물가격안정기금으로 지출 또는 납입하여야 한다.

제16조(수입이익금의 징수 등)

② 제1항에 따른 수입이익금은 농림축산식품부령으로 정하는 바에 따라 제54조에 따른 농산물가격안정기금에 납입하여야 한다.

23 정답및해설 ①

시행규칙 [별표3] 농수산물종합유통센터의 시설기준(제46조 제3항 관련)

구분	기준
부지	20,000㎡ 이상
건물	10,000㎡ 이상
시설	1. 필수시설 　가. 농수산물 처리를 위한 집하 · 배송시설 　나. 포장 · 가공시설 　다. 저온저장고 　라. 사무실 · 전산실 　마. 농산물품질관리실 　바. 거래처주재원실 및 출하주대기실 　사. 오수 · 폐수시설 　아. 주차시설 2. 편의시설 　가. 직판장 　나. 수출지원실 　다. 휴게실 　라. 식당 　마. 금융회사 등의 점포 　바. 그 밖에 이용자의 편의를 위하여 필요한 시설

비고
1. 편의시설은 지역 여건에 따라 보유하지 않을 수 있다.
2. 부지 및 건물 면적은 취급 물량과 소비 여건을 고려하여 기준면적에서 50퍼센트까지 낮추어 적용할 수 있다.

24 정답및해설 ①

법 제20조(도매시장 개설자의 의무)

① 도매시장 개설자는 거래 관계자의 편익과 소비자 보호를 위하여 다음 각 호의 사항을 이행하여야 한다.
　1. 도매시장 시설의 정비 · 개선과 합리적인 관리
　2. 경쟁 촉진과 공정한 거래질서의 확립 및 환경 개선
　3. 상품성 향상을 위한 규격화, 포장 개선 및 선도(鮮度) 유지의 촉진
② 도매시장 개설자는 제1항 각 호의 사항을 효과적으로 이행하기 위하여 이에 대한 투자계획 및 거래제도 개선방안 등을 포함한 대책을 수립 · 시행하여야 한다.

25 정답및해설 ①

감자, 잣 : 청과부류

시행령 제2조(농수산물도매시장의 거래품목)

「농수산물 유통 및 가격안정에 관한 법률」(이하 "법"이라 한다) 제2조 제2호에 따라 농수산물도매시장(이하

"도매시장"이라 한다)에서 거래하는 품목은 다음 각 호와 같다.

1. 양곡부류 : 미곡·맥류·두류·조·좁쌀·수수·수수쌀·옥수수·메밀·참깨 및 땅콩
2. 청과부류 : 과실류·채소류·산나물류·목과류(木果類)·버섯류·서류(薯類)·인삼류 중 수삼 및 유지작물류와 두류 및 잡곡 중 신선한 것
3. 축산부류 : 조수육류(鳥獸肉類) 및 난류
4. 수산부류 : 생선어류·건어류·염(鹽)건어류·염장어류(鹽藏魚類)·조개류·갑각류·해조류 및 젓갈류
5. 화훼부류 : 절화(折花)·절지(折枝)·절엽(切葉) 및 분화(盆花)
6. 약용작물부류 : 한약재용 약용작물(야생물이나 그 밖에 재배에 의하지 아니한 것을 포함한다). 다만, 「약사법」 제2조 제5호에 따른 한약은 같은 법에 따라 의약품판매업의 허가를 받은 것으로 한정한다.
7. 그 밖에 농어업인이 생산한 농수산물과 이를 단순가공한 물품으로서 개설자가 지정하는 품목

원예작물학

26 정답및해설 ①

쌍자엽식물의 과(科)분류

명아주과	근대, 시금치, 비트	가지과	고추, 토마토
십자화과	양배추, 배추, 무, 갓	박과	수박, 오이, 참외
콩과	콩, 녹두, 팥	국화과	결구상추, 우엉
아욱과	아욱, 오크라	도라지과	도라지
산형화과	샐러리, 당근	장미과	사과, 나무딸기
메꽃과	고구마		

27 정답및해설 ④

작물의 기능성물질

포도	레스베라트롤(resveratrol)	인삼	사포닌(saponin)
토마토	라이코펜(lycopene)	콩	이소플라본(isoflavon)
블루베리	안토시아닌(anthocyanin)	마늘	알리신(allicin)

28 정답및해설 ③

작물의 원산지

품명	원산지	품명	원산지	품명	원산지
거봉	일본	황금배	국산	설향딸기	국산
부유단감	일본	홍로사과	국산	백마국화	국산
샤인머스캣	일본	감홍사과	국산	켐벨포도	영국
신고배	일본	창수포도	국산		

29 정답및해설 ①

공정육묘(플러그육묘)
육묘의 생력화, 효율화, 안정화 및 연중 계획생산을 목적으로 상토제조 및 충전, 파종, 관수, 시비, 환경관리 등 제반 육묘작업을 일관 체계화, 장치화한 묘생산 시설에서 질이 균일하고 규격화된 묘를 연중 계획적으로 생산하는 것

공정육묘의 장 · 단점

장점	단점
1. 인력의 절감 2. 연중생산 가능 3. 수송이 용이 4. 정식 시 상처가 적고 활착이 빠르다.	1. 높은 시설비 필요 2. 관리가 까다롭다. 3. 양질의 상토 필요 4. 묘가 튼튼하지 않음

30 정답 및 해설 ③

저온감응형 : 마늘, 양파, 무, 배추
상추 : 고온장일 조건에서 개화 촉진
일정 크기가 도달된 후 저온감응하는 식물 : 당근, 양배추, 꽃양배추, 양파

31 정답 및 해설 ④

추대의 문제(수확량 감소나 상품성 하락)가 발생하는 작물
배추과 : 양배추, 순무, 무
백합과 : 마늘, 파, 양파
기타 : 당근

32 정답 및 해설 ①

옥신의 재배적 이용
옥신은 식물 줄기와 잎, 뿌리의 성장을 촉진하고, 낙과를 방지하며, 착과를 촉진한다.
발근촉진, 접목의 활착증진, 가지의 굴곡 유도, 개화촉진, 적화, 적과, 낙과방지, 과실의 비대와 성숙촉진, 단위결과유도, 제초제(2,4-D)

생장조절물질의 재배적 이용

생장조절물질	재배적 이용
옥신(auxin)	① 생장촉진 ② 굴광성 유도 ③ 발근 촉진 ④ 이층형성억제(낙과방지) ⑤ 단위결과 촉진 ⑥ 제초제 이용 ⑦ 개화촉진
에틸렌 (ethylene)	① 잎과 꽃의 노화 촉진 ② 낙엽촉진(잎의 탈리) ③ 종자 발아 유도 ④ 과일 성숙 촉진 ⑤ 정아우세현상 타파 ⑥ 암꽃의 착생수 증대
시토키닌 (cytokinin)	① 잎의 생장 촉진 ② 호흡억제 ③ 잎의 노화지연 ④ 저장 중 신선도 유지 ⑤ 종자의 발아 촉진 ⑥ 내한성(耐寒性) 증진 ⑦ 기공의 개폐 촉진
아브시스산 (abscisic acid)	① 잎의 노화 ② 낙엽촉진 ③ 휴면유도 ④ 발아억제 ⑤ 화성 촉진 ⑥ 내한성 증진 ⑦ 포도의 착색 증진
지베렐린 (Gibberellin)	① 경엽(莖葉)의 신장촉진 ② 개화유도 : 저온처리와 장일조건이 필요한 식물의 화아형성과 개화촉진 ③ 휴면타파와 발아촉진 ④ 단위결과의 촉진 ⑤ 결실과 비대 촉진
생장억제물질	B-9 / 신장 억제 및 왜화(矮化)작용 Phosfon-D / 줄기의 길이 단축 CCC / 절간 신장 억제 및 토마토의 개화 촉진 Amo-1618 / 국화의 왜화 및 개화지년 MH / 저장 중인 감자, 양파의 발아 억제, 당근, 파, 무의 추대 억제, Anti-옥신

33 정답 및 해설 ①

배추 : 저온감응형, 양파 : 고온 장일형

34 정답 및 해설 ④

착과기 질소 과다시용은 과실의 성숙에 나쁜 영향을 미치고, 착색이 불량해지며, 숙기를 지연시킨다.

35 정답 및 해설 ③

토마토 배꼽썩음병 원인 : 칼슘 결핍

36 정답 및 해설 ③

삽목 번식의 장점
① 모수의 특성을 그대로 이어 받는다.
② 결실이 불량한 수목 번식에 알맞다.
③ 묘목의 양성기간이 단축된다.
④ 실생에 비하여 개화결실이 빠르다.
⑤ 병충해 저항성이 강하다.
⑥ 특정 체세포 돌연변이를 번식시키고 싶을 때 이용된다.

37 정답 및 해설 ②

음지식물 : 스킨답서스, 스파티필럼, 맥문동, 아이비, 문라이트, 관음죽, 자금우, 금전수, 여인초, 안스리움 등

38 정답 및 해설 ③

주간온도보다 야간온도를 높이면 작물의 생장이 억제된다.

39 정답 및 해설 ②

• 암막재배(차광재배) : 인위적으로 단일처리를 하여 개화를 암당기는 재배방식
• 전조재배 : 인공광원을 이용해서 일장(日長) 시간을 인위적으로 연장하거나 야간을 중단함으로써 화성(花成)의 유기, 휴면타파 등의 효과를 얻는 재배방법. 추국의 개화를 억제시키는 경우
• 야파처리 : 밤의 길이를 짧게하기 위한 저광도 라이트 처리(심비디움 개화 촉진)

40 정답 및 해설 ④

① 도둑나방 : 어린 유충은 잎맥만 남기고 먹는다. 다 자라면 녹색에서 갈색으로 변한다.
② 깍지벌레 : 식물의 즙액을 빨아먹는 해충
③ 온실가루이 : 화훼류의 잎 뒷면에 주로 기생하고, 즙액을 빨아먹는다. 배설한 곳에 그을음병이 발생한다.

41 정답 및 해설 ④

온탕침지가 물흡수 효과를 높여준다.

42 정답 및 해설 ②

스프링클러관수 작물 생장 초기에 전면적인 관수를 위해 사용된다.

43 정답 및 해설 ①

• 아황산가스장해 : 연탄이나 난방유를 연소할 때 발생하는 아황산가스의 피해
• 증상 : 가벼울 경우 잎의 색이 갈색 또는 흑색으로 변하거나 잎맥간의 조직이 백색으로 변하며, 심할 경우 뜨거운 물에 데쳐 놓은 것처럼 잎이 시들고 수일 후에 엽록소가 파괴되어 고사한다.

44 정답 및 해설 ③

① 부케 : 꽃을 가득 모아 줄기를 한꺼번에 묶은 다발 또는 묶음

② 리스 : 꽃을 고리모양으로 만든 장식
③ 코사지 : 앞어깨와 웨이스트라인 등 의복 앞부분을 장식하는 생화·조화의 꽃다발
④ 포푸리 : 실내의 공기를 정화시키기 위한 방향제의 일종인 향기주머니

45 정답및해설 ④

과실의 인위적 부류

인과류	꽃받기가 발달하여 식용부위가 된 과실(씨방은 과심 부위) 예 사과, 배, 비파 등
준인과류	씨방이 발달하여 과육이 된 것 예 감, 귤, 오렌지 등
핵과류	중과피는 부드럽고, 즙이 많은 살로 먹는 부분이고, 내과피는 딱딱한 핵을 갖고 있다. 예 복숭아, 자두, 살구, 양앵두, 매실, 등
견과류	딱딱한 껍데기와 마른 껍질 속에 씨앗 속살만 들어가 있는 열매 또는 씨앗 등의 부류 예 밤, 호두, 아몬드 등
장과류	과실이 무르익으면 과피(겉껍질) 안쪽의 과육부(중과피와 내과피) 세포는 거의 액포가 되고 다량의 과즙을 함유하여 연화되는 과실류 예 포도, 무화과, 나무딸기, 석류, 블루베리 등

46 정답및해설 ②

초생법 : 과수원 같은 곳에서 목초, 녹비 등을 나무 밑에 가꾸는 재배법
초생법의 장점
① 토양의 입단화 증가
② 토양의 침식 방지
③ 지온의 과도한 상승 및 저하 감소
④ 유기질 퇴비 사용 효과
초생법의 단점
① 나무와 풀 상에 양·수분의 쟁탈
② 관리작업의 어려움
③ 병해충의 잠복 장소 제공

47 정답및해설 ④

수확기 과실의 착색 증진 방법
① 반사필름 피복
② 봉지 벗기기
③ 잎 따주기 또는 가지 제거
④ 과실 돌려주기
⑤ 질소비료의 시용 줄이기

48 정답및해설 ②

단위결과 : 속씨식물이 수정하지 않고도 씨방이 발달하여 열매가 되는 현상
자연적 단위결과 : 자방에 옥신함량이 많아 자연적으로 단위결과가 이루어지는 것
* 단위결과를 일으키는 화학물질 : 지베렐린, PCA, NAA
* 토마토, 고추, 바나나, 감귤, 오이, 호박 등

49 **정답및해설** ①

- 종간교잡 : 같은 속 중에서 다른 종의 개체 간에 이루어지는 교잡
- 속간교잡 : 다른 종간 또는 속간의 교잡에 의하여 육종을 행하는 방법

50 **정답및해설** ②

기지(忌地)현상 : 같은 토양에 같은 작물을 연작하면 작물의 생육이 뚜렷하게 나빠지는 현상. 이 원인에는 토양영양분 실조, 병충해, 독소 등 여러 가지가 있다.

수확 후 품질관리론

51 **정답및해설** ②

예냉 : 수확한 원예생산물을 수송 또는 저장하기 전에 전처리를 통하여 급속히 품온을 낮추는 것을 말한다.
예건 : 수확 직후에 과습으로 인한 부패를 방지하기 위해 식물의 외층을 미리 건조시켜서 내부조직의 증산을 억제시키는 방법으로 마늘, 양파, 단감, 배 등에 유효하다.
큐어링 : 농산물의 수확 시 상처난 부분에 병균이 침투하지 못하도록 상처부위를 미리 치료하는 작업이 필요한데, 이를 아물이 또는 큐어링이라 한다. 코르크층(슈베린)이 형성되면 수분손실과 부패균의 침입을 막을 수 있다.

52 **정답및해설** ①

MA 포장 : 수확 후 호흡하는 원예산물을 고분자 필름으로 포장하여 포장 내 산소와 인산화탄소의 농도를 바꾸어 주는 포장방법
MA 포장의 고려사항
① 필름의 종류와 두께 및 재질
② 원예산물의 호흡속도
③ 원예산물의 호흡량 정도
④ 원예산물의 에틸렌 발생량 정도
⑤ 원예산물의 에틸렌 감응도

53 **정답및해설** ①

호흡속도가 높을수록 호흡열이 높아진다.
호흡속도의 특징
① 해당작물의 온전성 타진수단
② 물리, 생리적 영향을 받았을 때 증가
③ 저장가능기간에 영향
④ 주위 온도가 높아지면 빨라짐
⑤ 내부성분 변화에 영향
⑥ 호흡속도 상승 시 저장기간 단축
⑦ 호흡속도가 높을수록 신맛이 빠르게 감소한다.

54 **정답및해설** ③

순무, 딸기 – 안토시아닌(anthocyanin)
고추 – 캡산틴(capsanthin)
토마토 – 라이코펜(lycopene)

시금치, 오이 – 클로로필(chlorophyll)
붉은 사탕무우 뿌리, 분꽃의 적색 – 베타레인(betalain)

55 정답및해설 ②

피막제(왁스) 처리 : 공기과 과일의 접촉면에서 발생하는 증산을 막고(감모, 시들음 방지) 경도를 유지해 준다.

56 정답및해설 ④

에틸렌은 기체상태의 호르몬으로, 호흡급등형 과실의 과숙에 작용한다.
참다래 : 숙성

57 정답및해설 ②

• 저온장해(chilling injury) : 작물이 조직 내에 결빙(結氷)이 생기지 않은 범위의 저온(低溫)에 피해를 받는 장해
• 동해 : 식물이 심한 저온(-12 ∼ -13℃이하)에서 동결됨으로써 생기는 피해

58 정답및해설 ①

겉포장재의 통기구는 작물의 적절한 호흡을 위해 필요하다.

59 정답및해설 ③

갈변현상 : 효소적 갈변은 일반적으로 식물 중에 함유되어 있는 폴리페놀(polyphenol)화합물이 산화효소 (polyphenol oxidase)로 산화되어 퀴논(quinone)화합물로 되고 이것이 중합하여 갈색의 색소를 생성함으로써 일어난다.

60 정답및해설 ①

미숙 식물이나 표면적이 큰 엽채류는 호흡속도가 빠르다.

61 정답및해설 ③

HACCP
식품의 원재료 생산에서부터 최종소비자가 섭취하기 전까지 각 단계에서 생물학적, 화학적, 물리적 위해요소가 해당식품에 혼입되거나 오염되는 것을 방지하기 위한 위생관리 시스템
HACCP의 7원칙과 12절차

절차 1		HACCP 팀 구성
절차 2		제품설명서 작성
절차 3		용도확인
절차 4		공정흐름도 작성
절차 5		공정흐름도 현장 확인
절차 6	제1원칙	위해요소(HA)분석
절차 7	제2원칙	중요관리점(CCP) 결정
절차 8	제3원칙	CCP 한계기준 설정
절차 9	제4원칙	CCP 모니터링 체계 확립
절차 10	제5원칙	개선조치방법 수립
절차 11	제6원칙	검증절차 및 방법 수립
절차 12	제7원칙	문서화, 기록 유지 설정

62 정답및해설 ④

이취발생은 필름의 가스투과성이 낮을 때 발생한다.

필름종류별 투과성의 정도

필름종류(투과성 순위)	가스투과성 (ml/m² · 0.025mm · 1day)		포장내부
	CO_2	O_2	
저밀도폴리에틸렌(LDPE)1	7,700~77,000	3,900~13,000	2.0 : 5.9
폴리스틸렌(PS)2	10,000~26,000	2,600~2,700	3.4 : 5.8
폴리프로필렌(PP)3	7,700~21,000	1,300~6,400	3.3 : 5.9
폴리비닐클로라이드(PVC)4	4,263~8,138	620~2,248	3.6 : 6.9
폴리에스터(PET)5	180~390	52~130	3.0 : 3.5

63 정답및해설 ④

예건 처리 품목 : 양파, 마늘, 단감, 감귤, 배 등

64 정답및해설 ③

CA저장은 대기의 가스조성(산소 : 21%, 이산화탄소 : 0.03%)을 인공적으로 조절한 저장환경에서 청과물을 저장하여 품질 보전 효과를 높이는 저장법으로, 산소농도는 대기보다 약 4~20배(O_2 : 8%) 낮추고, 이산화탄소 농도는 약 30~50배(CO_2 : 1~5%) 높인 조건에서 저장한다. 따라서 환기 또는 자주 출입문을 개방하게 되면 인위적 대기조성이 파괴된다.

65 정답및해설 ③

농산물 표준규격 제11조(적용대상)
농산물을 편리하게 조리할 수 있도록 세척, 박피, 다듬기 또는 절단과정을 거쳐 포장되어 유통되는 채소류, 서류, 버섯류 등의 농산물을 대상으로 한다.

66 정답및해설 ②

원예산물의 외관을 결정하는 관능적 요소 : 색깔, 광택, 크기 및 모양, 상처(결함)

67 정답및해설 ①

복숭아 저장 및 유통 온도
① 복숭아는 전형적인 호흡급등형 과실로 상온에서 수확 후 호흡이 급격하게 증가하여 연화속도가 빨라 가능한 빠른 시간 내에 예냉과 함께 저온 유통이 필요하다.
② 복숭아는 10℃ 이하의 온도에서 장기간 저장하게 되면 과육의 섬유질화 및 과육 갈변 등 저온장해 현상이 나타난다.
③ 복숭아의 모든 품종은 5℃ 미만의 온도에 노출되면 단맛과 향이 저하될 수 있어 5℃ 이상에서 저장, 유통되어야 한다.
④ 부득이하게 저장 기간이 길어질 때는 중간에 온도 상승(25℃)을 한번 시켜주면 저온 장해 증상을 완화시킬 수 있다.

68 정답및해설 ②

복숭아 : 사과산, 구연산

69 정답및해설 ③

원예산물의 성숙 및 숙성과정에서 불용성펙틴이 가용성펙틴으로 분해된다.

70 정답및해설 ④

결로현상 : 과실과 공기중의 수증기가 만날 때 과실과 공기의 온도차에 의해서 과실의 표변에 물방울이 맺히는 현상. 원예산물의 경우 저온저장 후 갑자기 상온에 노출될 경우 산물과 공기의 온도차에 의해서 결로가 발생한다.

71 정답및해설 ④

원예산물의 독성물질

작물	독성물질	작물	독성물질
오이	쿠쿠비타신	배추, 무	글루코시놀레이트
상추	락투시린	옥수수, 땅콩, 보리	아플라톡신
근대, 토란	수산염	밀, 옥수수	오클라톡신
감자	솔라닌	옥수수, 맥류	제랄레논
고구마	이포메아마론	사과쥬스	파튤린
병든 작물	진독균, 톡신	수수	청산
제초제 합성물	파라쿼트	살구씨 청매실	아미그달린
목화씨	고시폴	피마자	리시닌

72 정답및해설 ③

에틸렌에 민감한 산물과 에틸렌 발생이 많은 산물을 혼합저장할 경우 갈변현상 등 피해가 발생할 수 있으니 저장적온이 유사하더라도 혼합저장을 피한다.

73 정답및해설 ③

③ 감자를 수확한 후 감마선(7,000~15,000rad)을 조사하면 품질의 손상없이 실온에서 8개월간 발아를 억제시킬 수 있다.

④ MH-30을 이용한 약제처리는 여러 가지 작물에서 사용되고 있고 맹아억제 효과가 상당히 컸으나 암을 일으킬 수 있는 물질로 확인되어 지금은 사용이 금지된 약제('83년 품목폐기)이다.

② 저장적온

저장적온	원예산물
동결점~0℃	브로콜리, 당근, 시금치, 상추, 마늘, 양파, 셀러리 등
0~2℃	아스파라거스, 사과, 배, 복숭아, 포도, 매실, 단감 등
3~6℃	감귤
7~13℃	바나나, 오이, 가지, 수박, 애호박, 감자, 완숙 토마토 등
13℃ 이상	고구마, 생강, 미숙 토마토 등

74 정답및해설 ①

호흡급등형 : 작물이 숙성함에 따라 호흡이 현저히 증가하는 작물로서 호흡상승과는 성숙에서 노화로 진행되는 단계상 호흡률이 낮아졌다가 갑자기 상승하는 기간이 있다.
사과, 바나나, 배, 토마토, 복숭아, 감, 키위, 망고, 참다래, 살구, 멜론, 자두, 수박

75 정답및해설 ①

- 요오드반응 : 전분량 측정
- 근적외선 당도 측정 : 당은 특정 파장의 근적외선을 흡수하는 성질이 있는데, 반사된 빛 가운데 근적외선이 적으면 과일 안에 당이 많이 들어 있다는 의미

농산물유통론

76 정답및해설 ③

홍보 및 광고는 소유권이전기능 중 판매기능에 해당한다.
유통조성기능 : 소유권이전기능과 물적유통기능을 보조해 주는 기능. 표준화, 등급화, 금융, 보험, 시장정보

77 정답및해설 ②

단독가구나 맞벌이 가구가 증가함에 따라 소포장 농산물, 신선편이농산물, Meal-kit 식품의 소비가 증가하고 있다.

78 정답및해설 ④

① 소매단계의 유통비용이 가장 많고, 따라서 유통마진도 가장 높다.
② 엽근채류는 부패성 및 중량성으로 인해 유통비용이 많이 든다.
③ 유통마진율 = (판매액 − 구입액) ÷ 판매액

79 정답및해설 ④

공동 계산제
개별 농가에서 생산한 농산물을 유통 센터에서 공동 선별하여 품질 등급에 따라 값을 결정하는 제도. 규모의 경제를 통해 규격화와 표준화를 바탕으로 공동 선별, 공동판매, 공동계산제를 활성화해 농가 스스로 농산물 브랜드의 실효성을 높이는 작업을 지원한다.

80 정답및해설 ③

상류(계약)은 현 시점에서 이루어지고, 물류(물건의 인도)는 미래의 시점에서 이뤄진다.
선물거래 : 선물(futures)거래란 장래 일정 시점에 미리 정한 가격으로 매매할 것을 현재 시점에서 약정하는 거래로, 미래의 가치를 사고 파는 것이다.

81 정답및해설 ②

① EDLP (Every Day Low Price) : 연중상시저가로 판매하는 것
② 하이 − 로우가격전략 : 시장 진입 시 높은 가격을 유지하다가 어느 정도의 시간 경과후 파격적인 가격할인을 실시하는 전략
③ 단수가격전략 : 소비자의 심리를 고려한 가격 결정법 중 하나로, 제품 가격의 끝자리를 홀수(단수)로 표시하여 소비자로 하여금 제품이 저렴하다는 인식을 심어주어 구매욕을 부추기는 가격전략(제품가격을 30,000원을 29,900원으로 표시할 경우)
④ 개수가격전략 : 상품을 낱개로 판매하면서 개당 가격을 설정하는 전략(고가 제품에 적용)

82 정답및해설 ③

- 카테고리 킬러(Category killer) : 가전이나 의료품 등, 특정의 분야 (카테고리)의 상품만을 풍부하게 다양한 상품과 저가격으로 판매하는 소매점업태(구두 전문점 등)

- 호울세일클럽(wholesale club) : 회원에게만 구매할 수 있는 자격을 제공하고 이 회원들에게 거대한 창고형 식의 점포에서 30~50% 할인된 가격으로 정상적인 제품들을 판매하는 유통업태
- 슈퍼슈퍼마켓(super supermarket) : 일반 슈퍼마켓과 할인점의 중간 정도의 소매유통업체

83 정답및해설 ①

시장도매인은 도매법인·중도매인과 관계없는 별도의 법인으로, 경매에 참여하지 않고 독자적으로 농산물을 수집·분산한다. 경매의 경우 출하-하역-경매-점포이송-판매의 복잡한 단계를 거치지만 시장도매인 거래는 출하 즉시 판매가 이뤄지는 일종의 직거래 중개 방식이다.
농수산물유통 및 가격안정에 관한 법률 제2조(정의)
"시장도매인"이란 농수산물도매시장 또는 민영농수산물도매시장의 개설자로부터 지정을 받고 농수산물을 매수 또는 위탁받아 도매하거나 매매를 중개하는 영업을 하는 법인을 말한다.

84 정답및해설 ①

농수산물종합유통센터는 물류기능을 담당하며 경매를 하지는 않는다.
농수산물유통 및 가격안정에 관한 법률 제2조(정의)
"농수산물종합유통센터"란 제69조에 따라 국가 또는 지방자치단체가 설치하거나 국가 또는 지방자치단체의 지원을 받아 설치된 것으로서 농수산물의 출하 경로를 다원화하고 물류비용을 절감하기 위하여 농수산물의 수집·포장·가공·보관·수송·판매 및 그 정보처리 등 농수산물의 물류활동에 필요한 시설과 이와 관련된 업무시설을 갖춘 사업장을 말한다.

85 정답및해설 ④

산지브랜드 : 농산물생산자단체가 조직화, 규모화를 실현한 후 개발한 자체 독립적인 상표
산지브랜드라고 해서 반드시 상표등록을 할 의무는 없지만 독자성이나 배타적 권리를 주장하기 위해서는 상표등록을 하는 것이 더 유리하다.

86 정답및해설 ④

87 정답및해설 ①

③ 속도가 가장 빠르다. (비행기)
② 안전성·정확성이 가장 우수하다. (철도)
④ 장거리 대량 운송비용이 가장 저렴하다. (선박)

88 정답및해설 ③

유통정보의 조건
ⓐ 완전성 : 필요한 정보가 빠짐없이 구비되어야 한다.
ⓑ 종합성 : 개개의 정보가 개념적으로 연결되어 의미있게 구현된 것
ⓒ 실용성 : 정보는 활용이 가능하여야 한다. (추가적인 지식이 불필요)
ⓓ 신뢰성 : 정보는 믿을 수 있어야 한다.
ⓔ 적시성 : 정보는 적기에 제공되어야 한다.
ⓕ 접근성 : 정보는 원하는 주체에게 제공될 수 있어야 한다.

89 정답및해설 ④

선별, 포장출하로 쓰레기발생이 줄어들고, 무게 또는 규격이 표준화됨으로써 정보의 정확성과 신속성이 확보되고 공정한 가격형성을 지지하게 된다.

90　**정답및해설** ①

팔레트 구입비용과 지게차 또는 컨테이너 등 부가적 장비가 필요하다.

91　**정답및해설** ②

정부는 가격 급등 우려 시 비축물량을 선제적으로 방출함으로써 가격안정을 추구한다.

92　**정답및해설** ④

완전경쟁시장에서는 시장가격과 개별기업의 한계비용은 일치한다.

한계수익 : 어떤 경제 활동의 한 단위를 더 소비하거나 생산하는 데 얻을 수 있는 이익

93　**정답및해설** ③

ㄱ. 탄력성계수가 0인 경우를 완전 비탄력적이라고 한다.

ㄴ. 수요의 가격탄력성 $= \dfrac{\text{수요량의 변화율}}{\text{가격의 변화율}}$

ㄷ. 수요의 가격탄력성이 탄력적인 경우 판매가격의 인하는 총수익의 증가를 가져온다.

〈동일한 가격인상에 따른 총수입의 변화분〉

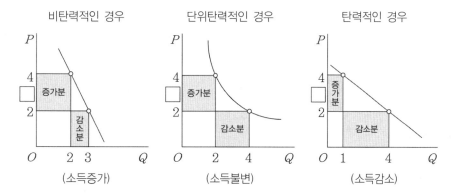

94　**정답및해설** ①

시장세분화란 다양한 욕구와 서로 다른 구매능력을 가진 소비자를 욕구가 유사하고 동질적 집단으로 세분하여 세분화된 고객의 욕구를 보다 정확하게 충족시키는 알맞은 제품을 공급하는 것을 말한다.

95　**정답및해설** ④

① 서베이조사법 : 설문지를 이용하여 조사대상자들로부터 자료를 수집하는 방법

② 패널조사법 : 동일표본의 응답자에게 일정기간 동안 반복적으로 자료를 수집하여 특정구매나 소비행동의 변화를 추적하는 마케팅 조사방법을 말한다. 고정된 조사대상의 전체를 패널이라 한다.

③ 관찰법 : 조사대상이 되는 사물이나 현상을 조직적으로 파악하는 방법이다. 관찰법은 직접 관찰을 통해 정보를 수집하기 때문에 정확한 정보를 수집할 수 있다는 장점을 지니나, 정보 수집과정에 많은 시간과 비용이 소요되며, 관찰 대상자가 관찰을 의식해 평소와 다른 반응을 보이거나 불안을 느끼게 되는 등의 단점을 지닌다.

④ 델파이법 : 사회과학의 조사방법 중 정리된 자료가 별로 없고 통계모형을 통한 분석을 하기 어려울 때 관련 전문가들을 모아 의견을 구하고 종합적인 방향을 전망해 보는 기법으로 미래 과학기술 방향을 예측하거나 신제품 수요예측을 위한 사회과학 분야의 대표적인 분석방법 중 하나이다. 동일한 전문가 집단에게 수차례 설문조사를 실시하여 집단의 의견을 종합하고 정리하는 연구 기법이다. 예측기법이며 주관(主觀)의 종합에 의한 판정이다.

96 정답및해설 ③

상표충성도 : 소비자가 동일한 제품군에서 특정 상표의 제품을 반복적으로 구매하는 상황이나 정도. 상표충성도에 영향을 주는 요인으로는 소비자의 제품에 대한 태도, 가족이나 친구의 영향 그리고 세일즈맨과의 친밀도 등 편견이 개입할 수 있다.

97 정답및해설 ②

성장기의 특징
ⓐ 본격적으로 판매가 증가하는 단계
ⓑ 혁신자나 조기수용자들의 적극적 재구매 단계
ⓒ 바이럴 마케팅 [viral marketing] 의 효과가 본격적으로 발휘되는 단계
ⓓ 손익분기점을 탈피하여 본격적으로 이익이 증대되는 단계
ⓔ 촉진의 효과가 대단위 생산량에 의해 분산되면서 제조원가가 하락하고 이익이 급속히 증가하는 단계

98 정답및해설 ①

농산물 가격의 특성 : 불안전성, 계절성, 지역성, 비탄력성 등

99 정답및해설 ③

명성가격전략 : 가격 결정 시 해당 제품군의 주 소비자층이 지불할 수 있는 가장 높은 가격이나 시장에서 제시된 가격 중 가장 높은 가격을 설정하는 전략으로 가격이 높으면 그에 합당한 품질의 고급성이 있을 것이라는 소비자 심리를 이용한 전략
① 단수가격전략
② 관습가격전략
④ 개수가격전략

100 정답및해설 ②

농산물 광고 중 "계몽광고"는 불특정브랜드에 대한 판매촉진을 목적으로 한다.(한우소비광고)
농산물 광고
농산물 광고란 광고주의 의도에 따라 고객의 농산물 구입의사결정을 도와주는 정보전달 및 설득과정으로서 농산물에 대한 새로운 수요를 창출하고 유통혁신을 자극하는 수단이다. 농산물 광고는 동시에 다수의 소비대중에게 상품 또는 서비스 등의 존재를 알려 판매를 촉진하는 일종의 설득 커뮤니케이션 활동이다. 광고주에게는 사회적 책임이 뒤따르기 때문에 광고주명은 명시되어야 한다.

단끝
농산물
품질관리사

2차 | 기출문제

2차 10개년 기출문제 해설

박문각

농산물품질관리사
1차·2차 기출문제집

PART

03

농산물품질관리사
2차 10개년 기출문제

참고 법령 개정에 따라 일부 기출문제를 수정 또는 삭제하였습니다.

※ 단답형 문제에 대해 답하시오. (1 ~ 10번 문제)

01 A업체가 '들깨미숫가루'라는 상품을 출시하려고 한다. 이 제품에 사용된 원료의 배합비율을 보고 농수산물의 원산지 표시 등에 관한 법령상 원산지 표시대상을 순서대로 쓰시오. (단, 원산지표시를 생략할 수 있는 원료는 제외함) 3점

원료	쌀	보리쌀	당류	율무	현미	들깨	기타
비율(%)	50	15	12	10	8	3	2

02 농수산물 품질관리법령상 지리적표시의 등록거절 사유의 세부기준에 관한 내용의 일부이다. ( )에 들어갈 내용을 쓰시오. 3점

- 해당 품목의 (①)과 (②) 또는 그 밖의 특성이 본질적으로 특정지역의 생산 환경적 요인과 인적 요인 모두에 기인하지 아니한 경우
- 해당 품목이 지리적표시 대상지역에서 생산된 (③)가 깊지 않은 경우

03 노점상을 하는 A씨는 중국산으로 표시된 볶은 땅콩 15kg 1상자를 도매상으로부터 75,000원 (kg당 5,000원)에 구입하였다. 이를 용기에 소분하여 K전통시장에서 kg당 8,000원씩 판매를 목적으로 5kg을 진열하여 소비자에게 원산지를 표시하지 않고 판매하다가 원산지 미표시로 적발되었다. 이때 원산지조사 공무원이 노점상 A씨에게 부과할 과태료 금액을 쓰시오. (단, 1차위반이며, 감경사유는 없음) 3점

04 국립농산물품질관리원 특별사법경찰관 L주무관은 농산물 원산지 표시를 조사하던 중 K농산물 판매점에서 다음과 같이 콩의 원산지 표시방법 위반사례를 적발하였다. K농산물 판매점에 부과할 과태료 금액을 쓰시오. (단, 1차위반이며, 감경사유는 없음) 4점

- 적발된 경위 : 중국산 콩 1kg 포장품 40개를 진열·판매하다가 적발됨
- 소비자 판매가격 : 7,000원/kg
- 원산지 표시 : 글자색이 내용물의 색깔과 동일한 색깔로 선명하지 않게 표시됨

05 농수산물품질관리법상 지리적표시의 등록에 관한 내용이다. 밑줄 친 것 중 잘못된 부분을 모두 찾아 수정하시오. (수정 예 : ①○○○ - □□□) 4점

지리적표시의 등록은 ① 특정지역에서 지리적 특성을 가진 농수산물 또는 농수산가공품을 생산하거나 ② 제조·가공하는 자로 구성된 ③ 단체만 신청할 수 있다. 다만, 지리적 특성을 가진 농수산물 또는 농수산가공품의 생산자 또는 가공업자가 ④ 5인 미만인 경우에는 예외적으로 등록신청을 할 수 있다.

06 다음은 원예작물의 숙성과정에서 일어나는 일련의 대사과정에 관한 설명이다. 설명이 옳으면 ○, 옳지 않으면 ×를 쓰시오. 4점

① 바나나는 숙성이 진행되면서 환원당인 포도당과 과당의 결합으로 전분이 합성되어 단맛이 증가한다. ⋯⋯⋯ (　)
② 사과는 적색으로 착색이 진행되면서 안토시아닌(anthocyanin)이 감소하고 엽록소가 증가한다. 이때 측정된 Hunter 'a'값은 양에서 음으로 전환된다. ⋯⋯⋯ (　)
③ 포도는 숙성이 진행되면서 주요 유기산인 주석산과 말산이 감소되어 신맛이 약해진다. ⋯⋯⋯ (　)
④ 토마토는 polygalacturonase(PG)가 발현되어 세포벽의 펙틴(pectin)을 가수분해하여 과실의 연화를 촉진한다. ⋯⋯⋯ (　)

07 증산계수란 단위무게, 단위수증기압차, 단위시간당 발생하는 수분증발을 말한다. 〈보기〉의 수확적기에 수확된 원예산물 중 증산계수가 높은 것부터 낮은 것 순서로 해당 번호를 쓰시오. (단, 온도 0℃, 상대습도 80%, 공기유동이 없는 동일조건) 4점

┤ 보기 ├
① 셀러리   ② 시금치   ③ 토마토   ④ 오이

08 다음 (   )에 있는 옳은 것을 선택하여 쓰시오. 4점

원예산물에서는 일반적으로 호흡기질의 ① (합성, 분해)에 따라 수분과 ② (산소, 이산화탄소)가 생성된다. 이때 발생한 호흡열은 생체중량의 부가적인 ③ (감소, 증가)를 초래하며 호흡열에 의해 높아진 조직 내의 열은 대기 쪽으로 전이되어 수분증발을 ④ (낮추, 높이)게 된다.

09 다음 (   )에 들어갈 올바른 내용을 〈보기〉에서 찾아 쓰시오. 3점

고구마는 수확 후 상처 입은 표피조직을 아물게 하여 미생물 침입을 방지하고, 저장성을 향상시키고자 (①) 처리를 하는데, 이때 적정온도의 범위는 약 (②), 상대습도는 (③)수록 코르크층 형성에 효과적이다.

┤ 보기 ├
예건, 큐어링, 9-12℃, 29-32℃, 낮을, 높을

10 다음의 원예산물에 대하여 5℃ 동일조건에서 호흡속도를 측정하였다. 각 호흡속도(mg CO_2/kg·hr)의 범위 (A, B)에 해당하는 품목을 〈보기〉에서 모두 찾아 쓰시오. 4점

┤ 보기 ├
버섯, 양파, 사과, 아스파라거스

• A(5~10mg CO_2/kg·hr) : ①
• B(>60mg CO_2/kg·hr) : ②

PART 03

※ 서술형 문제에 대해 답하시오. (11 ~ 20번 문제)

11 토마토를 4℃에서 20일 동안 저장한 후 상온에서 3일 동안 유통 시 비정상적인 착색, 부패, 과일 표면이 움푹 패는 현상 등 저온장해가 발생하였다. 이때 전기전도계로 측정된 전해질누출량이 저장 초기보다 증가되었다. 전해질누출량이 높아진 원인을 세포막의 이중층을 구성하는 막지질의 특성과 관련하여 설명하시오. 6점

12 사과(후지)와 브로콜리를 0.03mm PE 필름으로 혼합·밀봉하여 상온에서 3일간 저장하였더니 브로콜리에서 황화현상이 발생했다. 이러한 생리장해의 원인이 되는 ①식물 호르몬의 명칭과 이것을 ②흡착하여 제거할 수 있는 물질 2가지를 쓰시오. 6점

13 다음은 생산자 A씨(양파, 생산계획량 ○○톤, 재배면적 5,000㎡ 등으로 농산물 우수관리인증을 받은 자)와 B씨(담당공무원) 간의 대화 내용 중 ( )에 들어갈 답변을 간략히 쓰시오. (단, 주어진 내용 외에는 고려하지 않음) 6점

┤ 대화 내용 ├

A씨 : 2022년 9월에 1,000㎡ 농지를 타인에게 매각하여 2023년 5월부터 4,000㎡에서 양파를 우수관리인증농산물로 출하중인데 우수관리인증과 관련한 법 위반사항이 발생하여 저에게 행정처분을 한다고 연락을 받았습니다.
B씨 : 귀하의 처분사유는 농수산물 품질관리법 위반사항에 해당됩니다.
A씨 : 제가 위반한 행위가 무엇인지 알 수 있을까요?
B씨 : 귀하가 위반한 사항은 (①)한 경우에 해당됩니다.
A씨 : 아! 제가 잘못을 했네요. 그렇다면 위반행위에 대한 처분기준은 어찌되나요?
B씨 : 1차 위반이고 경감사항이 없으므로 (②)입니다.
A씨 : 혹시, 제가 해외에 있어 행정조치를 이행하지 못하여 2차 위반에 해당될 경우에는 어찌되나요?
B씨: 2차 위반 시에는 (③)입니다.

14 사과, 배의 유관 속 조직 주변이 투명해지는 수침현상을 밀증상(water core)이라고 한다. 이러한 현상이 발생하는 기작을 설명하시오. 6점

15 화훼농가인 B씨가 농산물 표준규격으로 출하하고자 선별한 장미(스탠다드)에 대해 농산물품질관리사 A씨가 9묶음(90본)에 대해 점검한 결과는 아래와 같다. ①~⑤에 해당하는 답을 쓰시오. (단, 주어진 항목 외에는 등급판정에 고려하지 않으며, 경결점은 소수점 한 자리까지만 기재함) 6점

꽃대의 길이(cm)	개화정도	결점의 정도
• 31 ~ 40 cm : 1본 • 41 ~ 50 cm : 86본 • 51 ~ 60 cm : 3본	꽃봉오리가 2/5정도 개화됨	• 품종 고유의 모양이 아닌 것 : 1본 • 농약살포로 외관이 떨어지는 것 : 1본 • 열상의 상처가 있는 것 : 1본 • 손질 정도가 미비한 것 : 1본 • 생리장해로 외관이 떨어지는 것 : 1본

크기의 고르기	개화정도	경결점	종합판정	
등급 : (①)	등급 : (②)	비율 : (③)%	등급 : (④)	이유 : (⑤)

16 농산물품질관리사 A씨가 농산물 도매시장에 출하된 난지형 마늘 1망(50개)에 대해서 농산물 표준규격에 따라 계측한 결과이다. 항목별 등급과 종합판정 등급 및 그 이유를 쓰시오. (단, 주어진 항목 외에는 등급판정에 고려하지 않음) 6점

낱개의 고르기 (1개의 지름, cm)	결점의 정도
• 4.5 이상 ~ 5.0cm 미만 : 3개 • 5.0 이상 ~ 5.5cm 미만 : 6개 • 5.5 이상 ~ 6.0cm 미만 : 25개 • 6.0 이상 ~ 6.5cm 미만 : 16개	• 마늘쪽이 마늘통의 줄기로부터 1/4 이상 떨어져 나간 것 : 3개 • 외피에 기계적 손상을 입은 것 : 4개 • 뿌리 턱이 빠진 것 : 2개

낱개의 고르기	경결점	종합판정	
등급 : (①)	비율 : (②)%	등급 : (③)	이유 : (④)

※ 이유 답안 예시 : △△ 항목이 ○○%로 "○"등급 기준의 ○○% 이하(미만) 또는 이상(초과)에 해당함

17 단감 1상자에 20개씩 담아 농산물 표준규격품으로 공영도매시장에 출하하고자 한다. 출하 시 도매시장의 상자당 가격(특품 : 30,000원 / 상품 : 25,000원 / 보통품 : 20,000원)을 감안하여 높은 등급부터 출하상자를 구성하고자 한다. 결점과 삽입여부가 등급에 영향을 미치지 않는 경우 정상과를 우선 사용하여 단감 모두를 출하하고자 한다. 이 농가의 최대수익을 위한 포장방법 ①~⑦에 해당하는 답을 쓰시오. (단, 주어진 항목 외에는 등급판정에 고려하지 않음) 8점

1과 무게(g)	총개수 (과)	색택(착색비율)			결점의 정도
		90% 이상	80% 이상	70% 이상	
310	4				A : 미숙과 1과
250	90	10과	60과	30과	B : 품종 고유의 모양이 아닌 것 1과 C : 꼭지와 과육 사이에 틈이 있는 것 1과
240	6				D : 꼭지가 돌아간 것 1과

등급	최대 상자수	상자별 구성내용 (000g 0과 + 000g 0과 …)	상자별 결점과 포함내용 (0, A~D 중 기재)
특	(①)상자	(②)	0
상	(③)상자	(④)	(⑤)
보통	1 상자	(⑥)	(⑦)

18 M작목반은 양파를 수확하여 1망 8kg(50개) 단위로 포장을 마친 후 K농산물품질관리사에게 등급판정을 의뢰하였다. 이에 K농산물품질관리사가 계측한 결과는 다음과 같았다. 농산물 표준규격에 따른 ① ~ ③에 해당하는 답을 쓰시오. (단, 주어진 항목 외에는 등급판정에 고려하지 않음) 6점

구분	크기 구분(개)	결점 내용
계측결과	2L(7개), L(43개)	병해충 피해가 외피에 그친 것 : 2개

낱개의 고르기	종합판정	
등급 : (①)	등급 : (②)	이유 : (③)

※ 이유 답안 예시 : △△ 항목이 ○○%로 "○"등급 기준의 ○○% 이하(미만) 또는 이상(초과)에 해당함

19 자두(대과종)를 생산하는 M씨가 농산물 도매시장에 표준규격 농산물로 출하하고자 1상자 (10kg)에서 50개를 무작위 추출하여 계측한 결과가 다음과 같았다. 농산물 표준규격상 다음 ① ~ ④에 해당하는 답을 쓰시오. (단, 주어진 항목 외에는 등급판정에 고려하지 않음) 6점

1과의 무게 (g)	색택	결점의 정도
• 150 이상 ~ 160g 미만 : 1개 • 130 이상 ~ 150g 미만 : 48개 • 120 이상 ~ 130g 미만 : 1개	착색비율 : 45 ~ 55%	• 품종 고유의 모양이 아닌 것 : 1개 • 약해 피해가 경미한 것 : 1개

낱개의 고르기	착색 비율	종합판정	
등급 : (①)	등급 : (②)	등급 : (③)	이유 : (④)

※ 이유 답안 예시 : △△ 항목이 ○○%로 "○"등급 기준의 ○○% 이하(미만) 또는 이상(초과)에 해당함

20 K농가는 배를 수확하여 선별 후 동일 중량 200과(1과의 무게 500g) 전량에 대해 상자당 20개씩 넣어 10kg들이 상자에 포장하여 거래처로 출하하고자 선별한 결과는 다음과 같았다. 상자당 가격이 특품 90,000원 / 상품 80,000원 / 보통품 60,000원일 경우, K농가의 최대 수익을 위한 포장방법 ①~⑤에 해당하는 답을 쓰시오. (단, 주어진 항목 외에는 등급판정을 고려하지 않으며, '상'등급 상자에는 동일 경결점 유형이 포함되지 않아야 함) 8점

선별 결과		개수(과)
정상과	결점이 없는 것(A형)	191
결점과	경미한 찰상이 있는 것(B형)	2
	꼭지가 빠진 것(C형)	6
	품종이 다른 것(D형)	1

등급	상자수	1상자 구성 내용
특	(①)	(②)
상	(③)	(④)
보통	1	A형 15개 + (⑤)형 1개 + C형 4개

※ 1상자 구성 내용 예시 : A형 00과, B형 00과 + C형 00과 + …

※ 단답형 문제에 대해 답하시오. (1 ~ 10번 문제)

01 농수산물 품질관리법령상 농산물 지리적표시권은 타인에게 이전하거나 승계할 수 없다. 다만, 농림축산식품부장관의 사전 승인을 받은 경우 이전이나 승계가 가능하다. 사전 승인을 받으면 이전 또는 승계가 가능한 경우를 쓰시오. 2점

02 농수산물의 원산지 표시 등에 관한 법률상 수입농산물 등의 유통이력관리에 관한 내용이다. ( )에 알맞은 내용을 쓰시오. 3점

> • 자료보관 : 유통이력 신고 의무가 있는 자는 유통이력을 장부에 기록하고, 그 자료를 거래일부터 (①)년간 보관하여야 한다.
> • 신고 : 유통이력 신고 의무가 있는 자는 유통이력관리 수입농산물의 양도일부터 (②)일 이내에 수입농산물 등 유통이력관리시스템에 접속하여 신고하여야 한다.
> • 과태료 : 유통이력 신고 의무가 있는 자가 유통이력을 신고하지 않은 경우 과태료 부과 기준은 1차 위반은 (③)만원이다.

03 농수산물 품질관리법령상 농산물우수관리인증의 유효기간과 갱신에 관한 설명이다. ( )에 알맞은 내용을 쓰시오. 3점

> 농산물우수관리인증의 유효기간은 우수관리인증을 받은 날부터 (①)년으로 한다. 다만, 품목의 특성에 따라 달리 적용할 필요가 있는 경우에는 (②)년의 범위에서 농림축산식품부령으로 유효기간을 달리 정할 수 있으며, 우수관리인증을 받은 자가 우수관리인증을 갱신하려는 경우에는 그 유효기간이 끝나기 (③)개월 전까지 우수관리인증기관에 농산물우수관리인증 신청서를 제출하여야 한다.

04 다음은 농수산물 품질관리법령상 지리적표시의 심판에 관한 내용이다. ①~④ 중 틀린 내용의 번호와 밑줄 친 부분을 옳게 수정하시오. (수정 예 : ① ○○○ → □□□) 2점

> ① 지리적표시 심판위원회는 위원장 1명을 포함한 <u>10명</u> 이내의 심판위원으로 구성한다.
> ② 취소심판은 취소 사유에 해당하는 사실이 없어진 날부터 <u>5년</u> 이내에 청구해야 한다.
> ③ 등록거절 또는 등록취소에 대한 심판은 통보받은 날부터 <u>3개월</u> 이내에 심판을 청구할 수 있다.
> ④ 심판은 <u>3명</u>의 심판위원으로 구성되는 합의체가 한다.

05 농산물을 필름 포장했을 때 수증기 포화에 의해 포장 내부에 물방울이 형성되어 농산물의 품질확인이 어려운 문제를 방지하기 위해 표면에 계면활성제를 처리하여 만든 기능성 필름은 무엇인지 쓰시오. 2점

06 다음은 농산물의 수확 후 품질관리 기술에 관한 설명이다. 설명이 옳으면 ○, 옳지 않으면 ×를 순서대로 쓰시오. 4점

> ① 딸기의 수확 후 품온 급등을 막기 위해 차압 예냉을 실시한다. ················· ( )
> ② 감자는 저온저장 시 전분이 당으로 전환되는 대사가 억제된다. ················· ( )
> ③ 옥수수는 수확 후 예조처리를 통해 당 함량을 증가시킨다. ················· ( )
> ④ 생강은 상처부위의 코르크층 형성 촉진을 위해 저온건조를 실시한다. ················· ( )

07 농산물의 증산작용에 관한 내용이다. 틀린 설명을 모두 골라 번호를 쓰고 옳게 수정하여 쓰시오. 6점

> 대부분의 농산물은 수분함량이 90% 이상이며 생체중량의 5~10%까지 줄어들면 상품성이 상실되므로 증산을 억제하는 것이 매우 중요하다. 증산작용은 ① <u>상대습도가 높아질수록 증가하고,</u> ② <u>작물의 부피 대비 표면적의 비율이 높을수록 감소하며,</u> ③ <u>표피가 두껍고 치밀할수록 감소하고,</u> ④ <u>과실이 성숙될수록 증가하는 표면의 왁스물질에 의해 감소한다.</u>

08 '후지' 사과에서 많이 발생되는 밀증상(water core) 부위에 ① 비정상적으로 축적되는 성분명을 쓰고, 이 증상이 있는 과실을 장기저장하거나 저장고 내부의 이산화탄소 농도가 높을 때 발생이 촉진되는 ② 생리장해를 쓰시오. 4점

09 다음은 MA 저장기술에 관한 설명이다. 옳은 설명이 되도록 ( )에 알맞은 내용을 순서대로 쓰시오. 3점

> 인위적인 기체 조절 장치 없이 수확된 농산물의 (①) 작용을 통한 공기 조성 변화를 이용하는 방식을 MA 저장이라 한다. 저장되고 있는 농산물 주변의 (②) 농도는 낮아지고 (③) 농도는 높아져 농산물의 저장성을 높이는 효과를 가져온다.

10 다음은 농산물의 품질평가 방법을 서술한 것이다. 각 문장에서 틀린 부분을 쓰고 옳게 고치시오. 4점

> ① 조직감을 나타내는 경도는 물성분석기를 통해 측정하며 %로 나타낸다.
> ② 당도는 과즙의 고형물에 의해 통과하는 빛의 속도가 빨라지는 원리를 이용하여 측정한다.
> ③ 적정산도 산출식에 대입하는 딸기의 주요 유기산 지표는 주석산이다.
> ④ 색차측정값 중 CIE L*값은 붉은 정도를 나타낸다.

※ 서술형 문제에 대해 답하시오. (11 ~ 20번 문제)

11 다음은 농산물 원산지표시 위반과 관련하여 식품접객업을 운영하는 음식점 업주와 조사 공무원 간의 전화통화 내용이다. ( )에 들어갈 내용을 쓰시오. (단, 쇠고기 식육종류 표시여부와 과태료 감경 조건은 고려하지 않음) 3점

┤ 대화 내용 ├

• 음식점 업주 : 음식점 원산지표시 과태료 부과에 대해 문의 하고자 합니다. 국산닭고기와 수입산 오리고기를 각각 조리하여 원산지를 표시하지 않고 판매 과정에 적발 되면 과태료 부과 금액은 얼마인가요?
• 조사 공무원 : 농수산물 원산지 표시 등에 관한 법률상 1차 위반인 경우 품목별 (①)원입니다.
• 음식점 업주 : 과태료 처분을 받은 날 이후 1년이 지나 같은 식당에서 쇠고기구이, 돼지고기찌개, 쌀밥, 배추김치의 고춧가루를 원산지 미표시위반으로 적발되면 품목별 과태료는 얼마인가요?
• 조사 공무원 : (②)원입니다.

12 아래 농산물을 동시에 취급해야 할 때 각 품목의 생리적 특성을 고려하여 3개 저장고에 나누어 저장하도록 분류하고 그 이유를 각각 설명하시오. [10점]

> 사과, 가지, 아스파라거스, 브로콜리, 오이

13 사과의 수확기를 판정하는 방법 중 ① 요오드반응 검사와 관련된 숙성과정에서의 성분변화, ② 요오드반응 검사 방법, ③ 검사결과 해석 방법을 서술하시오. [7점]

14 에틸렌 제거 방식 중 ① 과망간산칼륨($KMnO_4$)과 ② 활성탄 처리 방식 각각의 작용원리와 사용 시 유의사항을 설명하시오. [8점]

15 농산물 유통업체에서 근무하는 농산물품질관리사가 풋고추 1상자(5kg)를 품질평가한 결과이다. 농산물 표준규격에서 규정하고 있는 기준에 따라 이 제품에 대한 항목별 등급 및 종합판정 등급을 쓰고, 그 판정이유를 쓰시오. (단, 주어진 항목 이외에는 등급판정에 고려하지 않음) [6점]

항목	품질평가 결과	비고
낱개의 고르기	평균 길이에서 ±2.0cm를 초과하는 것이 10%	
색택	짙은 녹색이 균일하고 윤기가 뛰어남	
경결점과	4%	

〈등급판정〉

낱개의 고르기	색택	경결점과	종합판정 등급 및 이유	
등급 : (①)	등급 : (②)	등급 : (③)	등급 : (④)	이유 : (⑤)

※ 이유 답안 예시 : △△항목이 ○○%로 "○"등급 기준의 ○○% 이하(미만) 또는 이상(초과)에 해당됨

16 생산자 A는 복숭아(품종 : 백도)를 생산하여 농산물 도매시장에 표준규격 농산물로 출하하려고 1상자(10kg, 45과)를 농산물 표준규격에 따라 계측한 결과가 다음과 같았다. 농산물 표준규격에 따른 항목별 등급을 쓰고, 종합판정 등급과 그 이유를 쓰시오. (단, 주어진 항목 이외에는 등급판정에 고려하지 않음) 6점

크기 구분(g)	색택	결점과
• 250 이상 : 1과 • 215 이상~250 미만 : 43과 • 188 이상~215 미만 : 1과	품종 고유의 색택이 뛰어남	• 외관상 씨 쪼개짐이 경미한 것 : 2과 • 병충해의 피해가 과피에 그친 것 : 1과

〈등급판정〉

항목	해당 등급	종합판정 등급 및 이유
낱개의 고르기	(①)	등급 : (④)
색택	(②)	이유 : (⑤)
결점과	(③)	

※ 이유 답안 예시 : △△항목이 ○○%로 "○"등급 기준의 ○○% 이하(미만) 또는 이상(초과)에 해당됨

17 농산물품질관리사 A가 오이(계통 : 다다기) 1상자(100개)를 농산물 표준규격에 따라 계측한 결과가 다음과 같았다. 낱개의 고르기, 모양 및 결점과의 등급을 쓰고, 종합판정등급 및 그 이유를 쓰시오. (단, 주어진 항목 이외에는 등급판정에 고려하지 않음) 6점

낱개의 고르기	모양	결점과
• 평균 길이에서 ±1.5cm 이하인 것 : 46개 • 평균 길이에서 ±1.5cm를 초과하는 것 : 4개	• 품종 고유의 모양을 갖춘 것으로 처음과 끝의 굵기가 일정하며 구부러진 정도가 1cm 이내인 것	• 형상불량 정도가 경미한 것 : 2개 • 병충해의 정도가 경미한 것 : 1개

〈등급판정〉

낱개의 고르기	모양	결점과		종합판정 등급 및 이유	
등급 : (①)	등급 : (②)	혼입율 : (③)	등급 : (④)	등급 : (⑤)	이유 : (⑥)

※ 이유 답안 예시 : △△항목이 ○○%로 "○"등급 기준의 ○○% 이하(미만) 또는 이상(초과)에 해당됨

18 국립농산물품질관리원 소속 조사공무원 A는 생산자 B가 농산물도매시장에 출하한 감자(품종 : 수미) 중에서 등급이 '특'으로 표시된 1상자(20kg)를 표본으로 추출하여 계측하였더니 다음과 같았다. 계측 결과를 종합하여 판정한 등급과 그 이유를 쓰고, 농수산물 품질관리법령상 국립농산물품질관리원장이 생산자 B에게 조치하는 행정처분 기준을 쓰시오. (단, 의무표시사항 중 등급 이외 항목은 모두 적정하게 표시되었으며 주어진 항목 이외에는 등급판정에 고려하지 않음. 생산자 B는 농수산물 품질관리법령 위반 이력이 없으며 감경사유 없음) 7점

1개의 무게(개수)	결점과
300g (8개), 270g (35개), 240g (4개), 210g (2개), 180g (1개)	• 병충해가 외피에 그친 것 : 1개 • 품종 고유의 모양이 아닌 것 : 1개

〈등급판정〉

종합판정 등급	이유	행정처분 기준
(①)	(②)	(③)

※ 이유 답안 예시 : △△항목이 ○○%로 "○"등급 기준의 ○○% 이하(미만) 또는 이상(초과)에 해당됨

19 농산물품질관리사 A가 시중에 유통되고 있는 피땅콩(1포대, 20kg)을 농산물 표준규격에 따라 품위를 계측한 결과 다음과 같았다. 농산물 표준규격에 따른 항목별 등급을 쓰고, 종합하여 판정한 등급과 그 이유를 쓰시오. (단, 주어진 항목 이외에는 등급 판정에 고려하지 않음) 6점

구분	빈 꼬투리	피해 꼬투리	이물
계측결과	3.8%	1.2%	0.2%

〈등급판정〉

빈 꼬투리	피해 꼬투리	이물	종합판정 등급 및 이유	
등급 : (①)	등급 : (②)	등급 : (③)	등급 : (④)	이유 : (⑤)

※ 이유 답안 예시: △△항목이 ○○%로 "○"등급 기준의 ○○% 이하(미만) 또는 이상(초과)에 해당됨

20 생산자 A는 수확한 사과(품종 : 후지)를 선별하였더니 다음과 같았다. 선별한 사과를 이용하여 5kg들이 상자에 담아 표준규격품으로 출하하려고 할 때 '특'등급에 해당하는 최대 상자 수와 그 구성 내용을 쓰시오. (단, 상자의 구성은 1과당 무게와 색택이 우수한 것부터 구성하고, 주어진 항목 이외에는 등급판정에 고려하지 않음) 8점

1과당 무게	개수	중량	착색비율별 개수
400g	13개	5,200g	70% : 2개, 60% : 9개, 50% : 2개
350g	13개	4,550g	70% : 3개, 60% : 8개, 50% : 2개
300g	14개	4,200g	60% : 11개, 50% : 2개, 40% : 1개
250g	20개	5,000g	70% : 4개, 60%: 12개, 50% : 2개, 40% : 2개
계	60개	18,950g	70% : 9개, 60%: 40개, 50% : 8개, 40% : 3개

등급	최대 상자 수	상자별 구성 내용
특	(①)상자	(②)

※ 구성 내용 예시 : ○○○g(색택, ◇◇%) □개 + ○○○g(색택, ◇◇%) □개 + … 350*10+300*5

※ 단답형 문제에 대해 답하시오. (1 ~ 10번 문제)

01 오리농장과 음식점을 함께 운영하고 있는 A씨는 미국에서 수입한 오리를 국내에서 45일간 사육한 후 국내산으로 판매하려고 한다. 본인의 오리전문 일반음식점에서 오리탕 메뉴로 사용할 경우 농수산물의 원산지 표시에 관한 법령에 따른 메뉴판의 원산지 표시를 쓰시오. 3점

02 농수산물 품질관리법령상 이력추적관리 등록에 관한 내용이다. 다음 (   )에 들어갈 내용을 쓰시오. 4점

> 농산물에 대한 이력추적관리 등록의 유효기간은 등록한 날부터 (①)년으로 한다. 다만, 품목의 특성상 달리 적용할 필요가 있는 경우에는 (②)년의 범위에서 농림축산식품부령으로 유효기간을 달리 정할 수 있다. 유효기간을 달리 적용할 유효기간은 인삼류는 (③)년 이내, 약용작물류는 (④)년 이내의 범위 내에서 등록기관의 장이 정하여 고시한다.

03 2021년 4월 14일 K시장에서 농산물 원산지 표시 실태 단속결과, 참깨를 판매하는 A점포와 녹두를 판매하는 B점포를 적발하였고 위반 내용은 아래와 같다. 농산물의 원산지 표시에 관한 법률상 다음 (   )에 들어갈 내용을 쓰시오. (단, 벌금 액수는 '1천 5백만' 형식으로 기재할 것) 3점

구분	위반 내용	벌칙 및 처분 기준
A점포	국산과 수입산을 혼합하여 판매하면서 원산지를 국산으로 표시함. 또한, 4년 전에 동일한 행위의 죄로 형을 선고받고 그 형이 확정(2017년 4월 11일)된 바 있음	• (①)년 이상 (②)년 이하의 징역 • (③)원 이상 (④)원 이하의 벌금 • 이를 병과할 수 있다.
B점포	원산지 표시를 혼동하게 할 목적으로 그 표시를 손상시킴. 이 점포는 과거에 원산지 표시 위반 사례는 없음	• (⑤)년 이하의 징역 • (⑥)원 이하의 벌금 • 이를 병과할 수 있다.

04 A씨는 상추를 재배하면서 2020년 7월 1일자로 농산물우수관리인증을 취득하였으나 시장의 수급문제로 상추 대신 딸기로 품목을 변경하여 농산물우수관리인증을 신청하고자 한다. 농수산물 품질관리법령에 따라 A씨의 향후 농산물우수관리인증 변경 신청서 제출과 관련한 다음을 답하시오. 3점

- 제출처 : (①   )
- 우수관리인증 변경 신청서 첨부서류 : (②   )
- 신청가능 최종일 : (③   )

05 다음 (   )에 들어갈 올바른 내용을 〈보기〉에서 찾아 쓰시오. 4점

원예산물에서는 일반적으로 (①   ) 고형물의 함량을 당도로 표현하며, 표시단위는 (②   )(으)로 한다. 고형물의 함량은 (③   )당도계를 이용하여 측정하는데 이는 과즙을 통과하는 빛이 녹아 있는 고형물에 의해 (④   )지는 원리를 이용한 것이다.

─┤ 보기 ├─

°Brix, RPM, 굴절, 회절, 가용성, 불용성, 느려, 빨라

06 딸기와 복숭아에서 상업적으로 이용되고 있는 물질로서 10% ~ 20% 정도의 고농도로 처리했을 때 수확 후 부패방지 및 품질유지에 효과적인 가스형태의 물질명을 쓰시오. 3점

07 다음은 원예산물에서 무기원소에 관한 설명이다. (   )에 들어갈 물질을 쓰시오. 3점

- (①   ) : 엽록소의 성분이며 원예산물에서 녹색의 정도와 관계된다.
- (②   ) : 주로 세포벽에 결합되어 있으며 사과의 고두병, 토마토의 배꼽썩음병과 관련이 있다.
- (③   ) : 세포막 구성 지질의 주요 성분이며 탄수화물대사와 에너지 전달에 중요한 역할을 한다.

08 다음 (　)에 들어갈 올바른 내용을 쓰시오. **4점**

> 원예산물에서 수확 후 증산작용에 의한 (　①　)손실은 세포팽압, 중량 등의 감소로 인한 품질저하를 가져온다. 증산계수란 단위무게, 단위시간당 발생하는 수분증발을 말하며 수치가 (　②　)수록 수분증발이 심한 것을 의미한다. 0℃, 상대습도 80%, 공기유동이 없는 동일조건에서 당근, 시금치, 토마토 중 증산계수가 가장 낮은 작물은 (　③　)이다. 일반적으로 사과, 자두 등은 저장 및 유통기간 중 감모율을 줄이기 위해 과피에 (　④　)와(과) 같은 코팅제를 처리하기도 한다.

09 다음 (　)에 들어갈 올바른 내용을 쓰시오. **3점**

> 농업인 A씨는 농산물품질관리사로부터 딸기 '설향'을 (　①　)저장하면 비타민 C의 함량 저하가 지연되고 과피색도 양호하게 유지된다는 설명을 들었다. 그러나 (　①　)저장은 질소발생기 등 자재 및 시설을 구축하여야 하므로 실용적으로 실시가 어려운 점이 있어 폴리에틸렌 필름을 이용한 (　②　)저장을 이용하기로 결정하였다. 이에 농업인 A씨는 (　②　)저장의 효과를 최대화하기 위해 필름의 두께와 (　③　)의 투과성 등을 고려하여 구매하고 이용하려고 한다.

10 B농가에서는 〈보기〉에 있는 품목의 원예산물을 수확하였다. 수확 후 즉시 저장을 하였으나 상처부위가 아물지 않아 상품성이 떨어진 품목이 있었다. 농산물품질관리사가 B농가에게 수확 후 치유(큐어링)를 하면 품질을 향상시키고 저장성을 높일 수 있다고 지도한 원예산물을 〈보기〉에서 찾아 모두 쓰시오. **2점**

> ┤ 보기 ├
>
> 오이,　　감자,　　고구마,　　브로콜리,　　상추

※ 서술형 문제에 대해 답하시오. (11 ~ 20번 문제)

11 다음은 농산물 지리적표시권의 승계와 관련하여 개인자격으로 지리적표시를 등록한 A씨(지리
적표시권자)와 B씨(담당공무원) 간의 대화 내용이다. A씨의 고충을 상담한 담당공무원 B씨의
(   )에 들어갈 답변을 간략히 쓰시오. (주어진 내용 이외는 고려하지 않음) 5점

┤ 대화 내용 ├
- A씨 : 지리적표시권의 승계에 대해 궁금해서 전화 드렸습니다.
- B씨 : 농수산물 품질관리법 제35조에 따라 지리적표시권은 타인에게 이전하거나 승계를 할
  수가 없으나 합당한 사유에 해당하면 (①)의 사전 승인을 받아 승계를 할 수 있습
  니다.
- A씨 : 아, 그렇군요. 제가 승계를 고민하는 이유가 있습니다. 저는 조상의 전통을 계승하여
  가업으로 물려받은 독보적인 기술을 보유하고 있으며, 국내에서 지리적 특성을 가진
  유일한 제품을 독자적으로 제조 및 가공 생산하고 있으며 재정상태도 매우 우수합니다.
  이제 나이가 들어 자녀에게 승계하고 3년 정도 함께 일하면서 기술을 전수하고 은퇴하
  고 싶어서 승계를 고민하고 있습니다. 이런 경우 지리적표시권이 자녀에게 승계가 가능
  한가요? 불가능한가요?
- B씨 : 현시점에서 승계는 불가합니다. 그 이유는 (②).
- A씨 : 예, 잘 알겠습니다.

12 C영농조합법인에서는 품온이 27℃인 참외를 5℃ 냉각수를 이용하여 예냉하고자 한다. 1회 반
감기까지 20분이 소요되었고, 일반적으로 권장되는 경제적 예냉수준(7/8 수준)까지 예냉하였
을 때 ① 반감기 경과 횟수에 따른 품온과 ② 소요시간을 계산하시오. (단, 주어진 조건 이외
는 고려하지 않음) 6점

13 사과, 토마토 등에서 상업적으로 사용되고 있는 AVG(aminoethoxyvinyl glycine)와 과망간
산칼륨($KMnO_4$)의 에틸렌에 대한 화학적 제어원리를 각각 설명하시오. 6점

14 농산물품질관리사 A씨가 녹숙상태의 토마토와 감귤을 상온에 저장하였는데, 저장 7일 후 과
실표면의 착색변화가 관찰되었다. 두 작물의 ① 호흡특성과 ② 색소대사에 대해 각각 설명하
시오. 8점

15 농산물품질관리사 H씨가 당근 1상자(10kg)에 대해서 품위를 계측한 결과 다음과 같다. 농산물 표준규격상 낱개의 고르기 및 손질상태의 등급, 경결점과의 비율을 쓰고, 종합판정한 등급과 그 이유를 쓰시오. (단, 주어진 항목 이외는 등급판정에 고려하지 않으며, 비율은 소수점 첫째자리까지 구함) 7점

계측수량	1상자 무게(g) 분포	항목별 계측결과
45개	• 160g 이상 ~ 180g 미만 : 520g • 180g 이상 ~ 200g 미만 : 570g • 200g 이상 ~ 215g 미만 : 3,180g • 215g 이상 ~ 235g 미만 : 3,220g • 235g 이상 ~ 250g 미만 : 1,470g • 250g 이상 ~ 265g 미만 : 1,040g	• 표면이 매끈하고 꼬리 부위의 비대가 양호하다. • 잎은 1.0cm 이하로 자르고 흙과 수염 뿌리가 제거되어 있다. • 선충에 의한 피해가 표면에 발생한 흔적이 있는 것이 3개가 있다. • 품종 고유의 모양이 아닌 것이 1개가 있다.

〈등급판정〉

낱개의 고르기	손질상태	경결점과 비율	종합판정 등급 및 이유	
등급 : (①)	등급 : (②)	(③)%	등급 : (④)	이유 : (⑤)

※ 이유 답안 예시 : △△ 항목이 ○○%로 "○"등급 기준의 ○○% 이하(미만) 또는 이상(초과)에 해당됨

16 참외 생산자 H씨가 농산물 도매시장에 표준규격품으로 출하하고자 1상자(20kg, 40개 들이)를 계측한 결과가 다음과 같다. 농산물 표준규격상의 각 항목별 등급과 종합판정 등급 및 그 이유를 쓰시오. (단, 주어진 항목 이외에는 등급판정에 고려하지 않음) 7점

항목	낱개의 고르기	색택	경결점과
계측 결과	500g 이상 ~ 715g 미만 : 2개 375g 이상 ~ 500g 미만 : 38개	착색비율 95%	품종 고유의 모양이 아닌 것 : 1개
항목별 등급	(①)	(②)	(③)
종합판정 및 이유	• 종합판정 등급 : (④) • 이유 : (⑤)		

※ 이유 답안 예시 : △△ 항목이 ○○%로 "○"등급 기준의 ○○% 이하(미만) 또는 이상(초과)에 해당됨

17 C씨는 2019년에 수확한 들깨를 저온저장고에 보관하던 중 2021년 7월에 소분해서 판매하고자 1kg을 계측한 결과가 다음과 같았다. 농산물 표준규격에 따라 각 항목별 등급과 종합판정 등급 및 그 이유를 쓰시오. (단, 주어진 조건 및 항목 이외에는 등급판정에 고려하지 않음) 7점

- 품위에 영향을 미치는 충해립의 무게 : 1.5g
- 파쇄된 들깨의 무게 : 2.5g
- 껍질의 색깔이 현저하게 다른 들깨의 무게 : 18g
- 들깨 외의 흙이나 먼지의 무게 : 4g

〈등급판정〉

항목	해당 등급	종합판정 등급 및 이유
피해립	(①)	종합판정 등급 : (④)
이종피색립	(②)	이유 : (⑤)
이물	(③)	

18 농산물품질관리사 A씨가 11월에 출하한 온주밀감 1상자(10kg, 100개들이)를 농산물표준규격 등급판정을 위해 계측한 결과가 다음과 같았다. 항목 등급, 결점과 종류와 비율, 종합판정 등급과 그 이유를 쓰시오. (단, 비율은 소수점 첫째자리까지 구하고, 주어진 항목 이외는 등급판정에 고려하지 않음) 7점

계측수량	껍질 뜬 정도	색택	결점과
50개	껍질 내표면적의 11%	착색 비율 86%	• 꼭지가 퇴색된 것 : 1개 • 지름 3mm 일소 피해 : 1개

〈등급판정〉

껍질 뜬 것	결점과 종류	결점과 비율	종합판정 등급 및 이유	
등급 : (①)	(②)	(③)%	등급 : (④)	이유 : (⑤)

※ 이유 답안 예시 : △△ 항목이 ○○%로 "○"등급 기준의 ○○% 이하(미만) 또는 이상(초과)에 해당됨

19 국립농산물품질관리원 소속 공무원 A씨는 도매시장에 농산물 표준규격품 사후관리를 위한 출장 시 표준규격품으로 출하된 고구마(15kg) 1상자를 전량 계측한 결과, 출하자에게 표준규격품 등급 표시위반으로 행정처분하였다. 계측 결과에 따라 낱개의 고르기 등급과 비율, 결점의 종류와 비율을 쓰시오. (단, 비율은 소수점 첫째자리까지 구함) 7점

1상자 무게(g) 분포	결점과
• 100 ~ 120g 범위 : 22개 • 121 ~ 130g 범위 : 58개 • 131 ~ 149g 범위 : 19개 • 150 ~ 159g 범위 : 21개	• 검은무늬병이 외피에 발생한 것 : 10개

낱개의 고르기		결점의 종류	결점 비율
등급 : (①)	비율 : (②)%	(③)	(④)%

20 한라봉(1과 무게 375g) 100과를 선별하여 농산물 표준규격품(상자당 7.5kg, 20과들이)으로 출하하고자 한다. 이 농가의 최대 수익차원(정상과와 결점과는 반드시 혼합구성)에서의 한라봉 출하 상자를 구성하시오. (단, 주어진 항목 이외에는 등급판정을 고려하지 않으며, 동일 등급 상자의 구성 내용은 모두 같음) 8점

정상과	A형	• 결점과 없는 것 : 85과
결점과	B형	• 꼭지가 떨어진 것과 깍지벌레 피해가 있는 것 : 2과
	C형	• 품종 고유의 모양이 아닌 것과 꼭지가 퇴색된 것 : 13과

등급	최대 상자수	1상자 구성 내용
특	1상자	(①)
상	(②)상자	(③)
보통	(④)상자	(⑤)

※ 구성 내용 예시 : A형 ○○과 + B형 ○○과 + C형 ○○과

2020년 제17회 2차 기출문제

※ 단답형 문제에 대해 답하시오. (1 ~ 10번 문제)

01 다음은 농수산물 품질관리법령상 농산물우수관리인증에 관한 내용이다. ①~③ 중 틀린 내용의 번호와 틀린 부분을 옳게 수정하시오. (수정 예 : ① : ○○○ → □□□) 3점

> ① 농산물우수관리인증기관은 인증의 유효기간이 끝나기 3개월 전까지 신청인에게 갱신절차와 갱신신청 기간을 미리 알려야 한다.
> ② 농산물우수관리기준에 따라 농산물을 생산·관리하는 자는 국립농산물품질관리원으로부터 인증을 받을 수 있다.
> ③ 농산물우수관리인증품이 아닌 농산물에 농산물우수관리인증품의 표시를 하거나 이와 비슷한 표시를 한 자는 1년 이하의 징역 또는 1천만원 이하의 벌금에 처한다.

02 다음은 농수산물의 원산지 표시에 관한 법률상 농산물의 원산지를 거짓으로 표시하여 적발된 경우에 대한 벌칙 및 처분기준이다. (   )에 알맞은 내용을 쓰시오. 5점

> • 벌칙 : 7년 이하의 징역이나 (①   )원 이하의 벌금
> • 과징금 : 최근 (②   )년간 2회 이상 원산지를 거짓표시한 자에게 그 위반금의 5배 이하에 해당하는 금액을 과징금으로 부과·징수
> • 위반업체 공표 : 국립농산물품질관리원, 한국소비자원, 인터넷 정보 제공 사업자 등의 홈페이지에 처분이 확정된 날로부터 (③   )개월간 공표

03 농수산물 품질관리법령상 안전성 조사에 관한 설명이다. (   )에 알맞은 용어를 쓰시오. 2점

> 식품의약품안전처장이나 시·도지사는 농산물의 안전관리를 위하여 농산물에 대하여 다음의 안전성 조사를 하여야 한다.
> • (①   )단계 : 총리령으로 정하는 안전기준에의 적합 여부
> • (②   )단계 : 「식품위생법」 등 관계 법령에 따른 유해물질의 잔류허용기준 등의 초과 여부

04   일반음식점 B식당은 2019년 3월 5일에 배추김치의 원산지를 표시하지 않아 과태료 처분을 받은 사실이 있다. B식당이 2020년 7월 5일에 돼지고기의 원산지와 쌀의 원산지를 표시하지 않아 단속 공무원에게 재차 적발되었다면 농수산물의 원산지 표시에 관한 법률상 과태료의 부과기준에 따라 부과될 수 있는 과태료를 쓰시오. (단, 처분기준은 개별기준을 적용하며, 경감사유는 없다.) 4점

> 과태료 : 돼지고기 – (①)만원, 쌀 – (②)만원

05   에틸렌 수용체에 결합하여 에틸렌 작용을 억제하는 물질로서 현재 과일과 채소류에서 비교적 활발하게 응용되고 있는 물질의 명칭을 쓰시오. 3점

06   원예산물의 저장 중 증산작용에 영향을 미치는 환경요인에 관한 설명이 옳으면 ○, 틀리면 ×를 쓰시오. 2점

> • 저장고 내 상대습도가 높을수록 증산속도가 증가한다. ································· (①)
> • 저장온도가 높을수록 증산속도가 증가한다. ····································· (②)
> • 저장고 내 공기 유속이 빠를수록 증산속도가 증가한다. ···························· (③)
> • 저장고 내 광이 많을수록 증산속도가 증가한다. ································· (④)

07   M농산물품질관리사는 내부 온도가 0℃와 10℃인 2개의 다른 저장고에 〈보기〉의 농산물을 적정 온도에 맞게 저장하려고 한다. ① 0℃의 저장고에 저장할 농산물과 ② 10℃의 저장고에 저장할 농산물을 구분하여 〈보기〉에서 모두 찾아 쓰시오. (단, 상대습도, 공기의 속도 등 저장고의 다른 환경 조건은 무시한다.) 5점

> ─── 보기 ───
> 오이 양배추 무 고구마 토마토 당근

08 A영농조합법인이 APC에서 저온저장된 '자두'를 상온 탑차에 실어 가락동 공영도매시장으로 출하하였다. 출하된 '자두'는 외부 온·습도의 급격한 환경변화로 과피에 물방울이 맺혀 일부 '자두'에는 얼룩이 생겨 제값을 받기 어려웠다. 얼룩이 생긴 '자두'에 발생한 현상을 쓰시오. 3점

09 다음에서 (   )에 들어갈 용어를 쓰시오. 3점

> 배의 과피 흑변은 저온저장 초기에 발생되며 유전적 요인에 의해 영향을 받는다. 특히 (①)계통인 '신고'와 '추황배'에서 주로 나타나며, 재배 중에는 (②)비료의 과다 사용으로 발생하기 쉽다.

10 다음은 원예작물의 성숙과정과 숙성과정에서 일어나는 일련의 대사과정이다. (   )에 올바른 내용을 쓰시오. 5점

> • 토마토는 성숙을 거쳐 숙성이 되면서 녹색의 (①)이/가 감소하고, 빨간색의 라이코펜이 증가한다.
> • 사과는 숙성이 진행되면서 (②)이/가 당으로 분해되어 단맛이 증가한다.
> • 과육이 연화되는 이유는 펙틴이 분해되어 (③)이/가 붕괴되기 때문이다.

※ 서술형 문제에 대해 답하시오. (11 ~ 20번 문제)

11 종합할인마트에 근무하고 있는 B농산물품질관리사는 판매대에 진열한 '양파'와 '자몽'에 대하여 다음과 같은 방법으로 원산지를 표시하려고 한다. 농산물의 원산지 표시에 관한 법률상 '양파'와 '자몽'의 원산지 표시(①, ③)와 최소 글자 크기(②, ④)를 쓰시오. 6점

진열상태		원산지 표시방법
• 생산지가 전남 무안군인 '양파'를 판매대에 벌크 상태로 진열하고 일괄 안내 표시판에 표시	⇒	• '양파' 글자 크기 : 30포인트 • 원산지 표시 : (①) • 원산지의 최소 글자크기 : (②)포인트
• 생산지가 미국인 '자몽'을 판매대에 벌크 상태로 진열하고, 직경 4cm 크기의 스티커를 각각 부착하는 방법으로 표시	⇒	• '자몽' 글자크기 : 30포인트 • 원산지 표시 : (③) • 원산지의 최소 글자크기 : (④)포인트

PART 03

12 사과를 0°C와 10°C에서 각각 저장하면서 호흡률을 측정한 결과 0°C에서 $5mgCO_2/kg \cdot hr$, 10°C에서는 $12.5mgCO_2/kg \cdot hr$이었다. 이때 호흡의 ① 온도계수(Q_{10})를 구하고, ② '공기조성'이 호흡에 미치는 영향에 대해 간략히 설명하시오. 5점

13 신선편이 농산물의 살균소독을 위해 염소수 세척을 하려고 한다. 유효염소 5%가 함유되어 있는 차아염소산나트륨(NaOCl)을 이용하여 100ppm의 유효염소 농도를 갖는 염소수 400L를 만들고자 할 때 필요한 차아염소산나트륨의 양(mL)을 구하시오. (단, 계산과정을 포함한다.) 6점

14 단감을 플라스틱 필름으로 포장하여 저장하였더니 연화가 억제되고 저장성이 증대되었다. 이 ① 저장법의 명칭과 ② 원리를 설명하고, 현재 단감의 저장에 가장 많이 사용되고 있는 ③ 플라스틱 포장재료 1가지를 쓰시오. 6점

15 K생산자가 화훼공판장에 출하하기 위해 포장한 카네이션(스탠다드) 1상자(20묶음 400본)의 품위를 계측한 결과가 다음과 같았다. 농산물 표준규격에 따른 항목별 등급(①~④)을 쓰고, 종합등급(⑤)과 그 이유(⑥)를 쓰시오. (단, 크기의 고르기는 9묶음을 추출하여 꽃대의 길이를 측정하였고, 주어진 항목 이외는 등급판정에 고려하지 않는다.) 7점

1묶음 평균의 꽃대의 길이	꽃, 개화정도 및 결점
• 82cm짜리 : 2묶음 • 78cm짜리 : 5묶음 • 74cm짜리 : 2묶음	• 품종 고유의 모양으로 색택이 선명하고 양호함 • 꽃봉오리가 1/4정도 개화됨 • 품종 고유의 모양이 아닌 것 : 28본

항목	해당등급	종합등급 및 이유
• 크기의 고르기	(①)	• 종합등급 : (⑤)
• 꽃	(②)	
• 개화정도	(③)	• 종합등급 판정 이유 : (⑥)
• 결점	(④)	

16 K농산물품질관리사는 공영도매시장에 출하된 마른고추 6kg들이 1포대를 농산물 표준규격 '항목별 품위계측 및 감정방법'에 따라 계측한 결과가 다음과 같았다. ① 낱개의 고르기 등급, ② 탈락씨의 등급, 결점과(③~④) 및 ⑤ 종합등급을 쓰시오. (단, 주어진 항목 이외는 등급판정에 고려하지 않는다.) 6점

낱개의 고르기	탈락씨	결점과
• 평균길이에서 ±1.5cm를 초과하는 것 : 4개	25g	• 길이의 1/3이 갈라진 것 : 2개 • 꼭지 빠진 것 : 2개

낱개의 고르기	탈락씨	결점과		종합등급
		종류	혼입률	
(①)	(②)	(③)	(④)	(⑤)

※ 결점과 종류 : 경결점과, 중결점과 중에서 선택

17 C농산물품질관리사가 도매시장에서 포도(품종 : 거봉) 1상자(5kg)에 대해서 품위를 계측한 결과 다음과 같았다. 농산물 표준규격에 따른 ① 낱개의 고르기 등급과 ② 그 이유를 쓰시오. 5점

• 포도(거봉) 송이별 무게 구분	• 360g ~ 399g 범위 : 1송이 • 400g ~ 429g 범위 : 6송이 • 430g ~ 459g 범위 : 3송이 • 460g ~ 499g 범위 : 2송이

18 농업인 A씨가 농산물 도매시장에 표준규격 농산물로 출하한 단감 1상자(10kg)를 표준규격품 기준에 따라 단감 40개를 계측한 결과 다음과 같았다. 농산물 표준규격상 ① 낱개의 고르기 등급, ② 색택 등급, ③ 경결점과 등급을 쓰고 ④ 종합등급과 ⑤ 그 이유를 쓰시오. (단, 주어진 항목 이외는 등급판정에 고려하지 않는다.) 6점

단감의 무게(g)	색택	경결점과
• 350g 이상 ~ : 1개 • 214g 이상 ~ 250g 미만 : 38개 • 188g 이상 ~ 214g 미만 : 1개	착색비율 85%	• 품종 고유의 모양이 아닌 것 : 1개 • 약해 등으로 외관이 떨어진 것 : 1개

항목	해당 등급	종합등급 및 이유
• 낱개의 고르기	(①)	• 종합등급 : (④)
• 색택	(②)	• 종합등급 판정 이유 : (⑤)
• 경결점과	(③)	

19 A농산물품질관리사가 시중에 유통되고 있는 참깨(1포대, 20kg들이)를 농산물 표준규격에 따라 품위를 계측한 결과가 다음과 같았다. 농산물 표준규격에 따른 항목별 등급(①~③)을 쓰고, ④ 종합등급과 ⑤ 그 이유를 쓰시오. (단, 주어진 항목 이외는 등급판정에 고려하지 않는다.) 6점

구분	이물	이종피색립	용적중
계측결과	0.5%	1.2%	605g/L

항목	해당등급	종합등급 및 이유
• 이물	(①)	• 종합등급 : (④)
• 이종피색립	(②)	
• 용적중	(③)	• 종합등급 판정 이유 : (⑤)

20 A농가가 참외를 수확하여 선별하였더니 다음과 같았다. 5kg들이 상자에 담아 표준규격품으로 출하하려고 할 때, 등급별로 포장할 수 있는 최대 상자수(①~③)와 등급별 상자의 구성 내용(④~⑥)을 쓰시오. (단, 주어진 참외를 모두 이용하여 '특', '상', '보통'순으로 포장하여야 하며 '등외'는 제외한다. 주어진 항목 이외는 등급에 고려하지 않는다.) 9점

1개의 무게	개수	총 중량	정상과	결점과
750g	7	5,250g	7	없음
700g	5	3,500g	5	없음
600g	5	3,000g	5	없음
500g	7	3,500g	5	• 열상의 피해가 경미한 것 : 1개 • 품종 고유의 모양이 아닌 것 : 1개
계	24	15,250g	22	2개

등급	최대 상자 수	구성 내용
특	(①)	(④)
상	(②)	(⑤)
보통	(③)	(⑥)

※ 구성 내용 예시 : (○○○g □개), (○○○g □개 + ○○○g □개)

2019년 제16회 2차 기출문제

※ 단답형 문제에 대해 답하시오. (1 ~ 10번 문제)

01 농수산물 품질관리법령상 안전관리계획에 관한 내용이다. (   )에 들어갈 내용을 쓰시오.
3점

(①)은 농수산물(축산물은 제외)의 품질향상과 안전한 농수산물의 생산·공급을 위한 안전관리계획을 매년 수립·시행하여야 한다. 그 내용에는 관련 법조항에 따른 (②)조사, (③)평가 및 잔류조사, 농어업인에 대한 교육, 그 밖에 총리령으로 정하는 사항을 포함하여야 한다.

02 배추김치(고춧가루를 사용한 제품)와 돼지고기를 사용한 김치찌개를 조리하여 판매하고 있는 일반음식점에 대한 원산지 단속과정에서 조사공무원이 아래의 〈메뉴판〉 표시내용을 보고 음식점 주인 Y씨와 다음과 같은 대화를 가졌다. 밑줄에 들어갈 Y씨의 원산지 표기 사유에 대한 답변내용을 쓰시오. (단, 주어진 내용 이외는 고려하지 않음) 4점

┤ 메뉴판 ├
김치찌개(배추김치 : 중국산, 돼지고기 : 멕시코산)

┤ 대화 내용 ├
• 조사공무원 : "김치찌개의 원산지 중 배추김치에 대하여 배추와 고춧가루의 원산지를 각각 표시하지 않고 왜 중국산으로만 표시하였나요?"
• Y씨 : "_____"
• 조사공무원 : "아, 그렇군요. 그러면 원산지 표시가 현재 맞다고 판단됩니다."

03 농수산물 품질관리법령상 농산물 이력추적관리를 등록한 생산자 A씨의 신규 등록, 행정처분 및 적발 등 일자별 추진상황은 다음과 같다. 이 경우 A씨가 국립농산물품질관리원장으로부터 받게 될 행정처분의 기준을 쓰시오. (단, 경감사유는 없음) 3점

추진일자	세부 추진상황
2018년 3월 8일	국립농산물품질관리원장으로부터 농산물 이력추적관리 신규등록증 발급 받음
2018년 9월 4일	농산물 이력추적관리 등록변경신고를 하지 않아 국립농산물품질관리원장 으로부터 시정명령 처분을 받음
2019년 5월 9일	농산물 이력추적관리 등록변경신고 사항이 있음에도 신고하지 않아 국립 농산물품질관리원 조사공무원이 적발

04 국립농산물품질관리원 조사공무원은 농수산물 품질관리법령에 따라 우수관리인증기관으로 지정된 Y기관을 대상으로 점검한 결과, 조직·인력기준 1건과 시설기준 2건이 지정기준에 미달되었다. 국립농산물품질관리원장이 조치할 수 있는 행정처분의 기준을 쓰시오. (단, 처분기준은 개별기준을 적용하며, 경감사유는 없고, 위반횟수는 1회임) 3점

05 A미곡종합처리장은 농산물우수관리시설로 지정 받고자 우수관리인증기관에 지정신청서를 제출함에 따라 2019년 8월 13일 심사를 받은 결과, 지정기준에 적합하지 않다고 통보 받았다. 심사결과를 고려하여 적합판정을 받을 수 있는 방법을 쓰시오. (단, 주어진 항목만으로 판정하고, 이외 항목은 고려하지 않으며 A미곡종합처리장은 지리적 여건상 상수도를 사용할 수 없음) 6점

항목	심사결과
수처리 설비	① 지하수를 사용하고 있으며, 화장실이 취수원으로부터 10m 떨어진 곳에 위치 ② 2017년 8월 16일 발행된 지하수 수질검사성적서(결과 : 먹는물 수질 기준에 적합) 비치

06 수확한 농산물의 수분손실을 줄이기 위한 방법으로 옳으면 ○, 틀리면 ×를 순서대로 모두 쓰시오. 5점

> • 진공식보다 차압식 예냉 방식을 선택한다. ┈┈┈┈┈┈┈┈┈┈┈┈┈┈┈┈┈┈ (①)
> • 저장고의 밀폐도를 높이고 가습기를 설치한다. ┈┈┈┈┈┈┈┈┈┈┈┈┈┈┈ (②)
> • 저장고 냉기 유속을 빠르게 유지한다. ┈┈┈┈┈┈┈┈┈┈┈┈┈┈┈┈┈┈┈┈┈ (③)
> • 저장고의 증발코일에 응축된 수분은 신속히 제거한다. ┈┈┈┈┈┈┈┈┈┈┈ (④)

07 아래 (   )에 들어갈 내용을 〈보기〉에서 모두 찾아 순서대로 쓰시오. 4점

> 과일의 유기산 함량은 착과 후 성숙단계에 이르기까지 (①)하며, 숙성이 진행되면 급격히 (②)한다. 유기산의 상대적 함량을 측정하기 위해 일정한 (③)의 과즙에 0.1N (④)용액을 첨가하여 pH 8.2까지 적정한 후 적정산도를 산출한다.

┤ 보기 ├
감소   증가   부피   중량   NaCl   NaOH

08 세 농가에서 수집된 '후지' 사과를 농가별로 요오드검사를 실시한 후, 사과 절단면의 청색부분 면적을 측정하여 아래와 같은 결과를 얻었다. 다음 물음에 답하시오. 6점

> A 농가 : 절단면의 50%
> B 농가 : 절단면의 30%
> C 농가 : 절단면의 10%

① 요오드검사에서 측정하고자 하는 대상 성분을 쓰시오.
② 오래 저장할 수 있는 농가를 순서대로 나열하시오.

09 다음은 생강이나 고구마와 같이 땅속에서 자라는 작물의 치유처리에 관한 설명이다. ①~④ 중 틀린 설명 2가지를 찾아 번호를 쓰고, 옳게 수정하시오. 4점

> ① 상대습도가 높을수록 치유 효과가 높아진다.
> ② 미생물 증식을 고려하여 치유처리 시 35℃ 이상은 피한다.
> ③ 상처부위에 펙틴과 같은 치유 조직이 형성된다.
> ④ 치유 조직은 증산에 대한 저항성을 낮춰준다.

10 다음은 과실의 품질 유지를 위해 사용되는 각종 기술에 관한 설명이다. 수확 전·후처리 기술이 잘못 설명된 곳을 ①~④ 모두에서 1군데씩 찾아 옳게 수정하시오. 4점

> ① 단감은 과피흑변을 줄이기 위해 수확기 관수량을 늘리고 LDPE 필름으로 밀봉한다.
> ② 사과는 껍질덴병을 예방하기 위해 적기에 수확하며 훈증을 실시한다.
> ③ 배는 과피흑변을 막기 위해 재배 중 질소질 시비량을 늘리며 예건을 실시한다.
> ④ 감귤은 껍질의 강도를 높이고 산미를 감소시키기 위해 예냉을 실시한다.

※ 서술형 문제에 대해 답하시오. (11~ 20번 문제)

11 A그룹(감귤류, 딸기, 포도 등)의 작물은 완전히 익은 후에 수확하나, B그룹(바나나, 토마토, 키위 등)의 작물은 완전히 익기 전에도 수확할 수 있다. A, B그룹의 호흡유형을 분류하여 숙성 특성을 비교 설명하시오. 6점

12 일반음식점 영업을 하는 ○○식당은 〈메뉴판〉에 원산지 표시를 하지 않고 영업을 하다가 원산지 미표시로 적발되어 과태료를 부과 받았다. ①과태료 부과 총금액을 쓰고, (②~⑤)품목별로 표시대상 원료인 농축산물명과 그 원산지를 표시하시오. (단, 감경사유가 없는 1차위반의 경우이며, 〈메뉴판〉 음식은 각각 10인분을 당일 판매완료하였으며, 모든 원료 및 재료는 국내산이며 쇠고기는 한우임) 6점

┤ 메뉴판 ├

소갈비(②)	30,000원(1인분)
돼지갈비(③)	12,000원(1인분)
콩국수(④)	7,000원(1그릇)
누룽지(⑤)	1,000원(1그릇)

13 농수산물 품질관리법령상 지리적표시 등록심의 분과위원회에서 지리적표시 무효심판을 청구할 수 있는 경우 1가지만 쓰시오. 3점

14 농산물품질관리사가 포도(거봉) 1상자(5kg)에 대해서 점검한 결과가 다음과 같을 때 낱개의 고르기 등급과 그 이유를 쓰시오. (단, 주어진 항목 이외는 등급판정에 고려하지 않음) **5점**

포도(거봉) 송이별 무게 구분
• 350 ~ 379g 범위 : 720g
• 380 ~ 399g 범위 : 770g
• 400 ~ 419g 범위 : 830g
• 420 ~ 449g 범위 : 2,220g
• 450 ~ 469g 범위 : 460g

낱개의 고르기	등급판정 이유
등급 : (①)	이유 : (②)

15 한지형 마늘 1망(100개들이)을 농산물품질관리사가 점검한 결과이다. 낱개의 고르기 등급과 경결점의 비율을 쓰고, 종합판정등급과 그 이유를 쓰시오. (단, 주어진 항목 이외는 등급판정에 고려하지 않음) **6점**

1개의 지름	점검결과
• 5.1 ~ 5.5cm : 15개 • 5.6 ~ 6.0cm : 40개 • 6.1 ~ 6.5cm : 30개 • 6.6 ~ 7.0cm : 15개	• 마늘쪽이 마늘통의 줄기로부터 1/4 이상 떨어져 나간 것 : 2개 • 뿌리 턱이 빠진 것 : 1개 • 뿌리가 난 것 : 3개 • 벌마늘인 것 : 1개

낱개의 고르기	경결점	종합판정 등급 및 이유	
등급 : (①)	비율 : (②)%	등급 : (③)	이유 : (④)

16 백합을 재배하는 K씨는 백합 20묶음(200본)을 수확하여 1상자에 담아 농산물표준규격에 따라 '상'등급으로 표시하여 출하하고자 하였으나 농산물품질관리사 A씨가 점검한 결과, 표준규격품으로 출하가 불가함을 통보하였다. 개화정도의 해당등급과 경결점 비율을 구하고, 표준규격품 출하 불가 이유를 쓰시오. (단, 주어진 항목 이외는 등급판정에 고려하지 않으며, 비율은 소수점 첫째자리까지 구함) **7점**

점검결과	• 꽃봉오리가 1/3정도 개화되었음	
	• 열상의 상처가 있는 것 : 8본	• 손질 정도가 미비한 것 : 4본
	• 품종 고유의 모양이 아닌 것 : 1본	• 품종이 다른 것 : 3본
	• 상처로 외관이 떨어지는 것 : 2본	• 농약살포로 외관이 떨어진 것 : 2본

17 새송이버섯(2kg, 소포장품) 1상자를 표준규격품으로 출하하고자 선별한 결과이다. 농산물표준규격에 따른 낱개의 고르기 등급을 쓰고, 종합판정등급과 그 이유를 쓰시오. (단, 주어진 항목 이외는 등급판정에 고려하지 않음) 6점

무게구분	선별결과
• 60 ~ 69g : 260g • 70 ~ 79g : 800g • 80 ~ 89g : 750g • 90 ~ 99g : 190g	• 달팽이의 피해가 있는 것 : 70g • 갓이 손상되었으나 자루는 정상인 것 : 60g • 경미한 버섯파리 피해가 있는 것 : 300g • 갓의 색깔 : 품종 고유의 색깔을 갖추었음 • 신선도 : 육질이 부드럽고 단단하며 탄력이 있음

낱개의 고르기	종합판정등급	종합판정등급 이유
등급 : (①)	등급 : (②)	이유 : (③)

18 농산물품질관리사 A씨가 꽈리고추 1박스를 농산물 표준규격 등급판정을 위해 계측한 결과가 다음과 같았다. 낱개의 고르기 등급, 결점의 종류와 혼입률을 쓰고, 종합판정등급과 그 이유를 쓰시오. (단, 주어진 항목 이외는 등급판정에 고려하지 않음) 7점

계측수량	낱개의 고르기	결점과
50개	• 평균 길이에서 ±2.0 cm를 초과하는 것 : 8개	• 과숙과(붉은 색인 것) : 1개 • 꼭지 빠진 것 : 1개

낱개의 고르기	결점의 종류와 혼입률		종합판정등급 및 이유	
등급 : (①)	종류 : (②)	혼입률 : (③)	등급 : (④)	이유 : (⑤)

19 단감을 생산하는 농업인 K씨가 농산물 도매시장에 표준규격 농산물로 출하하고자 단감 1상자 (15kg)를 표준규격 기준에 따라 단감 50개를 계측한 결과가 다음과 같았다. 농산물 표준규격 상의 낱개의 고르기와 착색비율의 등급을 쓰고, 종합판정등급과 그 이유를 쓰시오. (단, 주어 진 항목 이외는 등급판정에 고려하지 않음) 6점

단감의 무게(g)	착색비율	결점과
• 250g 이상 ～ 300g 미만 : 1개 • 214g 이상 ～ 250g 미만 : 46개 • 188g 이상 ～ 214g 미만 : 2개 • 167g 이상 ～ 188g 미만 : 1개	착색비율 70%	• 품종 고유의 모양이 아닌 것 : 1개 • 꼭지와 과육 사이에 틈이 있는 것 : 1개

낱개의 고르기	착색비율	종합판정등급 및 이유	
등급 : (①)	등급 : (②)	등급 : (③)	이유 : (④)

20 1개의 무게가 100g인 참다래 200개를 선별하여 동일한 등급으로 4상자를 만들어 표준규격품 으로 출하하고자 한다. 1상자당(5kg들이) 50과로 구성하며, 정상과는 48개씩 넣고 〈보기〉 내 용에서 2과를 추가하여 상자를 구성할 경우, 4상자 모두를 동일 등급으로 구성할 수 있는 최 고 등급을 쓰고, 최고 등급을 가능하게 할 2과를 〈보기〉에서 찾아 번호를 쓰시오. (단, 주어진 항목 이외는 상자의 구성 및 등급 판정을 고려하지 않으며, (②～⑤)에는 1개 번호만 답란에 기재하며 중복은 허용하지 않음) 6점

┤ 보기 ├

[1번] 햇볕에 그을려 외관이 떨어지는 것 : 2과
[2번] 녹물에 오염된 것 : 2과
[3번] 품종이 다른 것 : 2과
[4번] 깍지벌레의 피해가 있는 것 : 2과
[5번] 품종 고유의 모양이 아닌 것 : 2과
[6번] 시든 것 : 2과
[7번] 약해로 외관이 떨어지는 것 : 2과
[8번] 바람이 들어 육질에 동공이 생긴 것 : 2과

4상자의 등급	상자당 구성 내용
등급 : (①)	상자(A) : 정상과 48과 + (②) 상자(B) : 정상과 48과 + (③) 상자(C) : 정상과 48과 + (④) 상자(D) : 정상과 48과 + (⑤)

※ 단답형 문제에 대해 답하시오. (1 ~ 8번 문제)

01 농수산물품질관리법령상 검사를 받은 농산물에 대한 '검사판정 취소'에 해당하는 사유를 다음 에서 모두 찾아 번호를 쓰시오. 4점

> ① 농림축산식품부령으로 정하는 검사 유효기간이 지난 경우
> ② 검사 결과의 표시 또는 검사증명서를 위조하거나 변조한 사실이 확인된 경우
> ③ 거짓이나 그 밖의 부정한 방법으로 검사를 받은 사실이 확인된 경우
> ④ 검사 결과의 표시가 없어지거나 명확하지 아니하게 된 경우
> ⑤ 검사를 받은 농산물의 포장이나 내용물을 바꾼 사실이 확인된 경우

02 농수산물품질관리법령상 농산물 생산자 단체가 농산물 우수관리인증을 신청할 때 신청서 에 첨부하여 제출하여야 할 서류 2가지를 쓰시오. 4점

03 다음 농수산물품질관리법령에 관한 내용 중 아래 ( )에 들어갈 내용을 〈보기〉에서 찾아 쓰시 오. 4점

> • 임산물을 생산하는 A영농조합법인은 (①)에게 지리적표시의 등록을 신청
> • 임산물을 생산하는 B농가는 (②)에게 농산물 이력추적관리 등록을 신청
> • (③)은 농산물우수관리기준을 제정하여 고시
> • (④)은 유전자변형농산물 중 식용으로 적합하다고 인정하는 품목을 유전자변형농산물 표시 대상으로 고시

─┤ 보기 ├─
식품의약품안전처장 농촌진흥청장 산림청장
농림축산검역본부장 국립농산물품질관리원장

04 다음은 원예작물의 성숙과정과 숙성과정에서 일어나는 일련의 대사과정이다. (   )에 올바른 내용을 쓰시오. 4점

> • 토마토는 성숙을 거쳐 숙성을 하면서 푸른색의 (①)이/가 감소하고, 빨간색의 리코핀이 증가한다.
> • 떫은감의 떫은맛을 내는 물질은 (②)이며, 연화가 되면서 가용성(②)이/가 불용성(②)으로 전환된다.
> • 과육이 연화되는 이유는 (③)이/가 붕괴되기 때문이다.

05 다음 내용에서 옳으면 ○, 틀리면 ×를 순서대로 쓰시오. 4점

> ① 원예작물은 품온을 낮추기 위해 예냉을 빨리 실시하여야 하며, 예냉 후에는 저온에 유통시키는 것이 바람직하다.
> ② 수확시기 판정에서 호흡급등형(Climacteric-type) 과실은 에틸렌 발생 증가와는 무관하다.
> ③ 결로현상은 원예작물의 품온과 외기온도가 같을 때 가장 많이 발생한다.
> ④ 원예작물의 객관적 품질인자에는 경도, 당도, 산도, 색도 등이 있다.

06 일반적으로 단감은 APC에서 11월경에 0.06mm 폴리에틸렌(PE) 필름에 5개씩 밀봉하여 저장 및 유통을 한다. 다음 물음에 답하시오. (단, 단감의 수분함량은 90%, 저장온도는 0℃ 이다.) 4점

> ① 밀봉 1개월이 지난 후에 필름 내 상대습도를 쓰시오.
> ② 저온저장 2~3개월 후에도 밀봉한 단감이 물러지지 않고, 단단함을 유지하는 이유를 쓰시오.

07 배의 수확 후 생리적 장해증상에 관한 설명이다. 〈보기 1〉에 해당하는 생리적 장해를 쓰고, 이를 억제할 수 있는 방법을 〈보기 2〉에서 찾아 해당 번호를 쓰시오. 4점

───── 보기 1 ─────

• 배의 품종 중 '추황배', '신고'에서 많이 발생한다.
• 배를 저온저장 할 때 초기에 많이 발생하고, 고습조건에서 더욱 촉진된다.
• 배의 과피에 존재하는 폴리페놀이 산화효소에 의해 멜라닌을 형성하여 과피에 반점을 발생시킨다.

───── 보기 2 ─────

① 배의 품온을 낮추기 위해 수확 직후 0~2℃의 냉각수로 세척한다.
② 배 수확 직후 온도 30℃, 상대습도 90% 조건에서 5일 정도 저장한다.
③ 배 수확 직후 저장고 내에서 이산화탄소를 처리한다. (처리온도 0℃, 상대습도 90%, 이산화탄소 농도 30%, 처리시간 3시간)
④ 배 수확 직후 바람이 잘 통하는 곳에서 7~10일간 통풍처리를 한 다음 저장한다.

08 다음과 같은 설명에 적합한 ①수확 후 처리기술과 ②이에 알맞은 원예작물 2개를 쓰시오. 4점

• 수확 시 발생한 물리적 상처를 제어한다.
• 상처제어 시 코르크층을 형성하여 수분증발 및 미생물 침입을 억제한다.
• 수확 후 처리조건은 일반적으로 저온보다는 고온이다.

※ 서술형 문제에 대해 답하시오. (9 ~ 17번 문제)

09 농산물품질관리사는 해외로 수출되는 한국산 원예작물의 검역과정에서 아래와 같은 증상을 발견하였다. 다음 물음에 답하시오. 7점

• 증상 1) : 딸기, 포도, 복숭아의 과피나 과경에 미생물에 의한 부패 발생
• 증상 2) : 참외 과피에 반점이 생기고, 하얀 골에도 갈변이 발생
• 증상 3) : 단감은 필름에 밀봉되어 있는데 필름 내부에 이슬이 맺혀서 단감이 잘 보이지 않음

① 증상 1)이 발생되지 않도록 하는 방법을 쓰시오.
② 증상 2)의 발생원인과 예방법을 쓰시오.
③ 증상 3)의 발생이 억제되도록 고안된 필름이 무엇인지 쓰시오.

10 APC에서 5개월 저장된 사과(후지)를 대량으로 구매한 대형마트의 농산물 판매책임자는 사과를 판매한 후에 소비자로부터 다음과 같은 불만을 들었다. 다음 물음에 답하시오. 6점

―| 불만 |―

"사과 과육이 부분적으로 갈변이 되어서 먹을 수가 없다."

① 불만이 발생한 사과의 생리적 원인을 쓰시오.
② 불만을 해결하기 위한 사과 저장기간 동안의 수확 후 관리 방법을 쓰시오.

PART 03

11 APC에서 사과(홍로)와 혼합 저장한 브로콜리에 생리적 장해가 발생하여 판매를 할 수 없는 상황이 발생하였다. 다음 물음에 답하시오. 7점

〈저장조건 및 장해증상〉

저장조건	• 저장온도 0℃, 상대습도 90% (저장고 규모 30평, 높이 6m, 온도편차 상하 1℃)
저장기간	• 4주
혼합품목	• 사과(홍로), 브로콜리
저장물량	• 사과(홍로) 2,000 상자(20kg/PT 상자) • 브로콜리 100 상자(8kg/PT 상자) ※ 단, 모든 품목은 MA처리를 하지 않음
생리적 장해증상	• 브로콜리 : 황화현상

① 위와 같은 생리적 장해증상의 발생 원인을 쓰시오.
② 위와 같은 생리적 장해증상을 저장 초기에 경감하기 위한 유용한 방법 2가지를 쓰시오.

12 다음은 A집단급식소 메뉴 게시판의 원산지 표시이다. 표시방법이 잘못된 부분을 모두 찾아 번호와 그 이유를 쓰시오. (단, 돼지갈비는 국내산 30%, 호주산 70% 사용) 6점

―| 메뉴 게시판 |―

① 등심(쇠고기 : 국내산) ② 공기밥(쌀 : 국내산)
③ 훈제오리(오리고기 : 중국산) ④ 돼지갈비(돼지고기 : 국내산, 호주산)

13 국립농산물품질관리원 소속 공무원 A는 공영도매시장에 2018년 7월 출하된 등급이 '특'으로 표시된 표준규격품 일반 토마토 1상자(5kg들이, 26과)를 표본으로 추출하여 계측한 결과 다음과 같았다. 국립농산물품질관리원장은 계측 결과를 근거로 출하자에게 표준규격품 표시위반으로 행정처분을 하였다. ①계측결과를 종합하여 판정한 등급과 ②그 이유, 출하자에게 적용된 농수산물품질관리법령에 따른 ③행정처분 기준을 쓰시오. (단, 의무표시사항 중 등급 이외 항목은 모두 적정하게 표시되었고, 위반회수는 1차임) 6점

1과의 무게 분포	계측 결과
210g 이상 ~ 250g 미만 : 1과 180g 이상 ~ 210g 미만 : 24과 150g 이상 ~ 180g 미만 : 1과	• 색택 : 착색상태가 균일하고, 각 과의 착색비율이 전체 면적의 10% 내외임 • 신선도 : 꼭지가 시들지 않고 껍질의 탄력이 뛰어남 • 꽃자리 흔적 : 거의 눈에 띄지 않음 • 중결점과 및 경결점과 : 없음
M : 24과 L, S 각 1과 낱개고르기 무게 다른 것 7.6% (상)	• 색택 : 착색상태가 균일하고, 각 과의 착색비율이 전체 면적의 10% 내외임(특, 상) • 신선도 : 꼭지가 시들지 않고 껍질의 탄력이 뛰어남 • 꽃자리 흔적 : 거의 눈에 띄지 않음(특) • 중결점과 및 경결점과 : 없음(특)

14 농산물품질관리사가 장미(스탠다드) 1상자(20묶음 200본)를 계측한 결과 다음과 같았다. 다음에서 농산물 표준규격에 따른 항목별 등급(①~③)을 쓰고, 이를 종합하여 판정한 등급(④)과 이유(⑤)를 쓰시오. (단, 크기의 고르기는 9묶음 추출하고, 주어진 항목 이외는 등급판정에 고려하지 않음) 6점

평균길이 계측결과	개화정도 및 결점
• 평균 50cm짜리 1묶음 • 평균 62cm짜리 5묶음 • 평균 68cm짜리 3묶음	• 개화정도 : 꽃봉오리가 1/5 정도 개화됨 • 결점 : 품종 고유의 모양이 아닌 것 2본, 손질 정도가 미비한 것 5본

15 생산자 K는 사과(품종 : 홍옥)를 도매시장에 출하하기 위해 표본으로 1상자(10kg들이)를 계측한 결과 다음과 같았다. 농산물 표준규격에 따른 <u>항목별 등급(①~③)</u>을 쓰고, 이를 종합하여 판정한 <u>등급(④)</u>과 <u>이유(⑤)</u>를 쓰시오. (단, 주어진 항목 이외는 등급판정에 고려하지 않음) 6점

항목	크기 구분	착색비율	결점과
계측결과 (40과)	2L : 1과 L : 38과 M : 1과	75%	• 생리장해 등으로 외관이 떨어지는 것 : 2개 • 품종 고유의 모양이 아닌 것 : 1개 • 꼭지가 빠진 것 : 1개

16 농산물품질관리사가 시중에 유통되고 있는 양파 1망(20kg들이)을 농산물 표준규격에 따라 품위를 계측한 결과가 다음과 같았다. 농산물 표준규격에 따른 ① <u>종합등급</u>을 판정하고 ② <u>그 이유</u>를 쓰시오. (단, 주어진 항목 이외에는 등급판정에서 고려하지 않음) 5점

항목	1구의 지름	결점구
계측결과(50구)	• 9.0 이상 : 1구 • 8.0 이상~9.0 미만 : 46구 • 7.0 이상~8.0 미만 : 3구	• 압상이 육질에 미친 것 : 1구 • 병해충의 피해가 외피에 그친 것 : 2구

17 A농가가 멜론(네트계)을 수확하여 선별하였더니 다음과 같았다. 1상자에 4개씩 담아 표준규 격품으로 출하하려고 할 때, 등급별로 만들 수 있는 <u>최대 상자수(①~③)</u>와 <u>등급별 상자들의 구성내용(④~⑥)</u>을 쓰시오. (단, '특', '상', '보통' 순으로 포장하며, 주어진 항목 이외는 등급 에 고려하지 않음) 6점

1개의 무게	총 개수	정상과	결점과
2.7kg	6	4	• 탄저병의 피해가 있는 것 : 1개 • 과육의 성숙이 지나친 것 : 1개
2.3kg	8	8	
1.9kg	8	6	• 품종 고유의 모양이 아닌 것 : 1개 • 탄저병의 피해가 있는 것 : 1개
1.5kg	8	6	• 품종 고유의 모양이 아닌 것 : 1개 • 열상이 있는 것 : 1개

등급	최대 상자수	상자별 구성내용
특	(①)	(④)
상	(②)	(⑤)
보통	(③)	(⑥)

구성내용 예시) (○○kg, ○○개), (○○kg, ○○개 + ○○kg, ○○개), …

※ 단답형 문제에 대해 답하시오. (1 ~ 8번 문제)

01 농수산물품질관리법령에 따른 지리적표시의 등록에 관한 설명이다. ( )안에 들어갈 내용을 답란에 쓰시오. 3점

> 지리적표시 등록 신청 공고결정을 할 경우, 농림축산식품부장관은 신청된 지리적표시가 상표법에 따른 타인의 상표에 저촉되는지에 대하여 미리 (①)의 의견을 들어야 하며, 공고결정을 할 때에는 그 결정 내용을 관보와 인터넷 홈페이지에 공고하고, 공고일부터 (②)개월간 지리적표시 등록 신청서류 및 그 부속서류를 일반인이 열람할 수 있도록 하여야 한다. 또한, 누구든지 공고일부터 (③)개월 이내에 이의 사유를 적은 서류와 증거를 첨부하여 농림축산식품부장관에게 이의 신청을 할 수 있다.

02 다음은 농수산물품질관리법령상 이력추적관리 농산물의 표시항목 내용의 일부이다. 틀린 부분만 찾아 답란에 옳게 수정하여 쓰시오. 2점

> ① 산지 : 농산물을 생산한 지역으로 시·군·구 단위까지 적음
> ② 품목(품종) : 「식품산업진흥법」제2조 제4호나 이 규칙 제6조 제2항 제3호에 따라 표시
> ③ 중량·개수 : 포장단위의 실중량이나 개수
> ④ 생산연도 : 곡류만 해당한다.

03 호주에서 수입한 소를 국내에서 2개월간 사육한 후 도축하여 갈비를 음식점에서 판매하고자 한다. 농수산물의 원산지 표시에 관한 법령에 따라 메뉴판에 기재할 옳은 원산지 표시를 ( )안에 쓰시오. 2점

04 다음 (   )안에 있는 옳은 것을 선택하여 답란에 쓰시오. 3점

> '캠벨얼리' 포도의 숙성 중 안토시아닌 함량은 ① (증가, 감소)하고, 주석산 함량은 ② (증가, 감소)하며, 불용성 펙틴 함량은 ③ (증가, 감소) 한다.

05 예건과 치유에 관한 아래의 설명에서 틀린 부분을 찾아 쓰고 옳게 수정하여 쓰시오. 4점

> 마늘은 다습한 조건에서 외피조직을 건조시켜 내부조직의 수분손실을 방지하며, 고구마는 상처 부위를 통한 미생물 침입을 방지하기 위해 치유처리를 하는데, 이때 상대습도가 낮을수록 코르크층 형성이 빠르다.

06 저온저장고의 온·습도 관리에 관한 설명이다. 옳으면 ○, 틀리면 ×를 (   )안에 표시하시오. 4점

> • 공기가 포함할 수 있는 수증기의 양은 온도가 높을수록 증가한다. ················ (   )
> • 저장고의 온도 편차는 상대습도 편차를 일으키는 원인이 된다. ················ (   )
> • 저장고의 정확한 온도관리를 위해 제상주기는 짧을수록 좋다. ················ (   )
> • 증발기에서 나오는 공기의 온도가 저온저장고의 설정온도 보다 현저히 낮으면 성애가 형성된다. ················ (   )

07 농산물을 입고하기 전 저장고 내부의 위생관리를 위해 유황훈증소독 방법을 사용할 때의 문제점과 대체소독방법을 각각 1가지씩 쓰시오. 4점

08   다음 (   )안에 있는 옳은 것을 선택하여 답란에 쓰시오. 2점

> 녹숙 및 적숙 토마토를 4℃에서 20일 동안 저장한 후 상온에서 3일 동안 유통 시 ① (녹숙, 적숙)
> 토마토에서 수침현상, 과육의 섬유질화와 같은 저온장해현상이 더 많이 발생되었으며, 이때 전
> 기전도계로 측정된 이온용출량은 ② (낮게, 높게) 나타났다.

PART 03

※ 서술형 문제에 대해 답하시오. (9 ~ 18번 문제)

09   신선편이 농산물은 일반 농산물에 비해 품질하락이 빠르고 유통기한이 짧다. 그 이유 3가지를
     쓰시오. 6점

10   원예산물 수송 시 컨테이너에 드라이아이스(dry ice)를 넣었더니 연화, 부패 등 품질손실이
     경감되었다. 그 주된 이유 2가지를 쓰시오. 5점

11   원예산물 저장 시 사용되는 아래 물질들의 에틸렌 제어원리를 설명하시오. 10점
     • 과망간산칼륨($KMnO_4$)
     • AVG(aminoethoxyvinyl glycine)
     • 제올라이트(zeolite)
     • 1-MCP(1-methylcyclopropene)

12   생산자 A씨가 '특' 등급으로 표시한 마른고추 1포대(15kg)에서 농산물품질관리사 B씨가 공시
     료 300g을 무작위 채취하여 계측한 결과가 다음과 같았다. 농산물 표준규격에 따른 해당 항
     목별 등급을 판정하여 쓰고, '특' 등급표시의 적합여부를 기재하고 그 이유를 쓰시오. (단, 주
     어진 항목 외에는 등급판정에 고려하지 않으며, 적합여부는 적합 또는 부적합으로 작성하고,
     혼입비율은 소수점 둘째 자리에서 반올림하여 첫째자리까지 구함) 5점

항목	낱개의 고르기	결점과
계측결과	평균길이에서 ±1.5cm를 초과하는 것 22.5g	• 길이의 1/2 미만이 갈라진 것 6.0g • 꼭지가 빠진 것 7.5g

13 조롱수박을 생산하는 A씨가 K시장에 출하하고자 하는 1상자(5개)를 농산물 표준규격에 따라 품위를 계측한 결과가 다음과 같다. 이 조롱수박의 등급을 판정하고, 그 이유를 쓰시오. (단, 주어진 항목 외에는 등급판정에 고려하지 않음) 7점

항목	낱개의 고르기	신선도	결점과
계측결과	크기 구분표에서 무게(호칭)가 다른 것이 없음	꼭지가 마르지 않고 싱싱함	중결점 및 경결점 없음

※ 무게 : 0.8kg(1개), 1.0kg(1개), 1.1kg(2개), 1.2kg(1개) - 법령 개정으로 무게 삭제

14 생산자 A씨가 녹색꽃양배추(브로콜리)를 수확하여 선별한 결과가 보기와 같다. 농산물 표준규격에 따라 8kg들이 '특' 등급 상자를 만들고자 할 때 만들 수 있는 최대 상자수와 그 이유를 쓰시오. (단, 주어진 항목 외에는 등급판정에 관여하지 않으며, 1상자의 실중량은 8kg을 초과할 수 없음) 6점

예시) 상자당 무게별 개수 : (250g 5개 + 300g 5개)

┤ 보기 ├

• 화구 1개의 무게가 250g인 것 : 42개(10,500g)
• 화구 1개의 무게가 280g인 것 : 25개(7,000g)
• 화구 1개의 무게가 300g인 것 : 15개(4,500g)
• 화구 1개의 무게가 350g인 것 : 10개(3,500g)

15 블루베리를 생산하는 A씨가 수확 후 '2kg 소포장품'으로 판매하고자 선별한 결과는 다음과 같다. 각 항목별 농산물 표준규격상의 낱개의 고르기, 호칭의 총 무게와 이를 모두 종합하여 판정한 등급과 이유를 쓰시오. (단, 주어진 항목 이외는 등급판정에 고려하지 않으며, 소수점 둘째자리에서 반올림하여 첫째자리까지 구함) 6점

과실의 횡경기준별 총 무게	선별상태
• 11.1~11.9mm : 240g • 12.1~12.9mm : 300g • 13.1~13.9mm : 160g • 14.1~14.9mm : 500g • 15.1~15.9mm : 600g • 16.1~16.9mm : 200g	• 색택 : 품종고유의 색택을 갖추고, 과분의 부착이 양호 • 낱알의 형태 : 낱알 간 숙도의 고르기가 뛰어남 • 결점과 : 없음

16 농산물품질관리사 A씨가 들깨(1kg)의 등급판정을 위하여 계측한 결과가 다음과 같았다. 농산물 표준규격에 따라 계측항목별 등급과 이유를 쓰고, 종합 판정등급과 이유를 쓰시오. (단, 주어진 항목 외에는 등급판정에 고려하지 않으며, 혼입비율은 소수점 둘째자리에서 반올림하여 첫째자리까지 구함) 8점

공시량	계측결과
300g	• 심하게 파쇄된 들깨의 무게 : 1.2g • 껍질의 색깔이 현저히 다른 들깨의 무게 : 7.5g • 흙과 먼지의 무게 : 0.9g

17 A농가에서 장미(스탠다드)를 재배하고 있는데 금년 8월 1일 모든 꽃봉오리가 동일하게 맺혔고 개화시작 직전이다. 8월 1일부터 1일 경과할 때마다 각 꽃봉오리가 매일 10%씩 개화가 진행된다면 '특' 등급에 해당하는 장미를 생산할 수 있는 날짜와 그 이유를 쓰시오. (단, 개화정도로만 등급을 판정하며 주어진 항목 외에는 등급판정에 고려하지 않음) 7점

18 수확된 사과(품종 : 후지)를 선별기에서 선별해보니 아래와 같았다.

선별기 라인	착색비율 및 개수
1번(개당 무게 350g)	70% : 12개, 60% : 2개, 30% : 6개
2번(개당 무게 300g)	70% : 11개, 50% : 15개, 40% : 10개, 30% : 3개
3번(개당 무게 250g)	60% : 9개, 50% : 2개, 40% : 5개, 30% : 1개

7.5kg들이 '특' 등급 1상자는 농산물 표준규격에 따라 다음과 같이 구성하였으며, 남은 사과로 '상' 등급 1상자(7.5 kg)를 만들고자 한다. 실중량은 7.5kg의 1.0%를 초과하지 않으면서 무거운 것을, 같은 무게에서는 착색비율이 높은 것을 우선으로 구성하여 무게별 개수 및 착색비율과 낱개의 고르기 비율을 쓰시오. (단, 주어진 항목 외에는 등급판정에 고려하지 않음) 10점

구분	무게(착색비율) 및 개수
'특' 등급 1상자	350g(70%) 12개 + 300g(70%) 11개
'상' 등급 1상자	350g(60%) 2개 + [①]
'상' 등급(1상자)에 해당하는 '낱개의 고르기' 비율	(②) %

2016년 제13회 2차 기출문제

※ 단답형 문제에 대해 답하시오. (1 ~ 16번 문제)

01 ( )안에 들어갈 내용을 답란에 쓰시오. 2점

> 원산지 표시의 위반행위자에 대하여 농림축산식품부장관이 내린 표시의 삭제 명령을 이행하지 아니한 자는 농수산물의 원산지 표시에 관한 법률상 벌칙기준으로 (①) 이하의 징역이나 (②) 이하의 벌금에 처한다.

02 농수산물품질관리법령상 지리적표시품에 대한 1차 위반 시의 처분내용을 보기에서 골라 답란에 쓰시오. (단, 기타 경감사유가 없는 것으로 가정함) 3점

> ① 지리적표시품 생산계획의 이행이 곤란하다고 인정되는 경우
> ② 등록된 지리적표시품이 아닌 제품에 지리적표시를 한 경우
> ③ 지리적표시품이 등록기준에 미치지 못하게 된 경우
> ④ 내용물과 다르게 거짓표시나 과장된 표시를 한 경우

> ┤ 보기 ├
> 시정명령   표시정지 1개월   표시정지 3개월   표시정지 6개월
> 판매금지 3개월   판매금지 6개월   등록 취소

03 농수산물품질관리법령상 정부가 수매하거나 수출 또는 수입하는 농산물은 농림축산식품부장관의 검사를 받아야 한다. 검사를 받으려는 자가 검사신청서를 제출하지 않아도 되는 경우를 다음 ①~④에서 모두 골라 답란에 쓰시오. 2점

> ① 생산자단체가 정부를 대행하여 농산물을 수입하는 경우
> ② 검사를 받은 농산물의 내용물을 바꾸기 위해 다시 검사를 받는 경우
> ③ 농산물검사관이 참여하여 농산물을 가공하는 경우
> ④ 농업 관련 법인이 정부를 대행하여 농산물을 수매하는 경우

04 농수산물품질관리법령상 이력추적관리농산물을 유통 또는 판매하는 자 중 이력추적관리기준의 준수의무가 있는 자를 다음 ①~④에서 모두 골라 답란에 쓰시오. 2점

① 복숭아를 행상으로 판매하는 자
② 오이를 생산하여 우편으로 직접 판매하는 자
③ 수박을 노점에서 판매하는 자
④ 인터넷쇼핑몰을 통하여 사과를 판매하는 유통업자

05 농산물 표준규격 중 '낱개의 고르기'가 평균 길이에서 ±2.5cm를 초과하는 것이 10% 이하일 경우 '특' 등급에 해당하는 것이 아닌 품목을 보기에서 모두 골라 답란에 쓰시오. 2점

┤ 보기 ├
가지   마른고추   쥬키니호박   오이

06 다음 보기는 농산물 표준규격에서 '당도'를 표시할 수 있는 품목이다. '특' 등급에 해당하는 당도 기준이 같은 것 2개를 골라 답란에 쓰시오. (단, 품종명을 포함하여 기재) 2점

┤ 보기 ├
사과(홍로)   배(신고)   복숭아(백도)   포도(거봉)   감귤(청견)   단감(부유)

07 보기에서 농산물 표준거래 단위가 옳지 않은 품목을 고르고, 잘못된 표준거래 단위를 수정하여 답란에 쓰시오. 2점

┤ 보기 ├
• 단감 : 3kg   4kg   4.5kg   5kg   10kg   15kg
• 포도 : 3kg   4kg   5kg
• 오이 : 10kg   15kg   20kg   50개   100개
• 고구마 : 5kg   7kg   10kg   15kg

08 농산물 표준규격상 신선편이농산물에 사용되는 원료 농산물을 분류하여 답란에 쓰시오. 3점

> 양파 치커리 피망 마늘 연근 시금치 오이 호박

09 홍길동씨는 전라남도 해남군에서 생산된 참다래(품종 : 한라골드) 5kg(개당무게 88~90g) 1상자(56개들이)를 표준규격품으로 출하하면서 의무표시사항을 다음과 같이 표시하였다. ①~④ 중 잘못 표시한 항목을 모두 골라 답란에 쓰시오. 2점

표준규격품					
품목	참다래	③ 등급	상	생산자	
① 품종	생략	④ 무게(개수)	5kg (56개)	이름	홍길동
② 산지	해남군			전화번호	010-1111-1111

10 농산물 표준규격에서 300본이 표준거래 단위로 포함되지 않은 화훼 품목을 보기에서 모두 골라 답란에 쓰시오. 2점

> ┤ 보기 ├
>
> 석죽 스토크 공작초 칼라 아이리스

11 원예작물의 호흡에 관한 설명이다. (   )안에 맞는 용어를 답란에 쓰시오. 3점

> • 호흡식 : (①) + 6O_2 → 6(②) + 6H_2O + Energy
> • 호흡속도는 온도 10℃ 증가에 따라 약 2~3배 증가하며 이러한 10℃ 차이에 대한 온도계수를 (③)(이)라고 한다.

12 원예작물의 수확 후 에틸렌의 작용을 억제하거나 에틸렌을 제거하는 목적으로 사용할 수 있는 물질 3개를 보기에서 골라 답란에 쓰시오. 3점

> ┤ 보기 ├
>
> ① 과망간산칼륨(KMnO₄)   ② 일산화탄소(CO)   ③ Ethephon
> ④ 1-MCP   ⑤ Auxin   ⑥ 오존(O_3)

13 ( )안에 들어갈 용어를 답란에 쓰시오. 2점

> 바나나를 냉장 저장하면 과피가 급속히 변색된다. 이와 같이 원산지가 열대 또는 아열대인 작물을 보통의 상업적 저장온도인 0~4℃에서 저장할 경우 발생되는 변색, 과육연화, 조직함몰 등의 증상을 ( )(이)라 한다.

14 원예작물의 품질에 관한 다음 설명이 옳으면 ○, 옳지 않으면 ×를 ( )안에 표시하시오. 4점

> ① 색차측정기의 L, a, b 값 중 b값은 붉은색을 나타낸다. ·················· ( )
> ② 요오드 반응 검사는 가용성 고형분의 함량을 측정하는 방법이다. ·········· ( )
> ③ 조직의 경도 단위는 대부분 N(Newton)으로 나타낸다. ················ ( )
> ④ 굴절당도계의 당도단위는 °Brix이다. ························· ( )

15 원예작물을 장기 저장할 경우 적정 저장 온도가 낮은 품목부터 차례로 보기에서 골라 답란에 쓰시오. 2점

> ┤ 보기 ├
> 배 감귤 마늘 고구마

16 원예작물의 수확 후 처리 중 큐어링(curing)의 효과가 큰 품목을 보기에서 3가지를 골라 답란에 쓰시오. 3점

> ┤ 보기 ├
> 당근 고구마 고추 마늘 양파 감자

PART 03

※ 서술형 문제에 대해 답하시오. (17 ~ 25번 문제)

17 음식점을 운영하는 A씨는 점심으로 정읍산 한우 쇠고기 20kg을 구입하여 육수를 만들고 고기는 호주산 쇠고기 1kg을 넣어 설렁탕으로 판매하고자 하며, 저녁으로는 호주산 쇠고기(70%)와 정읍산 한우 쇠고기(30%)를 섞어 불고기를 판매하고자 할 때 올바른 원산지 표시방법을 답란에 쓰시오. 5점

18 농산물 우수관리인증기관으로 지정된 A기관은 2016년 7월 25일에 '시설지정기준 미달'과 '시설변경 1개월 이내 미신고'로 적발되었다. 금회 적발된 시설지정기준 미달은 두 번째 적발이고, 시설변경 미신고 적발은 첫 번째 적발이다. 농수산물품질관리법령상 가장 무거운 행정처분과 그 산정방법을 쓰시오. (단, 최근 1년간의 위반행위이며, 기타 경감사유가 없는 것으로 가정함) 5점

19 진공식 예냉 방식에 가장 적합한 품목 2가지를 보기에서 골라 쓰고, 예냉 시 이들 작물의 품온이 낮아지는 원리를 설명하시오. 5점

┤ 보기 ├
토마토 고구마 미나리 애호박 브로콜리 시금치

20 단감의 장기저장으로 MA(Modified Atmosphere)저장법이 보편화되어 있다. 다음 물음에 답하시오. 5점

(1) 장기저장을 위한 적정 저장온도 및 MA포장규격(재질, 두께)을 구체적으로 쓰시오. (단, 포장 단위는 5과임)

(2) 단감에서 MA저장의 효과를 설명하시오.

21 A농가에서 단감 1상자(10kg)를 '특' 등급으로 표시한 후 도매시장에 출하하였다. 농산물 표준규격에 따른 등급 표시가 적합한지 여부를 판단하고, 그 이유를 쓰시오. (단, 주어진 항목 외에는 등급판정에 고려하지 않으며, 적합여부는 '적합' 또는 '부적합'으로 작성) 5점

> • 낱개의 고르기 : 크기 구분표에서 무게가 'L'인 것이 40개, 'M'인 것이 2개
> • 꼭지와 과육에 틈이 있는 것 : 1개
> • 꼭지가 돌아간 것 : 1개
> • 착색비율 : 84.4%

22 농산물품질관리사 A씨가 도매시장에 출하하기 위해 감귤(청견) 10kg(44개들이) 1상자를 계측한 결과 다음과 같다. 농산물 표준규격에 따른 종합 판정등급과 해당 항목별 비율을 쓰시오. (단, 주어진 항목 이외는 등급판정에 고려하지 않으며, 사사오입하여 소수점 첫째자리까지 구함) 5점

감귤(청견)의 무게(g)	감귤(청견)의 상태
• 210 이상 ~ 240 미만(평균 215) : 35과(7,525) • 240 이상 ~ 270 미만(평균 259) : 5과(1,295) • 270 이상 ~ 300 미만(평균 285) : 3과(855) • 300 이상 ~ 330 미만(평균 325) : 1과(325)	• 병해충의 피해가 과피에 그친 것 : 1과 • 품종 고유의 모양이 아닌 것 : 2과 • 꼭지가 퇴색된 것 : 1과 • 꼭지가 떨어진 것 : 2과 • 길이 5.5mm의 일소 피해가 있는 것 : 1과

① 종합 판정등급	② 경결점과 혼입율	③ 중결점과 혼입율	④ 낱개의 고르기(크기 구분표에서 무게가 다른 것의 무게 비율)
_____	_____ %	_____ %	_____ %

23 생산자 A씨는 수확한 양파를 소비지 도매시장에 출하하려고 20kg 그물망에 담겨있는 양파 60개를 계측한 결과 다음과 같다. 농산물 표준규격에 따른 등급과 그 이유를 답란에 쓰시오. (단, 주어진 항목 외에는 등급판정에 고려하지 않음) 5점

항목	낱개의 고르기	모양	손질	결점구
계측 결과	'2L' 3개 'L' 55개 'M' 2개	품종 고유의 모양	흙 등 이물질이 잘 제거됨	병해충의 피해가 외피에 그친 것 : 2개 상해의 정도가 경미한 것 : 3개

24 농산물 표준규격품으로 공영도매시장에 출하할 새송이버섯 1상자(무게 6kg, 84개)를 계측한 결과 다음과 같다. 종합적인 판정등급과 각각의 계측 결과를 답란에 쓰시오. (단, 주어진 항목 외에는 등급판정에 고려하지 않으며, 낱개의 고르기는 사사오입하여 소수점 첫째자리까지 구함) 5점

버섯의 무게(g)	버섯의 상태
• 51 ~ 59 (평균 55) : 21개(1,155) • 61 ~ 69 (평균 65) : 20개(1,300) • 71 ~ 79 (평균 75) : 19개(1,425) • 81 ~ 89 (평균 85) : 18개(1,530) • 91 ~ 99 (평균 95) : 4개(380) • 101 ~ 109 (평균 105) : 2개(210)	• 버섯파리에 의한 피해가 있는 것 : 2개(110g) • 갓이 심하게 손상된 것 : 1개(65g) • 자루가 심하게 변형된 것 : 1개(85g)

① 종합 판정등급	② 호칭이 'M'인 것의 개수	③ 호칭이 'L'인 것의 개수	④ 낱개의 고르기(크기 구분표에서 무게가 다른 것의 무게 비율)
_____	_____개	_____개	_____%

25 국화(스탠다드) 1상자(400본)에 대해 등급판정을 하고자 한다. 다음 조건에 해당하는 종합적인 판정등급과 그 이유를 쓰시오. (단, 주어진 항목 외에는 등급판정에 고려하지 않음) 5점

> • 1묶음 평균의 꽃대 길이 : 70cm 이상 ~ 80cm 미만
> • 품종이 다른 것 : 없음
> • 품종 고유의 모양이 아닌 것 : 5본
> • 농약살포로 외관이 떨어지는 것 : 4본
> • 기형화가 있는 것 : 2본
> • 손질 정도가 미비한 것 : 2본

2015년 제12회 2차 기출문제

※ 단답형 문제에 대해 답하시오. (1 ~ 13번 문제)

01 다음은 이력추적관리 등록의 유효기간에 관한 내용이다. (   ) 안에 알맞은 숫자를 답란에 쓰시오. 2점

> 이력추적관리 등록의 유효기간은 등록한 날부터 (①)년으로 한다. 다만, 인삼류를 제외한 약용작물류는 (②)년 이내의 유효기간을 정해 등록기관의 장이 고시한다.

02 다음은 농수산물품질관리법령상 농산물 검사와 관련된 내용이다. (   )안에 알맞은 말을 답란에 쓰시오. 4점

> 농산물 검사의 검사항목은 포장단위당 (①), 포장자재, 포장방법과 (②) 등으로 하며, 검사방법은 (③) 또는 (④)의 방법으로 한다.

03 국립농산물품질관리원에서 농산물우수관리인증기관으로 지정받은 4개 기관을 대상으로 조사한 결과, 다음과 같은 위반행위를 적발하였다. 농수산물품질관리법령상 '경고', '업무정지 1개월', '업무정지 6개월' 중 해당 행정처분기준을 쓰시오. (단, 처분기준은 개별기준을 적용하며, 경감사유는 없고, 위반횟수는 1회임) 4점

기관별 위반행위	행정처분기준
A기관 : 우수관리인증의 기준을 잘못 적용하여 인증을 한 경우	①
B기관 : 인증 외의 업무를 수행하여 인증업무가 불공정하게 수행된 경우	②
C기관 : 농산물우수관리기준을 지키는지 조사·점검을 하지 않은 경우	③
D기관 : 우수관리인증 취소 등의 기준을 잘못 적용하여 처분한 경우	④

04 농수산물의 원산지 표시에 관한 법령상 원산지의 표시대상에 관한 설명이다. 밑줄 친 것 중 잘못된 부분을 찾아 수정하시오. 2점

> • 김치류 가공품 중 고춧가루를 사용하는 품목은 ① 배합비율이 가장 높은 원료와 고춧가루를 원산지의 표시대상으로 한다.
> • 집단급식소에서 원형을 유지하여 조리·판매하는 경우로서 밥으로 제공하는 ② 보리쌀도 원산지의 표시대상에 포함하며, ③ 죽과 식혜는 원산지의 표시대상에서 제외한다.

05 A산지유통센터는 B농수산물도매시장에 '배(신고)'를 표준규격품으로 출하하려고 한다. 보기에서 농산물 표준규격상 '권장표시사항'을 모두 골라 답란에 쓰시오. 2점

─┤ 보기 ├─
품종명   당도   무게   생산자주소   등급   신선도   포장치수

06 농산물 표준규격상 표준거래 단위 중 15kg 단위가 없는 품목을 보기에서 모두 골라 답란에 쓰시오. 2점

─┤ 보기 ├─
마른고추   토마토   사과   오이   풋옥수수   풋콩   깐마늘

07 화훼류 품목 중 농산물 표준규격상 표준거래 단위는 있으나 등급규격이 설정되어 있지 않은 품목을 보기에서 모두 골라 답란에 쓰시오. 2점

─┤ 보기 ├─
리아트리스   스타티스   금어초   데이지   극락조화   칼라

08 다음은 농산물 표준규격상 신선편이 농산물에 관한 '용어의 정의'이다. 해당 용어를 답란에 쓰시오. 4점

> ① 당근 절단면이 주로 건조되면서 나타나는 것으로 고유의 색이 하얗게 변하는 것
> ② 신선편이 엽채류의 잎이 더운물에 데친 것 같은 증상을 나타내는 것
> ③ 마늘, 감자의 색이 육안으로 판정하여 구별될 수 있을 정도로 녹색으로 변한 것
> ④ 농산물 수분이 감소되어 당초보다 부피가 작아지거나 모양이 변형된 것

09 MA(modified atmosphere)포장을 이용한 저장의 효과를 최대화하려면 작물의 종류, 가스투과성 등을 고려하여야 한다. 보기의 포장재 중 산소투과율이 높은 순서대로 번호를 답란에 쓰시오. 2점

┤ 보기 ├
> ① 저밀도폴리에틸렌(LDPE)　　　　② 폴리비닐클로라이드(PVC)
> ③ 폴리스티렌(PS)　　　　　　　　　④ 폴리에스터(PET)

10 다음은 저장 중 전처리에 관한 설명이다. (　　)안에 알맞은 답을 답란에 쓰시오. 2점

> 수확한 후 일정기간 동안 방치하여 농산물 외층의 수분함량을 낮추는 (①)처리를 할 경우 저장 중 증산작용을 억제하여 부패율을 경감시킬 수 있으며, 수확과정에서 발생된 농산물의 물리적 상처 부위에 코르크층을 형성시키는 (②) 처리를 할 경우 수분증발과 미생물의 침입을 줄일 수 있다.

11 농산물의 cold-chain 시스템 과정 중 농산물이 외부 온·습도의 변화가 급격한 환경에 노출될 경우 수분이 응결되어 골판지 상자의 강도가 약해지거나 농산물의 표면에 얼룩이 생기는 원인이 되는 현상을 쓰시오. 2점

12 다음 중 ( )안에 알맞은 답을 쓰시오. 2점

> 농산물 저장 시 빙결점 이하에서는 세포 내 결빙에 의한 (①) (장)해가 발생되며, 일부 농산물
> 은 0℃ 이상에서 한계온도 이하에 일정기간 노출될 경우 세포막의 상전환과 원형질분리에 의해
> (②) (장)해가 발생되므로 품목에 따른 적정 온도 설정에 유의해야 한다.

13 과실의 수확 후 성숙 및 숙성과정에서 나타나는 대사산물의 변화에 관한 설명이다. 설명이 옳
으면 ○, 옳지 않으면 ×를 ( )안에 표시하시오. 4점

> ① 세포내에 전분이 축적되어 세포벽이 단단해진다. ·························· ( )
> ② 유기산이 감소하여 사과, 키위 등의 신맛이 감소한다. ·················· ( )
> ③ 과실표면의 왁스 물질이 합성되거나 분비된다. ·························· ( )
> ④ 휘발성 에스테르의 합성이 저해된다. ·································· ( )

※ 서술형 문제에 대해 답하시오. (14 ~ 20번 문제)

14 A업체는 제품명이 '콩 미숫가루'라는 곡류가공품(식품의 유형)을 개발하여 생산 · 판매할 목적
으로 원산지를 표시하려고 한다. 이 제품에 사용된 농산물 원료의 배합비율이 다음과 같은 경
우 농수산물의 원산지 표시에 관한 법령에 따른 원산지의 표시대상과 그 이유를 쓰시오. 5점

> 쌀(50%)   보리쌀(30%)   율무쌀(15%)   콩(5%)

15 창원의 A농가는 단감을 수확한 후 50㎛ PE 필름에 5개씩 포장하여 저온에 저장한 결과 장기
간 동안 조직감이 단단하고 풍미를 우수하게 유지시킬 수 있었다. 필름포장이 신선도 유지 효
과를 나타내는 원리를 설명하시오. 5점

16 전북의 A농가는 0℃와 10℃의 저장고를 보유하고 있다. 이 농가에서 수확한 포도, 토마토,
마늘, 오이의 저장특성을 고려하여 선도를 오래 유지시키고자 할 때 저장온도에 따라 품목을
분류한 후, 그 이유를 설명하시오. 5점

17 귀농한 K씨가 생산하여 '특' 등급을 표시한 풋고추 1상자(10kg)에서 공시료 50개를 무작위 추출하여 계측해 보니 다음과 같았다. 농산물 표준규격에 따른 해당 등급표시가 적합한지 여부를 판단하고 그 이유를 쓰시오. (단, 주어진 항목 외에는 등급판정에 고려하지 않으며, 적합 여부는 '적합' 또는 '부적합'으로 작성) 5점

> • 평균 길이에서 ±2.0cm를 초과하는 것 : 4개
> • 꼭지 빠진 것 : 1개

18 A작목반은 감자(수미)를 10kg 단위로 공동선별하여 B물류센터에 유통하게 되었다. B물류센터에서는 1상자에서 50개를 무작위 채취하여 농산물품질관리사에게 등급판정을 의뢰하여 계측한 결과는 다음과 같다. 농산물 표준규격에 따른 등급과 이유를 답란에 쓰시오. (단, 주어진 항목 외에는 등급판정에 고려하지 않음) 5점

구분	크기구분(개)	경결점 수
계측결과	3L(4개), 2L(43개), L(3개)	2개

19 생산자 P씨는 국화(스프레이) 100본을 수확하였다. 1상자당 50본씩 2개 상자를 등급 '특'으로 표시하여 도매시장에 출하하고자 농산물품질관리사 K씨에게 등급 판정의 적정 여부를 의뢰하였다. K씨는 '특' 2개 상자를 점검하여 농산물 표준규격에 따라 등급 판정을 하여 출하자가 표시한 등급을 수정하였다. 농산물품질관리사가 판정한 등급과 그 이유를 쓰시오. (단, 주어진 항목 외에는 등급판정에 고려하지 않음) 5점

구분	A 상자	B 상자
점검 결과	• 꽃봉오리가 3~4개 정도 개화된 것 50본 • 마른 잎이나 이물질이 깨끗이 제거된 것 50본 • 자상이 있는 것 2본	• 꽃봉오리가 3~4개 정도 개화된 것 50본 • 마른 잎이나 이물질이 깨끗이 제거된 것 50본 • 품종고유의 모양이 아닌 것 1본

20 R과수원에서 사과(홍로)를 한창 수확 중이다. 수확된 사과를 선별기에서 선별해 보니 아래와 같았다.

1번 라인 선별결과(개당 무게 350 g)	◐ : 13개, ◑ : 3개, ◔ : 1개
2번 라인 선별결과(개당 무게 300 g)	◐ : 14개, ◑ : 3개, ◔ : 1개
3번 라인 선별결과(개당 무게 250 g)	◐ : 15개, ◑ : 5개

※ ◐ : 착색비율 70 %, ◑ : 착색비율 50 %, ◔ : 착색비율 30 %

5kg들이 '특'등급 '상자1'은 다음과 같이 만들었고 나머지로 5kg들이 '특'등급을 1상자 더 만들기 위해 사과 4개를 추가할 경우 '특'등급 '상자2'의 무게별 개수 및 착색비율을 쓰고 그 이유를 쓰시오. (단, 사과는 350g, 300g, 250g 중에서 추가하며, 주어진 항목 외에는 등급판정에 고려하지 않음) 5점

구분	무게(착색비율) : 개수
'특'등급 '상자1'	350g(70%) : 10개, 300g(70%) : 5개
'특'등급 '상자2'	350g(70%) : ( )개, 300g(70%) : ( )개, 250g(70%) : ( )개
이유	

01 2014년 8월 16일 A농가에서 다음과 같이 일반계 완숙토마토 1상자(20개 들이)를 "특"등급으로 표시한 후 도매시장에 출하하였다. 농산물 표준규격에 따른 등급 표시가 적합한지 여부를 판단하고 그 이유를 쓰시오. (단, 주어진 항목 외에는 등급 판정에 고려하지 않음, 적합 여부는 '적합'또는 '부적합'으로 작성)

> • 착색비율이 전체 면적의 70% 내외이면서 착색 상태가 균일한 것 : 20개
> • 무게 : 215g 4개, 230g 8개, 235g 5개, 245g 3개
> • 꼭지가 시들지 않고 껍질의 탄력이 뛰어난 것 : 20개

02 농가에서 딸기를 수확하여 출하하고자 한다. 다음 조건을 보고 20개씩 "특"으로 몇 상자를 출하할 수 있는지 상자의 수와 이유를 쓰시오.

딸기 크기 구분(총 100개) 및 기타 조건
16g : M(12g 이상 17g 미만) : 46개
18g : L(17g 이상 ~ 25g 미만) : 25개
20g : L(17g 이상 ~ 25g 미만) : 29개
기타조건 (경결점과) : 품종 고유의 모양이 아닌 것 2개, 병해충의 피해가 과피에 그친 것 1개

03 주어진 장미의 조건을 보고 각 조건의 등급과 최종등급을 판정하고 이유를 쓰시오.

장미 (스탠다드)
• 크기의 고르기 : 1묶음 19본 꽃대길이 75cm, 1본은 65cm
• 개화 정도 : 꽃봉오리가 20% 정도 개화된 것
• 경결점 : 200본 중 11본

04 복숭아 표준규격품을 출하하는 자는 해당 물품의 포장표면에 "표준규격품"이라는 문구와 함께 다음의 사항을 각각 표시하여야 한다. 다음에서 옳지 않은 사항을 쓰고, 이유를 서술하시오.

• 품종 : 백도	• 등급 : 특
• 생산자(수입자) : 영농조합법인	• 무게 : 7.5kg
• 원산지 : 국산	• 표시사항 : 해당 사항 없음

05 절화류 국화의 줄기 절단면이 목질화 되어 있고, 양액의 침전물이 쌓여 탁하여 빠른 "시들음 현상"이 발생하였다. 그 이유를 간단히 서술하시오.

06 검사를 받아야 하는 농산물에 대하여 검사를 받지 아니한 자에 대한 벌칙을 쓰시오.

07 유전자변형농산물의 표시 위반에 대한 처분에 따른 공표 명령의 대상자는 표시위반물량이 (①)톤 이상이거나, 표시위반물량의 판매가격 환산 금액이 (②)원 이상인 경우에 해당하는 자로 한다. 괄호 안에 알맞은 말을 쓰시오.

08 보리 2013년산을 2014년산으로 허위검사를 받았다. 해당 농산물의 행정처분과 허위검사를 받은 자에 대한 벌칙처분을 쓰시오.

09 우수관리인증기관의 지정 취소, 우수관리인증 업무의 정지 및 우수시설 지정 업무의 정지에 관한 처분기준이다. 〈보기〉에서 옳은 사항을 골라 쓰시오. (단, 1회 위반 시를 기준으로 한다.)

> A기관 : 조직·인력 및 시설 중 둘 이상이 지정기준에 미달할 경우
> B기관 : 우수관리인증기준을 지키는지 조사·점검을 하지 않은 경우
> C기관 : 업무 정지 기간 중 우수관리시설의 지정 업무를 한 경우
> D기관 : 우수관리인증기준을 잘못 적용하여 처분한 경우

―――― 보기 ――――
업무정지 1개월, 3개월, 6개월, 시정명령, 취소

10 다음은 증산량에 관한 내용이다. 물음에 대하여 ○ 또는 ×를 하시오.

> ① 온도가 높을수록 증산량이 많다.
> ② 압력이 클수록 증산량이 많다.
> ③ 증산량이 많을수록 보관력이 저하한다.

11 착색비율이 40% 이상일 때 "특"인 품목과 해당 품목에 속하는 품종을 골라 쓰시오.

> 품목 : 단감, 자두, 사과, 감귤
> 품종 : 포모사, 대석조생, 후지, 서촌조생, 부유

12 기능성 포장재 중 계면활성제를 첨가한 (   )은 (   )을 방지하여 부패균의 발생을 억제한다.

13 유효염소 4% NaOCl(차아염소산나트륨)을 사용하여 300L의 물에 80ppm의 유효염소 농도를 갖는 염소수를 만들 때 NaOCl은 얼마나 필요한가?

14　(　) 안에 들어갈 알맞은 말을 쓰시오.

> • 감의 떫은 맛을 없애는 과정을 (①)이라고 한다.
> • 노화호르몬인 (①)이 축적되면 숙성이 촉진되어 신맛의 감소와 연화현상을 촉진해 저장기간이 단축되고, 품질 저하가 초래된다.

15　〈보기〉를 참조하여 사과 50과의 등급을 판정하고 이유를 쓰시오.

> ┤ 보기 ├
> 품종 고유의 모양 아닌 것 2개
> 꼭지가 빠진 것 1개
> 모양이 심히 불량한 것 2개

16　다음 〈보기〉에서 주어진 조건 중 농산물의 표준거래 단위무게 또는 개수에 해당하는 품목을 쓰시오.

> ┤ 보기 ├
> 풋옥수수, 마늘, 가지, 오이
> ① 5kg, 8kg, 10kg, 50개
> ② 5kg, 10kg, 15kg, 50개, 100개
> ③ 10kg, 15g, 20kg, 50개, 100개
> ④ 8kg, 10g, 15kg, 20개, 30개, 40개, 50개

CHAPTER 01

2023년 제20회 2차 기출문제 정답 및 해설

01 정답

쌀, 보리쌀, 율무, 들깨

해설

원산지표시법 시행령 제3조(원산지 표시대상)
1) 원료 배합 비율에 따른 표시대상
   가. 사용된 원료의 배합 비율에서 한 가지 원료의 배합 비율이 98퍼센트 이상인 경우에는 그 원료
   나. 사용된 원료의 배합 비율에서 두 가지 원료의 배합 비율의 합이 98퍼센트 이상인 원료가 있는 경우에는 배합 비율이 높은 순서의 2순위까지의 원료
   다. 가목 및 나목 외의 경우에는 배합 비율이 높은 순서의 3순위까지의 원료
2) 농수산물의 명칭을 제품명 또는 제품명의 일부로 사용하는 경우에는 그 원료 농수산물이 같은 항에 따른 원산지 표시대상이 아니더라도 그 원료 농수산물의 원산지를 표시해야 한다.
3) 물, 식품첨가물, 주정(酒精) 및 당류(당류를 주원료로 하여 가공한 당류가공품을 포함한다)는 배합 비율의 순위와 표시대상에서 제외한다.

02 정답

① 명성 ② 품질 ③ 역사

해설

농수산물품질법 시행령 제15조(지리적표시의 등록거절 사유의 세부기준)
법 제32조 제9항에 따른 지리적표시 등록거절 사유의 세부기준은 다음 각 호와 같다.
1. 해당 품목이 농수산물인 경우에는 지리적표시 대상지역에서만 생산된 것이 아닌 경우
1의2. 해당 품목이 농수산가공품인 경우에는 지리적표시 대상지역에서만 생산된 농수산물을 주원료로 하여 해당 지리적표시 대상지역에서 가공된 것이 아닌 경우
2. 해당 품목의 우수성이 국내 및 국외에서 모두 널리 알려지지 아니한 경우
3. 해당 품목이 지리적표시 대상지역에서 생산된 역사가 깊지 않은 경우
4. 해당 품목의 명성·품질 또는 그 밖의 특성이 본질적으로 특정지역의 생산환경적 요인과 인적 요인 모두에 기인하지 아니한 경우
5. 그 밖에 농림축산식품부장관 또는 해양수산부장관이 지리적표시 등록에 필요하다고 인정하여 고시하는 기준에 적합하지 않은 경우

03 정답

30만원

해설

원산지표시법 제5조(원산지 표시)
① 대통령령으로 정하는 농수산물 또는 그 가공품을 수입하는 자, 생산·가공하여 출하하거나 판매(통신판매를 포함한다. 이하 같다)하는 자 또는 판매할 목적으로 보관·진열하는 자는 다음 각 호에 대하여 원산지를 표시하여야 한다.

1. 농수산물
2. 농수산물 가공품(국내에서 가공한 가공품은 제외한다)
3. 농수산물 가공품(국내에서 가공한 가공품에 한정한다)의 원료

시행령 [별표2] 과태료의 부과기준

위반행위	과태료			
	1차 위반	2차 위반	3차 위반	4차 위반
9) 콩의 원산지를 표시하지 않은 경우	30만원	60만원	100만원	100만원

04 정답

280,000원

해설

과태료 부과금액 = 7,000원/kg × 40개 = 280,000원

과태료 부과금액은 원산지 표시를 하지 않은 물량(판매를 목적으로 보관 또는 진열하고 있는 물량을 포함한다)에 적발 당일 해당 업소의 판매가격을 곱한 금액으로 하고, 위반행위의 횟수에 따른 과태료의 부과기준은 다음 표와 같다.

시행령 [별표2] 과태료 부과기준

위반행위	과태료			
	1차 위반	2차 위반	3차 위반	4차 위반
다. 법 제5조 제4항에 따른 원산지의 표시방법을 위반한 경우	5만원 이상 1,000만원 이하			

05 정답

③ 단체 – 법인 ④ 5인 미만 – 1인

해설

농수산물품질관리법 제32조(지리적표시의 등록)

① 농림축산식품부장관 또는 해양수산부장관은 지리적 특성을 가진 농수산물 또는 농수산가공품의 품질 향상과 지역특화산업 육성 및 소비자 보호를 위하여 지리적표시의 등록 제도를 실시한다.

② 제1항에 따른 지리적표시의 등록은 특정지역에서 지리적 특성을 가진 농수산물 또는 농수산가공품을 생산하거나 제조·가공하는 자로 구성된 법인만 신청할 수 있다. 다만, 지리적 특성을 가진 농수산물 또는 농수산가공품의 생산자 또는 가공업자가 1인인 경우에는 법인이 아니라도 등록신청을 할 수 있다.

06 정답

① ○ ② × ③ ○ ④ ○

해설

② 사과는 적색으로 착색이 진행되면서 안토시아닌(anthocyanin)이 증가하고 엽록소가 감소한다. 이때 측정된 Hunter 'a'값은 음에서 양으로 전환된다.

※ L*a*b* 색 공간에서 L* 값은 밝기를 나타낸다. L* = 0 이면 검은색이며, L* = 100 이면 흰색을 나타낸다. a*은 빨강과 초록 중 어느 쪽으로 치우쳤는지를 나타낸다. a*이 음수이면 초록에 치우친 색깔이며, 양수이면 빨강/보라 쪽으로 치우친 색깔이다. b*은 노랑과 파랑을 나타낸다. b*이 음수이면 파랑이고 b*이 양수이면 노랑이다.

④ 말산 : 히드록시숙신산에 해당하는 물질. l-말산(L-말산)은 식물체에 널리 분포하고, 특히 사과나 포도 등의 과실에 많다.

07 **정답**

④ 오이 > ② 시금치 > ① 셀러리 > ③ 토마토

해설

작물의 건물(乾物) 1g을 생산하는 데 소비된 수분량(g)을 요수량이라고 하며, 건물 1g을 생산하는 데 소비된 증산량을 증산계수(蒸散係數, transpiration coefficient)라고 한다.
오이 : 증산계수 713

08 **정답**

① 합성 ② 이산화탄소 ③ 감소 ④ 높이

09 **정답**

① 큐어링 ② 29~32℃ ③ 높을

해설

큐어링	큐어링	수확 시 상처치료/코르크층 형성 등으로 수분증발 및 미생물의 침입을 줄이는 방법	
	농산물별 큐어링	감자	2주간 온도 16~20℃, 습도 85~90%
		고구마	수확 후 1주일 내 4~5일간 30~33℃, 습도 85~95%
		양파, 마늘	1차(밭), 2차(선별장-완전건조) 장기저장습도 65~75%
		생강	부패억제를 위한 큐어링

10 **정답**

① 버섯, 양파 ② 사과, 아스파라거스

해설

원예생산물별 호흡속도
① 복숭아 > 배 > 감 > 사과 > 포도 > 키위
② 딸기 > 아스파라거스 > 완두 > 시금치 > 당근 > 오이 > 토마토 > 무 > 수박 > 양파

11 **정답**

막지질은 세포막의 수용체 및 통로 구멍으로 작용하는 지질 및 다양한 단백질들의 배열은 세포의 물질대사의 일부로서 다른 분자 및 이온의 출입을 조절한다. 전해질누출량이 증가되었다는 것은 막지질의 조성에 변화가 있었음을 말한다.

12 **정답**

① 에틸렌 ② 과망간산칼륨, 목탄, 활성탄, 오존, 자외선 등

해설

에틸렌의 제거
① 흡착식, 자외선파괴식, 촉배분해식
② 흡착제 : 과망간산칼륨, 목탄, 활성탄, 오존, 자외선 등

③ 1-MCP
- 식물체의 에틸렌 결합 부위를 차단하는 작용
- 과실의 연화나 식물의 노화를 감소시켜 수확 후 저장성을 향상
- 1,000ppm의 농도로 12~24시간 처리 : 과일과 채소류의 저장성과 품질 향상
④ 기타 에틸렌 발생 억제제
- STS, NBA, ethanol, 6% 이하의 저농도 산소

13 정답

① 중요사항에 대하여 변경승인 없이 중요사항을 변경 ② 표시정지 1개월
③ 표시정지 3개월

해설

농수산물품질관리법 제7조(우수관리인증의 유효기간 등)
④ 제1항에 따른 우수관리인증의 유효기간이 끝나기 전에 <u>생산계획 등 농림축산식품부령으로 정하는 중요 사항을 변경</u>하려는 자는 미리 우수관리인증의 변경을 신청하여 해당 우수관리인증기관의 승인을 받아야 한다.

시행규칙 제17조(우수관리인증의 변경)
① 법 제7조 제4항에 따라 우수관리인증을 변경하려는 자는 별지 제5호 서식의 농산물우수관리인증 변경신청서에 제10조 제1항 각 호의 서류 중 변경사항이 있는 서류를 첨부하여 우수관리인증기관에 제출하여야 한다.
② 법 제7조 제4항에서 "농림축산식품부령으로 정하는 중요 사항"이란 다음 각 호의 사항을 말한다.
    1. 우수관리인증농산물의 위해요소관리계획 중 생산계획(품목, <u>재배면적</u>, 생산계획량, 수확 후 관리시설)
    2. 우수관리인증을 받은 생산자집단의 대표자(생산자집단의 경우만 해당한다)
    3. 우수관리인증을 받은 자의 주소(생산자집단의 경우 대표자의 주소를 말한다)
    4. 우수관리인증농산물의 재배필지(생산자집단의 경우 각 구성원이 소유한 재배필지를 포함한다)

우수관리인증의 취소 및 표시정지에 관한 처분기준

위반행위	위반횟수별 처분기준		
	1차 위반	2차 위반	3차 위반
가. 거짓이나 그 밖의 부정한 방법으로 우수관리인증을 받은 경우	인증취소	-	-
나. 우수관리기준을 지키지 않은 경우	표시정지 1개월	표시정지 3개월	인증취소
다. 전업(轉業)·폐업 등으로 우수관리인증농산물을 생산하기 어렵다고 판단되는 경우	인증취소	-	-
라. 우수관리인증을 받은 자가 정당한 사유 없이 조사·점검 또는 자료제출 요청에 응하지 않은 경우	표시정지 1개월	표시정지 3개월	인증취소
마. 우수관리인증을 받은 자가 법 제6조 제7항에 따른 우수관리인증의 표시방법을 위반한 경우	시정명령	표시정지 1개월	표시정지 3개월
바. 법 제7조 제4항에 따른 우수관리인증의 변경승인을 받지 않고 중요 사항을 변경한 경우	표시정지 1개월	표시정지 3개월	인증취소
사. 우수관리인증의 표시정지기간 중에 우수관리인증의 표시를 한 경우	인증취소	-	-

14 정답

사과의 경우 솔비톨이라는 당류가 과육에 축적되면 과육의 일부가 투명해지는 현상

15 정답

① 특 ② 상 ③ 보통 ④ 보통

해설

⑤ 크기의 고르기 특, 개화정도 상, 경결점 보통 5% 이하로 종합판정은 보통
① 크기의 고르기 : 모두 3급으로 크기 구분표 [표 1]에서 크기가 다른 것이 없는 것(특)
② 개화정도 : 스탠다드 - 꽃봉오리가 2/5정도 개화된 것(상)
③ 경결점 : 90본 중 경결점 4본(4.4%, 보통)
　　• 품종 고유의 모양이 아닌 것 - 1본(경)
　　• 농약살포로 외관이 떨어지는 것 - 1본(경)
　　• 열상의 상처가 있는 것 - 1본(중)
　　• 손질 정도가 미비한 것 - 1본(경)
　　• 생리장해로 외관이 떨어지는 것 - 1본(경)
④ 종합판정 : 보통
⑤ 크기의 고르기 특, 개화정도 상, 경결점 보통 5% 이하로 종합판정은 보통

장미 등급규격

등급 / 항목	특	상	보통
① 크기의 고르기	크기 구분표 [표 1]에서 크기가 다른 것이 없는 것	크기 구분표 [표 1]에서 크기가 다른 것이 5% 이하인 것	크기 구분표 [표 1]에서 크기가 다른 것이 10% 이하인 것
② 꽃	품종 고유의 모양으로 색택이 선명하고 뛰어난 것	품종 고유의 모양으로 색택이 선명하고 양호한 것	특·상에 미달하는 것
③ 줄기	세력이 강하고, 휘지 않으며 굵기가 일정한 것	세력이 강하고, 휘어진 정도가 약하며 굵기가 비교적 일정한 것	특·상에 미달하는 것
④ 개화정도	• 스탠다드 : 꽃봉오리가 1/5정도 개화된 것 • 스프레이 : 꽃봉오리가 1~2개 정도 개화된 것	• 스탠다드 : 꽃봉오리가 2/5정도 개화된 것 • 스프레이 : 꽃봉오리가 3~4개 정도 개화된 것	특·상에 미달하는 것
⑤ 손질	마른 잎이나 이물질이 깨끗이 제거된 것	마른 잎이나 이물질 제거가 비교적 양호한 것	특·상에 미달하는 것
⑥ 중결점	없는 것	없는 것	5% 이하인 것
⑦ 경결점	3% 이하인 것	5% 이하인 것	10% 이하인 것

[표 1] 크기 구분

구분	호칭	1급	2급	3급	1묶음의 본수(본)
1묶음 평균의 꽃대 길이(cm)	스탠다드	80 이상	70 이상 ~ 80 미만	20 이상 ~ 70 미만	10
	스프레이	70 이상	60 이상 ~ 70 미만	30 이상 ~ 60 미만	5 또는 10

〈용어의 정의〉
① 크기의 고르기는 매 포장 단위마다 상단·중단·하단에서 각각 3묶음씩 총 9묶음의 표본을 추출하여 해당 크기 구분표 [표 1]에서 크기가 다른 것의 개수비율을 말한다.
② 결점 혼입률은 포장 단위별로 전체 본에 대한 결점본의 개수비율을 말한다.
③ 중결점은 다음의 것을 말한다.
　㉠ 이품종화 : 품종이 다른 것
　㉡ 상처 : 자상, 압상 동상, 열상 등이 있는 것

© 병충해 : 병해, 충해 등의 피해가 심한 것
② 생리장해 : 꽃목굽음, 기형화 등의 피해가 심한 것
© 형상불량, 파손, 굽힘, 개화 차이가 심히 불량한 것
ⓗ 기타 결점의 정도가 현저하게 품위에 영향을 미치는 것

④ 경결점은 다음의 것을 말한다.
　㉠ 품종 고유의 모양이 아닌 것
　㉡ 경미한 약해, 생리장해, 상처, 농약살포 등으로 외관이 떨어지는 것
　㉢ 손질 정도가 미비한 것
　㉣ 기타 결점의 정도가 경미한 것

16 정답

① 상　② 18%　③ 보통　④ 경결점 항목이 18%로 "보통" 등급 기준의 20% 이하에 해당함

해설

① 낱개의 고르기 : 9/50 = 18%(20% 이하로 상)
　• 4.5 이상 ~ 5.0cm 미만 : 3개(L)
　• 5.0 이상 ~ 5.5cm 미만 : 6개(L)
　• 5.5 이상 ~ 6.0cm 미만 : 25개(2L)
　• 6.0 이상 ~ 6.5cm 미만 : 16개(2L)
② 경결점 : 9/50 = 18%(20% 이하로 보통)
　• 마늘쪽이 마늘통의 줄기로부터 1/4 이상 떨어져 나간 것 : 3개(경)
　• 외피에 기계적 손상을 입은 것 : 4개(경)
　• 뿌리 턱이 빠진 것 : 2개(경)
③ 등급 : 보통
④ 이유 : 경결점 항목이 18%로 "보통" 등급 기준의 20% 이하에 해당함

마늘 등급규격

등급 항목	특	상	보통
① 낱개의 고르기	별도로 정하는 크기 구분표 [표 1]에서 크기가 다른 것이 10% 이하인 것. 단, 크기 구분표의 해당 크기에서 1단계를 초과할 수 없다.	별도로 정하는 크기 구분표 [표 1]에서 크기가 다른 것이 20% 이하인 것. 단, 크기 구분표의 해당 크기에서 1단계를 초과할 수 없다.	특·상에 미달하는 것
② 모양	품종 고유의 모양이 뛰어나며, 각 마늘쪽이 충실하고 고른 것	품종 고유의 모양을 갖추고 각 마늘쪽이 대체로 충실하고 고른 것	특·상에 미달하는 것
③ 손질	• 통마늘의 줄기는 마늘통으로부터 2.0cm 이내로 절단한 것 • 풋마늘의 줄기는 마늘통으로부터 5.0cm 이내로 절단한 것	• 통마늘의 줄기는 마늘통으로부터 2.0cm 이내로 절단한 것 • 풋마늘의 줄기는 마늘통으로부터 5.0cm 이내로 절단한 것	• 통마늘 줄기는 마늘통으로부터 2.0cm 이내로 절단한 것 • 풋마늘의 줄기는 마늘통으로부터 5.0cm 이내로 절단한 것
④ 열구 (난지형에 한한다)	20% 이하인 것	30% 이하인 것	특·상에 미달하는 것
⑤ 쪽마늘	4% 이하인 것	10% 이하인 것	15% 이하인 것
⑥ 중결점과	없는 것	없는 것	5% 이하인 것(부패·변질구는 포함할 수 없음)
⑦ 경결점과	5% 이하인 것	10% 이하인 것	20% 이하인 것

[표 1] 크기 구분

구분 \ 호칭		2L	L	M	S
1개의 지름 (cm)	한지형	5.0 이상	4.0 이상 ~ 5.0 미만	3.0 이상 ~ 4.0 미만	2.0 이상 ~ 3.0 미만
	난지형	5.5 이상	4.5 이상 ~ 5.5 미만	4.0 이상 ~ 4.5 미만	3.5 이상 ~ 4.0 미만

※ 크기는 마늘통의 최대 지름을 말한다.

〈용어의 정의〉

① 마늘의 구분은 다음과 같다.
   ㉠ 통마늘 : 적당히 건조되어 저장용으로 출하되는 마늘
   ㉡ 풋마늘 : 수확 후 신선한 상태로 출하되는 마늘(4~6월 중에 출하되는 것에 한함)
② 열구 : 마늘쪽의 일부 또는 전부가 줄기로부터 벌어져 있는 것으로 포장단위 전체 마늘에 대한 개수 비율을 말한다. 단, 마늘통 높이의 3/4 이상이 외피에 싸여 있는 것은 제외한다.
③ 쪽마늘 : 포장단위별로 전체 마늘 중 마늘통의 줄기로부터 떨어져 나온 마늘쪽을 말한다.
④ 중결점구는 다음의 것을 말한다.
   ㉠ 병충해구 : 병충해의 증상이 뚜렷하거나 진행성인 것
   ㉡ 부패, 변질구 : 육질이 부패 또는 변질된 것
   ㉢ 형상불량구 : 기형 및 벌마늘(완전한 줄기가 2개 이상 발생한 2차 생성구), 싹이 난 것, 뿌리가 난 것
   ㉣ 상해구 : 기계적 손상이 마늘쪽의 육질에 미친 것
⑤ 경결점구는 다음의 것을 말한다.
   ㉠ 마늘쪽이 마늘통의 줄기로부터 1/4 이상 떨어져 나간 것
   ㉡ 외피에 기계적 손상을 입은 것
   ㉢ 뿌리 턱이 빠진 것
   ㉣ 기타 중결점구에 속하지 않는 결점이 있는 것

17 **정답**

① 3 ② (250g*19과 + 310g*1과) ③ 1 ④ (250g*19과 + 310g*1과) ⑤ 경결점 1과
⑥ (250g*14과 + 240g*6과) ⑦ 중결점 1과, 경결점 2과

해설

등급	최대 상자수	상자별 구성내용 (000g 0과 + 000g 0과 …)	상자별 결점과 포함내용
특	(3)상자	(250*19과 + 310*1과)	0
상	(1)상자	(250*19과 + 310*1과)	(경결점 1과)
보통	1 상자	(250*14과 + 240*6과)	(중결점 1과, 경결점 2과)

단감 등급규격

항목 \ 등급	특	상	보통
① 낱개의 고르기	별도로 정하는 크기 구분표 [표 1]에서 무게가 다른 것이 5% 이하인 것. 단, 크기 구분표의 해당 무게에서 1단계를 초과할 수 없다.	별도로 정하는 크기 구분표 [표 1]에서 무게가 다른 것이 10% 이하인 것. 단, 크기 구분표의 해당 무게에서 1단계를 초과할 수 없다.	특·상에 미달하는 것
② 색택	착색비율이 80% 이상인 것	착색비율이 60% 이상인 것	특·상에 미달하는 것
③ 숙도	숙도가 양호하고 균일한 것	숙도가 양호하고 균일한 것	특·상에 미달하는 것

④ 중결점과	없는 것	없는 것	5% 이하인 것(부패·변질과는 포함할 수 없음)
⑤ 경결점과	3% 이하인 것	5% 이하인 것	20% 이하인 것

[표 1] 크기 구분

구분 \ 호칭	3L	2L	L	M	S	2S
g/개	300 이상	250 이상 ~ 300 미만	214 이상 ~ 250 미만	188 이상 ~ 214 미만	167 이상 ~ 188 미만	150 이상 ~ 167 미만

〈용어의 정의〉
① 착색비율은 낱개별로 전체 면적에 대한 품종 고유의 색깔이 착색된 면적의 비율을 말한다.
② 중결점과는 다음의 것을 말한다.
　㉠ 이품종과 : 품종이 다른 것
　㉡ 부패, 변질과 : 과육이 부패 또는 변질된 것(과숙에 의해 육질이 변질된 것을 포함한다)
　㉢ 미숙과 : 당도(맛), 경도 및 색택으로 보아 성숙이 덜된 것(덜익은 과일을 수확하여 아세틸렌, 에틸렌 등의 가스로 후숙한 것을 포함한다)
　㉣ 병충해과 : 탄저병, 검은별무늬병, 감꼭지나방 등 병해충의 피해가 있는 것
　㉤ 상해과 : 열상, 자상 또는 압상이 있는 것. 다만 경미한 것을 제외한다.
　㉥ 꼭지 : 꼭지가 빠지거나, 꼭지 부위가 갈라진 것
　㉦ 모양 : 모양이 심히 불량한 것
　㉧ 기타 : 경결점과에 속하는 사항으로 그 피해가 현저한 것
③ 경결점과는 다음의 것을 말한다.
　㉠ 품종 고유의 모양이 아닌 것
　㉡ 경미한 일소, 약해 등으로 외관이 떨어지는 것
　㉢ 그을음병, 깍지벌레 등 병충해의 피해가 과피에 그친 것
　㉣ 꼭지가 돌아갔거나, 꼭지와 과육 사이에 틈이 있는 것
　㉤ 경미한 찰상 등 중결점과에 속하지 않는 상처가 있는 것
　㉥ 기타 결점의 정도가 경미한 것

18 정답

① 상　② 특　③ 낱개의 고르기 항목이 14%로 "상" 등급기준의 20% 이하에 해당함

해설

① 낱개 고르기 : 7/50 = 14%(상)
② 결점과 : 경결점 2/50 = 4%(특)
③ 이유 : 낱개의 고르기 항목이 14%로 "상" 등급기준의 20% 이하에 해당함

양파 등급규격

항목 \ 등급	특	상	보통
① 낱개의 고르기	별도로 정하는 크기 구분표 [표 1]에서 크기가 다른 것이 10% 이하인 것	별도로 정하는 크기 구분표 [표 1]에서 크기가 다른 것이 20% 이하인 것	특·상에 미달하는 것
② 모양	품종 고유의 모양인 것	품종 고유의 모양인 것	특·상에 미달하는 것
③ 색택	품종 고유의 선명한 색택으로 윤기가 뛰어난 것	품종 고유의 선명한 색택으로 윤기가 양호한 것	특·상에 미달하는 것

④ 손질	흙 등 이물이 잘 제거된 것	흙 등 이물이 제거된 것	특·상에 미달하는 것
⑤ 중결점과	없는 것	없는 것	5% 이하인 것(부패·변질구는 포함할 수 없음)
⑥ 경결점과	5% 이하인 것	10% 이하인 것	20% 이하인 것

[표 1] 크기 구분

구분 \ 호칭	2L	L	M	S
1구의 지름 (cm)	9.0 이상	8.0 이상 ~ 9.0 미만	6.0 이상 ~ 8.0 미만	6.0 미만

〈용어의 정의〉
① 중결점구는 다음의 것을 말한다.
  ㉠ 부패·변질구 : 엽육이 부패 또는 변질된 것
  ㉡ 병충해 : 병해충의 피해가 있는 것
  ㉢ 상해구 : 자상, 압상이 육질에 미친 것, 심하게 오염된 것
  ㉣ 형상 불량구 : 쌍구, 열구, 이형구, 싹이 난 것, 추대된 것
  ㉤ 기타 : 경결점구에 속하는 사항으로 그 피해가 현저한 것
② 경결점구는 다음의 것을 말한다.
  ㉠ 품종 고유의 모양이 아닌 것
  ㉡ 병해충의 피해가 외피에 그친 것
  ㉢ 상해 및 기타 결점의 정도가 경미한 것

19 정답

① 특 ② 특 ③ 상 ④ 경결점 항목이 4%로 "상" 등급기준의 5% 이하에 해당함

해설
① 낱개의 고르기 : 1/50 = 2%(특)
  • 150 이상 ~ 160g 미만 : 1개(2L)
  • 130 이상 ~ 150g 미만 : 48개(L)
  • 120 이상 ~ 130g 미만 : 1개(L)
② 착색비율 : 45 ~ 55%(40% 이상 특)
③ 등급 : 상, 결점과 2/50 = 4%(5% 이하 상)
④ 이유 : 경결점 항목이 4%로 "상" 등급기준의 5% 이하에 해당함

자두 등급규격

항목 \ 등급	특	상	보통
① 낱개의 고르기	별도로 정하는 크기 구분표 [표 1]에서 무게가 다른 것이 5% 이하인 것. 단, 크기 구분표의 해당 무게에서 1단계를 초과할 수 없다.	별도로 정하는 크기 구분표 [표 1]에서 무게가 다른 것이 10% 이하인 것. 단, 크기 구분표의 해당 무게에서 1단계를 초과할 수 없다.	특·상에 미달하는 것
② 색택	착색비율이 40% 이상인 것	착색비율이 20% 이상인 것	특·상에 미달하는 것
③ 중결점과	없는 것	없는 것	5% 이하인 것(부패·변질과는 포함할 수 없음)
④ 경결점과	3% 이하인 것	5% 이하인 것	20% 이하인 것

[표 1] 크기 구분

품종		호칭	2L	L	M	S
1과의 기준 무게 (g)	대과종	포모사, 솔담, 산타로사, 캘시(피자두) 및 이와 유사한 품종	150 이상	120 이상 ~ 150 미만	90 이상 ~ 120 미만	90 미만
	중과종	대석조생, 비유티 및 이와 유사한 품종	100 이상	80 이상 ~ 100 미만	60 이상 ~ 80 미만	60 미만

〈용어의 정의〉

① 착색비율은 낱개별로 전체 면적에 대한 품종 고유의 색깔이 착색된 면적의 비율을 말한다.

② 중결점과는 다음의 것을 말한다.

　㉠ 이품종과 : 품종이 다른 것

　㉡ 부패, 변질과 : 과육이 부패 또는 변질된 것(과숙에 의해 육질이 변질된 것을 포함한다.)

　㉢ 미숙과 : 맛, 육질, 색택 등으로 보아 성숙이 현저하게 덜된 것

　㉣ 병충해과 : 검은무늬병, 심식충 등 병충해의 피해가 있는 것

　㉤ 상해과 : 찰상, 자상, 압상 등의 상처가 있는 것. 다만 경미한 것은 제외한다.

　㉥ 모양 : 모양이 심히 불량한 것

　㉦ 기타 : 오염된 것 등 그 피해가 현저한 것

③ 경결점과는 다음의 것을 말한다.

　㉠ 품종 고유의 모양이 아닌 것

　㉡ 약해, 일소 등 피해가 경미한 것

　㉢ 병충해, 상해의 정도가 경미한 것

　㉣ 기타 결점의 정도가 경미한 것

20

정답

① 7　② A형 20개　③ 2　④ A형 18개 + B형 1개 + C형 1개　⑤ D

해설

배 등급규격

항목 \ 등급	특	상	보통
① 낱개의 고르기	별도로 정하는 크기 구분표 [표 1]에서 무게가 다른 것이 섞이지 않은 것	별도로 정하는 크기 구분표 [표 1]에서 무게가 다른 것이 5% 이하인 것. 단, 크기 구분표의 해당 무게에서 1단계를 초과할 수 없다.	특·상에 미달하는 것
② 색택	품종 고유의 색택이 뛰어난 것	품종 고유의 색택이 양호한 것	특·상에 미달하는 것
③ 신선도	껍질의 수축현상이 나타나지 않은 것	껍질의 수축현상이 나타나지 않은 것	특·상에 미달하는 것
④ 중결점과	없는 것	없는 것	5% 이하인 것(부패·변질과는 포함할 수 없음)
⑤ 경결점과	없는 것	10% 이하인 것	20% 이하인 것

[표 1] 크기 구분

구분 \ 호칭	3L	2L	L	M	S	2S
g/개	750 이상	600 이상 ~ 750 미만	500 이상 ~ 600 미만	430 이상 ~ 500 미만	375 이상 ~ 430 미만	333 이상 ~ 375 미만

〈용어의 정의〉

① 중결점과는 다음의 것을 말한다.

　㉠ 이품종과 : 품종이 다른 것

　㉡ 부패, 변질과 : 과육이 부패 또는 변질된 것

　㉢ 미숙과 : 당도, 경도 및 색택으로 보아 성숙이 현저하게 덜된 것(성숙 이전에 인공 착색한 것을 포함한다.)

　㉣ 과숙과 : 경도, 색택으로 보아 성숙이 지나치게 된 것

　㉤ 병해충과 : 붉은별무늬병(적성병), 검은별무늬병(흑성병), 겹무늬병, 심식충류, 매미충류 등 병해충의 피해가 과육까지 미친 것

　㉥ 상해과 : 열상, 자상 또는 압상이 있는 것. 다만 경미한 것은 제외한다.

　㉦ 모양 : 모양이 심히 불량한 것

　㉧ 기타 : 경결점과에 속하는 사항으로 그 피해가 현저한 것

② 경결점과는 다음의 것을 말한다.

　㉠ 품종 고유의 모양이 아닌 것

　㉡ 경미한 과피흑점, 얼룩, 녹, 일소 등으로 외관이 떨어지는 것

　㉢ 병해충의 피해가 과피에 그친 것

　㉣ 경미한 찰상 등 중결점과에 속하지 않는 상처가 있는 것

　㉤ 꼭지가 빠진 것

　㉥ 기타 결점의 정도가 경미한 것

2022년 제19회 2차 기출문제 정답 및 해설

01 정답

1. 법인 자격으로 등록한 지리적표시권자가 법인명을 개정하거나 합병하는 경우
2. 개인 자격으로 등록한 지리적표시권자가 사망한 경우

해설

제35조(지리적표시권의 이전 및 승계)

지리적표시권은 타인에게 이전하거나 승계할 수 없다. 다만, 다음 각 호의 어느 하나에 해당하면 농림축산식품부장관 또는 해양수산부장관의 사전 승인을 받아 이전하거나 승계할 수 있다. 〈개정 2013.3.23.〉
1. 법인 자격으로 등록한 지리적표시권자가 법인명을 개정하거나 합병하는 경우
2. 개인 자격으로 등록한 지리적표시권자가 사망한 경우

02 정답

① 1 ② 5 ③ 50

해설

제10조의2(수입 농산물 등의 유통이력 관리)

② 제1항에 따른 유통이력 신고의무가 있는 자(이하 "유통이력신고의무자"라 한다)는 유통이력을 장부에 기록(전자적 기록방식을 포함한다)하고, 그 자료를 거래일부터 1년간 보관하여야 한다.

제6조의2(수입 농산물 등의 유통이력 신고 절차 등)

① 법 제10조의2 제1항에 따른 유통이력 신고는 법 제10조의2 제1항에 따른 유통이력관리수입농산물 등의 양도일부터 5일 이내에 영 제6조의2 제2항에 따른 수입농산물 등 유통이력관리시스템에 접속하여 제1조의2 각 호의 사항을 입력하는 방식으로 해야 한다.

시행령 [별표2] 과태료의 부과기준

위반행위	과태료			
	1차 위반	2차 위반	3차 위반	4차 이상 위반
1) 유통이력을 신고하지 않은 경우	50만원	100만원	300만원	500만원

03 정답

① 2 ② 10 ③ 1

해설

제7조(우수관리인증의 유효기간 등)

① 우수관리인증의 유효기간은 우수관리인증을 받은 날부터 2년으로 한다. 다만, 품목의 특성에 따라 달리 적용할 필요가 있는 경우에는 10년의 범위에서 농림축산식품부령으로 유효기간을 달리 정할 수 있다.

시행규칙 제15조(우수관리인증의 갱신)

① 우수관리인증을 받은 자가 법 제7조 제2항에 따라 우수관리인증을 갱신하려는 경우에는 별지 제1호 서식의 농산물우수관리인증 (신규·갱신)신청서에 제10조 제1항 각 호의 서류 중 변경사항이 있는 서류를 첨부하여 그 유효기간이 끝나기 1개월 전까지 우수관리인증기관에 제출하여야 한다.

04 정답

② 5년 → 3년   ③ 3개월 → 30일

해설

제42조(지리적표시심판위원회)
② 심판위원회는 위원장 1명을 포함한 10명 이내의 심판위원(이하 "심판위원"이라 한다)으로 구성한다.
제44조(지리적표시의 취소심판)
② 제1항에 따른 취소심판은 취소 사유에 해당하는 사실이 없어진 날부터 <u>3년이 지난 후에는 청구할 수 없다.</u>
제45조(등록거절 등에 대한 심판)
제32조 제9항에 따라 지리적표시 등록의 거절을 통보받은 자 또는 제40조에 따라 등록이 취소된 자는 이의가 있으면 등록거절 또는 등록취소를 통보받은 날부터 30일 이내에 심판을 청구할 수 있다.
제49조(심판의 합의체)
① 심판은 3명의 심판위원으로 구성되는 합의체가 한다.

05 정답

방담필름

해설

방담필름 : 농작물의 포장 시 포장내부에 결로현상을 막기 위해 계면활성제 처리를 한 기능성 포장재

06 정답

① ○ ② × ③ × ④ ×

해설

② 감자 : 감자는 저온저장 시 전분이 당으로 전환되는 대사가 활발해진다.
③ 옥수수 : 수확 후 −18℃ 냉동저장으로 환원당 변화를 억제시킬 수 있다.
④ 생강 : 수확하고 나서 큐어링을 25℃, 습도 93% 공간에서 3일 정도 큐어링한다.

07 정답

① <u>상대습도가 낮아질수록 증가하고</u>
② <u>작물의 부피 대비 표면적의 비율이 높을수록 증가하며</u>

08 정답

① 솔비톨 ② 내부갈변

해설

① 사과나무는 광합성을 통해 잎에서 만들어진 포도당을 과실로 운반해 저장한다. 수확 시기가 늦거나 햇빛에 과다 노출돼 과실이 지나치게 익게 되면 포도당이 당알코올의 일종인 '솔비톨(Sorbitol)' 형태로 변한다.
② 밀 증상이 많은 과실은 즉시 판매용으로 하면 문제가 되지 않지만, 장기 저장할 경우는 생리적 장해를 유발하기 때문 저장을 피한다. 특히 CA저장을 할 경우에는 과실이 내부갈변 장해를 쉽게 받으므로 밀 증상이 어느 정도 소실된 이후에 CA환경 조성을 한다.

09 정답

① 호흡 ② 산소 ③ 이산화탄소

해설

과실을 폴리에틸렌 필름으로 밀봉 포장하면 과실의 호흡과 필름의 투과성에 의해 고농도의 이산화탄소와 저농도의 산소 조건을 이루게 된다. 따라서 MA 저장은 호흡과 증산을 억제하여 저장성을 증가시키며, 적절한 포장재의 이용으로 상품성을 향상시키는 효과가 있다.

10 **정답**

① % → 뉴턴
② 빨라지는 → 느려지는(굴절율)
③ 주석산 → 구연산
④ 붉은 정도 → 밝은 정도(명도)

11 **정답**

① 30만원 ② 쇠고기구이 200만원, 돼지고기찌개, 쌀밥, 배추김치의 고춧가루 각 60만원

해설
시행령 [별표2] 과태료의 부과기준

위반행위	과태료			
	1차 위반	2차 위반	3차 위반	4차 이상 위반
가. 법 제5조 제1항을 위반하여 원산지 표시를 하지 않은 경우	5만원 이상 1,000만원 이하			
나. 법 제5조 제3항을 위반하여 원산지 표시를 하지 않은 경우				
1) 쇠고기의 원산지를 표시하지 않은 경우	100만원	200만원	300만원	300만원
2) 쇠고기 식육의 종류만 표시하지 않은 경우	30만원	60만원	100만원	100만원
3) 돼지고기의 원산지를 표시하지 않은 경우	30만원	60만원	100만원	100만원
4) 닭고기의 원산지를 표시하지 않은 경우	30만원	60만원	100만원	100만원
5) 오리고기의 원산지를 표시하지 않은 경우	30만원	60만원	100만원	100만원
6) 양고기 또는 염소고기의 원산지를 표시하지 않은 경우	품목별 30만원	품목별 60만원	품목별 100만원	품목별 100만원
7) 쌀의 원산지를 표시하지 않은 경우	30만원	60만원	100만원	100만원
8) 배추 또는 고춧가루의 원산지를 표시하지 않은 경우	30만원	60만원	100만원	100만원

일반기준
위반행위의 횟수에 따른 과태료의 가중된 부과기준은 최근 2년간 같은 유형(제2호 각 목을 기준으로 구분한다)의 위반행위로 과태료 부과처분을 받은 경우에 적용한다. 이 경우 기간의 계산은 위반행위에 대하여 과태료 부과처분을 받은 날과 그 처분 후 다시 같은 위반행위를 하여 적발된 날을 기준으로 한다.

12 **정답**

① 사과, 아스파라거스 : 에틸렌 발생, 저장적온 0~2℃
② 오이, 가지 : 저장적온 7~13℃
③ 브로콜리 : 저장적온 동결점~0℃

해설

저장적온	원예산물
동결점~0℃	브로콜리, 당근, 시금치, 상추, 마늘, 양파, 셀러리 등
0~2℃	아스파라거스, 사과, 배, 복숭아, 포도, 매실, 단감 등
3~6℃	감귤
7~13℃	바나나, 오이, 가지, 수박, 애호박, 감자, 완숙 토마토 등
13℃ 이상	고구마, 생강, 미숙 토마토 등

13 정답

① 사과 숙성과정에서 전분의 함량이 감소하고 당함량이 증가한다.
② 요오드를 증류수에 희석시켜, 사과 단면에 뿌려 전분 반응을 통해서 파악하는 방법
③ 청색면적이 많으면 미성숙 사과로 판정한다.

14 정답

① 과망간산칼륨이 에틸렌의 이중결합을 깨뜨려 산화시킴. 신체에 직접 접촉 금지
② 활성탄의 기공안으로 에틸렌을 흡착시킴. 포화되기 전에 교체해주어야 함

15 정답

① 특 ② 특 ③ 상 ④ 상
⑤ 경결점과 항목이 "상"등급 기준의 5% 이하에 해당됨

해설

항목＼등급	특	상	보통
① 낱개의 고르기	평균 길이에서 ±2.0cm를 초과하는 것이 10% 이하인 것(꽈리고추는 20% 이하)	평균 길이에서 ±2.0cm를 초과하는 것이 20% 이하(꽈리고추는 50% 이하)로 혼입된 것	특·상에 미달하는 것
② 길이 (꽈리고추에 적용)	4.0~7.0cm인 것이 80% 이상		
③ 색택	• 풋고추, 꽈리고추 : 짙은 녹색이 균일하고 윤기가 뛰어난 것 • 홍고추(물고추) : 품종 고유의 색깔이 선명하고 윤기가 뛰어난 것	• 풋고추, 꽈리고추 : 짙은 녹색이 균일하고 윤기가 있는 것 • 홍고추(물고추) : 품종고유의 색깔이 선명하고 윤기가 있는 것	특·상에 미달하는 것
④ 신선도	꼭지가 시들지 않고 신선하며, 탄력이 뛰어난 것	꼭지가 시들지 않고 신선하며, 탄력이 양호한 것	특·상에 미달하는 것
⑤ 중결점과	없는 것	없는 것	5% 이하인 것(부패·변질과는 포함할 수 없음)
⑥ 경결점과	3% 이하인 것	5% 이하인 것	20% 이하인 것

16 정답

① 상 ② 특 ③ 보통 ④ 보통
⑤ 결점과 항목이 6.6%로 "보통"등급 기준의 20% 이하에 해당됨

해설

항목 \ 등급	특	상	보통
① 낱개의 고르기	별도로 정하는 크기 구분표 [표 1]에서 무게가 다른 것이 섞이지 않은 것	별도로 정하는 크기 구분표 [표 1]에서 무게가 다른 것이 5% 이하인 것. 단, 크기 구분표의 해당 크기에서 1단계를 초과할 수 없다.	특·상에 미달하는 것
② 색택	품종 고유의 색택이 뛰어난 것	품종 고유의 색택이 양호한 것	특·상에 미달하는 것
③ 중결점과	없는 것	없는 것	5% 이하인 것(부패·변질과는 포함할 수 없음)
④ 경결점과	없는 것	5% 이하인 것	20% 이하인 것

1개의 무게 (백도) : 2L(1과), L(43과), M(1과) 무게 다른 것이 5% 이하이나 1단계 초과로 특, 상에 미달 보통

2L	L	M	S
250 이상	215 이상 ~ 250 미만	188 이상 ~ 215 미만	150 이상 ~ 188 미만

〈경결점과 항목〉

㉠ 품종 고유의 모양이 아닌 것

㉡ 외관상 씨 쪼개짐이 경미한 것

㉢ 병해충의 피해가 과피에 그친 것

㉣ 경미한 일소, 약해, 찰상 등으로 외관이 떨어지는 것

㉤ 기타 결점의 정도가 경미한 것

17 정답

① 특 ② 특 ③ 6% ④ 보통 ⑤ 보통

⑥ 결점과 항목이 6%로 "보통" 등급기준의 20% 이하에 해당됨

※ 1상자 개수가 100개에서 공시량 50개를 추출하여 등급판정하므로 기준과는 50개이다.

해설

항목 \ 등급	특	상	보통
① 낱개의 고르기	평균 길이에서 ±2.0cm(다다기계는 ±1.5cm)를 초과하는 것이 10% 이하인 것	평균 길이에서 ±2.0cm(다다기계는 ±1.5cm)를 초과하는 것이 20% 이하인 것	특·상에 미달하는 것
② 색택	품종 고유의 색택이 뛰어난 것	품종 고유의 색택이 양호한 것	특·상에 미달한 것
③ 모양	품종 고유의 모양을 갖춘 것으로 처음과 끝의 굵기가 일정하며 구부러진 정도가 다다기·취청계는 1.5cm 이내, 가시계는 2.0cm 이내인 것	품종 고유의 모양을 갖춘 것으로 처음과 끝의 굵기가 대체로 일정하며 구부러진 정도가 다다기·취청계는 3.0cm 이내, 가시계는 4.0cm 이내인 것	특·상에 미달한 것
④ 신선도	꼭지와 표피가 메마르지 않고 싱싱한 것	꼭지와 표피가 메마르지 않고 싱싱한 것	특·상에 미달한 것
⑤ 중결점과	없는 것	없는 것	5% 이하인 것(부패·변질과는 포함할 수 없음)
⑥ 경결점과	없는 것	5% 이하인 것	20% 이하인 것

경결점과

㉠ 형상불량 정도가 경미한 것

㉡ 병충해, 상해의 정도가 경미한 것

© 기타 결점의 정도가 경미한 것

18 정답

① 보통
② 낱개의 고르기 항목이 22%로 "보통" 등급 기준의 20% 초과에 해당됨
③ 표시정지 1개월

해설

크기구분(수미) : 3L(8개), 2L(39개), L(3개) 무게가 다른 것의 비율 11/50 = 22% 보통

3L	2L	L	M	S	2S
280 이상	220 이상 ~ 280 미만	160 이상 ~ 220 미만	100 이상 ~ 160 미만	40 이상 ~ 100 미만	40 미만

등급규격

등급 / 항목	특	상	보통
① 낱개의 고르기	별도로 정하는 크기 구분표 [표 1]에서 무게가 다른 것이 10% 이하인 것	별도로 정하는 크기 구분표 [표 1]에서 무게가 다른 것이 20% 이하인 것	특·상에 미달하는 것
② 손질	흙 등 이물질 제거 정도가 뛰어나고 표면이 적당하게 건조된 것	흙 등 이물질 제거 정도가 양호하고 표면이 적당하게 건조된 것	특·상에 미달하는 것
③ 중결점	없는 것	없는 것	5% 이하인 것(부패·변질된 것은 포함할 수 없음)
④ 경결점	5% 이하인 것	10% 이하인 것	20% 이하인 것

경결점 : 2/50 = 4% 특
㉠ 품종 고유의 모양이 아닌 것
㉡ 병충해가 외피에 그친 것
© 상해 및 기타 결점의 정도가 경미한 것

표준규격품(시정명령 등의 처분기준) 시행령 [별표 1]

위반행위	행정처분 기준		
	1차 위반	2차 위반	3차 위반
1) 법 제5조 제2항에 따른 표준규격품 의무표시사항이 누락된 경우	시정명령	표시정지 1개월	표시정지 3개월
2) 법 제5조 제2항에 따른 표준규격이 아닌 포장재에 표준규격품의 표시를 한 경우	시정명령	표시정지 1개월	표시정지 3개월
3) 법 제5조 제2항에 따른 표준규격품의 생산이 곤란한 사유가 발생한 경우	표시정지 6개월		
4) 법 제29조 제1항을 위반하여 내용물과 다르게 거짓표시나 과장된 표시를 한 경우	표시정지 1개월	표시정지 3개월	표시정지 6개월

19 정답

① 상 ② 특 ③ 특 ④ 상
⑤ 빈 꼬투리 항목이 3.8%로 "상"등급 기준의 5.0% 이하에 해당됨

해설

항목＼등급	특	상	보통
① 모양	품종 고유의 모양과 색택으로 크기가 균일하고 충실한 것	품종 고유의 모양과 색택으로 크기가 균일하고 충실한 것	특·상에 미달하는 것
② 수분	10.0% 이하인 것	10.0% 이하인 것	10.0% 이하인 것
③ 빈 꼬투리	3.0% 이하인 것	5.0% 이하인 것	10.0% 이하인 것
④ 피해 꼬투리	3.0% 이하인 것	5.0% 이하인 것	10.0% 이하인 것
⑤ 이물	0.5% 이하인 것	1.0% 이하인 것	2.0% 이하인 것

20 정답

① 1

② 350g(색택, 70%)3개 + 350g(색택, 60%)7개 + 300g(색택, 60%)5개

해설

항목＼등급	특	상	보통
① 낱개의 고르기	별도로 정하는 크기 구분표 [표 1]에서 무게가 다른 것이 섞이지 않은 것	낱개의 고르기 : 별도로 정하는 크기 구분표 [표 1]에서 무게가 다른 것이 5% 이하인 것. 단, 크기 구분표의 해당 무게에서 1단계를 초과할 수 없다.	특·상에 미달하는 것
② 색택	별도로 정하는 품종별/등급별 착색비율 [표 2]에서 정하는 「특」이외의 것이 섞이지 않은 것. 단, 쓰가루(비착색계)는 적용하지 않음	별도로 정하는 품종별/등급별 착색비율 [표 2]에서 정하는 「상」에 미달하는 것이 없는 것. 단, 쓰가루(비착색계)는 적용하지 않음	별도로 정하는 품종별/등급별 착색비율 [표 2]에서 정하는 「보통」에 미달하는 것이 없는 것
③ 신선도	윤기가 나고 껍질의 수축현상이 나타나지 않은 것	껍질의 수축현상이 나타나지 않은 것	특·상에 미달하는 것
④ 중결점과	없는 것	없는 것	5% 이하인 것(부패·변질과는 포함할 수 없음)
⑤ 경결점과	없는 것	10% 이하인 것	20% 이하인 것

착색비율(후지사과)

특	상	보통
60% 이상	40% 이상	20% 이상

크기구분(g)

3L	2L	L	M	S	2S
375 이상	300 이상 ~ 375 미만	250 이상 ~ 300 미만	214 이상 ~ 250 미만	188 이상 ~ 214 미만	167 이상 ~ 188 미만

01 정답

오리탕[오리고기 : 국내산(출생국 : 미국)]

해설

소, 돼지, 양(염소 등 산양 포함) 이외 가축의 경우 사육국(국내)에서 1개월 이상 사육된 경우에는 사육국을 원산지로 하되, ( ) 내에 그 출생국을 함께 표시한다. 1개월 미만 사육된 경우에는 출생국을 원산지로 한다.

02 정답

① 3 ② 10 ③ 5 ④ 6

해설

법 제25조 제1항 이력추적관리 등록의 유효기간은 등록한 날부터 3년으로 한다. 다만, 품목의 특성상 달리 적용할 필요가 있는 경우에는 10년의 범위에서 농림축산식품부령으로 유효기간을 달리 정할 수 있다.
시행규칙 제50조(이력추적관리 등록의 유효기간 등)
법 제25조 제1항 단서에 따라 유효기간을 달리 적용할 유효기간은 다음 각 호의 구분에 따른 범위 내에서 등록기관의 장이 정하여 고시한다.
1. 인삼류 : 5년 이내
2. 약용작물류 : 6년 이내

03 정답

① 1년 ② 10년 ③ 500만원 ④ 1억 5천만원 ⑤ 7년 ⑥ 1억원

해설

조건에서 준 처벌 기준은 7년 이하 징역 1억원 이하의 벌금. 다만 제1항의 죄로 형을 선고받고 그 형이 확정된 후 5년 이내에 다시 제6조 제1항 또는 제2항을 위반한 자는 1년 이상 10년 이하의 징역 또는 500만원 이상 1억 5천만원 이하의 벌금에 처하거나 이를 병과할 수 있다.
[참고]
7년 이하의 징역이나 1억원 이하의 벌금
① 제6조 제1항 또는 제2항을 위반한 자는 7년 이하의 징역이나 1억원 이하의 벌금에 처하거나 이를 병과(併科)할 수 있다.

> 법 제6조(거짓 표시 등의 금지)
> ① 누구든지 다음 각 호의 행위를 하여서는 아니 된다.
>   1. 원산지 표시를 거짓으로 하거나 이를 혼동하게 할 우려가 있는 표시를 하는 행위
>   2. 원산지 표시를 혼동하게 할 목적으로 그 표시를 손상·변경하는 행위
>   3. 원산지를 위장하여 판매하거나, 원산지 표시를 한 농수산물이나 그 가공품에 다른 농수산물이나 가공품을 혼합하여 판매하거나 판매할 목적으로 보관이나 진열하는 행위
> ② 농수산물이나 그 가공품을 조리하여 판매·제공하는 자는 다음 각 호의 행위를 하여서는 아니 된다.
>   1. 원산지 표시를 거짓으로 하거나 이를 혼동하게 할 우려가 있는 표시를 하는 행위

> 2. 원산지를 위장하여 조리·판매·제공하거나, 조리하여 판매·제공할 목적으로 농수산물이나 그 가공품의
> 원산지 표시를 손상·변경하여 보관·진열하는 행위
> 3. 원산지 표시를 한 농수산물이나 그 가공품에 원산지가 다른 동일 농수산물이나 그 가공품을 혼합하여 조리·
> 판매·제공하는 행위

② 형벌과 벌금의 병과
　　제1항의 죄로 형을 선고받고 그 형이 확정된 후 5년 이내에 다시 제6조 제1항 또는 제2항을 위반한 자는
1년 이상 10년 이하의 징역 또는 500만원 이상 1억 5천만원 이하의 벌금에 처하거나 이를 병과할 수 있다.

04 　정답

① 우수관리인증기관
② 우수관리인증농산물의 위해요소관리계획서 중 생산계획(품목, 재배면적, 생산계획량, 수확 후 관리시설)
③ 2022년 6월 1일

해설

법 제6조
① 우수관리인증을 받으려는 자는 우수관리인증기관에 우수관리인증의 신청을 하여야 한다.
④ 우수관리인증의 유효기간이 끝나기 전에 생산계획 등 농림축산식품부령으로 정하는 중요 사항을 변경하
려는 자는 미리 우수관리인증의 변경을 신청하여 해당 우수관리인증기관의 승인을 받아야 한다.

시행규칙 제15조(우수관리인증의 갱신)
① 우수관리인증을 받은 자가 법 제7조 제2항에 따라 우수관리인증을 갱신하려는 경우에는 별지 제1호 서식
의 농산물우수관리인증 (신규·갱신)신청서에 제10조 제1항 각 호의 서류 중 변경사항이 있는 서류를 첨부
하여 그 유효기간이 끝나기 1개월 전까지 우수관리인증기관에 제출하여야 한다.

법 제7조(우수관리인증의 유효기간 등)
① 우수관리인증의 유효기간은 우수관리인증을 받은 날부터 2년으로 한다. 다만, 품목의 특성에 따라 달리
적용할 필요가 있는 경우에는 10년의 범위에서 농림축산식품부령으로 유효기간을 달리 정할 수 있다.

시행규칙 제17조(우수관리인증의 변경)
① 법 제7조 제4항에 따라 우수관리인증을 변경하려는 자는 별지 제5호 서식의 농산물우수관리인증 변경신
청서에 제10조 제1항 각 호의 서류 중 변경사항이 있는 서류를 첨부하여 우수관리인증기관에 제출하여야
한다.
② 법 제7조 제4항에서 "농림축산식품부령으로 정하는 중요 사항"이란 다음 각 호의 사항을 말한다.
　1. 우수관리인증농산물의 위해요소관리계획 중 생산계획(품목, 재배면적, 생산계획량, 수확 후 관리시설)
　2. 우수관리인증을 받은 생산자집단의 대표자(생산자집단의 경우만 해당한다)
　3. 우수관리인증을 받은 자의 주소(생산자집단의 경우 대표자의 주소를 말한다)
　4. 우수관리인증농산물의 재배필지(생산자집단의 경우 각 구성원이 소유한 재배필지를 포함한다)
③ 우수관리인증의 변경신청에 대한 심사 절차 및 방법에 대해서는 제11조 제1항부터 제5항까지 및 제7항을
준용한다.

05 　정답

① 가용성 ② °Brix ③ 굴절 ④ 느려

해설

굴절당도계
빛의 굴절 현상을 이용하여 과즙의 당 함량을 측정하는 기계. 굴절 당도는 100g의 용액에 녹아 있는 자당의
그램 수를 기준으로 하지만 과실은 과즙에 녹아 있는 가용성 고형물 함량을 측정하여 당도(°Brix)로 표시한다.
과즙을 통과하는 빛이 녹아 있는 고형물에 의해 느려지는 원리를 이용한 것이다.

06 정답

N_2O(아산화질소), 이산화탄소

해설

N_2O는 매우 안정한 기체이기 때문에 특히 대표적인 불활성 가스인 Ar과 함께 혼합하여 채소에 처리함으로써 효소의 작용을 억제하여 특히 호흡을 억제할 수 있다.
이산화탄소 10~20% 농도로 처리한다.

07 정답

① 마그네슘 ② 칼슘 ③ 인

해설

① 엽록소는 pyrrole(피롤)이 4개 모여서 고리를 만들며, 고리의 한복판에 마그네슘 분자가 있고, 네 번째 pyrrole 분자에 긴 꼬리 모양의 phytol(파이톨)이 부착되어 있어서 엽록체 전체로 볼 때 비극성 화합물(유기물의 경우 산소원자가 극히 적고, 탄소와 수소로 이루어져 있는 화합물)이기 때문에 물에는 잘 녹지 않으며, 에테르에 잘 녹는 지질(lipid) 화합물이다.
② Ca이 부족할 때 세포벽이 헐거워지고 사과의 고두병, 토마토의 배꼽썩음병이 발생한다.
③ 인(P)은 세포막 구성물질인 인지질의 주요 성분이며, 질소와 결합하여 지방 및 탄수화물 대사에도 관여하며, 에너지 전달 물질인 ATP의 구성 원소로서 역할도 한다.

08 정답

① 수분 ② 클 ③ 토마토 ④ 왁스

해설

증산계수
건물(乾物) 1g을 생산하는 데 필요한 수분의 양으로 전체증산량/전체건물중으로 계산한다. 요수량(要水量, water requirement)은 증산계수의 동의어이다.
작물별 증산계수는 시금치 > 당근 > 토마토 순이다.

09 정답

① CA ② MA ③ 가스(이산화탄소)

10 정답

감자, 고구마

해설

큐어링
상처를 치유한다는 뜻이다. 고구마의 경우 수확 직후 고온(32℃ 정도)과 고습(90% 상대습도)에 3~4일간 보관한 후에 저장한다. 이것이 큐어링인데 큐어링을 하면 수확 시의 상처, 병해충에 의한 상처가 잘 아물어 저장력을 크게 높인다.

11 정답

① 농림축산식품부장관
② 개인 자격으로 등록한 지리적표시권자가 사망한 경우에만 승계가 가능하기 때문

해설

제35조(지리적표시권의 이전 및 승계)

지리적표시권은 타인에게 이전하거나 승계할 수 없다. 다만, 다음 각 호의 어느 하나에 해당하면 농림축산식품부장관 또는 해양수산부장관의 사전 승인을 받아 이전하거나 승계할 수 있다.

1. 법인 자격으로 등록한 지리적표시권자가 법인명을 개정하거나 합병하는 경우
2. 개인 자격으로 등록한 지리적표시권자가 사망한 경우

12 정답

① 반감시간과 목표온도 : 20분 후 1/2, 40분 후 3/4, 60분 후 7/8

20분 후 : $\dfrac{27 + 5}{2} = 16℃$

40분 후 : $\dfrac{16}{2} = 8℃$

60분 후 : $\dfrac{8}{2} = 4℃$

② 60분

13 정답

AVG : 식물체 내 에틸렌 생합성 과정에 관여하는 효소(ACC, 에틸렌 전구물질)를 특이적으로 억제
과망간산칼륨($KMnO_4$) : 에틸렌의 이중결합을 깨뜨려 저장공간 내의 에틸렌을 제거하는 방법

14 정답

① 토마토 : 호흡상승과, 감귤 : 호흡 비급등형
② 색소대사 : 토마토는 엽록소(클로르필)가 감소되고 적색의 리코핀이 증가하며, 감귤은 엽록소가 분해되면서 카로티노이드계의 황색이 증가한다.

15 정답

① 보통 ② 특 ③ 8.8 ④ 보통
⑤ 고르기 항목이 21.3%로 "보통" 등급 기준의 20% 초과에 해당됨

해설

① 낱개고르기 : 2L(250 이상) 1,040g, L(200~250 미만) 7,870g, M(150~200 미만) 1,090g
　 무게가 다른 것의 비율 : 2,130/10,000 = 21.3% 보통
② 손질상태(특) : 잎은 1.0cm 이하로 자르고 흙과 수염 뿌리가 제거되어 있다.
③ 경결점과 비율(상) : 품종 고유의 모양이 아닌 것이 1개가 있다.
　 　 　 　 　 　 　 선충에 의한 피해가 표면에 발생한 흔적이 있는 것이 3개가 있다.
　 　 　 　 　 　 　 4/45 = 8.8%
모양 : 특

항목 \ 등급	특	상	보통
① 낱개의 고르기	별도로 정하는 크기 구분표 [표 1]에서 무게가 다른 것이 10% 이하인 것	별도로 정하는 크기 구분표 [표 1]에서 무게가 다른 것이 20% 이하인 것	특·상에 미달하는 것
② 색택	품종 고유의 색택이 뛰어난 것	품종 고유의 색택이 양호한 것	특·상에 미달하는 것

③ 모양	표면이 매끈하고 꼬리 부위의 비대가 양호한 것	표면이 매끈하고 꼬리 부위의 비대가 양호한 것	특·상에 미달하는 것
④ 손질	잎은 1.0cm 이하로 자르고 흙과 수염뿌리를 제거한 것	잎은 1.0cm 이하로 자르고 흙과 수염뿌리를 제거한 것	잎은 1.0cm 이하로 자른 것
⑤ 중결점과	없는 것	없는 것	5% 이하인 것(부패·변질된 것은 포함할 수 없음)
⑥ 경결점과	5% 이하인 것	10% 이하인 것	20% 이하인 것

16 정답

① 상 ② 특 ③ 특 ④ 상
⑤ 고르기 항목이 5%로 "상" 등급 기준의 5% 이하에 해당됨

해설

① 낱개고르기(상) : 2L(2개), L(38개) 2/40 = 5%
② 색택(특) : 특 90% 이상
③ 경결점과(특) : 2.5%로 3% 이하 특

등급 항목	특	상	보통
① 낱개의 고르기	별도로 정하는 크기 구분표 [표 1]에서 무게가 다른 것이 3% 이하인 것. 단, 크기 구분표의 해당 무게에서 1단계를 초과할 수 없다.	별도로 정하는 크기 구분표 [표 1]에서 무게가 다른 것이 5% 이하인 것. 단, 크기 구분표의 해당 무게에서 1단계를 초과할 수 없다.	특·상에 미달하는 것
② 색택	착색비율이 90% 이상인 것	착색비율이 80% 이상인 것	특·상에 미달하는 것
③ 신선도, 숙도	과육의 성숙 정도가 적당하며, 과피에 갈변현상이 없고 신선도가 뛰어난 것	과육의 성숙 정도가 적당하며, 과피에 갈변현상이 경미하고 신선도가 양호한 것	특·상에 미달하는 것
④ 중결점과	없는 것	없는 것	5% 이하인 것(부패·변질과는 포함할 수 없음)
⑤ 경결점과	3% 이하인 것	5% 이하인 것	20% 이하인 것

호칭 구분	3L	2L	L	M	S	2S	3S
1개의 무게(g)	715 이상	500 이상 ~ 715 미만	375 이상 ~ 500 미만	300 이상 ~ 375 미만	250 이상 ~ 300 미만	214 이상 ~ 250 미만	214 미만

〈용어의 정의〉
① 착색비율은 낱개별로 전체 면적에 대한 품종 고유의 색깔이 착색된 면적의 비율을 말한다.
② 중결점과는 다음의 것을 말한다.
　㉠ 이품종과 : 품종이 다른 것
　㉡ 부패, 변질과 : 과육이 부패 또는 변질된 것
　㉢ 과숙과 : 성숙이 지나치거나 과육이 연화된 것
　㉣ 미숙과 : 당도, 경도, 착색으로 보아 성숙이 현저하게 덜된 것
　㉤ 병충해과 : 탄저병 등 병해충의 피해가 있는 것. 다만, 경미한 것은 제외한다.
　㉥ 상해과 : 열상, 자상 또는 압상 등이 있는 것. 다만, 경미한 것은 제외한다.
　㉦ 모양 : 모양이 불량한 것

③ 경결점과는 다음의 것을 말한다.
  ㉠ 병충해, 상해의 피해가 경미한 것
  ㉡ 품종 고유의 모양이 아닌 것
  ㉢ 기타 결점의 정도가 경미한 것

17 정답

① 특 ② 특 ③ 특 ④ 상 ⑤ 모든 항목이 "특"에 해당되지만 수확 후 1년 경과로 "상"

해설

① 피해립(특) : 품위에 영향을 미치는 충해립의 무게 1.5g,
            파쇄된 들깨의 무게 : 2.5g
            4/ 1,000 = 0.4%
② 이종피색립(특) : 껍질의 색깔이 현저하게 다른 들깨의 무게 18g 18/1,000 = 1.8%
③ 이물(특) : 들깨 외의 흙이나 먼지의 무게 4g 4/1,000 = 0.4%

등급 항목	특	상	보통
① 모양	낟알의 모양과 크기가 균일하고 충실한 것	낟알의 모양과 크기가 균일하고 충실한 것	특·상에 미달하는 것
② 수분	10.0% 이하인 것	10.0% 이하인 것	10.0% 이하인 것
③ 용적중 (g/ℓ)	500 이상인 것	470 이상인 것	440 이상인 것
④ 피해립	0.5% 이하인 것	1.0% 이하인 것	2.0% 이하인 것
⑤ 이종곡립	0.0% 이하인 것	0.3% 이하인 것	0.5% 이하인 것
⑥ 이종 피색립	2.0% 이하인 것	5.0% 이하인 것	10.0% 이하인 것
⑦ 이물	0.5% 이하인 것	1.0% 이하인 것	2.0% 이하인 것
⑧ 조건	생산 연도가 다른 들깨가 혼입된 경우나, 수확 연도로부터 1년이 경과되면 「특」이 될 수 없음		

18 정답

① 상 ② 경결점 ③ 4% ④ 상
⑤ 껍질 뜬 것 항목이 11%로 "상"등급 기준 20% 이하에 해당됨

해설

① 껍질 뜬 것(상) : 껍질 내표면적의 11% 가벼움(1)
② 결점과 종류(경결점) :
  • 꼭지가 퇴색된 것 − 1개
  • 지름 3mm 일소 피해 − 1개
③ 결점과 비율(특) : 2/50 = 4%

색택 : 특

항목＼등급	특	상	보통
① 낱개의 고르기	별도로 정하는 크기 구분표 [표 1]에서 무게 또는 지름이 다른 것이 5% 이하인 것. 단, 크기 구분표의 해당 크기(무게)에서 1단계를 초과할 수 없다.	별도로 정하는 크기 구분표 [표 1]에서 무게 또는 지름이 다른 것이 10% 이하인 것. 단, 크기 구분표의 해당 무게에서 1단계를 초과할 수 없다.	특·상에 미달하는 것
② 색택	별도로 정하는 품종별/등급별 착색비율[표 2]에서 정하는 "특" 이외의 것이 섞이지 않은 것	별도로 정하는 품종별/등급별 착색비율 [표 2]에서 정하는 "상"에 미달하는 것이 없는 것	별도로 정하는 품종별/등급별 착색비율 [표 2]에서 정하는 "보통"에 미달하는 것이 없는 것
③ 과피	품종 고유의 과피로써, 수축현상이 나타나지 않은 것	품종 고유의 과피로써, 수축현상이 나타나지 않은 것	특·상에 미달하는 것
④ 껍질뜬 것 (부피과)	별도로 정하는 껍질 뜬 정도 [그림 1]에서 정하는 "없음(○)"에 해당하는 것	별도로 정하는 껍질 뜬 정도 [그림 1]에서 정하는 "가벼움(1)" 이상에 해당하는 것	별도로 정하는 껍질 뜬 정도 [그림 1]에서 정하는 "중간정도(2)" 이상에 해당하는 것
⑤ 중결점과	없는 것	없는 것	5% 이하인 것(부패·변질과는 포함할 수 없음)
⑥ 경결점과	5% 이내인 것	10% 이하인 것	20% 이하인 것

[표 2] 품종별/등급별 착색 비율(%)

품종	등급	특	상	보통
온주밀감	5~10월 출하	70 이상	60 이상	50 이상
	11~4월 출하	85 이상	80 이상	70 이상
한라봉, 천혜향, 청견, 황금향, 진지향 및 이와 유사한 품종		95 이상	90 이상	90 이상

[그림 1] 껍질 뜬 정도

없음(○)	가벼움(1)	중간정도(2)	심함(3)
껍질이 뜨지 않은 것	껍질 내표면적의 20% 이하가 뜬 것	껍질 내표면적의 20~50%가 뜬 것	껍질 내표면적의 50% 이상이 뜬 것

〈용어의 정의〉
① 착색비율은 낱개별로 전체 면적에 대한 품종고유의 색깔이 착색된 면적의 비율을 말한다.
② 중결점과는 다음의 것을 말한다.
　㉠ 이품종과 : 품종이 다른 것, 숙기(조생종, 중생종, 만생종)가 다른 것
　㉡ 부패, 변질과 : 육질이 부패 또는 변질된 것(과숙에 의해 육질이 변질된 것을 포함한다)
　㉢ 미숙과 : 당도, 색택으로 보아 성숙이 현저하게 덜 된 것(덜익은 과일을 수확하여 아세틸렌, 에틸렌 등의 가스로 후숙한 것을 포함한다)
　㉣ 일소과 : 지름 또는 길이 10mm 이상의 일소 피해가 있는 것
　㉤ 병충해과 : 더뎅이병, 궤양병, 검은점무늬병, 곰팡이병, 깍지벌레, 으름나방 등 병해충의 피해가 있는 것
　㉥ 상해과 : 열상, 자상 또는 압상이 있는 것. 다만, 경미한 것은 제외한다.
　㉦ 모양 : 모양이 심히 불량한 것, 꼭지가 떨어진 것

◎ 경결점과에 속하는 사항으로 그 피해가 현저한 것
③ 경결점과는 다음의 것을 말한다.
　㉠ 품종 고유의 모양이 아닌 것
　㉡ 경미한 일소, 약해 등으로 외관이 떨어지는 것
　㉢ 병해충의 피해가 과피에 그친 것
　㉣ 경미한 찰상 등 중결점과에 속하지 않는 상처가 있는 것
　㉤ 꼭지가 퇴색된 것
　㉥ 기타 결점의 정도가 경미한 것

19 　정답

① 상 ② 17.5 ③ 경결점 ④ 8.3

해설
① 낱개의 고르기 등급 : 상
② 고르기 비율 : L(150~250 미만) 21개, M(150~250 미만) 99개 21/120 = 17.5%
③ 결점의 종류(경결점) : 검은무늬병이 외피에 발생한 것 - 10개
④ 결점비율 : 10/120 = 8.3%

등급 항목	특	상	보통
① 낱개의 고르기	별도로 정하는 크기 구분표 [표1]에서 무게가 다른 것이 10% 이하인 것	별도로 정하는 크기 구분표 [표1]에서 무게가 다른 것이 20% 이하인 것	특·상에 미달하는 것
② 손질	흙, 줄기 등 이물질 제거 정도가 뛰어나고 표면이 적당하게 건조된 것	흙, 줄기 등 이물질 제거정도가 양호하고 표면이 적당하게 건조된 것	흙, 줄기 등 이물질을 제거하고 표면이 적당하게 건조된 것
③ 중결점	없는 것	없는 것	5% 이하인 것(부패·변질된 것은 포함할 수 없음)
④ 경결점	5% 이하인 것	10% 이하인 것	20% 이하인 것

구분	호칭	2L	L	M	S
1개의 무게(g)		250 이상	150 이상 ~ 250 미만	100 이상 ~ 150 미만	40 이상 ~ 100 미만

〈용어의 정의〉
① 중결점은 다음의 것을 말한다.
　㉠ 이품종 : 품종이 다른 것
　㉡ 부패, 변질 : 고구마가 부패 또는 변질된 것
　㉢ 병충해 : 검은무늬병, 검은점박이병, 근부병, 굼벵이 등의 피해가 육질까지 미친 것
　㉣ 자상, 찰상 등 상처가 심한 것
② 경결점은 다음의 것을 말한다.
　㉠ 품종 고유의 모양이 아닌 것
　㉡ 병충해가 외피에 그친 것
　㉢ 상해 및 기타 결점의 정도가 경미한 것

20 정답

① A형 19과 + C형 1과
② 2상자
③ 상자구성 A형 18과 + C형 2과
④ 2상자
⑤ 상자구성
A형 15과 + B형 1과, C형 4과

해설

	A형(85과)		B형(중결점2과)		C형(경결점13과)	
	입상	잔여과	입상	잔여과	입상	잔여과
특	19과	66과	○	2과	1과	12과
상	18과	48과	○	2과	2과	10과
	18과	32과		2과	2과	8과
보통	15과	17과	1과	1과	4과	4과
	15과	2과	1과	1과	4과	○

등급 항목	특	상	보통
중결점과	없는 것	없는 것	5% 이하인 것(부패·변질과는 포함할 수 없음)
경결점과	5% 이내인 것	10% 이하인 것	20% 이하인 것

〈용어의 정의〉
① 착색비율은 낱개별로 전체 면적에 대한 품종고유의 색깔이 착색된 면적의 비율을 말한다.
② 중결점과는 다음의 것을 말한다.
  ㉠ 이품종과 : 품종이 다른 것, 숙기(조생종, 중생종, 만생종)가 다른 것
  ㉡ 부패, 변질과 : 과육이 부패 또는 변질된 것(과숙에 의해 육질이 변질된 것을 포함한다)
  ㉢ 미숙과 : 당도, 색택으로 보아 성숙이 현저하게 덜된 것(덜익은 과일을 수확하여 아세틸렌, 에틸렌 등의 가스로 후숙한 것을 포함한다)
  ㉣ 일소과 : 지름 또는 길이 10mm 이상의 일소 피해가 있는 것
  ㉤ 병충해과 : 더뎅이병, 궤양병, 검은점무늬병, 곰팡이병, 깍지벌레, 으름나방 등 병해충의 피해가 있는 것
  ㉥ 상해과 : 열상, 자상 또는 압상이 있는 것. 다만, 경미한 것은 제외한다.
  ㉦ 모양 : 모양이 심히 불량한 것, 꼭지가 떨어진 것
  ㉧ 경결점과에 속하는 사항으로 그 피해가 현저한 것
③ 경결점과는 다음의 것을 말한다.
  ㉠ 품종 고유의 모양이 아닌 것
  ㉡ 경미한 일소, 약해 등으로 외관이 떨어지는 것
  ㉢ 병해충의 피해가 과피에 그친 것
  ㉣ 경미한 찰상 등 중결점과에 속하지 않는 상처가 있는 것
  ㉤ 꼭지가 퇴색된 것
  ㉥ 기타 결점의 정도가 경미한 것

01 정답

① 3개월 → 2개월
② 국립농산물품질관리원 → 농수산물우수관리인증기관
③ 1년 → 3년, 1천만원 → 3천만원

해설

시행규칙 제15조(우수관리인증의 갱신)
③ 우수관리인증기관은 <u>유효기간이 끝나기 2개월 전까지</u> 신청인에게 갱신절차와 갱신신청 기간을 미리 알려야 한다. 이 경우 통지는 휴대전화 문자메시지, 전자우편, 팩스, 전화 또는 문서 등으로 할 수 있다.

제6조(농산물우수관리의 인증)
② 우수관리기준에 따라 농산물(축산물은 제외한다. 이하 이 절에서 같다)을 생산·관리하는 자 또는 우수관리기준에 따라 생산·관리된 농산물을 포장하여 유통하는 자는 제9조에 따라 지정된 <u>농산물우수관리인증기관(이하 "우수관리인증기관"이라 한다)</u>으로부터 농산물우수관리의 인증(이하 "우수관리인증"이라 한다)을 받을 수 있다.

제119조(벌칙)
다음 각 호의 어느 하나에 해당하는 자는 3년 이하의 징역 또는 3천만원 이하의 벌금에 처한다.
1. 제29조 제1항 제1호를 위반하여 우수표시품이 아닌 농수산물(우수관리인증농산물이 아닌 농산물의 경우에는 제7조 제4항에 따른 승인을 받지 아니한 농산물을 포함한다) 또는 농수산가공품에 우수표시품의 표시를 하거나 이와 비슷한 표시를 한 자

02 정답

① 1억 ② 2 ③ 12

해설

제14조(벌칙)
① 제6조 제1항 또는 제2항을 위반한 자(거짓표시의 금지 위반)는 7년 이하의 징역이나 <u>1억원 이하의 벌금</u>에 처하거나 이를 병과(併科)할 수 있다.
② 제1항의 죄로 형을 선고받고 그 형이 확정된 후 5년 이내에 다시 제6조 제1항 또는 제2항을 위반한 자는 1년 이상 10년 이하의 징역 또는 500만원 이상 1억 5천만원 이하의 벌금에 처하거나 이를 병과할 수 있다.

제6조의2(과징금)
① 농림축산식품부장관, 해양수산부장관, 관세청장, 특별시장·광역시장·특별자치시장·도지사·특별자치도지사(이하 "시·도지사"라 한다) 또는 시장·군수·구청장(자치구의 구청장을 말한다. 이하 같다)은 제6조 제1항 또는 제2항을 2년 이내에 2회 이상 위반한 자에게 그 위반금액의 5배 이하에 해당하는 금액을 과징금으로 부과·징수할 수 있다.

시행령 제7조(원산지 표시 등의 위반에 대한 처분 및 공표)
② 법 제9조 제2항(원산지 표시 등의 위반에 대한 처분 등)에 따른 홈페이지 공표의 기준·방법은 다음 각 호와 같다.
  1. <u>공표기간 : 처분이 확정된 날부터 12개월</u>
  2. 공표방법

가. 농림축산식품부, 해양수산부, 관세청, 국립농산물품질관리원, 국립수산물품질관리원, 특별시·광
역시·특별자치시·도·특별자치도(이하 "시·도"라 한다), 시·군·구(자치구를 말한다. 이하 같
다) 및 한국소비자원의 홈페이지에 공표하는 경우 : 이용자가 해당 기관의 인터넷 홈페이지 첫 화면
에서 볼 수 있도록 공표

나. 주요 인터넷 정보제공 사업자의 홈페이지에 공표하는 경우 : 이용자가 해당 사업자의 인터넷 홈페
이지 화면 검색창에 "원산지"가 포함된 검색어를 입력하면 볼 수 있도록 공표

03 정답

① 생산 ② 유통·판매

해설

제61조(안전성조사)

① 식품의약품안전처장이나 시·도지사는 농수산물의 안전관리를 위하여 농수산물 또는 농수산물의 생산에
이용·사용하는 농지·어장·용수(用水)·자재 등에 대하여 다음 각 호의 조사(이하 "안전성조사"라 한
다)를 하여야 한다.

1. 농산물

가. 생산단계 : 총리령으로 정하는 안전기준에의 적합 여부

나. 유통·판매 단계 : 「식품위생법」 등 관계 법령에 따른 유해물질의 잔류허용기준 등의 초과 여부

04 정답

① 60 ② 60

해설

시행령 [별표2] 과태료 부과기준

일반기준 : 위반행위의 횟수에 따른 과태료의 가중된 부과기준은 최근 2년간 같은 유형(제2호 각 목을 기준으
로 구분한다)의 위반행위로 과태료 부과처분을 받은 경우에 적용한다. 이 경우 기간의 계산은 위반행위에 대
하여 과태료 부과처분을 받은 날과 그 처분 후 다시 같은 위반행위를 하여 적발된 날을 기준으로 한다.

개별기준

위반행위	과태료			
	1차 위반	2차 위반	3차 위반	4차 이상 위반
나. 법 제5조 제3항을 위반하여 원산지 표시를 하지 않은 경우				
3) 돼지고기의 원산지를 표시하지 않은 경우	30만원	60만원	100만원	100만원
7) 쌀의 원산지를 표시하지 않은 경우	30만원	60만원	100만원	100만원

05 정답

1-MCP

해설

1-메틸시클로프로펜(1-MCP)은 합성 식물 생장 조절제로 사용되는 시클로프로펜 유도체이다. 구조적으로 천
연 식물 호르몬인 에틸렌과 관련이 있으며 과일의 숙성을 늦추고 절화의 신선도를 유지하는 데 도움을 주기
위해 상업적으로 사용된다.

1-MCP의 작용 메커니즘은 식물의 에틸렌 수용체에 단단히 결합하여 에틸렌(경쟁적 억제제)의 효과를 차단
하는 것과 관련이 있다. 절화, 화분에 심은 꽃, 침구, 종묘장 및 관엽 식물의 경우 1-MCP는 시들음, 잎이
노랗게 변하는 것, 개화 및 고사를 방지하거나 지연시킨다.

06 정답

① × ② ○ ③ ○ ④ ○

해설

증산의 증감	① 주위 습도가 낮고, 온도가 높을수록 증가 ② 대기와 식물 내 수증기압 차이가 클 때 증가 ③ 표면적이 클수록 증가 ④ 큐티클 층이 두꺼울수록 감소 ⑤ 저장고 내 광이 많을수록 증가

증산작용의
억제
	① 상대습도를 올린다.
	② 저장고의 습도 높인다. (고습도 유지)
	③ 저온유지
	④ 실내공기유통을 최소화
	⑤ 단열 및 방습처리
	⑥ 증발기의 코일과 저장고 내 온도차이를 최소화
	⑦ 유닛쿨러의 표면적 넓힘
	   * 유닛쿨러 : 팬 코일 증발기에 팬을 달아서 강제대류를 시키는 것으로, 저장물에 직접 냉풍
	     을 닿게 하여 냉각시키는 장치
	⑧ 플라스틱 필름포장

증산량이 많은 작물	① 채소류 : 파, 쌈채소, 딸기, 버섯, 파슬리, 엽채류 등 ② 과일류 : 살구, 복숭아, 감, 무화과, 포도 등

07 정답

① 양배추, 무, 당근 ② 오이, 토마토

해설

저장적온	원예산물
동결점~0℃	브로콜리, 당근, 시금치, 상추, 마늘, 양파, 셀러리, 버섯, 시금치 등
0~2℃	아스파라거스, 사과, 배, 복숭아, 포도, 매실, 단감 등
3~6℃	감귤
7~13℃	바나나, 오이, 가지, 수박, 애호박, 감자, 완숙 토마토 등
13℃ 이상	고구마, 생강, 미숙 토마토 등

08 정답

결로현상

09 정답

① 금촌추 ② 질소

해설

과피흑변 발생은 품종의 영향을 심하게 받는데 '금촌추'에서 특히 발생이 심하며 '금촌추'에 대한 교배를 통하여 육성된 '신고'('금촌추'×'천지천', 1927년)와 '추황배'('금촌추'×'이십세기', 1985년)를 비롯하여 '영산배'('신고'×'단배', 1985년) 등에서도 저장 중에 과피흑변이 발생되는 사실로 미루어 보아 '금촌추' 혈통의 유전적 특성과 밀접한 관련이 있는 것으로 생각된다.

10 정답

① 클로로필(엽록소) ② 전분 ③ 세포벽

11 정답

① 국산(국내산) 또는 무안 ② 20포인트 ③ 미국산 ④ 15포인트

해설

시행규칙 [별표1] 농산물 등의 원산지 표시방법

> 포장재에 원산지를 표시하기 어려운 경우(다목의 경우는 제외한다)
> 1) 푯말, 안내표시판, 일괄 안내표시판, 상품에 붙이는 스티커 등을 이용하여 다음의 기준에 따라 소비자가 쉽게
>   알아볼 수 있도록 표시한다. 다만, 원산지가 다른 동일 품목이 있는 경우에는 해당 품목의 원산지는 일괄 안내표
>   시판에 표시하는 방법 외의 방법으로 표시하여야 한다.
>   가) 푯말 : 가로 8cm × 세로 5cm × 높이 5cm 이상
>   나) 안내표시판
>   (1) 진열대 : 가로 7cm × 세로 5cm 이상
>   (2) 판매장소 : 가로 14cm × 세로 10cm 이상
>   (3) 「축산물 위생관리법 시행령」 제21조 제7호 가목에 따른 식육판매업 또는 같은 조 제8호에 따른 식육즉
>   석판매가공업의 영업자가 진열장에 진열하여 판매하는 식육에 대하여 식육판매표지판을 이용하여 원산
>   지를 표시하는 경우의 세부 표시방법은 식품의약품안전처장이 정하여 고시하는 바에 따른다.
>   다) 일괄 안내표시판
>   (1) 위치 : 소비자가 쉽게 알아볼 수 있는 곳에 설치하여야 한다.
>   (2) 크기 : 나)(2)에 따른 기준 이상으로 하되, 글자 크기는 20포인트 이상으로 한다.
>   라) 상품에 붙이는 스티커 : 가로 3cm × 세로 2cm 이상 또는 직경 2.5cm 이상이어야 한다.
> 2) 문자 : 한글로 하되, 필요한 경우에는 한글 옆에 한문 또는 영문 등으로 추가하여 표시할 수 있다.
> 3) 원산지를 표시하는 글자(일괄 안내표시판의 글자는 제외한다)의 크기는 제품의 명칭 또는 가격을 표시한 글자
>   크기의 1/2 이상으로 하되, 최소 12포인트 이상으로 한다.

12 정답

① Q_{10} = 10℃호흡률/0℃호흡률 = 12.5/5 = 2.5
② 일반적인 대기조성인 산소 21%, 이산화탄소 0.03%에서 산소의 비율은 낮아지고 이산화탄소의 비율이 높
   아지면 저장 중의 과실은 호흡이 감소하게 되어 저장력이 증가하게 된다.

13 정답

NaOCl의 양 = $\dfrac{\text{원하는 유효 염소농도} \times \text{필요한 용량}}{\text{NaOCl의 농도}}$ = $\dfrac{100\text{ppm} \times 400,000\text{ml}}{5\%}$ = 800mL

14 정답

① MA 저장
② 필름 내 단감의 자연적 호흡에 의하여 발생한 이산화탄소의 농도 증가와 산소의 농도 감소에 의해 단감의
   호흡이 감소하여 단감의 저장성이 증가하게 된다.
③ 폴리에틸렌(PE) 필름

15 정답

① 특 ② 상 ③ 특 ④ 보통 ⑤ 보통
⑥ 크기 고르기는 모두 1급으로 "특", 개화정도는 "특"에 해당하고, 꽃은 "상"이지만, 결점이 7%로 "보통"에
   해당하여 종합판정 "보통"이다.

해설

등급규격

등급\항목	특	상	보통
① 크기의 고르기	크기 구분표 [표 1]에서 크기가 다른 것이 없는 것	크기 구분표 [표 1]에서 크기가 다른 것이 5% 이하인 것	크기 구분표 [표 1]에서 크기가 다른 것이 10% 이하인 것
② 꽃	품종 고유의 모양으로 색택이 선명하고 뛰어난 것	품종 고유의 모양으로 색택이 선명하고 양호한 것	특·상에 미달하는 것
③ 줄기	세력이 강하고, 휘지 않으며 굵기가 일정한 것	세력이 강하고, 휘어진 정도가 약하며 굵기가 비교적 일정한 것	특·상에 미달하는 것
④ 개화정도	• 스탠다드 : 꽃봉오리가 1/4정도 개화된 것 • 스프레이 : 꽃봉오리가 1~2개 정도 개화되고 전체적인 조화를 이룬 것	• 스탠다드 : 꽃봉오리가 1/2정도 개화된 것 • 스프레이 : 꽃봉오리가 3~4개 정도 개화되고 전체적인 조화를 이룬 것	특·상에 미달하는 것
⑤ 손질	마른 잎이나 이물질이 깨끗이 제거된 것	마른 잎이나 이물질 제거가 비교적 양호한 것	특·상에 미달하는 것
⑥ 중결점	없는 것	없는 것	5% 이하인 것
⑦ 경결점	3% 이하인 것	5% 이하인 것	10% 이하인 것

크기의 구분 : 크기의 고르기 모두 1급으로 특

구분	호칭	1급	2급	3급	1묶음의 본수(본)
1묶음 평균의 꽃대 길이(㎝)	스탠다드	70 이상	60 이상 ~ 70 미만	30 이상 ~ 60 미만	20
	스프레이	60 이상	50 이상 ~ 60 미만	30 이상 ~ 50 미만	10

경결점 : 28/400 = 7% 보통
㉠ 품종 고유의 모양이 아닌 것
㉡ 경미한 약해, 생리장해, 상처, 농약살포 등으로 외관이 떨어지는 것
㉢ 손질 정도가 미비한 것
㉣ 기타 결점의 정도가 경미한 것

16 정답

① 특 ② 특 ③ 경결점 ④ 8% ⑤ 상

해설

① 낱개의 고르기 : 혼입률(4/50) 8%로 "특" 10% 이하에 해당됨
② 탈락씨 : 혼입률(25/6,000) 0.416%로 "특" 0.5% 이하에 해당됨
③④ 결점과 : 경결점과 4개로 혼입률 8%, 등급은 "상"
⑤ 종합등급 : 결점과 혼입률 8%는 "특" 5.0%에 미달하고 상 15.0% 이하에 해당하여 종합등급은 "상"이다.
[참고사항]
문제에서 공시량이 몇 개인지 제시되지 않았지만 시행규칙 [별6] "항목별 품위계측 및 감정방법"에서 채소류는 "포장단위 수량이 50과 이상은 50과를 무작위 추출하고, 50과 미만은 전량을 추출한다."고 규정되어 있어서 공시량은 50과로 전제하고 문제를 풀어야 한다. 그러나 2023년 "항목별 품위계측 및 감정방법"은 출제범위가 아니므로 이런 방식의 시험출제는 없을 것으로 판단된다.

등급규격

항목＼등급	특	상	보통
① 낱개의 고르기	평균 길이에서 ±1.5cm를 초과하는 것이 10% 이하인 것	평균 길이에서 ±1.5cm를 초과하는 것이 20% 이하인 것	특·상에 미달하는 것
② 색택	품종 고유의 색택으로 선홍색 또는 진홍색으로서 광택이 뛰어난 것	품종고유의 색택으로 선홍색 또는 진홍색으로서 광택이 양호한 것	특·상에 미달하는 것
③ 수분	15% 이하로 건조된 것	15% 이하로 건조된 것	15% 이하로 건조된 것
④ 중결점과	없는 것	없는 것	3.0% 이하인 것
⑤ 경결점과	5.0% 이하인 것	15.0% 이하인 것	25.0% 이하인 것
⑥ 탈락씨	0.5% 이하인 것	1.0% 이하인 것	2.0% 이하인 것
⑦ 이물	0.5% 이하인 것	1.0% 이하인 것	2.0% 이내인 것

경결점과

㉠ 반점 및 변색 : 황백색 또는 녹색이 과면의 10% 미만인 것 또는 과열로 검게 변한 것이 과면의 20% 미만인 것(꼭지 또는 끝부분의 경미한 반점 또는 변색은 제외한다.)

㉡ 상해과 : 길이의 1/2 미만이 갈라진 것

㉢ 병충해 : 흑색탄저병, 무름병, 담배나방 등 병충해 피해가 과면의 10% 미만인 것

㉣ 모양 : 심하게 구부러진 것, 꼭지가 빠진 것

㉤ 기타 : 결점의 정도가 경미한 것

17 정답

① 특

② M(300~400g 미만) 1송이, L(400~500g 미만) 11개 : 혼입률 8%로 "특" 10% 이하에 해당

해설

등급규격

항목＼등급	특	상	보통
① 낱개의 고르기	별도로 정하는 크기 구분표 [표 1]에서 무게가 다른 것이 10% 이하인 것. 단, 크기 구분표의 해당 무게에서 1단계를 초과할 수 없다.	별도로 정하는 크기 구분표 [표 1]에서 무게가 다른 것이 30% 이하인 것. 단, 크기 구분표의 해당 무게에서 1단계를 초과할 수 없다.	특·상에 미달하는 것
② 색택	품종 고유의 색택을 갖추고, 과분의 부착이 양호한 것	품종고유의 색택을 갖추고, 과분의 부착이 양호한 것	특·상에 미달하는 것
③ 낱알의 형태	낱알 간 숙도와 크기의 고르기가 뛰어난 것	낱알 간 숙도와 크기의 고르기가 양호한 것	특·상에 미달하는 것
④ 중결점과	없는 것	없는 것	5% 이하인 것(부패·변질과는 포함할 수 없음)
⑤ 경결점과	없는 것	5% 이하인 것	20% 이하인 것

거봉 1송이 무게구분(g)

2L	L	M	S
500 이상	400 이상 ~ 500 미만	300 이상 ~ 400 미만	300 미만

18 정답

① 보통 ② 특 ③ 상 ④ 보통

⑤ 낱개고르기, 색택은 "특"이지만 결점과가 혼입률(2/40) 5%로 "상" 기준 5% 이하에 해당하여 "상"으로 종합 판정 "상"

해설

① 낱개고르기 : 3L(300g 이상) 1개, L(214~250g 미만) 38개, M(188~214g 미만)으로 무게 다른 것이 5% 이하이지만 1단계 초과로 "보통"
② 색택 : "특" 기준 80% 초과로 특
③ 결점과 : 혼입률(2/40) 5%로 "상" 기준 5% 이하에 해당하여 "상"

등급규격

항목 \ 등급	특	상	보통
① 낱개의 고르기	별도로 정하는 크기 구분표 [표 1]에서 무게가 다른 것이 5% 이하인 것. 단, 크기 구분표의 해당 무게에서 1단계를 초과할 수 없다.	별도로 정하는 크기 구분표 [표 1]에서 무게가 다른 것이 10% 이하인 것. 단, 크기 구분표의 해당 무게에서 1단계를 초과할 수 없다.	특·상에 미달하는 것
② 색택	착색비율이 80% 이상인 것	착색비율이 60% 이상인 것	특·상에 미달하는 것
③ 숙도	숙도가 양호하고 균일한 것	숙도가 양호하고 균일한 것	특·상에 미달하는 것
④ 중결점과	없는 것	없는 것	5% 이하인 것(부패·변질과는 포함할 수 없음)
⑤ 경결점과	3% 이하인 것	5% 이하인 것	20% 이하인 것

크기의 구분

구분 \ 호칭	3L	2L	L	M	S	2S
g/개	300 이상	250 이상 ~ 300 미만	214 이상 ~ 250 미만	188 이상 ~ 214 미만	167 이상 ~ 188 미만	150 이상 ~ 167 미만

경결점과

㉠ 품종 고유의 모양이 아닌 것
㉡ 경미한 일소, 약해 등으로 외관이 떨어지는 것
㉢ 그을음병, 깍지벌레 등 병충해의 피해가 과피에 그친 것
㉣ 꼭지가 돌아갔거나, 꼭지와 과육 사이에 틈이 있는 것
㉤ 경미한 찰상 등 중결점과에 속하지 않는 상처가 있는 것
㉥ 기타 결점의 정도가 경미한 것

19 정답

① 특 ② 상 ③ 특 ④ 상
⑤ 이물 "특" 기준 1.0% 이하, 용적중 "특" 기준 600 이상에 해당하지만, 이종피색립 "상" 기준 2.0% 이하에 해당하여 종합판정은 "상"

해설

등급규격

항목 \ 등급	특	상	보통
① 모양	품종 고유의 모양과 색택을 갖춘 것으로 껍질이 얇고, 충실하며 고르고 윤기가 있는 것	품종 고유의 모양과 색택을 갖춘 것으로 껍질이 얇고, 충실하며 고르고 윤기가 있는 것	특·상에 미달하는 것
② 수분	10.0% 이하인 것	10.0% 이하인 것	10.0% 이하인 것

PART 04

③ 용적중 (g/ℓ)	600 이상인 것	580 이상인 것	550 이상인 것
④ 이종 피색립	1.0% 이하인 것	2.0% 이하인 것	5.0% 이하인 것
⑤ 이물	1.0% 이하인 것	2.0% 이하인 것	5.0% 이하인 것
⑥ 조건	생산 연도가 다른 참깨가 혼입된 경우나, 수확 연도로부터 1년이 경과되면 '특'이 될 수 없음		

20 정답

① 2 ② 0 ③ 0 ④ 750g 7개, 700g 5개, 500g 3개 ⑤ 0 ⑥ 없음
※ 등외(600g 5개, 500g 4개) : 경결점 비율이 22.2%로 보통에 미치지 못함

해설

	특	특	보통
750(7개)3L	750g(7개)		
700(5개)2L	700g(5개)	3,500(5개)	
600(5개)2L			3,000(5개)
500(7개)2L	500g(3개)	1,500(3개)	2,000(4개)
결점과			500(2개)

등급규격

항목＼등급	특	상	보통
① 낱개의 고르기	별도로 정하는 크기 구분표 [표 1]에서 무게가 다른 것이 3% 이하인 것. 단, 크기 구분표의 해당 무게에서 1단계를 초과할 수 없다.	별도로 정하는 크기 구분표 [표 1]에서 무게가 다른 것이 5% 이하인 것. 단, 크기 구분표의 해당 무게에서 1단계를 초과할 수 없다.	특·상에 미달하는 것
② 색택	착색비율이 90% 이상인 것	착색비율이 80% 이상인 것	특·상에 미달하는 것
③ 신선도, 숙도	과육의 성숙 정도가 적당하며, 과피에 갈변현상이 없고 신선도가 뛰어난 것	과육의 성숙 정도가 적당하며, 과피에 갈변현상이 경미하고 신선도가 양호한 것	특·상에 미달하는 것
④ 중결점과	없는 것	없는 것	5% 이하인 것(부패·변질과는 포함할 수 없음)
⑤ 경결점과	3% 이하인 것	5% 이하인 것	20% 이하인 것

크기의 구분

구분＼호칭	3L	2L	L	M	S	2S	3S
1개의 무게 (g)	715 이상	500 이상 ~ 715 미만	375 이상 ~ 500 미만	300 이상 ~ 375 미만	250 이상 ~ 300 미만	214 이상 ~ 250 미만	214 미만

2019년 제16회 2차 기출문제 정답 및 해설

01 정답

① 식품의약품안전처장 ② 안전성 ③ 위험

해설

법 제60조(안전관리계획)
① 식품의약품안전처장은 농수산물의 품질 향상과 안전한 농수산물의 생산·공급을 위한 안전관리계획을 매년 수립·시행하여야 한다.
② 시·도지사 및 시장·군수·구청장은 관할 지역에서 생산·유통되는 농수산물의 안전성을 확보하기 위한 세부추진계획을 수립·시행하여야 한다.
③ 제1항에 따른 안전관리계획 및 제2항에 따른 세부추진계획에는 제61조에 따른 안전성조사, 제68조에 따른 위험평가 및 잔류조사, 농어업인에 대한 교육, 그 밖에 총리령으로 정하는 사항을 포함하여야 한다.

02 정답

중국에서 제조·가공한 완제품 배추김치를 사용하였다.

해설

농수산물의 원산지 표시에 관한 법률 시행규칙 [별표4]
외국에서 가공한 농수산물 가공품 완제품을 구입하여 사용한 경우에는 그 포장재에 적힌 원산지를 표시할 수 있다.

03 정답

표시정지 1개월

해설

시행규칙 – 이력추적관리의 등록취소 및 표시정지 등의 기준(개별규정)[별표14]

위반행위	위반횟수별 처분기준		
	1차 위반	2차 위반	3차 위반 이상
가. 거짓이나 그 밖의 부정한 방법으로 등록을 받은 경우	등록취소	–	–
나. 이력추적관리 표시정지 명령을 위반하여 계속 표시한 경우	등록취소	–	–
다. 법 제24조 제3항에 따른 이력추적관리 등록변경신고를 하지 않은 경우	시정명령	표시정지 1개월	표시정지 3개월
라. 법 제24조 제6항에 따른 표시방법을 위반한 경우	표시정지 1개월	표시정지 3개월	등록취소
마. 이력추적관리기준을 지키지 않은 경우	표시정지 1개월	표시정지 3개월	표시정지 6개월
바. 법 제26조 제2항을 위반하여 정당한 사유 없이 자료제출 요구를 거부한 경우	표시정지 1개월	표시정지 3개월	표시정지 6개월
사. 전업·폐업 등으로 이력추적관리농산물을 생산, 유통 또는 판매하기 어렵다고 판단되는 경우	등록취소		

04 정답

업무정지 3개월

해설

시행규칙 [별표4]

위반행위	위반횟수별 처분기준		
	1회	2회	3회 이상
바. 법 제9조 제7항에 따른 지정기준을 갖추지 않은 경우			
1) 조직·인력 및 시설 중 어느 하나가 지정기준에 미달할 경우	업무정지 1개월	업무정지 3개월	업무정지 6개월
2) 조직·인력 및 시설 중 둘 이상이 지정기준에 미달할 경우	업무정지 3개월	업무정지 6개월	지정 취소

05 정답

① 화장실과 취수원은 20m 이상 떨어지도록 조치
② 수질검사는 매년 실시하여야 하므로 2019년 수질검사 재실시 후 성적서 비치

해설

시행규칙 [별표4]

수처리설비	가) 곡물의 세척 또는 가공에 사용되는 물은 「먹는물관리법」에 따른 먹는물 수질 기준에 적합해야 한다. 지하수 등을 사용하는 경우 취수원은 화장실, 폐기물처리설비, 동물사육장, 그 밖에 지하수가 오염될 우려가 있는 장소로부터 20미터 이상 떨어진 곳에 있어야 한다.
	나) 곡물에 사용되는 용수가 지하수일 경우에는 1년에 1회 이상 먹는물 수질 기준에 적합한지 여부를 확인해야 한다.
	다) 용수저장용기는 밀폐가 되는 덮개 및 잠금장치를 설치하여 오염물질의 유입을 사전에 방지할 수 있는 구조여야 한다.

06 정답

① × ② ○ ③ × ④ ○

해설

– 차압식이 진공식에 비해 증산량이 더 크다.
– 냉기유속이 빠를수록 증산량은 커진다.

07 정답

① 증가 ② 감소 ③ 부피 ④ NaOH

08 정답

① 전분 ② A, B, C

해설

전분이 요오드와 반응하면 청색 또는 자색의 색상을 띈다. 전분이 당으로 가수분해되어 갈수록 성숙한 과실을 의미하고, 전분의 양이 줄어들었다는 것을 말한다. 세 과일의 성숙도는 CBA순이고, 성숙한 과실보다는 미성숙과실의 저장성이 더 높으므로 저장성이 높은 순서는 ABC이다.

09 정답

③ 상처부위에 코르크층과 같은 치유 조직이 형성된다.
④ 치유 조직은 증산에 대한 저항성을 높여준다.

10 정답

① 단감은 과피흑변을 줄이기 위해 수확기 관수량을 줄이고 LDPE 필름으로 밀봉한다.
② 사과는 껍질덴병을 예방하기 위해 적기에 수확하며 항산화제 처리를 실시한다.
③ 배는 과피흑변을 막기 위해 재배 중 질소질 시비량을 줄이며 예건을 실시한다.
④ 감귤은 껍질의 강도를 높이고 산미를 감소시키기 위해 예조(과피 말리기)를 실시한다.

11 정답

A그룹 : 비호흡상승과, 성숙과정에서 호흡상승현상이 나타나지 않음
B그룹 : 호흡상승과, 성숙과정에서 호흡급등현상을 나타냄

12 정답

① 쇠고기(100) + 돼지고기(30) + 콩(30) + 쌀(30) = 190만원
② 소갈비(쇠고기 : 국내산 한우)
③ 돼지갈비(돼지고기 : 국내산)
④ 콩국수(콩 : 국내산)
⑤ 누룽지(쌀 : 국내산)

해설
농수산물의 원산지 표시에 관한법률 시행령 [별표2]

위반행위	과태료 금액		
	1차 위반	2차 위반	3차 위반
가. 법 제5조 제1항을 위반하여 원산지 표시를 하지 않은 경우	5만원 이상 1,000만원 이하		
나. 법 제5조 제3항을 위반하여 원산지 표시를 하지 않은 경우			
1) 삭제 〈2017.5.29.〉			
2) 쇠고기의 원산지를 표시하지 않은 경우	100만원	200만원	300만원
3) 쇠고기 식육의 종류만 표시하지 않은 경우	30만원	60만원	100만원
4) 돼지고기의 원산지를 표시하지 않은 경우	30만원	60만원	100만원
5) 닭고기의 원산지를 표시하지 않은 경우	30만원	60만원	100만원
6) 오리고기의 원산지를 표시하지 않은 경우	30만원	60만원	100만원
7) 양고기 또는 염소고기의 원산지를 표시하지 않은 경우	품목별 30만원	품목별 60만원	품목별 100만원
8) 쌀의 원산지를 표시하지 않은 경우	30만원	60만원	100만원
9) 배추 또는 고춧가루의 원산지를 표시하지 않은 경우	30만원	60만원	100만원
10) 콩의 원산지를 표시하지 않은 경우	30만원	60만원	100만원

13 정답

1. 제32조 제9항에 따른 등록거절 사유에 해당하는 경우에도 불구하고 등록된 경우
2. 제32조에 따라 지리적표시 등록이 된 후에 그 지리적표시가 원산지 국가에서 보호가 중단되거나 사용되지 아니하게 된 경우

해설

법 제43조(지리적표시의 무효심판)

① 지리적표시에 관한 이해관계인 또는 제3조 제6항에 따른 지리적표시 등록심의 분과위원회는 지리적표시가 다음 각 호의 어느 하나에 해당하면 무효심판을 청구할 수 있다.

  1. 제32조 제9항에 따른 등록거절 사유에 해당하는 경우에도 불구하고 등록된 경우

  2. 제32조에 따라 지리적표시 등록이 된 후에 그 지리적표시가 원산지 국가에서 보호가 중단되거나 사용되지 아니하게 된 경우

② 제1항에 따른 심판은 청구의 이익이 있으면 언제든지 청구할 수 있다.

③ 제1항 제1호에 따라 지리적표시를 무효로 한다는 심결이 확정되면 그 지리적표시권은 처음부터 없었던 것으로 보고, 제1항 제2호에 따라 지리적표시를 무효로 한다는 심결이 확정되면 그 지리적표시권은 그 지리적표시가 제1항 제2호에 해당하게 된 때부터 없었던 것으로 본다.

④ 심판위원회의 위원장은 제1항의 심판이 청구되면 그 취지를 해당 지리적표시권자에게 알려야 한다.

14 정답

낱개의 고르기 등급판정 이유

① 등급 : 상

② 이유 : 포도의 크기구분에서 L 70.2% 3,510g (830+2,220+460),
　　　　　 M 29.8% 1,490g(720+770) 무게 다른 것이 10% 초과 30% 이하로 등급은 "상"

- 350 ～ 379g 범위 : 720g M
- 380 ～ 399g 범위 : 770g M
- 400 ～ 419g 범위 : 830g L
- 420 ～ 449g 범위 : 2,220g L
- 450 ～ 469g 범위 : 460g L

등급규격

항목 \ 등급	특	상	보통
① 낱개의 고르기	별도로 정하는 크기 구분표 [표 1]에서 무게가 다른 것이 10% 이하인 것. 단, 크기 구분표의 해당 무게에서 1단계를 초과할 수 없다.	별도로 정하는 크기 구분표 [표 1]에서 무게가 다른 것이 30% 이하인 것. 단, 크기 구분표의 해당 무게에서 1단계를 초과할 수 없다.	특·상에 미달하는 것
② 색택	품종 고유의 색택을 갖추고, 과분의 부착이 양호한 것	품종고유의 색택을 갖추고, 과분의 부착이 양호한 것	특·상에 미달하는 것
③ 낱알의 형태	낱알 간 숙도와 크기의 고르기가 뛰어난 것	낱알 간 숙도와 크기의 고르기가 양호한 것	특·상에 미달하는 것
④ 중결점과	없는 것	없는 것	5% 이하인 것(부패·변질과는 포함할 수 없음)
⑤ 경결점과	없는 것	5% 이하인 것	20% 이하인 것

구분 \ 호칭		2L	L	M	S
1 송이의 무게(g)	거봉, 네오마스캇, 다노레드 및 이와 유사한 품종	500 이상	400 이상 ～ 500 미만	300 이상 ～ 400 미만	300 미만

15 정답

① 특 (마늘 모두 2L로 크기가 다른 것이 10% 이하)

② 경결점 비율 : 3/100 = 3%

- 마늘쪽이 마늘통의 줄기로부터 1/4이상 떨어져 나간 것 : 2개(경결점)
- 뿌리 턱이 빠진 것 : 1개(경결점)
- 뿌리가 난 것 : 3개(중결점)
- 벌마늘인 것 : 1개(중결점)

③ 보통

④ 중결점이 있어 특, 상은 되지 못하고 중결점 5% 이하로 보통은 됨, 경결점 20% 이하에 해당하여 보통에 해당

해설

마늘의 등급규격 및 크기구분

항목 \ 등급	특	상	보통
① 낱개의 고르기	별도로 정하는 크기 구분표 [표 1]에서 크기가 다른 것이 10% 이하인 것. 단, 크기 구분표의 해당 크기에서 1단계를 초과할 수 없다.	별도로 정하는 크기 구분표 [표 1]에서 크기가 다른 것이 20% 이하인 것. 단, 크기 구분표의 해당 크기에서 1단계를 초과할 수 없다.	특·상에 미달하는 것
② 모양	품종 고유의 모양이 뛰어나며, 각 마늘쪽이 충실하고 고른 것	품종 고유의 모양을 갖추고 각 마늘쪽이 대체로 충실하고 고른 것	특·상에 미달하는 것
③ 손질	• 통마늘의 줄기는 마늘통으로부터 2.0cm 이내로 절단한 것 • 풋마늘의 줄기는 마늘통으로부터 5.0cm 이내로 절단한 것	• 통마늘의 줄기는 마늘통으로부터 2.0cm 이내로 절단한 것 • 풋마늘의 줄기는 마늘통으로부터 5.0cm 이내로 절단한 것	• 통마늘 줄기는 마늘통으로부터 2.0cm 이내로 절단한 것 • 풋마늘의 줄기는 마늘통으로부터 5.0cm 이내로 절단한 것
④ 열구 (난지형에 한한다)	20% 이하인 것	30% 이하인 것	특·상에 미달하는 것
⑤ 쪽마늘	4% 이하인 것	10% 이하인 것	15% 이하인 것
⑥ 중결점과	없는 것	없는 것	5% 이하인 것(부패·변질구는 포함할 수 없음)
⑦ 경결점과	5% 이하인 것	10% 이하인 것	20% 이하인 것

구분 \ 호칭		2L	L	M	S
1개의 지름(cm)	한지형	5.0 이상	4.0 이상 ~ 5.0 미만	3.0 이상 ~ 4.0 미만	2.0 이상 ~ 3.0 미만
	난지형	5.5 이상	4.5 이상 ~ 5.5 미만	4.0 이상 ~ 4.5 미만	3.5 이상 ~ 4.0 미만

중결점구	㉠ 병충해구 : 병충해의 증상이 뚜렷하거나 진행성인 것 ㉡ 부패, 변질구 : 육질이 부패 또는 변질된 것 ㉢ 형상불량구 : 기형 및 벌마늘(완전한 줄기가 2개 이상 발생한 2차 생성구), 싹이 난 것, 뿌리가 난 것 ㉣ 상해구 : 기계적 손상이 마늘쪽의 육질에 미친 것
경결점구	㉠ 마늘쪽이 마늘통의 줄기로부터 1/4 이상 떨어져 나간 것 ㉡ 외피에 기계적 손상을 입은 것 ㉢ 뿌리 턱이 빠진 것 ㉣ 기타 중결점구에 속하지 않는 결점이 있는 것

16 정답

개화정도	경결점	표준규격품 출하 불가 이유
등급 : (①)	비율 : (②)%	이유 : (③)

- 꽃봉오리가 1/3정도 개화되었음 : 상
- 열상의 상처가 있는 것 : 8본 (중결점)
- 손질 정도가 미비한 것 : 4본 (경결점)
- 품종 고유의 모양이 아닌 것 : 1본 (경결점)
- 품종이 다른 것 : 3본 (중결점)
- 상처로 외관이 떨어지는 것 : 2본 (경결점)
- 농약살포로 외관이 떨어진 것 : 2본 (경결점)
- 중결점 : 11/200 = 5.5%, 경결점 : 9/200 = 4.5%
① 등급 : 상
② 비율 : 4.5%
③ 중결점 5.5%로 보통기준 5%를 초과하므로 등외품으로서 표준규격 출하 불가

해설
백합의 등급규격 및 결점

등급 항목	특	상	보통
① 크기의 고르기	크기 구분표 [표 1]에서 크기가 다른 것이 없는 것	크기 구분표 [표 1]에서 크기가 다른 것이 5% 이하인 것	크기 구분표 [표 1]에서 크기가 다른 것이 10% 이하인 것
② 꽃	품종 고유의 모양으로 색택이 선명하고 뛰어나며 크기가 균일한 것	품종 고유의 모양으로 색택이 선명하고 양호한 것	특·상에 미달하는 것
③ 줄기	세력이 강하고, 휘지 않으며 굵기가 일정한 것	세력이 강하고, 휘어진 정도가 약하며 굵기가 비교적 일정한 것	특·상에 미달하는 것
④ 개화정도	꽃봉오리 상태에서 화색이 보이고 균일한 것	꽃봉오리가 1/3정도 개화된 것	특·상에 미달하는 것
⑤ 손질	마른 잎이나 이물질이 깨끗이 제거된 것	마른 잎이나 이물질 제거가 비교적 양호하며 크기가 균일한 것	특·상에 미달하는 것
⑥ 중결점	없는 것	없는 것	5% 이하인 것
⑦ 경결점	3% 이하인 것	5% 이하인 것	10% 이하인 것

중결점구	㉠ 이품종화 : 품종이 다른 것 ㉡ 상처 : 자상, 압상, 동상, 열상 등이 있는 것 ㉢ 병충해 : 병해, 충해 등의 피해가 심한 것 ㉣ 생리장해 : 블라스팅, 엽소, 블라인드, 기형화 등의 피해가 심한 것 ㉤ 형상불량, 파손, 굽힘, 개화 차이가 심히 불량한 것 ㉥ 기타 결점의 정도가 현저하게 품위에 영향을 미치는 것
경결점구	㉠ 품종 고유의 모양이 아닌 것 ㉡ 경미한 약해, 생리장해, 상처, 농약살포 등으로 외관이 떨어지는 것 ㉢ 손질 정도가 미비한 것 ㉣ 기타 결점의 정도가 경미한 것

17 정답

① 낱개의 고르기 : 특 (M 1,810g 90.5%, L 190g 9.5%)
  • 60 ~ 69g : 260g – M
  • 70 ~ 79g : 800g – M
  • 80 ~ 89g : 750g – M
  • 90 ~ 99g : 190g – L
② 종합판정등급 : 상
  • 달팽이의 피해가 있는 것 : 70g – 피해품
  • 갓이 손상되었으나 자루는 정상인 것 : 60g – 피해품
  • 경미한 버섯파리 피해가 있는 것 : 300g – 정상품
  • 갓의 색깔 : 품종 고유의 색깔을 갖추었음 – 특
  • 신선도 : 육질이 부드럽고 단단하며 탄력이 있음 – 특
③ 이유
  낱개의 고르기 9.5%로 특, 갓의 색깔 특, 신선도 특, 피해품 6.5%(130/2,000)으로 특 5% 초과, 상 10%
  이하로 하위가 상위를 지배하므로 "상"

항목 \ 등급	특	상	보통
① 낱개의 고르기	별도로 정하는 크기 구분표 [표 1]에서 무게가 다른 것의 혼입이 10% 이하인 것. 단, 크기 구분표의 해당 무게에서 1단계를 초과할 수 없다.	별도로 정하는 크기 구분표 [표 1]에서 무게가 다른 것의 혼입이 20% 이하인 것. 단, 크기 구분표의 해당 무게에서 1단계를 초과할 수 없다.	특·상에 미달하는 것
② 갓의 모양	갓은 우산형으로 개열되지 않고, 자루는 굵고 곧은 것	갓은 우산형으로 개열이 심하지 않으며, 자루가 대체로 굵고 곧은 것	특·상에 미달하는 것
③ 갓의 색깔	품종 고유의 색깔을 갖춘 것	품종 고유의 색깔을 갖춘 것	특·상에 미달하는 것
④ 신선도	육질이 부드럽고 단단하며 탄력이 있는 것으로 고유의 향기가 뛰어난 것	육질이 부드럽고 단단하며 탄력이 있는 것으로 고유의 향기가 양호한 것	특·상에 미달하는 것
⑤ 피해품	5% 이하인 것	10% 이하인 것	20% 이하인 것
⑥ 이물	없는 것	없는 것	없는 것

구분 \ 호칭	L	M	S
1개의 무게(g)	90 이상	45 이상 ~ 90 미만	20 이상 ~ 45 미만

피해품	㉠ 병충해품 : 곰팡이, 달팽이, 버섯파리 등 병해충의 피해가 있는 것. 다만 경미한 것은 제외한다. ㉡ 상해품 : 갓 또는 자루가 손상된 것. 다만 경미한 것은 제외한다. ㉢ 기형품 : 갓 또는 자루가 심하게 변형된 것 ㉣ 오염된 것 등 기타 피해의 정도가 현저한 것

18 정답

① 특 (8/50, 16%)
② 경결점 (2개)
③ 4%
④ 상
⑤ 낱개 고르기는 특이지만, 결점과 기준 경결점 4%는 특 3% 초과, 상 5% 이하이므로 "상"

해설

고추의 등급규격 및 결점과

항목 \ 등급	특	상	보통
① 낱개의 고르기	평균 길이에서 ±2.0cm를 초과하는 것이 10% 이하인 것(꽈리고추는 20% 이하)	평균 길이에서 ±2.0cm를 초과하는 것이 20% 이하(꽈리고추는 50% 이하)로 혼입된 것	특 · 상에 미달하는 것
② 길이 (꽈리고추에 적용)	4.0~7.0cm인 것이 80% 이상		
③ 색택	• 풋고추, 꽈리고추 : 짙은 녹색이 균일하고 윤기가 뛰어난 것 • 홍고추(물고추) : 품종 고유의 색깔이 선명하고 윤기가 뛰어난 것	• 풋고추, 꽈리고추 : 짙은 녹색이 균일하고 윤기가 있는 것 • 홍고추(물고추) : 품종고유의 색깔이 선명하고 윤기가 있는 것	특 · 상에 미달하는 것
④ 신선도	꼭지가 시들지 않고 신선하며, 탄력이 뛰어난 것	꼭지가 시들지 않고 신선하며, 탄력이 양호한 것	특 · 상에 미달하는 것
⑤ 중결점과	없는 것	없는 것	5% 이하인 것(부패 · 변질과는 포함할 수 없음)
⑥ 경결점과	3% 이하인 것	5% 이하인 것	20% 이하인 것

중결점	㉠ 부패, 변질과 : 부패 또는 변질된 것 ㉡ 병충해 : 탄저병, 무름병, 담배나방 등 병해충의 피해가 현저한 것 ㉢ 기타 : 오염이 심한 것, 씨가 검게 변색된 것
경결점	㉠ 과숙과 : 붉은색인 것(풋고추, 꽈리고추에 적용) ㉡ 미숙과 : 색택으로 보아 성숙이 덜된 녹색과(홍고추에 적용) ㉢ 상해과 : 꼭지 빠진 것, 잘라진 것, 갈라진 것 ㉣ 발육이 덜 된 것 ㉤ 기형과 등 기타 결점의 정도가 경미한 것

19 정답

① 보통
  • 250g 이상 ~ 300g 미만 : 1개 – 2L
  • 214g 이상 ~ 250g 미만 : 46개 – L
  • 188g 이상 ~ 214g 미만 : 2개 – M
  • 167g 이상 ~ 188g 미만 : 1개 – S
② 상, 착색비율 70%는 상
③ 보통
④ 착색비율 70%는 특 기준 80% 미달하고 상 기준 60% 이상 해당, 경결점 2개 4% 상 기준에 맞으나 낱개 고르기가 8%, 상 기준에 맞으나 크기 구분표의 해당 무게에서 1단계를 초과할 수 없어서 보통이므로 종합 판정등급은 "보통"

단감의 등급규격 및 크기와 결점과

항목 \ 등급	특	상	보통
① 낱개의 고르기	별도로 정하는 크기 구분표 [표 1]에서 무게가 다른 것이 5% 이하인 것. 단, 크기 구분표의 해당 무게에서 1단계를 초과할 수 없다.	별도로 정하는 크기 구분표 [표 1]에서 무게가 다른 것이 10% 이하인 것. 단, 크기 구분표의 해당 무게에서 1단계를 초과할 수 없다.	특·상에 미달하는 것
② 색택	착색비율이 80% 이상인 것	착색비율이 60% 이상인 것	특·상에 미달하는 것
③ 숙도	숙도가 양호하고 균일한 것	숙도가 양호하고 균일한 것	특·상에 미달하는 것
④ 중결점과	없는 것	없는 것	5% 이하인 것(부패·변질과는 포함할 수 없음)
⑤ 경결점과	3% 이하인 것	5% 이하인 것	20% 이하인 것

구분 \ 호칭	3L	2L	L	M	S	2S	3S
g/개	300 이상	250 이상 ~ 300 미만	214 이상 ~ 250 미만	188 이상 ~ 214 미만	167 이상 ~ 188 미만	150 이상 ~ 167 미만	150 미만

중결점	㉠ 이품종과 : 품종이 다른 것 ㉡ 부패, 변질과 : 과육이 부패 또는 변질된 것(과숙에 의해 육질이 변질된 것을 포함한다.) ㉢ 미숙과 : 당도(맛), 경도 및 색택으로 보아 성숙이 덜된 것(덜익은 과일을 수확하여 아세틸렌, 에틸렌 등의 가스로 후숙한 것을 포함한다.) ㉣ 병충해과 : 탄저병, 검은별무늬병, 감꼭지나방 등 병해충의 피해가 있는 것 ㉤ 상해과 : 열상, 자상 또는 압상이 있는 것. 다만 경미한 것을 제외한다. ㉥ 꼭지 : 꼭지가 빠지거나, 꼭지 부위가 갈라진 것 ㉦ 모양 : 모양이 심히 불량한 것 ㉧ 기타 : 경결점과에 속하는 사항으로 그 피해가 현저한 것
경결점	㉠ 품종 고유의 모양이 아닌 것 ㉡ 경미한 일소, 약해 등으로 외관이 떨어지는 것 ㉢ 그을음병, 깍지벌레 등 병충해의 피해가 과피에 그친 것 ㉣ 꼭지가 돌아갔거나, 꼭지와 과육 사이에 틈이 있는 것 ㉤ 경미한 찰상 등 중결점과에 속하지 않는 상처가 있는 것 ㉥ 기타 결점의 정도가 경미한 것

20 정답

① 특 ② 1번 ③ 2번 ④ 5번 ⑤ 7번

해설

[1번] 햇볕에 그을려 외관이 떨어지는 것 : 2과 – 경결점
[2번] 녹물에 오염된 것 : 2과 – 경결점
[3번] 품종이 다른 것 : 2과 – 중결점
[4번] 깍지벌레의 피해가 있는 것 : 2과 – 중결점
[5번] 품종 고유의 모양이 아닌 것 : 2과 – 경결점
[6번] 시든 것 : 2과 – 중결점
[7번] 약해로 외관이 떨어지는 것 : 2과 – 경결점
[8번] 바람이 들어 육질에 동공이 생긴 것 : 2과 – 중결점

특이 되기 위해서는 중결점은 없어야 하고 경결점은 5% 이하가 되어야 하므로 각 구성에 경결점과만 2과씩 넣으면 특 기준 경결점 5% 이하를 맞출 수가 있다.

참다래 등급규격 및 결점과

항목＼등급	특	상	보통
① 낱개의 고르기	별도로 정하는 크기 구분표 [표 1]에서 무게가 다른 것이 5% 이하인 것. 단, 크기 구분표의 해당 무게에서 1단계를 초과할 수 없다.	별도로 정하는 크기 구분표 [표 1]에서 무게가 다른 것이 10% 이하인 것. 단, 크기 구분표의 해당 무게에서 1단계를 초과할 수 없다.	특·상에 미달하는 것
② 색택	품종 고유의 색택이 뛰어난 것	품종 고유의 색택이 양호한 것	특·상에 미달하는 것
③ 향미	품종 고유의 향미가 뛰어난 것	품종 고유의 향미가 양호한 것	특·상에 미달하는 것
④ 털	털의 탈락이 없는 것	털의 탈락이 경미한 것	털의 탈락이 심하지 않은 것
⑤ 중결점과	없는 것	없는 것	5% 이하인 것(부패·변질과는 포함할 수 없음)
⑥ 경결점과	5% 이하인 것	10% 이하인 것	20% 이하인 것

중결점	㉠ 이품종과 : 품종이 다른 것 ㉡ 부패, 변질과 : 과육이 부패 또는 변질된 것 ㉢ 과숙과 : 육질, 경도로 보아 성숙이 지나치게 된 것 ㉣ 병충해과 : 연부병, 깍지벌레, 풍뎅이 등 병해충의 피해가 있는 것 ㉤ 상해과 : 열상, 자상 또는 압상이 있는 것. 다만 경미한 것은 제외한다. ㉥ 모양 : 모양이 심히 불량한 것. ㉦ 기타 : 바람이 들어 육질에 동공이 생긴 것, 시든 것, 기타 경결점과에 속하는 사항으로 그 피해
경결점	㉠ 품종 고유의 모양이 아닌 것 ㉡ 일소, 약해 등으로 외관이 떨어지는 것 ㉢ 병해충의 피해가 경미한 것 ㉣ 경미한 찰상 등 중결점과에 속하지 않는 상처가 있는 것 ㉤ 녹물에 오염된 것, 이물이 붙어 있는 것 ㉥ 기타 결점의 정도가 경미한 것

CHAPTER
06

2018년 제15회 2차 기출문제
정답 및 해설

01 | 정답

② ③ ⑤

해설

법 제87조(검사판정의 취소)

농림축산식품부장관은 제79조에 따른 검사나 제85조에 따른 재검사를 받은 농산물이 다음 각 호의 어느 하나에 해당하면 검사판정을 취소할 수 있다. 다만, 제1호에 해당하면 검사판정을 취소하여야 한다.

1. 거짓이나 그 밖의 부정한 방법으로 검사를 받은 사실이 확인된 경우
2. 검사 또는 재검사 결과의 표시 또는 검사증명서를 위조하거나 변조한 사실이 확인된 경우
3. 검사 또는 재검사를 받은 농산물의 포장이나 내용물을 바꾼 사실이 확인된 경우

법 제86조(검사판정의 실효)

제79조 제1항에 따라 검사를 받은 농산물이 다음 각 호의 어느 하나에 해당하면 검사판정의 효력이 상실된다.

1. 농림축산식품부령으로 정하는 검사 유효기간이 지난 경우
2. 제84조에 따른 검사 결과의 표시가 없어지거나 명확하지 아니하게 된 경우

02 | 정답

1) 우수관리인증농산물의 위해요소관리계획서
2) 생산자단체의 사업운영계획서

해설

시행규칙 제10조(우수관리인증의 신청)

① 법 제6조 제3항에 따라 우수관리인증을 받으려는 자는 별지 제1호 서식의 농산물우수관리인증 (신규·갱신)신청서에 다음 각 호의 서류를 첨부하여 법 제9조 제1항에 따라 우수관리인증기관으로 지정받은 기관 (이하 "우수관리인증기관"이라 한다)에 제출하여야 한다.

1. 삭제 〈2013.11.29.〉
2. 법 제6조 제6항에 따른 우수관리인증농산물(이하 "우수관리인증농산물"이라 한다)의 위해요소관리계획서
3. 생산자단체 또는 그 밖의 생산자 조직(이하 "생산자집단"이라 한다)의 사업운영계획서(생산자집단이 신청하는 경우만 해당한다)

03 | 정답

① 산림청장 ② 국립농산물품질관리원장 ③ 국립농산물품질관리원장 ④ 식품의약품안전처장

해설

시행규칙 제56조(지리적표시의 등록 및 변경)

① 법 제32조 제3항 전단에 따라 지리적표시의 등록을 받으려는 자는 별지 제30호 서식의 지리적표시 등록 (변경) 신청서에 다음 각 호의 서류를 첨부하여 농산물(임산물은 제외한다. 이하 이 장에서 같다)은 국립농산물품질관리원장, 임산물은 산림청장, 수산물은 국립수산물품질관리원장에게 각각 제출하여야 한다.

시행규칙 제47조(이력추적관리의 등록절차 등)

① 법 제24조 제1항 또는 제2항에 따라 이력추적관리 등록을 하려는 자는 별지 제23호 서식의 농산물이력추

적관리 등록(신규·갱신)신청서에 다음 각 호의 서류를 첨부하여 국립농산물품질관리원장에게 제출하여야 한다.

시행령 제42조(권한의 위임)

① 농림축산식품부장관은 법 제115조 제1항에 따라 다음 각 호의 권한을 국립농산물품질관리원장에게 위임한다.

2의2. 법 제6조 제1항에 따른 농산물우수관리기준 고시

제19조(유전자변형농수산물의 표시대상품목)

법 제56조 제1항에 따른 유전자변형농수산물의 표시대상품목은 「식품위생법」 제18조에 따른 안전성 평가 결과 식품의약품안전처장이 식용으로 적합하다고 인정하여 고시한 품목(해당 품목을 싹틔워 기른 농산물을 포함한다)으로 한다.

※ 2021년 법령개정으로 인해 농산물우수관리기준 고시권자가 농촌진흥청장에서 국립농산물품질관리원장으로 변경됨

04 정답

① 클로로필 ② 탄닌 ③ 세포벽

05 정답

① ○ ② × ③ × ④ ○

해설

② 호흡급등형 과실은 에틸렌 발생율이 급등한다.
③ 외부온도와 실내온도의 차이가 발생할 때 결로현상이 생긴다.

06 정답

① 필름 내 상대습도 : 90%
② MA 저장 시 필름 내 산소농도는 감소하고 이산화탄소 농도는 증가한다. 이산화탄소 농도의 증가는 작물의 호흡작용과 증산작용이 억제되어 단감의 노화를 지연시킨다.

07 정답

[보기1] 과피흑변
[보기2] ④

해설

과피흑변의 방지

봉지씌우기(광투과량이 많은 봉지 사용)
예건(수확 후 바람이 잘 통하는 그늘에서 7~10일 정도 통풍처리한다.)
저장고의 온도를 1일 1℃씩 낮추어서 약 15일 후 0℃가 되도록 한다.

08 정답

① 큐어링 ② 양파, 감자, 고구마, 생강 등

해설

큐어링

– 농산물의 수확 시 상처난 부분에 병균이 침투하지 못하도록 상처부위를 미리 치료하는 작업이 필요한데, 이를 아물이 또는 큐어링이라 한다. 코르크층이 형성되면 수분손실과 부패균의 침입을 막을 수 있다.
– 대부분의 병균들은 건전한 생물의 조직보다는 주로 상처난 부위의 세포나 조직으로 침투하여 병을 일으킨다.

- 농산물 중 땅속에서 자라는 감자, 고구마, 마늘, 양파 등은 수확할 때 상처가 나기 쉬워 수확 후 빠른 치유가 필요하다.

09 정답

① 훈증처리 : 수확 후 이산화황(SO_2)이나 이산화염소(ClO_2)로 훈증처리한다.
② 발생원인 : 저온장해, 수분손실, 과피상처
예방법 : MA포장을 통해 포장 내 수분손실을 억제하고 신선도를 유지시키고, 예냉 후 적정온도(4.5~10℃)에서 저온저장한다.
③ 방담필름

10 정답

① 생리적 원인 : 고농도 이산화탄소에 노출
② 사과를 CA저장하는 경우 이산화탄소 농도를 1% 이하로 억제한다.

11 정답

① 사과에서 발생하는 에틸렌 가스는 엽채류의 황화현상, 당근의 쓴맛 증가, 아스파라거스의 줄기 경화현상을 발생시킨다.
② 에틸렌 피해 방지
- 혼합저장 회피
- 환기
- 에틸렌 흡착제 사용 : 과망간산칼륨, 활성탄, 티티오황산, 오존 등을 처리한다.
- CA 저장고 저장

12 정답

① 등심(쇠고기 : 국내산 육우) : 국내산(국산)의 경우 "국산"이나 "국내산"으로 표시하고, 식육의 종류를 한우, 젖소, 육우로 구분하여 표시한다.
④ 돼지갈비(돼지고기 : 호주산과 국내산 한우를 섞음) : 원산지가 다른 2개 이상의 동일 품목을 섞은 경우에는 섞음 비율이 높은 순서대로 표시한다.

해설
시행규칙 [별표4] 영업소 및 집단급식소의 원산지 표시
• 원산지가 국내산(국산)인 경우에는 "국산"이나 "국내산"으로 표시하거나 해당 농수산물이 생산된 특별시·광역시·특별자치시·도·특별자치도명이나 시·군·자치구명으로 표시할 수 있다.
• 쇠고기
가) 국내산(국산)의 경우 "국산"이나 "국내산"으로 표시하고, 식육의 종류를 한우, 젖소, 육우로 구분하여 표시한다. 다만, 수입한 소를 국내에서 6개월 이상 사육한 후 국내산(국산)으로 유통하는 경우에는 "국산"이나 "국내산"으로 표시하되, 괄호 안에 식육의 종류 및 출생국가명을 함께 표시한다.
[예시] 소갈비(쇠고기 : 국내산 한우), 등심(쇠고기 : 국내산 육우), 소갈비(쇠고기 : 국내산 육우(출생국 : 호주))
나) 외국산의 경우에는 해당 국가명을 표시한다.
[예시] 소갈비(쇠고기 : 미국산)
• 원산지가 다른 2개 이상의 동일 품목을 섞은 경우에는 섞음 비율이 높은 순서대로 표시한다.
[예시 1] 국내산(국산)의 섞음 비율이 외국산보다 높은 경우
- 쇠고기
불고기(쇠고기 : 국내산 한우와 호주산을 섞음), 설렁탕(육수 : 국내산 한우, 쇠고기 : 호주산), 국내산 한우 갈비뼈에 호주산 쇠고기를 접착(接着)한 경우 : 소갈비(갈비뼈 : 국내산 한우, 쇠고기 : 호주산) 또는

소갈비(쇠고기 : 호주산)
- 돼지고기, 닭고기 등 : 고추장불고기(돼지고기 : 국내산과 미국산을 섞음), 닭갈비(닭고기 : 국내산과 중국산을 섞음)
- 쌀, 배추김치 : 쌀(국내산과 미국산을 섞음), 배추김치(배추 : 국내산과 중국산을 섞음, 고춧가루 : 국내산과 중국산을 섞음)
- 넙치, 조피볼락 등 : 조피볼락회(조피볼락 : 국내산과 일본산을 섞음)
[예시 2] 국내산(국산)의 섞음 비율이 외국산보다 낮은 경우
- 불고기(쇠고기 : 호주산과 국내산 한우를 섞음), 죽(쌀 : 미국산과 국내산을 섞음), 낙지볶음(낙지 : 일본산과 국내산을 섞음)

13 정답

① 계측결과를 종합하여 판정한 등급 : 상
② 그 이유 : 다른 항목은 모두 "특"이지만, 낱개 고르기에서 10% 이하로 "상"
③ 출하자에 적용된 행정처분 기준 : 표시정지 1개월

해설
일반 토마토 등급규격

항목＼등급	특	상	보통
① 낱개의 고르기	별도로 정하는 크기 구분표 [표 1]에서 무게가 다른 것이 5% 이하인 것. 단, 크기 구분표의 해당 무게에서 1단계를 초과할 수 없다.	별도로 정하는 크기 구분표 [표 1]에서 무게가 다른 것이 10% 이하인 것. 단, 크기 구분표의 해당 무게에서 1단계를 초과할 수 없다.	특 · 상에 미달하는 것
② 색택	출하 시기별로 [표 2]의 착색기준에 맞고, 착색 상태가 균일한 것	출하 시기별로 [표 2]의 착색기준에 맞고, 착색 상태가 균일한 것	특 · 상에 미달하는 것
③ 신선도	꼭지가 시들지 않고 껍질의 탄력이 뛰어난 것	꼭지가 시들지 않고 껍질의 탄력이 양호한 것	특 · 상에 미달하는 것
④ 꽃자리 흔적	거의 눈에 띄지 않은 것	두드러지지 않은 것	특 · 상에 미달하는 것
⑤ 중결점과	없는 것	없는 것	5% 이하인 것(부패 · 변질과는 포함할 수 없음)
⑥ 경결점과	없는 것	5% 이하인 것	20% 이하인 것

[표 1] 크기 구분

구분	호칭	3L	2L	L	M	S	2S
1과의 무게(g)	일반계	300 이상	250 이상 ~ 300 미만	210 이상 ~ 250 미만	180 이상 ~ 210 미만	150 이상 ~ 180 미만	100 이상 ~ 150 미만
	중소형계 (흑토마토)	90 이상	80 이상 ~ 90 미만	70 이상 ~ 80 미만	60 이상 ~ 70 미만	50 이상 ~ 60 미만	50 미만
	소형계 (캄파리)	–	50 이상	40 이상 ~ 50 미만	30 이상 ~ 40 미만	20 이상 ~ 30 미만	20 미만

[표 2] 착색 기준

출하시기	착색비율	
	완숙 토마토	일반 토마토
3월 ~ 5월	전체 면적의 60% 내외	전체 면적의 20% 내외
6월 ~ 10월	전체 면적의 50% 내외	전체 면적의 10% 내외
11월 ~ 익년 2월	전체 면적의 70% 내외	전체 면적의 30% 내외

시행령 [별표1] 표준규격품

위반행위	행정처분 기준		
	1차 위반	2차 위반	3차 위반
1) 법 제5조 제2항에 따른 표준규격품 의무표시사항이 누락된 경우	시정명령	표시정지 1개월	표시정지 3개월
2) 법 제5조 제2항에 따른 표준규격이 아닌 포장재에 표준규격품의 표시를 한 경우	시정명령	표시정지 1개월	표시정지 3개월
3) 법 제5조 제2항에 따른 표준규격품의 생산이 곤란한 사유가 발생한 경우	표시정지 6개월		
4) 법 제29조 제1항을 위반하여 내용물과 다르게 거짓표시나 과장된 표시를 한 경우	표시정지 1개월	표시정지 3개월	표시정지 6개월

14 정답

평균길이 계측결과	개화정도 및 결점
• 평균 50cm짜리 1묶음(3급) • 평균 62cm짜리 5묶음(3급) • 평균 68cm짜리 3묶음(3급)	• 개화정도 : 꽃봉오리가 1/5 정도 개화됨(특) • 결점 : 품종 고유의 모양이 아닌 것 2본(경), 　　　　손질 정도가 미비한 것 5본(경)
크기의 고르기 "특"	개화정도 "특", 결점 3.5% "상"

항목 해당 등급 종합 판정 및 이유

가. 크기의 고르기 (①) : 특
나. 개화정도 (②) : 특
다. 결점 (③) : 상
라. 등급 : (④) : 상
마. 이유 : (⑤) 크기의 고르기에서 9묶음 모두 3급(20~70cm 미만)으로 특 기준 크기가 다른 것이 없는
　　것에 해당하고, 개화정도는 장미(스탠다드) 1/5 정도로 특, 결점은 7본 모두 경결점에 해당하면 결점율
　　3.5%로 상 기준 5% 이하에 해당하여 종합판정 "상"이다.

해설

장미 등급규격

등급 / 항목	특	상	보통
① 크기의 고르기	크기 구분표 [표 1]에서 크기가 다른 것이 없는 것	크기 구분표 [표 1]에서 크기가 다른 것이 5% 이하인 것	크기 구분표 [표 1]에서 크기가 다른 것이 10% 이하인 것
② 꽃	품종 고유의 모양으로 색택이 선명하고 뛰어난 것	품종 고유의 모양으로 색택이 선명하고 양호한 것	특·상에 미달하는 것
③ 줄기	세력이 강하고, 휘지 않으며 굵기가 일정한 것	세력이 강하고, 휘어진 정도가 약하며 굵기가 비교적 일정한 것	특·상에 미달하는 것

④ 개화정도	• 스탠다드 : 꽃봉오리가 1/5정도 개화된 것 • 스프레이 : 꽃봉오리가 1~2개 정도 개화된 것	• 스탠다드 : 꽃봉오리가 2/5정도 개화된 것 • 스프레이 : 꽃봉오리가 3~4개 정도 개화된 것	특·상에 미달하는 것
⑤ 손질	마른 잎이나 이물질이 깨끗이 제거된 것	마른 잎이나 이물질 제거가 비교적 양호한 것	특·상에 미달하는 것
⑥ 중결점	없는 것	없는 것	5% 이하인 것
⑦ 경결점	3% 이하인 것	5% 이하인 것	10% 이하인 것

[표 1] 크기 구분

구분	호칭	1급	2급	3급	1묶음의 본수(본)
1묶음 평균의 꽃대 길이(cm)	스탠다드	80 이상	70 이상 ~ 80 미만	20 이상 ~ 70 미만	10
	스프레이	70 이상	60 이상 ~ 70 미만	30 이상 ~ 60 미만	5 또는 10

〈용어의 정의〉
① 크기의 고르기는 매 포장 단위마다 상단·중단·하단에서 각각 3묶음씩 총 9묶음의 표본을 추출하여 해당 크기 구분표 [표 1]에서 크기가 다른 것의 개수비율을 말한다.
② 결점 혼입률은 포장 단위별로 전체 본에 대한 결점본의 개수비율을 말한다.
③ 중결점은 다음의 것을 말한다.
    ㉠ 이품종화 : 품종이 다른 것
    ㉡ 상처 : 자상, 압상 동상, 열상 등이 있는 것
    ㉢ 병충해 : 병해, 충해 등의 피해가 심한 것
    ㉣ 생리장해 : 꽃목굽음, 기형화 등의 피해가 심한 것
    ㉤ 형상불량, 파손, 굽힘, 개화 차이가 심히 불량한 것
    ㉥ 기타 결점의 정도가 현저하게 품위에 영향을 미치는 것
④ 경결점은 다음의 것을 말한다.
    ㉠ 품종 고유의 모양이 아닌 것
    ㉡ 경미한 약해, 생리장해, 상처, 농약살포 등으로 외관이 떨어지는 것
    ㉢ 손질 정도가 미비한 것

15 정답

항목	크기 구분	착색비율	결점과
계측결과 (40과)	2L : 1과 L : 38과 M : 1과	75%	• 생리장해 등으로 외관이 떨어지는 것 : 2개 • 품종 고유의 모양이 아닌 것 : 1개 • 꼭지가 빠진 것 : 1개
	무게 다른 것 5%(상)	특	모두 경결점 10% (상)

해설
항목 해당 등급 종합 판정 및 이유
가. 낱개의 고르기 (①) : 상
나. 색택 (②) : 특
다. 결점과 (③) : 상
라. 등급 : (④) : 상
마. 이유 : (⑤) : 색택 특 기준 70% 이상 충족, 낱개 고르기 5%로 상 기준 5% 이하 충족, 경결점 10%로 상 기준 10% 이하 충족해서 종합판정 "상"

사과(홍옥) 등급규격

항목 \ 등급	특	상	보통
① 낱개의 고르기	별도로 정하는 크기 구분표 [표 1]에서 무게가 다른 것이 섞이지 않은 것	낱개의 고르기 : 별도로 정하는 크기 구분표 [표 1]에서 무게가 다른 것이 5% 이하인 것. 단, 크기 구분표의 해당 무게에서 1단계를 초과할 수 없다.	특·상에 미달하는 것
② 색택	별도로 정하는 품종별/등급별 착색비율 [표 2]에서 정하는 「특」이외의 것이 섞이지 않은 것. 단, 쓰가루(비착색계)는 적용하지 않음	별도로 정하는 품종별/등급별 착색비율 [표 2]에서 정하는 「상」에 미달하는 것이 없는 것. 단, 쓰가루(비착색계)는 적용하지 않음	별도로 정하는 품종별/등급별 착색비율 [표 2]에서 정하는 「보통」에 미달하는 것이 없는 것
③ 신선도	윤기가 나고 껍질의 수축현상이 나타나지 않은 것	껍질의 수축현상이 나타나지 않은 것	특·상에 미달하는 것
④ 중결점과	없는 것	없는 것	5% 이하인 것(부패·변질과는 포함할 수 없음)
⑤ 경결점과	없는 것	10% 이하인 것	20% 이하인 것

[표 1] 크기 구분

구분 \ 호칭	3L	2L	L	M	S	2S
g/개	375 이상	300 이상 ~ 375 미만	250 이상 ~ 300 미만	214 이상 ~ 250 미만	188 이상 ~ 214 미만	167 이상 ~ 188 미만

[표 2] 품종별/등급별 착색비율

품종 \ 등급	특	상	보통
홍옥, 홍로, 화홍, 양광 및 이와 유사한 품종	70% 이상	50% 이상	30% 이상
후지, 조나골드, 세계일, 추광, 서광, 선홍, 새나라 및 이와 유사한 품종	60% 이상	40% 이상	20% 이상
쓰가루(착색계) 및 이와 유사한 품종	20% 이상	10% 이상	-

〈용어의 정의〉
① 착색비율은 낱개별로 전체 면적에 대한 품종 고유의 색깔이 착색된 면적의 비율을 말한다.
② 중결점과는 다음의 것을 말한다.
  ㉠ 이품종과 : 품종이 다른 것
  ㉡ 부패, 변질과 : 과육이 부패 또는 변질된 것(과숙에 의해 육질이 변질된 것을 포함한다.)
  ㉢ 미숙과 : 당도, 경도, 착색으로 보아 성숙이 현저하게 덜된 것(성숙 이전에 인공 착색한 것을 포함한다.)
  ㉣ 병충해과 : 탄저병, 검은별무늬병(흑성병), 겹무늬썩음병, 복숭아심식나방 등 병해충의 피해가 과육까지 미친 것
  ㉤ 생리장해과 : 고두병, 과피 반점이 과실표면에 있는 것
  ㉥ 내부갈변과 : 갈변증상이 과육까지 미친 것
  ㉦ 상해과 : 열상, 자상 또는 압상이 있는 것. 다만 경미한 것은 제외한다.
  ㉧ 모양 : 모양이 심히 불량한 것
  ㉨ 기타 : 경결점과에 속하는 사항으로 그 피해가 현저한 것
③ 경결점과는 다음의 것을 말한다.
  ㉠ 품종 고유의 모양이 아닌 것
  ㉡ 경미한 녹, 일소, 약해, 생리장해 등으로 외관이 떨어지는 것
  ㉢ 병해충의 피해가 과피에 그친 것

　　② 경미한 찰상 등 중결점과에 속하지 않는 상처가 있는 것

　　⑩ 꼭지가 빠진 것

　　ⓗ 기타 결점의 정도가 경미한 것

16 정답

① 종합등급 : 보통

② 이유 : 낱개의 고르기는 8%로 "특" 기준 10%에 해당하고, 경결점 4%로 "특" 5% 이하에 해당하지만, 중결점구가 2%로 특, 상에 미치지 못하고, 보통 기준 5% 이하로 "보통"

해설

낱개의 고르기 : 4/50 = 8%

• 9.0 이상 : 1구(2L)

• 8.0 이상~9.0 미만 : 46구(L)

• 7.0 이상~8.0 미만 : 3구(M)

결점구

• 압상이 육질에 미친 것 : 1구(중결점)

• 병해충의 피해가 외피에 그친 것 : 2구(경결점)

등급 규격

항목 \ 등급	특	상	보통
① 낱개의 고르기	별도로 정하는 크기 구분표 [표 1]에서 크기가 다른 것이 10% 이하인 것	별도로 정하는 크기 구분표 [표 1]에서 크기가 다른 것이 20% 이하인 것	특·상에 미달하는 것
② 모양	품종 고유의 모양인 것	품종 고유의 모양인 것	특·상에 미달하는 것
③ 색택	품종 고유의 선명한 색택으로 윤기가 뛰어난 것	품종 고유의 선명한 색택으로 윤기가 양호한 것	특·상에 미달하는 것
④ 손질	흙 등 이물이 잘 제거된 것	흙 등 이물이 제거된 것	특·상에 미달하는 것
⑤ 중결점과	없는 것	없는 것	5% 이하인 것(부패·변질구는 포함할 수 없음)
⑥ 경결점과	5% 이하인 것	10% 이하인 것	20% 이하인 것

[표 1] 크기 구분

구분 \ 호칭	2L	L	M	S
1구의 지름 (cm)	9.0 이상	8.0 이상 ~ 9.0 미만	6.0 이상 ~ 8.0 미만	6.0 미만

〈용어의 정의〉

① 중결점구는 다음의 것을 말한다.

　　㉠ 부패·변질구 : 엽육이 부패 또는 변질된 것

　　㉡ 병충해 : 병해충의 피해가 있는 것

　　㉢ 상해구 : 자상, 압상이 육질에 미친 것, 심하게 오염된 것

　　㉣ 형상 불량구 : 쌍구, 열구, 이형구, 싹이 난 것, 추대된 것

　　㉤ 기타 : 경결점구에 속하는 사항으로 그 피해가 현저한 것

② 경결점구는 다음의 것을 말한다.

　　㉠ 품종 고유의 모양이 아닌 것

　　㉡ 병해충의 피해가 외피에 그친 것

　　㉢ 상해 및 기타 결점의 정도가 경미한 것

17 정답

① 5, ② 0, ③ 1개 ④ 2.7kg 4개, 2.3kg 4개, 2.3kg 4개, 1.9kg 4개, 1.5kg 4개
⑤ 없음 ⑥ 1.9kg 2개 + 1.5kg 2개

해설
등급 규격

항목 \ 등급	특	상	보통
① 낱개의 고르기	별도로 정하는 크기 구분표 [표 1]에서 무게가 다른 것이 섞이지 않은 것	별도로 정하는 크기 구분표 [표 1]에서 무게가 다른 것이 섞이지 않은 것	특·상에 미달하는 것
② 색택	품종 고유의 모양과 색택이 뛰어나며 네트계 멜론은 그물 모양이 뚜렷하고 균일한 것	품종 고유의 모양과 색택이 양호하며 네트계 멜론은 그물 모양이 양호한 것	특·상에 미달하는 것
③ 신선도, 숙도	꼭지가 시들지 아니하고 과육의 성숙도가 적당한 것	꼭지가 시들지 아니하고 과육의 성숙도가 적당한 것	특·상에 미달하는 것
④ 중결점과	없는 것	없는 것	5% 이하인 것(부패·변질과는 포함할 수 없음)
⑤ 경결점과	없는 것	없는 것	20% 이하인 것

[표 1] 크기 구분

품종 \ 호칭	2L	L	M	S
1개의 무게(kg) 네트계	2.6 이상	2.0 이상 ~ 2.6 미만	1.6 이상 ~ 2.0 미만	1.6 미만
백피계·황피계	2.2 이상	1.8 이상 ~ 2.2 미만	1.3 이상 ~ 1.8 미만	1.3 미만
파파야계	1.0 이상	0.75 이상 ~ 1.0 미만	0.60 이상 ~ 0.75 미만	0.60 미만

〈용어의 정의〉
① 중결점과는 다음의 것을 말한다.
  ㉠ 이품종과 : 품종이 다른 것
  ㉡ 부패, 변질과 : 과육이 부패 또는 변질된 것
  ㉢ 과숙과 : 과육의 연화 등 성숙이 지나친 것
  ㉣ 미숙과 : 과육의 성숙이 현저하게 덜된 것
  ㉤ 병충해과 : 탄저병, 딱정벌레 등 병충해의 피해가 있는 것
  ㉥ 상해과 : 열상, 자상, 압상 등이 있는 것. 다만 경미한 것은 제외한다.
  ㉦ 모양 : 모양이 심히 불량한 것
  ㉧ 기타 결점의 정도가 심한 것
② 경결점과는 다음의 것을 말한다.
  ㉠ 병충해, 상해의 피해가 경미한 것
  ㉡ 품종 고유의 모양이 아닌 것
  ㉢ 기타 결점의 정도가 경미한 것

Chapter 06 2018년 제15회 2차 기출문제 정답 및 해설 | **535**

01 정답

① 특허청장 ② 2 ③ 2

해설

법 제32조(지리적표시의 등록)

④ 농림축산식품부장관 또는 해양수산부장관은 제3항에 따라 등록 신청을 받으면 제3조 제6항에 따른 지리적표시 등록심의 분과위원회의 심의를 거쳐 제9항에 따른 등록거절 사유가 없는 경우 지리적표시 등록 신청 공고결정(이하 "공고결정"이라 한다)을 하여야 한다. 이 경우 농림축산식품부장관 또는 해양수산부장관은 신청된 지리적표시가 「상표법」에 따른 타인의 상표(지리적 표시 단체표장을 포함한다. 이하 같다)에 저촉되는지에 대하여 미리 특허청장의 의견을 들어야 한다.

⑤ 농림축산식품부장관 또는 해양수산부장관은 공고결정을 할 때에는 그 결정 내용을 관보와 인터넷 홈페이지에 공고하고, 공고일부터 2개월간 지리적표시 등록 신청서류 및 그 부속서류를 일반인이 열람할 수 있도록 하여야 한다.

⑥ 누구든지 제5항에 따른 공고일부터 2개월 이내에 이의 사유를 적은 서류와 증거를 첨부하여 농림축산식품부장관 또는 해양수산부장관에게 이의신청을 할 수 있다.

02 정답

틀린 번호 : ② ④

해설

수정 내용 : 「식품산업진흥법」 → 종자산업법, 곡류 → 쌀

② 품목(품종) : 「종자산업법」 제2조 제4호나 이 규칙 제6조 제2항 제3호에 따라 표시

④ 생산연도 : 쌀만 해당한다.

틀린 번호	②	④
수정 내용	품목(품종) : 「종자산업법」 제2조 제4호나 이 규칙 제6조 제2항 제3호에 따라 표시	생산연도 : 쌀만 해당한다.

시행규칙 [별표12] 이력추적관리 등록제품의 표시항목

1) 산지 : 농산물을 생산한 지역으로 시·군·구 단위까지 적음

2) 품목(품종) : 「종자산업법」 제2조 제4호나 이 규칙 제6조 제2항 제3호에 따라 표시

3) 중량·개수 : 포장단위의 실중량이나 개수

4) 삭제 〈2014.9.30.〉

5) 생산연도 : 쌀만 해당한다.

6) 생산자 : 생산자 성명이나 생산자단체·조직명, 주소, 전화번호(유통자의 경우 유통자 성명, 업체명, 주소, 전화번호)

7) 이력추적관리번호 : 이력추적이 가능하도록 붙여진 이력추적관리번호

03 정답

소갈비(쇠고기 : 호주산)

다. 원산지 전환	• 가축을 출생국으로부터 수입하여 국내에서 사육하다가 도축한 경우 일정사육 기한이 경과하여야만 원산지변경으로 본다.
	ex1] 소의 경우 사육국(국내)에서 6개월 이상 사육된 경우에는 사육국을 원산지로 하되, ( )내에 그 출생국을 함께 표시한다. 6개월 미만 사육된 경우에는 출생국을 원산지로 한다.

04 정답

답 : ① 증가 ② 감소 ③ 감소

05 정답

• 틀린 부분 : 다습한 조건에서, 수정 내용 : 건조한 조건에서
• 틀린 부분 : 상대습도가 낮을수록, 수정 내용 : 상대습도가 높을수록

해설

• 마늘의 장기저장을 위해서는 마늘의 수분함량을 64~65% 이하가 되도록 예건 처리하여야 한다.
• 고구마의 큐어링
  ① 그늘 건조 또는 큐어링을 실시하여 호흡을 저하시킨다.
  ② 적절한 환기를 통해 호흡과다를 막아 저장물질의 소모를 억제한다.
  ③ 저장 전처리로 예비저장이나 큐어링을 실시한다.
  ④ 큐어링은 고습조건에서 실시하고, 실시 후 환기를 하여 고구마 내부 온도가 12~14℃가 되도록 한다.

06 정답

① ○ ② ○ ③ × ④ ○
• 저온저장고 내 작물은 습도가 낮고, 온도가 높을수록 증산작용이 왕성해진다.

07 정답

• 문제점 : 유황훈증 시 발생하는 아황산가스는 유해가스로 작물생육을 억제한다.
• 대체소독방법 : 초산훈증법

08 정답

① 녹숙 ② 높게

해설

• 토마토 저온장해
  녹숙토마토 적정 저장온도 : 10~13℃
  적숙토마토 적정 저장온도 : 8~10℃
• 이온용출량이 높으면 저온장해를 입고 있다는 신호이다.

09 정답

• 물리적 상처로 인한 호흡증가와 에틸렌 발생량 증가
• 박피로 인한 증산량의 증가와 미생물로 인한 부패
• 절단에 의한 표면적의 증가로 인한 증산량의 증가와 미생물로 인한 부패

10 정답

- 드라이아이스는 고체상태에서 이산화탄소 기체로 승화되면서 주변 온도를 저하시켜 저온상태를 생성한다. 저온은 식물체의 호흡감소와 숙성과 노화지연 및 연화를 지연시키고, 증산감소 및 미생물 증식을 억제한다.
- 이산화탄소의 공급은 식물체의 호흡을 감소시키고, 숙성과 노화지연 및 호기성미생물의 증식을 억제한다.

11 정답

- 과망간산칼륨($KMnO_4$) : 에틸렌의 흡착 제거
- AVG(aminoethoxyvinyl glycine) : 에틸렌 합성 억제
- 제올라이트(zeolite) : 에틸렌의 흡착 제거
- 1-MCP(1-methylcyclopropene) : 원예산물 내 에틸렌 수용체와 결합하여 에틸렌 작용을 불활성화시킨다.

12 정답

낱개의 고르기 ① 등급 : 특
결점과 ② 등급 : 특
③ 적합여부 : 적합
④ 적합여부에 따른 이유 : 낱개 고르기는 7.5%로 10% 이하 "특", 결점과는 경결점 4.5%로 5.0% 이하 "특"이다.

항목	낱개의 고르기	결점과
계측결과	평균길이에서 ±1.5cm를 초과하는 것 22.5g	• 길이의 1/2 미만이 갈라진 것 6.0g • 꼭지가 빠진 것 7.5g
	7.5% 특	경결점 4.5% 특

해설

마른고추 등급규격

등급 항목	특	상	보통
① 낱개의 고르기	평균 길이에서 ±1.5cm를 초과하는 것이 10% 이하인 것	평균 길이에서 ±1.5cm를 초과하는 것이 20% 이하인 것	특·상에 미달하는 것
② 색택	품종 고유의 색택으로 선홍색 또는 진홍색으로서 광택이 뛰어난 것	품종고유의 색택으로 선홍색 또는 진홍색으로서 광택이 양호한 것	특·상에 미달하는 것
③ 수분	15% 이하로 건조된 것	15% 이하로 건조된 것	15% 이하로 건조된 것
④ 중결점과	없는 것	없는 것	3.0% 이하인 것
⑤ 경결점과	5.0% 이하인 것	15.0% 이하인 것	25.0% 이하인 것
⑥ 탈락씨	0.5% 이하인 것	1.0% 이하인 것	2.0% 이하인 것
⑦ 이물	0.5% 이하인 것	1.0% 이하인 것	2.0% 이내인 것

〈용어의 정의〉
① 중결점과는 다음의 것을 말한다.
  ㉠ 반점 및 변색 : 황백색 또는 녹색이 과면의 10% 이상인 것 또는 과열로 검게 변한 것이 과면의 20% 이상인 것
  ㉡ 박피(薄皮) : 미숙으로 과피(껍질)가 얇고 주름이 심한 것
  ㉢ 상해과 : 잘라진 것 또는 길이의 1/2 이상이 갈라진 것
  ㉣ 병충해 : 흑색탄저병, 무름병, 담배나방 등 병충해 피해가 과면의 10% 이상인 것
  ㉤ 기타 : 심하게 오염된 것

② 경결점과는 다음의 것을 말한다.
    ㉠ 반점 및 변색 : 황백색 또는 녹색이 과면의 10% 미만인 것 또는 과열로 검게 변한 것이 과면의 20%
       미만인 것(꼭지 또는 끝부분의 경미한 반점 또는 변색은 제외한다)
    ㉡ 상해과 : 길이의 1/2 미만이 갈라진 것
    ㉢ 병충해 : 흑색탄저병, 무름병, 담배나방 등 병충해 피해가 과면의 10% 미만인 것
    ㉣ 모양 : 심하게 구부러진 것, 꼭지가 빠진 것
    ㉤ 기타 : 결점의 정도가 경미한 것
③ 탈락씨 : 떨어져 나온 고추씨를 말한다.
④ 이물 : 고추 외의 것(떨어진 꼭지 포함)을 말한다.

13 정답

등급 : 특
이유 : 모든 항목에서 특, 상에 해당하므로 상위 등급 "특"

항목	낱개의 고르기	신선도	결점과
계측결과	크기 구분표에서 무게 (호칭)가 다른 것이 없음	꼭지가 마르지 않고 싱싱함	중결점 및 경결점 없음
	특, 상	특, 상	특, 상

해설

조롱수박 등급규격

항목 \ 등급	특	상	보통
① 낱개의 고르기	별도로 정하는 크기 구분표 [표 1]에서 무게가 다른 것이 없는 것	별도로 정하는 크기 구분표 [표 1]에서 무게가 다른 것이 없는 것	특·상에 미달하는 것
② 모양	품종 고유의 모양으로 윤기가 뛰어난 것	품종 고유의 모양으로 윤기가 양호한 것	특·상에 미달하는 것
③ 신선도	꼭지가 마르지 않고 싱싱한 것	꼭지가 마르지 않고 싱싱한 것	특·상에 미달하는 것
④ 중결점과	없는 것	없는 것	5% 이하인 것(부패·변질과는 포함할 수 없음)
⑤ 경결점과	없는 것	없는 것	20% 이하인 것

[표 1] 크기 구분

구분 \ 호칭	2L	L	M	S
1개의 무게(kg)	2.5 이상	1.7 이상 ~ 2.5 미만	1.3 이상 ~ 1.7 미만	1.3 미만

〈용어의 정의〉
① 중결점과는 다음의 것을 말한다.
    ㉠ 부패, 변질과 : 과육이 부패 또는 변질된 것(과숙에 의해 육질이 변질된 것을 포함한다)
    ㉡ 병충해과 : 병해충의 피해가 있는 것
    ㉢ 미숙과 : 경도, 색택 등으로 보아 성숙이 현저하게 덜된 것
    ㉣ 상해과 : 열상, 자상, 압상 등이 있는 것. 다만, 경미한 것은 제외한다.
    ㉤ 모양 : 모양이 심히 불량한 것
    ㉥ 기타 : 경결점과에 속하는 사항으로 그 피해가 현저한 것
② 경결점과는 다음의 것을 말한다.
    ㉠ 품종 고유의 모양이 아닌 것

Chapter 07 2017년 제14회 2차 기출문제 정답 및 해설 | **539**

　　　ⓛ 병해충의 피해가 과피에 그친 것
　　　ⓒ 상해 및 기타 결점의 정도가 경미한 것

14 정답

최대 상자수 : 2 상자
상자당 무게별 개수 : (250g 32개), (300g 8개, 280g 20개)
이유 : 특 기준 낱개고르기는 "별도로 정하는 크기 구분표 [표1]에서 무게가 다른 것이 섞이지 않은 것"
• 화구 1개의 무게가 250g인 것 : 42개(10,500g) M
• 화구 1개의 무게가 280g인 것 : 25개(7,000g) L
• 화구 1개의 무게가 300g인 것 : 15개(4,500g)　L
• 화구 1개의 무게가 350g인 것 : 10개(3,500g) 2L

해설
브로콜리 등급규격

항목 \ 등급	특	상	보통
① 낱개의 고르기	별도로 정하는 크기 구분표 [표 1]에서 무게가 다른 것이 섞이지 않은 것	별도로 정하는 크기 구분표 [표 1]에서 무게가 다른 것이 섞이지 않은 것	특·상에 미달하는 것
② 결구	양손으로 만져 단단한 정도가 뛰어난 것	양손으로 만져 단단한 정도가 양호한 것	특·상에 미달하는 것
③ 신선도	화구가 황화되지 아니하고 싱싱하며 청결한 것	화구가 황화되지 아니하고 싱싱하며 청결한 것	화구의 황화 정도가 전체 면적의 5% 이하인 것
④ 다듬기	화구 줄기 7cm 이하에 나머지 부위는 깨끗하게 다듬은 것	화구 줄기 7cm 이하에 나머지 부위는 깨끗하게 다듬은 것	특·상에 미달하는 것
⑤ 중결점	없는 것	없는 것	10% 이하인 것(부패·변질된 것은 포함할 수 없음)
⑥ 경결점	없는 것	없는 것	20% 이하인 것

[표 1] 크기 구분

구분 \ 호칭	2L	L	M	S
화구 1개의 무게(g)	330 이상	330 미만	270 미만	200 미만

〈용어의 정의〉
① 중결점은 다음의 것을 말한다.
　　ⓐ 부패·변질 : 화구와 줄기가 부패 또는 변질된 것
　　ⓑ 병충해 : 병해, 충해 등의 피해가 있는 것
　　ⓒ 냉해, 상해 등이 있는 것. 다만, 경미한 것은 제외한다.
　　ⓓ 모양 : 화구의 모양이 심히 불량한 것
　　ⓔ 기타 : 경결점에 속하는 사항으로 그 피해가 현저한 것
② 경결점은 다음의 것을 말한다.
　　ⓐ 품종 고유의 모양이 아닌 것
　　ⓑ 병충해가 외피에 그친 것

15 정답

① 낱개의 고르기(크기가 다른 것의 무게비율) (35)% 보통
② 크기구분표에 따른 호칭 'L'의 총 무게 (1,300)g

③ 종합판정 등급 (보통)등급
④ 종합판정의 주된 이유 : 낱개의 고르기가 35%로 상 30% 이하에도 미치지 못하고 특, 상에 미달하는 것
　　보통

과실의 횡경기준별 총 무게	선별상태
• 11.1~11.9mm : 240g M • 12.1~12.9mm : 300g M • 13.1~13.9mm : 160g M • 14.1~14.9mm : 500g L • 15.1~15.9mm : 600g L • 16.1~16.9mm : 200g L	• 색택 : 품종고유의 색택을 갖추고, 과분의 부착이 양호(특, 상) • 낱알의 형태 : 낱알 간 숙도의 고르기가 뛰어남(특) • 결점과 : 없음(특)
M(700g), L(1,300g) 35% 보통	특

• 블루베리 등급규격

등급 항목	특	상	보통
① 낱개의 고르기	별도로 정하는 크기 구분표 [표 1]에서 크기가 다른 것이 20% 이하인 것. 단, 크기 구분표의 해당 무게에서 1단계를 초과할 수 없다.	별도로 정하는 크기 구분표 [표 1]에서 크기가 다른 것이 30% 이하인 것. 단, 크기 구분표의 해당 무게에서 1단계를 초과할 수 없다.	특·상에 미달하는 것
② 색택	품종 고유의 색택을 갖추고, 과분의 부착이 양호한 것	품종 고유의 색택을 갖추고, 과분의 부착이 양호한 것	특·상에 미달하는 것
③ 낱알의 형태	낱알 간 숙도의 고르기가 뛰어난 것	낱알 간 숙도의 고르기가 양호한 것	특·상에 미달하는 것
④ 중결점	없는 것	없는 것	5% 이하인 것(부패·변질된 것은 포함할 수 없음)
⑤ 경결점	없는 것	5% 이하인 것	20% 이하인 것

[표 1] 크기 구분

구분	호칭	2L	L	M	S
과실 횡경 기준(mm)		17 이상	14 이상 ~ 17 미만	11 이상 ~ 14 미만	11 미만

〈용어의 정의〉
① 중결점과는 다음의 것을 말한다.
　㉠ 이품종과 : 품종이 다른 것
　㉡ 부패, 변질과 : 과육이 부패 또는 변질된 것
　㉢ 미숙과 : 당도, 색택 등으로 보아 성숙이 현저하게 덜된 것
　㉣ 병충해과 : 미이라병, 노린재 등 병충해의 피해가 과육까지 미친 것
　㉤ 피해과 : 일소, 열과, 오염된 것 등의 피해가 현저한 것
　㉥ 상해과 : 열상, 자상 또는 압상이 있는 것. 다만 경미한 것은 제외한다.
　㉦ 과숙과 : 경도, 색택으로 보아 성숙이 지나친 것
　㉧ 기타 : 경결점과에 속하는 사항으로 그 피해가 현저한 것
② 경결점과는 다음의 것을 말한다.
　㉠ 품종 고유의 모양이 아닌 것
　㉡ 병해충의 피해가 경미한 것
　㉢ 경미한 찰상 등 중 결점과에 속하지 않는 상처가 있는 것
　㉣ 기타 결점의 정도가 경미한 것

16 정답

공시량	계측결과
300g	• 심하게 파쇄된 들깨의 무게 : 1.2g(피해립 0.4% 특) • 껍질의 색깔이 현저히 다른 들깨의 무게 : 7.5g(이종피색립 2.5% 상) • 흙과 먼지의 무게 : 0.9g(이물 0.3% 특)

피해립

① 등급 : 특

② 이유 : 피해립(파쇄립)의 무게 0.4%는 특 0.5% 이하에 해당

이종피색립

③ 등급 : 상

④ 이유 : 이종피색립(껍질의 색깔이 현저히 다른 것) 2.5%는 상 5.0% 이하에 해당

이물

⑤ 등급 : 특

⑥ 이유 : 이물 0.3%는 특 0.5% 이하에 해당

⑦ 종합 판정등급 : 상

⑧ 종합 판정등급 이유 : 피해립과 이종피색립은 특이지만, 이물이 상이어서 종합판정 "상"

들깨 등급규격

항목＼등급	특	상	보통
① 모양	낟알의 모양과 크기가 균일하고 충실한 것	낟알의 모양과 크기가 균일하고 충실한 것	특·상에 미달하는 것
② 수분	10.0% 이하인 것	10.0% 이하인 것	10.0% 이하인 것
③ 용적중 (g/ℓ)	500 이상인 것	470 이상인 것	440 이상인 것
④ 피해립	0.5% 이하인 것	1.0% 이하인 것	2.0% 이하인 것
⑤ 이종곡립	0.0% 이하인 것	0.3% 이하인 것	0.5% 이하인 것
⑥ 이종피색립	2.0% 이하인 것	5.0% 이하인 것	10.0% 이하인 것
⑦ 이물	0.5% 이하인 것	1.0% 이하인 것	2.0% 이하인 것
⑧ 조건	생산 연도가 다른 들깨가 혼입된 경우나, 수확 연도로부터 1년이 경과되면 「특」이 될 수 없음		

〈용어의 정의〉

① 백분율(%) : 전량에 대한 무게의 비율을 말한다.

② 용적중 : 「별표6」 「항목별 품위계측 및 감정방법」에 따라 측정한 1ℓ의 무게를 말한다.

③ 피해립 : 병해립, 충해립, 변질립, 변색립, 파쇄립 등을 말한다. 다만, 들깨 품위에 영향을 미치지 아니할 정도의 것은 제외한다.

④ 이종곡립 : 들깨 외의 다른 곡립을 말한다.

⑤ 이종피색립 : 껍질의 색깔이 현저하게 다른 들깨를 말한다.

⑥ 이물 : 들깨 외의 것을 말한다.

17 정답

'특' 등급을 생산할 수 있는 날짜 : 8월 3일

이유 : 장미 스탠다드의 특 기준은 "꽃봉오리가 1/5정도 개화된 것"이다. 매일 10%씩 개화하므로 8월 2일에 20%가 개화하고 특 기준이 충족되므로 8월 3일 생산하면 된다.

해설
장미 등급규격

항목 \ 등급	특	상	보통
① 크기의 고르기	크기 구분표 [표 1]에서 크기가 다른 것이 없는 것	크기 구분표 [표 1]에서 크기가 다른 것이 5% 이하인 것	크기 구분표 [표 1]에서 크기가 다른 것이 10% 이하인 것
② 꽃	품종 고유의 모양으로 색택이 선명하고 뛰어난 것	품종 고유의 모양으로 색택이 선명하고 양호한 것	특·상에 미달하는 것
③ 줄기	세력이 강하고, 휘지 않으며 굵기가 일정한 것	세력이 강하고, 휘어진 정도가 약하며 굵기가 비교적 일정한 것	특·상에 미달하는 것
④ 개화정도	• 스탠다드 : 꽃봉오리가 1/5정도 개화된 것 • 스프레이 : 꽃봉오리가 1~2개 정도 개화된 것	• 스탠다드 : 꽃봉오리가 2/5정도 개화된 것 • 스프레이 : 꽃봉오리가 3~4개 정도 개화된 것	특·상에 미달하는 것
⑤ 손질	마른 잎이나 이물질이 깨끗이 제거된 것	마른 잎이나 이물질 제거가 비교적 양호한 것	특·상에 미달하는 것
⑥ 중결점	없는 것	없는 것	5% 이하인 것
⑦ 경결점	3% 이하인 것	5% 이하인 것	10% 이하인 것

18 정답

① 350g(60%) 2개 + (① 50%(300g) 15개 + 40%(300g) 7개 + 60%(250g) 1개)
② '상' 등급(1상자)에 해당하는 '낱개의 고르기' 비율 : 2L 24개, L 1개 → 1/25 = 4%

선별기 라인	착색비율 및 개수
1번(개당 무게 350g) 2L	70% : 12개, 60% : 2개, 30% : 6개
2번(개당 무게 300g) 2L	70% : 11개, 50% : 15개, 40% : 10개, 30% : 3개
3번(개당 무게 250g) L	60% : 9개, 50% : 2개, 40% : 5개, 30% : 1개

해설
사과(후지) 등급규격

항목 \ 등급	특	상	보통
① 낱개의 고르기	별도로 정하는 크기 구분표 [표 1]에서 무게가 다른 것이 섞이지 않은 것	낱개의 고르기 : 별도로 정하는 크기 구분표 [표 1]에서 무게가 다른 것이 5% 이하인 것. 단, 크기 구분표의 해당 무게에서 1단계를 초과할 수 없다.	특·상에 미달하는 것
② 색택	별도로 정하는 품종별/등급별 착색비율 [표 2]에서 정하는 「특」이외의 것이 섞이지 않은 것. 단, 쓰가루(비착색계)는 적용하지 않음	별도로 정하는 품종별/등급별 착색비율 [표 2]에서 정하는 「상」에 미달하는 것이 없는 것. 단, 쓰가루(비착색계)는 적용하지 않음	별도로 정하는 품종별/등급별 착색비율 [표 2]에서 정하는 「보통」에 미달하는 것이 없는 것
③ 신선도	윤기가 나고 껍질의 수축현상이 나타나지 않은 것	껍질의 수축현상이 나타나지 않은 것	특·상에 미달하는 것
④ 중결점과	없는 것	없는 것	5% 이하인 것(부패·변질과는 포함할 수 없음)

⑤ 경결점과	없는 것	10% 이하인 것	20% 이하인 것
⑥ 중결점	없는 것	없는 것	5% 이하인 것

[표 1] 크기 구분

구분 \ 호칭	3L	2L	L	M	S	2S
g/개	375 이상	300 이상 ~ 375 미만	250 이상 ~ 300 미만	214 이상 ~ 250 미만	188 이상 ~ 214 미만	167 이상 ~ 188 미만

[표 2] 품종별/등급별 착색비율

품종 \ 등급	특	상	보통
홍옥, 홍로, 화홍, 양광 및 이와 유사한 품종	70% 이상	50% 이상	30% 이상
후지, 조나골드, 세계일, 추광, 서광, 선홍, 새나라 및 이와 유사한 품종	60% 이상	40% 이상	20% 이상
쓰가루(착색계) 및 이와 유사한 품종	20% 이상	10% 이상	-

01 정답

① 1년 ② 1천만원

해설

법 제9조(원산지 표시 등의 위반에 대한 처분 등)

① 농림축산식품부장관, 해양수산부장관, 관세청장, 시·도지사 또는 시장·군수·구청장은 제5조나 제6조를 위반한 자에 대하여 다음 각 호의 처분을 할 수 있다. 다만, 제5조 제3항을 위반한 자에 대한 처분은 제1호에 한정한다.

　1. 표시의 이행·변경·삭제 등 시정명령

　2. 위반 농수산물이나 그 가공품의 판매 등 거래행위 금지

법 제16조(벌칙)

제9조 제1항에 따른 처분을 이행하지 아니한 자는 1년 이하의 징역이나 1천만원 이하의 벌금에 처한다.

02 정답

① 등록취소 ② 등록취소 ③ 표시정지 3개월 ④ 표시정지 1개월

해설

시행령 [별표1] 시정명령 등의 처분기준

지리적표시품

위반행위	행정처분 기준		
	1차 위반	2차 위반	3차 위반
1) 법 제32조 제3항 및 제7항에 따른 지리적표시품 생산계획의 이행이 곤란하다고 인정되는 경우	등록 취소		
2) 법 제32조 제7항에 따라 등록된 지리적표시품이 아닌 제품에 지리적표시를 한 경우	등록 취소		
3) 법 제32조 제9항의 지리적표시품이 등록기준에 미치지 못하게 된 경우	표시정지 3개월	등록 취소	
4) 법 제34조 제3항을 위반하여 의무표시사항이 누락된 경우	시정명령	표시정지 1개월	표시정지 3개월
5) 법 제34조 제3항을 위반하여 내용물과 다르게 거짓표시나 과장된 표시를 한 경우	표시정지 1개월	표시정지 3개월	등록 취소

03 정답

③ ④

해설

시행규칙 제96조(농산물의 검사신청 절차 등)

① 법 제79조에 따른 농산물의 검사를 받으려는 자는 국립농산물품질관리원장, 시·도지사 또는 법 제80조 제1항에 따라 지정받은 농산물검사기관(이하 "농산물 지정검사기관"이라 한다)의 장에게 검사를 받으려는

날의 3일 전까지 별지 제52호 서식의 농산물 검사신청서(국립농산물품질관리원장 또는 시·도지사가 따로 정한 서식이 있는 경우에는 그 서식을 말한다)를 제출하여야 한다. 다만, 다음 각 호의 경우에는 검사신청서를 제출하지 아니할 수 있다.
1. 정부가 수매하거나 영 제30조 제1항 제1호에 따른 생산자단체 등이 정부를 대행하여 수매하는 경우
2. 법 제82조 제1항에 따른 농산물검사관(이하 "농산물검사관"이라 한다)이 참여하여 농산물을 가공하는 경우
3. 국립농산물품질관리원장, 시·도지사 또는 농산물 지정검사기관의 장이 검사신청인의 편의를 도모하기 위하여 필요하다고 인정하는 경우

04 정답

④

해설
시행령 제10조(이력추적관리기준 준수 의무 면제자)
법 제24조 제5항 단서에서 "행상·노점상 등 대통령령으로 정하는 자"란 「부가가치세법 시행령」 제71조 제1항 제1호에 해당하는 노점이나 행상을 하는 사람과 우편 등을 통하여 유통업체를 이용하지 아니하고 소비자에게 직접 판매하는 생산자를 말한다.

05 정답

마른고추, 오이

해설

항목 \ 등급	특
가지	평균 길이에서 ±2.5cm를 초과하는 것이 10% 이하인 것
마른고추	평균 길이에서 ±1.5cm를 초과하는 것이 10% 이하인 것
쥬키니호박	쥬키니 : 평균 길이에서 ±2.5cm를 초과하는 것이 10% 이하인 것
오이	평균 길이에서 ±2.0cm(다다기계는 ±1.5cm)를 초과하는 것이 10% 이하인 것

06 정답

배(신고 11) 복숭아(백도 11)
사과(홍로 14) 배(신고 11) 복숭아(백도 11) 포도(거봉 17) 감귤(청견 12) 단감(부유 13)

해설

품목	품종	등급 특	등급 상
사과	• 후지, 화홍, 감홍, 홍로 • 홍월, 서광, 홍옥, 쓰가루(착색계) • 쓰가루(비착색계)	14 이상 12 이상 10 이상	12 이상 10 이상 8 이상
배	• 황금, 추황 • 신고(상 10 이상), 장십랑 • 만삼길	12 이상 11 이상 10 이상	10 이상 9 이상 8 이상

복숭아	• 서미골드, 진미	13 이상	10 이상
	• 찌요마루, 유명, 장호원황도, 천홍, 천중백도	12 이상	10 이상
	• 백도, 선광, 수봉, 미백	11 이상	9 이상
	• 포목, 창방, 대구보, 선프레, 암킹	10 이상	8 이상
포도	• 델라웨어, 새단, MBA	18 이상	16 이상
	• 거봉	17 이상	15 이상
	• 캠벨얼리	14 이상	12 이상
감귤	• 한라봉, 천혜향, 진지향	13 이상	12 이상
	• 온주밀감(시설), 청견, 황금향	12 이상	11 이상
	• 온주밀감(노지)	11 이상	10 이상
금감	• 특 - 12°Bx에 미달하는 것이 5% 이하인 것 　　단, 10°Bx에 미달하는 것이 섞이지 않아야 한다. • 상 - 11°Bx에 미달하는 것이 5% 이하인 것 　　단, 9°Bx에 미달하는 것이 섞이지 않아야 한다.		
단감	• 서촌조생	14 이상	12 이상
	• 부유	13 이상	11 이상
	• 대안단감	12 이상	11 이상
자두	• 포모사	11 이상	9 이상
	• 대석조생	10 이상	
참외		11 이상	9 이상
딸기		11 이상	9 이상
수박		11 이상	9 이상
조롱수박		12 이상	10 이상
멜론		13 이상	11 이상

07 정답

고구마 : 5kg 8kg 10kg 15kg

해설

농산물 표준거래단위

품목	거래단위
단감	3kg, 4kg, 4.5kg, 5kg, 10kg, 15kg
포도	3kg, 4kg, 5kg
오이	10kg, 15kg, 20kg, 50개, 100개
고구마	5kg, 8kg, 10kg, 15kg

08 정답

엽채류 : 치커리, 시금치
근채류 : 양파, 마늘, 연근
과채류 : 오이, 호박, 피망

해설

신선편이 농산물에 사용되는 원료 농산물의 분류는 다음과 같다.
㉠ 채소류 : 엽채류, 엽경채류, 근채류, 과채류

　– 엽채류 : 상추, 양상추, 배추, 양배추, 치커리, 시금치 등
　– 엽경채류 : 파, 미나리, 아스파라거스, 부추 등
　– 근채류 : 무, 양파, 마늘, 당근, 연근, 우엉 등
　– 과채류 : 오이, 호박, 토마토, 고추, 피망, 수박 등
　ⓛ 서류 : 감자, 고구마
　ⓒ 버섯류 : 느타리버섯, 새송이버섯, 팽이버섯, 양송이버섯 등

09 정답

답 : 등급 "특"

해설

참다래 등급 규격

항목＼등급	특	상	보통
① 낱개의 고르기	별도로 정하는 크기 구분표 [표 1]에서 무게가 다른 것이 5% 이하인 것. 단, 크기 구분표의 해당 무게에서 1단계를 초과할 수 없다.	별도로 정하는 크기 구분표 [표 1]에서 무게가 다른 것이 10% 이하인 것. 단, 크기 구분표의 해당 무게에서 1단계를 초과할 수 없다.	특·상에 미달하는 것
② 색택	품종 고유의 색택이 뛰어난 것	품종 고유의 색택이 양호한 것	특·상에 미달하는 것
③ 향미	품종 고유의 향미가 뛰어난 것	품종 고유의 향미가 양호한 것	특·상에 미달하는 것
④ 털	털의 탈락이 없는 것	털의 탈락이 경미한 것	털의 탈락이 심하지 않은 것
⑤ 중결점과	없는 것	없는 것	5% 이하인 것(부패·변질과는 포함할 수 없음)
⑥ 경결점과	5% 이하인 것	10% 이하인 것	20% 이하인 것

[표 1] 크기 구분

구분＼호칭	2L	L	M	S	2S
g/개	125 이상	105 이상 125 미만	85 이상 105 미만	70 이상 85 미만	70 미만

표준규격품 의무 표시사항
1) "표준규격품" 문구
2) 품목
3) 산지
　산지는 「농수산물의 원산지 표시에 관한 법률」 시행령 제5조(원산지의 표시기준) 제1항의 국산농산물 표기에 따른다.
4) 품종
품종을 표시하여야 하는 품목과 표시방법은 다음과 같다.

종류	품목	표시방법
과실류	사과, 배, 복숭아, 포도, 단감, 감귤, 자두	품종명을 표시
채소류	멜론, 마늘	품종명 또는 계통명 표시
화훼류	국화, 카네이션, 장미, 백합	품종명 또는 계통명 표시
위 품목 이외의 것		품종명 또는 계통명 생략 가능

5) 등급
6) 내용량 또는 개수
　농산물의 실중량을 표시한다. 다만, [별표1] 농산물의 표준거래 단위에 따라 무게 또는 개수로 표시할 수 있는 품목은 다음과 같다.

종류	품목	표시방법
과실류	유자	무게 또는 개수를 표시
채소류	오이, 호박, 단호박, 가지, 수박, 조롱수박, 멜론, 풋옥수수, 마늘, 무, 결구배추, 양배추	무게 또는 개수(포기수)를 표시
화훼류	전품목	개수(본수 또는 분수)를 표시

※ 무게 또는 개수의 표시는 [별표1]농산물 표준거래 단위에 맞아야 하며, 3kg 미만의 내용물(개수) 확인이 가능한 소(속)포장은 무게를 생략하고 개수(송이수)만 표시할 수 있다.

7) 생산자 또는 생산자단체의 명칭 및 전화번호

※ 생산자 또는 생산자단체의 명칭은 판매자 명칭으로 갈음할 수 있다.

8) 식품안전 사고 예방을 위한 안전사항 문구

　가) 버섯류(팽이, 새송이, 양송이, 느타리버섯)

　　- "그대로 섭취하지 마시고, 충분히 가열 조리하여 섭취하시기 바랍니다." 또는 "가열 조리하여 드세요."

　나) 껍질째 먹을 수 있는 과실류·채소류(사과, 포도, 금감, 단감, 자두, 블루베리, 양앵두(버찌), 앵두, 고추, 오이, 토마토, 방울토마토, 송이토마토, 딸기, 피망, 파프리카, 브로콜리)

　　- "세척 후 드세요."

※ 세척하지 않고 바로 먹을 수 있도록 세척, 포장, 운송, 보관된 농산물은 표시를 생략할 수 있다.

• 참다래 표준거래단위 : 5kg, 10kg

10　정답

공작초, 아이리스

해설

화훼류 표준거래단위

종류	품목	표준거래단위
화 훼 류	국화	300~800본
	카네이션, 석죽	300~1,000본
	장미	200~700본
	백합	200~600본
	글라디올러스, 극락조화	200~300본
	튜울립, 아이리스, 리아트리스, 공작초	400~500본
	거베라, 해바라기	300~400본
	프리지아, 스타티스	350~400본
	금어초, 칼라, 리시안사스	300~350본
	안개꽃	1,000~2,000본
	스토크	250~300본
	다알리아	350~450본
	알스트로메리아	150~300본
	안스리움	20~50본
	포인세티아	6분, 8분, 12분, 15분, 20분
	칼랑코에	4분, 6분, 8분, 12분, 15분, 20분
	시클라멘	4분, 6분, 8분, 12분, 15분, 20분

11 정답

① $C_6H_{12}O_6$ ② CO_2 ③ Q10상수

12 정답

① 과망간산칼륨($KMnO_4$) ④ 1-MCP ⑥ 오존(O_3)

해설

에틸렌가스 제거
에틸렌가스의 제거방식으로는 흡착식, 자외선 파괴식, 촉매분해식 등이 있는데 이 중에서 경제적 타당성이 있는 촉매분해식이 많이 이용되고 있다. 그리고 과망간산칼륨, 오존, 1-MCP, 자외선 등이 이용되고 있다.

13 정답

저온장해

14 정답

① × ② × ③ ○ ④ ○

해설

① b값은 황색 또는 청색이다.
② 요오드 반응검사는 전분 함량 측정 방법이다.

15 정답

마늘 → 배 → 감귤 → 고구마

해설

저장적온
① 동결점~0℃ : 브로콜리, 당근, 상추, 시금치, 양파, 셀러리, 마늘 등
  ※ 마늘의 장기저장은 온도 -2~-4℃, 습도 70%를 유지하면서 휴면이 지속되고 있는 기간 내에 냉장을 실시하면 6~8개월 동안 저장이 가능하다.
② 0~2℃ : 아스파라거스, 사과, 배, 복숭아, 포도, 매실, 단감 등
③ 3~6℃ : 감귤
④ 7~13℃ : 바나나, 오이, 가지, 수박, 애호박, 감자 등
⑤ 13℃ 이상 : 고구마, 생강, 미숙 토마토 등

16 정답

고구마, 감자, 마늘, 양파

해설

큐어링
1) 땅속에서 자라는 감자, 고구마는 수확 시 많은 상처를 입게 되고 마늘, 양파 등 인경채류는 잘라낸 줄기부위가 제대로 아물고 바깥의 보호엽이 제대로 건조되어야 병균의 침입을 방지하고 장기 저장할 수 있다.
2) 따라서 수확 시 원예 생산물이 받은 상처를 아물게 하거나 코르크층을 형성시켜 수분증발 및 미생물의 침입을 줄이는 방법을 큐어링이라 한다.

17 **정답**

설렁탕(육수 : 국내산 한우, 쇠고기 : 호주산),
불고기(쇠고기 : 국내산과 한우를 섞음)

해설

시행규칙[별표4]영업소 및 집단급식소의 원산지 표시방법(제3조 제2호 관련)

원산지가 다른 2개 이상의 동일 품목을 섞은 경우에는 섞음 비율이 높은 순서대로 표시한다.

[예시 1] 국내산(국산)의 섞음 비율이 외국산보다 높은 경우

- 쇠고기
  불고기(쇠고기 : 국내산 한우와 호주산을 섞음), 설렁탕(육수 : 국내산 한우, 쇠고기 : 호주산), 국내산 한우 갈비뼈에 호주산 쇠고기를 접착(接着)한 경우 : 소갈비(갈비뼈 : 국내산 한우, 쇠고기 : 호주산) 또는 소갈비 (쇠고기 : 호주산)
- 돼지고기, 닭고기 등 : 고추장불고기(돼지고기 : 국내산과 미국산을 섞음), 닭갈비(닭고기 : 국내산과 중국산 을 섞음)
- 쌀, 배추김치 : 쌀(국내산과 미국산을 섞음), 배추김치(배추 : 국내산과 중국산을 섞음, 고춧가루 : 국내산과 중국산을 섞음)
- 넙치, 조피볼락 등 : 조피볼락회(조피볼락 : 국내산과 일본산을 섞음)
  [예시 2] 국내산(국산)의 섞음 비율이 외국산보다 낮은 경우
- 불고기(쇠고기 : 호주산과 국내산 한우를 섞음), 죽(쌀 : 미국산과 국내산을 섞음), 낙지볶음(낙지 : 일본산과 국내산을 섞음)

18 **정답**

행정처분 : 업무정지 3개월
산정방법 :
① 시설변경 1개월 이내 미신고 1회에 대한 처분 : 경고
② 시설지정기준 미달 2회에 대한 처분 : 업무정지 3개월
③ 최종 행정처분 사유 : 위반행위가 둘 이상인 경우에는 그 중 무거운 처분기준에 따른다. 다만, 둘 이상의 처분기준이 모두 업무정지인 경우에는 각 처분기준을 합산한 기간을 넘지 않는 범위에서 무거운 처분기준에 나머지 처분기준의 2분의 1범위에서 가중한다. 따라서 경고와 업무정지 3개월의 합산은 업무정지 3개월이다.

해설

시행규칙 [별표4] 우수관리인정기관의 지정취소 등

위반행위	근거 법조문	위반횟수별 처분기준		
		1회	2회	3회 이상
라. 법 제9조 제2항 본문에 따른 중요 사항에 대한 변경신고를 하지 않고 우수관리인증 또는 우수관리시설의 지정 업무를 계속한 경우	법 제10조 제1항 제4호			
1) 조직·인력 및 시설 중 어느 하나가 변경되었으나 1개월 이내에 신고하지 않은 경우		경고	업무정지 1개월	업무정지 3개월
2) 조직·인력 및 시설 중 둘 이상이 변경되었으나 1개월 이내에 신고하지 않은 경우		업무정지 1개월	업무정지 3개월	업무정지 6개월
바. 법 제9조 제7항에 따른 지정기준을 갖추지 않은 경우	법 제10조 제1항 제6호			

| 1) 조직·인력 및 시설 중 어느 하나가 지정기준에 미달할 경우 | | 업무정지 1개월 | 업무정지 3개월 | 업무정지 6개월 |
| 2) 조직·인력 및 시설 중 둘 이상이 지정기준에 미달할 경우 | | 업무정지 3개월 | 업무정지 6개월 | 지정 취소 |

※ 일반기준 : 위반행위가 둘 이상인 경우에는 그 중 무거운 처분기준에 따른다. 다만, 둘 이상의 처분기준이 모두 업무정지인 경우에는 각 처분기준을 합산한 기간을 넘지 않는 범위에서 무거운 처분기준에 나머지 처분기준의 2분의 1 범위에서 가중한다.

19 　정답

품목 : 미나리, 시금치
원리 : 진공식 예냉은 증발잠열을 이용한 냉각시설로서 원예산물의 주변 압력을 낮춰서 산물의 수분 증발을 촉진시켜 증발잠열을 빼앗아 단시간에 냉각하는 방법이다.

해설
• 냉각방식에 따른 적용품목

냉각방식	적용품목
냉풍냉각식 강제통풍식 차압통풍식	사과, 배, 복숭아, 단감, 감귤, 포도, 키위, 딸기, 양배추, 브로콜리 오이, 참외, 멜론, 수박, 애호박, 토마토, 고추, 피망, 파프리카, 감자 등
진공식	결구상추, 배추, 양배추, 미나리, 시금치, 셀러리, 버섯 등
냉수냉각식	사과, 배, 수박, 시금치, 브로콜리, 셀러리, 아스파라거스, 파, 무 당근, 고구마, 멜론, 오이, 참외, 고추, 피망, 파프리카, 단옥수수, 단감 등
빙냉식	브로콜리, 엽채류, 파, 완두, 단옥수수 등

• 진공식 예냉방식
① 증발잠열을 이용한 냉각시설이다.
　* 기화열 또는 증발잠열(蒸發潛熱) : 액체가 기화하여 기체로 될 때 흡수하는 열을 말하며, 증발열이 큰 물질일수록 주변의 열을 많이 흡수한다.
② 진공식 예냉은 원예산물의 주변 압력을 낮춰서 산물의 수분 증발을 촉진시켜 증발잠열을 빼앗아 단시간에 냉각하는 방법이다.
③ 진공조, 진공펌프, 콜드트랩, 냉동기, 제어장치로 구성된다.
④ 엽채류의 냉각속도는 빠르지만 토마토, 피망 등에는 부적절하다.
⑤ 동일품목에서도 크기에 따라 냉각속도가 달라진다.
⑥ 냉각속도가 서로 다른 품목의 예냉 시 위조현상 또는 동해가 발생할 수 있다.
⑦ 장점
　- 냉각속도가 빠르고 균일하다. (20~40분 냉각시간 소요)
　- 출하용기에 포장한 상태로 예냉이 가능하다.
　- 높은 선도유지가 가능하고(당일출하 가능) 엽채류에서 효과가 높다.
⑧ 단점
　- 설치비와 운영비가 많이 든다.
　- 예냉 후 저온유통시스템이 필요하다.
　- 시설의 대형화가 요구된다.
　- 수분증발에 따른 중량감소가 발생할 수 있다.
　- 조작상의 잘못으로 산물에 기계적 장해가 올 수 있다.

20 **정답**

(1) 저장온도 : 0℃, 필름 : 0.06mm PE 필름
(2) 밀폐된 포장 내에서 단감의 호흡에 의한 산소농도의 저하와 이산화탄소 농도의 증가로 호흡과 증산작용이 억제되어 장기저장의 효과를 가진다.

21 **정답**

적합여부 : 부적합
이유 : 낱개 고르기에서 무게가 다른 것 5% 이하, 착색비율 80% 이상으로 "특"이지만, 꼭지와 과육에 틈이 있는 것, 꼭지가 돌아간 것은 경결점으로 5%에 해당하고 "상"이다. 하위가 상위를 지배함으로 등급은 "상"이다.

해설

단감 등급 규격

항목 ＼ 등급	특	상	보통
① 낱개의 고르기	별도로 정하는 크기 구분표 [표 1]에서 무게가 다른 것이 5% 이하인 것. 단, 크기 구분표의 해당 무게에서 1단계를 초과할 수 없다.	별도로 정하는 크기 구분표 [표 1]에서 무게가 다른 것이 10% 이하인 것. 단, 크기 구분표의 해당 무게에서 1단계를 초과할 수 없다.	특·상에 미달하는 것
② 색택	착색비율이 80% 이상인 것	착색비율이 60% 이상인 것	특·상에 미달하는 것
③ 숙도	숙도가 양호하고 균일한 것	숙도가 양호하고 균일한 것	특·상에 미달하는 것
④ 중결점과	없는 것	없는 것	5% 이하인 것(부패·변질과는 포함할 수 없음)
⑤ 경결점	3% 이하인 것	5% 이하인 것	20% 이하인 것

[표 1] 크기 구분

구분 ＼ 호칭	3L	2L	L	M	S	2S	3S
g/개	300 이상	250 이상 ~ 300 미만	214 이상 ~ 250 미만	188 이상 ~ 214 미만	167 이상 ~ 188 미만	150 이상 ~ 167 미만	150 미만

〈용어의 정의〉
① 착색비율은 낱개별로 전체 면적에 대한 품종 고유의 색깔이 착색된 면적의 비율을 말한다.
② 중결점과는 다음의 것을 말한다.
　㉠ 이품종과 : 품종이 다른 것
　㉡ 부패, 변질과 : 과육이 부패 또는 변질된 것(과숙에 의해 육질이 변질된 것을 포함한다)
　㉢ 미숙과 : 당도(맛), 경도 및 색택으로 보아 성숙이 덜된 것(덜익은 과일을 수확하여 아세틸렌, 에틸렌 등의 가스로 후숙한 것을 포함한다)
　㉣ 병충해과 : 탄저병, 검은별무늬병, 감꼭지나방 등 병해충의 피해가 있는 것
　㉤ 상해과 : 열상, 자상 또는 압상이 있는 것. 다만 경미한 것을 제외한다.
　㉥ 꼭지 : 꼭지가 빠지거나, 꼭지 부위가 갈라진 것
　㉦ 모양 : 모양이 심히 불량한 것
　㉧ 기타 : 경결점과에 속하는 사항으로 그 피해가 현저한 것
③ 경결점과는 다음의 것을 말한다.
　㉠ 품종 고유의 모양이 아닌 것
　㉡ 경미한 일소, 약해 등으로 외관이 떨어지는 것
　㉢ 그을음병, 깍지벌레 등 병충해의 피해가 과피에 그친 것

ㄹ 꼭지가 돌아갔거나, 꼭지와 과육 사이에 틈이 있는 것
ㅁ 경미한 찰상 등 중결점과에 속하지 않는 상처가 있는 것
ㅂ 기타 결점의 정도가 경미한 것

22 정답

① 종합 판정등급 : 보통
② 경결점과 혼입율 : 11.4%
③ 중결점과 혼입율 : 4.5%
④ 낱개의 고르기(크기 구분표에서 무게가 다른 것의 무게 비율) : 9.1%

감귤(청견)의 무게(g)	감귤(청견)의 상태
• 210 이상 ~ 240 미만(평균 215) : 35과(7,525) → M • 240 이상 ~ 270 미만(평균 259) : 5과(1,295) → M • 270 이상 ~ 300 미만(평균 285) : 3과(855) → L • 300 이상 ~ 330 미만(평균 325) : 1과(325) → L * 무게가 다른 것 : 4과, (9%) "상"	• 병해충의 피해가 과피에 그친 것 : 1과(경) • 품종 고유의 모양이 아닌 것 : 2과(경) • 꼭지가 퇴색된 것 : 1과(경) • 꼭지가 떨어진 것 : 2과(중) • 길이 5.5 mm의 일소 피해가 있는 것 : 1과(경) → 경결점(5개 : 11.36%), 중결점(2개 : 4.5%) "보통"

해설
감귤(청견) 등급규격

등급 항목	특	상	보통
① 낱개의 고르기	별도로 정하는 크기 구분표 [표 1]에서 무게 또는 지름이 다른 것이 5% 이하인 것. 단, 크기 구분표의 해당 크기(무게)에서 1단계를 초과할 수 없다.	별도로 정하는 크기 구분표 [표 1]에서 무게 또는 지름이 다른 것이 10% 이하인 것. 단, 크기 구분표의 해당 무게에서 1단계를 초과할 수 없다.	특·상에 미달하는 것
② 색택	별도로 정하는 품종별/등급별 착색비율[표 2]에서 정하는 "특" 이외의 것이 섞이지 않은 것	별도로 정하는 품종별/등급별 착색비율 [표 2]에서 정하는 "상"에 미달하는 것이 없는 것	별도로 정하는 품종별/등급별 착색비율 [표 2] 에서 정하는 "보통"에 미달하는 것이 없는 것
③ 과피	품종 고유의 과피로써, 수축현상이 나타나지 않은 것	품종 고유의 과피로써, 수축현상이 나타나지 않은 것	특·상에 미달하는 것
④ 껍질뜬것 (부피과)	별도로 정하는 껍질 뜬 정도 [그림 1]에서 정하는 "없음(○)"에 해당하는 것	별도로 정하는 껍질 뜬 정도 [그림 1]에서 정하는 "가벼움(1)" 이상에 해당하는 것	별도로 정하는 껍질 뜬 정도 [그림 1]에서 정하는 "중간정도(2)" 이상에 해당하는 것
⑤ 중결점과	없는 것	없는 것	5% 이하인 것(부패·변질과는 포함할 수 없음)
⑥ 경결점과	5% 이내인 것	10% 이하인 것	20% 이하인 것

[표 1] 크기 구분-1(한라봉, 청견, 진지향 및 이와 유사한 품종)

품종	호칭	2L	L	M	S	2S
1개의 무게(g)	한라봉, 천혜향 및 이와 유사한 품종	370 이상	300 이상 ~ 370 미만	230 이상 ~ 300 미만	150 이상 ~ 230 미만	150 미만
	청견, 황금향 및 이와 유사한 품종	330 이상	270 이상 ~ 330 미만	210 이상 ~ 270 미만	150 이상 ~ 210 미만	150 미만
	진지향 및 이와 유사한 품종	125 이상 ~ 165 미만	100 이상 ~ 125 미만	85 이상 ~ 100 미만	70 이상 ~ 85 미만	70 미만

[표 1] 크기 구분-2(온주밀감 및 이와 유사한 품종)

품종	호칭	2S	S	M	L	2L
1개의 지름 (㎜)		49~53	54~58	59~62	63~66	67~70
1개의 무게 (g)		53~62	63~82	83~106	107~123	124~135

※ 드럼식 선과기는 지름, 중량식 선과기는 무게를 적용하고, 호칭 숫자 뒤의 명칭은 유통현실에 따를 수 있음

[표 2] 품종별/등급별 착색 비율(%)

품종	등급	특	상	보통
온주밀감	5~10월 출하	70 이상	60 이상	50 이상
	11~4월 출하	85 이상	80 이상	70 이상
한라봉, 천혜향, 청견, 황금향, 진지향 및 이와 유사한 품종		95 이상	90 이상	90 이상

[그림 1] 껍질 뜬 정도

없음(○)	가벼움(1)	중간정도(2)	심함(3)
껍질이 뜨지 않은 것	껍질 내표면적의 20% 이하가 뜬 것	껍질 내표면적의 20~50%가 뜬 것	껍질 내표면적의 50% 이상이 뜬 것

〈용어의 정의〉
① 착색비율은 낱개별로 전체 면적에 대한 품종고유의 색깔이 착색된 면적의 비율을 말한다.
② 중결점과는 다음의 것을 말한다.
  ㉠ 이품종과 : 품종이 다른 것, 숙기(조생종, 중생종, 만생종)가 다른 것
  ㉡ 부패, 변질과 : 과육이 부패 또는 변질된 것(과숙에 의해 육질이 변질된 것을 포함한다)
  ㉢ 미숙과 : 당도, 색택으로 보아 성숙이 현저하게 덜된 것(덜익은 과일을 수확하여 아세틸렌, 에틸렌 등의 가스로 후숙한 것을 포함한다)
  ㉣ 일소과 : 지름 또는 길이 10mm 이상의 일소 피해가 있는 것
  ㉤ 병충해과 : 더뎅이병, 궤양병, 검은점무늬병, 곰팡이병, 깍지벌레, 으름나방 등 병해충의 피해가 있는 것
  ㉥ 상해과 : 열상, 자상 또는 압상이 있는 것. 다만, 경미한 것은 제외한다.
  ㉦ 모양 : 모양이 심히 불량한 것, 꼭지가 떨어진 것
  ㉧ 경결점과에 속하는 사항으로 그 피해가 현저한 것
③ 경결점과는 다음의 것을 말한다.
  ㉠ 품종 고유의 모양이 아닌 것
  ㉡ 경미한 일소, 약해 등으로 외관이 떨어지는 것

ⓒ 병해충의 피해가 과피에 그친 것
② 경미한 찰상 등 중결점과에 속하지 않는 상처가 있는 것
ⓜ 꼭지가 퇴색된 것
ⓗ 기타 결점의 정도가 경미한 것

23 정답

등급 : 상
이유 : 낱개의 고르기 10% 이하로 특, 모양, 손질 특. 그러나 경결점 8.3%로 10% 이하 "상"

항목	낱개의 고르기	모양	손질	결점구
계측 결과	'2L' 3개 'L' 55개 'M' 2개	품종 고유의 모양	흙 등 이물질이 잘 제거됨	병해충의 피해가 외피에 그친 것 : 2개 상해의 정도가 경미한 것 : 3개
	8.3% 특	특	특	경결점 8.3% 상

해설

양파 등급규격

항목＼등급	특	상	보통
① 낱개의 고르기	별도로 정하는 크기 구분표 [표 1]에서 크기가 다른 것이 10% 이하인 것	별도로 정하는 크기 구분표 [표 1]에서 크기가 다른 것이 20% 이하인 것	특 · 상에 미달하는 것
② 모양	품종 고유의 모양인 것	품종 고유의 모양인 것	특 · 상에 미달하는 것
③ 색택	품종 고유의 선명한 색택으로 윤기가 뛰어난 것	품종 고유의 선명한 색택으로 윤기가 양호한 것	특 · 상에 미달하는 것
④ 손질	흙 등 이물이 잘 제거된 것	흙 등 이물이 제거된 것	특 · 상에 미달하는 것
⑤ 중결점과	없는 것	없는 것	5% 이하인 것(부패 · 변질구는 포함할 수 없음)
⑥ 경결점과	5% 이하인 것	10% 이하인 것	20% 이하인 것

[표 1] 크기 구분

구분＼호칭	2L	L	M	S
1구의 지름 (cm)	9.0 이상	8.0 이상 ~ 9.0 미만	6.0 이상 ~ 8.0 미만	6.0 미만

〈용어의 정의〉
① 중결점구는 다음의 것을 말한다.
　ⓐ 부패 · 변질구 : 엽육이 부패 또는 변질된 것
　ⓑ 병충해 : 병해충의 피해가 있는 것
　ⓒ 상해구 : 자상, 압상이 육질에 미친 것, 심하게 오염된 것
　ⓓ 형상 불량구 : 쌍구, 열구, 이형구, 싹이 난 것, 추대된 것
　ⓔ 기타 : 경결점구에 속하는 사항으로 그 피해가 현저한 것
② 경결점구는 다음의 것을 말한다.
　ⓐ 품종 고유의 모양이 아닌 것
　ⓑ 병해충의 피해가 외피에 그친 것
　ⓒ 상해 및 기타 결점의 정도가 경미한 것

24 정답

① 특   ② 78개   ③ 6개   ④ 9.8%

해설

낱개의 고르기 : 590g/6kg = 9.8%(10% 이하로 "특")
- 51 ~ 59 (평균 55) : 21개(1,155) : M
- 61 ~ 69 (평균 65) : 20개(1,300) : M
- 71 ~ 79 (평균 75) : 19개(1,425) : M
- 81 ~ 89 (평균 85) : 18개(1,530) : M
- 91 ~ 99 (평균 95) : 4개(380) : L
- 101 ~ 109 (평균 105) : 2개(210) : L

등급규격

항목 \ 등급	특	상	보통
① 낱개의 고르기	별도로 정하는 크기 구분표 [표 1]에서 무게가 다른 것의 혼입이 10% 이하인 것. 단, 크기 구분표의 해당 무게에서 1단계를 초과할 수 없다.	별도로 정하는 크기 구분표 [표 1]에서 무게가 다른 것의 혼입이 20% 이하인 것. 단, 크기 구분표의 해당 무게에서 1단계를 초과할 수 없다.	특·상에 미달하는 것
② 갓의 모양	갓은 우산형으로 개열되지 않고, 자루는 굵고 곧은 것	갓은 우산형으로 개열이 심하지 않으며, 자루가 대체로 굵고 곧은 것	특·상에 미달하는 것
③ 갓의 색깔	품종 고유의 색깔을 갖춘 것	품종 고유의 색깔을 갖춘 것	특·상에 미달하는 것
④ 신선도	육질이 부드럽고 단단하며 탄력이 있는 것으로 고유의 향기가 뛰어난 것	육질이 부드럽고 단단하며 탄력이 있는 것으로 고유의 향기가 양호한 것	특·상에 미달하는 것
⑤ 피해품	5% 이하인 것	10% 이하인 것	20% 이하인 것
⑥ 이물	없는 것	없는 것	없는 것

[표 1] 크기 구분

구분 \ 호칭	L	M	S
1개의 무게(g)	90 이상	45 이상 ~ 90 미만	20 이상 ~ 45 미만

〈용어의 정의〉
① 낱개의 고르기는 포장단위별로 전체 버섯 중 크기 구분표 [표 1]에서 무게가 다른 것의 무게비율을 말한다.
② 피해품은 포장단위별로 전체 버섯에 대한 무게비율을 말한다.
　㉠ 병충해품 : 곰팡이, 달팽이, 버섯파리 등 병해충의 피해가 있는 것. 다만 경미한 것은 제외한다.
　㉡ 상해품 : 갓 또는 자루가 손상된 것. 다만 경미한 것은 제외한다.
　㉢ 기형품 : 갓 또는 자루가 심하게 변형된 것
　㉣ 오염된 것 등 기타 피해의 정도가 현저한 것
③ 이물 : 새송이버섯 이외의 것

25 정답

등급 : 보통
이유 : 경결점이 11본 2.75%로 "특" 3% 이하에 해당하지만, 중결점(기형화)이 0.5%로 "보통" 5% 이하에 해당
경결점 : 11/400 = 2.75%, 중결점 : 2/400 = 0.5%
- 1묶음 평균의 꽃대 길이 : 70cm 이상 ~ 80cm 미만(2급, 특)
- 품종이 다른 것 : 없음(무결점)
- 품종 고유의 모양이 아닌 것 : 5본(경결점)

- 농약살포로 외관이 떨어지는 것 : 4본(경결점)
- 기형화가 있는 것 : 2본(중결점)
- 손질 정도가 미비한 것 : 2본(경결점)

해설

등급 규격

항목＼등급	특	상	보통
① 크기의 고르기	크기 구분표 [표 1]에서 크기가 다른 것이 없는 것	크기 구분표 [표 1]에서 크기가 다른 것이 5% 이하인 것	크기 구분표 [표 1]에서 크기가 다른 것이 10% 이하인 것
② 꽃	품종 고유의 모양으로 색택이 선명하고 뛰어난 것	품종 고유의 모양으로 색택이 선명하고 양호한 것	특·상에 미달하는 것
③ 줄기	세력이 강하고, 휘지 않으며, 굵기가 일정한 것	세력이 강하고, 휘지 않으며, 굵기가 일정한 것	특·상에 미달하는 것
④ 개화정도	• 스탠다드 : 꽃봉오리가 1/2정도 개화된 것 • 스프레이 : 꽃봉오리가 3~4개 정도 개화되고 전체적인 조화를 이룬 것	• 스탠다드 : 꽃봉오리가 2/3정도 개화된 것 • 스프레이 : 꽃봉오리가 5~6개 정도 개화되고, 전체적인 조화를 이룬 것	특·상에 미달하는 것
⑤ 손질	마른 잎이나 이물질이 깨끗이 제거된 것	마른 잎이나 이물질 제거가 비교적 양호한 것	특·상에 미달하는 것
⑥ 중결점	없는 것	없는 것	5% 이하인 것
⑦ 경결점	3% 이하인 것	5% 이하인 것	10% 이하인 것

[표 1] 크기 구분

구분＼호칭		1급	2급	3급	1묶음의 본수(본)
1묶음 평균의 꽃대길이(cm)	스탠다드	80 이상	70 이상 ~ 80 미만	30 이상 ~ 70 미만	20
	스프레이	70 이상	60 이상 ~ 70 미만	30 이상 ~ 60 미만	5 또는 10

〈용어의 정의〉

① 크기의 고르기는 매 포장 단위마다 상단·중단·하단에서 각각 3묶음씩 총 9묶음의 표본을 추출하여 해당 크기 구분표에서 크기가 다른 것의 개수비율을 말한다.

② 결점 혼입률은 포장 단위별로 전체 본에 대한 결점본의 개수비율을 말한다.

③ 중결점은 다음의 것을 말한다.
- ㉠ 이품종화 : 품종이 다른 것
- ㉡ 상처 : 자상, 압상 동상, 열상 등이 있는 것
- ㉢ 병충해 : 병해, 충해 등의 피해가 심한 것
- ㉣ 생리장해 : 기형화, 노심현상, 버들눈, 관생화 등이 있는 것
- ㉤ 형상불량, 파손, 굽힘, 개화 차이가 심히 불량한 것
- ㉥ 기타 결점의 정도가 현저하게 품위에 영향을 미치는 것

④ 경결점은 다음의 것을 말한다.
- ㉠ 품종 고유의 모양이 아닌 것
- ㉡ 경미한 약해, 생리장해, 상처, 농약살포 등으로 외관이 떨어지는 것
- ㉢ 손질 정도가 미비한 것
- ㉣ 기타 결점의 정도가 경미한 것

01　정답

① 3년 , ② 6년

해설

법 제25조(이력추적관리 등록의 유효기간 등)
① 제24조 제1항 및 제2항에 따른 이력추적관리 등록의 유효기간은 등록한 날부터 3년으로 한다. 다만, 품목의 특성상 달리 적용할 필요가 있는 경우에는 10년의 범위에서 농림축산식품부령으로 유효기간을 달리 정할 수 있다.
시행규칙 제50조(이력추적관리 등록의 유효기간 등)
법 제25조 제1항 단서에 따라 유효기간을 달리 적용할 유효기간은 다음 각 호의 구분에 따른 범위 내에서 등록기관의 장이 정하여 고시한다.
1. 인삼류 : 5년 이내
2. 약용작물류 : 6년 이내

02　정답

① 무게, ② 품위, ③ 전수, ④ 표본추출

해설

법 제94조(농산물의 검사 항목 및 기준 등)
법 제79조 제3항에 따른 농산물(축산물은 제외한다. 이하 이 절에서 같다)의 검사항목은 포장단위당 무게, 포장자재, 포장방법 및 품위 등으로 하며, 검사기준은 농림축산식품부장관이 검사대상 품목별로 정하여 고시한다.
법 제95조(농산물의 검사방법)
법 제79조 제3항에 따른 농산물의 검사방법은 전수(全數) 또는 표본추출의 방법으로 하며, 시료의 추출, 계측, 감정, 등급판정 등 검사방법에 관한 세부 사항은 국립농산물품질관리원장 또는 시·도지사(시·도지사는 누에씨 및 누에고치에 대한 검사만 해당한다. 이하 제96조, 제101조, 제103조부터 제105조까지 및 제107조에서 같다)가 정하여 고시한다.

03　정답

① 경고 , ② 업무정지 6개월 , ③ 경고 , ④ 업무정지 1개월

해설

우수관리인증기관의 지정 취소, 우수관리인증 업무의 정지 및 우수관리시설 지정 업무의 정지에 관한 처분기준(제22조 제1항 관련 시행규칙[별표4])

위반행위	위반횟수별 처분기준		
	1회	2회	3회 이상
우수관리인증 또는 우수관리시설 지정의 기준을 잘못 적용하여 인증을 한 경우	경고	업무정지 1개월	업무정지 3개월

우수관리인증 또는 우수관리시설의 지정 외의 업무를 수행하여 우수관리인증 또는 우수관리시설의 지정 업무가 불공정하게 수행된 경우	업무정지 6개월	지정 취소	
우수관리인증 또는 우수관리시설 지정의 기준을 지키는지 조사·점검을 하지 않은 경우	경고	업무정지 1개월	업무정지 3개월
우수관리인증 또는 우수관리시설의 지정 취소 등의 기준을 잘못 적용하여 처분한 경우	업무정지 1개월	업무정지 3개월	지정 취소

04 정답

수정 : ① 배합 비율이 가장 높은 순서의 2순위까지의 원료와 고춧가루 및 소금
②는 법률 개정으로 수정사항 없음
③ 밥, 죽, 누룽지에 사용하는 쌀(쌀가공품을 포함하며, 쌀에는 찹쌀, 현미 및 찐쌀을 포함한다)은 원산지 표시대상에 포함한다.

해설

시행령 제3조(원산지 표시대상)
김치류 및 절임류(소금으로 절이는 절임류에 한정한다)의 경우에는 다음의 구분에 따른 원료
1) 김치류 중 고춧가루(고춧가루가 포함된 가공품을 사용하는 경우에는 그 가공품에 사용된 고춧가루를 포함한다. 이하 같다)를 사용하는 품목은 고춧가루 및 소금을 제외한 원료 중 배합 비율이 가장 높은 순서의 2순위까지의 원료와 고춧가루 및 소금
2) 김치류 중 고춧가루를 사용하지 아니하는 품목은 소금을 제외한 원료 중 배합 비율이 가장 높은 순서의 2순위까지의 원료와 소금
3) 절임류는 소금을 제외한 원료 중 배합 비율이 가장 높은 순서의 2순위까지의 원료와 소금. 다만, 소금을 제외한 원료 중 한 가지 원료의 배합 비율이 98퍼센트 이상인 경우에는 그 원료와 소금으로 한다.

시행규칙 [별표1] 원산지표시 대상품목

품목류	대상품목
미곡류(6)	쌀, 찹쌀, 현미, 벼, 밭벼, 찰벼
맥류(6)	보리, 보리쌀, 밀, 밀쌀, 호밀, 귀리

* 밥, 죽, 누룽지에 사용하는 쌀(쌀가공품을 포함하며, 쌀에는 찹쌀, 현미 및 찐쌀을 포함한다.)

05 정답

당도, 포장치수

해설

표준규격품의 표시방법 – 농산물 표준규격 [별표4]

의무표시사항	권장표시사항
① "표준규격품" 문구 ② 품목 ③ 산지 ④ 품종 ⑤ 등급 ⑥ 내용량 또는 개수 ⑦ 생산자 또는 생산자단체의 명칭 및 전화번호 ⑧ 식품안전 사고 예방을 위한 안전사항 문구	① 당도 및 산도 표시 ② 크기(무게, 길이, 지름)구분에 따른 구분표 또는 개수(송이수) 구분표 표시 ③ 포장치수 및 포장재 중량 ④ 영양·주요 유효성분

06 정답

사과, 깐마늘

해설

농산물의 표준거래 단위(제3조 관련) [별표 1]

종류	품목	표준거래단위
과실류	사과	5kg, 7.5kg, 10kg
	배, 감귤	3kg, 5kg, 7.5kg, 10kg, 15kg
	복숭아, 매실, 단감, 자두, 살구, 모과	3kg, 4kg, 4.5kg, 5kg, 10kg, 15kg
	포도	3kg, 4kg, 5kg
	금감, 석류	5kg, 10kg
	유자	5kg, 8kg, 10kg, 100과
	참다래	5kg, 10kg
	양앵두(버찌)	5kg, 10kg, 12kg
	앵두	8kg
채소류	마른고추	6kg, 12kg, 15kg
	고추	5kg, 10kg
	오이	10kg, 15kg, 20kg, 50개, 100개
	호박	8kg, 10kg, 10~28개
	단호박	5kg, 8kg, 10kg, 4~11개
	가지	5kg, 8kg, 10kg, 50개
	토마토	5kg, 7.5kg, 10kg, 15kg
	방울토마토, 피망	5kg, 10kg
	참외	5kg, 10kg, 15kg, 20kg
	딸기	8kg
	수박	5~22kg, 1~5개
	조롱수박	5~6kg, 2~5개
	멜론	5kg, 8kg, 2~10개
	풋옥수수	8kg, 10kg, 15kg, 20개, 30개, 40개, 50개
	풋완두콩	8kg, 20kg
	풋콩	15kg, 20kg
	양파	5kg, 8kg, 10kg, 12kg, 15kg, 20kg
	마늘	5kg, 10kg, 15kg, 50개, 100개
	깐마늘, 마늘종	5kg, 10kg, 20kg
	대파, 쪽파	5kg, 10kg
	무	8~12kg, 18~20kg, 5~12개
	총각무	5kg, 10kg

종류	품목	표준거래단위
채소류	결구배추, 양배추	2~6포기
	당근	10kg, 15kg, 20kg
	시금치, 들깻잎	8kg, 10kg, 15kg
	결구상추	8kg
	부추	5kg, 10kg, 20kg
	마, 생강, 우엉	10kg, 20kg
	연근	5kg, 15kg, 20kg
	미나리	5kg, 10kg, 15kg
	고구마순	10kg, 20kg
	쑥갓, 양미나리(셀러리), 케일	10kg
	붉은양배추(루비볼)	14~16kg, 18~20kg
	녹색꽃양배추(브로콜리), 고들빼기, 머위	8kg, 10kg,
	꽃양배추(칼리플라워)	8kg, 10kg, 12kg
	신립초	15kg
	갓	5kg, 10kg
	콩나물	6kg, 10kg
	달래	8kg, 10kg
서류	감자	5kg, 8kg, 10kg, 15kg, 20kg
	고구마	5kg, 8kg, 10kg, 15kg
특작류	참깨, 피땅콩	20kg
	알땅콩	12kg, 15kg, 18kg, 20kg
	들깨	12kg
	수삼	10kg, 15kg, 20kg
버섯류	큰느타리버섯(새송이버섯)	6kg
	팽이버섯	5kg
	영지버섯	5kg, 10kg
곡류	쌀, 찹쌀, 현미, 보리쌀, 눌린보리쌀, 할맥, 좁쌀, 율무쌀, 콩, 팥, 녹두, 수수쌀, 기장쌀, 메밀	10kg, 20kg
	옥수수(팝콘용)	15kg, 20kg
	옥수수쌀	12kg, 20kg

※ 5kg이하 표준거래단위는 별도로 정한 품목 외는 유통현실에 맞게 규정하지 않음

07 정답

리아트리스, 데이지, 극락조화

해설

농산물의 등급규격- 표준규격[별표5]

규격번호	품목(품종, 종류)	규격내용
8011	국화	별첨
8021	카네이션	〃
8031	장미	〃
8041	백합	〃

8051	글라디올러스	"
8061	튜울립	"
8071	거베라	"
8081	아이리스	"
8091	프리지아	"
8111	**금어초**	"
8121	**스타티스**	"
8141	**칼라**	"
8151	리시안시스	"
8161	안개꽃	"
8191	스토크	"
8221	공작초	"
8231	알스트로메리아	"
8251	포인세티아	"
8261	칼랑코에	"
8271	시클라멘	"

08 정답

① 백화현상 ② 수침증상 ③ 녹변 ④ 마른증상

09 정답

LDPE > PS > PVC > PET

해설

필름의 종류별 가스투과성

필름종류	가스투과성(ml/m^2 · 0.025mm · 1day)		포장내부
	이산화탄소	산소	
저밀도폴리에틸렌(LDPE)	7,700~77,000	3,900~13,000	2.0~5.9
폴리비닐클로라이드(PVC)	4,263~8,138	620~2,248	3.6~6.9
폴리프로필렌(PP)	7,700~21,000	1,300~6,400	3.3~5.9
폴리스티렌(PS)	10,000~26,000	2,600~2,700	3.4~5.8
폴리에스터(PET)	180~390	52~130	3.0~3.5

10 정답

① 예건 ② 큐어링

해설

예건

1) 수확한 과실을 바로 저장고에 보관하면 저장고 내의 과습으로 인하여 과피흑변현상 같은 생리장해가 발생한다.
2) 따라서 수확 직후에 과습으로 인한 부패를 방지하기 위해 식물의 외층을 미리 건조시켜 내부조직의 수분증산을 억제시키는 방법을 예건이라 한다.

큐어링

1) 특히 땅속에서 자라는 감자, 고구마는 수확 시 많은 상처를 입게 되고 마늘, 양파 등 인경채류는 잘라낸 줄기 부위가 제대로 아물고 바깥의 보호엽이 제대로 건조되어야 병균의 침입을 방지하고 장기 저장할 수 있다.

2) 따라서 수확 시 원예 생산물이 받은 상처를 아물게 하거나 코르크층을 형성시켜 수분증발 및 미생물의 침입을 줄이는 방법을 큐어링이라 한다.

11 　**정답**

결로현상

　해설

결로현상

표면온도와 최기의 온도차에 의해 표면에 작은 물방울이 맺히는 이슬 맺힘 현상. 농산물에서 과수 및 신선채소의 저온저장 후 상온유통 시 발생하며, 미생물 오염, 포장지 약화 등 상품성을 저하시키는 원인이다.

12 　**정답**

① 동해 ② 저온

　해설

동해

식물체가 빙결점 이하의 온도에서 결빙으로 발생하는 피해

저온장해

식물체가 빙결점 이상의 온도에서 적정 한계한도 이하가 될 때 나타나는 저온피해

13 　**정답**

① × ② ○ ③ ○ ④ ×

　해설

① 세포벽이 단단해 지는 것은 펙틴의 영향이다.
④ 과실의 숙성과정에서 휘발성 에스테르의 합성이 조장된다.

14 　**정답**

표시대상 : 쌀, 보리쌀, 율무쌀, 콩
이유 : 원료 배합 비율에 따른 표시대상(시행령 제3조)

　해설

가. 사용된 원료의 배합 비율에서 한 가지 원료의 배합 비율이 98퍼센트 이상인 경우에는 그 원료
나. 사용된 원료의 배합 비율에서 두 가지 원료의 배합 비율의 합이 98퍼센트 이상인 원료가 있는 경우에는 배합 비율이 높은 순서의 2순위까지의 원료
다. 가목 및 나목 외의 경우에는 배합 비율이 높은 순서의 3순위까지의 원료
※ 농수산물의 명칭을 제품명 또는 제품명의 일부로 사용하는 경우에는 그 원료 농수산물이 같은 항에 따른 원산지 표시대상이 아니더라도 그 원료 농수산물의 원산지를 표시해야 한다.

15 　**정답**

MA포장 효과, 증산작용 억제

　해설

MA포장

1) MA포장이란 수확 후 호흡하는 원예농산물을 고분자 필름으로 밀봉하여 포장 내 산소와 이산화탄소의 농도를 바꾸어 주는 포장 단위를 말한다.

2) 원예농산물을 자연적 호흡 또는 인위적인 기체조성으로 산소 소비와 이산화탄소의 방출로 포장 내에 적절한 대기가 조성되도록 하는 방법이다.

16 [정답]

품목 구분 : 0℃ 저장고 - 포도, 마늘
　　　　　　 10℃ 저장고 - 토마토, 오이
이유 : 작물의 적정 저장온도로 포도, 마늘은 0~2℃, 토마토, 오이는 7~13℃ 정도이다.

[해설]

저장적온과 저온장해

1) 채소나 과일의 종류에 따라 저장적온은 다르다.
　① 동결점~0℃ : 브로콜리, 당근, 상추, 시금치, 양파, 셀러리, 마늘 등
　② 0~2℃ : 아스파라거스, 사과, 배, 복숭아, 포도, 매실 등
　③ 3~6℃ : 감귤
　④ 7~13℃ : 토마토, 바나나, 오이, 가지, 수박, 애호박, 감자 등
　⑤ 13℃ 이상 : 고구마, 생강, 미숙 토마토 등
2) 저장적온이 높은 채소나 과일인 바나나, 오이, 고구마, 감자 등을 낮은 온도에 저장할 경우 장해를 입기 쉽다.

17 [정답]

적합여부 : 적합
이유 : 등급항목 "낱개 고르기" 특 기준은 "평균 길이에서 ±2.0cm를 초과하는 것이 10% 이하인 것"으로 초과한 것이 공시료 50개 중 4개이므로 적합, "꼭지 빠진 것"은 경결점에 해당하고 특 기준은 3% 이하이므로 적합

[해설]

고추의 등급규격 - 풋고추(청양고추, 오이맛 고추 등), 꽈리고추, 홍고추(물고추)에 적용

등급 / 항목	특	상	보통
① 낱개의 고르기	평균 길이에서 ±2.0cm를 초과하는 것이 10% 이하인 것(꽈리고추는 20% 이하)	평균 길이에서 ±2.0cm를 초과하는 것이 20% 이하(꽈리고추는 50% 이하)로 혼입된 것	특·상에 미달하는 것
② 길이 (꽈리고추에 적용)	4.0~7.0cm인 것이 80% 이상		
③ 색택	• 풋고추, 꽈리고추 : 짙은 녹색이 균일하고 윤기가 뛰어난 것 • 홍고추(물고추) : 품종 고유의 색깔이 선명하고 윤기가 뛰어난 것	• 풋고추, 꽈리고추 : 짙은 녹색이 균일하고 윤기가 있는 것 • 홍고추(물고추) : 품종고유의 색깔이 선명하고 윤기가 있는 것	특·상에 미달하는 것
④ 신선도	꼭지가 시들지 않고 신선하며, 탄력이 뛰어난 것	꼭지가 시들지 않고 신선하며, 탄력이 양호한 것	특·상에 미달하는 것
⑤ 중결점과	없는 것	없는 것	5% 이하인 것(부패·변질과는 포함할 수 없음)
⑥ 경결점과	3% 이하인 것	5% 이하인 것	20% 이하인 것

〈용어의 정의〉
① 길이 : 꼭지를 제외한다.
② 중결점과는 다음의 것을 말한다.
  ㉠ 부패, 변질과 : 부패 또는 변질된 것
  ㉡ 병충해 : 탄저병, 무름병, 담배나방 등 병해충의 피해가 현저한 것
  ㉢ 기타 : 오염이 심한 것, 씨가 검게 변색된 것
③ 경결점과는 다음의 것을 말한다.
  ㉠ 과숙과 : 붉은색인 것(풋고추, 꽈리고추에 적용)
  ㉡ 미숙과 : 색택으로 보아 성숙이 덜된 녹색과(홍고추에 적용)
  ㉢ 상해과 : 꼭지 빠진 것, 잘라진 것, 갈라진 것
  ㉣ 발육이 덜 된 것
  ㉤ 기형과 등 기타 결점의 정도가 경미한 것

18 정답

등급 : 상
이유 : 등급항목 "낱개의 고르기"에서 무게가 다른 것이 14%로 "상" 등급 20% 이하이고, 경결점 4%로 "특" 5% 이하에 속하므로 등급은 "상"
* 등급판정 시 하위가 상위를 지배한다.

해설
감자의 등급규격

항목＼등급	특	상	보통
① 낱개의 고르기	별도로 정하는 크기 구분표 [표1]에서 무게가 다른 것이 10% 이하인 것	별도로 정하는 크기 구분표 [표1]에서 무게가 다른 것이 20% 이하인 것	특·상에 미달하는 것
② 손질	흙 등 이물질 제거 정도가 뛰어나고 표면이 적당하게 건조된 것	흙 등 이물질 제거 정도가 양호하고 표면이 적당하게 건조된 것	특·상에 미달하는 것
③ 중결점	없는 것	없는 것	5% 이하인 것(부패·변질된 것은 포함할 수 없음)
④ 경결점	5% 이하인 것	10% 이하인 것	20% 이하인 것

[표 1] 크기 구분

품종＼호칭		3L	2L	L	M	S	2S
1개의 무게(g)	수미 및 이와 유사한 품종	280 이상	220 이상 ~ 280 미만	160 이상 ~ 220 미만	100 이상 ~ 160 미만	40 이상 ~ 100 미만	40 미만
	대지 및 이와 유사한 품종	500 이상	400 이상 ~ 500 미만	300 이상 ~ 400 미만	200 이상 ~ 300 미만	40 이상 ~ 200 미만	40 미만

〈용어의 정의〉
① 중결점은 다음의 것을 말한다.
  ㉠ 이품종 : 품종이 다른 것
  ㉡ 부패, 변질 : 감자가 부패 또는 변질된 것
  ㉢ 병충해 : 둘레썩음병, 겹둥근무늬병, 더뎅이병, 굼벵이 등의 피해가 육질까지 미친 것
  ㉣ 상해 : 열상, 자상 등 상처가 있는 것. 다만, 경미하거나 상처 부위가 아문 것은 제외한다.
  ㉤ 기형 : 2차 생장 등 그 형상 불량 정도가 현저한 것

ⓗ 싹이 난 것, 광선에 의해 녹변된 것 등 그 피해가 현저한 것
② 경결점은 다음의 것을 말한다.
　　㉠ 품종 고유의 모양이 아닌 것
　　㉡ 병충해가 외피에 그친 것
　　㉢ 상해 및 기타 결점의 정도가 경미한 것

19 정답

구분	A 상자	B 상자
등급	보통	특
판정 이유	개화정도 : 특 손질 : 특 중결점화 : 보통 "자상 4%"	개화정도 : 특 손질 : 특 경결점화 : 특 "경결점 2%"

해설

국화 등급 규격

등급 항목	특	상	보통
① 크기의 고르기	크기 구분표 [표 1]에서 크기가 다른 것이 없는 것	크기 구분표 [표 1]에서 크기가 다른 것이 5% 이하인 것	크기 구분표 [표 1]에서 크기가 다른 것이 10% 이하인 것
② 꽃	품종 고유의 모양으로 색택이 선명하고 뛰어난 것	품종 고유의 모양으로 색택이 선명하고 양호한 것	특·상에 미달하는 것
③ 줄기	세력이 강하고, 휘지 않으며, 굵기가 일정한 것	세력이 강하고, 휘지 않으며, 굵기가 일정한 것	특·상에 미달하는 것
④ 개화정도	• 스탠다드 : 꽃봉오리가 1/2정도 개화된 것 • 스프레이 : 꽃봉오리가 3~4개 정도 개화되고 전체적인 조화를 이룬 것	• 스탠다드 : 꽃봉오리가 2/3정도 개화된 것 • 스프레이 : 꽃봉오리가 5~6개 정도 개화되고, 전체적인 조화를 이룬 것	특·상에 미달하는 것
⑤ 손질	마른 잎이나 이물질이 깨끗이 제거된 것	마른 잎이나 이물질 제거가 비교적 양호한 것	특·상에 미달하는 것
⑥ 중결점	없는 것	없는 것	5% 이하인 것
⑦ 경결점	3% 이하인 것	5% 이하인 것	10% 이하인 것

[표 1] 크기 구분

구분	호칭	1급	2급	3급	1묶음의 본수(본)
1묶음 평균의 꽃대 길이(cm)	스탠다드	80 이상	70 이상 ~ 80 미만	30 이상 ~ 70 미만	20
	스프레이	70 이상	60 이상 ~ 70 미만	30 이상 ~ 60 미만	5 또는 10

〈용어의 정의〉
① 크기의 고르기는 매 포장 단위마다 상단·중단·하단에서 각각 3묶음씩 총 9묶음의 표본을 추출하여 해당 크기 구분표에서 크기가 다른 것의 개수비율을 말한다.
② 결점 혼입률은 포장 단위별로 전체 본에 대한 결점본의 개수비율을 말한다.
③ 중결점은 다음의 것을 말한다.
　　㉠ 이품종화 : 품종이 다른 것
　　㉡ 상처 : 자상, 압상 동상, 열상 등이 있는 것

Chapter 09 2015년 제12회 2차 기출문제 정답 및 해설 | **567**

ⓒ 병충해 : 병해, 충해 등의 피해가 심한 것
ⓔ 생리장해 : 기형화, 노심현상, 버들눈, 관생화 등이 있는 것
ⓜ 형상불량, 파손, 굽힘, 개화 차이가 심히 불량한 것
ⓗ 기타 결점의 정도가 현저하게 품위에 영향을 미치는 것
④ 경결점은 다음의 것을 말한다.
ⓐ 품종 고유의 모양이 아닌 것
ⓑ 경미한 약해, 생리장해, 상처, 농약살포 등으로 외관이 떨어지는 것
ⓒ 손질 정도가 미비한 것
ⓓ 기타 결점의 정도가 경미한 것

20 **정답**

'특'등급 '상자2'	350g(70%) : (4)개, 300g(70%) : (12)개, 250g(70%) : (0)개
이유	1. "상자1"에서 사용하고 남은 사과는 350g(70%) 3개, 300g(70%) 9개이고 무게는 2L로 구성한다. 2. 5kg 사과상자를 만들기 위해 필요한 사과는 350g(70%) 1개, 300g(70%) 3개를 사용한다. 3. 5kg = (0.35*3) + (0.3*9) + X = 3.75 + X(0.35+0.9)

해설

사과 등급 규격

항목＼등급	특	상	보통
① 낱개의 고르기	별도로 정하는 크기 구분표 [표 1]에서 무게가 다른 것이 섞이지 않은 것	낱개의 고르기 : 별도로 정하는 크기 구분표 [표 1]에서 무게가 다른 것이 5% 이하인 것. 단, 크기 구분표의 해당 무게에서 1단계를 초과할 수 없다.	특·상에 미달하는 것
② 색택	별도로 정하는 품종별/등급별 착색비율 [표 2]에서 정하는 「특」이외의 것이 섞이지 않은 것. 단, 쓰가루(비착색계)는 적용하지 않음	별도로 정하는 품종별/등급별 착색비율 [표 2]에서 정하는 「상」에 미달하는 것이 없는 것. 단, 쓰가루(비착색계)는 적용하지 않음	별도로 정하는 품종별/등급별 착색비율 [표 2]에서 정하는 「보통」에 미달하는 것이 없는 것
③ 신선도	윤기가 나고 껍질의 수축현상이 나타나지 않은 것	껍질의 수축현상이 나타나지 않은 것	특·상에 미달하는 것
④ 중결점과	없는 것	없는 것	5% 이하인 것(부패·변질과는 포함할 수 없음)
⑤ 경결점과	없는 것	10% 이하인 것	20% 이하인 것

[표 1] 크기 구분

구분＼호칭	3L	2L	L	M	S	2S
g/개	375 이상	300 이상 ~ 375 미만	250 이상 ~ 300 미만	214 이상 ~ 250 미만	188 이상 ~ 214 미만	167 이상 ~ 188 미만

[표 2] 품종별/등급별 착색비율

품종 \ 등급	특	상	보통
홍옥, 홍로, 화홍, 양광 및 이와 유사한 품종	70% 이상	50% 이상	30% 이상
후지, 조나골드, 세계일, 추광, 서광, 선홍, 새나라 및 이와 유사한 품종	60% 이상	40% 이상	20% 이상
쓰가루(착색계) 및 이와 유사한 품종	20% 이상	10% 이상	–

〈용어의 정의〉
① 착색비율은 낱개별로 전체 면적에 대한 품종 고유의 색깔이 착색된 면적의 비율을 말한다.
② 중결점과는 다음의 것을 말한다.
  ㉠ 이품종과 : 품종이 다른 것
  ㉡ 부패, 변질과 : 과육이 부패 또는 변질된 것(과숙에 의해 육질이 변질된 것을 포함한다)
  ㉢ 미숙과 : 당도, 경도, 착색으로 보아 성숙이 현저하게 덜된 것(성숙 이전에 인공 착색한 것을 포함한다)
  ㉣ 병충해과 : 탄저병, 검은별무늬병(흑성병), 겹무늬썩음병, 복숭아심식나방 등 병해충의 피해가 과육까지 미친 것
  ㉤ 생리장해과 : 고두병, 과피 반점이 과실표면에 있는 것
  ㉥ 내부갈변과 : 갈변증상이 과육까지 미친 것
  ㉦ 상해과 : 열상, 자상 또는 압상이 있는 것. 다만 경미한 것은 제외한다.
  ㉧ 모양 : 모양이 심히 불량한 것
  ㉨ 기타 : 경결점과에 속하는 사항으로 그 피해가 현저한 것
③ 경결점과는 다음의 것을 말한다.
  ㉠ 품종 고유의 모양이 아닌 것
  ㉡ 경미한 녹, 일소, 약해, 생리장해 등으로 외관이 떨어지는 것
  ㉢ 병해충의 피해가 과피에 그친 것
  ㉣ 경미한 찰상 등 중결점과에 속하지 않는 상처가 있는 것
  ㉤ 꼭지가 빠진 것
  ㉥ 기타 결점의 정도가 경미한 것

01 [정답]

1) 적합 여부 : 부적합
2) 이유 : 신선도 및 낱개의 고르기(L : 210 이상~ 250 미만)는 무게가 다른 것이 없어서 "특" 조건에 부합하고 신선도 "특"에 해당하지만, 착색비율(전체 면적의 70% 내외)이 토마토의 착색 기준표에서 정하는 "특"의 조건(전체 면적의 50% 내외)을 초과하므로 부적합 판정한다.

[해설]

토마토 등급규격

등급 항목	특	상	보통
① 낱개의 고르기	별도로 정하는 크기 구분표 [표 1]에서 무게가 다른 것이 5% 이하인 것. 단, 크기 구분표의 해당 무게에서 1단계를 초과할 수 없다.	별도로 정하는 크기 구분표 [표 1]에서 무게가 다른 것이 10% 이하인 것. 단, 크기 구분표의 해당 무게에서 1단계를 초과할 수 없다.	특·상에 미달하는 것
② 색택	출하 시기별로 [표 2]의 착색기준에 맞고, 착색 상태가 균일한 것	출하 시기별로 [표 2]의 착색기준에 맞고, 착색 상태가 균일한 것	특·상에 미달하는 것
③ 신선도	꼭지가 시들지 않고 껍질의 탄력이 뛰어난 것	꼭지가 시들지 않고 껍질의 탄력이 양호한 것	특·상에 미달하는 것
④ 꽃자리 흔적	거의 눈에 띄지 않은 것	두드러지지 않은 것	특·상에 미달하는 것
⑤ 중결점과	없는 것	없는 것	5% 이하인 것(부패·변질과는 포함할 수 없음)
⑥ 경결점과	없는 것	5% 이하인 것	20% 이하인 것

[표 1] 크기 구분

구분	호칭	3L	2L	L	M	S	2S
1과의 무게(g)	일반계	300 이상	250 이상 ~ 300 미만	210 이상 ~ 250 미만	180 이상 ~ 210 미만	150 이상 ~ 180 미만	100 이상 ~ 150 미만
	중소형계 (흑토마토)	90 이상	80 이상 ~ 90 미만	70 이상 ~ 80 미만	60 이상 ~ 70 미만	50 이상 ~ 60 미만	50 미만
	소형계 (캄파리)	–	50 이상	40 이상 ~ 50 미만	30 이상 ~ 40 미만	20 이상 ~ 30 미만	20 미만

[표 2] 착색 기준

출하시기	착색비율	
	완숙 토마토	일반 토마토
3월 ~ 5월	전체 면적의 60% 내외	전체 면적의 20% 내외
6월 ~ 10월	전체 면적의 50% 내외	전체 면적의 10% 내외
11월 ~ 익년 2월	전체 면적의 70% 내외	전체 면적의 30% 내외

〈용어의 정의〉
① 착색비율은 낱개별로 전체 면적에 대한 품종 고유의 색깔이 착색된 면적의 비율을 말한다.
② 중결점과는 다음의 것을 말한다.
  ㉠ 이품종과 : 품종이 다른 것
  ㉡ 부패, 변질과 : 과육이 부패 또는 변질된 것
  ㉢ 과숙과 : 색깔 또는 육질로 보아 성숙이 지나친 것
  ㉣ 병충해과 : 배꼽썩음병 등 병해충의 피해가 것. 다만 경미한 것은 제외한다.
  ㉤ 상해과 : 생리장해로 육질이 섬유질화한 것. 열상, 자상, 압상 등의 상처가 있는 것. 다만 경미한 것은 제외한다.
  ㉥ 형상불량과 : 품종의 특성이 아닌 타원과, 선첨과(先尖果), 난형과(亂形果), 공동과(空胴果) 등 기형과 및 열과(裂果)
③ 경결점과는 다음의 것을 말한다.
  ㉠ 형상 불량 정도가 경미한 것
  ㉡ 중결점에 속하지 않는 상처가 있는 것
  ㉢ 병충해, 상해의 정도가 경미한 것
  ㉣ 기타 결점정도가 경미한 것

02 정답

1) 등급 : 특
2) 상자 수 : 5상자
3) 이유 : "특"의 무게 조건인 L 이상인 것과 낱개의 고르기 조건인 무게가 다른 것이 10% 이하인 것을 충족시키기 위해 1상자를 L 18개와 M 2개로 채운다면, L의 개수가 총 54개이므로 3상자를 출하할 수 있고, M 20개씩 2상자가 가능하다. 경결점과는 어느 상자이든 1개씩만 넣으면 된다.

크기 구분	상자 1	상자 2	상자 3	상자 4	상자 5
	L 18개 M 2개	L 18개 M 2개	L 18개 M 2개	L 0개 M 20개	L 0개 M 20개
등급	특	특	특	특	특

해설
딸기 등급규격

항목＼등급	특	상	보통
① 낱개의 고르기	별도로 정하는 크기 구분표 [표 1]에서 무게가 다른 것이 10% 이하인 것	별도로 정하는 크기 구분표 [표 1]에서 무게가 다른 것이 20% 이하인 것	특·상에 미달하는 것
② 색택	품종 고유의 색택이 뛰어난 것	품종 고유의 색택이 양호한 것	특·상에 미달하는 것
③ 신선도	꼭지가 시들지 않고 표면에 윤기가 있는 것	꼭지가 시들지 않고 표면에 윤기가 있는 것	특·상에 미달하는 것
④ 중결점과	없는 것	없는 것	5% 이하인 것(부패·변질과는 포함할 수 없음)
⑤ 경결점과	5% 이하인 것	10% 이하인 것	20% 이하인 것

[표 1] 크기 구분

구분＼호칭	2L	L	M	S
1개의 무게(g)	25 이상	17 이상 25 미만	12 이상 17 미만	12 미만

〈용어의 정의〉

① 중결점과는 다음의 것을 말한다.
　㉠ 부패, 변질과 : 과육이 부패 또는 변질된 것(과숙에 의해 육질이 변질된 것을 포함한다.)
　㉡ 병충해과 : 병해충의 피해가 있는 것
　㉢ 미숙과 : 당도, 경도, 색택으로 보아 성숙이 현저하게 덜된 것
　㉣ 상해과 : 열상, 자상, 압상 등이 있는 것. 다만, 경미한 것은 제외한다.
　㉤ 모양 : 모양이 심히 불량한 것
　㉥ 기타 : 경결점과에 속하는 사항으로 그 피해가 현저한 것
② 경결점과는 다음의 것을 말한다.
　㉠ 품종 고유의 모양이 아닌 것
　㉡ 병해충의 피해가 과피에 그친 것
　㉢ 상해 및 기타 결점의 정도가 경미한 것

03 **정답**

1) 등급 : 보통
2) 이유 : 개화 정도는 "특"등급에 해당하고, 크기의 고르기는 "상"등급에 해당하지만, 경결점이 5.5%(11개/200개)이므로 경결점 "상"의 조건인 5% 이하인 것을 초과하고 "보통"의 조건인 10% 이하인 것에 해당한다. 따라서 "보통"등급으로 판정한다.

해설

장미 등급규격

등급 / 항목	특	상	보통
① 크기의 고르기	크기 구분표 [표 1]에서 크기가 다른 것이 없는 것	크기 구분표 [표 1]에서 크기가 다른 것이 5% 이하인 것	크기 구분표 [표 1]에서 크기가 다른 것이 10% 이하인 것
② 꽃	품종 고유의 모양으로 색택이 선명하고 뛰어난 것	품종 고유의 모양으로 색택이 선명하고 양호한 것	특·상에 미달하는 것
③ 줄기	세력이 강하고, 휘지 않으며 굵기가 일정한 것	세력이 강하고, 휘어진 정도가 약하며 굵기가 비교적 일정한 것	특·상에 미달하는 것
④ 개화정도	• 스탠다드 : 꽃봉오리가 1/5정도 개화된 것 • 스프레이 : 꽃봉오리가 1~2개 정도 개화된 것	• 스탠다드 : 꽃봉오리가 2/5정도 개화된 것 • 스프레이 : 꽃봉오리가 3~4개 정도 개화된 것	특·상에 미달하는 것
⑤ 손질	마른 잎이나 이물질이 깨끗이 제거된 것	마른 잎이나 이물질 제거가 비교적 양호한 것	특·상에 미달하는 것
⑥ 중결점	없는 것	없는 것	5% 이하인 것
⑦ 경결점	3% 이하인 것	5% 이하인 것	10% 이하인 것

[표 1] 크기 구분

구분	호칭	1급	2급	3급	1묶음의 본수(본)
1묶음 평균의 꽃대 길이(㎝)	스탠다드	80 이상	70 이상 ~ 80 미만	20 이상 ~ 70 미만	10
	스프레이	70 이상	60 이상 ~ 70 미만	30 이상 ~ 60 미만	5 또는 10

〈용어의 정의〉
① 크기의 고르기는 매 포장 단위마다 상단·중단·하단에서 각각 3묶음씩 총 9묶음의 표본을 추출하여 해당 크기 구분표 [표 1]에서 크기가 다른 것의 개수비율을 말한다.
② 결점 혼입률은 포장 단위별로 전체 본에 대한 결점본의 개수비율을 말한다.
③ 중결점은 다음의 것을 말한다.
　　㉠ 이품종화 : 품종이 다른 것
　　㉡ 상처 : 자상, 압상 동상, 열상 등이 있는 것
　　㉢ 병충해 : 병해, 충해 등의 피해가 심한 것
　　㉣ 생리장해 : 꽃목굽음, 기형화 등의 피해가 심한 것
　　㉤ 형상불량, 파손, 굽힘, 개화 차이가 심히 불량한 것
　　㉥ 기타 결점의 정도가 현저하게 품위에 영향을 미치는 것
④ 경결점은 다음의 것을 말한다.
　　㉠ 품종 고유의 모양이 아닌 것
　　㉡ 경미한 약해, 생리장해, 상처, 농약살포 등으로 외관이 떨어지는 것
　　㉢ 손질 정도가 미비한 것
　　㉣ 기타 결점의 정도가 경미한 것

04 정답

1) 무게 : 7.5kg
2) 이유 : 복숭아의 표준거래단위는 3kg, 4kg, 4.5kg, 5kg, 10kg, 15kg이다.

05 정답

줄기의 절단면이 목질화 되어 수분흡수능력의 저하를 초래하였고, 또한 양액의 오염으로 인한 용존산소의 부족과 미생물의 영향을 받았기 때문이다.

06 정답

1년 이하의 징역 또는 1천만원 이하의 벌금

해설

법 제120조(벌칙)
다음 각 호의 어느 하나에 해당하는 자는 1년 이하의 징역 또는 1천만원 이하의 벌금에 처한다.
1. 제24조 제2항을 위반하여 이력추적관리의 등록을 하지 아니한 자
2. 제31조 제1항 또는 제40조에 따른 시정명령(제31조 제1항 제3호 또는 제40조 제2호에 따른 표시방법에 대한 시정명령은 제외한다), 판매금지 또는 표시정지 처분에 따르지 아니한 자
3. 제31조 제2항에 따른 판매금지 조치에 따르지 아니한 자
4. 제59조 제1항에 따른 처분을 이행하지 아니한 자
5. 제59조 제2항에 따른 공표명령을 이행하지 아니한 자
6. 제63조 제1항에 따른 조치를 이행하지 아니한 자
7. 제73조 제2항에 따른 동물용 의약품을 사용하는 행위를 제한하거나 금지하는 조치에 따르지 아니한 자
8. 제77조에 따른 지정해역에서 수산물의 생산제한 조치에 따르지 아니한 자
9. 제78조에 따른 생산·가공·출하 및 운반의 시정·제한·중지 명령을 위반하거나 생산·가공시설 등의 개선·보수 명령을 이행하지 아니한 자
9의2. 제98조의2 제1항에 따른 조치를 이행하지 아니한 자
10. 제101조 제2호를 위반하여 검사를 받아야 하는 농산물에 대하여 검사를 받지 아니한 자
11. 제101조 제4호를 위반하여 검사를 받지 아니하고 해당 농수산물이나 수산가공품을 판매·수출하거나 판매·수출을 목적으로 보관 또는 진열한 자

12. 제82조 제7항 또는 제108조 제2항을 위반하여 다른 사람에게 농산물검사관, 농산물품질관리사 또는 수산물품질관리사의 명의를 사용하게 하거나 그 자격증을 빌려준 자

13. 제82조 제8항 또는 제108조 제3항을 위반하여 농산물검사관, 농산물품질관리사 또는 수산물품질관리사의 명의를 사용하거나 그 자격증을 대여 받은 자 또는 명의의 사용이나 자격증의 대여를 알선한 자

07 정답

① 100 ② 10억

해설

시행령 제22조(공표명령의 기준·방법 등)

① 법 제59조 제2항에 따른 공표명령의 대상자는 같은 조 제1항에 따라 처분을 받은 자 중 다음 각 호의 어느 하나의 경우에 해당하는 자로 한다.

1. 표시위반물량이 농산물의 경우에는 100톤 이상, 수산물의 경우에는 10톤 이상인 경우
2. 표시위반물량의 판매가격 환산금액이 농산물의 경우에는 10억원 이상, 수산물인 경우에는 5억원 이상인 경우
3. 적발일을 기준으로 최근 1년 동안 처분을 받은 횟수가 2회 이상인 경우

08 정답

1) 행정처분 : 검사판정의 취소
2) 벌칙처분 : 3년 이하의 징역 또는 3천만원 이하의 벌금

해설

법 제87조(검사판정의 취소)

농림축산식품부장관은 제79조에 따른 검사나 제85조에 따른 재검사를 받은 농산물이 다음 각 호의 어느 하나에 해당하면 검사판정을 취소할 수 있다. 다만, 제1호에 해당하면 검사판정을 취소하여야 한다.

1. 거짓이나 그 밖의 부정한 방법으로 검사를 받은 사실이 확인된 경우
2. 검사 또는 재검사 결과의 표시 또는 검사증명서를 위조하거나 변조한 사실이 확인된 경우
3. 검사 또는 재검사를 받은 농산물의 포장이나 내용물을 바꾼 사실이 확인된 경우

법 제119조(벌칙)

다음 각 호의 어느 하나에 해당하는 자는 3년 이하의 징역 또는 3천만원 이하의 벌금에 처한다.

6. 제101조 제1호를 위반하여 거짓이나 그 밖의 부정한 방법으로 제79조에 따른 농산물의 검사, 제85조에 따른 농산물의 재검사, 제88조에 따른 수산물 및 수산가공품의 검사, 제96조에 따른 수산물 및 수산가공품의 재검사 및 제98조에 따른 검정을 받은 자
7. 제101조 제2호를 위반하여 검사를 받아야 하는 수산물 및 수산가공품에 대하여 검사를 받지 아니한 자
8. 제101조 제3호를 위반하여 검사 및 검정 결과의 표시, 검사증명서 및 검정증명서를 위조하거나 변조한 자
9. 제101조 제5호를 위반하여 검정 결과에 대하여 거짓광고나 과대광고를 한 자

09 정답

A기관 : 업무정지 3개월   B기관 : 경고
C기관 : 지정취소   D기관 : 업무정지 1개월

해설

시행규칙 [별표4]

우수관리인증기관의 지정 취소, 우수관리인증 업무의 정지 및 우수관리시설 지정업무의 정지에 관한 처분기준(제22조 제1항 관련)

위반행위	위반횟수별 처분기준		
	1회	2회	3회 이상
가. 거짓이나 그 밖의 부정한 방법으로 지정을 받은 경우	지정 취소		
나. 업무정지 기간 중에 우수관리인증 또는 우수관리시설의 지정 업무를 한 경우	지정 취소		
다. 우수관리인증기관의 해산·부도로 인하여 우수관리인증 또는 우수관리시설의 지정 업무를 할 수 없는 경우	지정 취소		
라. 법 제9조 제2항 본문에 따른 중요 사항에 대한 변경신고를 하지 않고 우수관리인증 또는 우수관리시설의 지정 업무를 계속한 경우			
1) 조직·인력 및 시설 중 어느 하나가 변경되었으나 1개월 이내에 신고하지 않은 경우	경고	업무정지 1개월	업무정지 3개월
2) 조직·인력 및 시설 중 둘 이상이 변경되었으나 1개월 이내에 신고하지 않은 경우	업무정지 1개월	업무정지 3개월	업무정지 6개월
마. 우수관리인증 또는 우수관리시설의 지정 업무와 관련하여 인증기관의 장 등 임원·직원에 대하여 벌금 이상의 형이 확정된 경우	지정 취소		
바. 법 제9조 제7항에 따른 지정기준을 갖추지 않은 경우			
1) 조직·인력 및 시설 중 어느 하나가 지정기준에 미달할 경우	업무정지 1개월	업무정지 3개월	업무정지 6개월
2) 조직·인력 및 시설 중 둘 이상이 지정기준에 미달할 경우	업무정지 3개월	업무정지 6개월	지정 취소
사. 법 제9조의2에 따른 준수사항을 지키지 않은 경우	경고	업무정지 1개월	업무정지 3개월
아. 우수관리인증 또는 우수관리시설 지정의 기준을 잘못 적용하는 등 우수관리인증 또는 우수관리시설의 지정 업무를 잘못한 경우			
1) 우수관리인증 또는 우수관리시설 지정의 기준을 잘못 적용하여 인증을 한 경우	경고	업무정지 1개월	업무정지 3개월
2) 별표 3 제3호 다목부터 아목까지 또는 제4호 나목부터 라목까지의 규정 중 둘 이상을 이행하지 않은 경우	경고	업무정지 1개월	업무정지 3개월
3) 우수관리인증 또는 우수관리시설의 지정 외의 업무를 수행하여 우수관리인증 또는 우수관리시설의 지정 업무가 불공정하게 수행된 경우	업무정지 6개월	지정 취소	
4) 우수관리인증 또는 우수관리시설 지정의 기준을 지키는지 조사·점검을 하지 않은 경우	경고	업무정지 1개월	업무정지 3개월
5) 우수관리인증 또는 우수관리시설의 지정 취소 등의 기준을 잘못 적용하여 처분한 경우	업무정지 1개월	업무정지 3개월	지정 취소
자. 정당한 사유 없이 1년 이상 우수관리인증 또는 우수관리시설의 지정 실적이 없는 경우	업무정지 3개월	지정 취소	
차. 법 제13조의2 제2항 또는 제31조 제3항을 위반하여 농림축산식품부장관의 요구를 정당한 이유 없이 따르지 않은 경우	업무정지 3개월	업무정지 6개월	지정 취소
카. 삭제 〈2020.2.28.〉			

PART 04

10 정답

① ○   ② ○   ③ ○

해설

증산량의 증가
① 대기 중의 습도가 낮을 경우 식물체의 팽압이 커져서 증산속도가 빨라진다.
② 온도가 높을수록 증산량이 많다.
③ 공기유통이 클수록 증산량이 많다.
④ 부피에 비해 표면적이 클수록 증산량이 많다.

11 정답

1) 품목 : 자두
2) 품종 : 포모사, 대석조생

해설

자두 등급규격

등급 / 항목	특	상	보통
① 낱개의 고르기	별도로 정하는 크기 구분표 [표 1]에서 무게가 다른 것이 5% 이하인 것. 단, 크기 구분표의 해당 무게에서 1단계를 초과할 수 없다.	별도로 정하는 크기 구분표 [표 1]에서 무게가 다른 것이 10% 이하인 것. 단, 크기 구분표의 해당 무게에서 1단계를 초과할 수 없다.	특·상에 미달하는 것
② 색택	착색비율이 40% 이상인 것	착색비율이 20% 이상인 것	특·상에 미달하는 것
③ 중결점과	없는 것	없는 것	5% 이하인 것(부패·변질과는 포함할 수 없음)
④ 경결점과	3% 이하인 것	5% 이하인 것	20% 이하인 것

[표 1] 크기 구분

품종 / 호칭		2L	L	M	S
1과의 기준 무게 (g)	대과종	포모사, 솔담, 산타로사, 캘시(피자두) 및 이와 유사한 품종	150 이상	120 이상 ~ 150 미만	90 이상 ~ 120 미만	90 미만
	중과종	대석조생, 비유티 및 이와 유사한 품종	100 이상	80 이상 ~ 100 미만	60 이상 ~ 80 미만	60 미만

〈용어의 정의〉
① 착색비율은 낱개별로 전체 면적에 대한 품종 고유의 색깔이 착색된 면적의 비율을 말한다.
② 중결점과는 다음의 것을 말한다.
　㉠ 이품종과 : 품종이 다른 것
　㉡ 부패, 변질과 : 과육이 부패 또는 변질된 것(과숙에 의해 육질이 변질된 것을 포함한다)
　㉢ 미숙과 : 맛, 육질, 색택 등으로 보아 성숙이 현저하게 덜된 것
　㉣ 병충해과 : 검은무늬병, 심식충 등 병충해의 피해가 있는 것
　㉤ 상해과 : 찰상, 자상, 압상 등의 상처가 있는 것. 다만 경미한 것은 제외한다.
　㉥ 모양 : 모양이 심히 불량한 것
　㉦ 기타 : 오염된 것 등 그 피해가 현저한 것

③ 경결점과는 다음의 것을 말한다.
  ㉠ 품종 고유의 모양이 아닌 것
  ㉡ 약해, 일소 등 피해가 경미한 것
  ㉢ 병충해, 상해의 정도가 경미한 것
  ㉣ 기타 결점의 정도가 경미한 것

12 정답

방담필름, 결로현상

13 정답

600mL

해설

NaOCl(차아염소산나트륨)의 양

$$= \frac{\text{원하는 유효 염소농도} \times \text{수조용량}}{\text{NaOCl\%농도} \times 10,000} = \frac{80\text{ppm} \times 300,000\text{mL}}{4 \times 10,000} = 600\text{mL}$$

14 정답

① 탈삽   ② 에틸렌

15 정답

1) 등급 : 보통
2) 이유 : 모양이 심히 불량한 것은 중결점과에 속하고 4% (2개/50개)이며, 품종 고유의 모양이 아닌 것과 꼭지가 빠진 것은 경결점과에 속하고 6%(3개/50개)이다. 따라서 "특"과 "상"의 조건인 중결점과가 없는 것을 초과하고 "보통"의 조건이 중결점과 5% 이하인 것, 결점과 20% 이하인 것에 해당하므로 "보통" 등급으로 판정한다.

해설

사과 등급규격

항목 \ 등급	특	상	보통
① 낱개의 고르기	별도로 정하는 크기 구분표 [표 1]에서 무게가 다른 것이 섞이지 않은 것	낱개의 고르기 : 별도로 정하는 크기 구분표 [표 1]에서 무게가 다른 것이 5% 이하인 것. 단, 크기 구분표의 해당 무게에서 1단계를 초과할 수 없다.	특·상에 미달하는 것
② 색택	별도로 정하는 품종별/등급별 착색비율 [표 2]에서 정하는 「특」이외의 것이 섞이지 않은 것. 단, 쓰가루(비착색계)는 적용하지 않음	별도로 정하는 품종별/등급별 착색비율 [표 2]에서 정하는 「상」에 미달하는 것이 없는 것. 단, 쓰가루(비착색계)는 적용하지 않음	별도로 정하는 품종별/등급별 착색비율 [표 2]에서 정하는 「보통」에 미달하는 것이 없는 것
③ 신선도	윤기가 나고 껍질의 수축현상이 나타나지 않은 것	껍질의 수축현상이 나타나지 않은 것	특·상에 미달하는 것
④ 중결점과	없는 것	없는 것	5% 이하인 것(부패·변질과는 포함할 수 없음)
⑤ 경결점과	없는 것	10% 이하인 것	20% 이하인 것

[표 1] 크기 구분

구분 \ 호칭	3L	2L	L	M	S	2S
g/개	375 이상	300 이상 ~ 375 미만	250 이상 ~ 300 미만	214 이상 ~ 250 미만	188 이상 ~ 214 미만	167 이상 ~ 188 미만

[표 2] 품종별/등급별 착색비율

품종 \ 등급	특	상	보통
홍옥, 홍로, 화홍, 양광 및 이와 유사한 품종	70% 이상	50% 이상	30% 이상
후지, 조나골드, 세계일, 추광, 서광, 선홍, 새나라 및 이와 유사한 품종	60% 이상	40% 이상	20% 이상
쓰가루(착색계) 및 이와 유사한 품종	20% 이상	10% 이상	–

〈용어의 정의〉

① 착색비율은 낱개별로 전체 면적에 대한 품종 고유의 색깔이 착색된 면적의 비율을 말한다.

② 중결점과는 다음의 것을 말한다.
  ㉠ 이품종과 : 품종이 다른 것
  ㉡ 부패, 변질과 : 과육이 부패 또는 변질된 것(과숙에 의해 육질이 변질된 것을 포함한다)
  ㉢ 미숙과 : 당도, 경도, 착색으로 보아 성숙이 현저하게 덜된 것(성숙 이전에 인공 착색한 것을 포함한다)
  ㉣ 병충해과 : 탄저병, 검은별무늬병(흑성병), 겹무늬썩음병, 복숭아심식나방 등 병해충의 피해가 과육까지 미친 것
  ㉤ 생리장해과 : 고두병, 과피 반점이 과실표면에 있는 것
  ㉥ 내부갈변과 : 갈변증상이 과육까지 미친 것
  ㉦ 상해과 : 열상, 자상 또는 압상이 있는 것. 다만 경미한 것은 제외한다.
  ㉧ 모양 : 모양이 심히 불량한 것
  ㉨ 기타 : 경결점과에 속하는 사항으로 그 피해가 현저한 것

③ 경결점과는 다음의 것을 말한다.
  ㉠ 품종 고유의 모양이 아닌 것
  ㉡ 경미한 녹, 일소, 약해, 생리장해 등으로 외관이 떨어지는 것
  ㉢ 병해충의 피해가 과피에 그친 것
  ㉣ 경미한 찰상 등 중결점과에 속하지 않는 상처가 있는 것
  ㉤ 꼭지가 빠진 것
  ㉥ 기타 결점의 정도가 경미한 것

16 정답

① 가지 ② 마늘 ③ 오이 ④ 풋옥수수

해설

농산물의 표준거래단위

종류	품목	표준거래단위
과실류	사과	5kg, 7.5kg, 10kg
	배, 감귤	3kg, 5kg, 7.5kg, 10kg, 15kg
	복숭아, 매실, 단감, 자두, 살구, 모과	3kg, 4kg, 4.5kg, 5kg, 10kg, 15kg
	포도	3kg, 4kg, 5kg
	금감, 석류	5kg, 10kg
	유자	5kg, 8kg, 10kg, 100과
	참다래	5kg, 10kg
	양앵두(버찌)	5kg, 10kg, 12kg
	앵두	8kg
채소류	마른고추	6kg, 12kg, 15kg
	고추	5kg, 10kg
	오이	10kg, 15kg, 20kg, 50개, 100개
	호박	8kg, 10kg, 10~28개
	단호박	5kg, 8kg, 10kg, 4~11개
	가지	5kg, 8kg, 10kg, 50개
	토마토	5kg, 7.5kg, 10kg, 15kg
	방울토마토, 피망	5kg, 10kg
	참외	5kg, 10kg, 15kg, 20kg
	딸기	8kg
	수박	5~22kg, 1~5개
	조롱수박	5~6kg, 2~5개
	멜론	5kg, 8kg, 2~10개
	풋옥수수	8kg, 10kg, 15kg, 20개, 30개, 40개, 50개
	풋완두콩	8kg, 20kg
	풋콩	15kg, 20kg
	양파	5kg, 8kg, 10kg, 12kg, 15kg, 20kg
	마늘	5kg, 10kg, 15kg, 50개, 100개
	깐마늘, 마늘종	5kg, 10kg, 20kg
	대파, 쪽파	5kg, 10kg
	무	8~12kg, 18~20kg, 5~12개
	총각무	5kg, 10kg

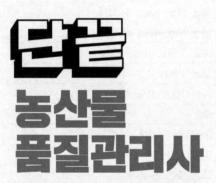

단끝

**농산물
품질관리사**

1차·2차 | 기출문제집

제1판 인쇄 2024. 01. 10. | **제1판 발행** 2024. 01. 15. | **편저자** 김봉호

발행인 박 용 | **발행처** (주)박문각출판 | **등록** 2015년 4월 29일 제2015-000104호

주소 06654 서울시 서초구 효령로 283 서경 B/D 4층 | **팩스** (02)584-2927

전화 교재 문의 (02)6466-7202

저자와의
협의하에
인지생략

정가 30,000원
ISBN 979-11-6987-558-5